KUHMINSA

한 발 앞서나가는 출판사, 구민사
독자분들도 구민사와 함께 한 발 앞서나가길 바랍니다.

구민사 출간도서 中 수험서 분야

- 용접
- 자동차
- 조경/산림
- 품질경영
- 산업안전
- 전기
- 건축토목
- 실내건축

- 기술사
- 기계
- 금속
- 환경
- 보일러
- 가스
- 공조냉동
- 위험물

전문가를 위한 첫걸음, 구민사는 그 이상을 봅니다!

전국 도서판매처

• 일산남부서점 • 안산대동서적 • 대전계룡서점 • 대구북앤북스 • 대구하나도서
• 포항학원사 • 울산처용서림 • 창원그랜드문고 • 순천중앙서점 • 광주조은서림

www.kuhminsa.co.kr

JN387429

자격증 시험 접수부터 자격증 수령까지!

전문가를 위한 첫걸음, 구민사는 그 이상을 봅니다!

상시시험 12종목
미용사(일반) | 미용사(피부) | 한식·양식·일식·중식 조리기능사
굴삭기·지게차 운전기능사 | 제과 제빵 기능사 | 정보처리기능사 | 정보기기운용기능사

필기 합격 확인
큐넷(www.q-net.or.kr)
사이트에서 확인

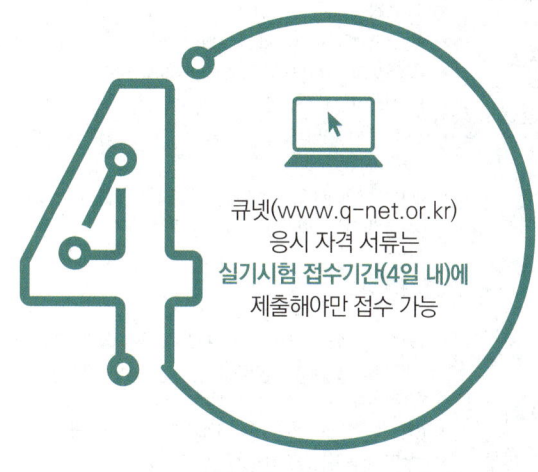

실기 원서 접수
큐넷(www.q-net.or.kr)
응시 자격 서류는
실기시험 접수기간(4일 내)에
제출해야만 접수 가능

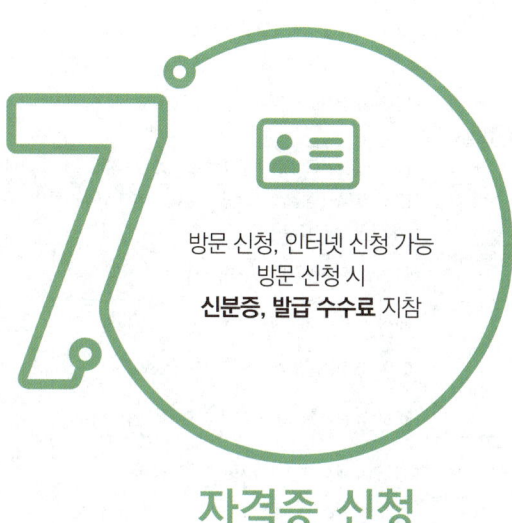

자격증 신청
방문 신청, 인터넷 신청 가능
방문 신청 시
신분증, 발급 수수료 지참

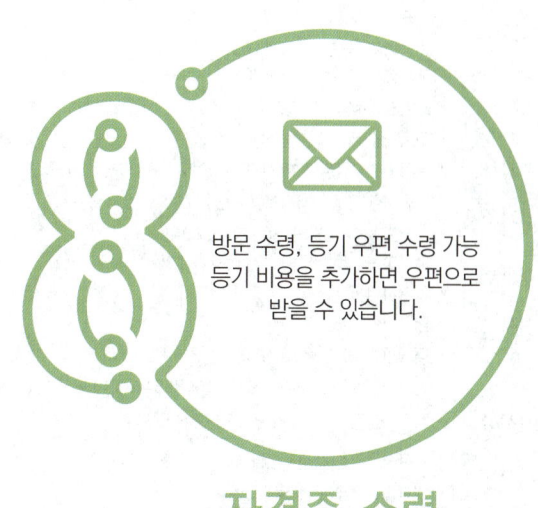

자격증 수령
방문 수령, 등기 우편 수령 가능
등기 비용을 추가하면 우편으로
받을 수 있습니다.

전국 산업인력공단 안내

기관명	검정안내 전화번호	주소

서울지역본부	• 자격시험1팀 (기술자격 정기시험)
	– [정기] 국가기술자격 필기시험(응시자격 서류심사, 국가기술자격증 발급)
	  (응시자격서류 제출심사) 02-2137-0503~6, FAX. 02-2138-7037
	  (자격증 발급) [방문] 02-2137-0509 [우편] 02-2137-0516
	– [정기] 국가기술자격 실기(필답, 작업)시험
	  02-2137-0521~4, 0502 FAX. 02-2138-7037
	• 채점팀(기술자격 및 전문자격 중앙채점) : 02-2137-0482
		(02512) 서울 동대문구 장안벚꽃로 279 (휘경동 49-35)

서울동부지사	• 대표번호 : 02-2024-1700 • 일학습병행지원 : 02-2024-1761, 1765, 1768	(05084) 서울 광진구 뚝섬로 32길 38 (자양4동 63-7) * 지하철 ⑦호선 뚝섬유원지역 ④번출구
서울남부지사	• 대표번호 : 02-876-8322~4 • 일학습병행지원 : 02-6907-7108, 7111~8, 7169	(07225) 서울시 영등포구 버드나루로 110 (당산동)
강원지사	• 기능경기대회 : 033-248-8500 • 일학습병행지원 : 033-248-8523, 8524, 8530	(24408) 강원도 춘천시 동내면 원창 고개길 135 (학곡리)
강원동부지사	• 대표전화 : 033-650-5700 • 평생능력개발사업, 일학습병행제 : 033-650-5723, 5726, 5745	(25440) 강원도 강릉시 사천면 방동길 60 (방동리)
부산지역본부	• 대표전화 : 051-330-1910 • 일학습병행지원 : 051-330-1822, 1826~8, 1871, 1913, 1952 • 기능경기대회, 숙련기술장려 : 051-330-1904	(46519) 부산시 북구 금곡대로 441번길 26 (금곡동)
부산남부지사	• 대표전화 : 051-620-1910 • 일학습병행제 : 051-620-1932	(48518) 부산시 남구 신선로 454-18 (용당동)
경남지사	• 기능경기대회 : 055-212-7200 • 일학습병행지원 : 055-212-7231~6, 055-924-0067~8(경남서부권역) • 자격시험1팀(필실기, 자격증발급) : 055-212-7240~246, 248, 250~251	(51519) 경남 창원시 성산구 두대로 239 (중앙동)
울산지사	• 자격시험팀 : 052-220-3211부터~3217 • 일학습병행지원 : 052-220-3251부터~3255까지	(44538) 울산광역시 중구 종가로 347 (교동)
대구지역본부	• 기능경기, 숙련기술장려 : 053-580-2306	(42704) 대구시 달서구 성서공단로 213 (갈산동)
경북지사	• 기능경기대회 및 숙련기술장려 : 054-840-3011 • 국가자격검정(자격시험팀) : 054-840-3031~37	(36616) 경북 안동시 서후면 학가산 온천길 42 (명리)
경북동부지사	• 국자격검정(자격시험팀) : 054-230-3251~8 • 일학습병행제 : 054-230-3231 ~ 3235	(37580) 경북 포항시 북구 법원로 140번길 9 (장성동)
중부지역본부	• 대표번호 : 032-820-8600 • 기능경기, 숙련기술장려 : 032-820-8611	(21634) 인천시 남동구 남동서로 209 (고잔동)
경기지사	• 대표전화 : 031-249-1201 • 자격증 발급 : 031-249-1228 • 기술자격 필기시험 및 실기시험(상시제외) : 031-249-1212~9, 1221, 1226	(16626) 경기도 수원시 권선구 호매실로 46-68 (탑동)
경기북부지사	• 국가기술자격시험 : 031-850-9122~8, 031-850-9173 ~ 4	(11780) 경기도 의정부시 추동로 140 (신곡동)
경기동부지사	• 시험시행 및 응시자격서류 : 031-750-6221~9, 6216 • 자격증 발급 : 031-750-6226, 6215	(13313) 경기 성남시 수정구 성남대로 1217 (수진동) * SK코원에너지 (주)건물 4~5층
광주지역본부	• 대표번호 : 062-970-1700~5 • 기술자격시험 : 062-970-1761~69	(61008) 광주광역시 북구 첨단벤처로 82 (대촌동)
전북지사	• 대표번호 : 063-210-9200	(54852) 전북 전주시 덕진구 유상로 69 (팔복동)
전남지사	• 대표번호 : 061-720-8500 • 정기시험 및 전문자격 : 061-720-8531, 8533~8536, 8538~9	(57948) 전남 순천시 순광로 35-2 (조례동)
전남서부지사	• 자격시험팀 : 061-288-3323~7, 3355	(58604) 전남 목포시 영산로 820 (대양동)
제주지사	• 국자격검정(자격시험팀) : 064-729-0701~2 • 일학습병행지원 : 064-729-0728	(63220) 제주 제주시 복지로 19 (도남동)
대전지역본부	• 자격시험1팀 : 042-580-9131~7, 9 • 자격시험2팀 : 042-580-9151~7, 9141~3 • 일학습병행지원 : 042-580-9121,3~9, 9147	(35000) 대전광역시 중구 서문로 25번길 1 (문화동)
충북지사	• 대표번호 : 043-279-9000 • 국가기술(정기)/전문자격 : 043-279-9041~9046	(28456) 충북 청주시 흥덕구 1순환로 394번길 81(신봉동)
충남지사	• 대표번호 : 041-620-7600 • 국가기술자격 정기시험 : 041-620-7632~38	(31081) 충남 천안시 서북구 천일고 1길 27 (신당동)

PREFACE

공부!

듣기만 해도 고개가 저절로 돌아가게 만드는 단어이다. "어떻게 하면 빠르게 핵심만 공부할까?"

이 책을 접한 독자는 최소한 12년 이상 공부에 혼을 쏟았을 거라 믿는다. 저자 역시 수많은 책과 씨름해 본 경험이 이 책을 만들게 된 동기가 되었다.

일반 대입 수험서는 주변의 대학생에게 얼마든지 물어볼 수 있으나 특히 자동차 정비에 관한 내용은 정비공장이나 카센터 사장님께 여쭤보아도 사업에 바쁘셔서 충분한 대답을 얻을 수 없었다. 물론 질문하기도 용기가 없긴 하였다. 용기도 없고 궁금은 하니 독학은 해야겠고…

예전에는 혼자 독학한다는 것이 매우 어려웠던 시절이었다. 도서관에 가도 조금만 늦으면 자리가 없었고, 혹여 들어가도 책을 찾느라 많은 시간을 허비하였다. 그나마 찾을 수 있으면 횡재였다. 요즘은 네이버 형님과 다음 언니가 다 알려주질 않는가? 이 책은 그런 부분에서도 채울 수 없는 자동차 정비에 초점을 맞춰 자동차 정비를 배우는 사람들이 혼자서도 빠르게 독학이 가능하도록 집필하였다.

❝ 본 단기완성 자동차정비기능사 필기의 특징은

첫째_ 각 과목마다 최근 출제된 문제를 분석하여 핵심적인 내용으로 이론을 정리하였고, 중요한 이론에는 별표를 표기하여 한번 더 강조하였다.

둘째_ 이론안에 문제를 통해 개념을 한번 더 정리할 수 있게 하였다.

셋째_ 과년도 문제마다 구체적이고 상세한 풀이로 기존에 출제된 문제는 물론이고 유사문제나 응용문제까지 대비할 수 있게 하였다. ❞

책을 집필한다는 것이, 감히 어려운 일이건만 조금이나마 다른 교재와 달리 한 글자라도 쉽게 전달해 줄 수만 있다면 하는 바람으로 시작하였다. 내용 중에는 많은 오류가 있을진대 독자 여러분의 정 넘치는 관심으로 지적해주길 바라면서 자동차를 공부하기 위해 이 책을 선택한 모든 독자들이 자동차를 혼자 공부하기 너무 쉬웠다는 자랑을 하는 상상을 하면서 이 책을 여러분에게 부탁한다.

저 자

CONTENTS

PART 1 자동차엔진

제1장 기관의 개요 · 4
제2장 내연 기관의 본체 · 13
제3장 윤활 및 냉각장치 · 31
제4장 연료장치 · 44
제5장 디젤 기관 · 58

PART 2 자동차섀시

제1장 동력전달장치 · 72
제2장 현가 및 조향장치 · 100
제3장 제동장치 · 124
제4장 주행 및 구동장치 · 137

PART 3 자동차전기

제1장 전기전자 · 144
제2장 시동 · 점화 및 충전장치 · 158

 최근 기출문제 수록

2011년 2월 13일 시행	181
2011년 4월 17일 시행	193
2011년 7월 31일 시행	205
2011년 11월 9일 시행	216
2012년 2월 12일 시행	228
2012년 4월 8일 시행	240
2012년 7월 22일 시행	252
2012년 10월 20일 시행	264
2013년 1월 27일 시행	276
2013년 4월 14일 시행	288
2013년 7월 21일 시행	300
2013년 10월 12일 시행	313
2014년 1월 26일 시행	326
2014년 4월 6일 시행	339
2014년 7월 20일 시행	352
2014년 10월 11일 시행	365

CONTENTS

2015년 1월 25일 시행 ·· 377
2015년 4월 4일 시행 ·· 389
2015년 7월 19일 시행 ·· 401
2015년 10월 10일 시행 ·· 414

2016년 1월 24일 시행 ·· 426
2016년 4월 2일 시행 ·· 438
2016년 7월 10일 시행 ·· 450
2016년 5회 CBT 기출복원 문제 ··· 463
2017년 CBT 기출복원 문제 ··· 476

CBT 기출복원 문제

기출복원 문제 ··· 488
기출복원 문제 ··· 500

• 기출복원 문제란?
  2016년 5회부터 반영되는 CBT시행에 따라 저자께서 수검자들의 도움으로 최대한 유형에
  가깝게 복원한 문제입니다.
  앞으로도 높은 적중률을 위해 노력하겠습니다.

자동차정비기능사(필기) 시험안내

- **자 격 명** : 자동차정비기능사(Craftsman Motor Vehicles Maintenance)
- **시험과목** : – 필기시험 : 1. 자동차엔진
  2. 자동차섀시
  3. 자동차전기 및 안전관리
  – 실기시험 : 자동차정비 작업(작업형)
- **검정방법** : – 필기시험 : 전과목 혼합, 객관식 60문항(60분)
  – 실기 : 작업형(4시간 정도)
- **합격기준** : 100점 만점에 60점 이상
- **개 요**

    자동차정비는 자동차의 기계상의 결함이나 사고 등 여러 가지 이유로 정상적으로 운행되지 못할 때 원인을 찾아내어 정비하는 것을 말한다. 최근 운행자동차 수의 증가로 정비의 필요성의 증가함에 따라 산업현장에서 자동차정비의 효율성 및 안정성 확보를 위한 제반 환경을 조성하기 위해 정비분야 기능인력 양성이 필요하게 됨.

- **수행직무**

    각종 수동공구, 동력공구 및 점검장비를 이용하여 엔진, 섀시, 전기장치 등의 결함이나 고장부위를 진단하고 알맞은 부품으로 교체하거나 수리하는 직무를 수행

- **시험준비기간별 합격률 현황**

분 류	접수자	응시자	응시율(%)	합격자	합격률(%)
3개월 미만	8,029	6,970	86.8	2,206	31.6
3개월~6개월	2,171	1,934	89.1	704	36.4
6개월~1년	682	607	89	185	30.5
1년~2년	279	241	86.4	60	24.9
2년~3년	105	87	82.9	31	35.6
3년 이상	218	182	83.5	55	30.2

※ 수험자동향 데이터는 원서접수시 수집된 데이터로, 종목별 검정현황 데이터와 다를 수 있습니다.

▶ 출제기준(필기)

직무분야	기계	중직무분야	자동차
자격종목	자동차정비기능사	적용기간	2019.1.1.~2021.12.31.
직무내용	각종 공구 및 기기와 점검 장비를 이용하여 엔진, 섀시, 전기장치 등의 결함이나 고장 부위를 진단하고, 적합한 부품으로 교체하거나 정비하는 직무를 수행		
필기검정방법	객관식	문제수	60	시험시간	1시간

주요항목	세부항목	출제 문제수
1. 자동차 엔진	1. 기본사항	38.0%
	2. 엔진의 성능	
	3. 엔진본체	
	4. 연료장치의 이해	
	5. 윤활 및 냉각장치	
	6. 흡배기장치	
	7. 전자제어장치	
	8. 자동차 엔진 관련 안전기준	
2. 자동차섀시	1. 동력전달장치	28.0%
	2. 현가 및 조정장치	
	3. 제동장치	
	4. 주행 및 구동장치	
3. 자동차전기전자	1. 전기전자	17.0%
	2. 시동, 점화 및 충전장치	
	3. 계기 및 보안장치	
	4. 안전 및 편의장치의 이해	
	5. 공기조화장치	
	6. 고전원 전기장치	
	7. 자동차 전기전자 관련 안전기준	
4. 안전관리	1. 산업안전일반	17.0%
	2. 기계 및 기기에 대한 안전	
	3. 공구에 대한 안전	
	4. 작업상의 안전	

CRAFTSMAN MOTOR VEHICLES MAINTENANCE

단기완성 자동차정비기능사 필기

Part 01 자동차기관
Part 02 자동차새시
Part 03 자동차전기

PART

01
자동차기관

제1장   기관의 개요
제2장   내연 기관의 본체
제3장   윤활 및 냉각장치
제4장   연료장치
제5장   디젤 기관

CHAPTER 01

기관의 개요

제1절 기관 기초사항

1_ 기관의 정의

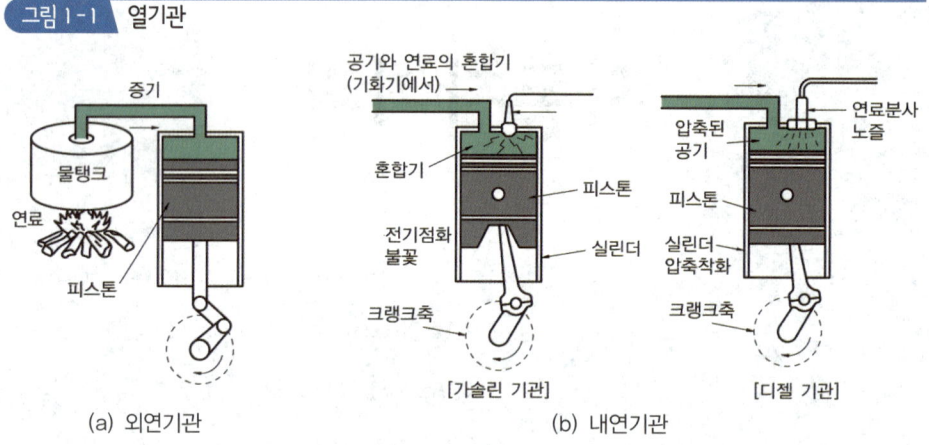

그림 1-1 열기관

(a) 외연기관　　(b) 내연기관

1. 외연기관

기관 밖에서 공기와 연료를 혼합하여 연소함으로써 기계적 에너지를 얻는 기관으로써, 증기 기관(왕복형), 증기 터빈(회전형) 등이 있다.

2. 내연기관

기관 안에서 공기와 연료를 혼합하여 연료를 연소시켜 기계적 에너지를 얻는 기관으로써, 가솔린 기관과 디젤 기관으로 분류한다.

2_ 기관의 분류

1. 사용 연료에 따른 분류

가솔린 기관, LPG 기관, CNG 기관, 에탄올 기관, 수소 기관, 디젤 기관 등이 있다.

2. 점화 방식의 분류

① 전기 점화 기관 : 혼합가스에 전기적인 불꽃으로 점화시키는 기관이다.
② 압축 착화 기관 : 공기를 먼저 압축 후 연료를 분사하면 압축열에 의하여 자기 착화 되는 기관이다.

3. 열역학적 사이클의 분류

✪✪
1) 가솔린 기관 : 정적 사이클(오토 사이클)

가솔린 기관은 2개의 정적 변화와 2개의 단열 변화로 구성된 사이클이다.

$$\text{오토 사이클 열효율}(\eta_o) = 1 - \frac{1}{\epsilon^{k-1}} = 1 - \left(\frac{1}{\epsilon}\right)^{k-1}$$

ε : 압축비
k : 비열비($k=1.4$)

2) 디젤 기관 : 정압 사이클(저속 디젤 기관)

디젤 사이클은 정압 사이클로써 일정한 압력하에서 연소하는 저속 디젤 기관의 기본 사이클이다. 정압 사이클의 이론 열효율은 단절비가 작을수록 열효율은 증가된다.

$$\text{디젤 사이클 열효율}(\eta_d) = 1 - \left(\frac{1}{\epsilon}\right)^{k-1} \times \frac{\rho^k - 1}{k(\rho - 1)}$$

ε : 압축비
k : 비열비($k=1.4$)
ρ : 단절비

3) 고속 디젤 기관 : 복합 사이클(사바테 사이클)

사바테 사이클(Sabathe cycle)은 폭발비(ϕ)가 1이 되면 정압 사이클이 되며, 단절비(ρ)가 1이 되면 정적 사이클이 된다. 또한, 압축비가 증가하면 열효율은 상승하며, 공급 열량과 압축비가 일정할 때 열효율은 오토 사이클 > 사바테 사이클 > 디젤 사이클 순이며, 공급 압력과 최고 압력이 일정할 때 열효율은 디젤 사이클 > 사바테 사이클 > 오토 사이클 순이다.

$$\text{복합 사이클 열효율}(\eta_s) = 1 - \left(\frac{1}{\epsilon}\right)^{k-1} \times \frac{\phi \cdot \rho^k - 1}{(\phi - 1) + k \cdot \phi(\rho - 1)}$$

ε : 압축비
k : 비열비($k=1.4$)
ρ : 단절비(체적비)
ϕ : 폭발비(압력비)

4. 기계학적 사이클의 분류

1) 4행정 사이클(cycle) 기관

사이클(cycle)이란 혼합기가 실린더 내에 유입된 후 배기가스가 되어 나올 때까지의 주기적인 변화를 말하며 흡입, 압축, 폭발, 배기의 순으로 4개의 행정을 크랭크축이 2회전하면 1사이클이다.

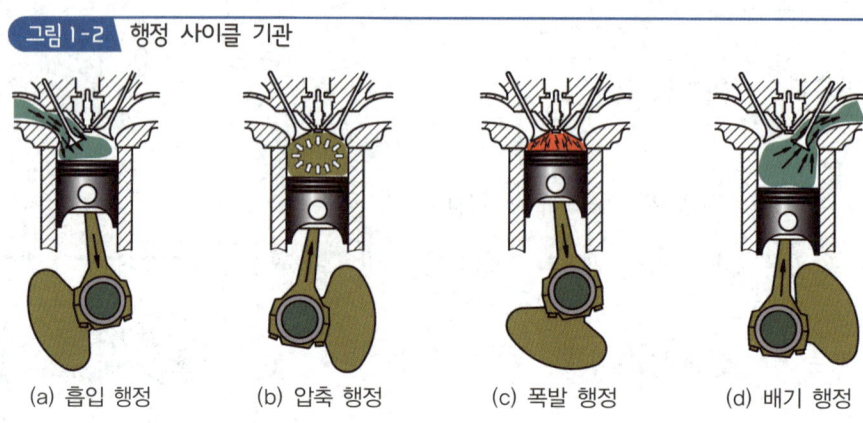

그림1-2 행정 사이클 기관

(a) 흡입 행정   (b) 압축 행정   (c) 폭발 행정   (d) 배기 행정

2) 2행정 사이클 기관

흡입, 압축, 폭발, 배기 등 4개 작용을 피스톤 2행정에 마치고 크랭크 축 1회전에 1회 동력이 발생되는 기관이다.

2행정 기관에서 디플렉터는 혼합기의 손실을 적게 하고, 와류를 증가시키기 위해 피스톤 헤드에 설치된 돌기부를 말한다.

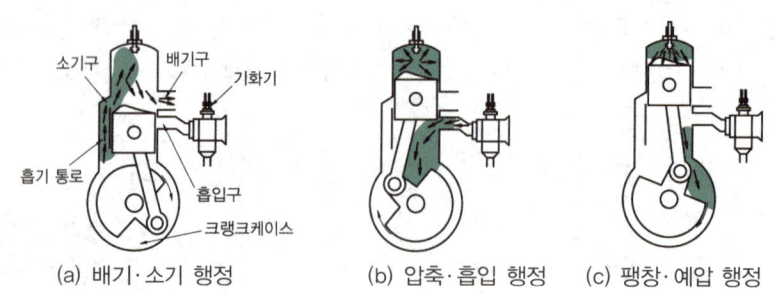

그림1-3 2행정 사이클 기관의 작동

(a) 배기·소기 행정   (b) 압축·흡입 행정   (c) 팽창·예압 행정

문제 01

4행정 기관의 밸브 개폐시기가 다음과 같다. 흡기행정 기간과 밸브 오버랩은 각각 몇 도인가? (단, 흡기 밸브 열림 : 상사점 전 18[°], 흡기 밸브 닫힘 : 하사점 후 48[°], 배기 밸브 열림 : 하사점 전 48[°], 배기 밸브 닫힘 : 상사점 후 13[°])

㉮ 흡기행정기간 : 246[°], 밸브오버랩 : 18[°]
㉯ 흡기행정기간 : 241[°], 밸브오버랩 : 18[°]
㉰ 흡기행정기간 : 180[°], 밸브오버랩 : 31[°]
㉱ 흡기행정기간 : 246[°], 밸브오버랩 : 31[°]

풀이 밸브 개폐시기 기간
- 흡기행정 기간
  = 흡기밸브 열림각도 + 흡기밸브 닫힘각도 + 180[°]
  = 18[°] + 48[°] + 180[°] = 246[°]
- 밸브오버랩
  = 흡기밸브 열림각도 + 배기밸브 닫힘각도
  = 18[°] + 13[°] = 31[°]

정답 ㉱

제2절 연료와 기관 성능

1_ 연료

1. 연료의 분류

1) 기체연료

기체연료로는 가장 많이 쓰이고 있는 액화석유가스(LPG : Liquefied Petroleum Gas)가 있으며 또한 최근에는 액화천연가스(LNG : Liquefied Natural Gas)와 압축천연가스(CNG : Compressed Natural Gas) 등도 많이 사용하고 있다.

2) 액체연료

액체연료로는 일반적으로 석유계 연료인 가솔린, 등유, 경유, 중유 등을 주로 사용한다.

2. 석유계 연료

석유계 연료의 주성분은 탄소와 수소의 화합물인 탄화수소이며, 이 외에도 산소, 질소, 황 등의 불순물이 섞여 있다. 이 석유계 연료를 비점의 차이에 따라 분류하면 가솔린, 등유, 경유, 중유 등이 있으며, 내연기관 연료의 대부분은 이 석유계 연료에 속한다.

1) 가솔린 연료의 구비조건

① 체적 및 무게가 적고, 발열량이 클 것
② 연소 후 유해 화합물을 남기지 말 것
③ 옥탄가가 높을 것
④ 온도에 관계없이 유동성이 클 것
⑤ 연소 속도가 빠를 것

2) 가솔린 기관의 노킹

노킹이란 연소실 내부의 이상연소에 의해 기관이 금속을 두드리는 것과 같은 금속성, 즉 노킹음이 나타나는 현상이다.

3) 노킹이 발생하면 나타나는 현상

① 이상연소하여 평균 유효압력은 낮아지고 순간 폭발압력이 증가한다.
② 이상 열전달로 냉각수가 끓어 넘친다.(over heat)
③ 이상 열전달로 인하여 실린더 헤드, 실린더 블록이 휘어지게 된다.
④ 실린더 헤드 가스켓이 찢어진다.
⑤ 엔진오일과 냉각수가 섞이게 되어 라디에이터에 기름이 뜨게 된다.
⑥ 실린더 헤드가 휘거나 가스켓이 찢어지므로 압축압력이 낮아지게 된다.
⑦ 출력이 낮아지므로 연료소비량이 증가한다.

4) 옥탄가(Octane Number, ON)

옥탄가란 가솔린 연료의 안티 노킹성(anti-knocking, 내폭성)을 나타내는 척도로, 노크를 일으키기 어려운 이소옥탄과 노크를 일으키기 쉬운 노멀 헵탄과의 혼합액 중에서 이소옥탄의 백분율[%]로 나타낸다.

$$옥탄가 = \frac{이소옥탄}{이소옥탄 + 노말헵탄} \times 100 [\%]$$

5) 가솔린 기관의 노킹 방지책

① 적당한 혼합기
② 고옥탄가 연료를 사용
③ 엔진의 실린더벽 온도를 낮춘다.
④ 점화시기를 지각(지연)시킨다.
⑤ 흡입공기 온도와 압력을 낮춘다.
⑥ 연소실 압축비를 낮춘다.
⑦ 연소실 화염 전파거리를 짧게(빠르게) 한다.
⑧ 연소실 내의 퇴적 카본을 제거해 준다.
⑨ 기관의 회전수를 빠르게 한다.

6) 농후한 혼합비가 기관에 미치는 영향

① 기관의 동력감소
② 불안전 연소
③ 기관 과열
④ 카본 생성

7) 희박한 혼합기가 기관에 미치는 영향

① 저속 및 고속회전이 어렵다.
② 기동이 어렵고, 동력이 감소된다.
③ 배기 가스온도 상승으로 노킹이 발생된다.

8) 경유의 구비조건

① 고형 미립이나 유해 성분이 적을 것
② 내폭성과 내한성이 클 것
③ 적당한 점도가 있을 것
④ 연소 후 카본 생성이 적을 것
⑤ 발열량이 클 것
⑥ 불순물이 섞이지 않을 것
⑦ 온도 변화에 따른 점도 변화가 적을 것
⑧ 인화점이 높고, 발화점이 낮을 것
⑨ 세탄가가 높을 것

9) 디젤 노크

① 착화늦음 기간 중에 분사된 다량의 연료가 화염전파 기간 중에 연소되어 실린더 내

의 압력이 급격히 상승되어 피스톤 헤드가 실린더벽을 타격하는 현상
② 세탄가 : 디젤기관 연료의 착화성을 나타내는 척도이며, 높을수록 노킹이 억제된다.

$$세탄가 = \frac{세탄}{세탄 + \alpha 메틸나프탈렌} \times 100[\%]$$

10) 디젤 기관 노크 방지책

① 연료의 착화온도를 높게 한다.
② 압축비 및 흡입공기온도와 압력을 높게 한다.
③ 연료 분사 시 관통력이 크게 한다.
④ 분사 노즐 분사시기를 알맞게 조정해 준다.
⑤ 연소실 벽의 온도를 높게 한다.
⑥ 착화 지연 시간을 짧게 한다.
⑦ 고세탄가 연료(경유)를 사용한다.
⑧ 착화지연 기간 동안에는 분사 노즐 초기 분사량을 작게 하고, 자연발화 후에는 분사량을 증대시켜 준다.

2_ 기관의 성능

1. 마력(PS)

1) 지시(도시) 마력(I.H.P : Indicated Horse Power)

실린더 내에 공급된 혼합기가 폭발하여 나타나는 압력과 피스톤 운동에 따른 체적의 변화 관계를 지압계로 측정하여 지압선도에서 계산한 마력으로 미국 자동차공학학회(S.A.E)에서 임의로 제작되고 C.F.R 기관에서 직접 산출한 마력(PS)을 말한다.

$$I.H.P = \frac{P \times A \times L \times Z \times N}{75 \times 60}$$

P : 지시평균 유효압력[kgf/cm²]
A : 실린더 단면적[cm²]
L : 행정[m]
Z : 실린더 수
V : 배기량[cc]
N : 엔진 회전수[rpm], (4사이클 : $N/2$, 2사이클 : N)

2) 제동(축, 정미) 마력(B.H.P : Brake Horse Power)

연소열 에너지 중에서 일로 변화된 에너지 중 동력손실(마찰력, 발전기, 물 펌프 등)을 제외하고 실제 크랭크축에서 동력으로 활용될 수 있는 동력을 말한다.

$$\text{B.H.P} = \frac{2\pi \times T \times N}{75 \times 60} = \frac{T \times N}{716}$$

T : 회전력[m-kg$_f$]
N : 엔진 회전수[rpm]

3) **마찰(손실) 마력**(F.H.P : Friction Horse Power)

$$\text{F.H.P} = \frac{f \times r \times Z \times v}{75} = \frac{F \times v}{75}$$

f : 피스톤 링 1개의 마찰력[kg$_f$]
r : 실린더당 링의 수
Z : 실린더 수
v : 피스톤 평균속도[m/s]
F : 피스톤링 총마찰력[kg$_f$]

4) **공칭(과세) 마력**(SAE)

자동차공업학회(SAE)의 기관의 제원을 이용하여 간단히 계산되는 것으로, 자동차의 등록 및 과세 기준으로 사용되는 마력(PS)이다.

$$\text{SAE} = \frac{M^2 Z}{1,613} = \frac{D^2 Z}{2.5}$$

M : 내경[mm]
D : 내경[inch]
Z : 실린더 수

5) **연료 마력**(P.H.P : Petrol Horse Power)

$$\text{P.H.P} = \frac{60 C \times W}{632.3 \times t} = \frac{C \times W}{10.5 \times t}$$

C : 연료의 저위발열량[kcal/kg$_f$]
W : 연료의 중량[kg$_f$]
t : 측정시간[min]

6) **시간 마력당 연료소비율**(F)

$$F = \frac{\text{시간당 연료소비량}}{PHP} [g_f/ps\text{-}h]$$

$$= \frac{\text{연료소비량}}{\text{시간} \times \text{마력}}$$

2. 기관의 효율

1) 이론 열효율(η_o)

엔진에 공급된 열량과 일로 변화한 열량과의 비율로, 압축비와 비열비 만으로 결정된다.

$$\text{이론 열효율}(\eta_o) = 1 - \frac{1}{\epsilon^{k-1}} = 1 - \left(\frac{1}{\epsilon}\right)^{k-1}$$

ϵ : 압축비
k : 공기의 비열비($k=1.4$)

2) 제동 열효율(η_b)

연소실에 공급된 연료에서 발생한 열량이 기계적인 일로 변화시킬 수 있는 열의 백분율을 말한다. 즉, 일로 변화한 에너지와 엔진에 공급된 열에너지의 비율을 말한다.

$$제동\ 열효율(\eta_b) = \frac{632.3 \times PS}{C \times W} \times 100\,[\%]$$

> C : 연료의 저위발열량[kcal/kg$_f$]
> W : 시간당 연료소비량[kg$_f$/ps-h]
> PS : 마력(주어지지 않으면 1마력)

3) 체적 효율(η_v)

체적 효율(용적효율)이란 피스톤의 행정체적과 흡입 시 상온 하에서 실제로 흡입된 공기 체적의 중량비를 말한다.

$$체적(용적)\ 효율(\eta_v) = \frac{실제흡입된공기체적}{실린더\ 체적} \times 100\,[\%]$$

4) 기계 효율(η_m)

실린더 내에서 실제로 일로 변화된 지시마력 중 각부 마찰 및 기타 손실되는 일을 제외한 제동마력과 상호관계 효율을 나타낸다.

$$기계효율(\eta_m) = \frac{제동마력(BHP)}{지시마력(IHP)} \times 100\,[\%]$$

CHAPTER 02

내연기관의 본체

INDUSTRIAL ENGINEER MOTOR VEHICLES MAINTENANCE

제1절 기관본체

1_ 실린더 헤드(cylinder head)

실린더 블록 윗부분에 설치되며 점화 플러그, 캠축, 밸브 등이 설치되어 연소실을 형성하며 재질로는 특수주철과 알루미늄 합금을 사용한다.

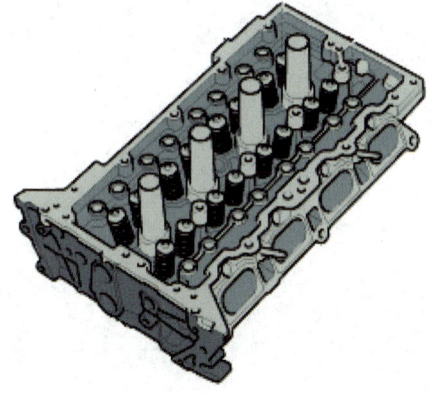

그림 2-1 실린더 헤드

그림 2-2 헤드 가스켓

문제 01

승용차용 기관의 실린더 헤드는 대부분 알루미늄 합금으로 되어 있다. 그 이유 중 가장 중요한 것은?
㉮ 열전도율이 높다.
㉯ 녹슬지 않는다.
㉰ 주철보다 열팽창 계수가 적다.
㉱ 무게를 증가시켜 준다.

풀이 열전도율이 높고, 무게를 가볍게 하기 위하여

정답 ㉮

제1편 자동차기관 | 13

1. 실린더 헤드 가스켓(cylinder head gasket)

실린더 블록과 실린더 헤드 사이에 설치되는 것으로써 압축 압력의 기밀유지와 냉각수, 엔진오일의 누출을 방지하기 위해 설치된다.

① **보통 가스켓** : 동판이나 강판에 석면을 싸서 만든 가스켓이다.
② **스틸 베스토 가스켓** : 강판에 흑연과 석면을 고온 압착하여 고열, 고압에 강하다.
③ **스틸 가스켓** : 강판(steel) 만으로 만든 가스켓이다.

2. 실린더 헤드 정비

① 분해시 힌지 핸들을 사용하여 대각선의 바깥쪽에서 중앙으로 풀고, 조립시는 토크렌치를 사용하여 대각선의 중앙에서 바깥쪽을 향해 2~3회 나눠서 체결한다.
② 헤드 변형도는 곧은자와 시크니스 게이지를 사용하여 6~7군데를 측정하며, 규정값 이상이면 평면 연삭기로 연삭한다.
③ 헤드를 떼어 낼 때는 플라스틱 해머 또는 고무 해머로 가볍게 두드려 떼어 내거나 압축 압력 또는 호이스트를 이용하여 자중으로 탈거한다.

문제 02

실린더 헤드를 떼어낼 때 볼트를 바르게 푸는 방법은?
㉮ 중앙에서 바깥을 향하여 대각선으로 푼다.
㉯ 풀기 쉬운 곳부터 푼다.
㉰ 바깥에서 안쪽으로 향하여 대각선으로 푼다.
㉱ 실린더 보어를 먼저 제거하고 실린더 헤드를 떼어낸다.

풀이 실린더 헤드를 조일 때는 안쪽에서부터 바깥쪽으로, 떼어낼 때는 반대로 바깥쪽에서 안쪽으로 대각선으로 푼다.

정답 ㉰

---

2. 실린더 블록(cylinder block)

1. 실린더 라이너(cylinder liner)

실린더 라이너는 습식과 건식이 있으며 원심주조법으로 제작한다.

① **습식** : 냉각수와 직접 접촉하며 비눗물을 묻혀서 삽입한다.
② **건식** : 냉각수와 간접 접촉되며 압입 압력은 2~3ton이다.

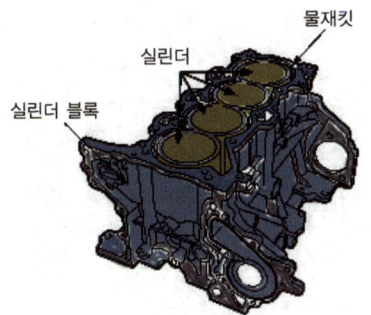
그림 2-3 실린더 블록

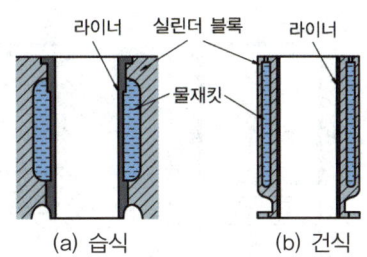
그림 2-4 실린더 라이너의 구조

문제 03

실린더 블록이나 헤드의 평면도 측정에 알맞은 게이지는?
㉮ 마이크로 미터 ㉯ 다이얼 게이지
㉰ 버니어 캘리퍼스 ㉱ 직각자와 필러 게이지

풀이 평면도 검사는 직각자와 필러 게이지(시크니스 게이지)로 측정한다.

정답 ㉱

2. 행정과 실린더 안지름비

1) 장행정 기관(under square engine)

① 피스톤의 행정이 안지름보다 크다.
② 기관의 회전속도가 느리고 회전력이 크다.
③ 실린더에 가해지는 측압발생이 적다.

2) 정방행정 기관(square engine)

① 피스톤의 행정과 실린더 안지름이 동일하다.
② 기관의 회전속도 및 회전력이 다른 기관에 비해 중간 정도이다.

3) 단행정 기관(over square engine)

① 피스톤의 행정이 실린더보다 작다.
② 기관의 회전속도가 빠르고 회전력이 적다.
③ 실린더에 가해지는 측압이 크다.
④ 기관의 높이가 낮아지지만 기관의 길이가 길어진다.

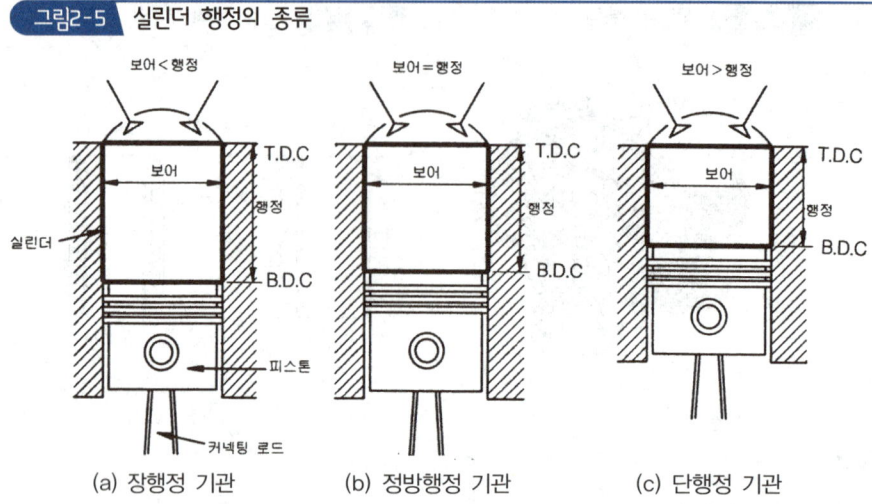

그림2-5 실린더 행정의 종류

(a) 장행정 기관   (b) 정방행정 기관   (c) 단행정 기관

3. 실린더 보링

실린더가 규정값 이상으로 마모 시 실린더를 깎아내고 오버사이즈 피스톤을 장착하는 작업을 말한다. 보링 작업 후에는 바이트 자국을 없애기 위해 호닝(horning)이라는 다듬질 작업을 한다.

예를 들어, 신품 실린더 내경이 75.00[mm]이고, 최대 마멸량이 75.38[mm]인 경우 보링값은 75.38[mm]+0.2[mm](진원 절삭량)=75.58[mm]가 된다. 오버 사이즈 피스톤이 75.58[mm]가 없으므로 이보다 큰 75.75[mm]로 보링한다. 즉, 피스톤이 표준보다 0.75[mm] 더 큰 75.75[mm] 오버사이즈 피스톤을 끼우는 것이다.

예 O/S 피스톤 종류 : 0.25[mm], 0.50[mm], 0.75[mm], 1.00[mm], 1.25[mm], 1.50[mm]

4. 실린더벽의 두께

실린더 안에서 혼합기의 폭발 압력은 기관의 압축비, 연료의 종류, 연료와 공기의 혼합 비율에 의하여 조금씩 다르지만 보통 25~30[kg/cm^2] 정도이므로 실린더벽은 항상 그 압력에 견딜 수 있는 두께이어야 한다.

$$t = \frac{PD}{2\sigma_a}$$

t : 실린더 벽의 두께[mm]
P : 폭발압력[kg$_f$/cm^2]
D : 실린더 지름[mm]
σ_a : 실린더벽의 허용응력[kg$_f$/cm^2]

3_ 연소실(combustion chamber)

1. 연소실의 종류

반구형, 지붕형, 욕조형, 쐐기형, 다구형

2. 연소실의 구비조건

① 화염전파 시간을 최소로 할 것(길면 노킹 발생)
② 밸브 면적을 크게 하여 충진효율을 높일 것
③ 혼합기가 연소실 내부에서 강한 와류가 일어나게 할 것
④ 가열되기 쉬운 돌출부를 두지 말 것
⑤ 연소실 내의 표면적은 최소가 될 것
⑥ 연소실이 작고, 기계적 옥탄가가 높을 것

4_ 밸브 장치(valve system)

1. 밸브 개폐기구

1) 밸브 배치에 의한 분류

① L 헤드형 밸브 기구 : 캠 축, 밸브 리프트(태핏) 및 밸브로 구성되어 있다.
② F 헤드형 밸브 기구 : L헤드형과 I헤드형 밸브 기구를 조합한 형식이다.
③ T 헤드형 밸브 기구 : 피스톤 양단에 T자 모양으로 밸브를 배열한 형식이다.
④ I 헤드형 밸브 기구 : 캠 축, 밸브 리프트, 밸브, 푸시로드, 로커암으로 구성되어 있다.
⑤ OHC(Over Head Cam shaft) 밸브 기구 : 캠 축이 실린더 헤드 위에 설치된 형식이다.

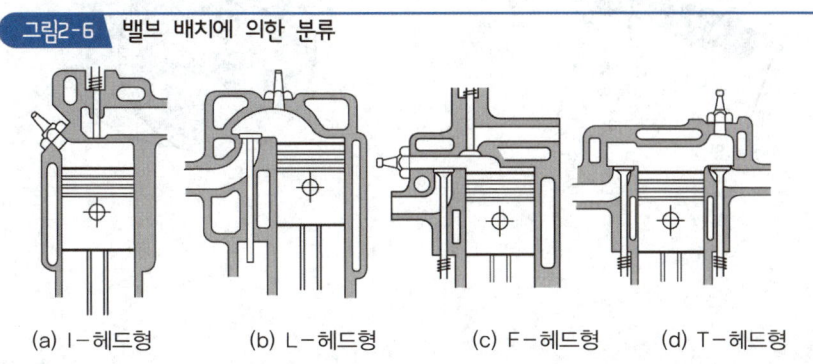

그림2-6 밸브 배치에 의한 분류

(a) I-헤드형   (b) L-헤드형   (c) F-헤드형   (d) T-헤드형

문제 04

흡·배기 밸브가 실린더 헤드에 있고 캠축도 헤드에 설치된 기관은?

㉮ L형 기관 ㉯ I형 기관
㉰ T형 기관 ㉱ OHC 기관

풀이 OHC 기관이란 캠축과 밸브 모두가 실린더 헤드 위에 설치된 기관을 말한다.

정답 ㉱

2) 캠축(cam shaft)

특수주철, 저탄소강, 중탄소강, 크롬강이며, 표면 경화한 특수주철을 사용한다.

① 캠의 구성 : 캠의 용어는 다음과 같으며, 양정은 캠의 총 높이에서 기초원을 뺀 값으로, 다음 공식으로도 구한다.

$$양정\ H = \frac{D}{4}$$

H : 양정[mm]
D : 밸브 지름[mm]

㉠ 베이스 서클 : 기초원으로 단경을 의미한다.
㉡ 리프트(양정) : 기초원과 노스원과의 거리(캠의 장경과 단경의 차이의 수치)
㉢ 플랭크 : 밸브 리프터 또는 로커 암이 접촉되는 옆면
㉣ 로브 : 밸브가 열려서 닫힐 때까지의 거리

그림2-7 캠축 및 캠의 구성

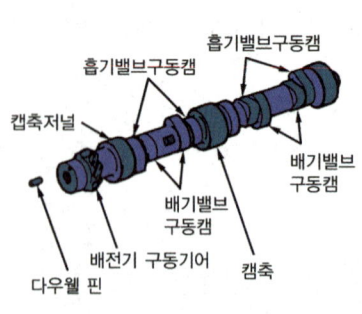
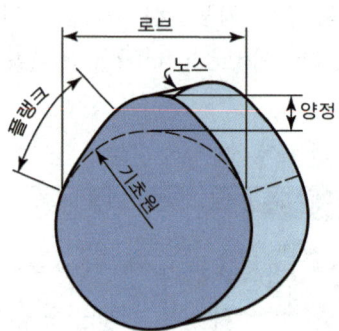

> **문제 05**
>
> 4행정 기관에서 크랭크축이 1,500[rpm]일 때 캠축은 몇 [rpm]인가?
>
> ㉮ 750[rpm] ㉯ 1,500[rpm]
> ㉰ 3,000[rpm] ㉱ 4,500[rpm]
>
> **풀이** 크랭크축 2회전에 캠축은 1회전 한다.
>
> 정답 ㉮

② 캠의 종류 : 접선 캠, 볼록 캠, 오목 캠, 비례 캠

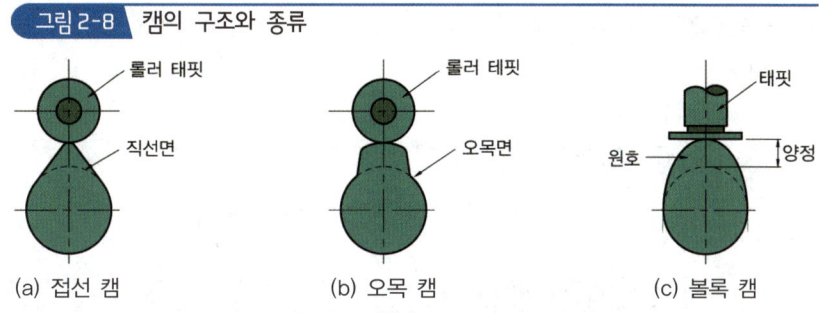

그림 2-8 캠의 구조와 종류

(a) 접선 캠   (b) 오목 캠   (c) 볼록 캠

2. 밸브의 구조 및 기능

1) 밸브의 구조

① 밸브 헤드(valve head) : 엔진 작동 중에 흡입 밸브는 450~500[℃], 배기 밸브는 700~815[℃]의 열적부하를 받으므로 오스테나이트계 내열강을 재료로 한다.

② 마진(margin) : 기밀유지와 충격흡수를 위해 두께로서 재사용 여부를 결정하며 헤드의 열팽창을 고려하여 마진 두께가 0.8mm 이상이어야 한다.

③ 밸브 면(valve face) : 밸브 시트에 밀착되어 기밀유지 및 헤드의 열을 시트에 전달한다.

④ 스템 엔드(stem end) : 로커 암이 접촉되는 부분으로 평면으로 되어 있고 스텔라이트계 내열강을 사용하여 찌그러짐이 없다.

⑤ 밸브 스프링(valve spring) : 압축과 동력 행정에서 밸브 면과 시트를 밀착시켜 기밀을 유지하며 탄성이 큰 니켈강이나 규소-크롬(Si-Cr)강을 사용한다.

⑥ 밸브 가이드와 스템 실 : 밸브가 상하운동을 정숙하게 구동하기 위해서 밸브 스템 주위를 잡아주는 가이드와 기밀유지, 오일 누설방지를 하는 스템 실로 구성되어 있다.

2) 밸브 헤드의 형상

밸브 헤드부의 모양에는 플랫형, 튤립형, 개방 튤립형, 버섯형 등이 있다.

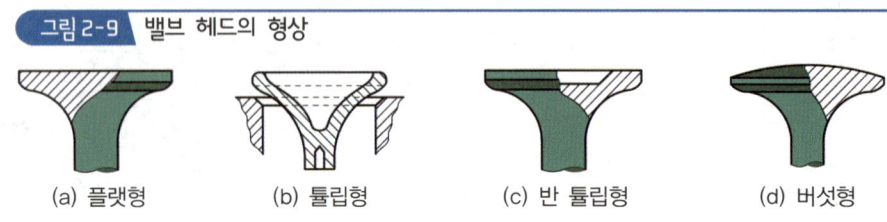

그림2-9 밸브 헤드의 형상

(a) 플랫형   (b) 튤립형   (c) 반 튤립형   (d) 버섯형

3) 나트륨 밸브(natrium valve)

스템 내부를 중공으로 하고, 그 속에 금속 나트륨을 40~60[%] 정도 봉입하여 냉각 효과를 높인 밸브이다.

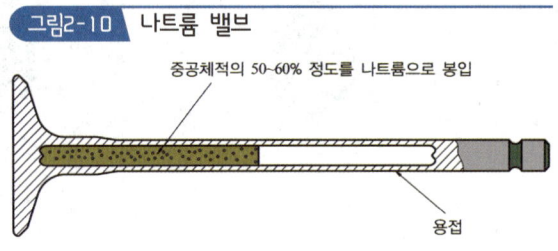

그림2-10 나트륨 밸브

4) 밸브 리프터(valve lifter)

캠의 회전 운동을 상하 직선으로 바꾸어 푸시 로드 및 로커 암에 전달하는 일을 하며, 기계식과 유압식이 있다.

① 기계식 : 원통형으로 형성되어 리프터 밑면에는 편마멸 방지하기 위해 리프터 중심과 캠 중심을 옵셋시켜 설치한다.

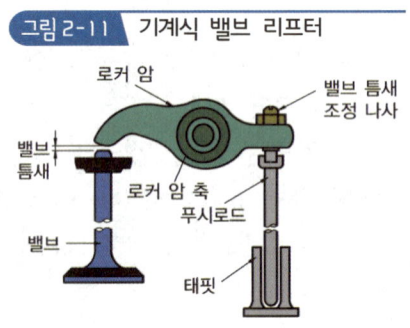

그림2-11 기계식 밸브 리프터

② 유압식 : 기관의 유압을 이용하여 밸브 간극을 작동온도에 관계없이 항상 "0"으로 유지하는 방식으로서, 작동이 안정되고 정숙하지만 고장시 정비가 곤란하다.

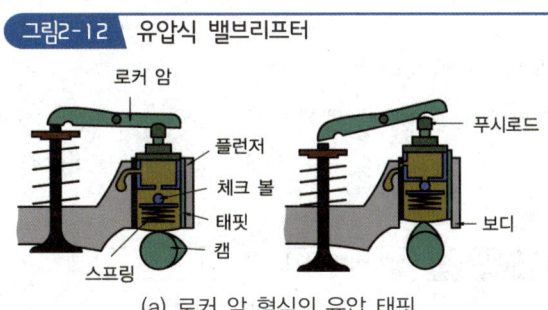

그림2-12 유압식 밸브리프터

(a) 로커 암 형식의 유압 태핏

5) 푸시 로드(push rod)

오버 헤드 밸브 기구에서 리프터와 로커 암을 연결하고 밀어주는 금속막대이다.

6) 밸브 회전기구

① 릴리스 형식 : 기관의 진동에 의해 밸브가 자연 회전하는 형식이다.
② 포지티브 형식 : 강제 회전기구를 두어 강제 회전하는 방식이다.

7) 밸브를 회전시키는 이유

① 밸브의 회전에 의해서 밸브 소손의 원인이 되는 카본을 제거한다.
② 밸브 스프링의 장력에 의해서 생기는 편마멸을 방지한다.
③ 밸브 회전에 의하여 밸브 헤드의 온도를 일정하게 한다.

8) 밸브간극

엔진이 작동 중 열팽창을 고려하여 흡입 밸브 0.2~0.35mm, 배기 밸브 0.3~0.4mm 정도의 여유 간극을 둔다.

① 밸브 간극이 너무 크면
  ㉠ 운전온도에서 밸브가 완전하게 열리지 못한다.(늦게 열리고 일찍 닫힌다.)
  ㉡ 흡입 밸브 간극이 크면 흡입량 부족을 초래한다.
  ㉢ 배기 밸브 간극이 크면 배기 불충분으로 엔진이 과열된다.
  ㉣ 심한 소음이 나고 밸브 기구에 충격을 준다.
② 밸브 간극이 작으면
  ㉠ 일찍 열리고 늦게 닫혀 밸브 열림 기간이 길어진다.

ⓛ 블로바이 현상으로 인해 엔진의 출력이 감소한다.
ⓒ 흡입 밸브 간극이 작으면 역화 및 실화가 발생한다.
ⓔ 배기 밸브 간극이 작으면 후화가 일어나기 쉽다.

✩✩✩
9) 밸브 오버 랩(valve over lap)

상사점 부근에서 흡입 밸브와 배기 밸브가 동시에 열려 있는 상태로 혼합기가 관성을 가지고 있기 때문에 가스의 흐름 관성을 유효하게 이용하기 위하여 밸브 오버 랩을 둔다.

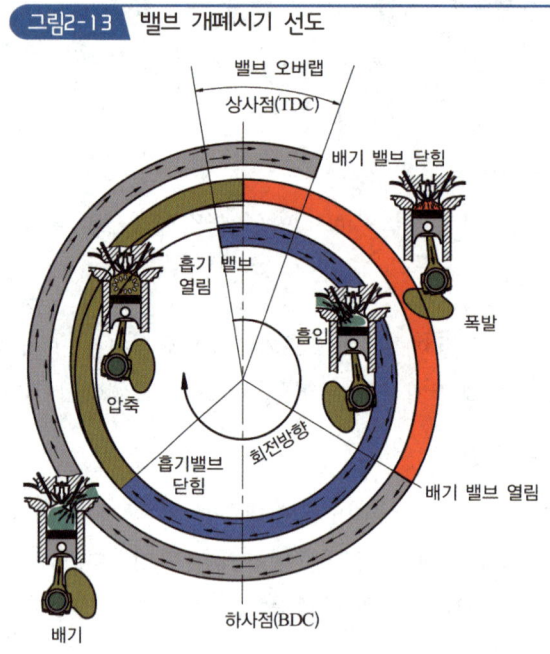

그림2-13 밸브 개폐시기 선도

5_ 피스톤 및 커넥팅 로드

1. 피스톤(piston)

1) 구비조건

① 관성력을 적게 하기 위해 가벼울 것
② 기계적 강도가 클 것
③ 열팽창이 적을 것
④ 열전도가 양호할 것
⑤ 폭발압력을 유용하게 이용할 것

2) 피스톤의 구조

① **피스톤 헤드**(piston head) : 연소실의 일부가 되는 부분이 되며, 내면에 리브를 설치하여 피스톤을 보강하여 강성을 증대 시킨다.
② **링홈** : 피스톤 링을 설치하기 위한 홈이다.
③ **랜드** : 링홈과 링홈 사이이다.
④ **보스부** : 커넥팅 로드와 연결되는 피스톤 핀이 설치되는 부분이다.
⑤ **히트댐** : 헤드부의 열(약 2,700~2,800[℃])이 스커트부로 전달되는 것을 방지하는 피스톤 링의 윗부분이다.
⑥ **리브**(rib) : 피스톤 헤드의 강성을 높여 준다.
⑦ **피스톤 평균 속도** : 13~25[m/sec] 정도로, 상하 왕복운동을 한다.

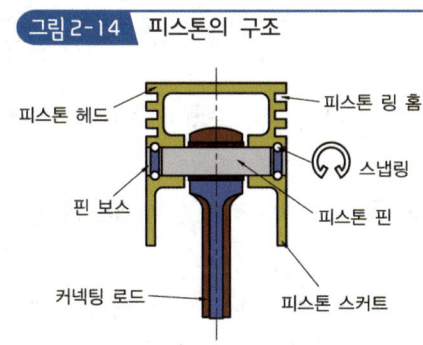

그림 2-14 피스톤의 구조

3) 피스톤의 종류

캠 연마 피스톤, 스플릿 피스톤, 인바 스트럿 피스톤, 슬리퍼 피스톤, 오프셋 피스톤, 솔리드 피스톤 등이 있다.

✪✪ 4) 피스톤 간극

① 간극이 클 때
  ㉠ 블로바이 가스에 의한 압축압력이 낮아진다.
  ㉡ 피스톤 링의 기능저하로 인하여 오일이 연소실에 유입되어 오일 소비가 많아진다.
  ㉢ 피스톤 슬랩(slap) 현상이 발생되며 기관 출력이 저하된다.
② 간극이 적을 때
  ㉠ 오일 간극의 저하로 유막이 파괴되어 마찰마멸이 증대된다.
  ㉡ 마찰열에 의해 소결(stick)되기 쉽다.

5) 피스톤 링(piston ring)

① 구비조건
   ㉠ 내열성, 내마멸성이 좋을 것
   ㉡ 열전도율이 높고, 탄성률이 양호할 것
   ㉢ 실린더 벽에 균일한 면압을 가할 것
   ㉣ 마찰저항이 작을 것

② 피스톤 링의 3대 작용
   ㉠ 기밀작용(압축가스 누출방지)
   ㉡ 오일 제어작용(연소실 내의 오일 유입방지 및 실린더벽 윤활작용)
   ㉢ 열전도작용(냉각작용)

③ 피스톤 링의 재질 : 조직이 치밀한 특수 주철을 사용하 심 주조법으로 제작하며, 실린더 벽의 재질보다 다소 경도가 낮은 재질을 사용함으로써 실린더 벽의 마멸을 감소한다.

④ 피스톤 링의 형상에 의한 분류
   ㉠ 동심형 링 : 제작은 쉬워 많이 사용되지만 실린더 벽에 가하는 면압이 전 둘레에 걸쳐 균일하지 못하다.
   ㉡ 편심형 링 : 링 이음부 쪽의 폭이 좁고 그 반대쪽의 폭은 넓으며, 실린더 벽에 가해지는 면압이 균일하지만 제작이 어렵다.

⑤ 피스톤링 이음 방법 : 피스톤링 이음 방법에는 버트 이음, 각 이음, 랩 이음, 실 이음 등이 있다.

문제 06

기관정비 작업시 피스톤링의 이음 간극을 측정할 때 측정 도구로 알맞은 것은?
㉮ 마이크로미터　　　　　　　　㉯ 버니어캘리퍼스
㉰ 시크니스게이지　　　　　　　㉱ 다이얼게이지

풀이 간극 측정은 시크니스(thickness) 게이지로 한다.

정답 ㉰

---

6) 피스톤 핀(piston pin)

✪✪

① 피스톤 핀 설치방법
   ㉠ 고정식 : 핀을 보스부에 고정 볼트로 고정하는 방법이다.
   ㉡ 반부동식 : 커넥팅 로드 소단부에 클램프 볼트로 고정하는 방식이다.

ⓒ 전부동식 : 어느 부분에도 고정되지 않고 스냅링에 의해 빠져나오지 않도록 하는 방식이다.

그림2-15 피스톤 핀의 설치방법

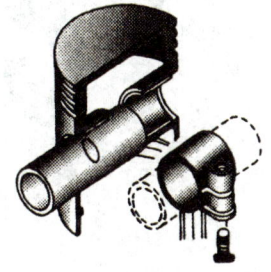

(a) 고정식　　　　　　(b) 반부동식　　　　　　(c) 전부동식

문제 07

피스톤 핀의 고정 방법에 속하지 않는 것은?
㉮ 고정식　　　　　　　㉯ 반부동식
㉰ 전부동식　　　　　　㉱ 3/4부동식

풀이 피스톤 핀 고정방법
① 고정식
② 반부동식
③ 전부동식

정답 ㉱

② 재질 : 저탄소강, 크롬강이 주로 사용되며 표면은 경화시켜 내마멸성을 높이고 내부는 그대로 두어 높은 인성을 유지하도록 한다.

2. 커넥팅 로드(connecting rod)

연소실 내에서 왕복운동을 하는 피스톤에 피스톤 핀과 연결되어 크랭크축에 동력을 전달하며, 관성을 줄이기 위해 경량이어야 하므로 일반적으로 I 및 H형 단조(forging) 면으로 제작한다.

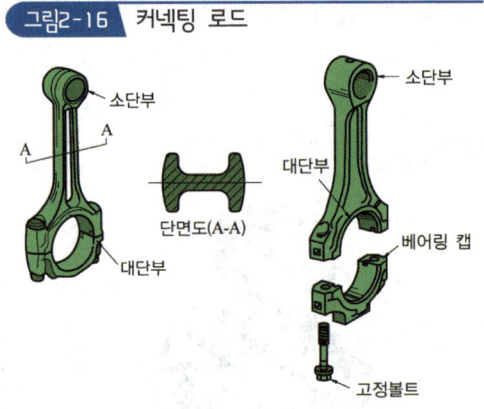

그림2-16 커넥팅 로드

1) 커넥팅 로드의 길이

① 길 때
  ㉠ 피스톤 측압이 적어지고, 실린더벽 마모도 감소한다.
  ㉡ 기관의 높이가 높아지고, 강도나 무게 면에서 불리하다.

② 짧을 때
  ㉠ 기관의 높이가 낮아지고 길이가 길어진다.
  ㉡ 무게를 가볍게 할 수 있다.
  ㉢ 피스톤 측압이 커지고 실린더벽 마모가 증가한다.

2) 재질

니켈(Ni)-크롬강(Cr), 크롬-몰리브덴강(Mo)을 사용하며, 커넥팅 로드의 길이는 소단부의 중심 간의 거리이며 피스톤 행정의 1.5~2.3배이다.

6_ 크랭크축 및 플라이휠

1. 크랭크축

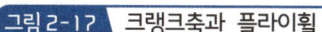

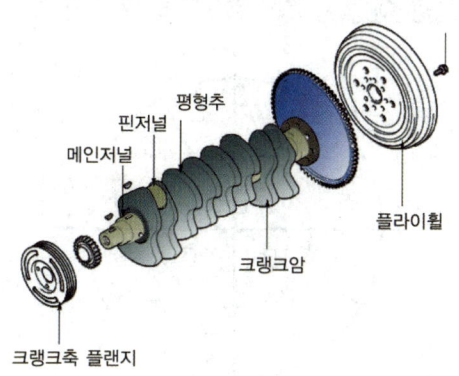

1) 구비조건

큰 하중을 받으면서 고속으로 회전하기 때문에 강도나 강성이 커야 하고 내마모성이 있는 고탄소강, 크롬-몰리브덴, 니켈-크롬강으로 제작하며, 정적 및 동적 평형이 잡혀있어 회전이 원활하여야 한다.

2) 크랭크축의 점화순서

① 4행정 사이클 기관에서는 4개의 실린더가 각각 크랭크축 회전 180°마다 점화가 이루어지며, 1번 실린더를 점화순서의 첫 번째로 정하며 점화순서는 크랭크축 핀의 배열 위치와 순서에 따라서 정한다. 점화순서는 1-3-4-2, 1-2-4-3이다.

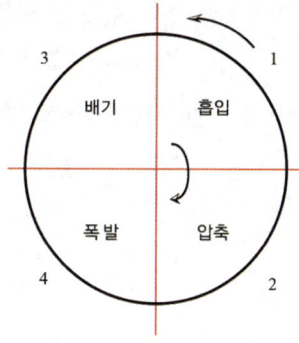

② 6실린더 기관에는 점화순서가 1−5−3−6−2−4(우수식 : 제1번 피스톤을 압축 상사점으로 하였을 때 제3번과 제4번 피스톤이 오른쪽에 있는 것)와 1−4−2−6−3−5 (좌수식 : 제3번과 제4번 피스톤이 왼쪽에 있는 것)가 있다.

그림2-19 6실린더 행정 찾는 법

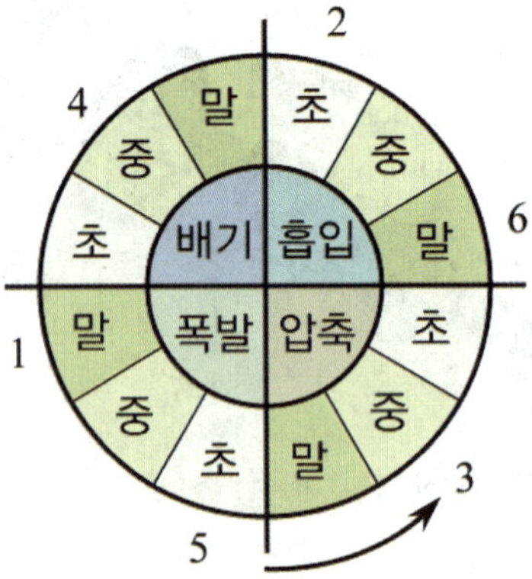

③ 점화시기 고려사항
  ㉠ 연소가 1사이클을 하는 동안 같은 간격으로 일어나야 한다.
  ㉡ 인접한 실린더에 연이어 점화되지 않도록 하여 크랭크축에 비틀림 진동이 일어나지 않게 한다.
  ㉢ 혼합기가 각 실린더에 균일하게 분배되도록 한다.

문제 08

4행정 4기통 기관에서 점화순서가 1−3−4−2인데 2번 실린더가 배기행정을 하고 있다. 이 때 3번 실린더는 어떤 행정을 하고 있는가?

㉮ 흡입 행정 ㉯ 압축 행정
㉰ 동력 행정 ㉱ 배기 행정

풀이 점화순서의 반대로 행정을 적으면 된다. 즉, 2번이 배기 행정이므로 4번은 흡입, 3번은 압축, 1번은 동력 행정이다.

정답 ㉯

+ 문제 09

점화순서가 1-3-4-2인 4행정 기관의 3번 실린더가 압축 행정을 할 때 1번 실린더는?

㉮ 흡입 행정 ㉯ 압축 행정
㉰ 폭발 행정 ㉱ 배기 행정

풀이 2, 3번 실린더, 1, 4번 실린더가 같이 움직이므로 3번이 압축행정이면 2번은 배기행정, 1번은 3번보다 점화순서가 앞이므로 먼저 압축행정이 지나갔으므로 현재는 폭발행정을 하고, 4번은 흡입행정을 한다.
참고 점화순서에 대해 행정을 거꾸로 적으면 3번이 압축이므로 1번은 폭발 행정, 2번은 배기 행정, 4번은 흡입 행정이 된다.

정답 ㉰

3) 엔진 베어링(engine bearing)

① 베어링의 구비조건
   ㉠ 눌러 붙지 않는 성질, 하중부담능력이 있을 것
   ㉡ 크랭크축 회전 중 이물질의 매입성(매몰성)이 있을 것
   ㉢ 내부식성과 내피로성이 있을 것
   ㉣ 추종유동성이 있을 것
   ㉤ 강도가 크고, 마찰저항이 작을 것
   ㉥ 고속회전에 견딜 것

② 베어링의 재질
   ㉠ 화이트 메탈(white metal)(배빗 메탈) : 주석(Sn), 납(Pb), 안티몬(Sb), 아연(Zn), 구리(Cu) 등의 백색 합금이며, 내부식성이 크고 무르기 때문에 길들임과 매입성은 좋으나 고온강도가 낮고 피로강도, 열전도율이 좋지 않다.
   ㉡ 켈밋 메탈(kelmet metal) : 구리(Cu)와 납(Pb)의 합금이며 고속 고하중을 받는 베어링으로 적합하나 화이트 메탈보다 매입성이 좋지 않다.
   ㉢ 알루미늄 합금 메탈 : 알루미늄(Al)과 주석(Sn)의 합금이며 강판에 녹여 붙여서 사용한다. 길들임과 매입성은 화이트 메탈과 켈밋의 중간 정도의 능력을 가지며, 내피로성은 켈밋보다 크다.

③ 하중의 작용 방향에 따른 베어링의 분류
   ㉠ 레이디얼 베어링(radial bearing) : 축에 직각 하중을 받는 베어링이다.
   ㉡ 스러스트 베어링(thrust bearing) : 축방향인 옆으로 하중을 받는 베어링이다.

④ 크랭크축 베어링의 구조
㉠ 베어링 크러시(bearing crush) : 베어링을 하우징 안에서 움직이지 않도록 하기 위하여 하우징 안둘레와 베어링 바깥둘레와의 차를 0.025~0.078[mm] 두며, 베어링을 설치하고 규정 토크로 조였을 때 베어링이 하우징에 완전히 접촉되어 열전도가 잘되도록 한다.
㉡ 베어링 스프레드(bearing spread) : 베어링을 끼우지 않았을 때 베어링 바깥쪽 지름과 베어링 하우징의 안지름 차이로 작은 힘으로 눌러 끼워 베어링이 제자리에 밀착되어 있게 할 수 있고 베어링을 조립할 때 베어링이 캡에 끼워진 채로 있어 작업하기 편리하며 베어링 조립에서 크러시가 압축됨에 따라 안쪽으로 찌그러지는 것을 방지할 수 있다.

그림 2-20 베어링 크러시와 스프레드

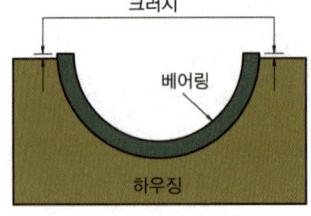
(a) 베어링 크러시

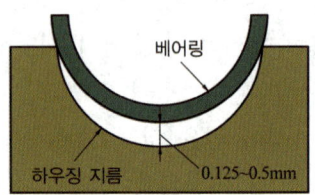
(b) 베어링 스프레드

문제 10

베어링이 하우징 내에서 움직이지 않게 하기 위하여 베어링의 바깥 둘레를 하우징의 둘레보다 조금 크게 하여 차이를 두는 것은?

㉮ 베어링 크러시
㉯ 베어링 스프레드
㉰ 베어링 돌기
㉱ 베어링 어셈블리

풀이 베어링 크러시란 베어링 바깥둘레를 하우징 둘레보다 약간 크게 둔 것으로 볼트로 조였을 때 압착시켜 베어링면의 열전도율을 향상시킨다.

정답 ㉮

CHAPTER 03

윤활 및 냉각장치

제1절 윤활장치(lubricating system)

1_ 윤활장치의 개요

고체 마찰이 오일의 유체 마찰로 바뀐다. 따라서 마찰 저항이 작아져 마모가 적고 마찰열의 온도 상승을 방지하며 기계 효율을 향상시킨다.

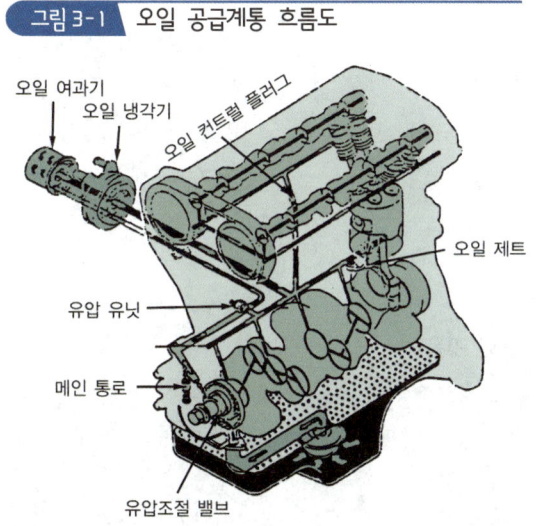

그림 3-1 오일 공급계통 흐름도

1. 윤활유의 작용과 구비조건

☆☆☆
1) 윤활유의 작용
① 감마작용(마찰의 감소 및 마멸방지)
② 세척작용(미세한 먼지, 찌꺼기 여과)

③ 밀봉작용(기밀유지 작용)
④ 방청작용(산화부식 방지)
⑤ 냉각작용(약 10~15[%])
⑥ 응력분산작용(국부적인 압력을 피해서)

문제 01

다음 중 윤활유의 사용 목적이 아닌 것은?

㉮ 방청작용　　　　　　　　㉯ 충격완화 및 소음방지 작용
㉰ 냉각작용　　　　　　　　㉱ 발화성 향상 작용

풀이 윤활유의 6대 작용
① 감마작용　　　　　　② 밀봉작용
③ 냉각작용　　　　　　④ 세척작용
⑤ 방청작용　　　　　　⑥ 응력 분산작용

정답 ㉱

2) 윤활유의 구비조건

① 점도가 적당할 것　　　　　　② 청정력이 클 것
③ 열과 산의 저항력이 클 것　　④ 비중이 적당할 것
⑤ 인화점과 발화점이 높을 것　　⑥ 응고점이 낮을 것
⑦ 기포 발생이 적을 것　　　　　⑧ 카본 생성이 적을 것

문제 02

윤활유의 구비조건으로 틀린 것은?

㉮ 점도가 적당할 것　　　　　　㉯ 열과 산에 대하여 안정성이 있을 것
㉰ 응고점이 높을 것　　　　　　㉱ 인화점과 발화점이 높을 것

풀이 윤활유의 구비조건
① 인화점과 발화점이 높을 것　　② 응고점이 낮을 것
③ 비중과 점도가 적당할 것　　　④ 열과 산에 대하여 안정될 것
⑤ 카본 생성에 대해 저항력이 클 것

정답 ㉰

2. 윤활방식의 종류

✪✪
비산식, 압송식, 비산 압송식 등이 있다.

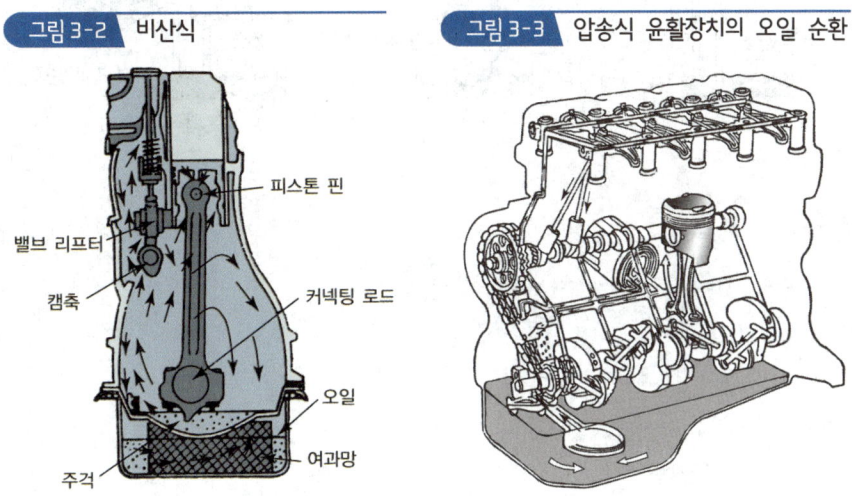

그림 3-2 비산식

그림 3-3 압송식 윤활장치의 오일 순환

3. 윤활장치의 구성

1) 오일 스트레이너(1차 여과기)

오일을 흡입시에 커다란 불순물을 여과하여 오일 펌프에 유도하여 주는 작용을 하며, 불순물에 의해 스크린이 막히면 바이패스 통로를 통하여 순환할 수 있도록 한다.

✪✪✪
2) 오일 여과기(oil-filter)와 여과 방식

① **전류식** : 전류식(full-flow filter)은 오일 펌프에서 압송한 오일 전부를 오일 여과기에서 여과한 다음 각 부분으로 공급하는 방식이다.
② **분류식** : 분류식(by-pass filter)은 오일 펌프에서 압송된 오일을 각 윤활 부분에 직접 공급하고, 일부를 오일 여과기로 보내 여과한 다음 오일 팬으로 되돌아가는 방식
③ **복합식(샨트식)** : 전류식과 분류식을 합한 방식이다.

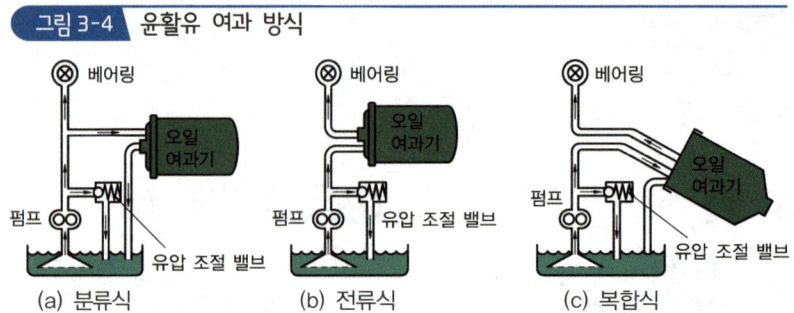

그림 3-4 윤활유 여과 방식

문제 03

자동차 기관에서 사용되는 오일 여과 방식이 아닌 것은?

㉮ 전류식　　　　　　　　㉯ 전기식
㉰ 분류식　　　　　　　　㉱ 샨트식

풀이 오일 여과방식
　　　전류식, 분류식, 샨트(shunt)식

정답 ㉯

문제 04

그림과 같이 오일펌프에 의해 압송되는 윤활유가 모두 여과기를 통과한 다음 공급되는 방식은?

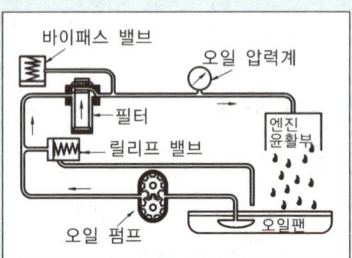

㉮ 샨트식　　　　　　　　㉯ 자력식
㉰ 분류식　　　　　　　　㉱ 전류식

풀이 ① 전류식 : 윤활유 전부를 여과시켜 공급하는 방식, 막히면 바이패스 밸브로 통과
　　② 분류식 : 윤활유의 일부는 여과시키고, 여과하지 않은 오일은 공급하는 방식
　　③ 션트(shunt)식 : 오일의 일부는 여과시켜서 공급, 일부는 바로 공급되는 방식

정답 ㉱

4. 윤활유(lubricating oil)

✯✯
1) 윤활유의 분류

① SAE 분류 : 미국자동차 기술협회에서 오일의 점도에 의해 분류한 것으로, SAE 번호로 표시하며 번호가 클수록 점도가 높다.
② API 분류 : 미국석유협회에서 엔진의 운전조건에 의해 분류한 방법으로, 가솔린 기관과 디젤 기관으로 분류하였다.
③ SAE 신분류 : SAE 신분류는 SAE 분류방법과 API 분류방법이 달라 SAE, ASTM, API 등이 새로 제정한 오일 분류 방법으로, 가솔린은 SA, SB, SC,··· , 디젤은 CA, CB, CC,···의 알파벳 순서로 분류하며 뒤로 갈수록 가혹한 조건에서 사용이 가능하다.

표 1-1 API 분류

운전조건 기관	좋은 조건	중간 조건	가혹한 조건
가솔린 기관	ML	MM	MS
디젤 기관	DG	DM	DS

표 1-2 API 분류와 SAE 신분류의 비교

구 분	운전조건	API 분류	SAE 신분류
가솔린 기관	좋은 조건	ML	SA
	중간 조건	MM	SB
	가혹한 조건	MS	SC·SD
디젤 기관	좋은 조건	DG	CA
	중간 조건	DM	CB·CC
	가혹한 조건	DS	CD

2) 점도

▶ 점도지수

온도 변화에 따른 오일의 끈끈한 정도를 말한다. 점도지수가 높다는 것은 온도 변화에 따른 오일의 점도 변화가 작다는 것을 의미한다.

2_ 유압 장치 정비

✿✿ 1) 유압이 상승하는 원인

① 엔진의 온도가 낮아 오일점도가 높다.
② 윤활회로의 일부가 막혔다.(특히, 오일 여과기가 막히면 유압이 상승하는 원인이 된다.)
③ 유압조절 밸브 스프링의 장력이 과대하다.

문제 05

윤활장치 내의 압력이 지나치게 올라가는 것을 방지하여 회로 내의 유압을 일정하게 유지하는 기능을 하는 것은?

㉮ 오일 펌프 ㉯ 유압조절밸브
㉰ 오일여과기 ㉱ 오일 냉각기

풀이 유압조절 밸브는 윤활회로 내의 압력이 과도하게 상승되는 것을 방지하여 유압을 일정하게 유지하는 기능을 한다.

정답 ㉯

---

2) 유압이 낮아지는 원인

① 크랭크축 베어링의 과대마멸로 오일간극이 크다.
② 오일 펌프의 마멸 또는 윤활회로에서 오일이 누출된다.
③ 오일 팬의 오일량이 부족하다.
④ 유압 조절 밸브 스프링 장력이 약하게 파손되었다.
⑤ 엔진 오일이 연료 등으로 현저하게 희석되었다.
⑥ 엔진 오일의 점도가 낮다.

문제 06

엔진오일 유압이 낮아지는 원인과 거리가 먼 것은?

㉮ 베어링의 오일간극이 크다. ㉯ 유압조절밸브의 스프링 장력이 크다.
㉰ 오일팬 내의 윤활유 양이 작다. ㉱ 윤활유 공급 라인에 공기가 유입되었다.

풀이 유압이 낮아지는 원인
① 유압조절밸브 스프링 장력 저하 ② 베어링 마모로 오일간극이 커졌을 때
③ 오일의 희석 및 점도 저하 ④ 오일 부족
⑤ 오일펌프 불량 및 유압회로의 누설

정답 ㉯

3) 오일의 색깔에 의한 정비

① 검정 : 심한 오염 또는 과부하 운전
② 붉은색 : 자동변속기 오일 혼입
③ 노란색 : 무연 휘발유 혼입
④ 우유색(백색) : 냉각수 혼입

문제 07

일반적인 오일의 양부 판단 방법이다. 틀리게 설명한 것은?
㉮ 오일의 색깔이 우유색에 가까운 것은 물이 혼입되어 있는 것이다.
㉯ 오일의 색깔이 회색에 가까운 것은 가솔린이 혼입되어 있는 것이다.
㉰ 종이에 오일을 떨어뜨려 금속 분말이나 카본의 유무를 조사하고 많이 혼입된 것은 교환한다.
㉱ 오일의 색깔이 검은색에 가까운 것은 너무 오랫동안 사용했기 때문이다.

풀이 ㉮, ㉰, ㉱ 항의 오일 양부 판단방법 외에 오일에 가솔린이 섞이면 가솔린 연료색인 붉은색을 띠게 된다.

정답 ㉯

제2절 냉각장치(cooling system)

1_ 냉각장치 개요

1. 엔진의 냉각 방식

1) 공랭식(air cooling type)

① 자연 통풍식 : 자동차가 주행할 때 받는 공기로 냉각하며, 실린더 블록과 같이 과열되기 쉬운 부분에 냉각핀을 설치하여 냉각한다.
② 강제 통풍식 : 냉각 팬을 사용하여 강제로 많은 양의 공기를 엔진으로 보내어 냉각하는 방식으로, 엔진 주위를 시라우드로 감싸서 냉각 효율을 높인다.

2) 수냉식(water cooling type)

① 자연 순환식 : 냉각수의 대류에 의해서 순환시키는 방식으로서 정치식 기관에 사용된다.
② 강제 순환식 : 물 펌프를 이용하여 강제적으로 냉각수를 순환시켜 기관을 냉각시키는

방식이다.
③ **압력 순환식** : 강제 순환식에서 압력식 캡으로 냉각장치의 통로를 밀폐시켜 냉각수가 비등되지 않도록 하는 방식이다.
④ **밀봉 압력식** : 압력 순환식에서 라디에이터 캡을 밀봉하고 냉각수가 외부로 누출되지 않도록 하는 방식이며, 냉각수가 가열되어 팽창하면 냉각수를 보조 탱크로 보낸다.

2. 냉각 장치의 구성

1) 라디에이터(radiator, 방열기)

엔진에서 뜨거워진 냉각수를 방열판을 통과시켜 공기와 접촉하여 냉각수를 식히는 장치이다.

① 구비조건
  ㉠ 단위면적당 방열량이 큰 것.
  ㉡ 공기의 흐름저항이 적은 것.
  ㉢ 가볍고 견고한 것.
  ㉣ 냉각수의 흐름 저항이 적은 것.
② 방열기 코어 형식
  ㉠ 플레이트 핀 : 평면으로 된 판을 일정한 간격으로 설치한 형식이다.
  ㉡ 코루게이트 핀 : 냉각 핀을 파도 모양으로 설치한 것으로 방열량이 크다.
  ㉢ 리본 셀룰러 핀 : 냉각 핀을 벌집 모양으로 배열된 형식이다.

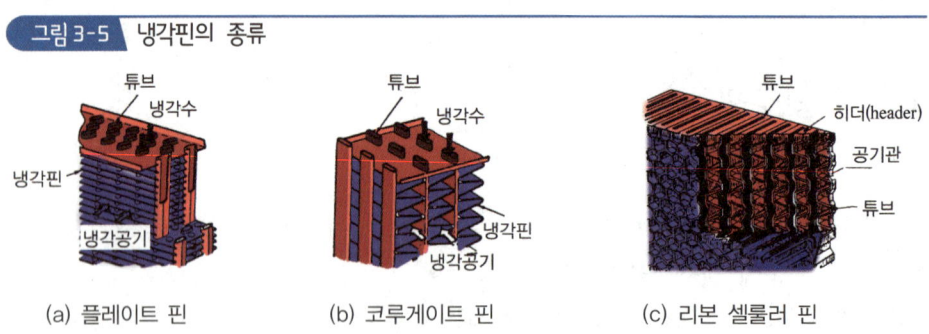

그림 3-5 냉각핀의 종류

(a) 플레이트 핀   (b) 코루게이트 핀   (c) 리본 셀룰러 핀

③ 방열기 정비
  ㉠ 방열기 코어의 막힘이 20[%] 이상이면 라디에이터를 교환한다.

  $$라디에이터\ 코어\ 막힘률 = \frac{신품\ 주수량 - 구품\ 주수량}{신품\ 주수량} \times 100[\%]$$

  ㉡ 라디에이터의 냉각 핀 청소는 압축 공기를 기관 쪽에서 밖으로 불어 낸다.
  ㉢ 라디에이터 튜브 청소는 플러시 건을 사용하여 냉각수를 아래 탱크에서 위 탱크로 흐르게 하여 청소하고, 세척제는 탄산나트륨, 중탄산나트륨을 사용한다.

문제 08

사용 중인 중고 자동차에 냉각수(부동액)를 넣었더니 14[L]가 주입되었다. 신품 라디에이터에는 16[L]의 냉각수가 주입된다면 라디에이터 코어 막힘은 얼마인가?

㉮ 12.5[%]3 ㉯ 15.5[%]
㉰ 20.5[%] ㉱ 22.5[%]

풀이 코어 막힘률 = $\frac{신품용량 - 구품용량}{신품용량} \times 100$

∴ 코어 막힘률 = $\frac{16-14}{16} \times 100 = 12.5[\%]$

정답 ㉮

문제 09

신품 라디에이터의 냉각수 용량이 20[L]이었는데 사용 중인 동일 라디에이터에 물을 넣으니 14[L]가 들어갔다. 이 라디에이터 코어의 막힘은 몇 [%]인가?

㉮ 20[%] ㉯ 25[%]
㉰ 30[%] ㉱ 35[%]

풀이 코어 막힘률 = $\frac{신품용량 - 구품용량}{신품용량} \times 100[\%]$

∴ $\frac{20-14}{20} \times 100 = 30[\%]$

정답 ㉰

2) 수온조절기(thermostat)

✿✿
① 수온조절기의 종류
  ㉠ 왁스 펠릿형 : 왁스 케이스에 왁스와 합성 고무를 봉입한 형식으로 냉각수의 온도가 상승하면 고체 상태의 왁스가 액체로 변화되어 밸브가 열리며 냉각수의 온도가 낮으면 액체 상태의 왁스가 고체로 변화되어 밸브가 닫힌다.
  ㉡ 벨로즈형 : 황동의 벨로즈 내에 휘발성이 큰 에테르나 알코올을 봉입한 형식으로 냉각수의 온도에 의해서 벨로즈가 팽창 및 수축으로 냉각수의 통로가 개폐되며, 65[℃]에서 열리기 시작하여 85[℃]에서 완전히 열린다.
  ㉢ 바이메탈형 : 코일 모양의 바이메탈이 수온에 의해 늘어날 때 밸브가 열리는 형식이다.

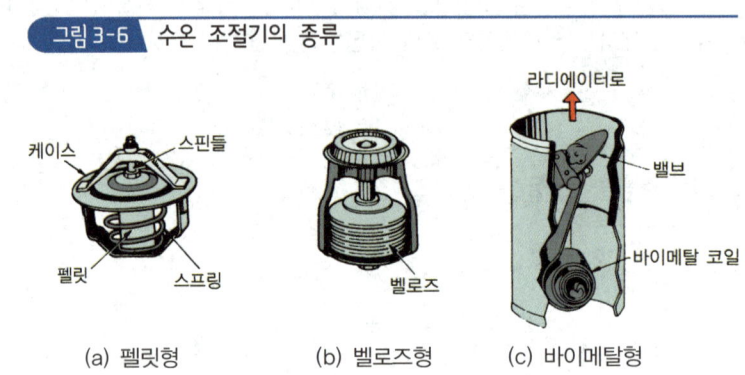

그림 3-6 수온 조절기의 종류

(a) 펠릿형 (b) 벨로즈형 (c) 바이메탈형

문제 10

벨로즈형 수온조절기의 내부에 밀봉되어 있는 액체는?
㉮ 왁스   ㉯ 에테르
㉰ 경유   ㉱ 냉각수

풀이 ▶ 벨로즈형 수온조절기는 내부에 에테르나 알콜이 봉입되어 냉각수 온도에 따라 팽창 또는 수축하여 통로를 개폐하는 방식이다.

정답 ㉯

3) 냉각수온 센서(WTS : Water Temperature Sensor)

실린더 헤드부의 물 재킷 부분에 설치되어 있으며, 냉각수의 온도를 검출하여 ECU에 정보를 보내주면 연산 제어되어 인젝터 기본 분사량을 보정하는 부특성(NTC) 서미스터이다.

그림 3-7 수온 센서(스위치)

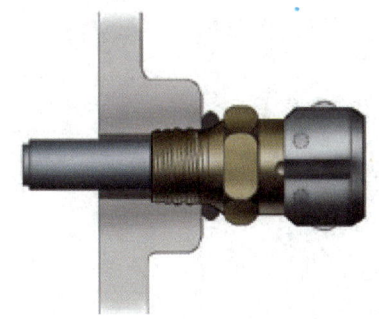

> **문제 11**
>
> 일반적으로 냉각수의 수온을 측정하는 곳은?
> ㉮ 라디에이터 상부 ㉯ 라디에이터 하부
> ㉰ 실린더헤드 물 재킷부 ㉱ 실린더블록 하단 물 재킷부
>
> 풀이 냉각수 온도는 실린더헤드 물 재킷부의 온도로 한다.
>
> 정답 ㉰

2_ 부동액(anti-freeze)

1. 부동액의 일반적 성질

1) 부동액의 종류

① 글리세린 : 산이 포함되면 금속을 부식시킨다.
② 메탄올 : 비등점이 82[℃]이며, 응고점이 -30[℃]로 낮은 온도에 견딜 수 있다.
③ 에틸렌 글리콜 : 영구 부동액이며, 응고점 -50[℃]이다.
④ 알콜

2) 부동액의 구비조건

① 내식성이 클 것, 팽창계수가 적을 것
② 비점이 높고 응고점이 낮을 것
③ 휘발성이 없고 유동성일 것

3_ 냉각장치 정비

1. 냉각장치의 이상 현상

✦✦
1) 기관 과열시 나타나는 현상

① 실린더 헤드 및 피스톤 손상
② 실린더 벽 손상(유막 파괴)
③ 기관출력 저하 원인
④ 노킹 및 조기점화 발생

문제 12

엔진이 과열되는 원인이 아닌 것은?
㉮ 점화시기 조정불량 ㉯ 물펌프 용량과대
㉰ 수온조절기 과소개방 ㉱ 라디에이터 핀에 다량의 이물질 부착

풀이 엔진이 과열되는 원인
① 수온조절기가 닫힌 채로 고장났다.
② 라디에이터 코어가 20% 이상 막혔다.
③ 라디에이터 핀에 이물질이 많이 묻었다.
④ 라디에이터가 파손되었다.
⑤ 물펌프가 작동불량이다.
⑥ 점화시기가 잘못 조정되었다.
⑦ 벨트가 헐겁거나 끊어졌다.
⑧ 엔진이 과부하로 운전되고 있다.
⑨ 냉각수에 이물질이 혼입되었다.

정답 ㉯

---

2) 기관 과냉시 나타나는 현상

① 연료 소비량 증대
② 기관출력 저하
③ 실린더 내에 카본 퇴적
④ 기관 각부 마멸 촉진

문제 13

다음 중 기관이 과열되는 원인이 아닌 것은?

㉮ 온도조절기가 닫힌 상태로 고장났을 때
㉯ 방열기의 용량이 클 때
㉰ 방열기의 코어가 막혔을 때
㉱ 벨트를 사용하는 형식에서 팬벨트 장력이 느슨할 때

[풀이] 엔진이 과열되는 원인
① 수온조절기가 닫힌 채로 고장났다.
② 라디에이터 코어가 20% 이상 막혔다.
③ 라디에이터 핀에 이물질이 많이 묻었다.
④ 라디에이터가 파손되었다.
⑤ 물펌프가 작동불량이다.
⑥ 점화시기가 잘못 조정되었다.
⑦ 벨트가 헐겁거나 끊어졌다.
⑧ 엔진이 과부하로 운전되고 있다.
⑨ 냉각수에 이물질이 혼입되었다.

정답 ㉯

CHAPTER 04
연료장치

INDUSTRIAL ENGINEER MOTOR VEHICLES MAINTENANCE

제1절 전자제어 가솔린 연료장치

1_ 전자제어 연료장치

1. 가솔린 분사장치의 분류

1) 인젝터(injector) 설치 위치에 따른 분류

① 직접 분사방식(GDI : Gasoline Direct Injection) : 연소실 내부에 직접 고압으로 연료를 분사하는 방식이다.

② 간접 분사방식(indirect injection) : 흡기다기관 또는 흡입 밸브 상단에 저압으로 연료를 분사하는 방식이다.

2) 인젝터(injector) 수에 따른 분류

① SPI(single point injection) : 인젝터가 드로틀 밸브 상단에 1개 인젝터로 연료를 저압 연속 분사하는 시스템이다.

② MPI(multi point injection) : 인젝터가 흡기밸브 상단에 실린더마다 각각 1개씩 따로 설치된 방식으로, SPI 방식에 비해서 혼합기가 각 실린더에 균일하게 분배된다.

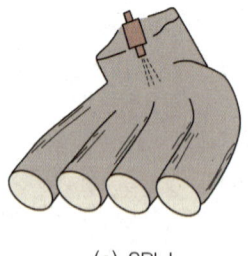
(a) SPI I

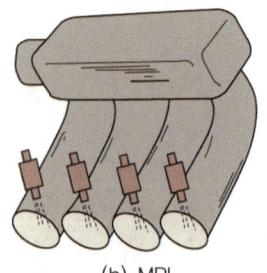
(b) MPI

3) 공기량 계량방식에 따른 분류

① **직접 계량방식** : 흡입공기 체적 또는 흡입공기 질량을 직접 계량하는 방식으로 K-제트로닉, L-제트로닉 등이 있다.
② **간접 계량방식** : 흡입 공기량을 직접 계량하지 않고 흡기다기관의 절대압력, 또는 스로틀 밸브의 개도와 기관의 회전속도로부터 공기량을 간접 계량하는 방식으로 D-제트로닉, TBI 등이 있다.

2. 연료분사 시기 제어

✪✪
1) 연료분사 시기의 분류

① **동기분사(독립분사, 순차분사)** : TDC 센서의 신호로 분사 순서를 결정하고, 크랭크각 센서의 신호로 점화시기를 조절하며, 크랭크 축이 2회전할 때마다 점화 순서에 의하여 배기 행정 시에 연료를 분사시킨다.
② **그룹분사** : 인젝터 수의 ½씩 짝을 지어 분사하며, 연료분사를 2개 그룹으로 나누어 시스템을 단순화시킬 수 있다.
③ **동시분사** : 모든 인젝터에 연료분사 신호를 동시에 공급하여 연료를 분사시키며 냉각수온 센서, 흡기온도, 스로틀 위치 센서 등 각종 센서에 의해 제어되며 1사이클 당 2회씩(크랭크 축 1회전당 1회씩 분사) 연료를 분사시킨다.

문제 01

전자제어 연료분사식 엔진의 특징으로 틀린 것은?

㉮ 혼합비의 정밀한 제어를 할 수 있다.
㉯ 혼합기가 각 실린더로 균일하게 분배된다.
㉰ 저속에서는 회전력이 감소된다.
㉱ 냉시동성이 우수하다.

풀이 전자제어 연료분사 기관의 장점
① 유해 배기가스의 저감
② 연비 및 출력 향상
③ 응답성 향상
④ 월 웨팅(wall wetting)에 따른 저온 시동성 향상
⑤ 저속 또는 고속에서 토크 영역의 변화가 가능하다.
⑥ 벤투리가 없어 공기 흐름저항이 적다.
⑦ 온·냉 시에도 최적의 성능을 보장한다.
⑧ 설계시 체적효율의 최적화에 집중하여 흡기다기관 설계가 가능하다.

정답 ㉰

> **문제 02**
>
> 크랭크각 신호에 따라 각 실린더의 인젝터를 동시에 개방하여 연료를 공급하는 분사방식은?
> ㉮ 동기분사 ㉯ 동시분사
> ㉰ 비동기분사 ㉱ 순차분사
>
> **풀이** 전자제어 엔진의 연료분사 방식
> ① 연속분사 : 엔진 회전에 따라 무조건 분사
> ② 간헐분사
>   ㉠ 동기분사 : 엔진 회전에 동기하여 분사
>   ⓐ 독립분사(순차분사) : 각 실린더의 인젝터가 독립적으로 분사
>   ⓑ 동시분사 : 매 회전마다 동시에 분사
>   ⓒ 그룹분사 : 점화순서에 따라 그룹으로 분사
>   ㉡ 비동기분사 : 시동시나 급가속시 엔진 회전에 관계없이 필요할 때 분사
>
> **정답** ㉯

2) 피드백 제어

산소 센서의 출력이 낮으면 혼합비가 희박하므로 분사량을 증량시키고, 산소 센서의 출력이 높으면 혼합비가 농후하므로 분사량을 감량시킨다.

① 피드 백 제어 정지 조건
  ㉠ 기관을 시동할 때
  ㉡ 기관 시동 후 분사량을 증량시킬 때
  ㉢ 기관의 출력을 증가시킬 때
  ㉣ 연료 공급을 차단할 때
  ㉤ 냉각수 온도가 낮을 때

3) 연료 압력 조절기(pressure regulator)

① 인탱크 조절 방식 : 연료 압력 조절기를 연료 탱크 내에 설치하여 일정 압력으로 연료를 공급하고, ECU가 인젝터 개변 시간으로 연료압을 보정한다.
② 인라인 조절 방식 : 연료 압력 조절기에 의해 인젝터의 분사압을 조절하는 방식이다.

그림 4-1 연료 압력 조절 방식

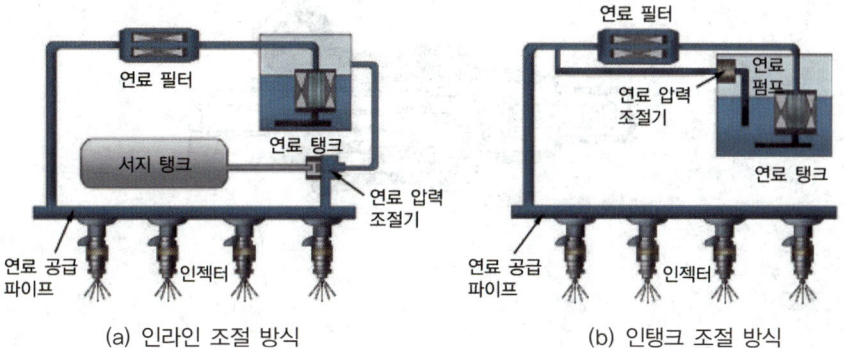

(a) 인라인 조절 방식 (b) 인탱크 조절 방식

문제 03

전자제어식 연료분사 장치의 주요 구성부품 중 흡입 공기량을 검출하는 장치는?
㉮ 연료압력 조정기 ㉯ ECU
㉰ 공기유량 센서 ㉱ 냉각수온 센서

[풀이] 흡입 공기량을 검출하는 센서를 공기유량 센서(Air Flow Sensor, AFS)라 한다.

정답 ㉰

문제 04

전자제어 연료 분사장치에서 ECU (Electronic Control Unit)로 입력되는 요소가 아닌 것은?
㉮ 냉각수 온도 신호 ㉯ 연료분사 신호
㉰ 흡입 공기온도 신호 ㉱ 크랭크 앵글 신호

[풀이] 냉각수 온도, 흡입 공기온도, 크랭크 앵글 신호 등은 입력신호이고, 연료분사 신호는 ECU에서 행해지는 출력신호이다.

정답 ㉯

✩✩✩
4) 인젝터(injector)

니들 밸브(needle valve), 플런저(plunger), 솔레노이드 코일(solenoid coil) 등으로 구성되며 분사량은 코일에 흐르는 전류의 통전 시간에 의해 조절된다.

그림 4-2 인젝터의 구조

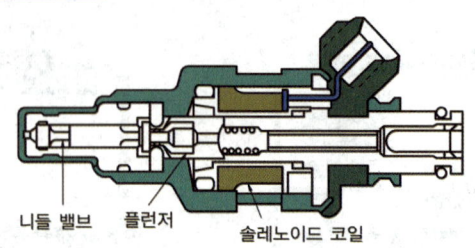

니들 밸브 플런저 솔레노이드 코일

5) 연료탱크

① 환기밸브 : 연료증기는 캐니스터에 포집되며 진공밸브가 열려 대기압을 공급한다.
② 중력밸브 : 과량의 연료가 주유되거나 차량 전복시 연료의 누출을 방지한다.
③ 셧-오프밸브 : 연료 증발가스가 캐니스터로부터 대기 중으로 유출되는 것을 방지한다.
④ 재생밸브 : 캐니스터에 포집된 유증기를 흡기다기관으로 유입하는 밸브이다.
⑤ 연료 잔량 경고 시스템 : NTC 서미스터를 사용하여 연료 잔량을 경고한다.
⑥ 유량계 : 가변저항을 이용하여 탱크 내의 연료량을 표시한다.
⑦ 드레인 플러그 : 탱크 내에 모이는 물이나 침전물을 배출하기 위한 것이다.

그림 4-3 가솔린 연료 장치의 구성

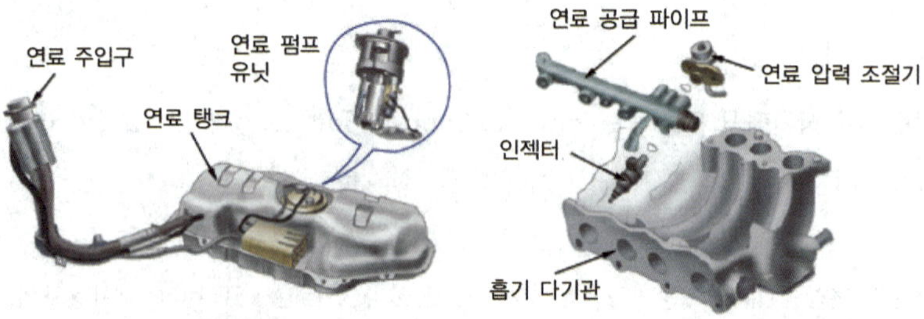

(a) 연료 탱크와 연료 펌프   (b) 연료 압력 조절기와 인젝터

2_ GDI(Gasoline Direct Injection) 연료장치

1. 시스템 개요

실린더 내에 연료를 고압으로 직접 분사하여 연소시킴으로써 성능 향상, 유해 배출가스 저감, 연비 개선을 동시에 실현한 엔진이다.

> 그림 4-4 GDI 시스템의 직접 분사 과정

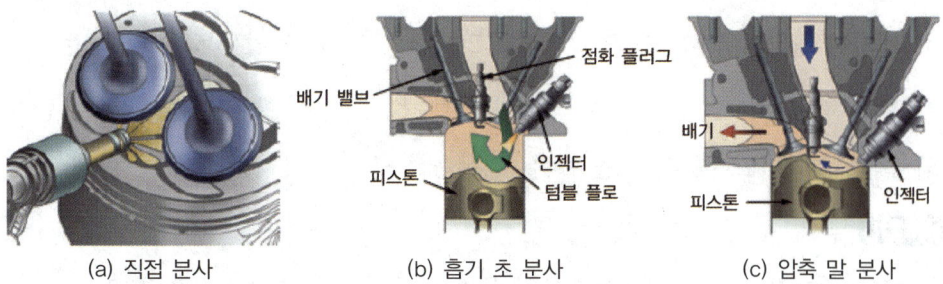

(a) 직접 분사   (b) 흡기 초 분사   (c) 압축 말 분사

문제 05

가솔린 엔진 연료 분사장치에서 기본 분사량을 결정하는 것으로 맞는 것은?

㉮ 흡기온 센서와 냉각수온 센서
㉯ 에어플로 센서와 스로틀 보디
㉰ 크랭크각 센서와 에어플로 센서
㉱ 냉각수온 센서와 크랭크각 센서

[풀이] 가솔린 연료 분사장치는 흡입 공기량(AFS)과 기관 회전수(CAS)로 기본 분사량을 결정한다.

정답 ㉰

2. 연료 제어 장치

GDI 엔진의 연료공급은 연료탱크 → 저압펌프 → 고압펌프 → 연료레일 → 고압 인젝터 순으로 공급된다.

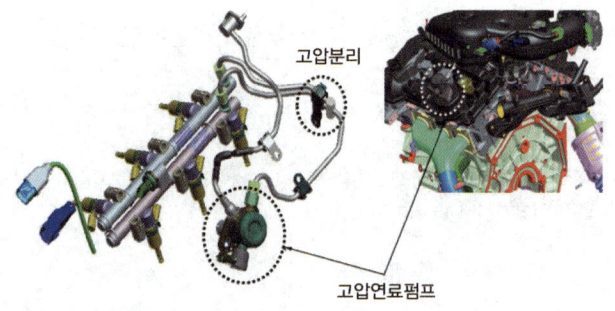

1) 연료압력 조절기(FPR : Fuel Pressure Regulator)

연료압력 조절기는 듀티를 증가하면 압력이 증가하는 구조로, 고압 연료펌프는 5bar의 압력으로 연료가 공급되어 압력 조절밸브 이후에는 아이들 rpm에서 30bar 정도 수준으로 제어가 되고 최대 압력은 150bar이다. 고장 시는 저압 연료 압력인 5bar로 공급한다.

2) 고압센서

연료 레일에 장착되어 있으며 최고압력은 250bar이고 사용전압은 5V이다.

3) 인젝터

고압의 연료를 연소실에 직접 공급하는 기능을 한다.

문제 06

다음 그림의 전자제어 연료분사장치의 인젝터 파형이다. ①~④의 설명으로 틀린 것은?

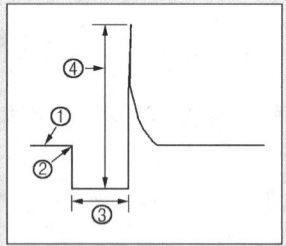

㉮ ① : 인젝터 구동 전압을 나타낸다.
㉯ ② : 인젝터를 구동시키기 위한 트랜지스터의 OFF 상태를 나타낸다.
㉰ ③ : 인젝터 구동 시간(연료 분사시간)을 나타낸다.
㉱ ④ : 인젝터 코일의 자장 붕괴 시 역기전력을 나타낸다.

풀이 ②번은 인젝터를 구동시키기 위한 트랜지스터의 ON 상태를 나타낸다.

정답 ㉱

문제 07

가솔린 기관의 전자제어 연료분사 장치를 구성하는 부품이 아닌 것은?
㉮ 연료압력조절기   ㉯ 인젝터
㉰ 웨스트게이트 밸브   ㉱ ECU

풀이 웨스트 게이트(waste gate) 밸브란 과급기에서 과도한 충전 압력에 의해 터보차저가 손상되므로 일정 회전수 이상이 되면 밸브가 열려 터보차저의 손상을 방지한다.

정답 ㉰

3. 연료분사 시기 제어

분사시점은 일반 주행시는 흡입행정에서 분사하여 연료와 공기의 혼합을 좋게 한다. 시동시는 압축행정에 연료를 분사하여 공기와 연료의 성층화 현상에 의해 연료가 점화플러그 주변으로 모여 점화플러그 근처에만 농후하게 되어 시동성을 좋게 하고 연료를 절약할 수 있다.

행정		폭발행정	배기행정	흡기행정	압축행정
GDI	일반주행			연료분사	
	시동시				연료분사
	촉매히팅			연료분사	연료분사
MPI 연료분사		연료분사			

문제 08

기화기식과 비교한 전자제어 가솔린 연료분사 장치의 장점이라고 할 수 없는 것은?

㉮ 고출력 및 혼합비 제어에 유리하다.
㉯ 연료 소비율이 낮다.
㉰ 부하변동에 따라 신속하게 응답한다.
㉱ 적절한 혼합비 공급으로 유해 배출가스가 증가한다.

풀이 전자제어 연료분사 기관의 장점
① 유해 배기가스의 저감
② 연비 및 출력 향상
③ 응답성 향상
④ 월 웨팅에 따른 저온 시동성 향상
⑤ 저속 또는 고속에서 토크 영역의 변화가 가능하다.
⑥ 벤투리가 없어 공기 흐름저항이 적다.
⑦ 온·냉 시에도 최적의 성능을 보장한다.
⑧ 설계시 체적효율의 최적화에 집중하여 흡기다기관 설계가 가능하다.

정답 ㉱

문제 09

승용차에 전자제어식 가솔린 분사기관을 채택하는 이유 중 틀린 것은?

㉮ 회전수 향상 ㉯ 유해 배출가스 저감
㉰ 연료소비율 개선 ㉱ 신속한 응답성

풀이 전자제어 연료분사 기관의 장점
① 유해 배기가스의 저감
② 연비 및 출력 향상
③ 응답성 향상
④ 월 웨팅에 따른 저온 시동성 향상
⑤ 저속 또는 고속에서 토크 영역의 변화가 가능하다.
⑥ 벤투리가 없어 공기 흐름저항이 적다.
⑦ 온·냉 시에도 최적의 성능을 보장한다.
⑧ 설계시 체적효율의 최적화에 집중하여 흡기다기관 설계가 가능하다.

정답 ㉮

문제 10

전자제어 가솔린 기관에서 연료의 분사량은 어떻게 조정되는가?

㉮ 인젝터 내의 분사압력으로
㉯ 연료 펌프의 공급압력으로
㉰ 인젝터의 통전시간에 의해
㉱ 압력 조정기의 조정으로

풀이 인젝터의 연료 분사량은 인젝터(니들밸브)의 통전시간 (개방시간)으로 결정된다.

정답 ㉰

제2절 LPG 연료장치

1_ LPG 연료장치

1. LPG 시스템 개요

LPG는 프로판과 부탄이 주성분으로 프로필렌과 부틸렌이 포함되어 있다.

1) LPG 가스의 특성

▶ 색과 냄새

액화석유가스는 위험을 방지하기 위하여 고압가스관리법으로 독특한 냄새가 나도록 의무화되어 있으며, 본래의 액화석유가스는 무색, 무취, 무미이다.

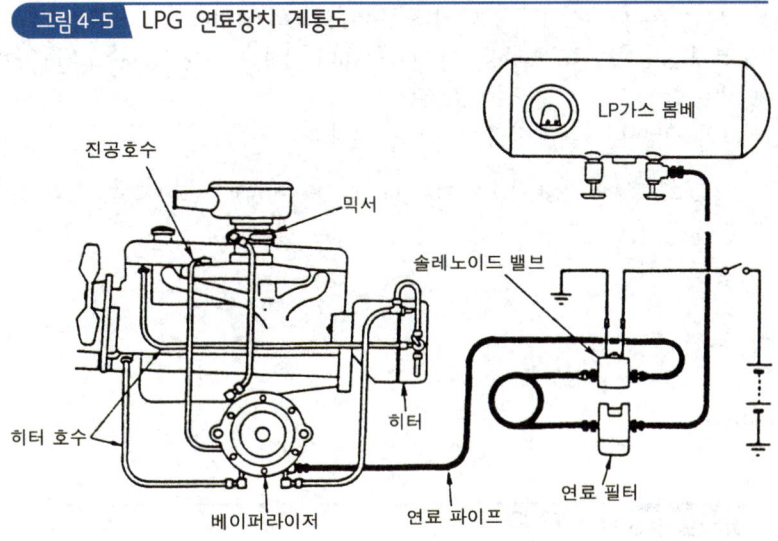

그림 4-5 LPG 연료장치 계통도

2. LPG의 장점 및 단점

1) 장점

① 가솔린 연료보다 가격이 저렴하기 때문에 경제적이다.
② 혼합기가 가스 상태로 실린더에 공급되기 때문에 일산화탄소(CO)의 배출량이 적다.
③ 가솔린 연료보다 옥탄가가 높고 연소 속도가 느리기 때문에 노킹이 적다.
④ 가스 상태로 실린더에 공급되기 때문에 미연소가스에 의한 오일의 희석이 적다.
⑤ 황분의 함유량이 적기 때문에 오일의 오손이 적다.
⑥ 베이퍼록 현상이 일어나지 않는다.

2) 단점

① 연료의 보급이 불편하고 트렁크의 공간이 좁다.
② 한냉시 또는 장시간 정차시에 증발 잠열 때문에 시동이 어렵다.
③ LPG 연료 봄베 탱크를 고압 용기로 사용하기 때문에 차량의 중량이 무겁다.

문제 11

LPG 연료장치가 장착된 자동차의 설명으로 틀린 것은?

㉮ 점화시기는 가솔린 차량의 정규위치보다 앞당길 수 있다.
㉯ 가스누설 개소는 액체 패킹이나 LPG 전용 실 테이프로 막는다.
㉰ LPG 용기 본체는 항장력 즉, 인장강도가 30[kg_f/cm^2] 이하, 내압강도 20[kg_f/cm^2] 이하의 기밀 강도를 가져야 한다.
㉱ 점화 플러그의 수명이 가솔린 차량에 비하여 길다.

풀이 LPG 용기의 강도는 차량의 강성보다 크게 제작하며, 내압 100[kg_f/cm^2] 정도까지 충분한 강도를 가진다.

정답 ㉰

3. 시스템 구성

1) 봄베(bombe)

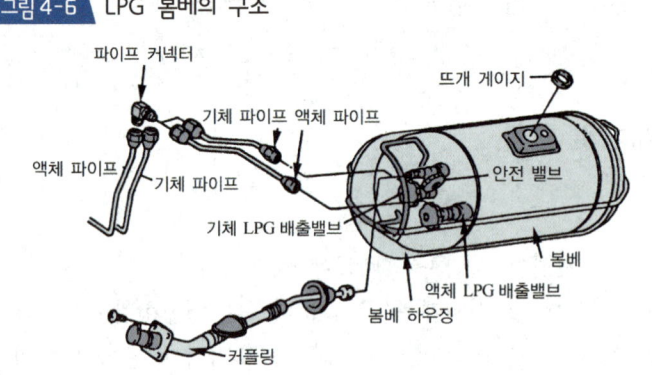

그림 4-6 LPG 봄베의 구조

① 주행에 필요한 LPG를 저장하는 탱크이며, 액체 상태로 유지하기 위한 압력은 7~10[kg/cm^2]이다.
② 기체 배출 밸브 : 봄베의 기체 LPG 배출쪽에 설치되어 있는 황색 핸들의 밸브이다.
③ 액체 배출 밸브 : 봄베의 액체 LPG 배출쪽에 설치되어 있는 적색 핸들의 밸브이다.
④ 충전 밸브 : 봄베의 기체 상태 부분에 설치되어 있는 녹색 핸들의 밸브이며, 충전 밸브 아래쪽에 안전 밸브가 설치되어 봄베 내의 압력이 규정 이상으로 상승되는 것을 방지한다.
⑤ 용적 표시계 : 봄베에 LPG 충전 시에 충전량을 나타내는 계기이며, LPG는 봄베 용적의 85[%]까지만 충전하여야 한다.
⑥ 안전 밸브 : 봄베 내의 압력이 상승하여 규정값 이상이 되면 이 밸브가 열려 대기 중으로 LPG가 방출된다.

㉦ 과류방지 밸브 : 배출 밸브의 안쪽에 설치되어 배관의 연결부 등이 파손되었을 때 LPG가 과도하게 흐르면 이 밸브가 닫혀 유출을 방지한다.

문제 12

LP가스를 사용하는 자동차의 봄베와 관련된 사항으로 틀린 것은?
㉮ 용기의 도색은 회색으로 한다.
㉯ 안전밸브에서 분출된 가스는 대기중으로 방출되는 구조로 되어 있다.
㉰ 안전밸브는 용기 내부의 기상부에 설치되어 있다.
㉱ 봄베 보디에 베이퍼라이저가 설치되어 있다.

풀이 봄베(bombe)란 LPG 연료탱크를 말하며, 베이퍼라이저는 엔진룸 내에 있다.

정답 ㉱

2) 연료차단 솔레노이드 밸브

그림 4-7 액·기상 솔레노이드

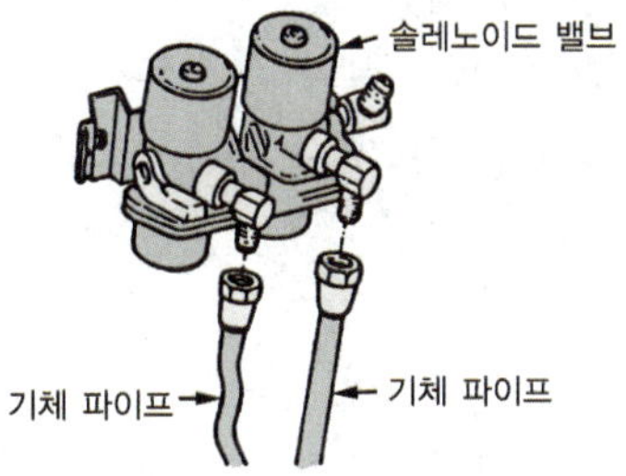

그림 4-8 밸브솔레노이드 밸브 필터

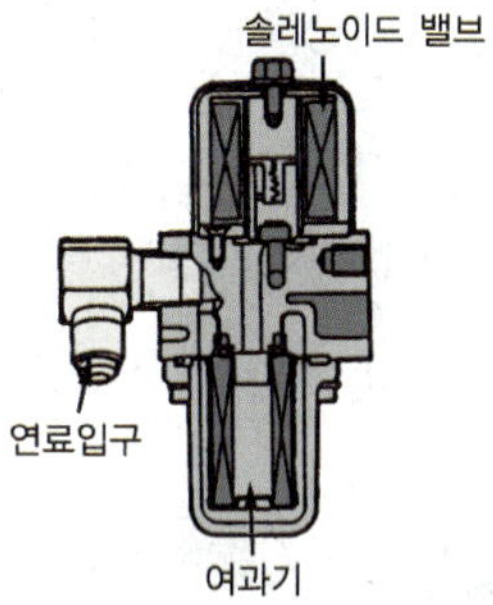

시동시 기체 LPG를 공급하고, 시동 후에는 액체 LPG를 공급해준다.

3) 베이퍼라이저

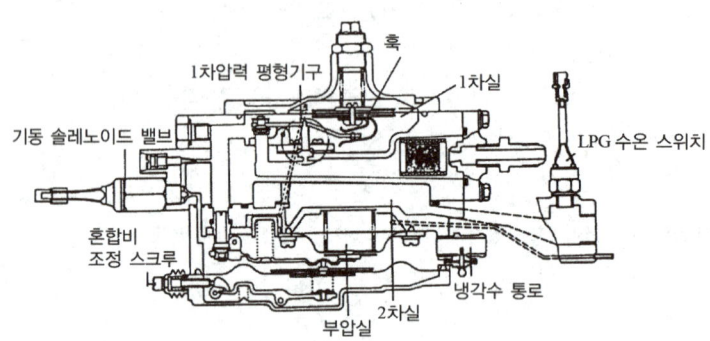

그림 4-9 베이퍼라이저의 구조

문제 13

LPG 연료장치 차량에서 LPG를 대기압에 가깝게 감압하는 장치는?
- ㉮ 1차 감압실
- ㉯ 2차 감압실
- ㉰ 부압실
- ㉱ 기동 솔레노이드 밸브

풀이 베이퍼라이저 1차 감압실에서 0.3kg/cm²으로, 2차 감압실에서 대기압에 가깝게 감압시킨다.

정답 ㉯

문제 14

LPG 차량의 연료 계통에서 가솔린 엔진의 기화기 역할을 하며 감압, 기화 및 압력조절 작용을 하는 것은?
- ㉮ 솔레노이브 밸브(solenoid valve)
- ㉯ 믹서(mixer)
- ㉰ 베이퍼라이저(vaporizer)
- ㉱ 봄베(bombe)

풀이 베이퍼라이저는 액체를 기체로 변화시켜 주는 장치로 감압, 기화 및 압력조절 작용을 한다.

정답 ㉰

① 봄베에서 공급된 LPG의 압력을 감압하여 기화시키는 작용을 한다.
② 수온 스위치 : 수온이 15[℃] 이하일 때는 기상, 15[℃] 이상일 때는 액상 솔레노이드 밸브 코일에 전류를 흐르게 한다.
③ 1차 감압실 : LPG를 0.3[kg$_f$/cm^2]로 감압시켜 기화시키는 역할을 한다.
④ 2차 감압실 : 1차 감압실에서 감압된 LPG를 대기압에 가깝게 감압하는 역할을 한다.
⑤ 기동 솔레노이드 밸브 : 한랭시 1차실에서 2차실로 통하는 별도의 통로를 열어 시동에 필요한 LPG를 확보해주고, 시동 후에는 LPG 공급을 차단하는 일을 한다.
⑥ 부압실 : 기관의 시동을 정지하였을 때 부압 차단 다이어프램 스프링 장력이 부압실보다 커서 2차밸브를 시트에 밀착시켜 LPG 누출을 방지하는 일을 한다.

4) 가스 믹서(gas mixer)

믹서는 공기와 LPG를 15 : 3의 비율로 혼합하여 각 실린더에 공급하는 역할을 한다.

문제 15

LPG 연료 차량의 주요 구성장치가 아닌 것은? (단, LPI 제외)
㉮ 베이퍼라이저(vaporizer) ㉯ 연료여과기(fuel filter)
㉰ 믹서(mixer) ㉱ 연료펌프(fuel pump)

[풀이] LPG 연료 차량은 고압의 가스를 감압, 기화시켜 연료로 공급하므로 연료펌프가 없다.

정답 ㉱

문제 16

LPG 기관에서 연료공급 경로로 맞는 것은?
㉮ 연료탱크 → 솔레노이드 밸브 → 베이퍼라이저 → 믹서
㉯ 연료탱크 → 베이퍼라이저 → 솔레노이드 밸드 → 믹서
㉰ 연료탱크 → 베이퍼라이저 → 믹서 → 솔레노이드 밸브
㉱ 연료탱크 → 믹서 → 솔레노이드 밸브 → 베이퍼라이저

[풀이] LPG 기관의 연료공급 경로
연료탱크 → 솔레노이드 밸브 → 베이퍼라이저 → 믹서

정답 ㉮

CHAPTER 05

디젤 기관

제1절 기계식 디젤 기관

1_ 디젤 기관의 개요

자동차용 디젤 기관은 실린더 안에 공기(air)만을 흡입·압축하여 공기의 온도가 500~600[℃]에 이를 때, 연료를 안개 모양의 입자로 고압 분사하여 이 분사된 연료가 공기의 압축열에 의해 자기착화, 연소하게 된다.

1. 디젤기관 연소실

1) 구비 조건

① 분사된 연료를 될 수 있는 대로 짧은 시간에 완전 연소시켜야 한다.
② 평균 유효 압력이 높아야 한다.
③ 연료 소비율이 적어야 한다.
④ 고속 회전 시의 연소 상태가 좋아야 한다.
⑤ 시동이 용이해야 한다.

✿✿ 2) 디젤엔진의 노크

디젤엔진의 노크는 착화 지연기간 중에 분사된 연료가 착화하지 못하고 화염 전파기간에 한꺼번에 연소하여 실린더 내의 압력이 급격히 상승하는 현상을 말한다.

① 세탄가 : 디젤 연료의 착화성을 나타내는 척도를 말하며 착화 지연이 짧은 세탄($C_{16}H_{34}$)과 착화지연이 나쁜 α-메틸 나프탈렌($C_{11}H_{10}$)의 혼합 연료의 비를 [%]로 나타내는 것이다.

$$세탄가 = \frac{세탄}{세탄 + \alpha 메틸나프탈렌} \times 100(\%)$$

② 착화 촉진제 : 초산아밀($C_5H_{11}NO_3$), 아초산아밀($C_5H_{11}NO_2$), 초산에틸($C_2H_5NO_3$), 아초산에틸($C_2H_5NO_2$)을 1~5[%] 정도 첨가한다.

③ 디젤 노크 방지방법 : 착화 지연기간이 길면 노크가 발생한다. 노크 방지방법은 다음과 같다.
  ㉠ 착화성이 좋은 연료(세탄가가 높은 연료)를 사용한다.
  ㉡ 압축비를 높게 한다.
  ㉢ 분사초기의 연료 분사량을 적게 한다.
  ㉣ 연소실에 강한 와류(소용돌이)를 형성한다.

④ 착화지연에 영향을 미치는 요인
  ㉠ 연료의 세탄가
  ㉡ 실린더 내의 온도와 압력
  ㉢ 연료의 분사상태
  ㉣ 공기의 와류

3) 디젤 기관 연소실의 분류

```
         ┌ 단실식 ─ 직접분사식(direct injection type)
연소실 ─┤
         │         ┌ 예연소실식(pre-combustion chamber type)
         └ 복실식 ─┼ 와류실식(swirl chamber type)
                   └ 공기실식(air chamber type)
```

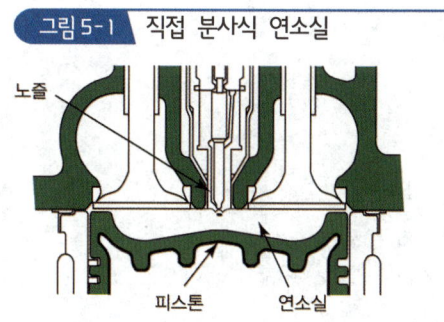

그림5-1 직접 분사식 연소실

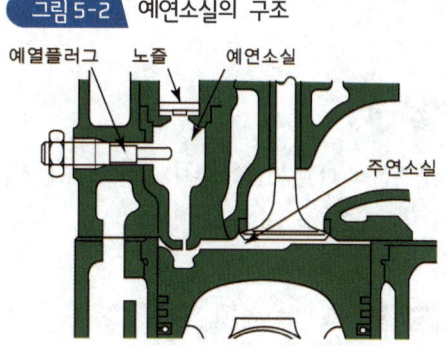

그림5-2 예연소실의 구조

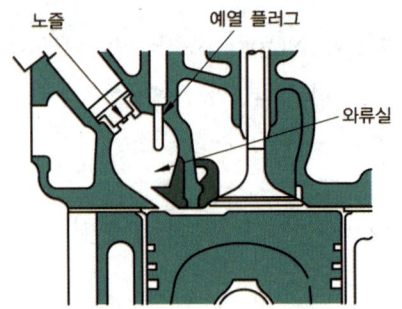

그림 5-3 와류실식의 구조

문제 01

가솔린 기관과 비교할 때 디젤 기관의 장점이 아닌 것은?

㉮ 부분부하 영역에서 연료소비율이 낮다.
㉯ 넓은 회전속도 범위에 걸쳐 회전 토크가 크다.
㉰ 질소산화물과 매연이 조금 배출된다.
㉱ 열효율이 높다.

풀이 디젤기관의 장점
① 압축비를 크게 할 수 있다.
② 점화장치가 없으므로 이에 따른 고장이 없다.
③ 경유의 인화점이 높으므로 저장이나 취급이 용이하다.
④ 넓은 회전속도에서 회전력이 크다.
⑤ 열효율이 높고 연료소비량이 적다.
⑥ 마력당 중량이 무겁다.
⑦ 연료의 값이 저렴하다.
⑧ 대형 엔진의 제작이 가능하다.

정답 ㉰

문제 02

예연소실식 디젤 기관의 분사 압력 범위에 해당되는 것은?

㉮ 100~120[kg$_f$/cm^2]   ㉯ 200~250[kg$_f$/cm^2]
㉰ 300~350[kg$_f$/cm^2]   ㉱ 400~450[kg$_f$/cm^2]

풀이 예연소실식 분사 압력
100~120[kg$_f$/cm^2]

정답 ㉮

문제 03

직접분사실식 디젤 기관에 비해 예연소실식 디젤 기관의 장점으로 맞는 것은?

㉮ 사용 연료의 변화에 민감하지 않다.
㉯ 시동시 예열이 필요 없다.
㉰ 출력이 큰 엔진에 적합하다.
㉱ 연료 소비율이 높다.

풀이 예연소실식의 장·단점
① 연료의 분사압력(100~120[kgf/cm^2])이 낮아 연료장치의 고장이 적고, 수명이 길다.
② 사용 연료의 변화에 둔감하므로 연료의 선택이 편리하다.
③ 운전상태가 정숙하고 노크가 적다.
④ 연소실 표면적 대 체적비가 크므로 냉각손실이 크다.
⑤ 예열플러그가 필요하다.
⑥ 연소실의 구조가 복잡하다.
⑦ 연료소비율(200~250[g/ps-h])이 직접분사식에 비해 크다.

정답 ㉮

2. 디젤 기관의 연료장치

연료 탱크 → 연료 여과기 → 공급 펌프 → 연료 여과기 → 분사 펌프 → 분사 파이프 → 분사 노즐 → 연소실 순서로 연료가 공급된다.

그림 5-4 디젤 기관의 연료장치

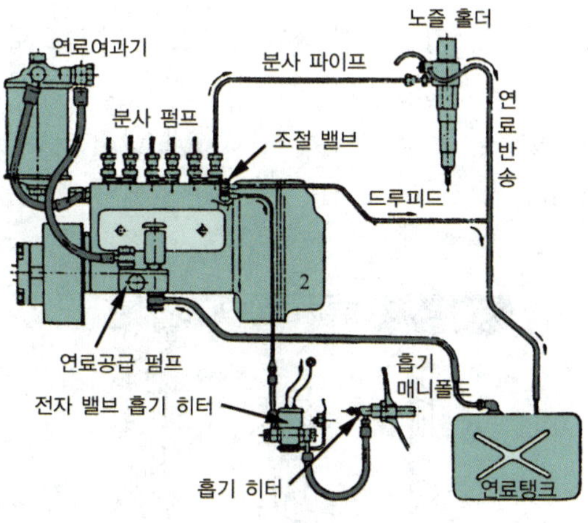

문제 04

디젤기관의 분사펌프식 연료장치의 연료공급 순서가 맞는 것은?

㉮ 연료탱크−연료 여과기−연료 공급 펌프−연료 여과기−분사펌프−고압 파이프−분사노즐−연소실
㉯ 연료탱크−연료 여과기−연료 공급 펌프−분사펌프−연료 여과기−고압 파이프−분사노즐−연소실
㉰ 연료탱크−연료 공급 펌프−연료 여과기−분사펌프−연료 여과기−고압 파이프−분사노즐−연소실
㉱ 연료탱크−연료 여과기−연료 공급 펌프−연료 여과기−분사펌프−분사노즐−고압 파이프−연소실

풀이 분사펌프의 연료공급 순서는 ㉮항과 같다.

정답 ㉮

1) 독립식 분사펌프(injection pump)

독립식 분사펌프는 엔진의 각 실린더마다 한 개씩 펌프를 설치한 것으로서, 구조가 복잡하나 현재 고속 디젤 기관에 주로 사용한다.

```
           ┌ 독립식(고속 디젤, 대형)
  무기분사식 ┼ 공동식
           └ 분배식(소형 디젤)
  공기분사식 ─ 선박
```

① 플런저 리드의 종류
  ㉠ 정리드 : 플런저 헤드가 편평하고 리드가 경사지게 파여, 분사개시가 일정하고 분사말기가 변화하는 리드이다.
  ㉡ 역리드 : 플런저 헤드가 경사지게 파이고 리드가 수평으로 파여, 분사개시가 변화하고 분사말기가 일정한 리드이다.
  ㉢ 양리드 : 플런저 헤드와 리드가 모두 경사지게 파여, 분사개시와 분사말기가 모두 변화하는 리드이다.

그림 5-5 플런저 리드의 형식

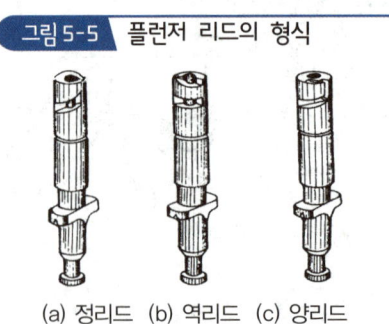

(a) 정리드 (b) 역리드 (c) 양리드

문제 05

분사 펌프에서 분사 초기의 분사시기를 일정하게 하고 분사 말기를 변화시키는 리드형은?

㉮ 변 리드형 ㉯ 역 리드형
㉰ 정 리드형 ㉱ 양 리드형

[풀이] 플런저의 리드 방식
① 정 리드 : 분사 초기가 일정하고 분사 말기가 변화
② 역 리드 : 분사 초기가 변화하고 분사 말기가 일정
③ 양 리드 : 분사 초기와 분사 말기가 모두 변화

정답 ㉰

② 딜리버리 밸브(delivery valve) : 스프링의 장력에 의해 급속히 닫혀 연료의 역류를 방지하고 노즐의 후적을 방지한다.

그림 5-6 딜리버리 밸브 어셈블리

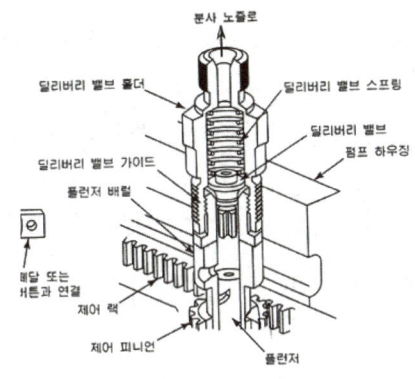

③ 조속기(governor) : 엔진의 회전속도나 부하변동에 따라 자동적으로 랙(rack)을 움직여 분사량을 조절하는 것으로서 최고 회전속도를 제어하고 동시에 저속 운전을 안정시키는 일을 한다.
   ㉠ 기계식 조속기 : R형, RQ형, RSVD형, RSV형
   ㉡ 공기식 조속기 : MZ형, MN형
   ㉢ 최고·최저속도 조속기 : R형, RQ형, RSVD형
   ㉣ 전속도 조속기 : MZ형, MN형, RSV형

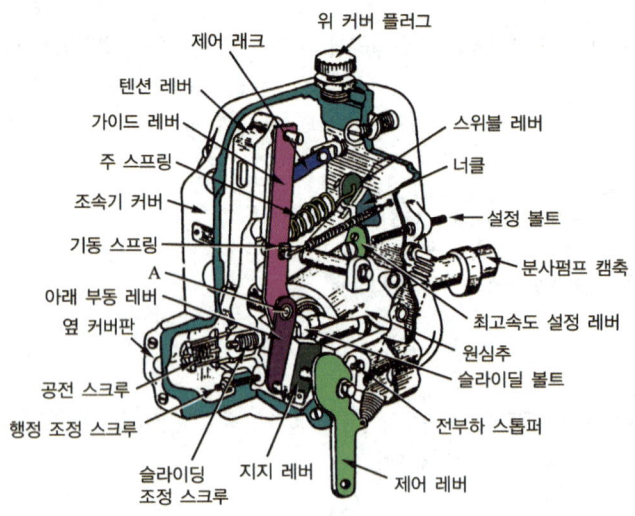

그림 5-7 기계식 조속기의 구조

✪✪
④ **분사량 불균률** : 각 실린더마다 분사량의 차이가 생기면 폭발 압력의 차이가 발생하여 진동을 일으킨다. 불균률 허용 범위는 전부하 운전에서는 ±3[%], 무부하 운전에서는 10~15[%]이다. 분사량의 불균률은 다음의 공식으로 산출한다.

$$(+)불균률 = \frac{최대 분사량 - 평균 분사량}{평균 분사량} \times 100[\%]$$

$$(-)불균률 = \frac{평균 분사량 - 최소 분사량}{평균 분사량} \times 100[\%]$$

⑤ **타이머(timer)** : 엔진의 회전속도 및 부하에 따라 분사시기를 조정하는 장치이다.

그림 5-8 타이머의 분해도

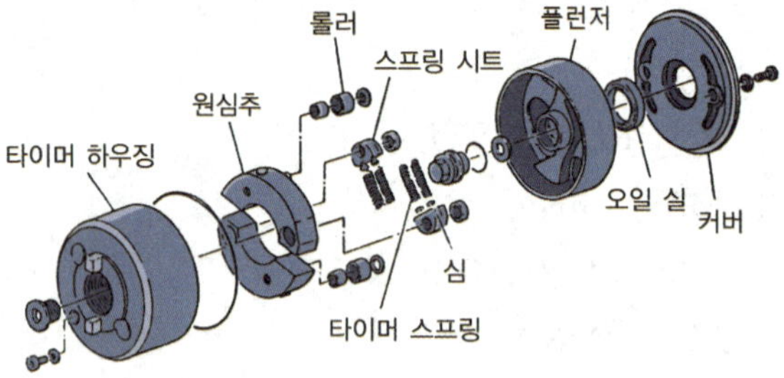

2) 분배식 분사펌프

엔진의 실린더 수에 관계없이 한 개의 펌프를 사용하며 여기에 분배 밸브를 조합하여 각 실린더에 고압의 연료를 분배하는 것으로서 소형 고속 디젤기관에 사용한다.

- 조속기(governor, 거버너) : 조속기는 원심추를 이용한 원심력식 조속기(기계식 조속기)이며, VE형 분사 펌프의 조속기는 전속도 조속기이며 조속기 스프링 장력에 의해 제어 회전속도가 결정된다.

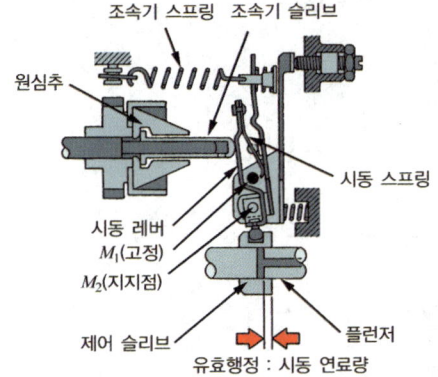

그림 5-9 엔진을 시동할 때 조속기의 작동

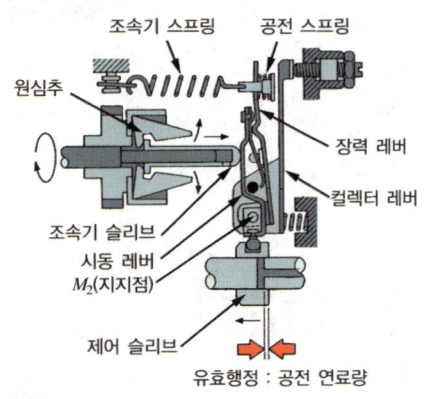

그림 5-10 엔진이 공전할 때 조속기의 작동

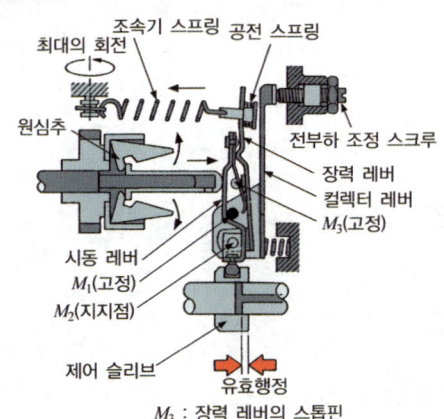

그림 5-11 전부하 최고 속도로 회전할 때 조속기의 작동

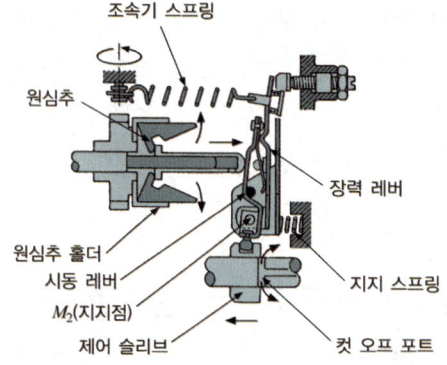

그림 5-12 무부하 최고 속도로 회전할 때 조속기의 작동

3) 분사 노즐

연료 펌프로부터 송출되어온 연료를 연소실에 분사하는 장치이다.

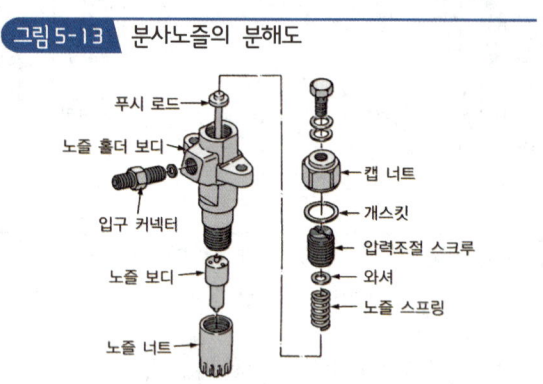

그림 5-13 분사노즐의 분해도

✿✿✿
① 분사 노즐의 구비조건
  ㉠ 무화가 좋을 것
  ㉡ 관통도가 있을 것
  ㉢ 분포가 좋을 것
  ㉣ 후적이 일어나지 않을 것(시동 불능 원인)

문제 06

디젤 기관의 연료 분무형성과 관계있는 것은?

㉮ 관통력과 무화 ㉯ 직진성과 노크
㉰ 착화성과 무화 ㉱ 분포성과 직진성

풀이 디젤 분무형성의 3대 조건
무화, 분포, 관통력

정답 ㉮

② 분사 노즐의 종류

㉠ 구멍형 노즐 : 단공형 노즐과 다공형 노즐로 분류하며 단공형은 분공이 1개, 다공형은 분공이 2~10개이다. 분사압력은 150~300[kg_f/cm^2], 단공형의 분사각도는 4~5°, 다공형의 분사각도는 90~120°이다.

㉡ 핀틀형 노즐 : 니들 밸브의 끝이 니들 밸브 보디보다 약간 노출되어 있어서 밸브가 연료의 압력에 의하여 밀려 올라가서 열리면 그 틈새에서 연료가 분출된다. 따라서 분사개시 압력이 낮아도 분무의 입자가 작아진다. 디젤기관의 예연소실식과 와류실식에서 사용하며, 분공의 지름이 1~2[mm] 정도, 분사각은 4~5°, 분사 개시 압력은 100~120[kg_f/cm^2]이다.

㉢ 스로틀형 노즐 : 핀틀형 노즐을 개량하여 노크 방지를 고려한 것이다. 핀틀형 노즐에 비하여 니들 밸브의 끝이 길고 2단으로 되어 있으며 끝이 나팔모양을 하고 있다. 분사 초기는 니들 밸브와 시트와의 틈새가 작고 분무가 교축되어 소량의 연료만이 분사 착화되므로 노크의 발생이 적고 착화 후에는 다량의 연료가 분사된다. 분사각도는 45~60° 정도이며 분사개시 압력은 100~140[kg_f/cm^2]이다.

그림 5-14 밀폐형 노즐의 종류

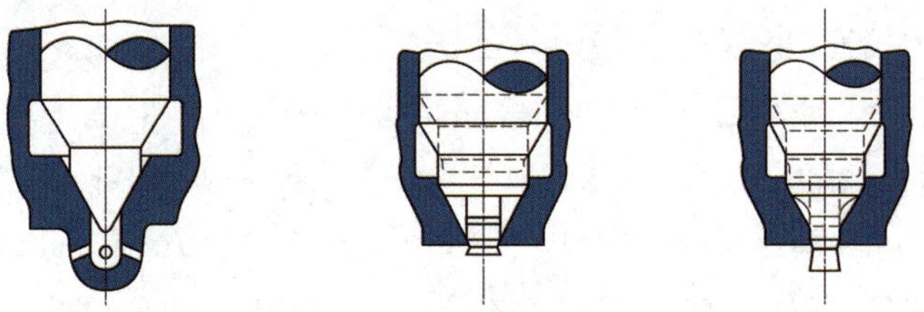

(a) 구멍형   (b) 핀틀 노즐   (c) 스로틀 노즐

2_ 과급기

1. 터보 차저

1) 터보 차저의 구성

터보차저는 배기가스의 압력에 의해서 고속으로 회전되어 공기에 압력을 가하는 임펠러(impeller), 배기가스의 열에너지를 회전력으로 변환시키는 터빈(turbine), 터빈축(turbine shaft)을 지지하는 플로팅 베어링(floating bearing), 과급 압력이 규정 이상으로 상승되는 것을 방지하는 과급 압력조절기, 과급된 공기를 냉각시키는 인터쿨러(inter cooler) 등으로 구성되어 있다.

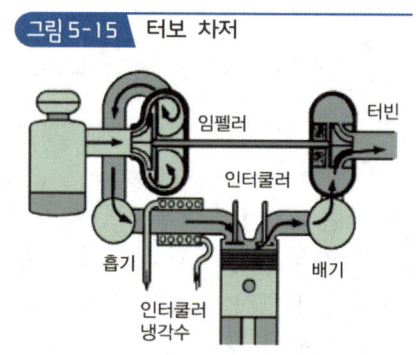

그림 5-15 터보 차저

① 임펠러(impeller) : 흡입 쪽에 설치된 날개이며, 공기에 압력을 가하여 실린더로 보내는 역할을 한다.
② 터빈(turbine) : 터빈은 배기쪽에 설치된 날개이며, 배기가스의 압력에 의하여 배기가스의 열에너지를 회전력으로 변환시키는 역할을 한다.
③ 플로팅 베어링(floating bearing) : 플로팅 베어링은 10,000~15,000rpm 정도로 회전하는 터빈축을 지지하는 베어링으로, 기관으로부터 공급되는 윤활유로 충분히 윤활되므로 하우징과 축 사이에서 자유롭게 회전할 수 있다.
④ 과급 압력조절기(waste gate valve) : 과급 압력조절기는 과급압력이 규정값 이상으로 상승되는 것을 방지하는 역할을 한다.
  ㉠ 배기가스 바이패스 방식 : 터빈으로 유입되는 배기가스의 일부를 바이패스시켜 과급압력이 규정값 이상으로 상승되지 않도록 하는 방식이다.
  ㉡ 흡입되는 공기를 조절하는 방식 : 흡입쪽에 릴리프 밸브(relief valve)를 설치하여 임펠러에 의해서 과급된 흡입공기가 규정값 이상으로 상승하면 릴리프 밸브가 열려 과급 공기를 대기 중으로 배출시켜 과급 압력 자체를 조절하여 실린더로 공급하는 방식이다.

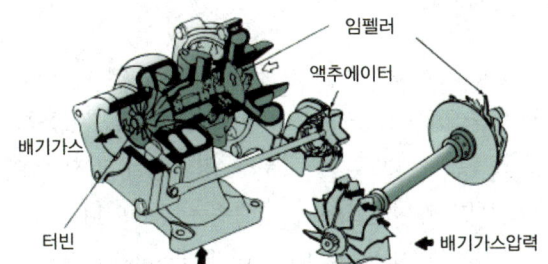

그림 5-16 과급기의 구조

문제 07

자동차용 기관에서 과급을 하는 주된 목적은?
㉮ 기관의 출력을 증대시킨다.
㉯ 기관의 회전수를 빠르게 한다.
㉰ 기관의 윤활유 소비를 줄인다.
㉱ 기관의 회전수를 일정하게 한다.

풀이 과급기는 엔진의 출력을 향상시키고 회전력을 증대시키며 연료소비율을 향상시킨다.

정답 ㉮

문제 08

다음 중 디젤기관에 사용되는 과급기의 역할은?
㉮ 윤활성의 증대
㉯ 출력의 증대
㉰ 냉각효율의 증대
㉱ 배기의 증대

풀이 과급기는 엔진의 출력을 향상시키고 회전력을 증대시키며 연료소비율을 향상시킨다.

정답 ㉯

제2절 배출가스 저감 장치

1. 블로바이 가스 제어장치

피스톤과 실린더 사이에서 발생되어 크랭크축과 로커암으로 유입된 블로바이 가스는 경, 중부하 시 PCV 밸브의 열림 정도에 따라 서지탱크로 들어가며, 급가속, 고부하 시 다량 발생된 블로바이 가스는 흡기다기관의 진공이 감소하므로 브리더 호스(breather hose)를 통해 서지탱크로 들어간다.

2. 연료증발 가스 제어장치

① 차콜 캐니스터(Charcoal Canister) : 차콜 캐니스터는 연료 탱크 또는 기화기에서 발생한 증발가스를 대기 중으로 방출시키지 않고 활성탄을 이용하여 증발가스를 포집해 두었다가 가속 시나 등판 시와 같은 고부하 영역에서 퍼지 에어(purge air)와 함께 다시 증기상태로 되어 흡입 매니폴드에 공급해주는 장치이다.
② 퍼지 컨트롤 솔레노이드 밸브(Purge Control Solenoid Valve) : 퍼지 컨트롤 솔레노이드 밸브는 ECU의 제어에 의해 기관의 온도가 낮거나 공전 시에는 PCSV가 닫혀 캐니스터에 포집된 연료증발 가스는 유입되지 않으며, 기관이 정상온도에 도달하면 PCSV가 열려 연료증발 가스를 서지탱크로 유입시킨다.

3. 배기가스 제어장치

① 산소센서(oxygen sensor, O_2 센서, λ 센서, 공기비 센서) : 촉매 컨버터가 효율적으로 작동하기 위해서는 이론 공연비에서 연소가 일어날 수 있도록 제어하여야 한다. 이를 공연비 제어 또는 람다 제어(λ-control)라 한다. 산소센서는 배기가스 중의 산소 농도에 따라 전압을 발생하며, 연소가 이론 공연비에서 이루어 졌는지를 점검하는 기능을 한다. 즉, 람다를 이론공기량과 실제 흡입한 공기량과의 비로 정의한다.

$$\lambda = \frac{실제\ 흡입\ 공기량}{이론\ 공기량}$$

② 배기가스 재순환(Exhaust Gas Recirculation, EGR) 장치 : EGR 장치는 배기가스의 일부를 다시 흡입계통으로 재순환시켜 연소 시 기관의 출력을 최소화하면서 최고 온도를 낮추어 고온일 때 발생하는 질소산화물(NOx)을 저감시키는 장치이다.
③ 삼원촉매장치(3 way catalytic converter) : 연소실에서 이론적으로 완전 연소된 배기가스는 수증기(H_2O), 이산화탄소(CO_2), 질소(N_2) 등으로 구성되어 있지만 실제로는 완전연소가 되지 않기 때문에 유해가스인 일산화탄소(CO), 탄화수소(HC), 질소산화물(NOx)이 생성된다. 삼원촉매 장치는 백금(Pt), 팔라듐(Pd), 로듐(Rh) 3가지 촉매를 이용하여, 산소센서와 EGR 장치에서 정화되지 않는 나머지 CO, HC, NOx를 CO_2, H_2O, N_2, O_2 등으로 산화 및 환원시키는 장치이다.

PART
02
자동차새시

제1장 동력전달장치
제2장 현가 및 조향장치
제3장 제동장치
제4장 주행 및 구동장치

CHAPTER 01

동력전달장치

제1절 클러치(clutch)

1_ 클러치 개요

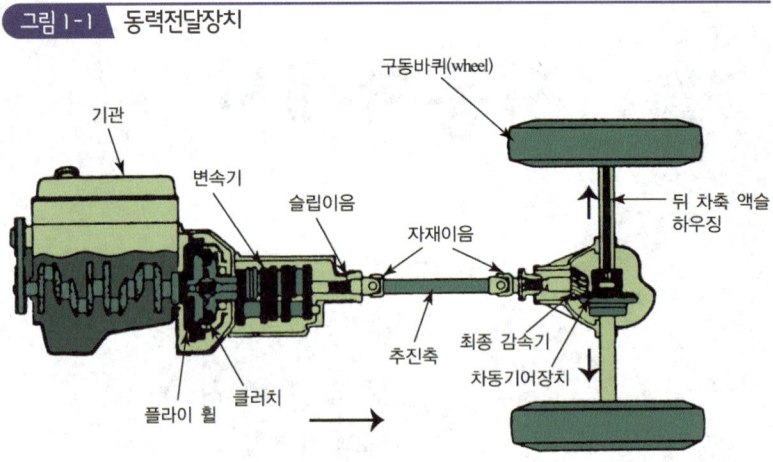

그림 1-1 동력전달장치

1. 클러치의 기능

① 기관의 회전력을 변속기에 전달하거나 차단한다.
② 자동차의 관성운전 또는 엔진기동 시 기관과 변속기 사이의 동력 흐름을 일시 차단한다.
③ 기관과 동력전달장치를 과부하로부터 보호한다.
④ 플라이 휠(fly wheel)과 함께 기관의 회전 진동을 감소시킨다.

문제 01

자동차 클러치의 구비조건이 아닌 것은?

㉮ 회전부분의 평형이 좋을 것
㉯ 회전 관성이 클 것
㉰ 회전력 단속이 확실할 것
㉱ 과열되지 않을 것

[풀이] 클러치 구비조건
① 동력전달이 확실하고 신속할 것
② 방열이 잘 되어 과열되지 않을 것
③ 회전부분의 평형이 좋을 것

정답 ㉯

2. 클러치의 필요성

① 기관을 무부하 상태로 하기 위해
② 변속기의 기어변속을 위해
③ 자동차의 관성 주행을 위해

문제 02

수동변속기에서 클러치의 필요성이 아닌 것은?

㉮ 기관을 무부하 상태로 하기 위해서
㉯ 변속기의 기어바꿈을 원활하게 하기 위해서
㉰ 관성 운전을 하기 위해서
㉱ 회전 토크를 증가시키기 위해서

[풀이] 클러치의 필요성
① 엔진을 무부하 상태로 있게 하기 위하여
② 변속기의 기어 바꿈을 원활하게 하기 위해서
③ 관성 운전을 하기 위해서

정답 ㉱

3. 클러치의 종류

```
                     ┌─ 단판 클러치 → 건식(dry type) ┬─ 코일 스프링식
                     │                              └─ 다이어프램식
마찰 클러치의 종류 ──┼─ 다판 클러치 → ┬─ 건식(dry type)
                     │                └─ 습식(wet type)
                     └─ 전자 클러치
```

2_ 클러치의 구성

1. 클러치 디스크

① **댐퍼 스프링(damper spring, torsional coil spring)** : 댐퍼 스프링은 클러치가 풀라이 휠과 접속될 때 회전방향의 충격을 흡수한다.
② **쿠션 스프링(cushion spring)** : 클러치를 급격히 접속시켰을 때 스프링이 충격을 흡수하여 동력 전달을 원활히 하며, 클러치판의 변형, 편마멸, 파손 등을 방지한다.

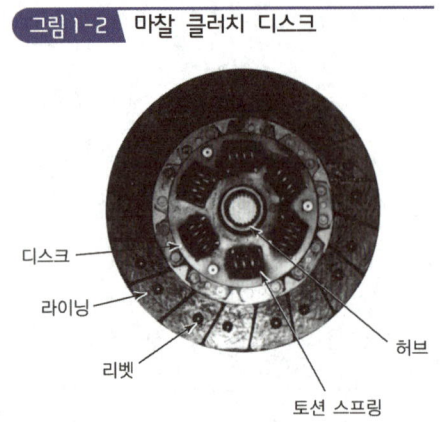

그림 1-2 마찰 클러치 디스크

2. 클러치 스프링의 종류

① **코일 스프링 형식** : 이 형식은 몇 개의 코일 스프링을 클러치 압력판과 클러치 커버 사이에 설치한 것으로 클러치 용량에 따라 스프링의 수가 설정되어 있다.

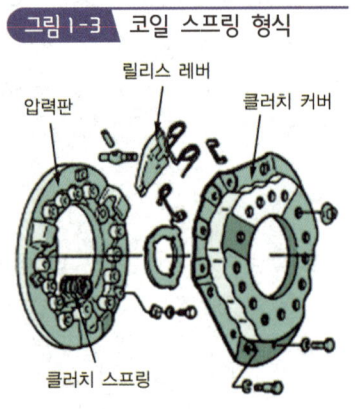

그림 1-3 코일 스프링 형식

② **다이어프램 스프링 형식** : 이 형식은 코일 스프링 형식에서의 릴리스 레버와 코일 스프링의 역할을 접시 모양의 다이어프램이 동시에 수행하는 형식을 말한다. 다이어프램 스프링의 특징은 다음과 같다.

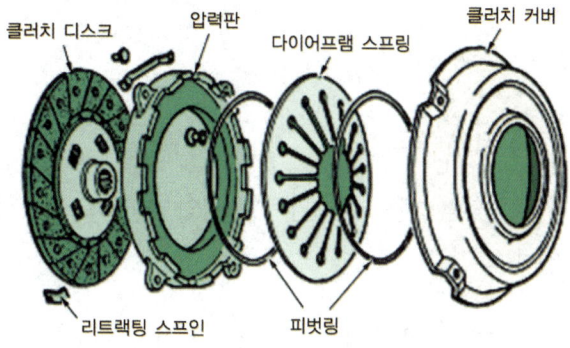

그림 1-4 다이어프램 스프링 형식

문제 03

클러치 접속 시 회전 충격을 흡수하는 스프링은?
㉮ 쿠션 스프링 ㉯ 리테이닝 스프링
㉰ 댐퍼 스프링 ㉱ 클러치 스프링

풀이 클러치 스프링의 종류와 역할
① 비틀림 코일(댐퍼) 스프링 : 회전 충격 흡수
② 쿠션 스프링 : 직각방향의 충격 흡수 및 디스크의 변형 및 파손 방지

정답 ㉰

문제 04

클러치판의 비틀림 코일 스프링의 사용 목적으로 가장 적합한 것은?
㉮ 클러치 작용 시 회전충격을 흡수한다.
㉯ 클러치 판의 밀착을 크게 한다.
㉰ 클러치 판의 변형파손을 방지한다.
㉱ 클러치 판과 압력판의 마멸을 방지한다.

풀이 비틀림 코일(torsional damper) 스프링은 클러치 접속 시 회전 충격을 흡수하고, 쿠션(cushion) 스프링은 직각방향의 충격을 흡수하여 디스크의 변형 및 파손을 방지한다.

정답 ㉮

✡✡✡
3. 릴리스 베어링의 종류

① 앵귤러접촉 형 ② 볼베어링 형 ③ 카본 형

3_ 클러치의 성능

✡✡✡
1. 클러치 자유 간극(자유 유격)

릴리스 베어링이 레버에 닿을 때까지 페달이 움직인 거리로, 기계식은 20~30mm, 유압식은 6~13mm 정도이다.

✡✡
① **자유 간극이 크면** : 클러치의 차단불량 현상으로 인해 기어의 변속불량 현상이 발생한다.
② **자유 간극이 작으면** : 클러치 디스크가 많이 마멸되어 미끄러짐 현상이 발생하고, 클러치 페달에서 발을 다 떼어야 출발하는 작동 늦음 현상이 발생된다.

문제 05

유압식 클러치에서 차단이 불량한 원인이 아닌 것은?
㉮ 페달의 자유간극이 없음   ㉯ 유압계통에 공기가 유입
㉰ 클러치 릴리스 실린더 불량   ㉱ 클러치 마스터 실린더 불량

풀이 페달의 자유간극이 없다는 것은 클러치 디스크가 많이 마모되어 미끄러지는 원인이 된다.

정답 ㉮

2. 클러치 용량

클러치가 전달할 수 있는 회전력을 클러치 용량이라 하며 기관 최대 토크의 1.5~2.5배 정도로 한다.

① **용량이 너무 크면** : 조작이 어렵고, 접속 충격이 커서 기관이 정지할 우려가 있다.
② **용량이 너무 작으면** : 접속은 부드러우나 미끄러짐이 커서 발열량이 크고, 페이싱의 마모가 빠르다.

3. 클러치 관련공식

① 클러치의 전달 회전력

$$T = \mu \cdot F \cdot r$$

μ : 마찰계수
F : 전달 마찰면의 힘(kg$_f$)
r : 평균 유효 반지름(m)

② 클러치가 미끄러지지 않을 조건

$$Tfr \geqq C$$

T : 클러치 스프링 장력(kgf)
f : 마찰계수
r : 평균 유효 반지름(m)
C : 엔진 회전력(kg$_f$-m)

③ 클러치의 전달효율

$$전달효율(\eta_c) = \frac{클러치에서\ 나온\ 동력}{클러치로\ 들어간\ 동력(엔진동력)} \times 100[\%]$$

$$= \frac{T_2 \times N_2}{T_1 \times N_1} \times 100[\%]$$

T_1 : 엔진 회전력(kg$_f$)
N_1 : 엔진 회전수(rpm)
T_2 : 클러치 회전력(kgf)
N_2 : 클러치 회전수(rpm)

4_ 클러치의 이상 현상

1. 클러치가 미끄러지는 원인

① 페달의 유격이 작다.
② 스프링 장력이 작다.
③ 클러치판에 오일이 묻었다.
④ 압력판의 마멸스프링이 자유로 감소

문제 06

클러치가 미끄러지는 원인 중 틀린 것은?

㉮ 마찰면의 경화, 오일 부착
㉯ 페달 자유 간극 과대
㉰ 클러치 압력스프링 쇠약, 절손
㉱ 압력판 및 플라이 휠 손상

풀이 클러치가 미끄러지는 원인
① 클러치 디스크 마모로 인한 자유유격 과소
② 클러치 스프링의 약화 및 변형
③ 마찰면의 경화 또는 오일 부착
④ 압력판, 플라이 휠 접촉면의 손상

정답 ㉯

2. 클러치 차단이 불량한 이유

① 클러치 유격이 크다.
② 릴리스 포크가 마모되었다.
③ 유압장치에 공기가 유입(vapor lock)되었다.
④ 릴리스 실린더 컵이 손상되었다.

3. 클러치 이상 시 나타나는 증상

① 등판능력이 저하된다.
② 가속력이 저하된다.
③ 연료 소비가 증대된다.
④ 등판 시 클러치 디스크 손상으로 비누 타는 냄새가 난다.
⑤ 엔진이 과열된다.

문제 07

클러치 디스크의 런아웃이 클 때 나타날 수 있는 현상으로 옳은 것은?
㉮ 클러치의 단속이 불량해진다.
㉯ 클러치 페달의 유격에 변화가 생긴다.
㉰ 주행 중 소리가 난다.
㉱ 클러치 스프링이 파손된다.

풀이 런아웃(run out)이란 클러치 디스크가 휘었다는 의미이므로 단속할 때 떨리는 등 연결이 불량해진다.

정답 ㉮

제2절 수동 변속기와 자동변속기

1_ 수동 변속기

1. 변속기의 개요

1) 변속기의 필요성

① 회전력 증대

② 시동 시 무부하로 하기 위해
③ 자동차를 후진하기 위해

2) 변속기의 구비조건

① 전달 효율이 좋을 것
② 단계없이 연속적으로 변속될 것
③ 조작하기 쉽고 신속·확실·정숙하게 변속될 것
④ 소형 경량이고 고장이 없으며 정비하기 쉬울 것

2. 수동변속기의 종류

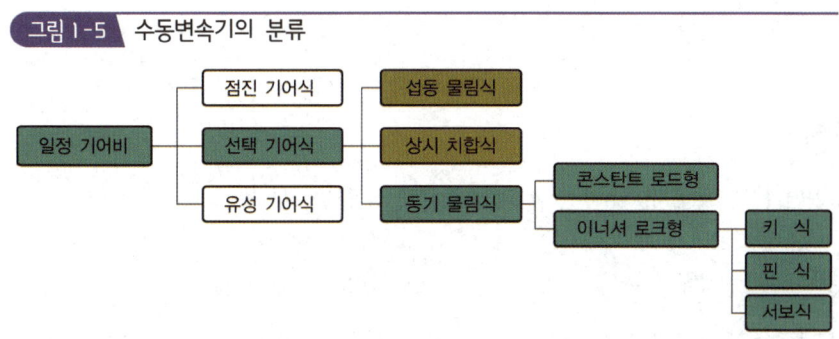

그림 1-5 수동변속기의 분류

1) 점진 기어식

1, 2, 3 각 변속 단을 순서대로 변속하는 변속기로서, 2단에서 4단으로 3단을 거치지 않고 변속이 불가능한 변속기이다.

2) 선택 기어식

운전자가 각 단을 자유롭게 선택하여 변속이 가능한 변속기이다.

① **활동 기어식** : 주축에 설치된 각 단의 기어가 스플라인에 의해 축방향으로 움직여 변속한다.
② **상시 물림식** : 각 단의 기어가 항상 서로 물려 있으며, 동력 전달은 도그 클러치의 결합에 의해서 이루어진다.
③ **동기 물림식** : 자동차에 주로 사용하며 입·출력 기어의 회전 속도를 동기시키는 싱크로메시 기구를 이용하여 변속하는 변속기이다.

3) 동기물림식의 주요 부품

① **싱크로나이저 허브** : 싱크로나이저 슬리브가 주축 기어의 콘 기어와 결합되면 주축은 싱크로나이저 허브에 의해서 회전된다.
② **싱크로나이저 슬리브** : 시프트 레버의 조작에 의해서 전후 방향으로 섭동하여 기어 클러치의 역할을 한다.
③ **싱크로나이저 링** : 기어의 콘에 설치되어 기어가 물릴 때 싱크로나이저 키에 의해서 접촉되는 순간 마찰력에 의해서 동기되어 싱크로나이저 슬리브가 각 기어에 설치된 콘 기어와 물리도록 하는 클러치 작용을 한다.
④ **싱크로나이저 키** : 싱크로나이저 허브 외주의 3개 홈에 설치되어 있으며, 배면에 돌기가 설치되어 싱크로나이저 슬리브의 안쪽 면에 설치된 싱크로나이저 키 스프링의 장력에 의해서 밀착되어 있다.
⑤ **싱크로나이저 키 스프링** : 싱크로나이저 슬리브를 고정하여 기어의 물림이 빠지지 않게 하는 역할을 한다.

문제 08

수동변속기에서 싱크로메시(synchro mesh) 기구가 작동하는 시기는?

㉮ 변속기어가 물려있을 때　　㉯ 클러치 페달을 놓을 때
㉰ 변속기어가 물릴 때　　　　㉱ 클러치 페달을 밟을 때

풀이 싱크로메시 기구는 기어 변속 시(물릴 때) 싱크로메시 기구를 이용하여 동기시켜 변속하는 장치이다.

정답 ㉰

문제 9

수동변속기의 구성품 중 보기의 설명이 나타내는 것은?

> **보기**
> 원추 모양으로 이루어져 있으며, 인청동으로 만들고 상대쪽 기어의 원추(cone)부와 접촉하고 있으며, 그 마찰력으로 회전을 전달한다.

㉮ 싱크로나이저 키　　　　㉯ 싱크로나이저 허브
㉰ 싱크로나이저 링　　　　㉱ 싱크로나이저 스프링

풀이 싱크로나이저 링은 원추 모양으로 기어의 콘부와 접촉하여 그 마찰력으로 동기(synchronize)시키는 역할을 한다.

정답 ㉰

3. 변속기 조작기구

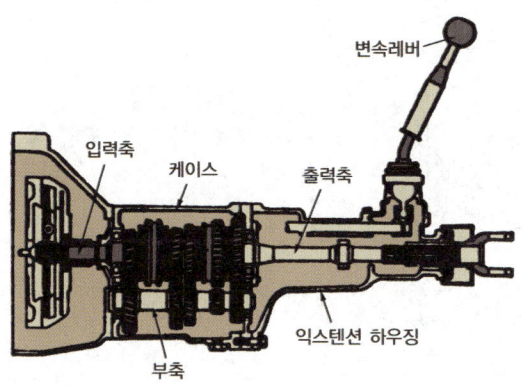

✩✩
1) 인터록

변속 시 인접한 변속기 레일이 같이 움직여 변속기 기어가 2중으로 물리는 것을 방지하는 장치이다.

✩✩
2) 로킹볼

변속후 기어가 빠지는 것을 방지하는 장치이다.

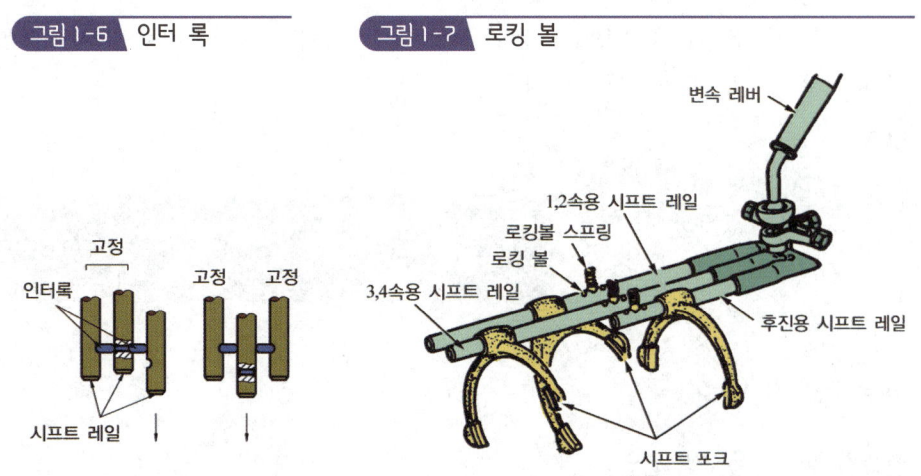

그림 1-6 인터 록   그림 1-7 로킹 볼

문제 10

다음 중 변속기의 이중물림을 방지하기 위한 장치는?

㉮ 파킹볼 장치 ㉯ 인터록 장치
㉰ 오버드라이브 장치 ㉱ 록킹볼 장치

풀이 ① 인터 록 : 이중 물림 방지
② 록킹 볼 : 기어 빠짐 방지

정답 ㉯

4. 변속비

1) 변속비(gear ratio, 감속비)

$$\text{변속비} = \frac{\text{엔진의 회전수}}{\text{추진축의 회전수}} = \frac{\text{피동기어 잇수}}{\text{구동기어 잇수}} \times \frac{\text{피동기어 잇수}}{\text{구동기어 잇수}}$$

$$= \frac{\text{부축 기어 잇수}}{\text{입력축 주축 기어 잇수}} \times \frac{\text{출력축 주축 기어 잇수}}{\text{부축 기어 잇수}}$$

2) 종감속비와 총감속비

① **종감속비** : 종감속 기어에서 이루어지는 최종 감속비로 종감속기어의 구동 피니언 기어와 링기어와의 잇수비(감속비)이다.

② **총 감속비** : 변속기와 종감속기에서 이루어지는 감속비로 총감속비 = 변속비 × 종감속비로 나타낼 수 있다.

3) 차속

① $V = \dfrac{\pi DN}{R_t \times R_f} \times \dfrac{60}{1,000}$

② $V = \dfrac{\pi DN_w}{60} \times 3.6$

V : 차속(km/h) D : 바퀴의 직경(m)
N : 엔진 회전수(rpm) N_w : 바퀴 회전수(rpm)
R_t : 변속비 R_f : 종감속비

5. 변속기의 이상 현상

1) 변속기에서 소음발생 원인

① 기어오일 부족이나 변질
② 기어나 베어링 마모

③ 주축의 스플라인이나 부싱의 마모

2) 기어의 변속이 잘 안되는 원인

① 클러치의 차단 불량
② 기어가 마모
③ 싱크로나이저 마모
④ 기어 오일 응고

3) 기어가 잘 빠지는 경우

① 싱크로나이저 허브가 마모
② 록킹 볼 스프링의 장력이 작다.
③ 주축의 베어링 마모

2_ 자동 변속기

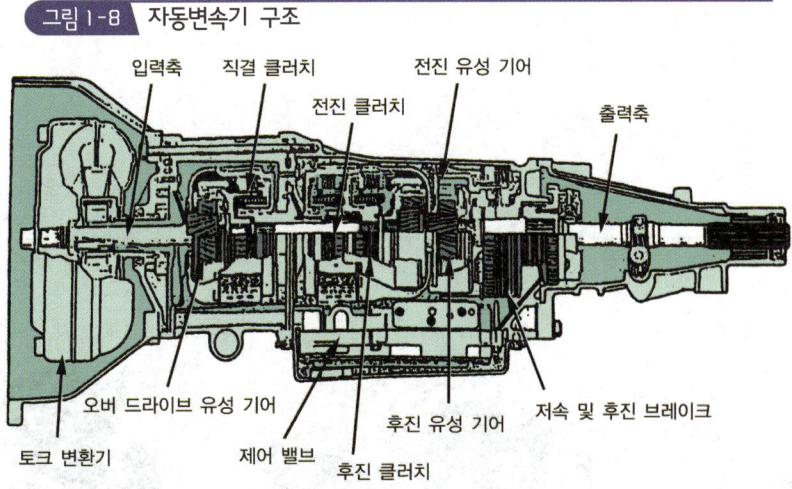

그림 1-8 자동변속기 구조

1. 자동변속기의 특징

① 기어의 변속조작을 하지 않아도 되므로 운전자의 피로가 줄고 안전운전을 할 수 있다.
② 유체 클러치를 사용하기 때문에 발진, 가속, 감속이 원활하여 승차감이 좋다.
③ 유체를 사용하여 작동하기 때문에 충격을 흡수하는 작용을 한다.
④ 구조가 복잡하여 정비가 난해하다.
⑤ 연료 소비율이 수동변속기에 비해 약 10[%] 정도 많다.

⑥ 차를 밀거나 끌어서 시동할 수 없다.
⑦ 주기적인 변속기 오일 교환과 오일 필터 교환으로 유지비가 많이 든다.

2. 유체클러치와 토크 컨버터

1) 유체클러치

① 유체 클러치의 구조
  ㉠ 펌프 임펠러 : 크랭크축에 연결되어 있는 플라이 휠에 설치되어 있다.
  ㉡ 터빈 런너 : 변속기 입력축 스플라인에 연결되어 동력을 전달한다.
  ㉢ 가이드링 : 오일의 와류를 방지하여 전달효율을 증가시킨다.
② 유체 클러치의 특성 : 유체 클러치는 펌프와 터빈 사이의 미끄럼 때문에 전달효율은 최대 97~98[%] 정도이다. 2~3[%]는 유체에 의한 미끄럼 때문에 발생되고, 이런 이유로 자동변속기가 수동변속기보다 연료 소비가 약간 증가하는 원인이 된다.
③ 오일의 구비조건
  ㉠ 점도가 낮고 비중이 클 것
  ㉡ 착화점, 비등점이 높고 응고점이 낮을 것
  ㉢ 윤활성이 좋을 것
  ㉣ 유성이 좋을 것
  ㉤ 내산성이 클 것

그림 1-9 유체 클러치의 원리

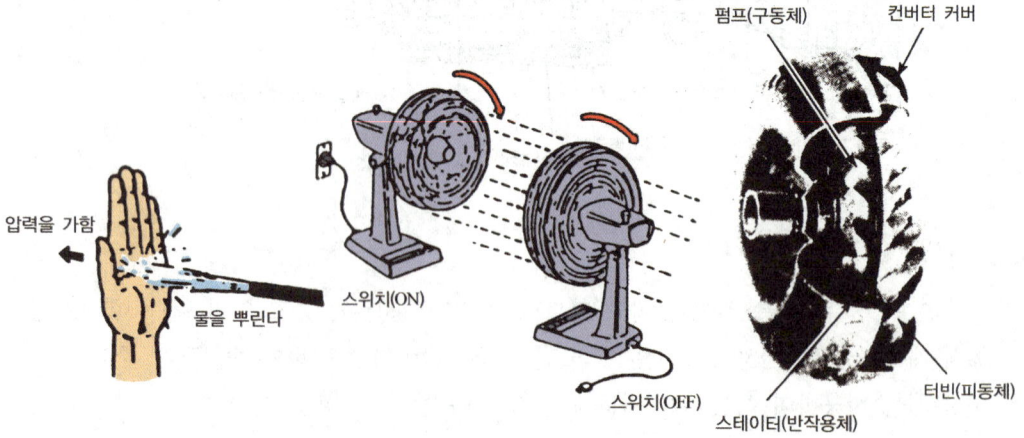

2) 토크 컨버터(torque converter)

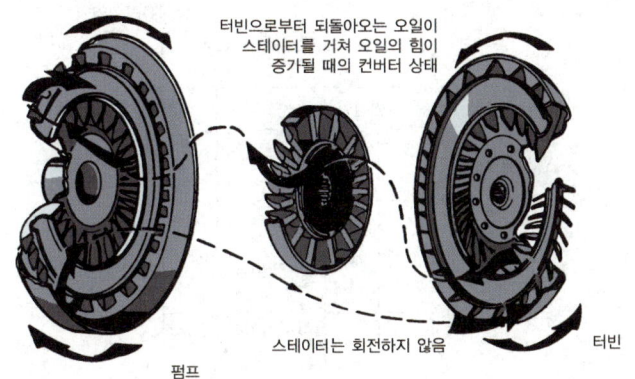

그림 1-10 토크 컨버터의 오일 흐름

① 구조
    ㉠ 펌프 임펠러 : 크랭크축에 연결되어 있는 플라이 휠에 설치되어 있다.
    ✪✪㉡ 터빈 런너 : 변속기 입력축 스플라인에 연결되어 동력을 전달한다.
    ㉢ 스테이터 : 오일의 흐름 방향을 바꾸어 회전력 증대
    ㉣ 가이드링 : 와류에 대한 클러치 효율 저하 방지

> **문제 11**
>
> 토크 컨버터(Torque Converter)의 구성품은?
>
> ㉮ 펌프, 터빈, 스테이터   ㉯ 런너, 오일펌프, 스테이터
> ㉰ 유성기어, 펌프, 터빈   ㉱ 클러치, 브레이크, 댐퍼
>
> **풀이**   유체클러치의 3요소 : 펌프(임펠러), 터빈(러너), 가이드 링
>   토크컨버터의 3요소 : 펌프(임펠러), 터빈(러너), 스테이터
>
> 정답 ㉮

② **토크 컨버터의 성능 곡선** : 속도비 n=0일 때 펌프는 회전하고 터빈은 정지되어 있는 상태이다. 이 점을 스톨 포인트(stall point), 이 때의 토크를 스톨 토크(stall torque)라 하며, 이 때 최대 토크가 발생한다.

속도비가 점점 n=1에 가까워 C점에 이르면, 스테이터는 공전을 시작하고 이 때 C점을 클러치점(clutch point)이라 한다. 이 때, 토크비는 1이 되어 이 이상의 속도비에서는 토크컨버터는 유체클러치처럼 작동한다. 즉, 토크비=1로 하여 효율이 저하하는 것을 방지한다.

✿✿ 그림 1-11 토크컨버터 성능 곡선

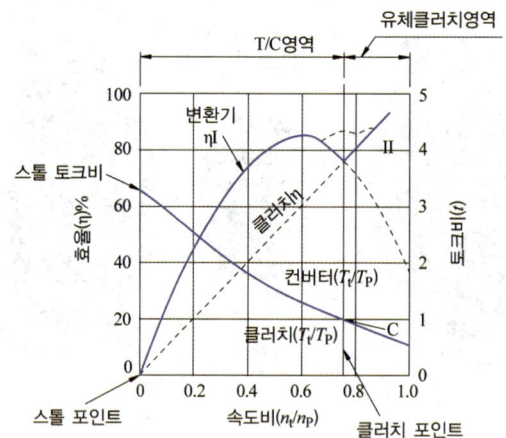

🔍 문제 12

토크 변환기에서 클러치 점(clutch point)을 가장 옳게 설명한 것은?
㉮ 펌프가 회전하는 시점 ㉯ 터빈이 회전하는 시점
㉰ 스테이터가 공전하는 시점 ㉱ 클러치가 미끄러지는 시점

풀이 펌프(임펠러)가 회전하고 터빈(런너)이 정지하고 있을 때를 정지점(stall point), 터빈(런너)이 회전하여 펌프(임펠러)의 회전속도에 가까워져 스테이터가 공전하기 시작할 때를 클러치 점(clutch point)이라 한다.

정답 ㉰

✿✿✿
③ 토크 컨버터의 전달효율
㉠ 속도비 : 펌프의 회전속도와 터빈의 회전속도와의 비

즉, 속도비(n) = $\dfrac{터빈회전수(N_t)}{펌프회전수(N_p)}$

㉡ 토크비 : 펌프의 회전력과 터빈의 회전력과의 비

즉, 토크비(t) = $\dfrac{터빈회전력(T_t)}{펌프회전력(T_p)}$

㉢ 전달효율 : 펌프에서 발생한 동력과 터빈에 전달된 동력과의 비
동력은 회전력×회전수이므로,

전달효율(η) = t×n = $\dfrac{터빈회전력(T_t)}{펌프회전력(T_p)} \times \dfrac{터빈회전수(N_t)}{펌프회전수(N_p)}$

+ 문제 13

토크변환기의 펌프가 2,800[rpm]이고 속도비가 0.6, 토크비가 4.0 인 토크 변환기의 효율은?

㉮ 클러치점 ㉯ 임계점
㉰ 영점 ㉱ 변속점

[풀이] 토크 컨버터의 전달효율

① 토크비(t) = $\dfrac{\text{터빈회전력}(T_t)}{\text{펌프회전력}(T_p)}$,

② 속도비(n) = $\dfrac{\text{터빈회전수}(N_t)}{\text{펌프회전수}(N_p)}$

③ 전달효율 $\eta = t \times n$,

∴ 전달효율 $\eta = 4.0 \times 0.6 = 2.4$

정답 ㉯

3. 자동변속기 구성

1) 유성기어

선기어, 링기어, 유성기어, 유성기어 캐리어로 구성되어 있다.

2) 유성 기어의 작동과 출력

(↑ : 증속, ↓ : 감속)

고정부분	회전부분	출력	변속비	
선 기어	유성 기어 캐리어	링 기어(↑)	$\dfrac{A}{A+D}$	
	링 기어	유성 기어 캐리어(↓)	$\dfrac{A+D}{D}$	A : 선 기어 잇수
유성 기어 캐리어	선 기어	링 기어 역전(↓)	$-\dfrac{D}{A}$	C : 유성 기어 캐리어 잇수
	링 기어	유성 기어 캐리어 역전(↑)	$-\dfrac{A}{D}$	D : 링 기어 잇수
링 기어	선 기어	유성 기어 캐리어(↓)	$\dfrac{A+D}{A}$	
	유성 기어 캐리어	선 기어(↑)	$\dfrac{A}{A+D}$	

선 기어, 유성 기어 캐리어, 링 기어의 3요소 중 2개 요소를 고정하면 엔진의 회전수와 같다.(즉 등속이다.)

① **증속의 경우** : 유성 기어 캐리어를 입력, 링 기어를 출력의 조건으로 하였을 경우로 선 기어를 고정하고 유성 기어 캐리어를 회전시키면 링 기어는 증속, 유성기어 캐리어의 회전에 선 기어의 잇수가 더해져 증속이 이루어진다.

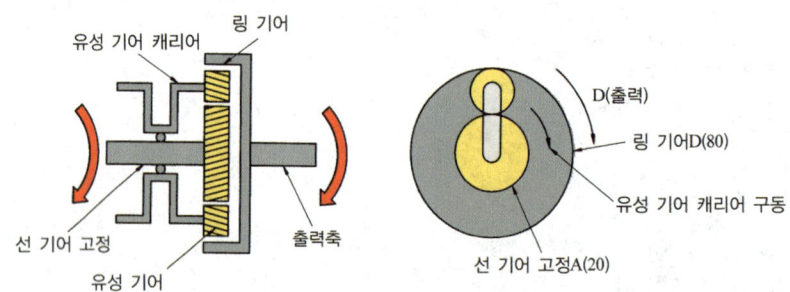

$$D_r = \frac{D}{A+D} = \frac{80}{20+80} = \frac{80}{100} = 0.8 \quad \text{예를 들면} \quad \frac{1000}{0.8} = 1250[\text{rpm}]$$

② **감속의 경우** : 링 기어를 입력, 유성 기어 캐리어를 출력의 조건으로 하였을 경우로 선 기어를 고정하고 링 기어를 회전시키면 유성기어 캐리어는 감속, 유성기어 캐리어의 회전은 링 기어 잇수대 선기어의 잇수에 의해서 감속 회전을 한다.

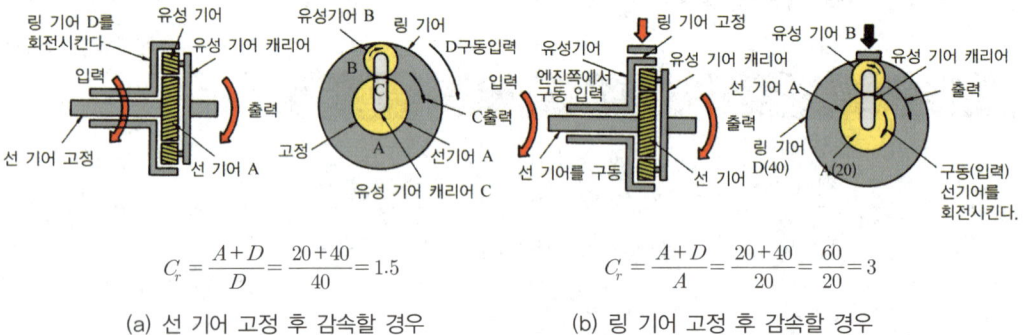

$$C_r = \frac{A+D}{D} = \frac{20+40}{40} = 1.5 \qquad C_r = \frac{A+D}{A} = \frac{20+40}{20} = \frac{60}{20} = 3$$

(a) 선 기어 고정 후 감속할 경우 (b) 링 기어 고정 후 감속할 경우

③ **역전의 경우** : 역회전은 선 기어를 입력, 링 기어를 출력의 조건으로 하였을 경우로 유성 기어 캐리어를 고정하고 선 기어를 회전시키면 링 기어는 역전 감속, 선 기어에 대하여 역방향으로 회전하며, 선기어의 잇수대 링 기어의 잇수에 의해서 감속이 이루어진다.

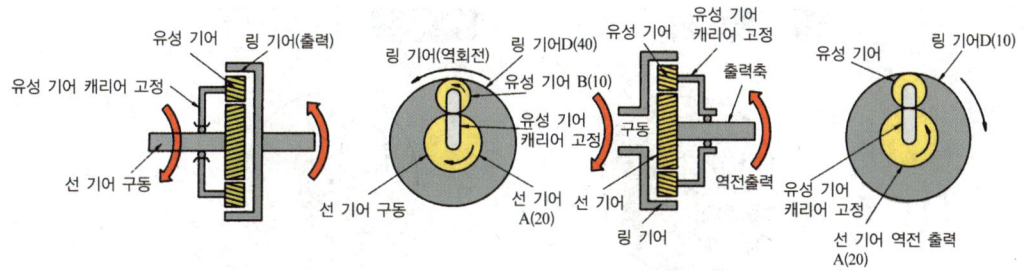

$$\frac{링기어(D)}{선기어(A)}(역전)\frac{40}{20}=-2$$

(a) 역전 감속 시

$$변속비=\frac{A}{D}=\frac{20}{40}=-0.5$$

(b) 역전 증속 시

문제 14

자동차의 자동변속기 구성장치 중 변속 시 변속비를 결정하는 장치는?

㉮ 브레이크 밴드 ㉯ 킥다운 서보
㉰ 유성 기어 ㉱ 오일 펌프

[풀이] 유성기어의 구성부품인 선기어, 링기어, 유성기어 캐리어 등을 이용하여 변속한다.

정답 ㉰

문제 15

자동변속기의 싱글 피니언 단순 유성기어 장치에서 선기어를 고정하고 캐리어를 구동하면 차속(출력 : 링기어)은 어떻게 되는가?

㉮ 증속된다. ㉯ 감속된다.
㉰ 역전 증속된다. ㉱ 역전 감속된다.

[풀이] 선기어를 고정하고 캐리어를 구동하면 링기어는 증속된다. (선고캐구링증)

정답 ㉮

3) 유성기어의 종류

① 단순 유성기어 : 싱글 피니언식, 더블 피니언식

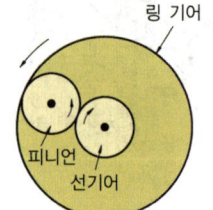

그림 1-12 싱글 피니언식

그림 1-13 더블 피니언식

② 복합 유성기어 : 심프슨(simpson) 형식, 라비뇨(ravineau) 형식

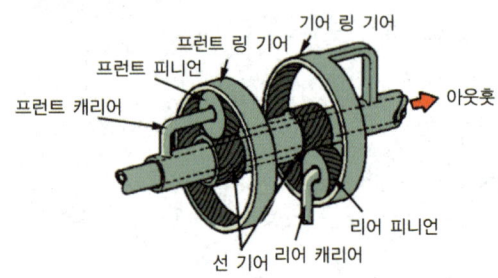

그림 1-14 심프슨 형식

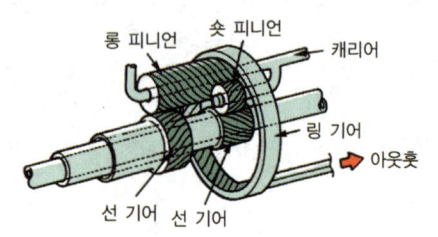

그림 1-15 라비뇨 형식

4. 자동변속기 오일(ATF) 및 각종 점검

1) 오일의 구비 조건

① 점도가 낮을 것
② 비중이 클 것
③ 착화점이 높을 것
④ 내산성이 클 것
⑤ 유성이 좋을 것
⑥ 비점이 높을 것

2) 자동변속기 오일(ATF)의 점검

① 유온이 60~70[℃](냉각수 온도 85~95[℃])에 이를 때까지 주행하거나 시프트 레버를 N레인에 위치시킨 상태에서 엔진을 공회전시켜 유온이 60~70[℃]가 되도록 한다.
② 엔진을 공회전 상태로 자동차를 평탄한 장소에 정차시킨다.
③ 시프트 레버를 각 레인지에 2~3회 작동시켜 각 유로 및 토크 컨버터에 오일을 충만

시킨 후 N레인지에 위치시키고 주차 브레이크를 작동시킨다.
④ 오일 레벨 게이지를 뽑아 오일의 색을 점검한다.
  ㉠ **투명한 붉은색** : 정상
  ㉡ **갈색** : 가혹한 상태로 사용하여 오일이 열화된 경우이다.
  ㉢ **검정색** : 클러치, 브레이크, 부싱, 기어 등의 마멸에 의해 오염된 경우이다.
  ㉣ **황색** : 오일이 파열되는 경우이다.
  ㉤ **우유색** : 냉각수가 혼입된 경우이다.
⑤ 오일 레벨 게이지의 "HOT" 범위에 있는가 확인하고 부족 시에는 "HOT" 범위가 되도록 ATF을 보충한다.
⑥ 이물질이 유입되지 않도록 주의하면서 오일 레벨 게이지를 확실하게 끼운다.

5. 자동변속기 성능 시험

1) 스톨 테스트(stall test)

① **시험방법**
  ㉠ 엔진을 워밍업시킨다.
  ㉡ 뒷바퀴 양쪽에 고임목을 받친다.
  ㉢ 엔진 타코미터를 연결한다.
  ㉣ 주차 브레이크를 당기고, 브레이크 페달을 완전히 밟는다.
  ㉤ 선택 레버를 "D"에 위치시킨 다음 액셀레이터 페달을 완전히 밟고 엔진 rpm을 측정한다.(이 때, 주의할 사항은 이 테스트를 5초 이상 하지 않는다.)
  ㉥ D레인지에서의 테스트를 R에서도 동일하게 실시한다.
  ㉦ 규정값 : 2,000~2,400[rpm]

✪✪
② **판정**
  ㉠ "D" 레인지에서 규정값 이상일 때 : 뒤 클러치나 오버 런닝 클러치의 슬립
  ㉡ "R" 레인지에서 규정값 이상일 때 : 앞 클러치나 로우 브레이크의 슬립
  ㉢ "D"와 "R"에서 규정값 이하일 때 : 엔진 출력 저하 및 토크 컨버터 고장

문제 16

자동변속기에서 일정한 차속으로 주행 중 스로틀 밸브 개도를 갑자기 증가시키면 감속 변속되어 큰 구동력을 얻을 수 있는 것은?

㉮ 리프트 다운 ㉯ 킥다운
㉰ 킥업 ㉱ 리프트 풋업

풀이 킥다운(kick down)이란 일정한 차속으로 주행 중 스로틀 밸브 개도를 갑자기 증가시키면 감속 변속되어 큰 구동력을 얻을 수 있도록 한다.

정답 ㉯

문제 17

자동변속기 장착차량에 있어 운전자가 가속페달을 약 90[%] 이상 급격히 밟았을 경우 저단으로 변속되는데 이 현상을 무엇이라 하는가?

㉮ 크리핑 현상 ㉯ 히스테리시스 현상
㉰ 킥다운 현상 ㉱ 슬립 현상

풀이 킥다운(kick down)이란 자동변속기 장착차량에서 운전자가 가속페달을 약 85[%] 이상 급격히 밟아 드로틀 밸브의 개도를 증가시키면 저단으로 변속되는 현상

정답 ㉰

6. 오버 드라이브(over drive) 장치

오버 드라이브란 평탄한 도로를 주행 시 엔진의 여유출력을 이용하여 추진축의 회전속도를 엔진의 회전속도보다 더 빠르게 구동하는 장치이다.

1) 오버 드라이브 장치의 장점

① 속도가 30[%] 정도 증가한다.
② 연료가 10~20[%] 절감된다.
③ 엔진의 수명이 연장된다.
④ 주행 소음이 감소된다.

문제 18

오버드라이브 장치에 관한 설명으로 옳은 것은?

㉮ 고갯길을 올라갈 때 작동한다.
㉯ 추진축의 회전속도를 크랭크축의 회전속도보다 빠르게 한다.
㉰ 토크를 증가시킬 때 작동한다.
㉱ 최고 출력을 낼 때 작동한다.

[풀이] 오버드라이브 장치는 엔진의 여유출력을 이용하여 추진축의 회전속도를 크랭크축의 회전속도보다 빠르게 한다.

정답 ㉯

3_ 드라이브 라인 및 종감속 장치

1. 드라이브 라인

1) 추진축(propeller shaft)

추진축은 강한 비틀림을 받으면서 고속으로 회전하기 때문에 이에 견디도록 속이 빈 강관으로 되어 있으며, 회전할 때 평형을 유지하기 위한 평형추와 길이 변화에 대응하기 위한 슬립 조인트가 설치되어 있다. 추진축의 재료는 탄소강, 니켈강, 니켈-크롬강 등을 사용한다.

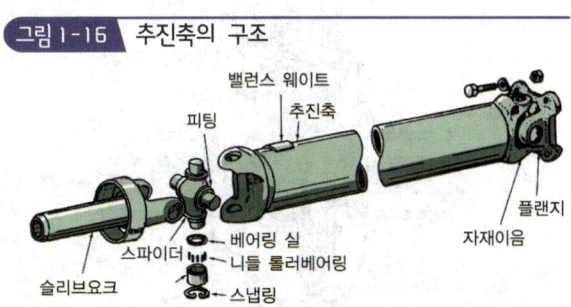

그림 1-16 추진축의 구조

① **자재이음(universal joint)**: 자재이음은 각도를 가진 2개의 축 사이에 동력을 전달할 때 사용하며 십자형 자재이음, 트러니언 자재이음, 플렉시블 이음, 등속도 자재이음 등이 있다.
② **슬립 이음(slip joint)**: 축의 길이 변화를 가능하게 하여, 스플라인을 통해 연결한다. 즉 뒤차축의 상하운동에 의한 길이 변화를 가능하게 해준다.

✿✿✿
2) 추진축의 이상 현상

① 추진축 회전 시에 소음이 발생되는 원인
  ㉠ 추진축이 휘었다.
  ㉡ 십자축 베어링의 마모이다.
  ㉢ 중간 베어링의 마모이다.
② 추진축의 진동원인
  ㉠ 밸런스 웨이트가 떨어졌다.
  ㉡ 중간 베어링이 마모되었다.
  ㉢ 요크의 방향이 다르게 조립되었다.
③ 추진축의 위험 회전수(N)

$$N = 0.121 \times 10^9 \cdot \frac{\sqrt{D_1^2 + D_2^2}}{l^2}$$

D_1 : 추진축의 바깥지름[mm]
D_2 : 추진축의 안지름[mm]
l : 추진축의 길이[mm]

2. 종감속 장치(final reduction gear)

1) 종감속 기어(final reduction gear)

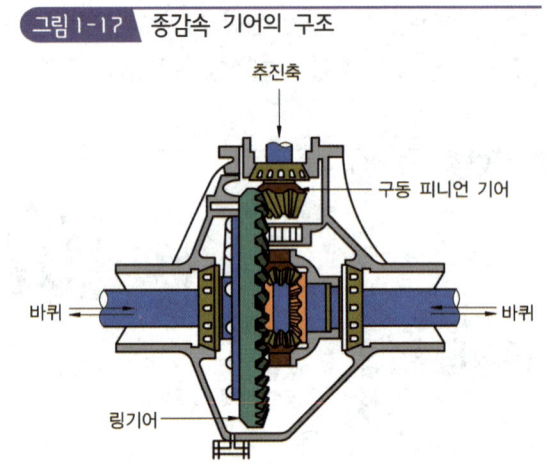

그림 1-17 종감속 기어의 구조

① 종감속 기어의 종류
  ㉠ 웜기어(worm gear)
  ㉡ 스파이럴 베벨기어(spiral bevel gear)
  ㉢ 하이포이드 기어(hypoid gear)
② 하이포이드 기어의 특징
  ㉠ 구동 피니언 기어의 축이 링기어의 중심보다 약 10~20[%] 낮게 옵셋(off set)된 것으로, 옵셋에 의해 추진축의 높이를 낮게 할 수 있어 차고가 낮아져 안정성이 증대된다.

ⓒ 구동 피니언을 크게 할 수 있으므로 강도가 커진다. 또한 기어의 물림률이 커 회전이 정숙하다.
   ⓓ 기어가 축과 직각 방향으로 접촉하여 압력이 크기 때문에 특별한 윤활유를 사용해야 하고 제작이 어려운 단점이 있다.

문제 19

종감속 기어장치에 사용되는 하이포이드 기어의 장점이 아닌 것은?
㉮ 운전이 정숙하다.
㉯ 제작이 쉽다.
㉰ 기어 물림률이 크다.
㉱ FR 방식에서는 추진축의 높이를 낮게 할 수 있다.

[풀이] ㉮, ㉰, ㉱ 항 외 구동 피니언 기어를 크게 할 수 있는 장점과 제작이 어렵고 극압유를 사용하는 단점이 있다.

정답 ㉯

2) 종감속 기어 접촉의 종류

① 힐(heel) 접촉 : 이의 바깥쪽 접촉
② 토우(toe) 접촉 : 이의 안쪽 접촉
③ 페이스(face) 접촉 : 이의 위쪽 접촉
④ 플랭크(flank) 접촉 : 이의 아래쪽 접촉

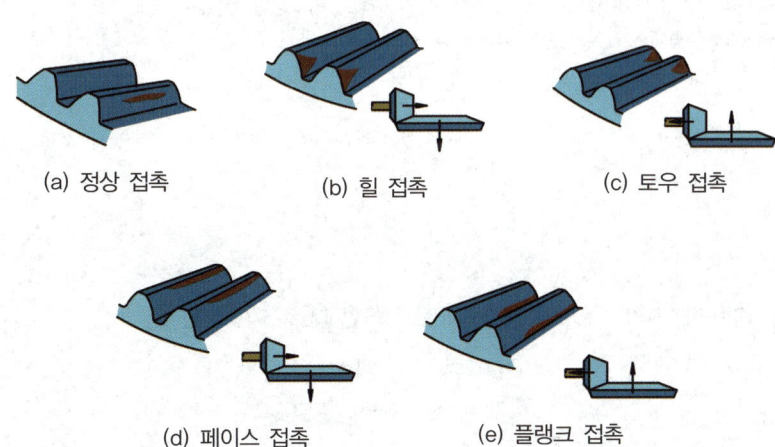

(a) 정상 접촉 (b) 힐 접촉 (c) 토우 접촉
(d) 페이스 접촉 (e) 플랭크 접촉

3) 종감속비

종감속비는 링기어의 잇수와 구동 피니언 기어의 잇수비이다.

$$종감속비 = \frac{링기어의 잇수}{구동 피니언의 잇수}$$

문제 20

구동 피니언의 잇수가 8개, 링 기어의 잇수가 64개일 경우 종 감속비는?

㉮ 7 : 1　　　　　　　　　　㉯ 8 : 1
㉰ 9 : 1　　　　　　　　　　㉱ 10 : 1

풀이 종 감속비 = $\frac{링기어잇수}{구동피니언잇수} = \frac{64}{7} = 8$

정답 ㉯

문제 21

자동차 종감속장치에 주로 사용되는 기어 형식은?

㉮ 하이포이드 기어　　　　　㉯ 더블 헬리컬 기어
㉰ 스크루 기어　　　　　　　㉱ 스퍼 기어

풀이 하이포이드 기어의 특징
① 구동 피니언 중심과 링기어 중심이 10~20[%] 낮게(off-set) 설치되어 있다.
② 추진축의 높이를 낮게 할 수 있어 무게중심이 낮아지고 거주성이 향상된다.
③ 기어 이의 물림률이 크기 때문에 회전이 정숙하다.
④ 구동 피니언을 크게 할 수 있어 강도가 증가한다.

정답 ㉮

문제 22

변속기의 제 1감속비가 4.5 : 1이고, 종감속비는 6 : 1일 때 총 감속비는?

㉮ 27 : 1　　　　　　　　　　㉯ 10.5 : 1
㉰ 1.33 : 1　　　　　　　　　㉱ 0.75 : 1

풀이 총감속비 = 변속비 × 종감속비
∴ 총감속비 = 4.5 × 6 = 27

정답 ㉮

문제 23

종감속 기어의 구동 피니언의 잇수가 6, 링 기어의 잇수가 42인 자동차가 평탄한 도로를 직진할 때 추진축의 회전수가 2,100[rpm]이라면 오른쪽 뒷바퀴의 회전수는?

㉮ 150[rpm]   ㉯ 300[rpm]
㉰ 450[rpm]   ㉱ 600[rpm]

풀이 액슬축 회전수 = $\dfrac{추진축\ 회전수}{종감속비} = \dfrac{2,100}{7}$
= 300[rpm]

정답 ㉯

3. 차동장치(differential gear)

1) 차동장치 동력전달 및 회전수

① **동력 전달순서**: 구동 피니언축 → 구동 피니언 → 링 기어 → 차동 기어 케이스 → (차동 피니언 → 사이드 기어) → 차축 순이다.

② **바퀴의 회전수** = $\dfrac{기관\ 회전수}{총\ 감속비} \times 2 -$ (반대 바퀴의 회전수)

= $\dfrac{추진축\ 회전수}{종\ 감속비} \times 2 -$ (반대 바퀴의 회전수)

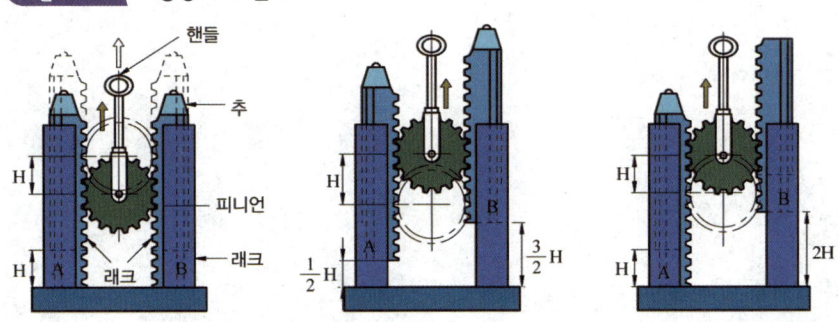

그림 1-18 차동장치의 원리

문제 24

종감속비가 6인 자동차에서 추진축의 회전수가 900[rpm]일 때 뒤차축의 회전수는 얼마인가? (단, 직진으로 주행하고, 변속기 변속비는 1.5 : 1이다.)

㉮ 100[rpm] ㉯ 150[rpm]
㉰ 600[rpm] ㉱ 900[rpm]

풀이 뒤차축 회전수 = $\dfrac{추진축회전수}{종감속비}$

$= \dfrac{900}{600} = 150[rpm]$

정답 ㉯

문제 25

엔진의 회전수가 3,500[rpm], 제2속의 감속비 1.5, 최종 감속비 4.8, 바퀴의 반경이 0.3m일 때 차속은? (단, 바퀴의 지면과 미끄럼은 무시한다.)

㉮ 약 35[km/h] ㉯ 약 45[km/h]
㉰ 약 55[km/h] ㉱ 약 65[km/h]

풀이 차속 $V = \dfrac{\pi D N}{r_t \times r_f} \times \dfrac{60}{1,000}$ [km/h]

여기서, D : 바퀴 직경[m]
N : 엔진 회전수[rpm]
r_t : 변속비
r_f : 종감속비

$\therefore V = \dfrac{3.14 \times 0.6 \times 3,500}{1.5 \times 4.8} \times \dfrac{60}{1,000}$
$= 54.95[km/h]$

정답 ㉰

☆☆☆
문제 26

자동차의 바퀴를 빼지 않고 액슬 축을 빼낼 수 있는 형식은?

㉮ 반부동식 ㉯ 전부동식
㉰ 분리식 차축 ㉱ $\dfrac{3}{4}$ 부동식

풀이 전부동식은 바퀴를 떼어내지 않고도 바퀴 중앙에 위치한 액슬축 고정 볼트를 풀면 액슬축을 떼어낼 수 있다.

정답 ㉯

✿✿✿
문제 27

전부동식 차축에서 뒤 차축을 탈거작업을 하려고 할 때 맞는 것은?

㉮ 허브를 떼어낸 다음 뒤 차축의 탈거작업이 가능하다.
㉯ 허브를 떼어내지 않고 뒤 차축의 탈거작업이 가능하다.
㉰ 바퀴를 떼어낸 다음 뒤차축의 탈거작업이 가능하다.
㉱ 바퀴를 꽉 조인 다음 뒤 차축의 탈거작업이 가능하다.

풀이 전부동식 차축에서는 뒤 차축을 탈거 작업할 때 허브를 떼어내지 않고 작업이 가능하다.

정답 ㉯

CHAPTER 02

현가 및 조향장치

INDUSTRIAL ENGINEER MOTOR VEHICLES MAINTENANCE

제1절 현가장치

1_ 현가장치 일반

1. 현가장치의 종류

① 섀시 스프링(chassis spring) : 에너지를 흡수하고, 차체를 지지한다.
② 쇽 업소버(shock absorber) : 스프링의 자유진동을 억제하여 승차감을 향상시킨다.
③ 스태빌라이저(stabilizer) : 선회 시 자동차의 기울어짐 및 자유진동을 억제한다.

2. 현가방식의 구분

1) 일체차축 현가장치

양쪽 바퀴를 하나의 차축에 고정하고 차체를 스프링으로 연결하여 움직임을 일체화한 형식이다.

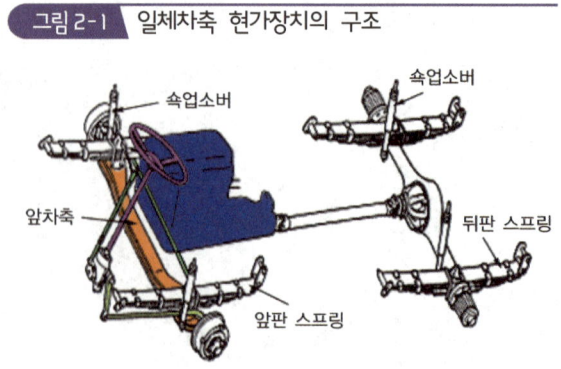

그림 2-1 일체차축 현가장치의 구조

① 특징
  ㉠ 구조가 간단하고 강도가 크다.
  ㉡ 선회 시 기울어짐은 적으나 시미(shimmy)가 일어나기 쉽다.
  ㉢ 주로 대형차에 많이 사용

2) 독립 현가장치

차축을 분할하여 양바퀴의 움직임이 따로 독립적으로 작동하는 형식이다.

① 특징
  ㉠ 스프링 아래 중량이 적어 승차감이 좋다.
  ㉡ 타이어와 노면과의 접지성(road holding)이 좋다.
  ㉢ 연결부분이 많아 구조가 복잡하고, 앞바퀴 얼라이먼트가 변하기 쉽다.

문제 01

독립현가 방식과 비교한 일체 차축현가 방식의 특성이 아닌 것은?
㉮ 구조가 간단하다.
㉯ 선회 시 차체의 기울기가 작다.
㉰ 승차감이 좋지 않다.
㉱ 로드홀딩(road holding)이 우수하다.

풀이 일체 차축현가 방식의 특성은 ㉮, ㉯, ㉰ 항 외에 로드 홀딩이 좋지 못하다.

정답 ㉱

② 독립현가의 종류
  ㉠ 위시본 형식(wishbone type) : 위·아래 컨트롤 암으로 구성되어 있다.
    ⓐ 평행사변형 형식 : 위·아래 컨트롤 암 길이가 같은 형식으로 상하운동을 할 때 윤거가 변하므로 타이어의 마모가 심하다.
    ⓑ S.L.A 형식 : 위 컨트롤 암이 짧고 아래 컨트롤 암이 긴 것으로 바퀴의 상하운동 시 윤거는 변하지 않고 캠버가 변화한다.

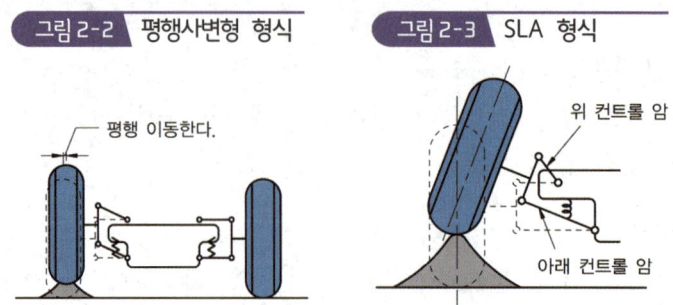

| 그림 2-2 평행사변형 형식 | 그림 2-3 SLA 형식 |

ⓛ 맥퍼슨 스트러트 형식(Macpherson strut type) : 현가 장치와 조향 너클이 일체로 되어 있는 형식이며 스프링 및 질량이 작아 로드 홀딩이 우수하다.

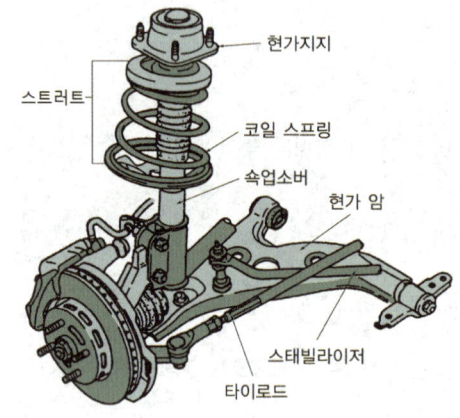

ⓒ 트레일링 링크 형식(trailing link type) : 자동차 차축의 뒤쪽으로 향한 1개 또는 2개의 암에 의해 바퀴를 지지하는 형식으로 타이어 마멸이 적은 특징이 있다.
　ⓐ Full trailing link : pivot의 회전축이 차체 중심선에 대해 직각인 것
　ⓑ Semi-trailing link : pivot의 회전축이 차체 중심선에 대해 비스듬한 것

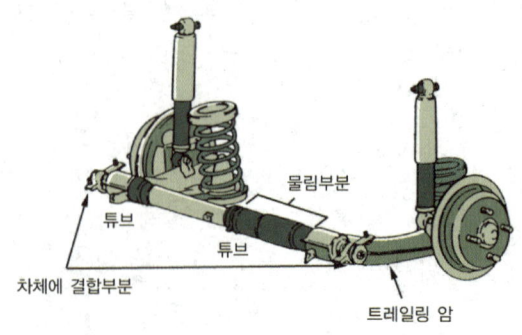

ⓔ 스윙차축 형식(swing axle type) : 일체차축 형식을 양쪽을 분할하여 자재이음을 사용한 형식으로 타이어 마멸이 가장 크다.

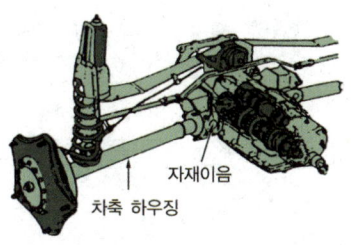

3. 현가 스프링의 종류

1) 판 스프링

판 스프링을 여러 장 겹쳐 놓으면 접합면 마찰에 의해 진동을 흡수한다. 이것을 판간마찰이라 하며 판 스프링의 중요한 특징이다.

✿✿
① 판 스프링의 용어
    ㉠ 스팬 : 스프링의 아이와 아이의 중심거리이다.
    ㉡ 아이 : 스프링의 양 끝 설치 구멍을 말한다.
    ㉢ 캠버 : 스프링의 휨 양을 말한다.
    ㉣ 중심 볼트 : 스프링을 고정하는 볼트이다.
    ㉤ U 볼트 : 스프링을 차축 하우징에 설치하기 위한 볼트이다.
    ㉥ 닙 : 스프링의 양끝이 휘어진 부분이다.
    ㉦ 섀클 : 스팬의 길이를 변화시키며, 차체에 설치한다.
    ㉧ 섀클 핀 : 아이가 지지되는 부분이다.

문제 02

다음 중 스팬의 길이 변화를 가능하게 하는 것은?
㉮ 섀클　　　　　　　　　　　　　㉯ 스팬
㉰ 행거　　　　　　　　　　　　　㉱ U 볼트

풀이 섀클은 판스프링의 길이 변화를 가능하게 한다.

정답 ㉮

② 판 스프링의 특징
    ㉠ 스프링 자체의 강성에 의해 차체를 지지할 수 있고 구조가 간단하다.
    ㉡ 판간마찰에 의한 진동 감쇠작용이 있다.
    ㉢ 판간마찰이 있어 작은 진동의 흡수가 곤란하므로 승차감이 나쁘다.

2) 코일 스프링

코일 스프링은 스프링 강을 코일 모양으로 성형한 것으로, 독립현가 장치에 많이 사용된다.

① 코일 스프링의 특징
    ㉠ 판 스프링에 비해 작은 진동 흡수율이 크다.
    ㉡ 승차감이 우수하다.
    ㉢ 판간마찰이 없어 진동 감쇠작용이 없다.
    ㉣ 횡 방향에서 받는 힘에 대한 저항력이 없어 쇽업소버를 병용해야 한다.
    ㉤ 구조가 복잡하다.

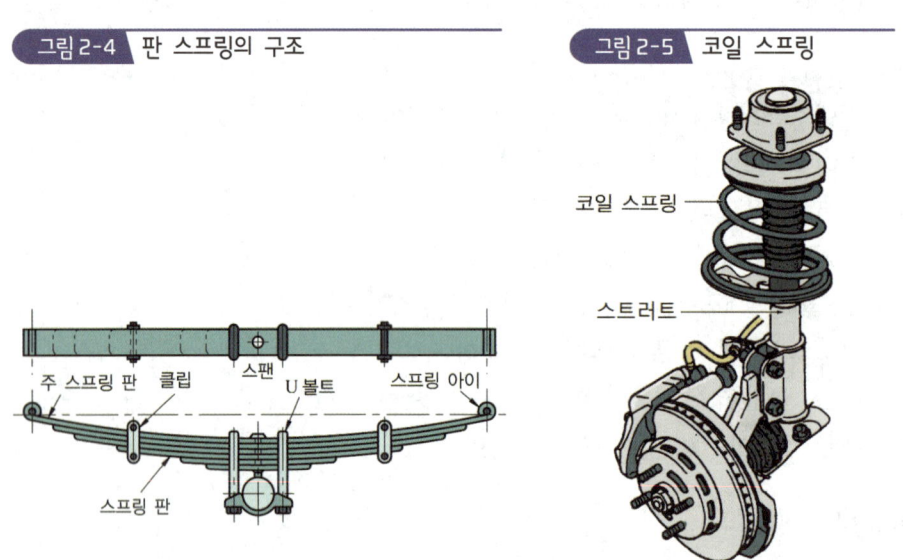

그림 2-4 판 스프링의 구조

그림 2-5 코일 스프링

3) 토션 바 스프링

막대가 지지하는 비틀림 탄성을 이용하여 완충 작용을 한다.

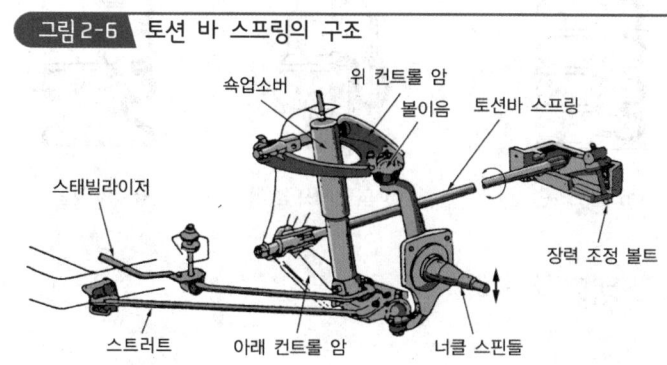

그림 2-6 토션 바 스프링의 구조

① 토션바 스프링의 특징
　㉠ 스프링 장력은 막대의 길이와 단면적에 의해 정해진다.
　㉡ 구조가 간단하고 단위 중량당 에너지 흡수율이 크다.
　㉢ 좌·우의 것이 구분되어 있으며, 쇽업소버와 병용하여 사용하여야 한다.
　㉣ 현가 높이를 조절할 수 있다.

4) 공기 스프링

공기 스프링은 공기의 압축 탄성을 이용한 것으로 하중에 따라 스프링 상수가 변화하므로 승차감이 좋은 특징이 있다.

① 공기 스프링의 장점
　㉠ 고유 진동을 낮게 할 수 있어 유연하다.
　㉡ 자체에 감쇠성이 있기 때문에 작은 진동을 흡수한다.
　㉢ 차체의 높이를 일정하게 유지한다.
　㉣ 스프링의 세기가 하중에 비례한다.

② 공기 스프링의 단점
　㉠ 구조가 복잡하다.
　㉡ 제작비가 비싸다.

③ 공기 스프링의 종류
　㉠ 벨로즈 형
　㉡ 다이어프램 형
　㉢ 조합형

그림 2-7 공기 스프링의 종류

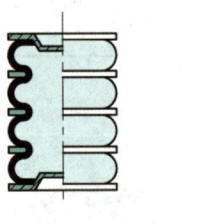 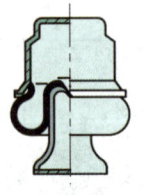 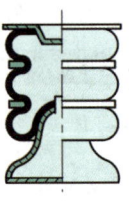

(a) 벨로즈형　　(b) 다이어프램형　　(c) 조합형

2_ 쇽 업소버와 스태빌라이저

1. 쇽 업소버(shock absorber)

쇽 업소버는 상하 운동 에너지를 열에너지로 변환시키는 것으로, 작용 방향에 따라 스프링이 늘어날 때만 작용하는 단동식과 내려갈 때와 올라갈 때 모두 작용하는 복동식이 있다.

① 쇽 업소버의 특징
  ㉠ 차체의 진동을 흡수하는 역할을 한다.
  ㉡ 스프링의 피로를 적게 한다.
  ㉢ 승차감을 향상시킨다.
  ㉣ 로드 홀딩을 향상시킨다.
② 쇽 업소버의 종류
  ㉠ 단동식 : 늘어날 때만 감쇠력 발생
  ㉡ 부동식 : 늘어날 때 줄어들 때 모두 감쇠력 발생

2. 스태빌라이저(stabilizer)

토션바 스프링의 일종으로 독립현가장치에서 조향 조작 시 차체의 기울기를 방지하는 장치로서, 차의 좌·우 평형을 유지하고 롤링 방지의 역할을 한다.

그림 2-8 스태빌라이저

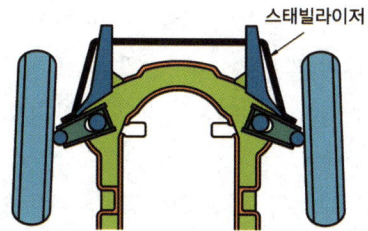

문제 03

스태빌라이저(stabilizer)에 관한 설명으로 가장 거리가 먼 것은?
㉮ 일종의 토션바이다.
㉯ 독립 현가식에 주로 설치된다.
㉰ 차체의 롤링(rolling)을 방지한다.
㉱ 차체가 피칭(pitching)할 때 작용한다.

[풀이] 독립현가 방식에 주로 설치되는 일종의 토션바로 차체의 롤링을 방지한다.

정답 ㉱

문제 04

독립현가식 자동차에서 주행 중 롤링(rolling) 현상을 감소시키고 차의 평형을 유지시켜 주는 장치는 무엇인가?
㉮ 쇽업소버
㉯ 스태빌라이저
㉰ 스트럿바아
㉱ 토크컨버터

[풀이] 스태빌라이저는 선회 시 차체의 좌우 진동(롤링)을 완화하여 차의 평형을 유지시켜 주는 기능을 한다.

정답 ㉯

3_ 뒤차축

1. 차축과 차축 하우징

1) 가솔 뒤차축의 종류

① 반 부동식(半 浮動式) : 허브 베어링을 사이에 두고 구동바퀴와 차축 하우징이 중량을 지지하는 방식이다. 구동 차축은 동력도 전달하고, 중량도 1/2 정도 지지하며 구동

차축에 하중이 적게 걸리는 승용차에 많이 사용한다.
② 3/4 부동식 : 구동 차축의 바깥 끝에 바퀴 휠 허브를 설치하고, 구동 차축 하우징에 한 개의 베어링을 사이에 두고 허브를 지지하는 방식으로 반부동식과 전부동식의 중간 구조이다.
③ 전 부동식(全 浮動式) : 구동 차축 하우징의 끝 부분에 휠 전체가 베어링을 사이에 두고 설치되어 모든 하중은 구동 차축 하우징이 받고 구동 차축은 동력만 전달한다. 따라서, 차축은 하중을 받지 않으므로 바퀴를 빼지 않고도 차축을 뗄 수 있다.

2) 차축 하우징의 종류

① 밴조 형(banjo type) : 차축 하우징의 중간부분을 둥글게 만들고, 따로 결합된 차동장치를 설치하는 방식
② 스플릿 형(split type, 분할 형) : 차축 하우징을 구동축의 직각방향으로 2 또는 3으로 자르고, 그 속에 직접 차동장치를 결합하여 넣는 방식
③ 빌드업 형(build-up type) : 차축 하우징 중간부분에 차동장치를 설치한 하우징이 있고, 양 끝에 액슬축을 끼우는 형식

| 그림2-9 밴조 형 | 그림2-10 스플릿 형 | 그림2-11 빌드업 형 |

2. 뒤차축 구동 방식

1) 호치키스 구동

① 판스프링을 사용할 때 이용되는 형식
② 리어 앤드 토크는 판스프링이 흡수

2) 토크 튜브 구동

① 바퀴의 추진력은 토크 튜브가 전달한다.
② 리어 앤드 토크는 토크 튜브가 흡수한다.

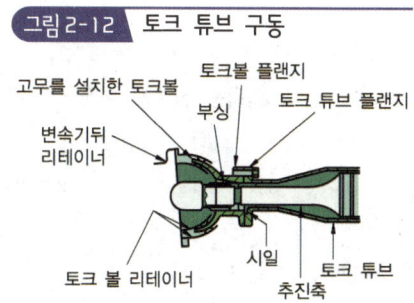

그림2-12 토크 튜브 구동

3) 레이디어스 암 구동

① 코일 스프링을 사용하는 경우에 사용하는 형식이다.
② 바퀴의 추진력은 구동축과 차체 또는 프레임에 연결된 레이디어스 암으로 전달한다.
③ 리어 앤드 토크는 레이디어스 암이 흡수한다.

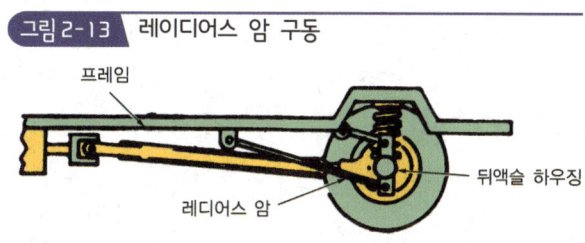

그림2-13 레이디어스 암 구동

4_ 자동차의 진동 및 승차감

1. 스프링 진동

☆☆☆
1) 스프링 위 진동

스프링 윗질량 운동이라고도 하며, 차체의 진동으로 승차자에게 가장 영향을 주는 진동이다.

① 롤링(rolling) : X축을 중심으로 회전하는 좌·우 진동
② 피칭(pitching) : Y축을 중심으로 회전하는 앞·뒤 진동
③ 요잉(yowing) : Z축을 중심으로 회전하는 수평 진동
④ 바운싱(bouncing) : Z축 방향으로 움직이는 상·하 진동

문제 05

자동차의 가로축(좌 / 우 방향 축)을 중심으로 하는 전 / 후 회전 진동은?

㉮ 롤링(rolling) ㉯ 요잉(yawing)
㉰ 피칭(pitching) ㉱ 바운싱(bouncing)

풀이 차체의 운동
X축 – 롤링, Y축 – 피칭, Z축 – 요잉, 상하 – 바운싱

정답 ㉰

2) 스프링 아래 진동

스프링 밑질량 운동이라고도 하며, 바퀴를 중심으로 한 진동을 말한다.

① 휠 홉(wheel hop) : Z축을 방향으로 움직이는 상·하 진동
② 휠 트램프(wheel tramp) : X축을 중심으로 회전하는 좌·우 진동
③ 와인드 업(wind up) : Y축을 중심으로 회전하는 앞·뒤 진동

그림 2-14 스프링의 질량 진동

(a) 스프링 위의 진동   (b) 스프링 아래 진동

문제 06

스프링 아래 질량의 고유 진동에 관한 그림이다. X축을 중심으로 하여 회전운동을 하는 진동은?

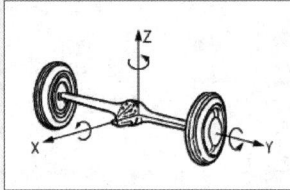

㉮ 휠 트램프(wheel tramp) ㉯ 와인드업(wind up)
㉰ 롤링(rolling) ㉱ 사이드 셰이크(side shake)

풀이 스프링 운동
① 스프링 윗 질량 운동 : X축-롤링, Y축-피칭, Z축-요잉
② 스프링 아래(밑) 질량 운동 : X축-휠 트램프(wheel tramp)
   Y축-와인드 업(wind up)
   Z축-조(jaw)
③ 스프링 아래(밑) 질량 축방향 운동 : X축 평행-전후 진동(fore and shake)
   Y축 평행-좌우 진동(side shake)
   Z축 평행-상하 진동(wheel hop)

정답 ㉮

3) 시미(shimmy)

시미란 자동차 앞바퀴가 좌우로 흔들리는 현상으로 저속시미와 고속시미로 나눌 수 있다.

① **저속시미** : 주로 20~30[km/h] 정도의 저속에서 발생하는 현상으로 허브 베어링의 마멸 등 자동차의 부품의 근본적 고장에서 기인한다.
② **고속시미** : 주로 50~60[km/h] 정도의 고속에서 발생하는 현상으로 자동차 부품은 정상이나 휠 밸런스 등의 불평형에서 기인한다.

제2절 전자제어 현가장치(E.C.S : Electronic Control Suspension)

1. ECS의 개요

자동차의 전자제어 현가장치는 각종 센서, ECU 액추에이터 등을 통해 노면의 상태, 주행 조건, 운전자의 선택기능에 따라 쇽 업소버 스프링의 감쇠력과 차고 조절을 전자제어 하는 시스템이다.

✅ **특징**

❶ 고속주행 시 차체 높이를 낮추어 공기저항을 적게 하고 승차감을 향상시킨다.
❷ 하중이 변해도 차는 수평을 전자제어 유지한다.
❸ 험한 도로 주행 시 스프링을 강하게 하여 쇽 업소버 및 원심력에 대한 롤링을 없앤다.
❹ 안정된 조향성능과 적재물량에 따른 안정된 차체의 균형을 유지시킨다.
❺ 급제동 시 노스다운을 방지해 준다.
❻ 불규칙 노면주행 할 때 감쇠력을 조절하여 자동차 피칭을 방지해 준다.
❼ 도로의 조건에 따라서 바운싱을 방지해 준다.

2. ECS 주요 구성품

① **차속 센서** : 스프링 정수 및 감쇠력 제어에 이용하기 위해 주행속도를 검출한다.
② **차고 센서** : 차량의 높이를 조정하기 위하여 차체와 차축의 위치를 검출한다.(자동차 앞·뒤 설치)

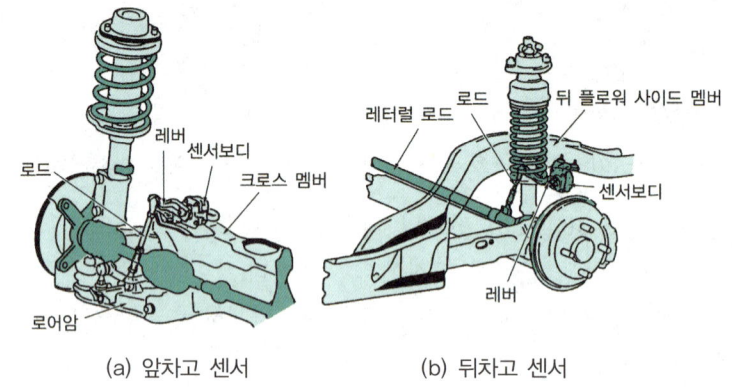

(a) 앞차고 센서　　　　(b) 뒤차고 센서

③ **조향 휠 가속도 센서** : 차체의 기울기를 방지하기 위해 조향 휠의 작동속도를 검출한다.
④ **스로틀 위치 센서** : 스프링의 정수와 감쇠력 제어를 위해 급 가감속의 상태를 검출한다.
⑤ **중력 센서(G 센서)** : 감쇠력 제어를 위해 차체의 바운싱을 검출한다.
⑥ **헤드라이트 릴레이** : 차고 조절을 위해 엔진의 시동 여부를 검출한다.
⑦ **발전기 L단자** : 차고 조절을 위해 엔진의 시동 여부를 검출한다.
⑧ **제동등 스위치** : 차고 조절을 위해 제동 여부를 검출한다.
⑨ **도어 스위치** : 차고 조절을 위해 도어의 열림 상태를 검출한다.
⑩ **액츄에이터** : 공기 스프링 상수와 쇽 업소버의 감쇠력을 조절한다.

제3절 조향장치

1_ 조향장치 이론

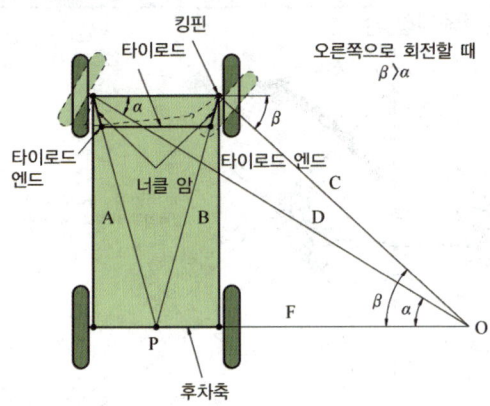

그림2-15 애커먼 장토식 조향 원리

1. 조향장치 일반

1) 앞차축 링크 형식

① 엘리옷 형
② 역 엘리옷 형
③ 마몬 형
④ 르모앙 형

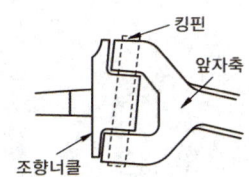

그림2-16 엘리옷 형

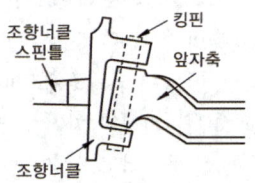

그림2-17 역 엘리옷 형

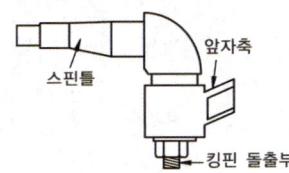

그림2-18 르모앙 형

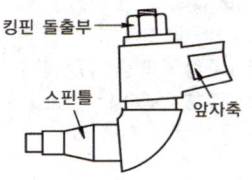

그림2-19 역 엘리옷 형

✿✿✿

2) 최소회전 반지름

최대로 조향하여 회전 시, 앞바퀴의 바깥쪽 바퀴가 그리는 원의 반지름을 말한다.

$$R = \frac{L}{\sin \alpha} + r$$

R : 최소회전반지름[m]
L : 축거[m]
α : 바깥쪽 바퀴의 조향각[°]
r : 바퀴의 중심과 킹핀 중심과의 거리[m]

그림 2-20 최소회전 반지름

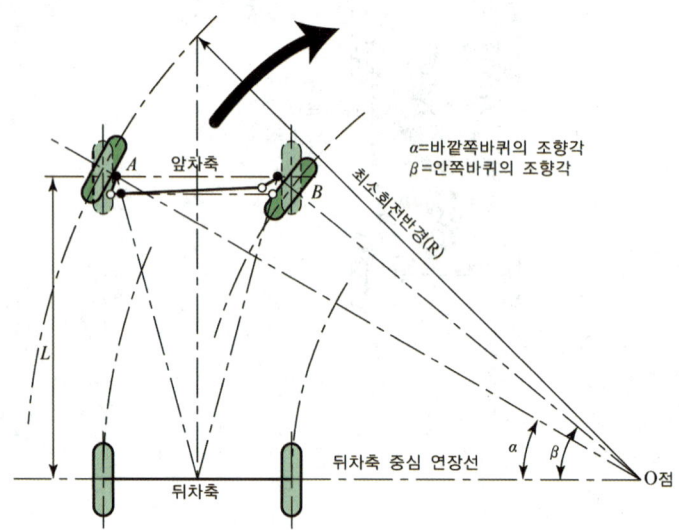

문제 07

조향장치가 갖추어야 할 조건으로 틀린 것은?

㉮ 조향 조작이 주행 중의 충격에 영향을 받지 않을 것
㉯ 조작하기 쉽고 방향 전환이 원활하게 행하여 질 것
㉰ 조향핸들의 회전과 바퀴 선회의 차가 크지 않을 것
㉱ 회전반경이 커서 좁은 곳에서도 방향전환을 할 수 있을 것

풀이 조향장치가 갖추어야 할 조건
① 조작하기 쉽고 방향전환이 원활하게 행해질 것
② 회전반경이 적을 것
③ 조향핸들과 바퀴의 선회 차이가 크지 않을 것
④ 조향조작이 주행 중의 충격에 영향을 받지 않을 것
⑤ 고속 주행에도 조향휠이 안정되고 복원력이 좋을 것

정답 ㉱

문제 08

자동차의 축간거리가 2.9[m], 조향각이 30[°]이다. 이 자동차의 최소회전반경은 몇 [m]인가? (단, 바퀴의 접지면 중심과 킹핀과의 거리는 0.2이다.)

㉮ 5[m] ㉯ 6[m]
㉰ 7[m] ㉱ 8[m]

풀이 최소회전반경 $R = \dfrac{L}{\sin\alpha} + r$

여기서, α : 외측바퀴 회전각도[°],
  L : 축거[m]
  r : 타이어 중심과 킹핀과의 거리[m]

∴ 최소회전반경 $R = \dfrac{2.9}{\sin 30} + 0.2 = 6$

정답 ㉯

문제 09

축거 3[m], 바깥쪽 앞바퀴의 최대 회전각 30[°], 안쪽 앞바퀴의 최대회전각은 45[°] 일 때의 최소회전반경은? (단, 바퀴의 접지면과 킹핀 중심과의 거리는 무시)

㉮ 15[m] ㉯ 12[m]
㉰ 10[m] ㉱ 6[m]

풀이 최소회전 반경 $R = \dfrac{L}{\sin\alpha} + r$

여기서, L : 축거[m]
  α : 바깥쪽바퀴 회전각도[°]
  r : 킹핀과 바퀴 접지면 중심과의 거리[m]

∴ 최소회전 반경 $R = \dfrac{3}{\sin 30[°]} + 0 = 6[m]$

정답 ㉱

3) 조향 기어비

조향핸들이 회전한 각도와 피트먼 암이 회전한 각도와의 비를 말한다.

$$\text{조향 기어비} = \dfrac{\text{조향핸들이 회전한 각도}}{\text{피트먼 암이 회전한 각도}}$$

문제 10 ☆☆☆

조향 기어비를 구하는 식으로 맞는 것은?
㉮ 조향 휠의 움직인 각도를 피트먼 암의 움직인 각도로 나눈 값
㉯ 조향 휠의 움직인 량을 사이드슬립 량으로 나눈 값
㉰ 피트먼 암의 움직인 거리를 사이드슬립 량으로 나눈 값
㉱ 피트먼 암의 직선거리를 조향 휠의 직경으로 나눈 값

풀이 조향기어비 = $\dfrac{\text{핸들 회전각도}}{\text{피트먼암 회전각도}}$

정답 ㉮

문제 11 ☆☆☆

조향 핸들이 320[°] 회전할 때 피트먼 암이 32[°] 회전하였다면 조향 기어비는?
㉮ 5 : 1
㉯ 10 : 1
㉰ 15 : 1
㉱ 20 : 1

풀이 조향기어비 = $\dfrac{\text{핸들 회전각도}}{\text{피트먼암 회전각도}} = \dfrac{320}{32}$
= 10[s]

정답 ㉯

4) 조향 기어의 조건

① **가역식** : 앞바퀴로 핸들을 움직일 수 있는 방식으로 바퀴의 충격이 핸들에 전달되어 주행 중 핸들을 놓치기 쉬우나 조향기어 각부의 마멸이 적고 복원성을 이용할 수 있는 장점이 있다.
② **반가역식** : 가역식과 비가역식의 중간 성질로 바퀴의 운동을 일부만 전달한다.
③ **비가역식** : 조향핸들의 움직임을 바퀴에 전달할 수는 있으나 바퀴의 운동을 핸들에 전달할 수 없는 방식으로 바퀴의 충격을 핸들에 전달하지 않으나 조향기어 각부의 마멸이 쉽고 복원성을 이용할 수 없는 단점이 있다.

2. 조향 기어의 종류

조향기어의 종류로는 웜 섹터 형식, 웜 섹터 롤러식, 볼 너트 형식, 웜 핀 형식, 볼 너트 웜 핀 형식, 랙과 피니언 형식 등이 있다.

3. 조향장치의 이상 현상

1) 조향 핸들이 한쪽으로 쏠리는 원인

① 타이어의 압력이 불균일하다.
② 앞차축 한쪽의 스프링이 절손되었다.
③ 브레이크 간극이 불균일하다.
④ 앞바퀴 정렬이 불량하다.
⑤ 한쪽의 허브 베어링이 마모되었다.
⑥ 한쪽 쇽 업소버의 작동이 불량하다.

2) 조향 핸들이 무거워지는 원인

① 타이어 공기압이 낮다.
② 타이어의 규격이 크다.
③ 윤활유의 부족 또는 불충분하다.
④ 조향 기어의 조정이 불량하다.
⑤ 현가 암이 휘었다.
⑥ 조향 너클이 휘었다.
⑦ 프레임이 휘었다.
⑧ 정의 캐스터가 과도하다.

➕ 문제 12

주행 중 조향 휠이 한쪽으로 치우칠 경우 예상되는 원인이 아닌 것은?

㉮ 타이어 편마모
㉯ 휠 얼라이먼트에 오일 부착
㉰ 안쪽 앞 코일스프링 약화
㉱ 휠 얼라이먼트 조정 불량

풀이 조향 휠이 한쪽으로 쏠리는 원인
① 타이어 공기압이 불균일하다.
② 좌·우 축거가 다르다.
③ 좌·우 브레이크 라이닝의 간극이 다르다.
④ 앞차축 한쪽의 현가 스프링이 절손되었다.
⑤ 쇽 업소버 작동이 불량하다.
⑥ 휠 얼라이먼트가 불량하다.
⑦ 뒤차축이 차의 중심선에 대하여 직각이 아니다.

정답 ㉯

2_ 휠 얼라이먼트 (앞바퀴 정렬)

✧✧✧
1. 캠버(camber)

1) 캠버의 정의

바퀴를 정면에서 보았을 때 바퀴의 윗부분이 아랫부분보다 더 넓은 상태로, 바퀴의 중심선과 노면에 대한 수직선이 이루는 각도를 캠버라 한다.

2) 캠버의 효과

① 수직 방향 하중에 의한 앞차축의 휨을 방지
② 조향축 경사각과 함께 조향핸들의 조작을 가볍게 한다.
③ 크라운 도로에서 수직으로 향하는 효과가 있다.

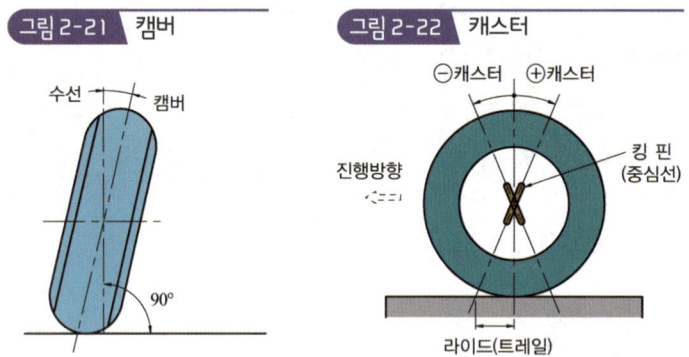

그림 2-21 캠버   그림 2-22 캐스터

문제 13

자동차의 앞차륜 정렬에서 정(+) 캠버란?

㉮ 앞바퀴의 아래쪽이 위쪽보다 좁은 것을 말한다.
㉯ 앞바퀴의 앞쪽이 뒤쪽보다 좁은 것을 말한다.
㉰ 앞바퀴의 킹핀이 뒤쪽으로 기울어진 것을 말한다.
㉱ 앞바퀴의 위쪽이 아래쪽보다 좁은 것을 말한다.

풀이 캠버
자동차를 앞에서 보았을 때 앞바퀴의 위쪽이 아래쪽보다 넓은 것을 정(+)의 캠버라 하고, 아래쪽이 넓은 것을 부(-)의 캠버라 한다.

정답 ㉮

2. 캐스터(caster)

1) 캐스터의 정의

앞바퀴를 옆에서 볼 때 앞바퀴를 차축에 설치하는 킹핀이 수선과 어떤 각도를 이룬 상태를 말한다.

2) 캐스터의 효과

① 주행 중 조향 바퀴에 방향성(가속성)을 준다.
② 조향 시 직진 방향으로 돌아오는 복원성을 준다.
③ 부의 캐스터는 조향력을 증대시켜 준다.

✩✩✩
3. 토 인(Toe-in)

1) 토인의 정의

앞바퀴를 위에서 내려다 보았을 때 양쪽 바퀴의 중심선 거리가 앞쪽이 뒤쪽보다 작게 되어 있는 상태를 말하며, 일반적으로 뒤와 앞의 차이가 2~6[mm] 정도이다.

2) 토인의 효과

① 앞바퀴를 평행하게 회전시킨다.
② 바퀴의 사이드 슬립과 타이어의 마멸을 방지한다.
③ 조향 링키지 마멸에 의해 토 아웃 되는 것을 방지한다.

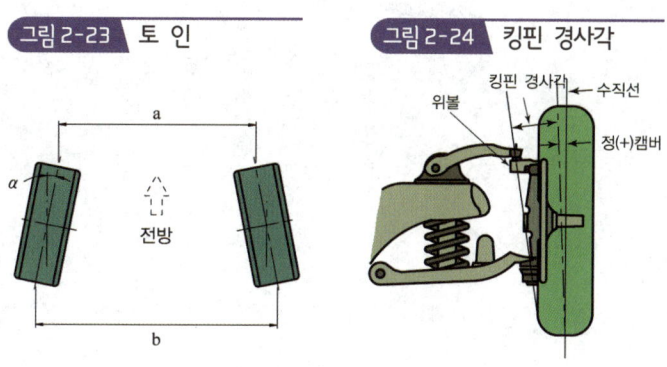

그림 2-23 토 인   그림 2-24 킹핀 경사각

문제 14

토인의 필요성을 설명한 것으로 틀린 것은?
- ㉮ 수직방향의 하중에 의한 앞차축 휨을 방지한다.
- ㉯ 조향링키지의 마멸에 의해 토아웃이 되는 것을 방지한다.
- ㉰ 앞바퀴를 평행하게 회전시킨다.
- ㉱ 바퀴가 옆방향으로 미끄러지는 것과 타이어의 마멸을 방지한다.

풀이 토인을 두는 목적
① 앞바퀴를 평행하게 회전시킨다.
② 바퀴가 옆방향으로 미끄러지는 것과 타이어의 마멸을 방지한다.
③ 조향 링키지의 마멸에 의해 토아웃이 되는 것을 방지한다.

정답 ㉮

문제 15

자동차의 앞바퀴 정렬에서 토인 조정은 무엇으로 하는가?
- ㉮ 드래그 링크의 길이
- ㉯ 타이로드의 길이
- ㉰ 시임의 두께
- ㉱ 와셔의 두께

풀이 토인은 타이로드의 길이를 가감하여 조정한다.

정답 ㉯

문제 16

타이로드(tie rod)로 조정하는 것과 가장 관련 있는 것은?
- ㉮ 캠버(camber)
- ㉯ 캐스터(caster)
- ㉰ 킹핀(kingpin)
- ㉱ 토인(toe in)

풀이 토(toe) 조정은 타이로드의 길이를 가감하여 한다.

정답 ㉱

✦✦✦ 문제 17

사이드 슬립 테스터의 지시값이 4이다. 이것은 주행 1[km]에 대하여 앞바퀴의 슬립양이 얼마인 것을 표시하는가?

- ㉮ 4[mm]
- ㉯ 4[cm]
- ㉰ 40[cm]
- ㉱ 4[m]

풀이 사이드 슬립 시험기의 1 눈금은 1[km] 주행에 1[m] 슬립된 것을 의미한다.

정답 ㉱

4. 킹핀 각(king-pin angle, 조향축 경사각)

✦✦ 1) 킹핀 경사각의 정의

바퀴를 앞에서 보면 킹핀이 수선에 대해 안 쪽으로 어떤 각도를 두고 설치되어 있는 상태를 말하며 조향축 경사각이라고도 한다. 킹핀 경사각은 일반적으로 7~9° 정도를 준다.

✦✦✦ 2) 킹핀 경사각의 효과

① 앞바퀴에 복원성을 준다.
② 캠버와 함께 핸들의 조작력을 작게 한다.
③ 앞바퀴의 시미 현상을 방지한다.

3_ 셋백과 스러스트 각

1. 셋 백(set back)

왼쪽 축간거리와 오른쪽 축간거리와의 차이를 말하며, 제조상의 제조공차 또는 충돌로 인한 손상으로 발생된다. 휠 베이스가 짧은 쪽으로 차량이 쏠리는 경향이 나타난다.

2. 스러스트 각(thrust angle, geometrical drive axis)

자동차의 진행방향과 자동차의 기하학적 중심선과의 각도의 차이를 말한다.

제4절 동력 조향장치(power steering system)

1. 동력 조향장치의 특징

① 작은 조작력으로 조향이 가능
② 조향기어비를 자유로이 선정
③ 노면에서의 충격을 흡수하여 킥백(kick back)을 방지
④ 스티어링계의 이음, 진동의 흡수
⑤ 조향에 따른 적절한 반력을 피드백

2. 동력 조향장치의 구조

1) 동력조향장치 주요부

① **동력부** : 오일펌프에 해당하며, 벨트로 구동되며 유압을 발생한다.
② **작동부** : 동력 실린더에 해당하며, 보조력(assist력)을 발생하는 부분이다.
③ **제어부** : 컨트롤(제어) 밸브에 해당하며, 동력부와 작동부 사이의 오일통로를 제어한다.

그림 2-25 링키지 분리형 동력실린더의 구조

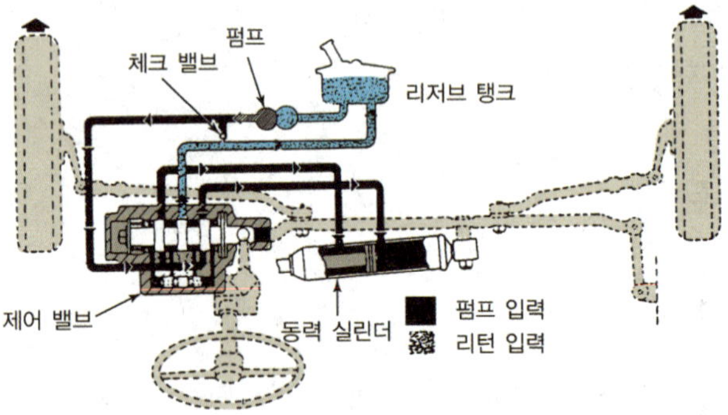

문제 18 ✦✦✦

동력 조향장치의 구성 중 오일펌프에서 발생된 유압을 조향바퀴의 조향력으로 바꾸며, 동력실린더가 주요부가 되는 것은?

㉮ 동력부
㉯ 제어부
㉰ 회전부
㉱ 작동부

풀이 오일펌프는 유압을 만드는 동력부, 동력 실린더는 조향력을 보조하는 작동부, 컨트롤(제어) 밸브는 유로를 변경하는 제어부이다.

정답 ㉱

2) 안전 첵 밸브(safety check valve) ✦✦

파워 스티어링 고장 시 수동으로 핸들조작이 가능하게 해주는 밸브로, 핸들을 조작하면 동력 실린더가 작용하여 한쪽에 압력을 가하면 반대쪽은 진공이 되어 첵 밸브가 열리게 되므로 수동조작이 가능하게 된다.

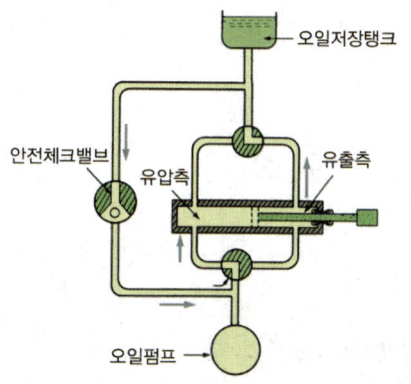

그림 2-26 안전 첵 밸브의 역할

문제 19 ✦✦✦

동력 조향 유압 계통에 고장이 발생한 경우 핸들을 수동으로 조작할 수 있도록 하는 부품은?

㉮ 릴리프 밸브(relif valve)
㉯ 안전 첵 밸브(safety check valve)
㉰ 유량 제어 밸브(flow control valve)
㉱ 더블 밸런싱 밸브(double balancing valve)

풀이 동력 조향 유압 계통에 고장이 발생한 경우 핸들을 수동으로 조작할 수 있도록 안전 첵 밸브를 둔다.

정답 ㉯

CHAPTER 03

제동장치

INDUSTRIAL ENGINEER MOTOR VEHICLES MAINTENANCE

제1절 일반 제동장치

1_ 제동장치의 개요

1. 파스칼의 원리

1) 유체의 특징

① 액체는 압축할 수 없다.
② 액체는 운동을 전달할 수 있다.
③ 액체는 힘을 증대시키거나 감소시킬 수 있다.

문제 01

유압식 브레이크는 어떤 원리를 이용한 것인가?
㉮ 뉴톤의 원리 ㉯ 파스칼의 원리
㉰ 베르누이의 원리 ㉱ 애커먼 장토의 원리

풀이 유압식 브레이크는 파스칼의 원리를 이용한 것이다.

정답 ㉯

2. 유압식 제동장치의 구성

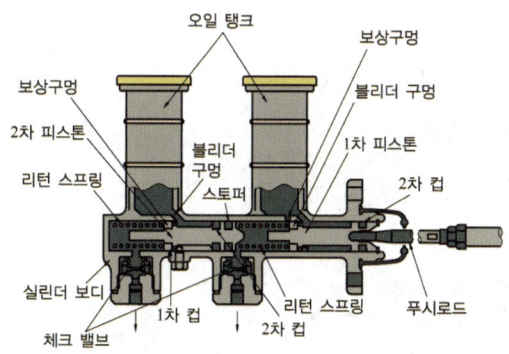

1) 마스터 실린더(master cylinder)

페달의 힘을 받아 유압을 발생하는 실린더로, 안전을 위하여 브레이크 회로를 2계통으로 하는 탠덤(tandem) 마스터 실린더가 사용되고 있다.

문제 02

마스터 백은 무엇을 이용하여 브레이크에 배력작용을 하는가?

㉮ 배기가스 압력을 이용한다.
㉯ 대기 압력만을 이용한다.
㉰ 흡기 다기관의 압력만을 이용한다.
㉱ 대기압과 흡기 다기관의 압력차를 이용한다.

풀이 마스터 백은 대기압과 흡기다기관의 압력차를 이용하여 브레이크에 배력작용을 한다.

정답 ㉱

문제 03

마스터 실린더 푸시로드에 작용하는 힘이 120[kgf]이고, 피스톤 단면적이 3[cm²]일 때 발생 유압은?

㉮ 30[kgf/cm²]　　　　㉯ 40[kgf/cm²]
㉰ 50[kgf/cm²]　　　　㉱ 60[kgf/cm²]

풀이 압력(유압) = $\dfrac{하중}{단면적} \times [kgf/cm^2]$

∴ $\dfrac{120}{3} = 40[kgf/cm^2]$

정답 ㉯

① 첵 밸브(check valve) : 회로 내에 잔압을 형성하며 잔압은 0.6~0.8[kgf/cm2] 정도로 잔압을 두는 목적은 다음과 같다.
  ㉠ 브레이크의 작동을 신속하게 한다.
  ㉡ 베이퍼 로크를 방지한다.
  ㉢ 회로 내의 오일이 누출되는 것을 방지한다.

2) 브레이크 오일

브레이크 오일의 구비조건은 다음과 같다.

① 화학적으로 안정되고 침전물이 생기지 않을 것
② 온도에 대한 점도 변화가 작을 것
③ 비점이 높고, 윤활성이 있으며 베이퍼 로크를 일으키지 말 것
④ 빙점이 낮고, 인화점이 높을 것
⑤ 부품의 산화부식을 일으키지 말 것

3) 브레이크 이상 현상

① 페이드(fade) : 브레이크 조작을 반복하여 드럼과 라이닝 사이에 마찰열이 축적되어 라이닝의 마찰계수가 저하하는 현상으로, 방지하기 위한 방법은 다음과 같다.
  ㉠ 드럼의 냉각성능을 향상시킨다.
  ㉡ 마찰계수의 변화가 적은 라이닝을 사용한다.
  ㉢ 심하면 자동차를 세워서 열을 식힌다.
② 베이퍼 로크(vapor lock) : 브레이크 회로 내의 오일이 비등하여 회로 내에 기포가 발생하는 현상이다. 베이퍼 로크의 원인은 다음과 같다.
  ㉠ 긴 내리막 길에서 과도한 브레이크 사용
  ㉡ 드럼과 라이닝의 끌림에 의한 과열
  ㉢ 오일의 변질로 인한 비점 저하 및 불량 오일 사용
  ㉣ 브레이크 슈 리턴 스프링의 소손에 의한 잔압 저하

문제 04

브레이크 드럼이 갖추어야 할 조건이 아닌 것은?

㉮ 정적, 동적 평형이 잡혀 있을 것
㉯ 슈와 마찰면에 내마멸성이 있을 것
㉰ 방열이 잘되지 않을 것
㉱ 충분한 강성이 있을 것

풀이 브레이크 드럼이 갖추어야 할 조건
① 방열이 잘 될 것
② 충분한 강성과 내마멸성이 있을 것
③ 정적, 동적 평형이 잡혀 있을 것
④ 가벼울 것

정답 ㉰

4) 드럼 브레이크의 종류

① **넌서보 브레이크** : 가장 일반적인 드럼 브레이크 형식으로, 브레이크 작동 시 해당 슈만 자기작동 작용을 하는 것을 넌서보 브레이크라 한다.

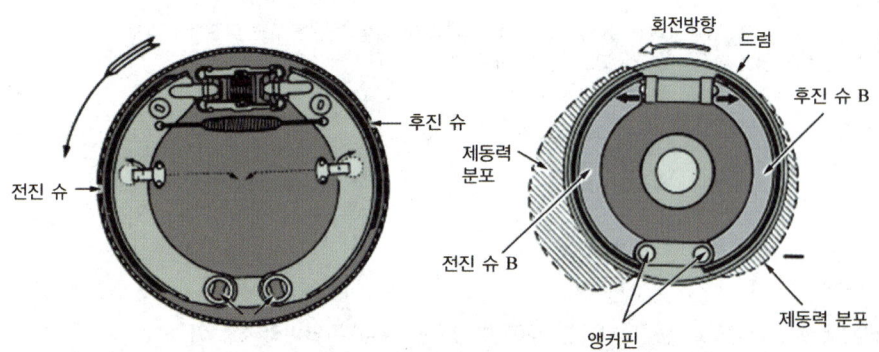

② **서보 브레이크** : 서보 브레이크란 브레이크 작동 시 전진 또는 후진에서 모든 슈에 자기작동 작용이 일어나는 브레이크를 말한다.

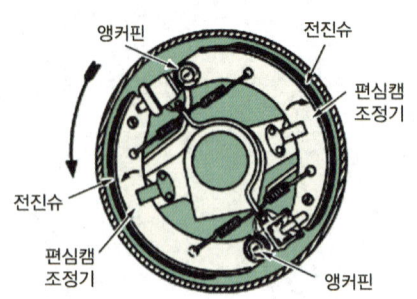

그림 3-1 단동 2리딩 방식

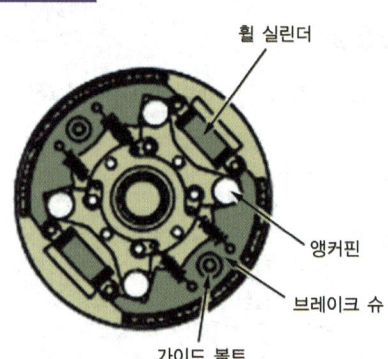

그림 3-2 복동 2리딩 방식

문제 05

회전중인 브레이크 드럼에 제동을 걸면 슈는 마찰력에 의해 드럼과 함께 회전하려는 경향이 생겨 확장력이 커지므로 마찰력이 증대되는데 이러한 작용을 무엇이라 하는가?

㉮ 자기작동 작용 ㉯ 브레이크 작용
㉰ 페이드 현상   ㉱ 상승작용

풀이 자기작동(self energizing action)이란 회전 중인 드럼에 브레이크를 걸면 슈는 마찰력에 의해 드럼과 함께 회전하려는 경향이 생겨 확장력이 커지므로 마찰력이 증대되는 작용

정답 ㉮

문제 06

제동장치에서 전진방향 주행 시 자기작용이 발생되는 슈를 무엇이라 하는가?

㉮ 서보 슈   ㉯ 리딩 슈
㉰ 트레일링 슈 ㉱ 역전 슈

풀이 전진에서 자기작동이 발생되는 슈를 전진슈라 하며 자기작동이 발생되므로 리딩슈, 다른 한 쪽을 트레일링 슈라 한다.

정답 ㉯

3. 디스크 브레이크

그림 3-3 　디스크 브레이크의 구조

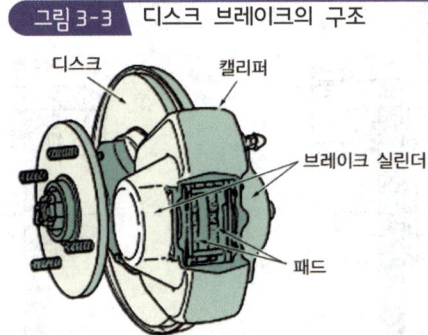

1) 디스크 브레이크의 장·단점

① 디스크가 대기에 노출되어 방열성이 좋다.
② 페이드 현상이 발생하지 않는다.
③ 고속에서 반복적으로 사용하여도 제동력의 변화가 없다.
④ 부품의 평형이 좋고, 편제동 되는 경우가 거의 없다.
⑤ 온도에 의한 변형이 없어 페달 행정이 일정하다.
⑥ 자기배력 작용이 없어 제동력의 변화가 적다.
⑦ 배력 작용이 없어 조작력이 커진다.
⑧ 마찰 패드의 면적도 적어 유압이 커야 한다.
⑨ 유압은 높고, 면적이 작아 라이닝의 강도가 커야 한다.

2) 디스크 브레이크의 종류

디스크 브레이크는 작동방법에 따라 부동 캘리퍼형과 대향 실린더형이 있다.

① **부동 캘리퍼형** : 부동 캘리퍼형은 실린더가 한쪽에만 있는 방식으로, 유압이 작용하여 한 쪽 패드가 압착하면 반작용에 의해 캘리퍼가 이동하여 반대쪽 패드도 같이 압착하여 제동하는 방식이다.
② **대향 실린더형** : 대향 실린더형은 양쪽에서 유압이 작동하여 제동하는 방식으로, 브레이크 성능이 우수하나 실린더의 수가 2배이므로 가격이 비싼 단점이 있다.

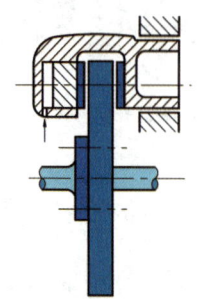
그림 3-4 부동 캘리퍼형

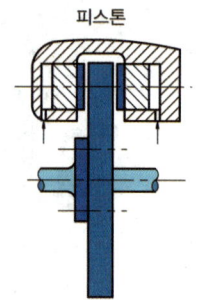
그림 3-5 대향 캘리퍼형

4. 브레이크 장치의 고장원인

1) 브레이크가 한쪽만 듣는다

① 브레이크 간극의 조정 불량
② 전차륜 정렬 불량
③ 라이닝에 오일 묻음
④ 타이어 공기압 불균형

문제 07

브레이크를 밟았을 때 자동차가 한 쪽으로 쏠리는 이유 중 틀린 것은?
㉮ 좌우 타이어의 공기압이 차이가 있다.
㉯ 라이닝의 접촉이 비정상적이다.
㉰ 휠 실린더의 작동이 불량하다.
㉱ 좌우 드럼의 마모가 균일하게 심하다.

풀이 브레이크 작동 시 한 쪽으로 쏠리는 원인
① 드럼이 편마모되었다.
② 좌우 타이어 공기압에 차이가 있다.
③ 좌우 라이닝 간극 조정이 틀리게 조정되었다.
④ 한 쪽 휠 실린더의 작동이 불량하다.
⑤ 라이닝의 접촉불량 또는 기름이 묻어있다.
⑥ 앞바퀴 정렬이 잘못되었다.

정답 ㉱

2) 브레이크가 풀리지 않는다

① 브레이크 자유간극이 작다.

② 브레이크 리턴 스프링이 불량
③ 마스터 실린더 리턴 포트가 막혔다.
④ 마스터 실린더 및 휠 실린더 피스톤 컵 불량

문제 08

브레이크를 작동시키다 페달을 놓았을 때 브레이크가 풀리지 않는 원인과 관계없는 것은?
㉮ 마스터 실린더의 리턴 스프링 불량　㉯ 마스터 실린더의 리턴 구멍의 막힘
㉰ 드럼과 라이닝의 소결　㉱ 브레이크의 파열

풀이　㉮, ㉯, ㉰ 항은 브레이크가 풀리지 않는 원인이며, 브레이크가 파열되면 브레이크가 듣지 않는다.

정답　㉱

3) 브레이크가 잘 듣지 않는다

① 브레이크 오일 부족 및 라이닝 마모
② 브레이크 드럼과 라이닝 간극이 클 때
③ 마스터 실린더 오일 누출
④ 휠 실린더 오일 누출
⑤ 라이닝에 오일 묻음

2_ 공기 브레이크

그림 3-6　공기 브레이크의 구조

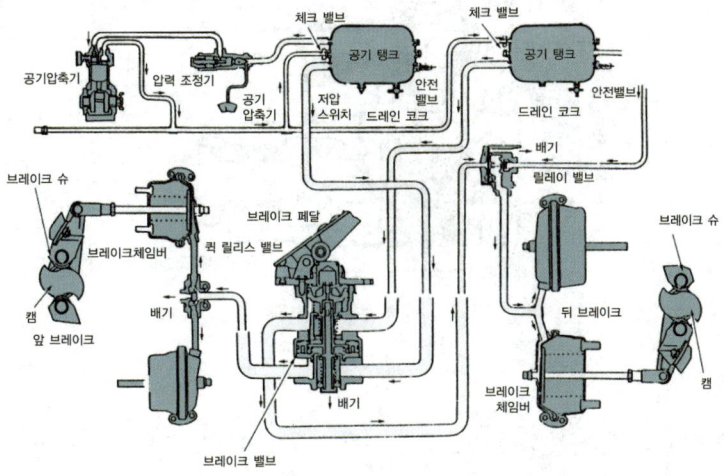

1. 공기 브레이크의 장·단점

① 공기 압축기 용량을 크게 하면 제동력을 크게할 수 있다.
② 공기가 조금 누출되어도 브레이크 성능에 영향이 적다.
③ 오일이 없으므로 베이퍼 로크가 발생하지 않는다.
④ 페달이 통로만 개폐하므로 세게 밟지 않아도 된다.
⑤ 공기 압축기 구동에 엔진 출력이 소비된다.
⑥ 구조가 복잡해지고 공간이 필요하며 가격이 비싸진다.
⑦ 공기 저장탱크에 응축된 물을 반드시 빼 주어야 한다.

2. 공기 브레이크의 주요 부품

1) 공기 압축기

엔진에 의해 구동되며, 피스톤의 압축에 의해 공기압력을 발생하는 장치이다.

✿✿ 2) 언로더(unloader) 밸브

공기압축기의 공기압력을 제어하는 밸브로, 공기 탱크 내의 압력이 규정압력 이상이 되면 언로더 밸브를 내려 밀어 흡입 밸브가 열리도록 하여 압축 발생이 되지 않으므로 공기 압축기 작동이 정지된다.

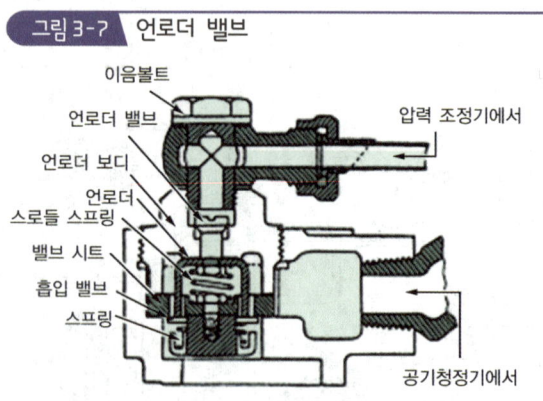

그림 3-7 언로더 밸브

3) 브레이크 밸브

운전자의 조작에 의해 작동하며, 공기 통로를 개폐하여 제동력을 발생한다.

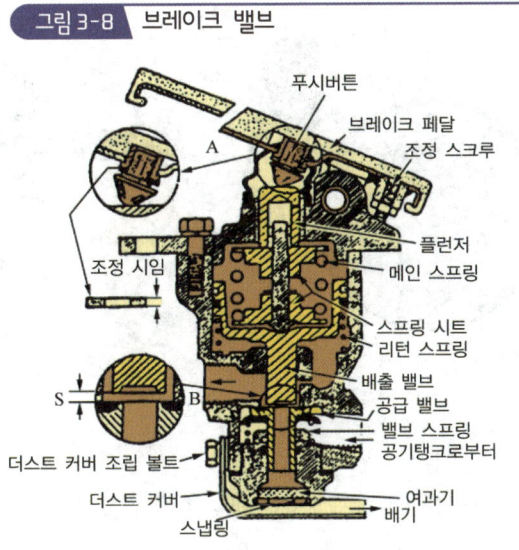

그림 3-8 브레이크 밸브

4) 퀵 릴리스 밸브

브레이크 밸브와 브레이크 챔버 사이에 설치되어 브레이크가 빠르고 확실하게 풀리도록 한다.

5) 릴레이 밸브

브레이크 밸브의 작동에 의해 전달되는 공기압력으로 작동하며, 브레이크 챔버로 통하는 공기 통로를 개폐하여 브레이크 작동을 신속하게 한다. 퀵 릴리스 밸브는 페달의 작동이 직접 통로를 개폐하지만 릴레이 밸브는 공기 통로를 개폐하는 점이 다르다.

6) 브레이크 챔버(brake chamber)

공기의 압력을 기계적 운동으로 변환하는 장치이다. 공기 압력이 챔버로 들어오면 다이어프램이 스프링 힘을 누르고 푸시로드를 밀고, 로드에 달려있는 슬랙 어저스터(slack adjuster)가 회전함에 따라 S자 캠이 회전하여 슈를 확장시켜 브레이크가 작동하게 된다.

그림 3-9 　브레이크 챔버

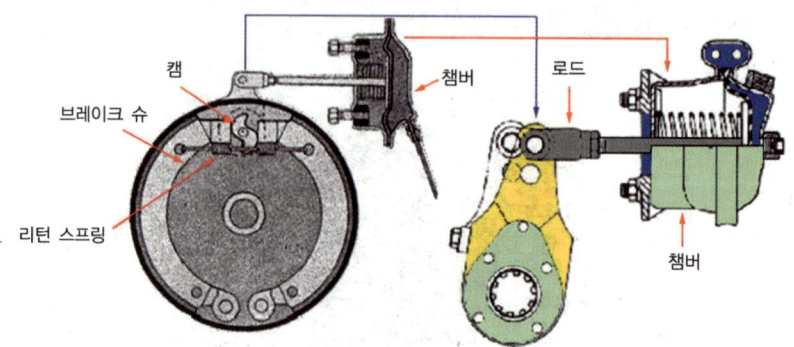

＋ 문제 09

공기 브레이크에서 공기의 압력을 기계적 운동으로 바꾸어 주는 장치는?
㉮ 릴레이 밸브　　　　　　　　㉯ 브레이크 챔버
㉰ 브레이크 밸브　　　　　　　㉱ 브레이크 슈

풀이 　브레이크 페달에 의해 브레이크 밸브가 열리면 릴레이 밸브를 거쳐 브레이크 챔버로 공기의 압력이 전달되고 푸시 로드를 통해 캠을 미는 기계적 운동으로 바뀌어 브레이크 슈를 작동시킨다.

정답 ㉯

제2절　전자제어 제동장치

☆☆☆
1. ABS의 목적

① 방향 안전성 확보(stability) → Spin 방지
② 조정성 확보(steerability)
③ 제동거리 단축(stopping distance)
④ 타이어 편마모 방지 및 제동이음 방지

문제 10

자동차의 ABS에 대한 설명으로 옳은 것은?

㉮ 모든 차륜에 동시에 최대 제동력을 작용시킨다.
㉯ 페달 답력에 따라 각 차륜에 작용하는 브레이크 압력을 제어한다.
㉰ 차륜이 블로킹되지 않고 회전을 계속하도록 각 차륜에 작용하는 브레이크 압력을 제어한다.
㉱ 차륜과 노면 사이에 미끄럼 마찰이 발생되도록 브레이크 압력을 제어한다.

풀이 차륜이 고착되지 않도록 각 차륜에 작용하는 브레이크 압력을 제어한다.

정답 ㉰

2. ABS의 주요 구성부품

1) 휠 스피드 센서(wheel speed sensor)

휠 스피드 센서는 영구자석과 코일로 구성되어 있으며, 전자유도 작용을 이용하여 코일에 교류전압을 발생시켜 회전속도를 검출한다.

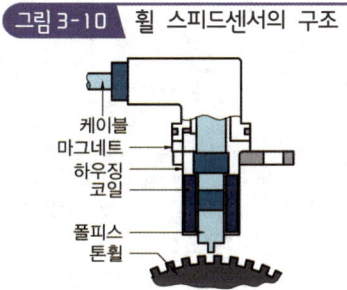

그림 3-10 휠 스피드센서의 구조

2) ECU

휠 스피드 센서의 신호를 연산하여 바퀴의 회전상황을 파악하고, 고장 시 페일 세이프 기능 및 ABS 경고등을 점등시킨다.

3) 하이드롤릭 유닛(hydraulic unit, HU, 모듈레이터)

하이드롤릭 유닛은 동력 공급원과 모듈레이터 밸브 블록으로 구성되어 있다. 동력은 전기모터로 작동되고, 스피드 센서에 의해 감지되고 있는 제어펌프에 의해 공급된다. 밸브 블록에는 각 제어 채널에 대한 한 쌍의 솔레노이드 밸브가 내장되어 ABS 작동 시 모터를 작동시켜 휠 실린더에 가해지는 유압을 증압, 유지, 감압 등으로 제어한다.

문제 11

다음에서 ABS(Anti-lock Brake System)의 구성부품이 아닌 것은?

㉮ 휠 스피드 센서(wheel speed sensor)
㉯ 일렉트로닉 컨트롤 유닛(electronic control unit)
㉰ 하이드롤릭 유닛(hydraulic unit)
㉱ 크랭크 앵글 센서(crank angle sensor)

풀이 ABS의 구성부품
① 휠 스피드 센서 : 차륜의 회전상태를 검출
② 전자제어 컨트롤 유닛(E.C.U) : 휠 스피드 센서의 신호를 받아 ABS를 제어
③ 하이드롤릭 유닛 : E.C.U의 신호에 따라 휠 실린더에 공급되는 유압을 제어
④ 프로포셔닝 밸브 : 브레이크를 밟았을 때 뒷바퀴가 조기에 고착되지 않도록 뒷바퀴의 유압을 제어

정답 ㉱

문제 12

ABS의 구성 부품 중 휠의 회전속도를 감지하여 컨트롤 유닛으로 보내는 역할을 하는 것은?

㉮ 휠 스피드 센서   ㉯ 하이드롤릭 센서
㉰ 솔레노이드 밸브   ㉱ 어큐뮬레이터

풀이 ABS의 구성부품
① 휠 스피드 센서 : 차륜의 회전상태를 검출
② 전자제어 컨트롤 유닛(E.C.U) : 휠 스피드 센서의 신호를 받아 ABS를 제어
③ 하이드롤릭 유닛 : E.C.U의 신호에 따라 휠 실린더에 공급되는 유압을 제어
④ 프로포셔닝 밸브 : 브레이크를 밟았을 때 뒷바퀴가 조기에 고착되지 않도록 뒷바퀴의 유압을 제어

정답 ㉮

CHAPTER 04

주행 및 구동장치

제1절 휠 및 타이어

1. 타이어의 분류 1) 사용 압력에 따라

① 고압 타이어 : 공기압력이 4.2~6.3[kg_f/cm^2]으로 대형차량에 사용
② 저압 타이어 : 공기압력이 2.0~2.5[kg_f/cm^2]으로 기본형으로 사용
③ 초저압 타이어 : 공기압력이 1.7~2.0[kg_f/cm^2]으로 승용차량에 사용

2) 튜브의 유무에 따라

① 튜브 타이어 : 튜브에 공기를 주입하는 방식이다.
② 튜브리스(tubeless) 타이어 : 튜브가 없이 타이어와 림과의 밀착으로 기밀이 유지되는 형식으로 최근에 많이 사용하는 방식이다.

3) 내부 구조 및 형상에 따라

① 바이어스 타이어 : 카커스 코드를 경사지게(bias) 서로 포갠 구조
② 레이디얼 타이어 : 카커스 코드를 원 둘레에 대해 휠의 반지름(radial) 방향으로 설치한 타이어이다.

문제 01

레이디얼(radial) 타이어의 장점이 아닌 것은?
㉮ 미끄럼이 적고 견인력이 좋다.
㉯ 선회 시 안전하다.
㉰ 조종 안정성이 좋다.
㉱ 저속 주행, 험한 도로 주행 시에 적합하다.

[풀이] 레이디얼(radial) 타이어의 특징
① 미끄럼이 적고 견인력이 좋다.
② 선회할 때 사이드 슬립이 적고 코너링 포스가 좋아 안전하다.
③ 고속으로 주행할 때 안전성이 좋다.
④ 스탠딩 웨이브가 잘 일어나지 않는다.
⑤ 튼튼하므로 타이어의 변형이 적고, 충격 흡수가 작아 승차감이 나쁘다.

정답 ㉣

③ 편평 타이어 : 광폭 타이어라고도 하며 타이어의 높이에 비해 폭이 넓어진 타이어를 말한다. 편평비는 $\frac{높이}{폭(너비)} \times 100(\%)$로 나타내며, 숫자가 작을수록 광폭을 의미한다.

문제 02

자동차의 타이어에서 60 또는 70시리즈라고 할 때 시리즈란?
㉮ 단면 쪽
㉯ 단면 높이
㉰ 편평비
㉱ 최대속도 표시

[풀이] 편평비
타이어의 높이를 폭으로 나눈 값으로 0.6일 경우 60시리즈라 한다.

정답 ㉰

문제 03

타이어의 높이가 180[mm], 너비가 220[mm]인 타이어의 편평비는?
㉮ 1.22
㉯ 0.82
㉰ 0.75
㉱ 0.62

[풀이] 편평비 = $\frac{높이}{폭(너비)}$

∴ $\frac{높이}{폭(너비)} = \frac{180}{220} = 0.818$

정답 ㉯

2. 타이어의 특징

✪✪
1) 튜브리스 타이어의 특징

① 못 등에 찔려도 공기가 급격히 빠지지 않는다.
② 튜브가 없어 간단하며, 고속 주행에도 방열이 잘된다.
③ 펑크 수리가 쉽다.
④ 림이 변형되면 공기가 새기 쉽다.
⑤ 유리 조각 등으로 넓게 파손되면 수리가 어렵다.

2) 레이디얼 타이어의 특징

① 편평비를 크게할 수 있어 접지성을 향상시킬 수 있다.
② 횡방향에 대한 강성이 우수하여 조종성과 방향성이 좋다.
③ 브레이커가 튼튼하여 하중에 의한 변형이 적다.
④ 로드 홀딩이 좋고 스탠딩 웨이브가 잘 발생하지 않는다.
⑤ 충격 흡수가 나빠 승차감이 나쁘다.
⑥ 편평비가 커서 접지면적이 넓어지므로 핸들이 다소 무겁다.

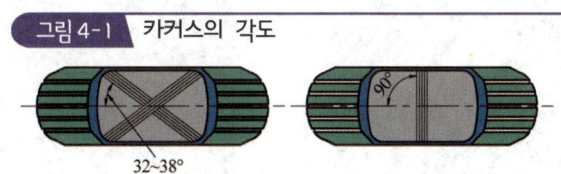

그림 4-1 카커스의 각도

3) 편평 타이어의 특징

① 접지면적이 넓어 옆방향 강도가 증가하며 코너링 포스가 향상된다.
② 구동력과 제동력이 좋다.
③ 타이어 폭이 넓어 타이어 수명이 길다.

4) 스노우 타이어 사용 시 주의할 점

① 구동바퀴의 하중을 크게 할 것
② 미끄러지면 안되므로 출발을 천천히 할 것
③ 바퀴가 록(lock)되면 제동거리가 길어지므로 급제동을 하지 말 것
④ 트레드 부가 50[%] 이상 마모되면 효과가 없어지므로 체인을 병용할 것

3. 타이어의 구조

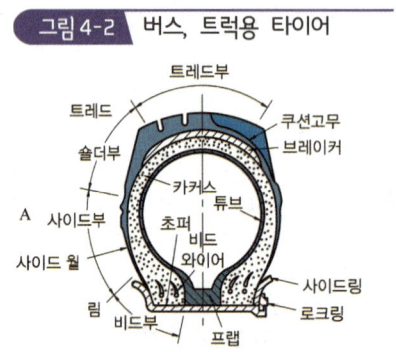

그림 4-2 버스, 트럭용 타이어

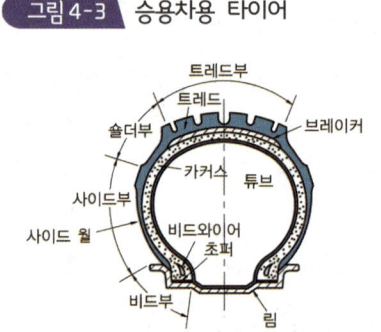

그림 4-3 승용차용 타이어

✰✰
1) 트레드(tread)

노면과 직접 접촉하는 부분이다.

2) 카커스(carcass)

타이어의 형상을 유지하는 뼈대가 되는 중요한 부분으로 플라이(ply)라 부르는 섬유층으로 구성되어 있다.

3) 브레이커(breaker)

트레드와 카커스 사이에 있으며, 카커스를 보호하고 노면에서의 완충작용도 한다.

4) 사이드월(side wall)

타이어의 측면으로 타이어의 모든 정보가 적혀있는 부분이다.

5) 비드(bead)

타이어가 림과 접촉하는 부분으로, 내부에 몇 줄의 비드 와이어(bead wire)가 원둘레 방향으로 감겨 있어 비드부가 늘어나는 것과 타이어가 림에서 빠지는 것을 방지한다.

➕ 문제 04

타이어의 구조에서 직접 노면과 접촉되어 마모에 견디고 적은 슬립으로 견인력을 증대시키는 곳의 명칭은?

㉮ 트레드(thread) ㉯ 브레이커(breaker)
㉰ 카커스(carcass) ㉱ 비드(bead)

[풀이] 타이어의 구조
① 트레드 : 노면과 직접 접촉하는 부분으로 제동력, 구동력, 옆방향 미끄럼 방지, 승차감 향상 등의 역할을 한다.
② 브레이커 : 트레드와 카커스 사이에 있으며, 분리를 방지하고 노면에서의 완충작용을 한다.
③ 카커스 : 타이어의 골격을 이루는 부분으로 여러 겹의 코드층으로 되어 공기압력을 견디고 완충작용을 한다.
④ 비드 : 타이어가 림에 접촉하는 부분으로 타이어가 늘어나고 빠지는 것을 방지하기 위해 몇 줄의 피아노 선이 들어있다.

정답 ㉮

➕ 문제 05

고무로 피복된 코드를 여러 겹 겹친 층에 해당되며, 타이어에서 타이어 골격을 이루는 부분은?

㉮ 카커스(carcass)부 ㉯ 트레드(tread)부
㉰ 숄더(shoulder)부 ㉱ 비드(bead)부

[풀이] 타이어의 구조
① 트레드 : 노면과 직접 접촉하는 부분으로 제동력, 구동력, 옆방향 미끄럼 방지, 승차감 향상 등의 역할을 한다.
② 브레이커 : 트레드와 카커스 사이에 있으며, 분리를 방지하고 노면에서의 완충작용을 한다.
③ 카커스 : 타이어의 골격을 이루는 부분으로 여러 겹의 코드층으로 되어 공기압력을 견디고 완충작용을 한다.
④ 비드 : 타이어가 림에 접촉하는 부분으로 타이어가 늘어나고 빠지는 것을 방지하기 위해 몇 줄의 피아노 선이 들어있다.

정답 ㉮

4. 타이어 평형 및 현상

1) 바퀴의 평형(wheel balance)

① 정적 밸런스 : 상하의 무게가 적합(불평형 시 : 휠 트램핑 발생)
② 동적 밸런스 : 좌우 대각선 무게가 적합(불평형 시 : 시미 현상 발생)

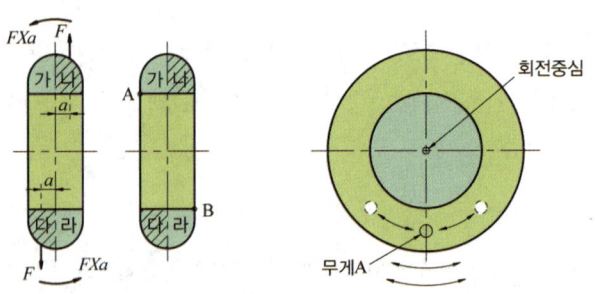

2) 스탠딩 웨이브 현상

고속 주행 시 공기가 적을 때 트레드가 받는 원심력과 공기 압력에 의해 트레드가 노면에서 떨어진 직후에 찌그러짐이 발생하는 현상이다.

[방지방법]
① 타이어 공기압을 표준 공기압보다 10~15[%] 높여 준다.
② 타이어 접지폭이 큰 광폭 타이어를 사용한다.
③ 타이어 트레드 강성이 높은 것을 사용한다.

3) 하이드로 플레이닝 현상(hydro planing, 수막현상)

자동차의 바퀴가 물 위를 고속주행 할 때 타이어 트레드가 노면의 물을 완전히 배출하지 못하여 타이어가 수막에 의해 노면에서 약간 떠서 주행하여 제동력 조향력을 상실하는 현상이다.

◆ 방지방법

❶ 타이어 공기압을 10~20[%] 더 높여준다.
❷ 타이어 트레드 홈 깊이가 깊은 레이디얼 타이어를 사용한다.
❸ 타이어 트레드 강성이 큰 것을 사용한다.

PART 03
자동차전기

제1장　전기전자
제2장　시동·점화 및 충전장치

CHAPTER 01

전기전자

CRAFTSMAN MOTOR VEHICLES MAINTENANCE

제1절 기초전기

1_ 전기의 개요

1. 저항

1) 저항의 연결법

① **직렬연결** : 몇 개의 저항을 직렬로 연결한 방식으로, 각각의 저항을 더하므로 합성저항은 가장 큰 저항보다도 더 크다. 또한 저항이 직렬로 있으므로 각 저항에는 같은 전류가 흐른다.

합성저항 $R = R_1 + R_2 + \cdots + R_n$

② **병렬연결** : 각 저항을 병렬로 연결한 것으로, 병렬접속의 합성저항은 병렬회로에서 가장 작은 저항보다도 작게 된다. 하지만 각 저항에는 같은 전압이 걸린다. 자동차의 부품에는 대부분 병렬로 연결되어 같은 12[V](승용차 기준)가 걸리게 된다.

합성저항 $R = \dfrac{1}{\dfrac{1}{R_1} + \dfrac{1}{R_2} + \cdots + \dfrac{1}{R_n}}$

문제 01

다음과 같은 병렬 회로에서 합성저항은?

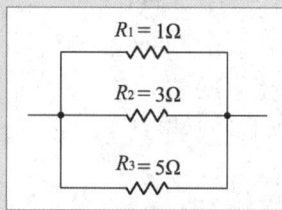

㉮ $1\dfrac{8}{15}[\Omega]$ ㉯ $\dfrac{15}{23}[\Omega]$ ㉰ $\dfrac{9}{8}[\Omega]$ ㉱ $\dfrac{9}{15}[\Omega]$

풀이
$\therefore \dfrac{1}{R}=\dfrac{1}{1}+\dfrac{1}{3}+\dfrac{1}{5}=\dfrac{15+5+3}{15}=\dfrac{23}{15}$

$\therefore R=\dfrac{15}{23}[\Omega]$

정답 ㉯

문제 02

다음 그림에서 전류계에 흐르는 전류는?

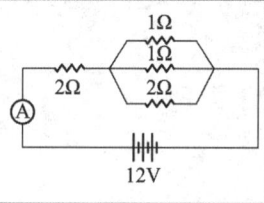

㉮ 3[A]   ㉯ 4[A]   ㉰ 5[A]   ㉱ 6[A]

풀이 먼저 병렬저항을 계산한 후, 직렬저항을 더한다.

합성저항 $\dfrac{1}{R}=\dfrac{1}{R_1}+\dfrac{1}{R_2}+\cdots+\dfrac{1}{R_n}$

$=\dfrac{1}{1}+\dfrac{1}{1}+\dfrac{1}{2}=\dfrac{5}{2}$

$\therefore R=\dfrac{2}{5}[\Omega]$

$\therefore$ 직병렬 합성저항 $R=2+\dfrac{2}{5}=\dfrac{12}{5}[\Omega]$

오옴의 법칙 $I=\dfrac{E}{R}$ 을 적용하면,

$\therefore I=\dfrac{12}{\dfrac{12}{5}}=5[\text{A}]$

정답 ㉰

🔍 문제 03

전기 저항과 관련된 설명 중 틀린 것은?
㉮ 전자가 이동시 물질 내의 원자와 충돌하여 발생한다.
㉯ 원자핵의 구조, 물질의 형상, 온도에 따라 변한다.
㉰ 크기를 나타내는 단위는 옴(Ohm)을 사용한다.
㉱ 도체의 저항은 그 길이에 반비례하고 단면적에 비례한다.

풀이 도체의 저항은 길이에 비례하고 단면적에 반비례한다.

정답 ㉱

③ **직·병렬연결** : 직렬접속과 병렬접속이 한 회로에 있는 것으로, 합성저항은 병렬접속의 합성저항을 구한 후 직렬회로의 저항과 더하면 된다.

🔍 문제 04

전기기초 지식 중 자기성질에 대한 설명으로 틀린 것은?
㉮ 자석은 자기를 가지고 있는 물체를 말한다.
㉯ 자석은 동종 반발, 이종 흡인의 성질이 있다.
㉰ 자성체란 전자유도에 의해 자화되는 물질이다.
㉱ 자성체에는 자성체와 반자성체가 있다.

풀이 자성체란 자기유도에 의해 자화되는 물질이다.

정답 ㉰

2) 전압강하

전기회로에서 쓰고 있는 전선의 저항이나 회로 접속부의 접속저항 등에 소비되는 전압으로, 접촉이 불량하면 접촉저항이 크게 되어 전압강하는 크게 된다. 접촉저항을 감소시키기 위한 방법은 다음과 같다.

① 접촉 면적을 넓게 한다.
② 접촉 압력을 세게 한다.
③ 길이를 짧게 한다.
④ 굵기를 굵게 한다.
⑤ 공기의 침입을 막는다.

그림 1-1 전압강하

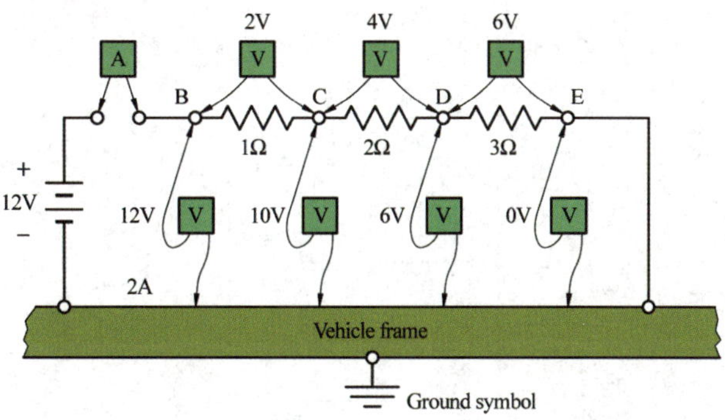

2. 오옴의 법칙

✪✪✪
1) 오옴의 법칙(ohm's law)

전기 회로에 흐르는 전류 I[A]는 전압 E[V]에 비례하고 저항 R[Ω]에 반비례한다. 이것을 오옴의 법칙이라 한다.

즉, $I=\dfrac{E}{R}$[A], $R=\dfrac{E}{I}$[Ω], $E=I\cdot R$[V]

🔍 문제 05

20[Ω] 저항의 양 끝에 전압을 가할 때 2[A]의 전류가 흐른다면 이 저항에 걸리는 전압은?
㉮ 10[V] ㉯ 20[V]
㉰ 30[V] ㉱ 40[V]

풀이 오옴의 법칙 $E=I\cdot R$
∴ $E=2\times 20=40$[V]

정답 ㉱

문제 06

그림과 같은 자동차의 전조등 회로에서 헤드라이트 1개의 출력은?

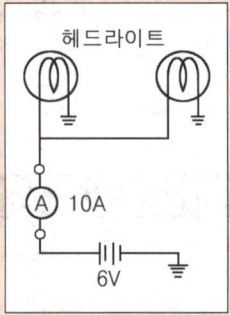

㉮ 30[W] ㉯ 60[W]
㉰ 90[W] ㉱ 120[W]

풀이 출력 $P = E \cdot I = 6[V] \times 5[A] = 30[W]$

정답 ㉮

문제 07

12[V]의 배터리에 12[V]용 전구 2개를 그림과 같이 결선하고 ① 및 ② 스위치를 연결하였을 때 A에 흐르는 전류는 얼마인가?

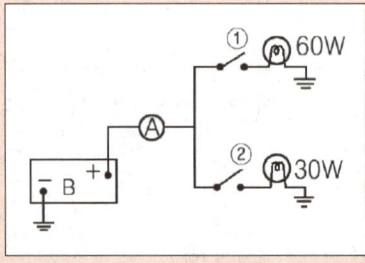

㉮ 6.5[A] ㉯ 65[A]
㉰ 7.5[A] ㉱ 75[A]

풀이 총 소비전력은 60[W]+30[W]=90[W]이다.

∴ 전류(I) $= \dfrac{P(W)}{E(V)} = \dfrac{90}{12} = 7.5[A]$

정답 ㉰

2) 키르히호프의 법칙

① 키르히호프의 제1법칙 : 임의의 회로에서 "어떤 한 점에 유입한 전류의 총합과 유출한 전류의 총합은 같다"는 전류에 대한 법칙이다.

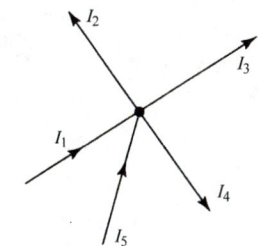

그림 1-2 키르히호프의 제1법칙

② 키르히호프의 제2법칙 : 임의의 폐회로에 있어서 "발생한 기전력의 총합과 각 저항에서의 전압강하의 총합과 같다"는 전압에 대한 법칙이다.

제2절 기초전자

1_ 반도체(semiconductors)

1. 반도체의 개요

반도체란 실리콘(Si), 게르마늄(Ge), 셀렌(Se)과 같이 도체와 부도체의 중간 성질을 갖는 소자를 말한다.

1) 반도체의 종류

① N(Negative)형 반도체 : 게르마늄(Ge)에 소량의 불순물을 혼합하여 1개의 전자가 남게 하여 전류를 이동시킬 수 있게 하는 반도체로서 ⊖ 전자가 이동하므로 N형 반도체라 한다. 이 경우 과잉전자가 전류를 흐르게 하였으므로 전류의 캐리어(carrier, 운반자)가 과잉전자라 하고, 전자를 주는 것을 도너(donor)라 한다.

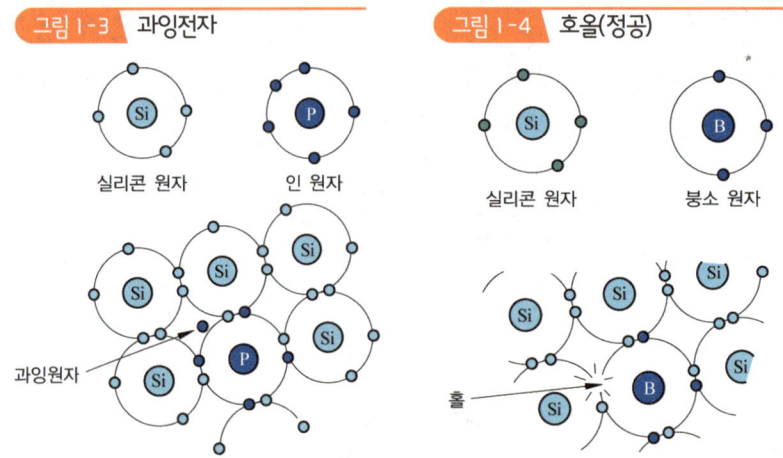

② P(Positive)형 반도체 : 게르마늄(Ge)이나 실리콘(Si)과 같은 4가의 소자에 소량의 불순물을 혼합하면 게르마늄과 혼합 시 1개의 전자가 부족하여 정공이 생성되게 하여 정공을 이용해서 전류가 흐르게 한 반도체이다. 이 경우 호올(정공)이 전류를 흐르게 하였으므로 전류의 캐리어(carrier, 운반자)를 호올(hole)이라 하고, 전자를 받는 것을 억셉터(acceptor)라 한다.

2) 실리콘 다이오드(silicon diode)

P형 반도체와 N형 반도체를 마주 대고 접합한 겹쳐 놓은 다이오드로써 순방향으로는 전류가 흐르고 역방향으로는 전류가 흐르지 않는다.

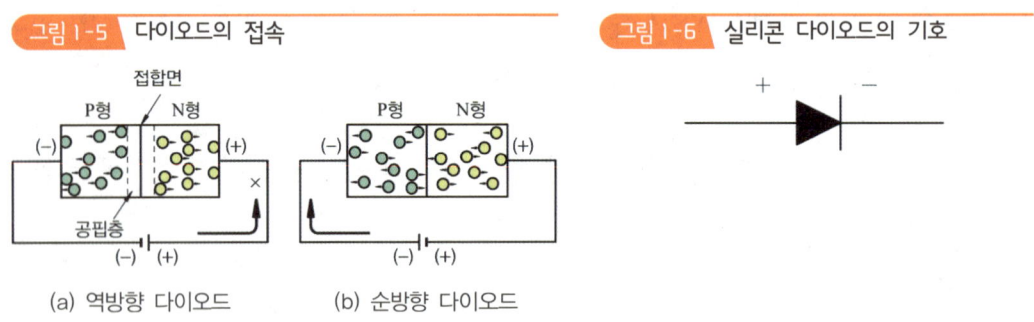

① 다이오드의 종류

㉠ 제너 다이오드(zener diode) : 다이오드는 순방향으로는 전류가 흐르고 역방향으로는 전류가 흐르지 않으나 제너 다이오드는 역방향 전압을 증가시켜 일정한 값에 이르게 되면 역방향으로도 전류가 흐를 수 있는 다이오드이다. 이 때의 전압을 제너 전압(브레이크 다운 전압)이라 하며, 자동차용 교류 발전기의 전압 조정기에 사용하고 있다.

그림 1-7 제너 다이오드

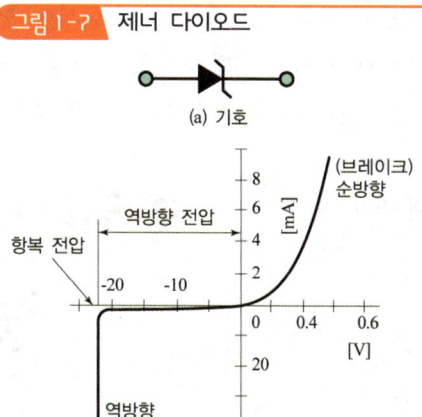

문제 08

제너 다이오드를 사용하는 회로는?
㉮ 고주파 회로   ㉯ 저압 정류회로
㉰ 브리지 정류회로   ㉱ 정전압회로

풀이 제너 다이오드는 정전압회로에 사용한다.

정답 ㉱

ⓒ 발광 다이오드(LED) : 순방향으로 전류를 흐르게 하였을 때 빛이 발생되는 다이오드로서 가시광선으로부터 적외선까지 여러 가지 빛을 발생한다.

문제 09

다음 그림에 나타낸 전기 회로도의 기호 명칭은?

㉮ 포토 다이오드   ㉯ 발광 다이오드(LED)
㉰ 트랜지스터(TR)   ㉱ 제너 다이오드

풀이 다이오드 기호에 화살표가 나가는건 발광 다이오드, 들어가는건 포토 다이오드 기호이다.

정답 ㉯

ⓒ 포토 다이오드(photo diode) : 입사광선이 접합부에 쪼이면 빛에 의해 전자가 궤도를 이탈하여 자유전자가 되어 역방향으로도 전류가 흐르게 되며, 입사광선이 강할수록 자유전자수도 증가되어 더욱 많은 전류가 흐르게 된다.

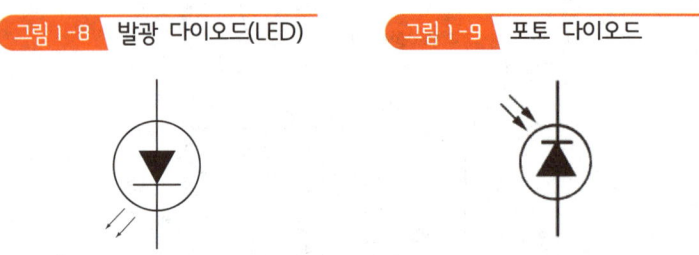

그림 1-8 발광 다이오드(LED) 그림 1-9 포토 다이오드

문제 10

다음과 같은 전기 회로용 기본 부호의 명칭은?

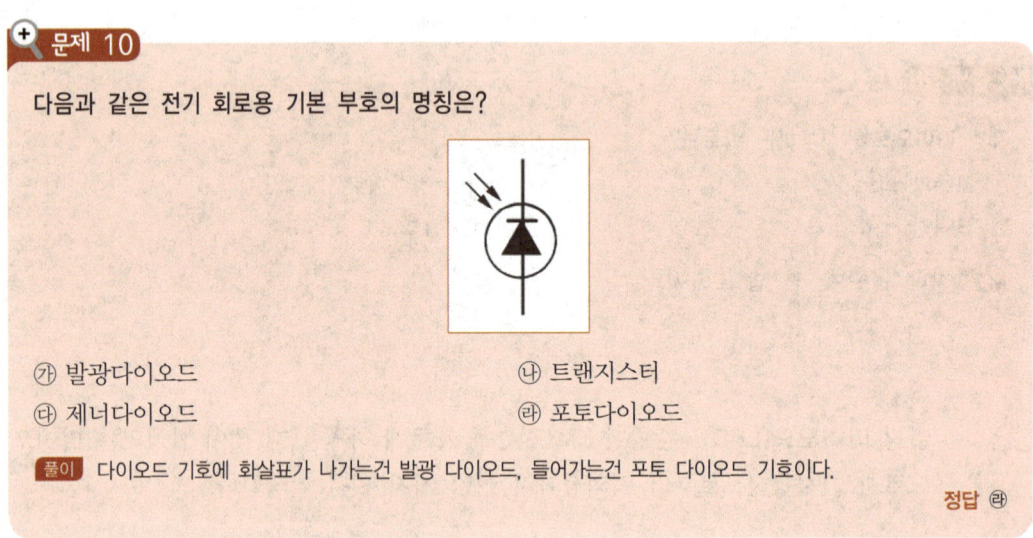

㉮ 발광다이오드 ㉯ 트랜지스터
㉰ 제너다이오드 ㉱ 포토다이오드

풀이 다이오드 기호에 화살표가 나가는건 발광 다이오드, 들어가는건 포토 다이오드 기호이다.

정답 ㉱

3) 트랜지스터(transistor)

N형 반도체를 중심으로 양쪽에 P형 반도체를 접합한 PNP형 트랜지스터와 P형 반도체를 중심으로 양쪽에 N형 반도체를 접합한 NPN형 트랜지스터가 있다.

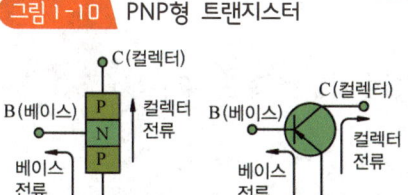
그림 1-10 PNP형 트랜지스터

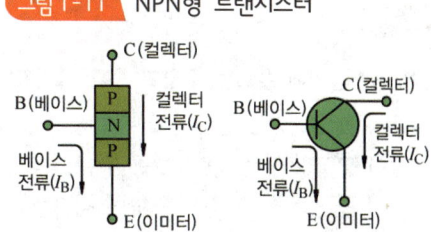
그림 1-11 NPN형 트랜지스터

문제 11

트랜지스터의 대표적 기능으로 릴레이와 같은 작용은?
㉮ 스위칭 작용   ㉯ 채터링 작용
㉰ 정류 작용   ㉱ 상호 유도 작용

풀이 │ 릴레이와 같은 ON, OFF 기능을 트랜지스터의 스위칭 작용이라 한다.

정답 ㉮

2. 반도체 소자

1) 서미스터(thermistor)

서미스터란 온도에 따라 저항값이 변화하는 반도체 소자로, 온도가 올라가면 저항값이 커지는 정특성 서미스터(PTC : Positive Temperature Coefficient)와 온도가 올라가면 저항값이 낮아지는 부특성 서미스터(NTC : Negative Temperature Coefficient)가 있다.

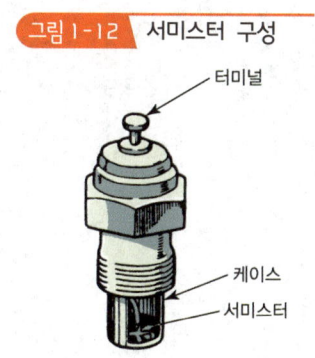
그림 1-12 서미스터 구성

문제 12

자동차 전기장치에 흐르는 전압과 전류 그리고 저항에 관한 사항 중 틀린 것은?
㉮ 부특성 써미스터는 온도가 높아지면 저항이 커진다.
㉯ 저항이 크고 전압이 낮을수록 전류는 적게 흐른다.
㉰ 도체의 단면적이 큰 경우 저항이 적다.
㉱ 도체의 경우 온도가 높아지면 저항이 커진다.

풀이 온도가 증가함에 따라 저항이 증가하는 것을 정특성, 저항이 작아지는 것을 부특성이라 한다.

정답 ㉮

2) 사이리스터(thyrister, SCR)

사이리스터는 SCR(Silicon Control Rectifier)이라고도 하며, PNPN 또는 NPNP의 4층 구조로 되어 있다. 단자는 애노드(anode, +), 캐소드(cathode, −) 및 제어단자인 게이트(gate)로 구성되어 있으며 단지 스위칭 작용만 한다. 자동차에서는 축전기 방전식 점화장치, 와이퍼회로 등에서 사용한다.

문제 13

반도체에서 사이리스터의 구성부가 아닌 것은?
㉮ 캐소드   ㉯ 게이트
㉰ 애노드   ㉱ 컬렉터

풀이 사이리스터(SCR)의 단자 명칭
애노드(A), 캐소드(K), 게이트(G)

정답 ㉱

2_ 논리 회로

✫✫ 1. 논리 기본회로

1) 논리곱 회로(AND)

논리곱 회로는 A, B 스위치 2개를 직렬로 접속한 회로이다.

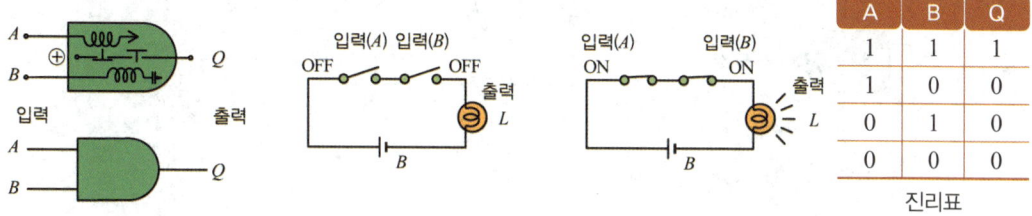

2) 논리합 회로(OR)

논리합 회로는 A, B 스위치 2개를 병렬로 접속한 회로이다.

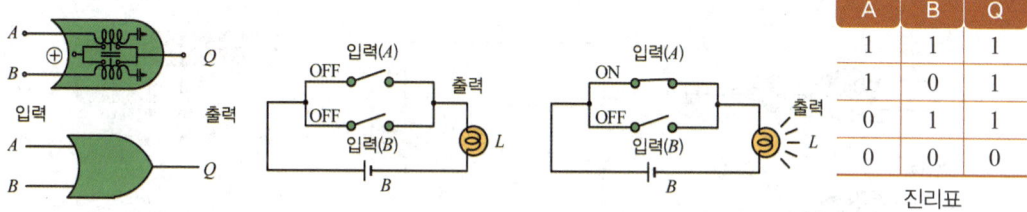

3) 부정 회로(NOT)

부정 회로는 그림과 같이 입력 스위치 A와 출력의 램프가 병렬로 접속된 회로로 입력 스위치 A가 OFF일 때는 출력의 램프가 점등되고, 입력 스위치 A를 ON 시키면 출력의 램프는 소등된다. 이 때, 진리표는 다음과 같다.

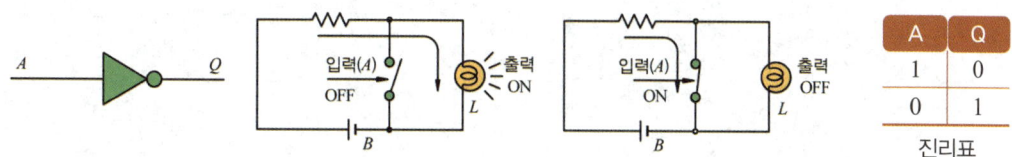

제3편 자동차전기 | 155

4) 부정 논리곱 회로(NAND)

부정 논리곱 회로는 논리곱 회로 뒤에 부정 회로를 접속한 것으로, 입력 스위치 A와 입력 스위치 B가 모두 ON되면 출력은 없다. 또한 입력 스위치 A 또는 입력 스위치 B 중에서 1개가 OFF되거나 입력 스위치 A와 입력 스위치 B가 모두 OFF되면 출력이 된다.

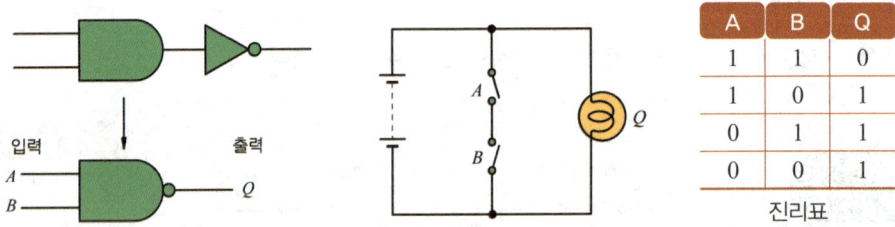

5) 부정 논리합 회로(NOR)

부정 논리합 회로는 논리합 회로 뒤에 부정 회로를 접속한 것으로, 입력 스위치 A와 입력 스위치 B가 모두 OFF되어야 출력이 된다. 또한 입력 스위치 A 또는 입력 스위치 B 중에서 1개가 ON이 되거나 입력 스위치 A와 입력 스위치 B가 모두 ON이 되면 출력은 없다.

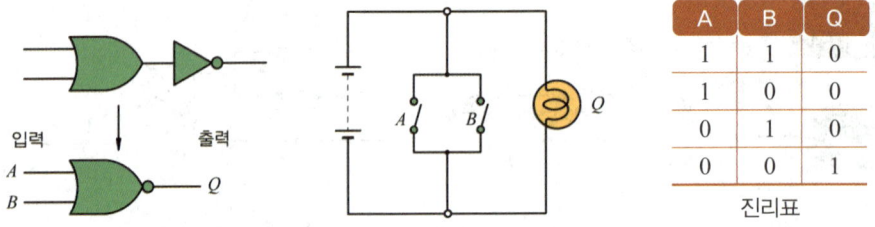

문제 14

그림의 전기회로도 기호의 명칭으로 올바른 것은?

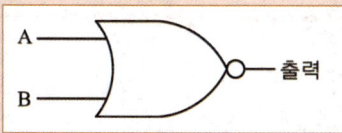

㉮ 논리합((Logic OR)
㉯ 논리적(Logic AND)
㉰ 논리 부정[Logic(NOT)]
㉱ 논리합 부정[Logic(NOR)]

풀이 논리회로

① 논리적(AND 회로)

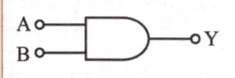

② 논리합(OR 회로)

③ 논리 부정(NOT 회로)

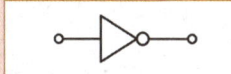

④ 논리적 부정(NAND 회로)

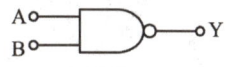

⑤ 논리합 부정(NOR 회로)

정답 ㉱

CHAPTER 02

시동·점화 및 충전장치

INDUSTRIAL ENGINEER MOTOR VEHICLES MAINTENANCE

제1절 축전지

1 축전지의 개요

1. 축전지의 구조

① **단전지(극판군, 셀, cell)** : 단전지는 축전지의 가장 기본 구조로 셀 또는 극판군이라고도 하며, 내부에는 양극판과 음극판 및 유리 매트, 전해액 등이 들어 있다.
② **극판** : 극판은 납과 안티몬으로 구성된 격자에 활물질인 과산화납과 해면 모양의 다공성 납(海綿狀鉛)을 부착하여 양극판과 음극판으로 한다. 양극판은 암갈색, 음극판은 회색을 띠며 축전지를 오래 사용하면 양극판은 결합력이 약해 탈락하고 음극판은 다공성을 상실하는 고장이 발생되어 수명이 줄어들게 된다.
③ **격리판(separator)** : 격리판은 양극판과 음극판 사이에 끼워져 단락을 방지하고, 격리판의 홈이 있는 면을 양극판 쪽으로 가게 하여, 과산화납에 의한 산화부식을 방지한다.

문제 01

축전지를 구성하는 요소가 아닌 것은?
㉮ 양극판　　　　　　　　　㉯ 음극판
㉰ 정류자　　　　　　　　　㉱ 전해액

풀이 정류자는 기동전동기에 있다.

정답 ㉰

문제 02

축전지 셀의 음극과 양극의 판수는?
㉮ 각각 같은 수다.
㉯ 음극판이 1장 더 많다.
㉰ 양극판이 1장 더 많다.
㉱ 음극판이 2장 더 많다.

[풀이] 화학적 활성을 맞추고 양극판을 보호하기 위하여 음극판을 1장 더 둔다.

정답 ㉯

2. 축전지의 화학작용

1) 축전지의 충·방전 화학식

$$PbO_2 + 2H_2SO_4 + Pb \underset{충전}{\overset{방전}{\rightleftharpoons}} PbSO_4 + 2H_2O + PbSO_4$$

(O₂↑, H₂↑ 표시)

과산화납	묽은황산	해면상납	황산납	물	황산납
암갈색		회색			
결합력이 약함		다공성 상실			

2) 전해액과 비중

① 전해액(electrolyte, 2H2SO4) : 전해액은 증류수에 황산을 혼합하여 희석시킨 무색, 투명의 묽은 황산으로, 전해액의 비중은 완전 충전상태일 때 20[℃]를 기준으로 하며, 열대지방은 1.240, 온대지방은 1.260, 한대지방은 1.280을 표준비용으로 사용한다.

② 비중 : 비중이란 어떤 물질의 질량과 이것과 같은 부피를 가진 표준물질의 질량과의 비율로, 고체 및 액체는 1[atm], 4[℃]의 물을, 기체의 경우에는 0[℃], 1[atm]하에서의 공기를 표준물질로 한다. 전해액의 경우 황산 35[%], 물 65[%]의 혼합액으로 물에 대한 황산의 비중은 1.8이다.

③ 온도에 의한 비중 변화 : 전해액의 비중은 온도가 높아지면 비중은 낮아지고, 온도가 낮아지면 비중은 높아진다. 그 이유는 묽은 황산의 체적이 온도에 따라 팽창·수축하여 단위체적당 중량이 변화하기 때문이며, 그 변화량은 1[℃]마다 0.0007씩 변화한다. 이를 식으로 표현하면,

$$S_{20} = S_t + 0.0007(t-20)$$

S_{20} : 표준온도에서의 비중
S_t : 측정온도에서의 비중
t : 측정 시 온도[℃]

문제 03

축전지에 대한 설명 중 잘못된 것은?
㉮ 완전 충전된 전해액의 비중은 1.260~1.280이다.
㉯ 충전은 보통 정전류 충전을 한다.
㉰ 양극판이 음극판의 수보다 1장 더 많다.
㉱ 축전지 내부에 단락이 있으면 충전하여도 전압이 높아지지 않는다.

풀이 축전지(battery)의 구성 및 특징
① 12[V] 배터리는 6개의 셀로 구성되어 있다.
② 배터리 1셀당 전압은 2.1~2.3[V] 정도이다.
③ 1셀은 양극판과 음극판 및 격리판으로 구성되어 있다.
④ 음극판이 양극판의 수보다 1장 더 많다.
⑤ 극판수가 많으면 배터리 용량이 증가한다.
⑥ 같은 전압, 같은 용량의 배터리를 직렬로 연결하면 용량이 배가 된다.
⑦ 배터리 전해액은 비중이 1.260~1.280인 묽은 황산이다.
⑧ 비중은 온도에 따라 변화하며, 전해액 온도가 올라가면 비중은 낮아진다.
⑨ 온도가 높으면 자기방전량이 많아진다.
⑩ 배터리 용량은 "전압 × 방전시간"으로 표시되어 있다.

정답 ㉰

문제 04

축전지 충·방전 작용에 해당되는 것은?
㉮ 발열작용   ㉯ 화학작용
㉰ 자기작용   ㉱ 발광작용

풀이 축전지 충·방전 작용은 양극판의 과산화납, 음극판의 해면상납과 전해액인 묽은황산이 반응하는 화학작용이다.

정답 ㉯

④ 비중에 의한 충전 상태 측정 : 축전지의 비중을 측정하여 남아있는 전기량을 판단하고, 이를 이용하여 축전지의 방전량을 환산할 수 있다.

3) 축전지의 용량과 방전율

① 축전지의 용량(AH) : 방전 종지 전압에 도달할 때까지 사용할 수 있는 총 전기량을 용량이라 한다.

축전지 용량[AH] = 방전전류[A] × 방전시간[H]

② 방전 종지 전압 : 한 셀(cell)당 1.75[V], 배터리 전압으로는 1.75×6=10.5[V]이다.

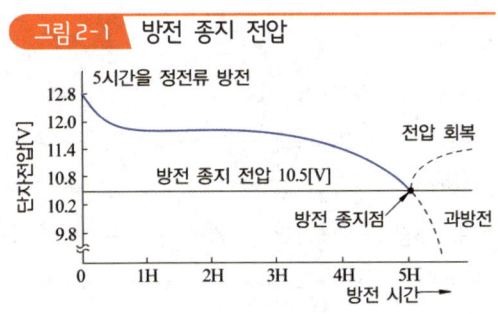

그림2-1 방전 종지 전압

③ 자기방전 : 전해액의 비중이 높을수록, 습도가 높을수록 방전량이 많다. 자기방전량은 축전지 실용량에 대한 백분율로 나타내며 1일 동안 용량의 0.3~1.5[%] 정도이다. 1[AH]의 방전량에 대해 전해액 중의 황산은 3.660[g]이 소비되며, 0.67[g]의 물이 생성된다.

㉠ 방전율[%] = $\dfrac{완전충전시\ 비중 - 측정시\ 비중}{완전충전시\ 비중 - 완전방전시\ 비중} \times 100[\%]$

㉡ 방전량 = $\dfrac{완전충전시\ 비중 - 측정시\ 비중}{완전충전시\ 비중 - 완전방전시\ 비중} \times 용량[AH]$

㉢ 방전시간 = $\dfrac{방전량[AH]}{방전전류[A]}$

④ 방전율(축전지 용량 표시방법)
  ㉠ 20시간율(ampere hour capacity) : 일정한 방전 전류로 20시간 방전하였을 경우 방전 종지 전압(1.75[V])으로 강하될 때까지 방전할 수 있는 전류의 총량을 말한다.(축전지 용량=20시간×방전전류)
  ㉡ 25[A]율(reserve capacity) : 80[°F]에서 25[A]로 연속 방전하여 셀당 전압이 1.75[V]에 이를 때까지 방전하는 것을 말한다.(보통 25[A]로 2시간 정도 방전할 수 있을 것)
  ㉢ 냉간 시동률(cold cranking ampere) : 0[°F]에서 300[A]로 방전하여 셀당 전압이 1[V] 강하하기까지 몇 분 소요되는가로 표시하는 방법을 말한다.

2_ 축전지 충전법 및 이상 현상

1. 축전지의 충전 방법

✡✡ 1) 축전지 충전의 종류

① **초충전(활성충전)** : 초충전은 축전지 제조 후 전해액을 주입하고 극판의 활성화를 위하여 최초로 충전하는 방법이다. 축전지의 수명연장을 위하여 용량의 1/10~1/20로 60~70시간 연속충전한다.

② **보충전** : 자기방전이나 사용 중의 방전에 의해서 용량이 부족할 때 실시하는 충전 방법이다. 해당 축전지 용량의 1/10~1/20로 2~3시간 정도로 정전류 충전법을 많이 사용한다. 보충전에는 정전류 충전, 정전압 충전, 단별전류 충전, 급속 충전이 있다.

  ㉠ **정전류 충전** : 일정한 전류로 계속 충전하는 방법으로 가장 이상적인 충전방법이며, 충전전류는 용량의 1/10이며 최소 5[%]에서 최대 20[%]까지 충전한다.

  ㉡ **정전압 충전** : 일정한 전압으로 충전하는 방법이며, 전류를 초기에는 많게 하고 점차 충전량에 따라 낮추어서 충전말기에는 거의 전류가 흐르지 않으며 수소가스 발생이 거의 없으므로 충전 성능이 우수하다.

  ㉢ **단별 전류 충전** : 전류를 단계적으로 낮춰가며 충전하는 방법으로 충전효율을 높이고 온도상승을 완만히 하기 위해서 실시하는 방법이다.

  ㉣ **급속 충전** : 급속 충전기를 이용하여 짧은 시간에 충전하는 방법으로 충전 전류는 용량의 1/2 정도로 충전하며 전해액의 온도가 45[℃] 이하에서 실시한다.

③ **회복 충전** : 방전 상태가 계속되어 극판 표면에 약간의 황산화(설페이션 : sulfation)현상이 일어났을 때 원상태로 회복하기 위한 충전방법이며 충전방법은 정전류 충전법으로 하며, 약한 전류로 40~50시간 충전했다가 방전시키는 작업을 여러 번 되풀이한다.

2) 충전 시 주의사항

① 통풍이 잘되는 곳에서 충전시간을 짧게 할 것(수명 연장)
② 전해액의 온도가 45[℃]가 넘지 않도록 할 것(폭발 위험)
③ 보충전은 용량의 1/10의 전류로 하며 15일마다 보충할 것(수명 연장)
④ 급속충전전류는 축전지 용량의 1/2로 할 것(수명 연장)

2. 축전지의 이상 현상

1) 황산화(설페이션) 현상

축전지의 황산화 현상이란 극판에 백색 결정성 황산납($PbSO_4$)이 생성되는 현상으로, 원인은 다음과 같다.

① 배터리 극판이 공기 중에 노출되었을 때
② 축전지를 과방전 시켰을 때
③ 불충분한 충전을 반복했을 때
④ 전해액 비중이 너무 높거나, 낮을 때
⑤ 전해액 이물질 유입 및 장시간 방전시켰을 때

2) 배터리 충전이 불량한 원인

① 발전기 구동벨트가 헐겁거나 슬립이 있다.
② 발전기 조정전압이 낮다.
③ 발전기가 고장났다.
④ 발전기 브러시가 마모되어 슬립링에 접촉이 불량하다.
⑤ 배터리 극판이 황산화되었다.
⑥ 자동차 전기 사용량이 과다하다.

3) 배터리 과충전 시 나타나는 현상

① 가스의 발생이 많아진다.
② 배터리 전해액이 부족해진다.
③ 전해액의 온도가 증가한다.
④ 전해액의 비중이 증가한다.
⑤ 전해액이 갈색으로 나타난다.
⑥ 양극판의 격자가 산화하고, 양극 커넥터가 부풀어 오른다.

제2절 시동장치

1_ 시동장치 일반

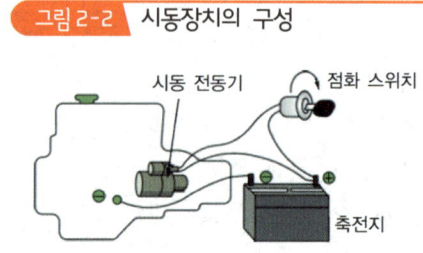

그림 2-2 시동장치의 구성

✨✨ 1. 시동 소요 회전력

$$필요\ 회전력(F) = 회전저항(R_s) \times \frac{피니언\ 잇수(Z_P)}{링기어\ 잇수(Z_r)}$$

2. 기동 전동기의 종류

① **직권 전동기** : 직권 전동기는 전기자 코일과 계자 코일이 직렬 접속되어 있고 짧은 시간에 큰 회전력을 필요로 하는 장치에 알맞으며 부하가 적어지면 회전력은 감소하고 회전수는 커진다. 반대로 부하가 커졌을 때에는 회전속도는 감소하나 전기자 전류가 많이 흐르게 되어 큰 회전력을 낼 수 있다.
② **분권 전동기** : 분권 전동기는 전기자 코일과 계자 코일이 병렬로 접속되어 있는 것이며 회전속도가 거의 일정하며 전동기의 회전속도는 가하는 전압에 비례하고 계자의 세기에 비례한다.
③ **복권 전동기** : 복권식 전동기는 2개의 계자 코일을 하나는 전기자 코일과 직렬로 접속하고, 다른 하나는 병렬과 접속되어 있다. 즉, 직권과 분권의 두 계자 코일을 가진 것이며, 기동할 때 회전력이 크고 기동 후에 회전속도가 일정하며 자동차의 윈드 실드 와이퍼 모터에 사용된다.

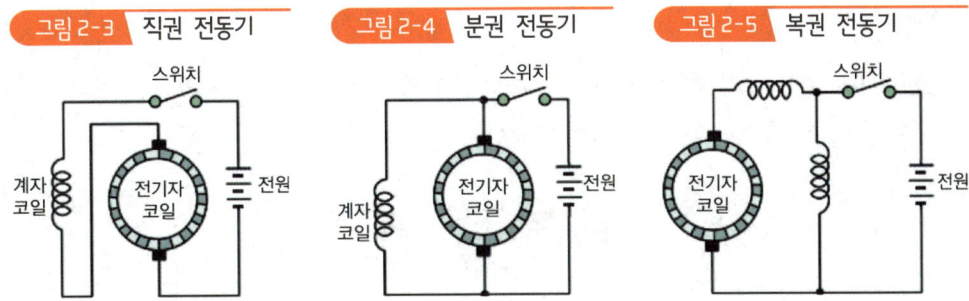

2_ 기동전동기의 원리

★★
플레밍의 왼손법칙
기동 전동기의 회전력 방향을 알기 위한 법칙으로, 그림과 같이 왼손을 서로 직각이 되도록 펴고 제일 먼저 인지를 자력선 방향에 맞추고 가운데 손가락을 전류의 방향에 맞추어 놓았을 때 엄지손가락이 가리키는 방향으로 전자력이 작용한다는 법칙이다.

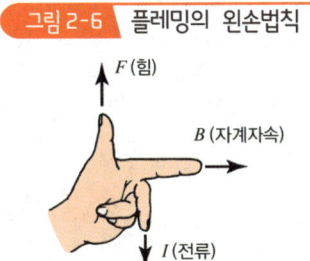

그림 2-6 플레밍의 왼손법칙

3_ 기동전동기 작동 및 시험

1. 기동전동기의 구조와 작동

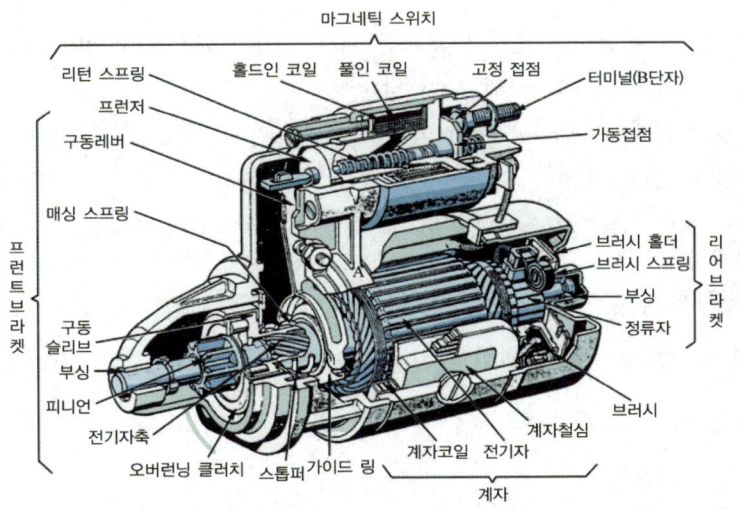

그림 2-7 기동 전동기의 구조

1) 전동기 부분

① 전기자(armature) : 전기자는 기동 전동기의 회전력을 발생하는 회전 부분으로 전기자축, 전기자 철심, 전기자 코일, 정류자 등으로 구성되어 있다.

그림 2-8 전기자 구성

② 계철 : 계자철심을 지지하는 케이스이며, 자력선의 통로 역할을 한다.

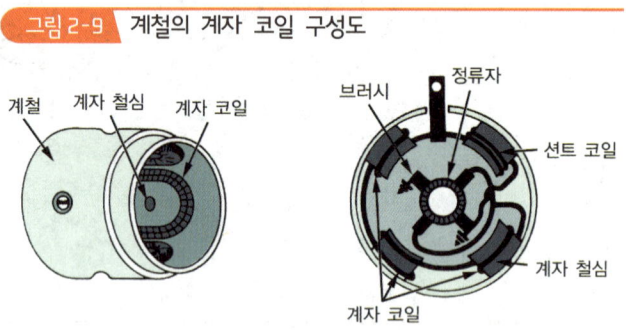

그림 2-9 계철의 계자 코일 구성도

③ 계자 철심 : 계자 코일에 전류가 흐르면 계자 철심은 전자석이 되어 내부에 자계를 형성하며 계자철심의 수와 극의 수는 같다.
④ 계자 코일 : 계자 코일(field coil)은 전동기의 고정부분으로 계자 철심에 감겨져 자력을 일으키는 코일이다.
⑤ 브러시(brush) : 정류자에 접촉되어 전류를 공급하는 탄소막대이다.

2) 동력전달장치 부분

전동기에서 발생한 토크를 기관의 플라이휠에 전달하여 기관을 회전시키는 기구이다.

그림 2-10 기동전동기 분해도

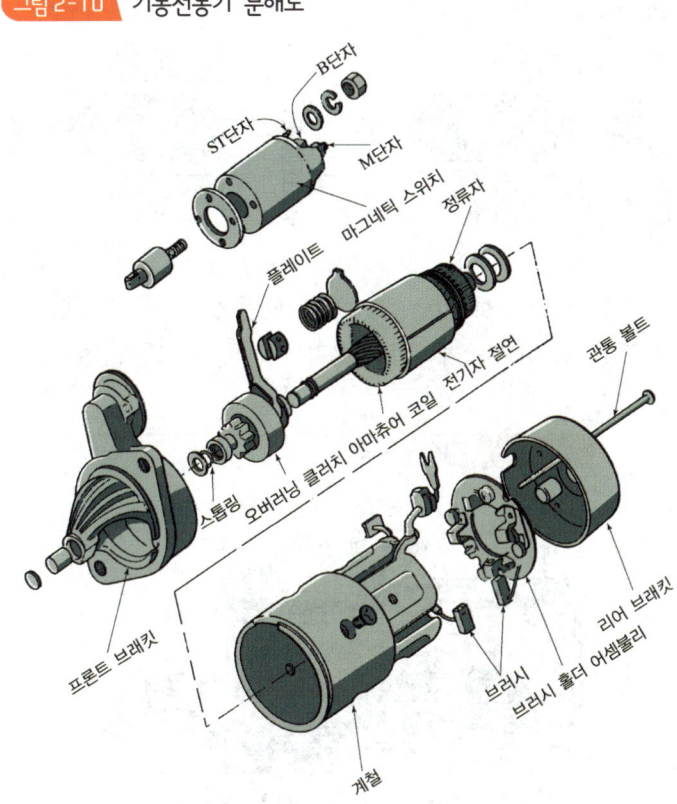

① 동력전달 방식의 종류
　㉠ 벤딕스식(bendix starter type) : 벤딕스식은 회전 너트의 원리를 이용한 것으로 피니언의 관성과 전동기가 무부하 상태에서 고속 회전하는 성질을 이용하여 동력을 전달한다.

그림 2-11 회전 너트의 원리

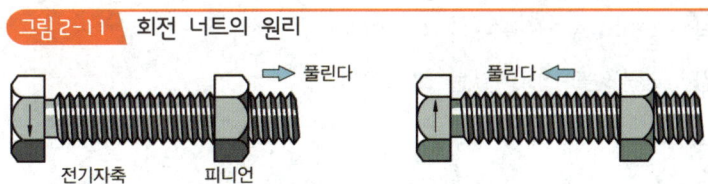

　㉡ 전기자 섭동식(armature shaft type) : 전기자 섭동식은 자력선이 통과하는 경로를 가장 짧게 하려는 성질을 이용한 것으로 피니언과 전기자가 일체로 섭동하여 링기어와 물린다.

> 그림 2-12 전기자 섭동식의 원리

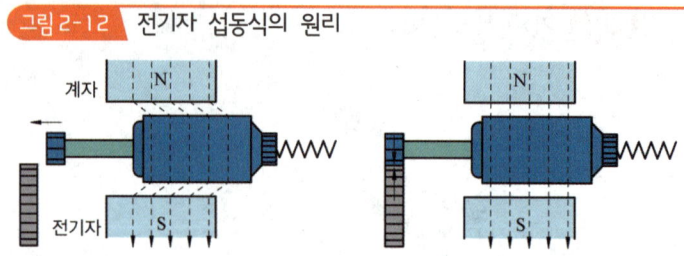

ⓒ 피니언 섭동식(pinion sliding type) : 피니언 섭동식은 피니언의 이동과 기동 전동기 스위치(F단자와 B단자) 개폐가 전자력에 의해 작동되며, 현재 가장 많이 사용된다.

> 그림 2-13 감속 기어식

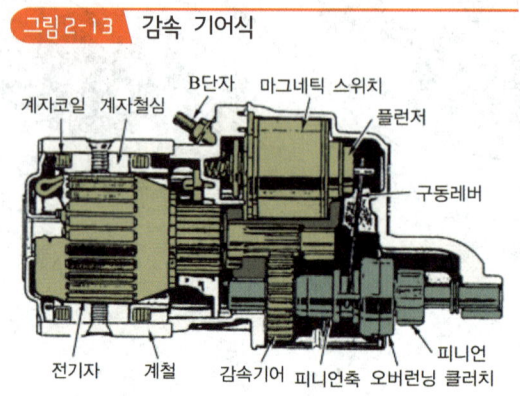

② 오버러닝 클러치(over-running clutch) : 관이 시동되면 피니언이 물려 있어도 기관의 회전력이 기동전동기에 전달되지 않도록 클러치가 장치되어 있으며 이것을 오버러닝 클러치(overrunning clutch)라 한다.

3) 마그네틱 스위치 부분

① 풀인 코일 : 플런저를 잡아 당기는 코일이다.
② 홀딩 코일 : 플런저를 잡고 있는 코일이다.

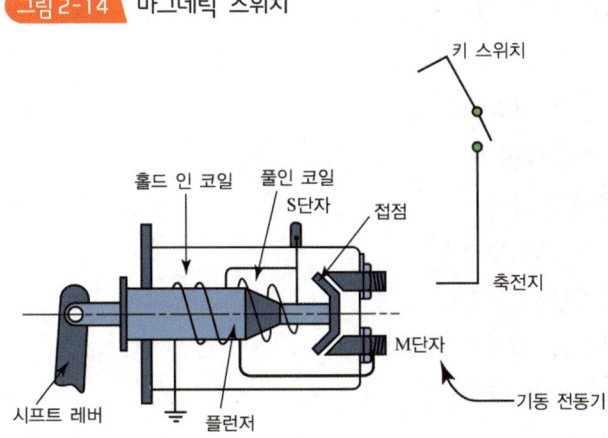

그림 2-14 마그네틱 스위치

2. 기동 전동기의 이상 현상

1) 기동전동기는 회전하는데 링기어가 물리지 않는 경우

① 마그네틱(솔레노이드) 스위치 작동 불량
② 피니언 기어의 과도한 마모
③ 플라이 휠 링기어의 과도한 마모
④ 오버런닝 클러치 작동 불량
⑤ 시프트 레버 고정핀의 마모

2) 기동전동기 회전이 느린 원인

① 축전지 전압강하 및 비중이 저하
② 축전지 케이블 접촉 불량
③ 정류자와 브러시 접촉 불량
④ 정류자와 브러시의 과도한 마모
⑤ 브러시 스프링 장력이 감소
⑥ 전기자 코일 또는 계자코일의 단락

3. 기동 전동기의 측정 및 시험

1) 기동전동기 무부하 시험

① 무부하 시험 시 필요장비
  ㉠ 축전지 : 전원 공급용
  ㉡ 전류계 : 전류소모 측정용
  ㉢ 전압계 : 전압강하 측정용
  ㉣ 회전계 : 무부하 회전수 측정용
  ㉤ 스위치 : 기동모터 작동용

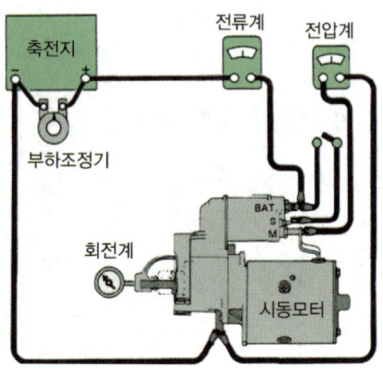

② 판정
  ㉠ 전압 : 축전지 전압의 90[%] 이상(12[V]×0.9=10.8[V] 이상)
  ㉡ 전류 : 모터 기재된 출력의 90[%] 이하
    $(0.9[kW]$ 경우, $I = \dfrac{P}{E}$, $\therefore I = \dfrac{900}{12} \times 0.9 = 67.5A$ 이하$)$

2) 기동전동기 부하 시험(크랭킹 시험)

① 시험방법
  ㉠ 시동이 걸리지 않도록 점화 1차 회로를 차단한다.
  ㉡ 전압과 전류를 측정할 수 있도록 전압계 및 전류계를 장착한다.
  ㉢ 엔진을 크랭킹하여 측정값을 읽는다.(5초 이내로 시행)
② 판정
  ㉠ 전압강하는 배터리 전압의 20[%] 이상일 것(12[V]×0.8=9.6V 이상)
  ㉡ 전류는 축전지 용량의 3배 이하일 것(60[AH]×3=180[A] 이하)

제3절 점화장치

1_ 점화장치 일반

1. 점화장치의 개요

1) 점화장치의 종류

① **접점식 점화장치** : 배전기에 있는 기계식 접점을 이용하여 1차전류를 개폐하는 방식으로, 신뢰성이 낮아 현재에는 사용하지 않는 방식이다.
② **트랜지스터 점화장치** : 트랜지스터의 발달로 현재 대부분 사용하는 방식으로, 이그나이터 방식, 광학회로 방식, 홀 센서 방식 등이 있다.
③ **DLI 점화장치**(Condenser Discharge Ignition) : 전자제어 점화장치에서 배전 손실이 있는 배전기를 제거하고, 점화코일에서 직접 배전하는 방식이다.

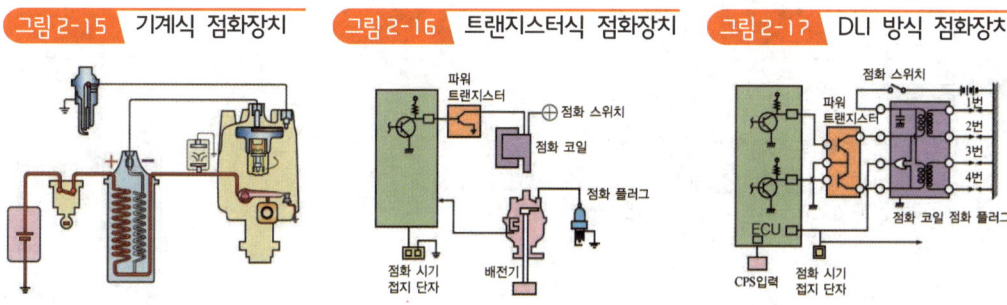

그림 2-15 기계식 점화장치   그림 2-16 트랜지스터식 점화장치   그림 2-17 DLI 방식 점화장치

2. 축전지식 점화장치

1) 점화장치의 구성

① **점화 스위치** : 키 스위치를 의미하며, 축전지에서의 1차전류를 개폐하기 위한 것이다.
② **점화코일** : 고전압을 발생하는 장치이다. 개자로형과 폐자로형이 있다.

　★★
　㉠ **자기유도 작용** : 하나의(1차) 코일에 흐르는 전류를 변화시키면 자속의 변화에 의해 자기유도 전압(역기전력)이 발생되는 작용을 말한다.
　㉡ **상호유도 작용** : 하나의(1차) 코일에 자속 변화가 인접한(2차) 코일에도 영향을 주어 인접한(2차) 코일에 상호유도 전압(역기전력)이 발생되는 작용을 말한다.

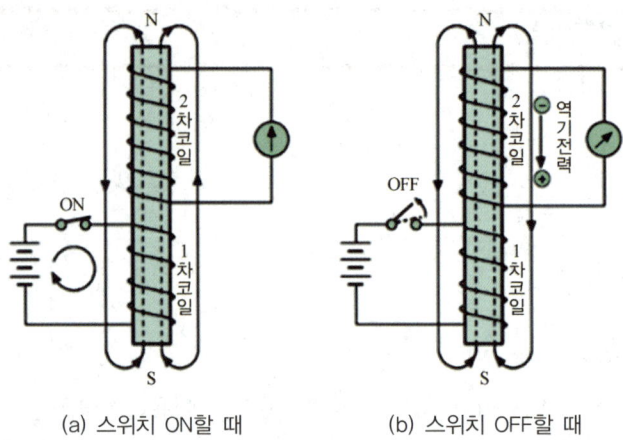

(a) 스위치 ON할 때   (b) 스위치 OFF할 때

ⓒ 2차코일 유도전압

$$E_2 = \frac{N_2}{N_1} E_1$$

E_2 : 2차 전압
E_1 : 1차 전압
N_1 : 1차 코일 권수
N_2 : 2차 코일 권수

③ 배전기 : 엔진의 캠축에 의해 구동되며 크랭크축 회전수의 1/2로 회전한다.

❖ 기능

❶ 점화 1차전류를 단속하여 2차 코일에 고압을 유도
❷ 2차 코일의 고압을 점화순서에 따라 점화플러그로 분배
❸ 엔진의 회전속도에 따라 점화시기를 조정

④ 드웰각(dwell angle, cam angle, 캠각) : 드웰각이란 예전 접점식의 캠각을 의미하며, 1차코일에 전류가 흐르는 통전시간(접점이 닫혀있는 동안 캠이 회전한 각도)으로 정의한다.

⑤ 고압 케이블(high tension cable)은 점화코일 중심단자와 배전기 캡의 중심단자, 각 점화플러그를 연결하는 고압의 절연 케이블이다.

⑥ 점화플러그(spark plug) : 점화플러그는 전극(electrode), 절연체(insulator), 셀(shell)로 구성되어 있으며 전극은 중심전극과 접지전극으로 구성되어 있다.

㉠ 자기청정온도 : 점화플러그는 불완전 연소에 의해 발생하는 카본을 태우기 위해 전극부가 어느 정도 온도를 유지하여야 하는데 이를 자기청정온도라 한다. 자기청정온도는 500~800[℃] 정도이며 전극부 온도가 너무 낮으면 카본이 많이 끼어 점화플러그가 오손되고, 너무 높으면 조기점화의 원인이 된다.

ⓛ 열가(열값, heat range) : 열가란 점화플러그의 열 방출 정도(능력)를 나타내는 것으로, 절연체 아랫부분에서 아래 시일까지의 길이로 열가를 정의한다. 이 길이가 짧은 것은 열 방출이 잘 되므로 점화플러그가 차가워져서 냉형이라 하며, 긴 것은 열을 잘 방출하지 않아 열형이라 한다.

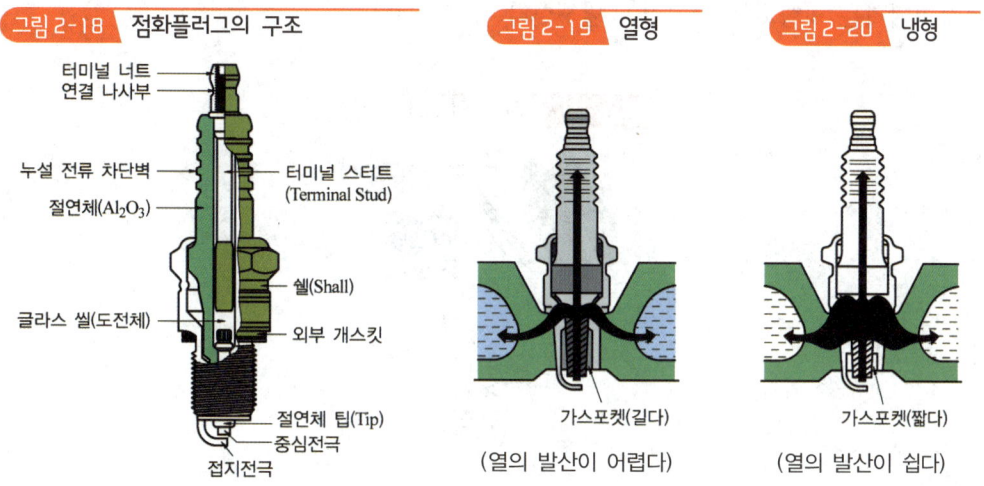

그림2-18 점화플러그의 구조 그림2-19 열형 그림2-20 냉형

제4절 충전장치

1_ 충전장치 개요

1. 충전장치 일반

1) 충전장치의 구비조건

① 소형, 경량이고 출력이 클 것
② 속도범위가 넓고, 저속 주행에서도 충전이 가능할 것
③ 출력전압이 안정되고, 다른 전기회로에 영향이 없을 것
④ 불꽃 발생으로 전파방해와 전압의 맥동이 없을 것
⑤ 수리 및 정비가 용이하고, 내구성이 클 것

2) 발전기의 종류

① 직류 발전기(D.C : Direct Current)   ② 교류 발전기(A.C : Alternate Current)

2. 발전기의 원리

1) 직류 발전기

① 플레밍의 오른손법칙 : 오른손을 서로 직각이 되도록 펴고 제일 먼저 인지를 자력선 방향에 맞추고 엄지 손가락을 도체의 운동방향에 맞추어 놓았을 때 가운데 손가락이 가리키는 방향으로 기전력이 발생한다는 법칙이다.

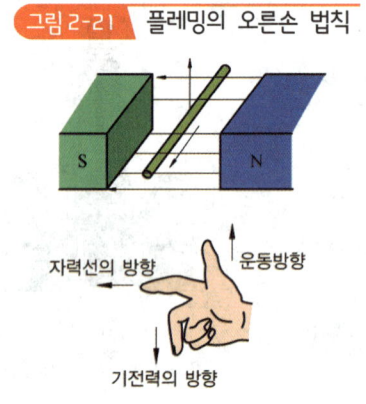

그림 2-21 플레밍의 오른손 법칙

② 직류 발전기의 단점
 ㉠ 전기자의 허용 회전속도 범위가 낮다.
 ㉡ 기관 공전 시 발전이 어렵다.
 ㉢ 정비 및 보수를 자주하여야 한다.
③ 컷아웃 릴레이 : 직류발전기에서 발전기의 발생전압이 축전지 전압보다 낮을 때 축전지에서 발전기 쪽으로 전류가 흐르는 것을 방지한다.

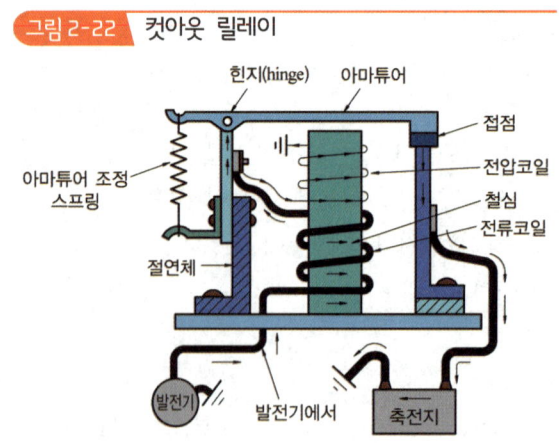

그림 2-22 컷아웃 릴레이

④ 전류 조정기 : 발전기의 발생전류를 제어하여 발전기에서 규정출력 이상의 전기적 부하가 걸리지 않게 하는 장치이다. 규정 이상 시 필드코일 접점이 분리되어 전류가 제한된다.

✧✧
2) 교류 발전기(Alternator)

① 렌쯔의 법칙 : 코일에 자석의 N극을 가까이 하면 코일에는 자석과 가까운 쪽에 N극이, 먼 쪽에 S극이 발생하여 자석의 운동을 방해한다. 이 때 코일에는 오른손 엄지손가락에 맞는 방향으로 유도 기전력이 발생한다. 멀리하면 반대로 바뀌어 위쪽에는 S극이, 반대편에는 N극이 발생한다. 이와 같이 유도 기전력은 코일 내의 자속의 변화를 방해하는 방향으로 발생한다는 렌쯔의 법칙을 이용한 것이 교류 발전기이다.

② 교류 발전기의 장점
  ㉠ 크기가 작고 가볍다.
  ㉡ 내구성이 있고 공회전이나 저속 시에 충전이 가능하다.
  ㉢ 출력전류의 제어작용을 하고 조정기의 구조가 간단하다.
  ㉣ 브러시의 수명이 길고 불꽃 발생이 적다.
  ㉤ 정류자 소손에 의한 고장이 없다.
  ㉥ 실리콘 다이오드를 사용하기 때문에 정류작용이 좋다.

3. 교류 발전기의 구성

1) 로터(rotor)

로터(rotor)는 로터 철심(core), 로터 코일(계자 코일), 슬립 링, 로터축으로 구성되며, 로터를 회전시켜 스테이터 코일에서 전류를 발생한다.

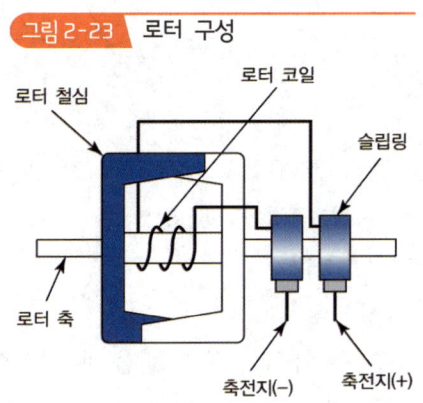

그림 2-23 로터 구성

2) 스테이터(stator)

① 스테이터 코일의 결선방법

㉠ Y 결선(성형 결선, 스타 결선) : A, B, C 각 코일의 한 끝을 한 점(중성점)에 모아 연결시킨 결선 방법으로, A, B, C 각 코일에 발생하는 선간 전압은 상전압 보다 $\sqrt{3}$ 배가 더 높다.

즉, 선간전압 = $\sqrt{3}$ ×상전압

A, B, C의 각 코일에 발생하는 전압을 상전압이라 하고, 전류를 상전류라 한다. 그리고, 외부 단자 사이의 전압을 선간전압이라 하고, 외부단자에 흐르는 전류를 선전류라 한다.

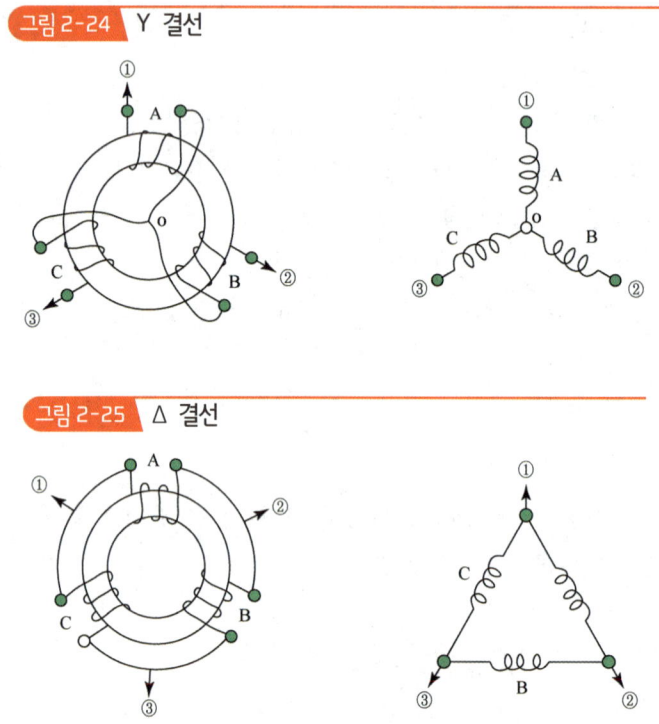

그림 2-24 Y 결선

그림 2-25 Δ 결선

㉡ Δ 결선(삼각 결선, 델타 결선) : A, B, C 각 코일의 시작과 끝을 서로 연결하고 각 접속점에서 외부단자로 연결한 결선방법이다. ①, ②, ③의 각 선간 전류는 각 상전류보다 $\sqrt{3}$ 배가 더 높다.

즉, 선간전류 = $\sqrt{3}$ ×상전류

발전기의 크기가 같고 코일의 감긴 수가 같을 때 성형결선 방식이 높은 전압을 발생하므로, 자동차용 교류발전기는 저속회전 시 높은 전압 발생과 중성점의 전압을 이용할 수 있는 장점이 있는 성형결선을 많이 사용하고 있다.

3) 실리콘 다이오드(silicon diode)

실리콘 다이오드는 (+)다이오드 3개, (-)다이오드 3개가 스테이터에서 발생한 3상 교류를 직류로 정류하는 작용을 한다.

2_ 전압조정기(regulator)

발전기는 엔진의 회전속도와 출력 전압이 비례하므로, 엔진의 고속 회전 시 발전기의 전압을 조정하여 축전지 및 각종 전기 장치를 보호하기 위하여 설치한 장치이다.

1. 전압조정기 종류

① 접점식 조정기 : 전압 조정기, 충전 경고 릴레이로 구성되어 있다.
② 트랜지스터식 조정기 : 트랜지스터의 ON, OFF 스위치 작용을 이용하여 로터 코일의 전류를 단속하여 출력 전압을 조정한다.
③ IC식 조정기 : 작동이 안정되고 내구성이 우수하고 소형이기 때문에, 발전기에 내장하여 사용할 수 있으며 신뢰성이 높다.

제5절 등화장치

1. 전조등(head light)

1) 전조등의 종류

① 실드 빔형(sealed beam type) : 렌즈, 반사경, 필라멘트를 일체로 만든 것으로서 수명이 길고 광도의 변화가 적으나, 가격이 비싸며 전조등의 3요소 중 1개만 이상이 있어도 전체를 교환해야 하는 단점이 있다.
② 세미 실드 빔형(semi-sealed beam type) : 렌즈와 반사경은 일체형이며 전구가 따로 분리되는 구조로서 전구 불량 시 전구만 교환할 수 있는 장점이 있지만, 공기와 습기, 먼지 등이 들어갈 수 있으므로 반사경과 렌즈가 더러워져 광도의 변화를 가져올 수 있다.

2) 전조등의 구성품

① 전구(bulb) : 광원인 필라멘트의 재료는 일반적으로 텅스텐이 사용되며, 이것을 일정한 굵기와 피치(pitch)로 코일 모양으로 감아 전류가 흐르게 한 도입선에 용접하여 부착되어 있다.

② 반사경(reflector) : 반사경의 재료는 금속이나 유리를 사용하며 전구에서 나오는 광에너지를 될 수 있는 대로 많이 모아서 필요한 방향으로 강하게 투사하는 것이 목적이므로 일반적으로 깊게 된 것을 사용한다.

③ 렌즈(lenz) : 렌즈 소자에는 좌우방향으로 빛을 확산하는 것과 상하방향으로 굴절시키는 것이 있으며, 그 정도는 소자의 곡률 반지름의 크기에 따라 결정된다.

3) HID(High Intensity Discharge) 램프

제논(Xenon) 가스가 유입된 고휘도 방전램프로서 금속염제와 불활성 기체가 채워진 관에 들어있는 두 개의 전극 사이에 고압의 전원(20,000[V])을 인가하여 방전을 일으켜 필라멘트 없이 빛을 발생한다.

2. 방향지시등

방향지시등은 차량의 안전운행에 중요한 신호등으로, 방향지시등의 점멸 횟수는 1분에 60~120회의 일정한 속도로 점멸하여야 한다. 방향지시등은 플래셔 유닛의 작동원리에 따라 콘덴서식, 전자열선식, 수은식, 바이메탈식, 트랜지스터식(전자식)이 있으며 현재는 트랜지스터식을 사용한다.

3. 미등

후미등과 같은 의미로, 미등회로는 차폭등, 번호판등, 계기판 조명등까지 병렬로 연결되어 있다.

4. 제동등

제동등은 브레이크 스위치와 스톱램프로 구성되며, 후미등과 겸용으로 사용된다. 제동등의 밝기는 안전을 위하여 미등의 3배 이상이어야 하며, 운행 안전상 브레이크 등이 중요하므로 전구 단선 시 알려주는 기능도 있다.

CRAFTSMAN MOTOR VEHICLES MAINTENANCE

최근기출문제 수록

- **기출복원 문제란?**
  2016년 5회부터 반영되는 CBT시행에 따라 저자께서 수검자들의 도움으로 최대한 유형에 가깝게 복원한 문제입니다.
  앞으로도 높은 적중률을 위해 노력하겠습니다.

자동차 정비기능사 필기

● 2011년 2월 13일 시행

01 압축비가 동일할 때 이론 열효율이 가장 높은 사이클은?
① 오토 사이클
② 사바테 사이클
③ 디젤 사이클
④ 브레이튼 사이클

해설 압축비가 일정할 때 열효율
오토 사이클>사바테 사이클>디젤 사이클 순이다.

02 가솔린 기관의 배출가스 중 인체에 가장 해로운 가스는?
① CO
② N_2
③ H_2
④ NOx

해설 일산화탄소(CO)는 유독성 가스로 인체에 들어오면 혈액의 산소운반 작업을 방해하며, 심하면 호흡곤란으로 목숨을 잃게 된다.

03 LPG 기관에서 냉각수 온도 스위치의 신호에 의하여 기체 또는 액체 연료의 유동을 차단하거나 공급하는 역할을 하는 것은?
① 과류방지 밸브
② 유동 밸브
③ 안전 밸브
④ 액·기상 솔레노이드 밸브

해설 액·기상 솔레노이드 밸브는 액체 또는 기체 연료의 유동을 차단하거나 공급하는 역할을 한다.

04 피스톤의 평균속도를 올리지 않고 회전수를 높일 수 있으며 단위 체적당 출력을 크게 할 수 있는 기관은?
① 장행정 기관
② 정방형 기관
③ 단행정 기관
④ 고속형 기관

해설 단행정(over square) 기관의 장점과 단점
① 피스톤 평균속도를 높이지 않고 기관 회전수를 높일 수 있어 출력을 크게 할 수 있다.
② 흡배기 밸브의 지름을 크게 할 수 있어 체적효율을 높일 수 있다.
③ 내경에 비해 행정이 작으므로 기관의 높이를 낮게 할 수 있다.
④ 내경이 커서 피스톤이 과열되기 쉽고 베어링 하중이 증가한다.
⑤ 기관의 높이는 낮아지나 길이가 길어진다.

05 전자제어 연료분사 가솔린 기관에서 ECU로 입력되지 않는 것은?
① 흡기 온도
② 외기 온도
③ 냉각수 온도
④ 흡입 공기유량

해설 ①, ③, ④는 엔진 ECU로, 외기온도 센서는 에어컨 ECU로 입력된다.

Answer 1. ① 2. ① 3. ④ 4. ③ 5. ②

06 윤활유 소비 증대의 가장 큰 원인이 되는 것은?
① 비산과 누설
② 비산과 압력
③ 희석과 혼합
④ 연소와 누설

해설 ▶ 연소에 의해 가장 많이 소비된다.

07 DOHC(Double Over Head Cam shaft) 엔진의 장점이라고 할 수 없는 것은?
① 흡입효율이 향상
② 허용최고 회전수의 향상
③ 높은 연소효율
④ 구조가 간단하고 생산단가가 낮다.

해설 ▶ ①, ②, ③항은 DOHC 엔진의 장점이며, 구조가 복잡하고 가격이 비싸다.

08 전자제어 연료분사 엔진에서 연료펌프 내에 첵 밸브를 두는 중요한 이유는?
① 베이퍼록을 방지하기 위하여
② 가속성을 향상시키기 위하여
③ 연비를 좋게 하기 위하여
④ 연료펌프 작동에 있어서 저항을 적게 받기 위하여

해설 ▶ 연료펌프의 첵밸브는 연료펌프가 작동을 멈출 때 연료 출구를 막아 연료의 역류를 방지하며, 잔압을 유지하여 고온에 의한 베이퍼록을 방지하고, 재시동성을 향상시킨다.

09 기관의 회전속도가 4,500rpm이다. 연소 지연시간은 1/500초라고 하면 연소 지연시간 동안에 크랭크축 회전각도는?
① 45도   ② 50도
③ 52도   ④ 54도

해설 ▶ 연소지연시간동안 크랭크축 회전각도
$= 6 \cdot R \cdot T$
$\therefore 6 \times 4{,}500 \times 1/500 = 54°$

10 디젤기관의 연료분무 형성의 조건이 아닌 것은?
① 무화   ② 관통
③ 분포   ④ 분리

해설 ▶ 연료 분무의 3대 조건
무화, 분포, 관통력

11 기관의 압축압력을 측정할 때 사전 준비작업이 아닌 것은?
① 엔진은 작동온도로 할 것
② 모든 점화 플러그를 뗄 것
③ 공기청정기를 뗄 것
④ 스로틀 보디를 뗄 것

해설 ▶ 압축압력 측정 방법
① 기관을 정상 작동온도로 한다.
② 모든 점화플러그를 뺀다.
③ 압축압력 게이지를 측정할 실린더에 꼽고 기관을 크랭킹한다.
④ 엔진오일을 넣고 습식시험을 한다.

Answer 6. ④ 7. ④ 8. ① 9. ④ 10. ④ 11. ④

12 흡입공기 유량을 측정하는 센서는?

① 에어플로 센서 ② 산소 센서
③ 흡기온도 센서 ④ 대기압 센서

해설 에어플로 센서는 연소실로 흡입되는 공기량을 검출하는 센서이다.

13 기관이 과열되는 원인으로 가장 거리가 먼 것은?

① 엔진오일 과다
② 냉각수 부족
③ 수온 조절기의 작동불량
④ 라디에이터의 막힘

해설 엔진오일이 많다고 기관이 과열되지는 않는다.

14 제동출력 22PS, 회전수 5,500rpm인 기관의 축 토크는 약 얼마인가?

① 8.36kg$_f$ − m
② 6.42kg$_f$ − m
③ 3.84kg$_f$ − m
④ 2.86kg$_f$ − m

해설

$$출력(제동마력, PS) = \frac{TN}{716}$$

여기서, T : 회전력(m−kg$_f$)
N : 엔진 회전수(rpm)

$$\therefore T = \frac{716 \times ps}{N} = \frac{716 \times 22}{5,500} = 2.86 kg_f - m$$

15 가솔린 기관의 노킹(knocking)을 방지하기 위한 방법이 아닌 것은?

① 화염전파속도를 빠르게 한다.
② 냉각수 온도를 낮춘다.
③ 옥탄가가 높은 연료를 사용한다.
④ 혼합가스의 와류를 방지한다.

해설 가솔린 기관의 노킹을 방지하기 위한 방법은 ①, ②, ③항 외에 혼합가스의 와류를 증가시킨다.

16 피스톤과 관련된 점검사항으로 틀린 것은?

① 피스톤 중량
② 피스톤의 마모 및 균열
③ 피스톤과 실린더 간극
④ 피스톤 오일링 홈의 구멍크기

해설 피스톤 오일링 홈의 구멍크기는 점검하지 않는다.

17 승합자동차의 승객 좌석의 설치 높이는?

① 35cm 이상 40cm 이하
② 40cm 이상 45cm 이하
③ 45cm 이상 50cm 이하
④ 50cm 이상 65cm 이하

해설 제25조
승객 좌석의 높이는 40cm 이상, 45cm 이하이어야 한다.

Answer 12. ① 13. ① 14. ④ 15. ④ 16. ④ 17. ②

18 노크센서는 무엇으로 노킹을 판단하는가?

① 배기 소음
② 배출가스 압력
③ 엔진블록의 진동
④ 흡기다기관의 진공

해설 ▶ 노크센서는 실린더 블록에 장착되어 노킹 발생시 발생되는 진동을 압전소자를 이용하여 감지한다.

19 가솔린 연료의 구비조건으로 맞지 않은 것은?

① 단위 중량당 발열량이 적을 것
② 빠른 속도로 연소되어 완전 연소될 것
③ 인화 및 폭발의 위험이 적고 가격이 저렴할 것
④ 연소 후에 탄소 및 유해 화합물이 남지 않을 것

해설 ▶ ②, ③, ④항 외에 단위 중량당 발열량이 클 것

20 가솔린 기관에서 연료펌프 내의 첵밸브가 열린 채로 고장이 났을 때 나타나는 현상이 아닌 것은?

① 시동이 걸리지 않는다.
② 주행성능에 영향은 없다.
③ 베이퍼록이 발생할 수 있다.
④ 연료펌프에 무리가 가지 않는다.

해설 ▶ 첵밸브가 열려 있어도 시동은 걸린다.

21 4행정 디젤기관의 실린더 직경이 100mm, 행정이 120mm인 6기통 기관이 1,200 rpm으로 회전할 때 지시마력은? (단, 지시평균 유효압력은 8kgf/cm2이다.)

① 12.2PS
② 60.3PS
③ 72.4PS
④ 124.5PS

해설 ▶

$$지시(도시)마력 = \frac{PALZN}{75 \times 60}$$
$$= \frac{PVZN}{75 \times 60 \times 100}$$

여기서, P : 지시평균 유효압력(kgf/cm^2)
A : 실린더 단면적(cm^2)
L : 행정(m)
V : 배기량(cm^3)
Z : 실린더 수
N : 엔진회전수(rpm)
(2행정기관 : N, 4행정기관 : $N/2$)

∴ 지시마력

$$= \frac{8 \times 0.785 \times 10^2 \times 0.12 \times 6 \times 1,200}{75 \times 60 \times 2}$$

$= 60.3$PS

22 진공계로서 판단할 수 없는 것은?

① 점화시기의 불량
② 밸브의 정밀 밀착 불량
③ 점화 플러그의 실화 상태
④ 인젝터의 연료분사 상태

해설 ▶ ①, ②, ③항이 발생되면 진공도가 작아지므로 알 수 있으나 인젝터의 연료분사 상태는 알 수 없다.

Answer 18. ③ 19. ① 20. ① 21. ② 22. ④

23 배기가스 재순환장치는 주로 어떤 물질의 생성을 억제하기 위한 것인가?

① 탄소
② 이산화탄소
③ 일산화탄소
④ 질소산화물

해설 ▶ 배기가스 재순환장치는 EGR 밸브를 이용하여 연소실 최고온도를 낮추어 질소산화물(NOx)의 발생을 감소시킨다.

24 앞바퀴 정렬에서 토 인(toe in)은 어느 것으로 조정하는가?

① 피트먼 암
② 타이로드
③ 드래그링크
④ 조향기어

해설 ▶ 토 인은 타이로드의 길이를 가감시켜 조정한다.

25 자동변속기 장치의 주요 구성요소로 거리가 먼 것은?

① 토크컨버터
② 유성기어 세트
③ 액슬 샤프트
④ 유압제어 유닛

해설 ▶ 액슬 샤프트(axle shaft)는 구동바퀴에 동력을 전달하는 축이다.

26 변속기의 내부에 설치된 증속 구동 장치 특성으로 틀린 것은?

① 기관의 회전속도를 일정수준 낮추어도 주행속도를 그대로 유지한다.
② 출력과 회전수의 증대로 윤활유 및 연료소비량이 증가한다.
③ 기관의 회전속도가 같으면 증속장치가 설치된 자동차 속도가 더 빠르다.
④ 기관의 수명이 길어지고 운전이 정숙하게 된다.

해설 ▶ 증속 구동장치(over drive)는 ①, ③, ④항 외에 엔진의 여유동력을 이용하므로 연료 소비량이 적어진다.

27 공기식 브레이크 장치에서 공기의 압력을 기계적 운동으로 바꾸어 주는 장치는?

① 릴레이 밸브
② 브레이크 챔버
③ 브레이크 밸브
④ 브레이크 슈

해설 ▶ 브레이크 페달에 의해 브레이크 밸브가 열리면 릴레이 밸브를 거쳐 브레이크 챔버로 공기의 압력이 전달되고 푸시로드를 통해 캠을 미는 기계적 운동으로 바뀌어 브레이크 슈를 작동시킨다.

Answer 23. ④ 24. ② 25. ③ 26. ② 27. ②

28 자동변속기에서 토크컨버터와 유체클러치의 토크비가 같아지는 시기는?

① 스톨 포인트   ② 출발할 때
③ 후진할 때   ④ 클러치 포인트

해설 토크비가 같아지는 시기를 클러치 점(clutch point)이라 한다.

29 동력조향장치에서 조향 휠의 회전에 따라 동력 실린더에 공급되는 유량을 조절하는 것은?

① 분류밸브   ② 동력피스톤
③ 제어밸브   ④ 조향각센서

해설 제어밸브(control valve)는 조향 휠의 회전에 따라 실린더에 공급되는 유량을 조절한다.

30 유압식 제동장치에서 유압회로 내에 잔압을 두는 이유와 거리가 먼 것은?

① 제동의 늦음을 방지하기 위해
② 베이퍼 록(vapor lock) 현상을 방지하기 위해
③ 휠 실린더 내의 오일 누설을 방지하기 위해
④ 브레이크 오일의 증발을 방지하기 위해

해설 잔압을 두는 목적
작동 신속, 베이퍼 록 방지, 오일 누출 방지 등이다.

31 변속기의 제1 감속비가 4.5 : 1이고, 종 감속비는 6 : 1일 때 총 감속비는?

① 27 : 1   ② 10.5 : 1
③ 1.33 : 1   ④ 0.75 : 1

해설

총 감속비 = 변속비 × 종 감속비

∴ $4.5 \times 6 = 27$

32 전자제어 스로틀 장치(ETS)의 기능으로 틀린 것은?

① 정속주행 제어기능
② 구동력 제어기능
③ 제동력 제어기능
④ 공회전속도 제어기능

해설 전자제어 스로틀 장치는 스로틀 모터를 이용하여 스로틀 밸브의 개도를 제어한다. 제어 영역은 스로틀 밸브 제어, 공회전 속도 제어, 구동력(TCS) 제어, 정속 주행(cruise control) 제어 등이 있다.

33 전자제어 현가장치(ECS)의 주요기능이 아닌 것은?

① 스프링상수와 감쇠력 제어기능
② 자세제어 기능
③ 정속주행 제어기능
④ 차고조정 기능

해설 전자제어 현가장치의 주요기능은 감쇠력 제어와 차고조정을 통한 자세제어 기능이다.

Answer 28. ④ 29. ③ 30. ④ 31. ① 32. ③ 33. ③

34 스프링 상수가 4kgf/mm인 코일 스프링을 2cm 압축하는데 필요한 힘은?

① 2kgf ② 8kgf
③ 80kgf ④ 160kgf

해설) 스프링 상수$(k) = \dfrac{W(\text{kg}_f)}{a(\text{mm})}$

∴ W = k × a = 4 × 20 = 80kgf

35 종감속장치의 종류에서 하이포이드 기어의 장점으로 틀린 것은?

① 기어 이의 물림률이 크기 때문에 회전이 정숙하다.
② 기어의 편심으로 차체의 전고가 높아진다.
③ 추진축의 높이를 낮게할 수 있어 거주성이 향상된다.
④ 동일한 조건에서 스파이럴 베벨기어에 비해 구동 피니언을 크게 할 수 있어 강도가 증가한다.

해설) 하이포이드(hypoid) 기어는 링기어의 중심보다 구동 피니언 기어의 중심이 10~20% 낮게(off-set) 설치되어 있어 무게중심이 낮아지고 거주성이 향상된다.

36 자동차용 타이어 종류 중에서 튜브리스 타이어의 특징으로 거리가 먼 것은?

① 못에 찔려도 공기가 급격히 누설되지 않는다.
② 유리조각 등에 의해 찢어지는 손상도 수리하기 쉽다.
③ 고속 주행시 발열이 비교적 작다.
④ 림이 변형되면 공기가 누설되기 쉽다.

해설) 튜브리스 타이어(tubeless tire)는 튜브가 없고, 타이어의 밀착으로 기밀을 유지하므로 찢어지는 손상은 수리하기 어렵다.

37 자동변속기에서 토크컨버터의 구성요소가 아닌 것은?

① 펌프   ② 터빈
③ 스테이터 ④ 가이드 링

해설) 토크컨버터의 3요소
펌프, 터빈, 스테이터

38 ABS의 구성요소 중 휠의 회전속도를 감지하여 컨트롤 유닛으로 보내는 역할을 하는 것은?

① 휠 스피드 센서
② 하이드롤릭 센서
③ 솔레노이드 밸브
④ 어큐뮬레이터

해설) 휠 스피드 센서는 차륜의 회전상태를 검출하여 컨트롤 유닛(ABS ECU)으로 보낸다.

Answer 34. ③ 35. ② 36. ② 37. ④ 38. ①

39 유압식 전자제어 동력 조향장치에서 컨트롤 유닛(ECU)의 입력 요소는?

① 브레이크 스위치
② 차속 센서
③ 흡기온도 센서
④ 휠 스피드 센서

해설 차속센서 신호가 동력 조향장치 컨트롤 유닛에 입력되면 차속에 따라 조향력을 적절하게 한다.

40 수동변속기 차량에서 마찰클러치의 디스크가 마모되어 미끄러지는 원인으로 가장 적합한 것은?

① 클러치 유격이 너무 적음
② 마스터 실린더의 누유
③ 클러치 작동기구의 유압시스템에 공기 유입
④ 센터 베어링의 결함

해설 디스크가 마모되면 압력판이 플라이 휠 쪽으로 전진하게 되면 레버가 나오면서 베어링과 가까워지므로 유격이 적어진다.

41 다음 중 커먼레일 디젤엔진 차량의 계기판에서 경고등 및 지시등의 종류가 아닌 것은?

① 예열플러그 작동지시등
② DPF 경고등
③ 연료수분 감지 경고등
④ 연료 차단 지시등

해설 연료 차단을 지시하는 등은 없다.

42 자동차용 교류 발전기에 응용한 것은?

① 플레밍의 왼손법칙
② 플레밍의 오른손 법칙
③ 옴의 법칙
④ 자기포화의 법칙

해설 플레밍의 오른손 법칙은 발전기에, 왼손법칙은 기동전동기에 응용된 것이다.

43 코일에 흐르는 전류를 단속하면 코일에 유도 전압이 발생한다. 이러한 작용을 무엇이라고 하는가?

① 자력선 작용
② 전류작용
③ 관성작용
④ 자기유도작용

해설 코일에 흐르는 전류를 단속하면 코일에 유도 전압이 발생하는 것을 자기유도 작용이라 한다.

44 반도체 소자에서 역방향의 전압이 어떤 값에 도달하면 역방향 전류가 급격히 흐르게 되는 전압을 무엇이라고 하는가?

① 컷인 전압
② 자기유도 전압
③ 사이리스터 전압
④ 브레이크 다운 전압

해설 제너 다이오드는 어떤 기준 전압(브레이크 다운 전압) 이상이 되면 역방향으로 큰 전류가 흐르는 반도체

Answer 39. ② 40. ① 41. ④ 42. ② 43. ④ 44. ④

45 트랜지스터의 대표적 기능으로 릴레이와 같은 작용은?

① 스위칭 작용
② 채터링 작용
③ 정류 작용
④ 상호유도 작용

해설 릴레이와 같이 ON, OFF하는 것을 스위칭 작용 이라 한다.

46 부특성(NTC) 가변저항을 이용한 센서는?

① 산소센서
② 수온센서
③ 조향각센서
④ TDC센서

해설 부특성이란 온도가 올라갈 때 저항값이 내려가는 반도체 소자로 수온센서, 흡기온도센서 등 온도 감지용으로 사용된다.

47 디젤 승용자동차의 기동장치 회로 구성요소로 틀린 것은?

① 축전지
② 기동전동기
③ 밸러스트 저항
④ 예열·시동스위치

해설 디젤 승용자동차의 기동회로에는 축전기, 예열·시동스위치, 기동전동기가 있으며 밸러스트 저항은 점화 1차 코일에 직렬 접속된다.

48 도어 록 제어(Door lock control)에 대한 설명으로 옳은 것은?

① 차속 40km/h 이상의 속도에서 운전석 도어가 록(lock)인 경우는 록 제어를 하지 않는다.
② 점화스위치를 OFF로 하면 모든 도어 중 하나라도 록 상태일 경우 전 도어를 록(lock) 시킨다.
③ 도어 록 상태에서 주행 중 충돌 시 에어백 ECU로부터 에어백 전개신호를 입력받아 모든 도어를 해제(unlock)시킨다.
④ 도어 unlock 상태에서 주행 중 차량 충돌 시 충돌 센서로부터 충돌 정보를 입력받아 승객의 안전을 위해 모든 도어를 잠김(lock) 출력을 행한다.

해설 도어 록 제어(Door lock control)
① 도어 록 : 차속 신호에 의해서만 작동
② 도어 언록 : 점화스위치 OFF 또는 에어백 전개시만 작동

49 완전히 증발하지 못한 냉매를 기체 상태의 냉매만으로 압축기에 보내기 위한 부품은?

① 응축기
② 어큐뮬레이터
③ 팽창밸브
④ 리시버 드라이어

해설 ① 어큐뮬레이터 : 잔류 액상 냉매를 기체화 하여 압축기로 보낸다.
② 리시버 드라이어 : 응축기에서 액화하지 못한 냉매를 액화하여 팽창밸브로 보낸다.

Answer 45. ① 46. ② 47. ③ 48. ③ 49. ②

50 축전지 전해액 온도가 40°C이고, 비중이 1.270일 때 기준온도(20°C)에서의 비중은 얼마인가?

① 1.256　② 1.274
③ 1.284　④ 1.295

해설
$$S_{20} = S_t + 0.0007(t-20)$$
여기서, t : 측정시 온도
∴ $S_{20} = 1.270 + 0.0007(40-20) = 1.284$

51 드릴링 머신 가공작업을 할 때 주의사항으로 틀린 것은?

① 일감은 정확히 고정한다.
② 작은 일감은 손으로 잡고 작업한다.
③ 작업복을 입고 작업한다.
④ 테이블 위에 가공물을 고정시켜서 작업한다.

해설 작은 물건은 바이스나 고정구로 고정하고 직접 손으로 잡지 말아야 한다.

52 수공구 종류 중 "정" 작업시 유의사항으로 틀린 것은?

① 처음에는 약하게 타격하고 차차 강하게 때린다.
② 정 머리에 기름을 묻혀 사용한다.
③ 머리가 찌그러진 것은 수정하여 사용하여야 한다.
④ 공작물 재질에 따라 날 끝의 각도를 바꾼다.

해설 정 머리에 기름이 묻어있으면 미끄러질 수 있으므로 깨끗이 닦아낸다.

53 드릴머신으로 탭 작업을 할 때 탭이 부러지는 원인이 아닌 것은?

① 탭의 경도가 소재보다 높을 때
② 구멍이 똑바르지 아니할 때
③ 구멍 밑바닥에 탭 끝이 닿을 때
④ 레버에 과도한 힘을 주어 이동할 때

해설 탭이 부러지는 원인
① 탭의 경도가 소재보다 낮을 때
② 구멍이 똑바르지 아니할 때
③ 구멍 밑바닥에 탭 끝이 닿을 때
④ 레버에 과도한 힘을 주어 이동할 때

54 안전·보건표지의 종류별 용도·사용 장소·형태 및 색채에서 인화성물질 경고를 나타내는 것은?

① 바탕은 파란색, 그림은 흰색(흑색도 가능)
② 바탕은 흰색, 그림은 파란색(노란색도 가능)
③ 바탕은 검정색, 기본모형은 노란색(청색도 가능)
④ 바탕은 무색, 기본모형은 적색(흑색도 가능)

해설 인화성물질 경고표지

Answer　50. ③　51. ②　52. ②　53. ①　54. ④

55 산업재해의 원인별 분류 중 직접적인 원인은?

① 인적 원인
② 기술적인 원인
③ 교육적인 원인
④ 정신적인 원인

해설 산업재해의 원인별 분류
① 직접적인 원인 : 위험장소 접근, 복장·보호구의 잘못 사용, 기계·기구의 잘못 사용, 위험물 취급 부주의, 불안전한 자세 동작, 작업물 자체의 결함, 작업환경의 결함
② 간접적인 원인 : 기술적 원인, 교육적 원인, 정신적 원인, 신체적 원인

56 무거운 짐을 이동할 때 안전사항으로 틀린 것은?

① 힘겨운 것은 가능한 장비를 이용한다.
② 기름이 묻은 장갑을 사용한다.
③ 지렛대를 이용한다.
④ 힘센 사람과 약한 사람과의 균형을 잡는다.

해설 기름이 묻은 장갑을 끼고 작업하지 않는다.

57 전기회로 내에 전류계를 사용할 때 사항으로 맞는 것은?

① 전류계는 직렬로 연결하여 사용한다.
② 전류계는 병렬로 연결하여 사용한다.
③ 전류계는 직렬, 병렬연결을 모두 사용한다.
④ 전류계 사용시 극성에는 무관하다.

해설 전류계는 직렬로 연결하여 사용한다.

58 안전한 작업을 하기 위해 반드시 보안경을 착용해야 하는 작업은?

① 배전기 탈부착 작업
② 오일펌프 정비작업
③ 기관 분해·조립작업
④ 그라인더를 사용하는 작업

해설 날아오는 물체에 의한 위험 또는 유해 약물, 유해 광선에 의한 시력장애를 방지하기 위하여 보안경을 사용한다.

59 자동차 하체를 들어올리기 위해 잭을 설치할 때 작업 주의사항으로 틀린 것은?

① 잭은 중앙 밑 부분에 놓아야 한다.
② 잭은 자동차를 작업할 수 있게 올린 다음에도 잭 손잡이는 그대로 둔다.
③ 잭만 받쳐진 중앙 밑 부분에는 들어가지 않는 것이 좋다.
④ 잭은 밑바닥이 견고하면서 수평이 되는 곳에 놓고 작업하여야 한다.

해설 잭은 자동차를 작업할 수 있게 올린 다음에는 잭 손잡이는 빼 두거나 작업에 지장이 없도록 조치해 두어야 한다.

Answer 55. ① 56. ② 57. ① 58. ④ 59. ②

60 가솔린 기관의 점화 1차, 2차 파형을 종합 시험기로 점검할 때 주의사항으로 틀린 내용은?

① 1차 전압은 점화코일 (-)단자에서 인출한다.
② 각종 등화장치 및 전장부품은 off 시킨다.
③ 2차 전압은 고압이므로 취급에 주의한다.
④ 2차 전압은 점화코일 (+)단자에서 인출한다.

해설 ▶ 2차 전압은 고압케이블에서 인출한다.

Answer 60. ④

자동차 정비기능사 필기

▶ 2011년 4월 7일 시행

01 압축비가 8인 오토사이클의 이론효율은 몇 %인가? (단, 비열비는 1.4이다.)
① 약 45.4   ② 약 56.5
③ 약 65.6   ④ 약 72.7

해설

$$\text{오토사이클 열효율}(\eta) = 1 - \left(\frac{1}{\epsilon}\right)^{k-1}$$

여기서, ϵ : 압축비 k : 비열비

∴ 열효율$(\eta) = 1 - \left(\frac{1}{8}\right)^{0.4} = 0.565$,

즉 56.5%

02 전자제어 가솔린 분사 장치에 사용되는 연료압력 조절기에서 인젝터의 연료 분사압력을 항상 일정하게 유지하도록 조절하는 것과 직접 관계되는 것은?
① 엔진의 회전속도
② 흡기다기관 진공도
③ 배기가스 중의 산소농도
④ 실린더 내의 압축압력

해설 연료압력 조절기는 흡기 매니홀드의 부압에 의해 작동되며, 흡기다기관 내의 압력변화에 대응하여 연료 분사량을 일정하게 유지하기 위해 인젝터에 걸리는 연료 압력을 일정하게 (2.55kgf/cm²) 조절한다.

03 LPG를 충전하는 고압용기에 설치된 밸브와 색상의 연결이 틀린 것은?
① 기상밸브 - 황색
② 액상밸브 - 적색
③ 기체밸브 - 청색
④ 충전밸브 - 녹색

해설 기상밸브 - 황색
액상밸브 - 적색
충전밸브 - 녹색

04 전자제어 가솔린 기관에서 ECU에 입력되는 신호를 아날로그와 디지털 신호로 나누었을 때 디지털 신호는?
① 열막식 공기유량 센서
② 인덕티브 방식의 크랭크각 센서
③ 옵티컬 방식의 크랭크각 센서
④ 포텐쇼미터 방식의 스로틀포지션 센서

해설 옵티컬(optical) 방식은 발광 다이오드와 포토 다이오드를 이용한 디지털 신호이다.

Answer   1. ②   2. ②   3. ③   4. ③

05 공기 청정기가 막혔을 때의 배기가스 색깔로 가장 알맞은 것은?
① 무색　　② 백색
③ 흑색　　④ 청색

해설▶ 공기 청정기가 막히면 연료가 과다하여 배기가스 색이 흑색이다.

06 윤활방식 중, 오일펌프에서 나온 윤활유 전부를 여과기를 통해서 윤활부로 보내는 방식은?
① 분기식　　② 분류식
③ 샨트식　　④ 전류식

해설▶ **윤활방식의 분류**
① 전류식 : 윤활유 전부를 여과시켜 공급하는 방식, 막히면 바이패스 밸브로 통과
② 분류식 : 윤활유의 일부는 여과시키고, 여과하지 않은 오일은 공급하는 방식
③ 션트(shunt)식 : 오일의 일부는 여과시켜서 공급, 일부는 바로 공급되는 방식

07 가솔린 연료 분사장치에서 연료의 기본 분사량을 결정하는 요소는?
① 흡입 공기량, 기관 회전수
② 흡입 공기량, 산소센서
③ 산소센서, 기관 회전수
④ 기관 회전수, 냉각수 온도

해설▶ 기본 분사량은 흡입 공기량과 기관 회전수로 결정한다.

08 150kgf의 물체를 수직 방향으로 매초 1m의 속도로 올리려면 몇 PS의 동력이 필요한가?
① 1PS　　② 0.5PS
③ 2PS　　④ 5PS

해설▶ $$동력 = \frac{일}{시간}$$

$$\therefore \frac{150\text{kg}_f \times 1\text{m}}{1s \times 75} = 2\text{PS}$$

09 4행정 6실린더 기관에서 6실린더가 한 번씩 폭발하려면 크랭크축은 몇 회전하는가?
① 2회전
② 4회전
③ 6회전
④ 12회전

해설▶ 4행정 기관이란 크랭크축 2회전에 모든 실린더가 1회씩 폭발한다.

10 기관의 실린더 직경을 측정할 때 사용되는 측정 기기는?
① 간극 게이지
② 버니어캘리퍼스
③ 다이얼 게이지
④ 내측용 마이크로미터

해설▶ 실린더 내경(직경) 측정은 내측용 마이크로미터로 한다.

Answer 5. ③　6. ④　7. ①　8. ③　9. ①　10. ④

11 전자제어 연료분사 장치에는 각종 센서가 사용되는데 엔진의 온도를 감지하여 컴퓨터에 보내주는 센서는 무엇인가?

① 포토센서 ② 사이리스터
③ 서모센서 ④ 다이오드

해설▶ 서모(thermo) 센서는 엔진의 온도를 감지하여 컴퓨터로 보낸다.

12 캐니스터는 자동차에서 배출되는 유해가스 중 주로 어떤 가스를 제어하기 위한 장치인가?

① 증발가스(HC)
② 블로바이 가스(CO)
③ 배기가스(NOx)
④ 배기가스(CO, N_2)

해설▶ 캐니스터(canister)는 연료 증발가스인 탄화수소를 포집하기 위한 장치이다.

13 다음 식의 ( )에 알맞은 말은?

$$옥탄가 = \frac{이소옥탄}{이소옥탄 + ( )} \times 100(\%)$$

① 노말 헵탄
② 알파(α)메틸나프타린
③ 톨루엔
④ 세탄

해설▶

$$제동거리(S) = \frac{v^2}{2\mu g}$$

여기서, v : 제동초속도(m/s^2), μ : 마찰계수,
g : 중력가속도(9.8m/s^2)

14 배기행정 초기에 배기밸브가 열려 연소가스 자체 압력으로 배출되는 현상을 무엇이라고 하는가?

① 블로다운 ② 블로바이
③ 블로백   ④ 오버랩

해설▶ ① 블로다운 : 배기행정 초기에 배기밸브가 열려 연소가스 자체 압력으로 배출되는 현상
② 블로바이 : 압축행정시 피스톤 링과 실린더 사이로 혼합가스가 새는 현상
③ 블로백 : 압축행정시 밸브 가이드 사이로 혼합가스가 새는 현상
④ 오버랩 : 상사점 부근에서 흡·배기 밸브가 동시에 열리는 현상

15 실린더의 연소실 체적이 60cc, 행정 체적이 360cc인 기관의 압축비는?

① 5 : 1   ② 6 : 1
③ 7 : 1   ④ 8 : 1

해설▶

$$압축비 = \frac{실린더\ 체적}{연소실\ 체적}$$
$$= 1 + \frac{행정\ 체적}{연소실\ 체적}$$

$$\therefore 1 + \frac{360}{60} = 7$$

16 가솔린기관의 삼원촉매장치(Catalytic Converter)에서 정화되는 가스가 아닌 것은?

① NOx   ② CO
③ HC   ④ O_2

해설▶ 삼원 촉매장치는 백금(Pt), 팔라듐(Pd), 로듐(Rh) 3가지 원소를 이용하여 가솔린 기관의 유해 배기가스인 CO, HC, NOx를 정화한다.

Answer 11. ③ 12. ① 13. ① 14. ① 15. ③ 16. ④

17 엔진은 과열하지 않고 있는데 방열기 내에 기포가 생긴다. 그 원인으로 다음 중 가장 적합한 것은?

① 서모스탯 기능 불량
② 실린더 헤드 개스킷의 불량
③ 크랭크 케이스에 압축 누설
④ 냉각수량 과다

해설 방열기 내의 기포발생은 공기가 들어간 것이므로 실린더 헤드 개스킷이 불량이다.

18 다음 중 디젤기관의 연소과정에 속하지 않는 것은?

① 전기 연소 기간
② 화염 전파 기간
③ 직접 연소 기간
④ 착화 지연 기간

해설 디젤기관의 연소과정
착화지연 기간 - 화염전파 기간 - 직접연소 기간 - 후연소 기간

19 자동차 높이의 최대허용 기준으로 맞는 것은?

① 3.5m   ② 3.8m
③ 4.0m   ④ 4.5m

해설 제4조
자동차의 길이 13m, 너비 2.5m, 높이 4m를 초과하여서는 안 된다.

20 디젤기관에서 직렬형 분사펌프의 연료 분사량 조정 방법은?

① 슬리브와 피니언의 관계위치를 변경하면서 조정
② 태핏의 간극을 조정
③ 플런저 스프링의 장력을 강하게
④ 딜리버리 밸브로 조정

해설 제어 슬리브와 제어 피니언의 관계위치를 변경하면서 조정한다.

21 가솔린 연료 분사기(Injector)의 분사형태에서 순차분사는 어떤 센서의 신호에 동기되어 분사하는가?

① 산소 센서
② 에어플로워 센서
③ 크랭크각 센서
④ 맵 센서

해설 순차분사는 크랭크각 센서의 신호에 동기하여 분사한다.

22 실린더 행정 내경비(행정/내경)의 값이 1.0 이상인 기관을 어떤 기관이라 하는가?

① 장행정 기관(long stroke engine)
② 정방행정 기관(square engine)
③ 단행정 기관(short stroke engine)
④ 터보 기관(turbo engine)

해설 내경보다 행정이 크므로 장행정 기관이라 한다.

Answer 17. ② 18. ① 19. ③ 20. ① 21. ③ 22. ①

23 피스톤간극(piston clearance) 측정은 어느 부분에 시그니스 게이지(thickness gauge)를 넣고 하는가?

① 피스톤 링 지대
② 피스톤 스커트부
③ 피스톤 보스부
④ 피스톤 링 지대 윗부분

 피스톤간극 측정은 피스톤 스커트부를 측정한다.

24 전자제어 현가장치(ECS)의 기능이 아닌 것은?

① 급 제동시 앤티 다이브 제어
② 급 선회시 원심력에 의한 차량의 기울어짐 현상 방지
③ 노면으로부터 차의 높이 조정
④ 차량 주행 중 일정한 속도로 주행

 전자제어 현가장치의 주요기능은 감쇠력 제어와 차고조정을 통한 자세제어 기능이다. 차량 주행 중 일정한 속도로 주행하는 기능은 오토 크루즈(auto cruise control)라 한다.

25 어떤 자동차로 마찰계수가 0.3인 도로에서 제동했을 때 제동 초속도가 10m/s라면 제동거리는?

① 약 12m   ② 약 15m
③ 약 16m   ④ 약 17m

$$제동거리(S) = \frac{v^2}{2\mu g}$$

여기서, v : 제동초속도(m/s²)
μ : 마찰계수
g : 중력가속도(9.8m/s²)

$$\therefore 제동거리(S) = \frac{10^2}{2 \times 0.3 \times 9.8} = 17m$$

26 축거가 3.5m, 외측 바퀴의 최대 회전각이 30°, 내측 바퀴의 최대 회전각은 45°일 때 최소 회전반경은? (단, 바퀴 접지면 중심과 킹핀과의 거리는 30cm이다.)

① 6.3m   ② 7.3m
③ 8.3m   ④ 9.3m

$$최소회전반경\ R = \frac{L}{\sin\alpha} + r$$

여기서, α : 외측바퀴 회전각도(°)
L : 축거(m)
r : 타이어 중심과 킹핀과의 거리(m)

$$\therefore 최소회전반경\ R = \frac{3.5}{\sin 30°} + 0.3 = 7.3m$$

27 수동변속기 차량에서 싱크로 메시(synchro mesh) 기구의 기능이 필요한 시기는?

① 기어가 빠질 때
② 차량이 정지할 때
③ 기어가 물릴 때
④ 고속일 때

 싱크로메시 기구는 기어 변속시 변속단의 속도를 동기시켜 변속하는 장치이다.

28 종감속 기어의 구동 피니언 잇수가 6, 링기어 잇수가 42인 자동차가 평탄한 도로를 직진할 때 추진축의 회전수가 2,100rpm이면 오른쪽 뒷바퀴의 회전수는?

① 150rpm   ② 300rpm
③ 450rpm   ④ 600rpm

Answer 23. ② 24. ④ 25. ④ 26. ② 27. ③ 28. ②

해설
$$\text{액슬축 회전수} = \frac{\text{추진축 회전수}}{\text{종감속비}}$$

$$\therefore \frac{2,100}{7} = 300\text{rpm}$$

29 주행 중 브레이크 작동시 조향 핸들이 한쪽으로 쏠리는 원인으로 거리가 먼 것은?

① 휠 얼라이먼트 조정이 불량하다.
② 좌우 타이어의 공기압이 다르다.
③ 브레이크 라이닝의 좌·우 간극이 불량하다.
④ 마스터 실린더의 첵밸브의 작동이 불량하다.

해설 마스터 실린더의 첵밸브 작동이 불량하면 양쪽이 모두 불량하다.

30 토크컨버터 내에 있는 스테이터가 회전하기 시작하여 펌프 및 터빈과 함께 회전할 때 설명으로 맞는 것은?

① 오일 흐름의 방향을 바꾼다.
② 터빈의 회전속도가 펌프보다 증가한다.
③ 토크변환이 증가한다.
④ 유체클러치의 기능이 된다.

해설 스테이터가 회전하기 시작하여 펌프 및 터빈과 함께 회전하면 토크 변환기능은 정지하며 유체클러치로 작동하게 된다.

31 전자제어식 제동장치(ABS)에서 제동시 타이어 슬립율 이란?

① $\frac{\text{차륜속도} - \text{차체속도}}{\text{차체속도}} \times 100(\%)$
② $\frac{\text{차체속도} - \text{차륜속도}}{\text{차체속도}} \times 100(\%)$
③ $\frac{\text{차체속도} - \text{차륜속도}}{\text{차륜속도}} \times 100(\%)$
④ $\frac{\text{차륜속도} - \text{차체속도}}{\text{차륜속도}} \times 100(\%)$

해설 ABS에서 타이어 슬립율이란 자동차 속도와 바퀴 속도와의 차이를 말한다.

32 전자제어 현가장치에서 조향휠의 좌우 회전 방향을 검출하여 차체의 롤링(rolling)을 예측하기 위한 센서는?

① 차속 센서
② 조향각 센서
③ G 센서
④ 차고 센서

해설 ① 차속 센서 : 자동차의 속도를 검출
② 조향각 센서 : 조향 휠의 회전방향을 검출
③ G 센서 : 자동차의 가감속을 검출
④ 차고 센서 : 자동차의 차고를 검출

33 동력 조향장치의 장점으로 틀린 것은?

① 조향 조작력을 작게 할 수 있다.
② 조향 기어비를 자유로이 선정할 수 있다.
③ 조향 조작이 경쾌하고 신속하다.
④ 고속에서 조향력이 가볍다.

해설 동력 조향장치(EPS)의 장점
① 적은 힘으로 조향조작을 할 수 있다.

Answer 29. ④ 30. ④ 31. ② 32. ② 33. ④

② 조향기어비를 조작력에 관계없이 설정할 수 있다.
③ 노면의 충격을 흡수하여 조향핸들에 전달되는 것을 방지한다.
④ 앞바퀴의 시미현상을 감쇠하는 효과가 있다.
⑤ 조향 조작이 경쾌하고 신속하다.
⑥ 저속에서는 가볍고, 고속에서는 적절히 무겁다.

34 추진축에서 진동이 생기는 원인으로 거리가 먼 것은?

① 요크 방향이 다르다.
② 밸런스 웨이트가 떨어졌다.
③ 중간 베어링이 마모되었다.
④ 중공축을 사용하였다.

해설 › 추진축이 진동하는 원인
① 추진축의 질량 평형이 맞지 않는다.(밸런스 웨이트가 떨어졌다.)
② 요크 방향이 다르다.
③ 십자축 베어링과 센터 베어링이 마모되었다.

35 전자제어식 자동변속기 차량에서 변속시점은 기본적으로 무엇에 의해 결정되는가?

① 엔진 회전속도와 크랭크 각도
② 엔진 스로틀 밸브의 개도와 변속기 오일온도
③ 차량의 주행속도와 엔진 스로틀 밸브의 개도
④ 차량의 주행속도와 크랭크 각도

해설 › 자동변속기의 변속은 스로틀 포지션 센서의 열림량과 차속에 의해서 결정된다.

36 진공식 제동 배력장치에 관한 설명으로 맞는 것은?

① 공기 빼기 작업은 시동을 끈 상태에서 한다.
② 마스터백은 싱글형 마스터 실린더를 사용한다.
③ 배력장치에 고장이 발생하면 보통의 마스터 실린더와 같은 압력으로 제동장치가 작동된다.
④ 하이드로 마스터는 마스터 실린더와 일체로 되어 있다.

해설 › 배력장치에 고장이 발생되어도 보통의 마스터 실린더와 같은 압력으로 제동장치가 작동된다.

37 클러치 페달을 밟아 동력이 차단될 때 소음이 나타나는 원인으로 가장 적합한 것은?

① 클러치 디스크가 마모되었다.
② 변속기어의 백래시가 작다.
③ 클러치스프링 장력이 부족하다.
④ 릴리스 베어링이 마모되었다.

해설 › 클러치를 차단하려고 클러치 페달을 밟았을 때 소리가 나면 릴리스 베어링이 마모되었음을 뜻한다.

Answer 34. ④ 35. ③ 36. ③ 37. ④

38 유압식 제동장치의 작동에 대한 내용으로 맞는 것은?

① 브레이크 오일 파이프 내에 공기가 들어가면 페달의 유격이 작아진다.
② 마스터 실린더 푸시로드 길이가 길면 브레이크 작동 후 복원이 잘된다.
③ 브레이크 회로 내의 잔압은 작동 지연과 베이퍼록을 방지한다.
④ 마스터 실린더의 첵밸브가 불량하면 한쪽만 브레이크가 작동한다.

[해설] 잔압을 두는 목적
작동 신속, 베이퍼 록 방지, 오일 누출 방지 등이다.

39 타이어 호칭기호 215 60 R 17에서 17이 나타내는 것은?

① 림 직경(인치) ② 타이어 직경(mm)
③ 편평비(%) ④ 허용하중(kgf)

[해설] 타이어 호칭 기호
215 : 폭(너비)
60 : 편평비
R : 레이디얼 타이어
17 : 림 직경(인치)

40 현가장치의 평행 판스프링 형식에서 스프링이 완충 작용할 때 스팬(span)의 변화를 조절해주는 것은?

① 캐스터 판 ② 섀클
③ 센터 볼트 ④ U 볼트

[해설] 스프링이 완충 작용할 때 스팬의 변화를 조절해 주는 작용은 섀클이 한다.

41 계기판의 엔진 회전계가 작동하지 않는 결함의 원인에 해당 되는 것은?

① VSS(Vehicle Speed Sensor) 결함
② CPS(Crankshaft Position Sensor) 결함
③ MAP(Manifold Absolute Pressure Sensor) 결함
④ CTS(Coolant Temperature Sensor) 결함

[해설] 엔진 회전계는 점화코일 - 신호 또는 CPS에 의해 작동한다.

42 다음 중 축전지용 전해액(묽은 황산)을 표현하는 화학 기호는?

① H_2O ② $PbSO_4$
③ $2H_2SO_4$ ④ $2H_2O$

[해설] 축전지 전해액 기호는 $2H_2SO_4$이다.

43 다링톤 트랜지스터를 설명한 것으로 옳은 것은?

① 트랜지스터보다 컬렉터 전류가 작다.
② 2개의 트랜지스터를 하나로 결합하여 전류증폭도가 높다.
③ 전류 증폭도가 낮다.
④ 2개의 트랜지스터처럼 취급해야 한다.

[해설] 다링톤 트랜지스터(darlington TR)의 특징

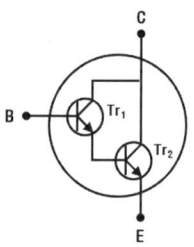

① 트랜지스터 내부가 2개의 트랜지스터로 구성
② 2개를 하나로 결합하여 2배 정도 전류 증폭도가 높다.

44 다음 그림의 회로에서 전류계에 흐르는 전류(A)는 얼마인가?

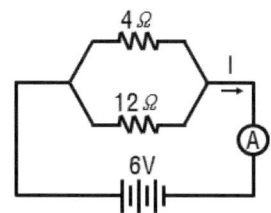

① 1A ② 2A
③ 3A ④ 4A

해설

병렬회로 합성저항

$$\frac{1}{R} = \frac{1}{R_1} + \frac{1}{R_2} + \cdots + \frac{1}{R_n}$$

∴ 합성저항 $\frac{1}{R} = \frac{1}{4} + \frac{1}{12} = \frac{3}{12} + \frac{1}{12} = \frac{1}{3}$

∴ $R = 3\Omega$, 오옴의 법칙 $I = \frac{E}{R}$,

∴ $I = \frac{6}{3} = 2A$

45 광전식 크랭크각 센서나 조향각 센서 등에 사용되며 입사광선을 받으면 전류가 흐르게 되는 반도체는?

① 포토 다이오드 ② 발광 다이오드
③ 제너 다이오드 ④ 트랜지스터

해설 포토 다이오드는 조사되는 빛의 양에 비례하여 전기저항이 감소하는 특성을 가진 반도체로 입사광선을 받으면 역방향으로 전류가 흐른다.

46 퓨즈(fuse)가 녹아 끊어지는 원인이 아닌 것은?

① 회로의 합선으로 의해 과도전류가 흐를 때
② 잦은 ON/OFF 반복으로 피로가 누적되었을 때
③ 퓨즈 홀더의 접촉 저항 발생에 의한 발열 때
④ 전원부의 접촉 저항 과대로 인한 전압강하가 클 때

해설 ①, ②, ③항이 퓨즈가 녹아 끊어지는 원인이며, 접촉저항이 크면 전류가 흐르지 못한다.

47 사이드미러(후사경) 열선 타이머 제어시 입·출력 요소가 아닌 것은?

① 전조등 스위치 신호
② IG 스위치 신호
③ 열선 스위치 신호
④ 열선 릴레이 신호

해설 열선 타이머 제어시 IG 스위치 신호, 열선 스위치 신호는 입력 신호, 열선 릴레이 신호는 출력신호이다.

48 자동차가 주행 중 충전램프의 경고등이 켜졌다. 그 원인과 가장 거리가 먼 것은?

① 팬 벨트가 미끄러지고 있다.
② 발전기 뒷부분에 소켓이 빠졌다.
③ 축전지의 접지케이블이 이완되었다.
④ 전압계의 미터가 깨졌다.

해설 ①, ②, ③항이 충전경고등이 켜지는 원인이며, ④항과는 관계가 없다.

Answer 44. ② 45. ① 46. ④ 47. ① 48. ④

49 에어컨 매니폴드 게이지(압력게이지) 접속 시 주의할 사항이다. 맞지 않는 것은?

① 매니폴드 게이지를 연결할 때에는 모든 밸브를 잠근 후 실시한다.
② 밸브를 열어 놓은 상태로 에어컨 사이클에 접속한다.
③ 황색호스를 진공펌프나 냉매회수기 또는 냉매충전기에 연결한다.
④ 냉매가 에어컨 사이클에 충전되어 있을 때에는 충전호스, 매니폴드 게이지의 밸브를 전부 잠근 후 분리한다.

해설 게이지를 연결할 때에는 모든 밸브를 잠근 후 실시한다.

50 DLI(Distributer Less Ignition) 점화장치의 구성 요소 중 해당되지 않는 것은?

① 파워 TR   ② ECU
③ 로터   ④ 이그니션 코일

해설 DLI 점화장치는 배전기가 없으므로 로터가 없다.

51 화재 발생시 소화 작업 방법으로 틀린 것은?

① 산소의 공급을 차단한다.
② 유류 화재시 표면에 물을 붓는다.
③ 가열물질의 공급을 차단한다.
④ 점화원을 발화점 이하의 온도로 낮춘다.

해설 유류 화재는 질식소화를 하여야 하므로 ①, ③, ④ 방법을 사용하고, 물을 사용하면 화재를 확대시킬 수 있으므로 사용하면 안 된다.

52 선반 작업시 주축의 변속은 기계를 어떠한 상태에서 하는 것이 가장 안전한가?

① 저속으로 회전시킨 후 한다.
② 기계를 정지시킨 후 한다.
③ 필요에 따라 운전 중에 할 수 있다.
④ 어떠한 상태든 항상 변속시킬 수 있다.

해설 선반 주축의 변속은 기계를 정지시킨 후 한다.

53 스패너 작업시의 안전수칙으로 틀린 것은?

① 주위를 살펴보고 조심성 있게 조일 것
② 스패너를 밀지 말고, 몸 앞쪽으로 당길 것
③ 스패너는 조금씩 돌리며 사용할 것
④ 힘들 때는 스패너 자루에 파이프를 끼워서 작업할 것

해설 스패너 손잡이에 파이프를 이어서 사용하거나 해머로 두들기지 말 것

54 건설기계 및 자동차 정비 작업장에 산업안전 보건상 준비해야 될 것과 거리가 먼 것은?

① 응급용 의약품
② 소화용구
③ 소화기
④ 방청용 오일

해설 작업장에는 화재 및 상해에 대비하여야 한다.

Answer 49. ② 50. ③ 51. ② 52. ② 53. ④ 54. ④

55 전격방지기를 부착한 용접기의 적합한 설치 장소로 거리가 먼 것은?

① 습기가 많지 않은 장소
② 분진, 유해가스 또는 폭발성 가스가 없는 장소
③ 주위 온도가 항상 영상 이상의 온도가 유지되는 장소
④ 비나 강풍에 노출되지 않는 장소

[해설] 전격방지기란 용접시 작업자의 감전 위험을 방지할 뿐 아니라, 무부하시의 전력손실을 경감시키는 역할을 하며, ①, ②, ④의 장소에 설치한다.

56 축전지의 전해액이 옷에 많이 묻었을 경우 조치방법으로 가장 적합한 것은?

① 수돗물로 빨리 씻어낸다.
② 헝겊에 알콜을 적셔 닦아낸다.
③ 걸레에 경유를 묻혀 닦아낸다.
④ 옷을 벗고 몸에 묻은 전해액을 물로 씻는다.

[해설] 전해액이 옷에 많이 묻었을 경우에는 옷을 벗고 몸에 묻은 전해액을 물로 씻는다.

57 차량 속도계 시험시 유의사항으로 틀린 것은?

① 롤러에 묻은 기름, 흙을 닦아낸다.
② 시험차량의 타이어 공기압이 정상인가 확인한다.
③ 시험차량은 공차상태로 하고 운전자 1인이 탑승한다.
④ 리프트를 하강 상태에서 차량을 중앙으로 진입시킨다.

[해설] 속도계 시험방법
① 시험차량의 타이어 공기압이 정상인가 확인한다.
② 시험 전 롤러에 묻은 기름, 흙을 닦아낸다.
③ 시험차량은 공차상태로 하고 운전자 1인이 탑승한다.
④ 리프트를 하강시키고 지시에 따라 서서히 속도를 규정 속도로 맞춘다.
⑤ 측정값을 읽고 판정한다.

58 기관의 오일교환 작업 시 주의사항으로 틀린 것은?

① 새 오일 필터로 교환시 'O' 링에 오일을 바르고 조립한다.
② 시동 중에 엔진 오일량을 수시로 점검한다.
③ 기관이 워밍업 후 시동을 끄고 오일을 배출한다.
④ 작업이 끝나면 시동을 걸고 오일 누출여부를 검사한다.

[해설] 오일교환 작업은 ①, ③, ④와 같은 방법으로 교환하고, 오일량 점검은 시동을 끄고 한다.

59 일반적인 기계공작 작업시 장갑을 사용해도 좋은 작업은?

① 판금 작업
② 선반 작업
③ 드릴 작업
④ 해머 작업

[해설] 회전하는 물체에 끼일 위험이 있거나, 중량물을 놓칠 우려가 있는 작업은 장갑을 사용해서는 안 된다.

Answer 55. ③ 56. ④ 57. ④ 58. ② 59. ①

60 기관을 운반하기 위해 체인블록을 사용할 때의 안전사항 중 가장 적합한 것은?

① 기관은 반드시 체인으로만 묶어야 한다.
② 노끈 및 밧줄은 무조건 굵은 것을 사용한다.
③ 가는 철선이나 체인으로 기관을 묶어도 좋다.
④ 체인 및 리프팅은 중심부에 튼튼히 줄걸이가 되어야 한다.

해설 체인 블록을 사용할 때에 체인 및 리프팅은 중심부에 고정시키고 작업한다.

Answer 60. ④

자동차 정비기능사 필기

2011년 7월 31일 시행

01 3원 촉매의 산화작용에 주로 사용되는 것은?
① 납 ② 로듐
③ 백금 ④ 실리콘

해설 3원 촉매 중 백금(Pt)이 산화작용에 사용된다.

02 기관 실린더의 마멸조건과 원인으로 가장 관계가 적은 것은?
① 피스톤 스커트의 접촉
② 혼합가스 중 이물질에 의해 마모
③ 피스톤링의 호흡작용으로 인한 유막 끊김
④ 연소 생성물에 의한 부식

해설 실린더 마멸 원인은 ②, ③, ④항이 해당된다.

03 다음 중 크랭크축 오일 간극을 측정하는데 주로 사용되는 것은?
① 실린더 게이지
② 플라스틱 게이지
③ 버니어 캘리퍼스
④ 다이얼 게이지

해설 크랭크축 오일 간극은 플라스틱 게이지로 측정한다.

04 적색 또는 청색 경광등을 설치하여야 하는 자동차가 아닌 것은?
① 교통단속에 사용되는 경찰용 자동차
② 범죄수사를 위하여 사용되는 수사기관용 자동차
③ 소방용 자동차
④ 구급자동차

해설 제58조
구급자동차의 경광등은 녹색이다.

05 전자제어 연료분사 장치에서 연료펌프의 구동상태를 점검하는 방법으로 틀린 것은?
① 연료펌프 모터의 작동음을 확인한다.
② 연료의 송출여부를 점검한다.
③ 연료압력을 측정한다.
④ 연료펌프를 분해하여 점검한다.

해설 연료펌프 구동상태 점검 방법
① 모터의 작동음을 확인한다.
② 연료 압력을 측정한다.
③ 연료의 송출여부를 측정한다.
④ 연료 호스를 잡아 맥동을 감지한다.

Answer 1.③ 2.① 3.② 4.④ 5.④

06 전자제어 연료분사장치 기관의 장점이 아닌 것은?

① 온도변화에 따라 공연비 보상을 할 수 있다.
② 대기압의 변화에 따라 공연비 보상을 할 수 있다.
③ 가속 및 감속 시 응답성이 느리다.
④ 유해 배출가스를 줄일 수 있다.

해설 전자제어 연료분사 기관의 장점
① 유해 배기가스의 저감
② 연비 향상
③ 출력 향상
④ 월 웨팅(wall wetting)에 따른 저온 시동성 향상
⑤ 응답성 향상

07 공전속도 제어와 가장 관계가 없는 것은?

① 에어컨 스위치
② 유온 센서
③ 공기흐름 센서
④ ISC 모터

해설 공전속도는 흡입 공기량에 따라 ISC 모터를 통해 제어하고, 엔진 부하(에어컨, 전기)에 따라서도 제어한다.

08 디젤노크를 억제하는 방법으로 틀린 것은?

① 연료의 착화온도를 낮게 한다.
② 압축비를 낮춘다.
③ 연소실 내에 공기 와류를 일으킨다.
④ 연소실벽 온도를 높게 한다.

해설 디젤 노크의 방지 대책
① 세탄가가 높은(착화성이 좋은) 연료를 사용한다.
② 흡입공기의 온도, 실린더 벽의 온도를 높게 한다.
③ 압축비를 높게 한다.
④ 착화지연기간을 짧게 한다.
⑤ 착화지연기간 중 연료의 분사량을 적게 한다.
⑥ 흡입공기에 와류가 일어나도록 한다.

09 냉각수 규정 용량이 15L인 라디에이터에 냉각수를 주입하였더니 12L가 주입되어 가득 찼다면 이 경우 라디에이터의 코어 막힘률은 얼마인가?

① 20%
② 25%
③ 30%
④ 45%

해설
$$\text{코어 막힘률} = \frac{\text{신품용량} - \text{구품용량}}{\text{신품용량}} \times 100(\%)$$

∴ 코어 막힘률 $= \frac{15-12}{15} \times 100 = 20(\%)$

10 타이밍 기어의 구동방식이 아닌 것은?

① 유압 전동식
② 벨트 전동식
③ 체인 전동식
④ 기어 전동식

해설 타이밍 기어의 구동은 기어, 벨트, 체인 등을 이용한다.

Answer 6. ③ 7. ② 8. ② 9. ① 10. ①

11 LPG 차량의 연료 계통에서 감압, 기화 및 압력조절 작용을 하는 것은?

① 솔레노이드 밸브
② 믹서
③ 베이퍼라이저
④ 봄베

해설 베이퍼라이저(vaporizer)는 액체를 기체로 변화시켜 주는 장치로 감압, 기화 및 압력조절 작용을 한다.

12 4행정 디젤기관에서 실린더 지름 180mm, 피스톤 행정 220mm, 회전수 1,000rpm, 실린더 수 6, 도시평균 유효압력 6.7kgf/cm² 일 때 도시마력은 얼마인가?

① 314ps
② 250ps
③ 200ps
④ 264ps

해설
$$지시(도시)마력 = \frac{PALZN}{75 \times 60}$$
$$= \frac{PVZN}{75 \times 60 \times 100}$$

여기서, P : 지시평균 유효압력(kgf/cm²)
A : 실린더 단면적(cm²)
L : 행정(m)
V : 배기량(cm³)
Z : 실린더 수
N : 엔진회전수(rpm)(2행정기관 : N, 4행정기관 : $N/2$)

∴ 도시마력 =
$$\frac{6.7 \times 0.785 \times 18^2 \times 0.22 \times 500 \times 6}{75 \times 60}$$
$= 250$ps

13 1-5-3-6-2-4의 점화순서를 갖고 있는 기관이 있다. 3번이 폭발행정 중 120°를 회전시켰다. 4번은 무슨 행정을 하는가?

① 압축행정
② 폭발행정
③ 흡입행정
④ 배기행정

해설 상사점에서 하사점으로 내려오는 행정은 흡기행정과 폭발행정, 하사점에서 상사점으로 올라가는 행정은 압축행정과 배기행정이다. 또한 1번과 6번, 2번과 5번, 3번과 4번 크랭크 핀은 같이 움직이므로 3번이 폭발행정 시 4번은 흡입행정이었다. 이것을 120° 회전시켰으므로 4번은 흡입행정을 끝내고 다음 행정인 압축행정을 한다.

14 자동차 배기가스 중 연료가 연소할 때 높은 연소 온도에 의해 생성되며, 호흡기 계통에 영향을 미치고 광화학 스모그의 주요 원인이 되는 배기가스는?

① 질소산화물
② 일산화탄소
③ 탄화수소
④ 유황산화물

해설 질소산화물(NOx)은 연소실 온도가 정상 작동되어 고온고압이 될 때 많이 생성되며 광화학 스모그의 주요 원인이 된다.

Answer 11. ③ 12. ② 13. ① 14. ①

15 기관에 이상이 있을 때 또는 기관의 성능이 현저하게 저하되었을 때 분해수리의 여부를 결정하기 위한 시험은?

① 코일의 용량시험
② 캠각 시험
③ 압축압력 시험
④ CO 가스측정

해설 압축압력 시험을 하여 규정값보다 70% 이하 시 기관을 분해수리(overhaul)한다.

16 1ps는 몇 kW인가?

① 75 ② 736
③ 0.736 ④ 1.736

해설 1PS = 736W = 0.736kW

17 다음 중 디젤기관에 사용되는 과급기의 역할은?

① 윤활성의 증대
② 출력의 증대
③ 냉각효율의 증대
④ 배기의 증대

해설 과급기는 엔진의 출력을 향상시키고 회전력을 증대시키며 연료소비율을 향상시킨다.

18 현재 사용되고 있는 가솔린 엔진의 열역학적 기본 사이클은?

① 브레이톤 사이클 ② 랭킨 사이클
③ 사바테 사이클 ④ 오토 사이클

해설 가솔린 기관의 표준 사이클은 오토 사이클(정적 사이클)이다.

19 분사펌프에 있는 공급펌프(priming pump)의 피스톤이 마모되면 어떤 상태가 발생되는가?

① 분사펌프의 캠샤프트 마모가 촉진된다.
② 공급펌프의 송출압력이 저하된다.
③ 마찰저항이 적어 회전이 빨라진다.
④ 공급펌프의 송출량이 많아진다.

해설 공급펌프의 피스톤이 마멸되면 송출압력이 저하된다.

20 스로틀밸브 위치 센서의 비정상적인 현상의 발생 시 나타나는 증상이 아닌 것은?

① 공회전시 엔진 부조 및 주행 시 가속력이 떨어진다.
② 연료 소모가 적다.
③ 매연이 많이 배출된다.
④ 공회전시 갑자기 시동이 꺼진다.

해설 ①, ③, ④항 외에 연료 소모가 증가한다.

21 전 압송식 급유 방법의 장점이 아닌 것은?

① 배유관 고장이나 기름통로가 막혀도 급유를 할 수 있다.
② 크랭크 케이스 내에 윤활유의 양을 적게 하여도 된다.
③ 베어링 면의 유압이 높으므로 항상 급유가 가능하다.
④ 각 주유부의 급유를 일정하게 할 수 있다.

해설 통로가 막히면 급유가 안 된다.

Answer 15. ③ 16. ③ 17. ② 18. ④ 19. ② 20. ② 21. ①

22 간접분사 방식의 MPI(Multi Point Injection) 연료 분사장치에서 인젝터가 설치되는 곳은?

① 각 실린더 흡입밸브 전방
② 서지탱크(surge tank)
③ 스로틀 보디(throttle body)
④ 연소실 중앙

해설 MPI 연료 분사장치의 인젝터는 각 실린더의 흡입밸브 전방에 설치된다.

23 자동차용 기관의 연료가 갖추어야 할 특성이 아닌 것은?

① 단위 중량 또는 단위 체적당의 발열량이 클 것
② 상온에서 기화가 용이할 것
③ 점도가 클 것
④ 저장 및 취급이 용이할 것

해설 연료의 특성
① 단위 중량당 발열량이 클 것
② 상온에서 쉽게 기화할 것
③ 연소가 빠르고 완전 연소할 것
④ 연소 후에 유해 화합물이 남지 않을 것
⑤ 저장 및 취급이 용이할 것

24 유압식 제동장치에서 탠덤 마스터 실린더의 사용 목적으로 적합한 것은?

① 앞·뒤 바퀴의 제동거리를 짧게 한다.
② 뒤 바퀴의 제동효과를 증가시킨다.
③ 보통 브레이크와 차이가 없다.
④ 유압 계통을 2개로 분할하는 제동 안전장치이다.

해설 탠덤(tandem) 마스터 실린더는 유압 계통을 2개로 분할하는 제동 안전장치이다.

25 브레이크 장치의 유압회로에서 베이퍼 록의 발생 원인으로 거리가 먼 것은?

① 오일의 변질에 의해 비점이 높다.
② 마스터 실린더 불량에 의한 잔압이 낮다.
③ 내리막길에서 과도한 브레이크를 사용한다.
④ 라이닝과 드럼의 끌림이 발생한다.

해설 ②, ③, ④항이 베이퍼 록 발생 원인이며 오일이 변질되면 비점이 낮아진다.

26 전자제어 동력 조향장치의 특징으로 틀린 것은?

① 앞바퀴의 시미현상을 감소시킨다.
② 저속 주행 시 조향 휠의 조작력을 적게 한다.
③ 험한 길 주행 시 핸들을 놓치지 않도록 해준다.
④ 험한 길을 주행할 때나 타이어가 펑크난 경우 펌프 토출압을 보통 때보다 하강시킨다.

해설 동력 조향장치의 특징은 ①, ②, ③항이며 펌프의 토출압력은 일정하다.

27 조향 핸들을 320° 회전시켰을 때 피트먼 암이 32° 회전하였다면 조향 기어비는?

① 5 : 1
② 10 : 1
③ 15 : 1
④ 20 : 1

해설
$$조향기어비 = \frac{핸들\ 회전각도}{피트먼\ 암\ 회전각도}$$

$$\therefore \frac{320}{32} = 10$$

Answer 22. ① 23. ③ 24. ④ 25. ① 26. ④ 27. ②

28 전자제어 자동변속기 차량에서 컨트롤 유닛(TCU)의 입력요소에 해당되지 않는 것은?

① 스로틀위치 센서
② 유온 센서
③ 인히비터 스위치
④ 노크 센서

해설 노크센서는 엔진 ECU에 입력된다.

29 드럼식 브레이크 형식에서 모든 슈에 자기작동이 일어나며 전·후진시에 강한 제동력을 얻을 수 있는 것은?

① 트레일링 서보식
② 듀오 서보식
③ 리딩 슈식
④ 링크 슈식

해설 듀어 서보형 브레이크란 전진 및 후진에서 1차 슈와 2차 슈 모두 자기작동을 하는 브레이크를 말한다.

30 타이어의 표시방법 중 235 55R 19에서 55는 무엇을 나타내는가?

① 편평비
② 림 경
③ 부하 능력
④ 타이어의 폭

해설 타이어 호칭 기호
235 : 폭(너비)
55 : 편평비
R : 레이디얼 타이어
19 : 림 직경(인치)

31 수동변속기 차량에서 변속기 내부의 기어를 헬리컬 기어로 사용하는 목적은?

① 정숙한 작동을 위해서
② 변속을 쉽게 하기 위해서
③ 측압을 줄이기 위해서
④ 가속력을 높이기 위해서

해설 변속기 기어를 헬리컬 기어로 사용하는 목적은 정숙한 작동을 위해서이다.

32 차륜 정렬의 목적으로 거리가 먼 것은?

① 선회시 좌우측 바퀴의 조향각을 같게 한다.
② 조향휠의 복원성을 유지한다.
③ 조향휠의 조작력을 가볍게 한다.
④ 타이어의 편마모를 방지한다.

해설 ②, ③, ④항의 목적 외에 선회시 안쪽바퀴의 조향각을 바깥쪽 바퀴보다 크게 한다.

33 전자제어 제동장치(ABS)에 대한 내용으로 옳은 것은?

① 모든 차륜에 동시에 최대 제동압력을 작용시킨다.
② 페달 압력에 따라 각 차륜에 작용하는 제동압력을 제어한다.
③ 좌우 차륜의 노면 상태가 다를 때 차륜이 고착되지 않도록 제동압력을 제어한다.
④ 차륜과 노면 사이에 미끄럼 마찰이 발생되도록 제동 압력을 제어한다.

해설 차륜이 고착되지 않도록 각 차륜에 작용하는 브레이크 압력을 제어한다.

Answer 28. ④ 29. ② 30. ① 31. ① 32. ① 33. ③

34 자동차의 동력성능 중에 가속성능의 설명으로 틀린 것은?

① 기관의 여유 출력에 반비례한다.
② 기관의 가속력에 비례한다.
③ 변속기의 1속 기어일 때 가장 크다.
④ 타이어 유효반경에 반비례한다.

해설> 가속성능은 변속기 1단일 때 가장 크며, 기관의 여유 출력과 가속력에 비례하고 타이어 유효 반경에 반비례한다.

35 수동변속기 차량의 마찰클러치 디스크에서 비틀림 코일 스프링의 중요한 기능은?

① 클러치 접속시 회전 충격을 흡수한다.
② 클러치 판의 밀착을 더 크게 한다.
③ 클러치 판과 압력판의 마모를 방지한다.
④ 클러치면의 마찰계수를 증대한다.

해설> 비틀림 코일(torsional damper) 스프링은 클러치 접속시 회전충격을 흡수하고, 쿠션(cushion) 스프링은 직각방향의 충격을 흡수하여 디스크의 변형 및 파손을 방지한다.

36 자동변속기 차량에서 토크컨버터 내부의 오일 압력이 부족한 이유 중 틀린 것은?

① 오일펌프 누유
② 오일쿨러 막힘
③ 입력축의 씰링 손상
④ 킥다운 서보스위치 불량

해설> ①, ②, ③항은 오일 압력이 부족한 원인이 된다. 킥다운 서보 스위치가 불량하면 변속시 충격이 발생한다.

37 독립현가방식의 차량에서 선회할 때 롤링을 감소시켜 주고 차체의 평형을 유지시켜 주는 것은?

① 볼 조인트
② 공기 스프링
③ 쇽업소버
④ 스태빌라이저

해설> 스태빌라이저는 선회시 차체의 좌·우 진동(롤링)을 완화하는 기능을 한다.

38 종감속 및 차동장치에서 오른쪽 바퀴 회전수가 300rpm, 왼쪽 바퀴 회전수가 200rpm일 때 링기어의 회전수는?

① 100rpm   ② 150rpm
③ 200rpm   ④ 250rpm

해설>
링기어 회전수×2
=좌측바퀴 회전수 + 우측바퀴 회전수

∴ 링기어 회전수
$= \dfrac{우측 회전수 + 좌측 회전수}{2}$
$= \dfrac{300+200}{2} = 250\text{rpm}$

39 전자제어 현가장치(ECS)에서 컨트롤 유닛의 제어 기능이 아닌 것은?

① 감쇠력제어 기능
② 자세제어 기능
③ 차고제어 기능
④ 휠 속도제어 기능

해설> 전자제어 현가장치의 주요기능은 감쇠력 제어와 차고조정을 통한 자세제어 기능이다.

Answer 34. ① 35. ① 36. ④ 37. ④ 38. ④ 39. ④

40 전자제어식 자동변속기에서 컨트롤 유닛(TCU)의 제어 기능으로 거리가 먼 것은?

① 변속점 제어 기능
② 엔진노크 감소 기능
③ 댐퍼클러치 제어 기능
④ 자기진단 기능

해설▶ 엔진노크 제어는 엔진 ECU에 입력된다.

41 12V, 30W의 헤드라이트 한 개를 켜면 흐르는 전류는?

① 2.5A   ② 5A
③ 10A   ④ 360A

해설▶ 출력 $P = E \cdot I$, $\therefore I = \dfrac{P}{E} = \dfrac{30}{12} = 2.5\text{A}$

42 다음 중 축전지(배터리) 격리판으로서의 구비조건이 아닌 것은?

① 전해액의 확산이 잘될 것
② 기계적 강도가 있을 것
③ 전도성일 것
④ 다공성일 것

해설▶ 격리판의 구비조건
① 비전도성일 것
② 다공성일 것
③ 전해액의 확산이 잘될 것
④ 기계적 강도가 있을 것

43 다음 중 플레밍의 왼손법칙을 이용한 것은?

① 변압기   ② 축전기
③ 전동기   ④ 발전기

해설▶ 전동기는 플레밍의 왼손법칙을 응용한 것이다.

44 자동차 냉방장치의 응축기(condenser)가 하는 역할로 맞는 것은?

① 액체 상태의 냉매를 기화시키는 것이다.
② 액상의 냉매를 일시 저장한다.
③ 고온 고압의 기체 냉매를 액체 냉매로 변환시킨다.
④ 냉매를 항상 건조하게 유지시킨다.

해설▶ 응축기(condenser)는 고온 고압의 기체 냉매를 냉각시켜 액화시키는 작용을 한다.

45 편의장치 중 중앙집중식 제어장치(ETACS 또는 ISU) 입·출력 요소의 역할에 대한 설명으로 틀린 것은?

① INT 스위치 : INT 볼륨 위치에 의한 와이퍼 속도 검출
② 모든 도어스위치 : 각 도어 잠김 여부 검출
③ 키 리마인드 스위치 : 키 삽입 여부 검출
④ 와셔 스위치 : 열선 작동 여부 검출

해설▶ 와셔 스위치는 와셔액의 작동 여부를 감지하는 스위치이다.

46 교류발전기에서 다이오드가 하는 역할은?

① 교류를 정류하고 역류를 방지한다.
② 교류를 정류하고 전류를 조정한다.
③ 전압을 조정하고 교류를 정류한다.
④ 여자전류를 조정하고 교류를 정류한다.

해설▶ AC 발전기의 다이오드는 교류를 정류하고 역류를 방지한다.

Answer 40. ② 41. ① 42. ③ 43. ③ 44. ③ 45. ④ 46. ①

47 이모빌라이저 시스템에 대한 설명으로 틀린 것은?

① 차량의 도난을 방지할 목적으로 적용되는 시스템이다.
② 도난 상황에서 시동이 걸리지 않도록 제어한다.
③ 도난 상황에서 시동키가 회전되지 않도록 제어한다.
④ 엔진의 시동은 반드시 차량에 등록된 키로만 시동이 가능하다.

해설 도난 상황에서 시동키가 회전은 되나, 시동이 걸리지 않도록 제어한다.

48 트랜지스터(NPN형)에서 점화코일의 1차 전류는 어느 쪽으로 흐르는가?

① 이미터에서 컬렉터로
② 베이스에서 컬렉터로
③ 컬렉터에서 베이스로
④ 컬렉터에서 이미터로

해설 ECU에서 파워 트랜지스터의 베이스 전류가 흐르면 점화코일 1차 전류가 컬렉터에서 이미터로 흐른다.

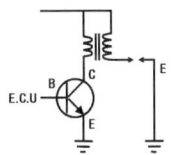

49 AC 발전기의 스테이터에서 발생되는 전류는?

① 직류   ② 교류
③ 맥류   ④ 역류

해설 AC 발전기의 스테이터에서 발생되는 전류는 교류이다.

50 전기자 시험기로 시험하기에 가장 부적절한 것은?

① 코일의 단락
② 코일의 저항
③ 코일의 접지
④ 코일의 단선

해설 전기자 시험기(growler tester)로 전기자의 단선, 단락, 접지 시험을 할 수 있다.

51 다음 중 안전사고 예방의 3요소(3E)가 아닌 것은?

① 교환(Exchange)
② 지도·단속(Enforcement)
③ 기술 개선(Engineering)
④ 교육(Education)

해설 안전사고 예방의 3요소
교육, 지도·단속, 기술 개선

52 기관의 헤드커버 볼트를 풀 때 안전상 가장 좋은 공구는?

① 오픈 렌치
② 복스 렌치
③ 파이프 렌치
④ 토크 렌치

해설 볼트를 풀거나 조일 때는 외관을 감싸는 복스 렌치나 소켓 렌치를 사용하는 것이 좋다.

Answer 47. ③ 48. ④ 49. ② 50. ② 51. ① 52. ②

53 스패너 작업 중 가장 옳은 것은?

① 고정 조(jaw)에 힘이 많이 걸리도록 한다.
② 볼트 머리보다 약간 큰 스패너를 사용하여도 된다.
③ 스패너 자루에 조합렌치를 연결해서 사용하여도 된다.
④ 스패너 자루에 파이프를 끼워서 사용한다.

해설 스패너 작업은 고정조에 힘이 많이 걸리도록 하고, 볼트에 맞는 스패너를 사용하며 손잡이에 파이프, 렌치 등을 이어서 사용하거나 해머로 두들기지 말 것

54 작업장의 화재분류로 알맞은 것은?

① A급 화재 – 전기화재
② B급 화재 – 유류화재
③ C급 화재 – 금속화재
④ D급 화재 – 일반화재

해설 화재의 분류
① A급 화재 : 일반화재
② B급 화재 : 유류화재
③ C급 화재 : 전기화재
④ D급 화재 : 금속화재

55 리머가공에 관한 설명으로 옳은 것은?

① 액슬축 외경 가공 작업시 사용된다.
② 드릴 구멍보다 먼저 작업한다.
③ 드릴 구멍보다 더 정밀도가 높은 구멍을 가공하는데 필요하다.
④ 드릴 구멍보다 더 작게 하는데 사용한다.

해설 리머가공은 드릴 구멍보다 더 정밀도가 높은 구멍을 가공하는데 필요하다.

56 차량 정비 작업시 안전수칙 중 틀린 것은?

① 사용 목적에 적합한 공구를 사용한다.
② 연료를 공급할 때는 소화기를 비치한다.
③ 차축을 정비할 때는 잭으로만 들고 작업한다.
④ 전기 장치의 시험기를 사용할 때 정전이 되면 즉시 스위치를 OFF에 놓는다.

해설 차축을 정비할 때에는 잭과 견고한 스탠드로 받치고 작업한다.

57 축전지를 급속 충전할 때 축전지의 접지 단자에서 케이블을 탈거하는 이유로 적합한 것은?

① 발전기의 다이오드를 보호하기 위해
② 충전기를 보호하기 위해
③ 과충전을 방지하기 위해
④ 기동 모터를 보호하기 위해

해설 급속 충전시 축전지의 접지 단자에서 케이블을 떼어내는 것은 발전기의 다이오드를 보호하기 위함이다.

Answer 53. ① 54. ② 55. ③ 56. ③ 57. ①

58 자동차를 가래지잭으로 들어 올려 작업할 때 유의 사항으로 틀린 것은?

① 앞·뒤를 동시에 들어 올린다.
② 한 곳을 들어 스탠드로 지지한 다음 다른 곳을 올린다.
③ 스탠드 대신 잭(jack)으로 지지하지 않는다.
④ 차 밑 작업시는 보안경을 반드시 사용한다.

해설 자동차를 가래지잭으로 들어 올릴 때는 동시에 들어 올리지 말고, 한 곳을 들어 스탠드로 지지한 다음 다른 곳을 올린다.

59 자동차 이상 유무 점검시 엔진이 시동된 상태에서 점검할 사항이 아닌 것은?

① 클러치의 연결 상태 점검
② 냉각수 온도 상승 여부점검
③ 기동모터와 마그네트의 작동점검
④ 엔진 작동 이상음 점검

해설 엔진이 시동된 후에는 기동모터와 마그네트의 작동은 멈춘다.

60 엔진 정비 작업시 발전기 구동벨트를 발전기 풀리에 걸 때는 어떤 상태에서 거는 것이 좋은가?

① 천천히 크랭킹 상태에서
② 엔진 정지 상태에서
③ 엔진 아이들 상태에서
④ 엔진을 서서히 가속 상태에서

해설 엔진 정비 작업시 발전기 구동벨트는 엔진 정지 상태에서 건다.

Answer 58. ① 59. ③ 60. ②

자동차 정비기능사 필기

▶ 2011년 11월 9일 시행

01 실린더 안지름 및 행정이 78mm인 4실린더 기관의 총 배기량은 얼마인가?

① 1,298cm³ ② 1,490cm³
③ 1,670cm³ ④ 1,587cm³

해설

$$총\ 배기량\ V = \frac{\pi}{4}D^2 \cdot L \cdot N \cdot Z$$
$$= 0.785 D^2 \cdot L \cdot N \cdot Z$$

여기서, D : 내경(cm)
L : 행정(cm)
N : 회전수(rpm)(2행정기관 : N, 4행정기관 : $N/2$
Z : 실린더 수

∴ 총 배기량
$V = 0.785 \times 7.8^2 \times 7.8 \times 4 = 1,490 \text{cm}^3$

02 자동차의 구조·장치의 변경승인을 얻은 자는 자동차 정비업자로부터 구조·장치의 변경과 그에 따른 정비를 받고 얼마 이내에 구조변경검사를 받아야 하는가?

① 완료일로부터 45일 이내
② 완료일로부터 15일 이내
③ 승인일로부터 45일 이내
④ 승인일로부터 15일 이내

해설 구조·장치의 변경과 그에 따른 정비를 받고 승인 받은 날로부터 45일 이내에 구조 변경검사를 받아야 한다.

03 흡기 장치의 공기 유량을 계측하는 방식 중 간접 계측 방식에 해당하는 것은?

① 흡기 다기관 압력방식
② 가동 베인식
③ 열선식
④ 칼만 와류식

해설 흡입공기량 계측방식
① 직접 계측방식(mass flow type)
ⓐ 체적 검출방식 : 베인식, 칼만 와류식
ⓑ 질량 검출방식 : 열선(Hot wire)식, 열막(Hot film)식
② 간접 계측방식(speed density type) : 흡기 다기관 절대압력(MAP센서) 방식

04 전자제어 연료분사기관에 대한 설명 중 틀린 것은?

① 흡기온도 센서는 흡기온도 상승시 센서의 저항값은 작아진다.
② 스로틀 밸브 스위치 접촉저항은 약 0Ω이 정상이다.
③ 공기유량 센서는 공기량을 계측하여 기본연료 분사시간을 결정한다.
④ 수온센서의 저항은 온도가 상승하면서 저항값은 커진다.

해설 흡기온도 센서, 수온 센서 등은 온도가 올라가면 저항값이 작아지는 부특성 서미스터이다.

Answer 1. ② 2. ③ 3. ① 4. ④

05 LPG의 특징 중 틀린 것은?

① 액체 상태의 비중은 0.5이다.
② 기체 상태의 비중은 1.5~2.0이다.
③ 무색 무취이다.
④ 공기보다 가볍다.

해설 기체 상태의 비중이 1.5~2.0이므로 공기보다 무겁다.

06 연료펌프 로터에 의해 압송되는 연료의 불규칙한 맥동압력을 항상 일정하게 유지시켜 주는 장치는?

① 압력 조절기
② 사이렌스
③ 연료펌프 컨트롤 릴레이
④ 체크 밸브

해설 연료펌프 로터에 의해 압송되는 연료의 불규칙한 맥동압력을 항상 일정하게 유지시키고 소음을 줄여주는 장치를 사이렌서(scilencer)라 한다.

07 가솔린 기관에서 심한 노킹이 일어나면?

① 급격한 연소로 고온, 고압이 되어 충격파를 발생한다.
② 배기가스 온도가 상승한다.
③ 기관의 온도저하로 냉각수 손실이 작아진다.
④ 최고압력이 떨어지고 출력이 증대된다.

해설 ①항 외에 이상 열전달이 일어나 냉각수가 끓어(over heat) 넘친다.

08 자동차가 200m를 통과하는데 10초 걸렸다면 이 자동차의 속도는?

① 68km/h   ② 72km/h
③ 86km/h   ④ 92km/h

해설

$$속도(km/h) = \frac{주행거리}{주행시간}$$

시속 = 초속 × 3.6이므로

∴ 속도 = $\frac{200}{10} \times 3.6 = 72$km/h

09 블로우다운(blow down) 현상에 대한 설명으로 옳은 것은?

① 밸브와 밸브시트 사이에서의 가스 누출현상
② 압축행정시 피스톤과 실린더 사이에서 공기가 누출되는 현상
③ 피스톤이 상사점 근방에서 흡·배기밸브가 동시에 열려 배기 잔류가스를 배출시키는 현상
④ 배기행정 초기에 배기밸브가 열려 배기가스 자체의 압력에 의하여 배기가스가 배출되는 현상

해설 블로우 다운이란 배기행정 초기에 배기밸브가 열려 배기가스 자체의 압력에 의하여 배기가스가 배출되는 현상을 말한다.

Answer 5. ④ 6. ② 7. ① 8. ② 9. ④

10 와류실식 연소실을 갖는 디젤 기관의 장점은?
① 연소실 구조가 간단하다.
② 연료 소비율이 작다.
③ 고속 회전이 가능하다.
④ 시동이 용이하다.

해설 와류실식 연소실의 특징
① 주연소실과 부연소실이 있어 복잡하다.
② 주실과 부실을 좁은 통로로 연결하여 강한 와류가 발생
③ 고속 운전에 적합하다.
④ 연료 소비율이 나쁘다.

11 실린더 지름 220mm, 행정이 360mm, 회전수가 400rpm일 때 피스톤의 평균속도는?
① 3m/s
② 4.2m/s
③ 4.8m/s
④ 6.6m/s

해설
$$피스톤\ 평균속도 = \frac{2LN}{60} = \frac{LN}{30}$$

여기서, L : 행정(m)
N : 엔진 회전수(rpm)
$$\therefore \frac{0.36 \times 400}{30} = 4.8m/s$$

12 촉매변환기를 거쳐 나오는 가스를 측정하였다. 인체에 유해가스는?
① H_2O
② CO_2
③ HC
④ N_2

해설 유해 배기가스는 일산화탄소(CO), 탄화수소(HC), 질소산화물(NOx)이다.

13 크랭크 각 센서의 설명 중 틀린 것은?
① 기관 회전수와 크랭크축의 위치를 감지한다.
② 기본연료 분사량과 기본 점화시기에 영향을 준다.
③ 고장 발생시 곧바로 정지된다.
④ 고장 발생시 대체 센서 값을 이용한다.

해설 크랭크각 센서 고장 발생시 대체 센서값이 없다.

14 내연기관의 사이클에서 가솔린 기관의 표준 사이클은?
① 정적 사이클
② 정압 사이클
③ 복합 사이클
④ 사바테 사이클

해설 가솔린 기관의 표준 사이클은 정적 사이클이다.

15 흡입장치의 구성요소에 해당하지 않는 것은?
① 공기청정기
② 서지탱크
③ 레조네이터
④ 촉매장치

해설 촉매장치는 배기가스 정화장치이다.

Answer 10. ③ 11. ③ 12. ③ 13. ④ 14. ① 15. ④

16 이소옥탄 80(체적), 노멀헵탄 20(체적)인 가솔린연료의 옥탄가는 얼마(%)인가?

① 20 ② 40
③ 60 ④ 80

해설) 옥탄가
$= \dfrac{\text{이소옥탄}}{\text{이소옥탄} + \text{정(노말)헵탄}} \times 100(\%)$

$\therefore \dfrac{80}{80+20} \times 100 = 80(\%)$

17 실린더 라이너(liner)에 관한 설명 중 맞지 않는 것은?

① 디젤기관은 주로 습식 라이너를 사용한다.
② 가솔린 기관은 주로 건식 라이너를 사용한다.
③ 보통 주철의 실린더 블록에는 보통 주철 라이너를 삽입해야 한다.
④ 경합금 실린더 블록에는 특수 주철제 라이너를 삽입한다.

해설) 가솔린 기관은 건식 라이너를, 디젤기관은 습식 라이너를 주로 사용하며 경합금 실린더 블록에는 경도를 크게 한 특수 주철제 라이너를 삽입한다.

18 윤활장치를 점검하여야 할 원인이 아닌 것은?

① 윤활유 소비가 많다.
② 유압이 높다.
③ 유압이 낮다.
④ 오일교환을 자주한다.

해설) 윤활장치 점검은 윤활유 소비가 많거나, 유압이 규정보다 너무 높거나 낮을 때 점검한다.

19 피스톤 헤드부의 고열이 스커트부로 전달되는 것을 차단하는 역할을 하는 것은?

① 옵셋 피스톤 ② 링캐리어
③ 솔리드 형 ④ 히트댐

해설) 히트댐(heat dam)은 피스톤 헤드부의 고열이 스커트부로 전달되는 것을 차단하는 역할을 한다.

20 디젤 기관의 연료 분사 조건으로 부적당한 것은?

① 무화가 잘 되고, 분무의 입자가 작고 균일할 것
② 분무가 잘 분산되고 부하에 따라 필요한 양을 분사할 것
③ 분사의 시작과 끝이 확실하고, 분사 시기, 분사량 조정이 자유로울 것
④ 회전속도와 관계없이 일정한 시기에 분사할 것

해설) ①, ②, ③항의 분사조건과 회전속도의 변동에 따라 분사시기가 조정되어야 한다.

21 공랭식 엔진에서 냉각효과를 증대시키기 위한 장치로서 적합한 것은?

① 방열밸브 ② 방열초크
③ 방열탱크 ④ 방열핀

해설) 공랭식 엔진은 냉각효과를 증대시키기 위하여 실린더나 헤드에 방열핀(cooling fin)을 둔다.

Answer 16. ④ 17. ③ 18. ④ 19. ④ 20. ④ 21. ④

22 가솔린 기관의 노킹(knocking) 방지책이 아닌 것은?

① 고 옥탄가의 연료를 사용한다.
② 동일 압축비에서 혼합기의 온도를 낮추는 연소실 형상을 사용한다.
③ 화염전파 속도가 빠른 연료를 사용한다.
④ 화염의 전파거리를 길게 하는 연소실 형상을 사용한다.

해설 화염전파 거리가 가능한 한 짧아야 한다.

23 블로바이가스(BLOW BY GAS) 환원장치는 어떤 배출가스를 줄이기 위한 장치인가?

① CO   ② HC
③ NOx   ④ CO_2

해설 블로바이 가스 환원장치는 피스톤과 실린더 사이에서 누출된 미연소 가스인 탄화수소(HC)의 배출을 줄이기 위한 장치이다.

24 유압식 동력 조향장치의 구성요소가 아닌 것은?

① 유압 펌프
② 파워 실린더
③ 유압식 리타더
④ 제어 밸브

해설 동력 조향장치의 구성장치
① 동력부 : 오일 펌프 – 유압을 발생
② 작동부 : 동력 실린더 – 보조력을 발생
③ 제어부 : 제어 밸브 – 오일 통로를 변경

25 종감속 장치에서 구동 피니언이 링기어 중심선 밑에서 물리게 되어있는 기어는?

① 직선 베벨 기어
② 스파이럴 베벨 기어
③ 스퍼 기어
④ 하이포이드 기어

해설 하이포이드(hypoid) 기어는 링기어의 중심보다 구동피니언 기어의 중심이 10~20% 낮게(off-set) 설치되어 있는 방식으로 자동차의 최종 감속기어에 많이 사용한다.

26 자동차의 진동현상 중 스프링 위 Y축을 중심으로 하는 앞뒤 흔들림 회전 고유진동은?

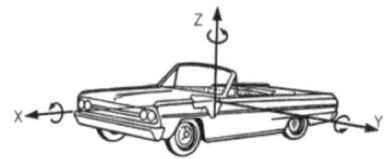

① 롤링(rolling)
② 요잉(yawing)
③ 피칭(pitching)
④ 바운싱(bouncing)

해설 차체의 운동
X축 – 롤링, Y축 – 피칭, Z축 – 요잉, 상하 – 바운싱

Answer 22. ④ 23. ② 24. ③ 25. ④ 26. ③

27 하이드로 플레이닝 현상을 방지하는 방법이 아닌 것은?

① 트레드의 마모가 적은 타이어를 사용한다.
② 타이어의 공기압을 높인다.
③ 카프형으로 세이빙 가공한 것을 사용한다.
④ 러그 패턴의 타이어를 사용한다.

해설 하이드로 플레이닝(hydro planning, 수막현상)은 타이어에 물이 배출되지 못하여 생기는 현상으로 배출이 용이한 리브 패턴의 타이어를 사용하며, 리브 패턴에 가로형의 홈을 낸 것을 카프형으로 세이빙 가공한 것이라 한다.

28 자동차가 주행시 혹은 제동시 핸들이 한쪽 방향으로 쏠리는 원인으로 거리가 먼 것은?

① 브레이크 조정 불량
② 휠의 불평형
③ 쇽업소버의 불량
④ 타이어 공기압이 높음

해설 ①, ②, ③항이 원인에 해당되며 타이어 공기압과는 관계가 없다.

29 자동차에서 제동시의 슬립비를 표시한 것으로 맞는 것은?

① $\dfrac{\text{자동차 속도} - \text{바퀴 속도}}{\text{자동차 속도}} \times 100$

② $\dfrac{\text{자동차 속도} - \text{바퀴 속도}}{\text{바퀴 속도}} \times 100$

③ $\dfrac{\text{바퀴 속도} - \text{자동차 속도}}{\text{자동차 속도}} \times 100$

④ $\dfrac{\text{바퀴 속도} - \text{자동차 속도}}{\text{바퀴 속도}} \times 100$

해설 ABS에서 타이어 슬립율이란 자동차 속도와 바퀴 속도와의 차이를 말한다.

30 기관의 회전수가 2,400rpm이고, 총 감속비가 8 : 1, 타이어 유효반경이 25cm일 때 자동차의 시속은?

① 28.26km/h ② 38.26nm/h
③ 17.66km/h ④ 15.66km/h

해설
$$\text{차속 } V = \dfrac{\pi D N}{r_t \times r_f} \times \dfrac{60}{1,000} \text{ (km/h)}$$

여기서, D : 바퀴 직경(m)
N : 엔진 회전수(rpm)
r_t : 변속비
r_f : 종감속비

$\therefore$ 차속 $= \dfrac{3.14 \times 0.5 \times 2,400}{8} \times \dfrac{60}{1,000}$
$= 28.26$km/h

31 브레이크 계통에 공기가 혼입되었을 때 공기빼기 작업방법 중 잘못된 것은?

① 브리더 플러그에 비닐 호스를 끼우고 그 다른 한끝을 브레이크 오일통에 넣는다.
② 페달을 몇 번 밟고 브리더 플러그를 1/2~3/4 풀었다가 실린더 내압이 저하되기 전에 조인다.
③ 마스터 실린더에 오일을 충만 시킨 후 반드시 공기 배출을 해야 한다.
④ 공기 배출작업 중 반드시 에어브리더 플러그를 잠그기 전에 페달을 놓는다.

해설 ①, ②, ③의 순서로 하고 에어브리더 플러그를 잠그기 전에 페달을 놓아서는 안 된다.

Answer 27. ④ 28. ④ 29. ① 30. ① 31. ④

32 제동장치에서 디스크 브레이크의 장점으로 옳은 것은?

① 방열성이 좋아 제동력이 안정된다.
② 자기작동으로 제동력이 증대된다.
③ 큰 중량의 자동차에 주로 사용한다.
④ 마찰 면적이 적어 압착하는 힘을 작게 할 수 있다.

해설 디스크가 대기 중에 노출되어 방열성이 좋아 제동력이 안정된다.

33 유체클러치에서 오일의 와류를 감소시키는 장치는?

① 펌프
② 가이드 링
③ 원웨이 클러치
④ 베인

해설 유체클러치의 가이드 링은 유체의 흐름을 안내하여 오일의 와류 및 유체 충돌을 방지한다.

34 자동변속기 내부에서 변속시 변속비가 결정되는 장치는?

① 브레이크 밴드
② 킥다운 서보
③ 유성 기어
④ 오일 펌프

해설 변속비는 유성기어 내부의 선기어, 링기어, 캐리어의 조합으로 변속된다.

35 수동변속기의 필요성으로 틀린 것은?

① 무부하 상태로 공전 운전할 수 있게 하기 위해
② 회전 방향을 역으로 하기 위해
③ 발진시 각부에 응력의 완화와 마멸을 최대화하기 위해
④ 차량발진시 중량에 의한 관성으로 인해 큰 구동력이 필요하기 때문에

해설 변속기의 필요성
① 엔진을 무부하 상태로 있게 하기 위하여
② 엔진의 회전력을 증대시키기 위하여
③ 자동차의 후진을 위하여

36 자동차가 주행하면서 선회할 때 조향각도를 일정하게 유지하여도 선회 반지름이 커지는 현상은?

① 오버 스티어링
② 언더 스티어링
③ 리버스 스티어링
④ 토크 스티어링

해설 선회 반지름이 커졌다는 것은 원하는 조향보다 덜 된 것이므로 언더 스티어링(under steering)이라 하고 많이 된 것(선회 반지름이 적어진 것)은 오버 스티어링(over steering)이라 한다.

37 자동차가 정지 상태에서 출발하여 10초 후에 속도가 60km/h가 되었다면 가속도는?

① 약 $0.167m/s^2$ ② 약 $0.6m/s^2$
③ 약 $1.67m/s^2$ ④ 약 $6m/s^2$

해설 가속도$(m/s^2) = \dfrac{\text{나중 속도} - \text{처음 속도}}{\text{걸린 시간}}$

Answer 32. ① 33. ② 34. ③ 35. ③ 36. ② 37. ③

$$\therefore 가속도 = \frac{60\text{km/h} - 0\text{km/h}}{10\text{sec}}$$

$$= \frac{\frac{60}{3.6}}{10} = 1.666\text{m/s}^2$$

38 클러치를 작동 시켰을 때 동력을 완전히 전달시키지 못하고 미끄러지는 원인이 아닌 것은?

① 클러치 압력판, 플라이휠 면 등에 기름이 묻었을 때
② 클러치 스프링의 장력 감소
③ 클러치 페이싱 및 압력판 마모
④ 클러치 페달의 자유간극이 클 때

해설) 클러치가 미끄러지는 원인은 ①, ②, ③항과 클러치 디스크 마모로 인한 자유유격 과소 때문이다. 자유유격이 크면 차단이 불량하다.

39 전자제어 현가장치(ECS)의 구성요소로 틀린 것은?

① 가속도(G) 센서
② 휠 스피드 센서
③ 감쇠력 조정 액추에이터
④ 쇽업소버

해설) 휠 스피드 센서는 ABS 구성요소이다.

40 드라이브 라인에서 전륜 구동차의 종감속장치로 연결된 구동 차축에 설치되어 바퀴에 동력을 주로 전달하는 것은?

① CV형 자재이음
② 플렉시블 이음
③ 십자형 이음
④ 트러니언 이음

해설) 전륜 구동차의 구동 차축에 설치되어 바퀴에 동력을 전달하는 것을 등속 자재이음(CV joint)이라 한다.

41 자동차에서 일반적으로 교류 발전기를 구동하는 V벨트는 엔진의 어떤 축에 의해 구동되는가?

① 크랭크 축   ② 캠축
③ 뒤차축   ④ 변속기 출력축

해설) 교류 발전기의 V벨트는 크랭크축에 의해 구동된다.

42 전조등의 광량을 검출하는 라이트 센서에서 빛의 세기에 따라 광전류가 변화되는 원리를 이용한 소자는?

① 포토다이오드   ② 발광다이오드
③ 제너다이오드   ④ 사이리스터

해설) 포토 다이오드는 조사되는 빛의 양에 비례하여 전기저항이 감소하는 특성을 가진 반도체로 입사광선을 받으면 역방향으로 전류가 흐른다.

43 자동차 축전지 비중이 30°C에서 1.285일 때, 기준온도 20°C에서 비중은?

① 1.269   ② 1.275
③ 1.283   ④ 1.292

해설)
$$S_{20} = S_t + 0.0007(t - 20)$$

여기서, t : 측정시 온도
$\therefore S_{20} = 1.285 + 0.0007(30 - 20) = 1.292$

Answer 38. ④ 39. ② 40. ① 41. ① 42. ① 43. ④

44 자동차 전기장치에서 "저항에 의해 발생되는 열량은 도체의 저항, 전류의 제곱 및 흐르는 시간에 비례한다."는 현상을 설명한 것은?

① 앙페르의 법칙
② 키르히호프의 법칙
③ 뉴톤의 제1법칙
④ 주울의 법칙

해설 주울의 법칙은 도체에 발생되는 열량은 도체의 저항, 전류의 제곱 및 흐르는 시간에 비례한다.

45 예열(Glow)플러그가 단선이 되는 원인이 아닌 것은?

① 예열시간이 길다.
② 과대전류가 흐른다.
③ 정격이 다른 예열플러그를 사용한다.
④ 축전기 용량이 규정보다 낮은 것을 사용한다.

해설 ①, ②, ③항이 예열 플러그가 단선되는 원인이고, 축전기(condenser) 용량과는 관계가 없다.

46 감광식 룸램프 제어에 대한 설명으로 틀린 것은?

① 도어를 연 후 닫을 때 실내등이 즉시 소등되지 않고 서서히 소등될 수 있도록 한다.
② 시동 및 출발 준비를 할 수 있도록 편의를 제공하는 기능이다.
③ 입력요소는 모든 도어 스위치이다.
④ 모든 신호는 엔진 ECU로 입력된다.

해설 ①, ②, ③항이 감광식 룸 램프 제어이며, 모든 신호는 ETACS로 입력된다.

47 다음 중 직접 점화장치(Direct Ignition System)의 구성요소와 관계 없는 것은?

① E.C.U
② 배전기
③ 이그니션 코일
④ 점화플러그

해설 직접 점화장치(DIS)는 배전기가 없다.

48 현재 통용되는 전자동 에어컨 시스템의 컴퓨터가 감지하는 센서와 가장 거리가 먼 것은?

① 외기온도센서
② 스로틀포지션센서
③ 일사센서(SUN 센서)
④ 냉각수온도센서

해설 전자동 에어컨에서 E.C.U에 입력되는 센서로는 실내온도 센서, 외기온도 센서, 일사 센서, 수온 센서, AQS 센서, 차속 센서 등이 있다.

49 콘덴서에 저장되는 정전용량을 설명한 것으로 틀린 것은?

① 가해지는 전압에 정비례한다.
② 금속판 사이의 거리에 반비례한다.
③ 상대하는 금속판의 면적에 반비례한다.
④ 금속판 사이의 절연체의 절연도에 정비례한다.

해설 **콘덴서의 정전용량**
① 가해지는 전압에 비례한다.
② 금속판의 면적에 비례한다.
③ 금속판 사이의 절연도에 비례한다.
④ 금속판 사이의 거리에 반비례한다.

Answer 44. ④ 45. ④ 46. ④ 47. ② 48. ② 49. ③

50 자동차 전기회로의 보호 장치로 옳은 것은?

① 안전 밸브 ② 캠버
③ 퓨저블링크 ④ 턴시그널 램프

해설》 퓨저블 링크(fusible link)는 과전류가 흐르면 용단되는 전기회로 보호장치이다.

51 탭 작업상의 주의사항으로 틀린 것은?

① 손 다듬질용 탭 작업시 3번 탭부터 작업할 것
② 탭 구멍은 드릴로 나사의 골 지름보다 조금 크게 뚫을 것
③ 공작물을 수평으로 놓을 것
④ 조절 탭 렌치는 양손으로 돌릴 것

해설》 탭 작업은 ②, ③, ④와 같은 방법으로 하고, 탭은 1, 2, 3번 순서로 작업한다.

52 도장 작업장의 안전수칙이 아닌 것은?

① 알맞은 방진, 방독면을 착용한다.
② 작업장 내에서 음식물 섭취를 금지한다.
③ 전기 기기는 수리를 필요로 할 경우 스위치를 꺼 놓는다.
④ 희석제나 도료 등을 취급할 때는 면장갑을 꼭 착용한다.

해설》 희석제나 도료 등을 취급할 때는 고무장갑을 착용한다.

53 운반 작업시의 안전수칙으로 틀린 것은?

① 화물 적재시 될 수 있는 대로 중심고를 높게 한다.
② 길이가 긴 물건은 앞쪽을 높여서 운반한다.
③ 인력으로 운반시 어깨보다 높이 들지 않는다.
④ 무거운 짐을 운반할 때는 보조구들을 사용한다.

해설》 화물 적재는 가능한 한 중심이 낮은 곳에 위치하도록 한다.

54 안전 보건표지의 종류에서 담배를 피워서는 안 될 장소에 맞는 금지표시는?

① 바탕은 노란색, 모형은 검은색, 그림은 빨간색
② 바탕은 파란색, 모형은 흰색, 그림은 빨간색
③ 바탕은 흰색, 모형은 빨간색, 그림은 검은색
④ 바탕은 녹색, 모형은 흰색, 그림은 빨간색

해설》 금연 금지표시

Answer 50. ③ 51. ① 52. ④ 53. ① 54. ③

55 재해사고 발생원인 중 직접 원인에 해당되는 것은?

① 사회적 환경
② 유전적 요소
③ 안전교육의 불충분
④ 불안전한 행동

해설 산업재해의 원인별 분류
㉠ 직접적인 원인
 ① 인적 원인 : 위험장소 접근, 복장·보호구의 잘못 사용, 기계·기구의 잘못 사용, 위험물 취급 부주의, 불안전한 자세 동작
 ② 물적 원인 : 작업물 자체의 결함, 작업환경의 결함
㉡ 간접적인 원인 : 기술적 원인, 교육적 원인, 정신적 원인, 신체적 원인

56 교류발전기 점검 및 취급 시 안전 사항으로 틀린 것은?

① 성능시험 시 다이오드가 손상되지 않도록 한다.
② 발전기 탈착 시 축전지 접지케이블을 먼저 제거한다.
③ 세차할 때는 발전기를 물로 깨끗이 세척한다.
④ 발전기 브러시는 1/2 마모 시 교환한다.

해설 세차할 때는 발전기에 물이 들어가지 않도록 주의한다.

57 냉각장치 정비시 안전사항으로 옳지 않은 것은?

① 라디에이터 코어가 파손되지 않도록 주의한다.
② 워터 펌프 베어링은 솔벤트로 잘 세척한다.
③ 라디에이터 캡을 열 때에는 압력을 제거하며 서서히 연다.
④ 기관 회전 시 냉각팬에 손이 닿지 않도록 주의한다.

해설 워터 펌프 베어링은 세척하지 않는다.

58 정비작업 시 지켜야 할 안전수칙 중 잘못된 것은?

① 작업에 맞는 공구를 사용한다.
② 작업장 바닥에는 오일을 떨어뜨리지 않는다.
③ 전기장치 작업 시 오일이 묻지 않도록 한다.
④ 잭(Jack)을 사용하여 차체를 올린 후 손잡이를 그대로 두고 작업한다.

해설 잭은 자동차를 작업할 수 있게 올린 다음에는 잭 손잡이는 빼 두거나 작업에 지장이 없도록 조치해 두어야 한다.

Answer 55. ④ 56. ③ 57. ② 58. ④

59 자동차 전기 계통을 작업할 때 주의사항으로 틀린 것은?

① 배선을 가솔린으로 닦지 않는다.
② 커넥터를 분리할 때는 잡아당기지 않도록 한다.
③ 센서 및 릴레이는 충격을 가하지 않도록 한다.
④ 반드시 축전지 (+)단자를 분리한다.

해설 ▶ 반드시 축전지 (−)단자를 분리한다.

60 동력전달장치에서 작업 시 안전사항으로 적합하지 않은 것은?

① 기어가 회전하고 있는 곳은 안전커버를 잘 덮는다.
② 회전하고 있는 벨트나 기어는 항상 점검한다.
③ 회전하는 풀리에 벨트를 걸어서는 안 된다.
④ 천천히 움직이는 벨트라도 손으로 잡지 않는다.

해설 ▶ 회전하고 있는 벨트나 기어는 정지시킨 후 점검한다.

Answer 59. ④ 60. ②

자동차 정비기능사 필기

> 2012년 2월 12일 시행

01 실린더 배기량이 376.8cc이고, 연소실 체적이 47.1cc일 때 기관의 압축비는 얼마인가?

① 7 : 1
② 8 : 1
③ 9 : 1
④ 10 : 1

해설

$$\text{압축비 } \epsilon = \frac{\text{실린더 체적}}{\text{연소실 체적}}$$
$$= 1 + \frac{\text{행정 체적(배기량)}}{\text{연소실 체적}}$$

$$\therefore \text{압축비} = 1 + \frac{376.8}{47.1} = 9$$

02 3원 촉매장치에 대한 설명으로 거리가 먼 것은?

① CO와 HC는 산화되어 CO_2와 H_2O로 된다.
② NOx는 환원되어 N_2와 O로 분리된다.
③ 유연휘발유를 사용하면 촉매장치가 막힐 수 있다.
④ 차량을 밀거나 끌어서 시동하면 농후한 혼합기가 촉매장치 내에서 점화할 수 있다.

해설 NOx는 환원되어 N_2와 O_2로 분리된다.

03 디젤기관에서 과급기의 사용 목적으로 틀린 것은?

① 엔진의 출력이 증대된다.
② 체적효율이 작아진다.
③ 평균유효압력이 향상된다.
④ 회전력이 증가한다.

해설 과급기의 사용목적
① 체적효율이 증가한다.
② 평균유효압력이 향상된다.
③ 엔진의 출력이 증대된다.
④ 회전력이 증가한다.

04 2행정 사이클 기관에서 2회의 폭발행정을 하였다면 크랭크축은 몇 회전하겠는가?

① 1회전
② 2회전
③ 3회전
④ 4회전

해설 2행정 사이클은 크랭크축 1회전에 1회의 폭발을 하므로 2회전하였다.

Answer 1. ③ 2. ② 3. ② 4. ②

05 4사이클 가솔린 엔진에서 최대 압력이 발생되는 시기는 언제인가?
① 배기행정의 끝 부근에서
② 피스톤의 TDC 전 약 10~15℃ 부근에서
③ 압축행정 끝 부근에서
④ 동력행정에서 TDC 후 약 10~15℃ 에서

해설 최대 압력이 발생되는 시기는 동력행정에서 상사점(TDC) 후 약 10~15℃ 부근에서이다.

06 내연기관 피스톤의 구비조건으로 틀린 것은?
① 가벼울 것
② 열팽창이 적을 것
③ 열 전도율이 낮을 것
④ 높은 온도와 폭발력에 견딜 것

해설 피스톤의 구비조건
① 가볍고, 열팽창이 적을 것
② 열 전도율이 좋을 것
③ 높은 온도와 폭발력에 견딜 것

07 자동차용 가솔린 연료의 물리적 특성으로 틀린 것은?
① 인화점은 약 -40℃ 이하이다.
② 비중은 약 0.65~0.75 정도이다.
③ 자연 발화점은 약 250℃로서 경유에 비하여 낮다.
④ 발열량은 약 11,000kcal/kg로서 경유에 비하여 높다.

해설 가솔린 연료의 물리적 특성
① 옥탄가는 90~95 정도
② 비중은 약 0.65~0.75 정도이다.
③ 인화점은 약 -40℃ 이하이다.
④ 발열량은 약 11,000kcal/kg로서 경유에 비하여 높다.
⑤ 자연 발화점은 약 300℃ 이상으로 경유에 비하여 높다.

08 LPG 기관의 연료장치에서 냉각수 온도가 낮을 때 시동성을 좋게 하기 위해 작동되는 밸브는?
① 기상밸브   ② 액상밸브
③ 안전밸브   ④ 과류방지밸브

해설 냉각수 온도가 낮을 때는 기화가 잘 안되므로 기상밸브를 열어 시동성을 좋게 한다.

09 가솔린 기관의 노킹을 방지하는 방법으로 틀린 것은?
① 화염 진행거리를 단축시킨다.
② 자연착화 온도가 높은 연료를 사용한다.
③ 화염전파 속도를 빠르게 하고 와류를 증가시킨다.
④ 냉각수의 온도를 높여주고 흡기 온도를 높인다.

해설 가솔린 기관의 노킹은 옥탄가가 작거나 연소실 온도가 높아서 발생되므로, 가능한 한 연소실을 차갑게 하여 노킹을 방지한다. 따라서 냉각수 온도를 차갑게 하거나 흡기 온도를 낮춘다.

Answer 5. ④ 6. ③ 7. ③ 8. ① 9. ④

10 자동차 기관 윤활유의 구비조건으로 틀린 것은?

① 온도 변화에 따른 점도변화가 적을 것
② 열과 산에 대하여 안정성이 있을 것
③ 발화점 및 인화점이 낮을 것
④ 카본 생성이 적으며 강인한 유막을 형성할 것

> **해설** 윤활유의 구비조건
> ① 점도가 적당할 것
> ② 온도변화에 따른 점도변화가 적을 것
> ③ 인화점 및 발화점이 높을 것
> ④ 카본 생성이 적으며 강인한 유막을 형성할 것
> ⑤ 열과 산에 대하여 안정성이 있을 것

11 일정한 체적하에서 연소가 일어나는 대표적인 가솔린 기관의 사이클은?

① 오토사이클
② 디젤사이클
③ 사바테사이클
④ 고속사이클

> **해설** 자동차 기관의 기본 사이클
> ① 오토 사이클 : 정적 사이클 – 가솔린 기관
> ② 디젤 사이클 : 정압 사이클 – 저속 디젤기관
> ③ 사바테 사이클 : 복합(합성) 사이클 – 고속 디젤기관

12 전자제어 가솔린 분사장치의 특성으로 틀린 것은?

① 배기가스 유해성분이 감소된다.
② 벤투리가 없기 때문에 공기의 흐름 저항이 증가된다.
③ 냉각수 온도를 감지하여 냉간시 시동성이 향상된다.
④ 엔진의 응답성능이 좋다.

> **해설** 전자제어 연료분사 기관의 장점
> ① 유해 배기가스의 저감
> ② 연비 및 출력 향상
> ③ 응답성 향상
> ④ 월 웨팅(wall wetting)에 따른 저온 시동성 향상
> ⑤ 벤투리가 없어 공기 흐름저항이 적다.

13 전자제어 가솔린 분사장치의 연료펌프에서 첵밸브의 역할은?

① 잔압 유지와 재시동을 용이하게 한다.
② 연료 압력의 맥동을 감소시킨다.
③ 연료가 막혔을 때 압력을 조절한다.
④ 연료를 분사한다.

> **해설** 첵밸브의 역할
> ① 역류를 방지
> ② 잔압을 유지
> ③ 베이퍼 록 방지
> ④ 재시동성 향상

Answer 10. ③ 11. ① 12. ② 13. ①

14 배기가스 재순환 장치(EGR)의 설명으로 틀린 것은?

① 가속성능의 향상을 위해 급가속시에는 차단된다.
② 동력행정시 연소온도가 낮아지게 된다.
③ 질소산화물(NOx)의 량은 현저하게 증가한다.
④ 탄화수소와 일산화탄소량은 저감되지 않는다.

해설 배기가스 재순환 장치는 배기가스 중의 일부를 연소실로 재순환시키므로 동력행정시 연소온도가 낮아져 질소산화물의 량은 현저하게 감소한다.

15 전자제어 기관에서 냉각수 온도 감지센서의 반도체 소자로 맞는 것은?

① NTC 저항체   ② 제너 다이오드
③ 발광 다이오드 ④ 압전 소자

해설 NTC(Negative Temperature Coefficient) 저항체란 온도가 올라가면 저항값이 내려가는 반도체 소자를 말한다.

16 소형 승용차 엔진의 실린더 헤드를 대부분 알루미늄 합금으로 만드는 이유로 알맞은 것은?

① 가볍고 열전달이 좋기 때문에
② 녹슬지 않기 때문에
③ 주철에 비해 열팽창 계수가 작기 때문에
④ 연소실 온도를 높여 체적효율을 낮출 수 있기 때문에

해설 실린더 헤드를 알루미늄으로 만드는 이유는 가볍고 열전달이 좋기 때문이다.

17 가솔린 연료에서 노크를 일으키기 어려운 성질인 내폭성을 나타내는 수치는?

① 옥탄가   ② 점도
③ 세탄가   ④ 베이퍼 록

해설 옥탄가
연료의 안티 노킹성(anti-knocking, 내폭성, 제폭성)을 나타내는 정도

18 다음 내연기관에 대한 내용으로 맞는 것은?

① 실린더의 이론적 발생마력을 제동마력이라 한다.
② 6실린더 엔진의 크랭크축의 위상각은 90도이다.
③ 베어링 스프레드는 피스톤 핀 저널에 베어링을 조립시 밀착되게 끼울 수 있게 한다.
④ DOHC 엔진의 밸브 수는 16개이다.

해설 이론적 발생마력을 이론마력이라 하며, 6실린더 엔진의 위상차는 120도이고, DOHC 엔진의 밸브 수는 기관 및 실린더 수에 따라 다를 수 있다.

Answer 14. ③ 15. ① 16. ① 17. ① 18. ③

19 행정이 100mm이고, 회전수가 1,500rpm인 4행정 사이클 가솔린 엔진의 피스톤 평균속도는?

① 5m/sec ② 15m/sec
③ 20m/sec ④ 50m/sec

해설

$$\text{피스톤 평균속도} = \frac{2LN}{60} = \frac{LN}{30} \text{(m/s)}$$

여기서 L : 행정(m)
N : 엔진회전수(rpm)

$$\therefore \frac{0.1 \times 1,500}{30} = 5\text{m/s}$$

20 전자제어 엔진의 흡입 공기량 검출에 사용되는 MAP 센서 방식에서 진공도가 크면 출력 전압값은 어떻게 변하는가?

① 낮아진다.
② 높아진다.
③ 낮아지다가 갑자기 높아진다.
④ 높아지다가 갑자기 낮아진다.

해설 MAP 센서는 진공도가 크면(절대압력이 작으면) 출력 전압은 낮아지고, 진공도가 작으면(절대압력이 크면) 출력 전압은 커진다.

21 일반 디젤기관의 분사펌프에서 최고회전을 제어하며 과속(over run)을 방지하는 기구는?

① 타이머 ② 조속기
③ 세그먼트 ④ 피드 펌프

해설 디젤기관은 사용조건의 변화가 커서 부하 및 회전속도 변동에 따라 오버 런이나 기관의 작동정지가 발생될 수 있다. 이를 방지하기 위하여 조속기로 분사량을 가감하여 운전을 안정시킨다.

22 기관 작동 중 냉각수의 온도가 83°C를 나타낼 때 절대 온도는?

① 약 563K ② 약 456K
③ 약 356K ④ 약 263K

해설 절대온도(K) = 게이지 온도 + 273.15°
= 83 + 273.15° = 356.15K

23 신품 방열기의 용량이 3.0L이고, 사용 중인 방열기의 용량이 2.4L일 때 코어 막힘률은?

① 55% ② 30%
③ 25% ④ 20%

해설

$$\text{코어 막힘률} = \frac{\text{신품용량} - \text{구품용량}}{\text{신품용량}} \times 100(\%)$$

$$\therefore \text{코어 막힘률} = \frac{3 - 2.4}{3} \times 100 = 20(\%)$$

24 동력전달장치에서 동력전달 각의 변화를 가능하게 하는 이음은?

① 슬립 이음 ② 스플라인 이음
③ 플랜지 이음 ④ 자재 이음

해설 ① 추진축 : 회전력 전달
② 자재이음 : 각도 변화
③ 슬립이음 : 길이 변화

Answer 19. ① 20. ① 21. ② 22. ③ 23. ④ 24. ④

25 물이 고여 있는 도로주행 시 하이드로 플레이닝 현상을 방지하기 위한 방법으로 틀린 것은?

① 저속 운전을 한다.
② 트레드 마모가 적은 타이어를 사용한다.
③ 타이어 공기압을 낮춘다.
④ 리브형 패턴을 사용한다.

해설) 하이드로 플레이닝(hydro planning) 방지 방법
① 트레드의 마모가 적은 타이어를 사용한다.
② 타이어의 공기압을 높인다.
③ 카프형으로 셰이빙 가공한 것을 사용한다.
④ 물 배출이 용이한 리브 패턴의 타이어를 사용한다.
⑤ 차량의 속도를 감속한다.

26 전자제어 현가장치(ECS)에서 각 쇽업소버에 장착되어 컨트롤 로드를 회전시켜 오일 통로가 변환되면 Hard나 Soft로 감쇠력 제어를 가능하게 하는 것은?

① ECS 지시 패널
② 액추에이터
③ 스위칭 로드
④ 차고센서

해설) 액추에이터는 각 쇽업소버에 장착되어 컨트롤 로드를 회전시켜 오일 통로가 변환되면 Hard나 Soft로 감쇠력 제어를 가능하게 한다.

27 기관의 회전속도가 2,000rpm, 제2속의 변속비가 2:1, 종감속비가 3:1, 타이어의 유효반지름이 50cm일 때 차량의 속도는?

① 약 62.8km/h
② 약 46.8km/h
③ 약 34.8km/h
④ 약 17.8km/h

해설)
$$차속 = \frac{\pi DN}{R_t \times R_f} \times \frac{60}{1,000}$$

여기서, D : 타이어 직경(m)
N : 엔진회전수(rpm)
R_t : 변속비
R_f : 종감속비

$$\therefore 차속 = \frac{3.14 \times 1 \times 2,000}{2 \times 3} \times \frac{60}{1,000}$$
$$= 62.8 \text{km/h}$$

28 수동변속기 장치에서 클러치 압력판의 역할로 옳은 것은?

① 기관의 동력을 받아 속도를 조절한다.
② 제동거리를 짧게 한다.
③ 견인력을 증가시킨다.
④ 클러치판을 밀어서 플라이휠에 압착시키는 역할을 한다.

해설) 클러치 압력판은 클러치 판을 플라이 휠에 압착시키는 역할을 한다.

Answer 25. ③ 26. ② 27. ① 28. ④

29 수동변속기 자동차에서 변속이 어려운 이유 중 틀린 것은?

① 클러치의 끊김 불량
② 컨트롤 케이블의 조정 불량
③ 기어오일의 과다 주입
④ 싱크로메시 기구의 불량

해설 수동변속기 자동차에서 변속이 어려운 이유
① 싱크로메시 기구의 불량
② 클러치의 끊김 불량
③ 컨트롤 케이블의 조정 불량

30 유압식 브레이크 원리는 어디에 근거를 두고 응용한 것인가?

① 브레이크액의 높은 비등점
② 브레이크액의 높은 흡습성
③ 밀폐된 액체의 일부에 작용하는 압력은 모든 방향에 동일하게 작용한다.
④ 브레이크액은 작용하는 압력을 분산시킨다.

해설 유압식 브레이크는 밀폐된 액체의 일부에 작용하는 압력은 모든 방향에 동일하게 작용한다는 파스칼의 원리를 응용한 것이다.

31 자동차의 앞바퀴 정렬에서 토인 조정은 무엇으로 하는가?

① 드래그 링크의 길이
② 타이로드의 길이
③ 시임의 두께
④ 와셔의 두께

해설 토인은 타이로드의 길이를 가감시켜 조정한다.

32 자동차가 선회할 때 차체의 좌·우 진동을 억제하고 롤링을 감소시키는 것은?

① 스태빌라이저   ② 겹판 스프링
③ 타이로드   ④ 킹핀

해설 스태빌라이저는 선회시 차체의 좌우 진동(롤링)을 완화하는 기능을 한다.

33 전자제어 제동장치(ABS)의 구성요소가 아닌 것은?

① 휠 스피드 센서
② 전자제어 유닛
③ 하이드롤릭 컨트롤 유닛
④ 각속도 센서

해설 ABS의 구성부품
① 휠 스피드 센서 : 차륜의 회전상태를 검출
② 전자제어 유닛(E.C.U) : 휠 스피드 센서의 신호를 받아 ABS를 제어
③ 하이드롤릭 유닛 : E.C.U의 신호에 따라 휠 실린더에 공급되는 유압을 제어

34 자동변속기 차량에서 토크 컨버터의 성능을 나타낸 사항이 아닌 것은?

① 속도비   ② 클러치비
③ 전달 효율 ④ 토크비

해설 토크 컨버터의 성능
① 속도비(n) = $\dfrac{\text{터빈 회전수}(N_t)}{\text{펌프 회전수}(N_p)}$
② 토크비(t) = $\dfrac{\text{터빈 회전력}(T_t)}{\text{펌프 회전력}(T_p)}$
③ 전달효율(η) = 속도비×토크비 = $t \times n$

Answer 29. ③ 30. ③ 31. ② 32. ① 33. ④ 34. ②

35 주행 중 제동 시 좌우 편제동의 원인으로 틀린 것은?

① 드럼의 편마모
② 휠 실린더 오일 누설
③ 라이닝 접촉불량, 기름부착
④ 마스터 실린더의 리턴 구멍 막힘

해설 브레이크 작동시 한 쪽으로 쏠리는 원인
① 드럼이 편마모되었다.
② 좌우 타이어 공기압에 차이가 있다.
③ 좌우 라이닝 간극 조정이 틀리게 조정되었다.
④ 한 쪽 휠 실린더의 작동이 불량하다.
⑤ 라이닝의 접촉불량 또는 기름이 묻어있다.
⑥ 앞바퀴 정렬이 잘못되었다.

36 전자제어 동력조향장치의 요구조건이 아닌 것은?

① 저속 시 조향휠의 조작력이 적을 것
② 고속 직진시 복원 반력이 감소할 것
③ 긴급 조향시 신속한 조향반응이 보장될 것
④ 직진 안정성과 미세한 조향감각이 보장될 것

해설 동력 조향장치(EPS)의 요구조건
① 직진 안정성과 미세한 조향감각이 보장될 것
② 저속 시 조향휠의 조작력이 적을 것
③ 저속에서는 가볍고, 고속에서는 적절히 무거울 것
④ 긴급 조향시 신속한 조향반응이 보장될 것

37 제동장치에서 후륜의 잠김으로 인한 스핀을 방지하기 위해 사용되는 것은?

① 릴리프 밸브
② 컷 오프 밸브
③ 프로포셔닝 밸브
④ 솔레노이드 밸브

해설 프로포셔닝 밸브는 브레이크 페달을 밟았을 때 뒷바퀴가 조기에 고착되지 않도록 뒷바퀴의 유압을 제어한다. 제동 중 뒷바퀴가 로크되면 자동차는 스핀이 발생된다.

38 자동차가 1.5km의 언덕길을 올라가는데 10분, 내려오는데 5분 걸렸다면 평균 속도는?

① 8km/h
② 12km/h
③ 16km/h
④ 24km/h

해설 $$속도(km/h) = \frac{주행거리}{주행시간}$$

주행시간은 왕복 15분 = 0.25시간이므로

$$\therefore 속도 = \frac{3}{0.25} = 12km/h$$

39 자동변속기의 변속을 위한 가장 기본적인 정보에 속하지 않는 것은?

① 변속기 오일 온도
② 변속 레버 위치
③ 엔진 부하(스로틀 개도)
④ 차량 속도

해설 자동변속기의 변속은 운전자의 의지(변속레버 위치), 엔진부하(스로틀 개도), 자동차 속도에 의해 이루어진다.

Answer 35. ④ 36. ② 37. ③ 38. ② 39. ①

40 조향장치에서 많이 사용되는 조향기어의 종류가 아닌 것은?

① 래크-피니언(rack and pinion) 형식
② 웜-섹터 롤러(worm and sector roller) 형식
③ 롤러-베어링(roller and bearing) 형식
④ 볼-너트(ball and nut) 형식

해설 조향기어의 종류
① 래크-피니언(rack and pinion) 형식
② 웜-섹터 롤러(worm and sector roller) 형식
③ 볼-너트(ball and nut) 형식

41 전자제어 에어컨 장치(FATC)에서 컨트롤 유닛(컴퓨터)이 제어하지 않는 것은?

① 히터 밸브
② 송풍기 속도
③ 컴프레서 클러치
④ 리시버 드라이어

해설 전자동 에어컨(FATC)에서 에어컨 ECU는 컴프레서의 작동, 송풍기 회전 속도, 히터 밸브 등을 제어하여 실내온도를 적절하게 유지한다.

42 축전지의 자기 방전율은 온도가 높아지면 어떻게 되는가?

① 일정하다. ② 높아진다.
③ 관계없다. ④ 낮아진다.

해설 축전지의 자기 방전율은 온도가 높아지면 많아지고, 온도가 낮아지면 작아진다.

43 자동차용으로 주로 사용되는 발전기는?

① 단상 교류 ② Y상 교류
③ 3상 교류 ④ 3상 직류

해설 자동차용 발전기는 3상 교류를 주로 사용한다.

44 반도체 소자 중 광센서가 아닌 것은?

① 발광 다이오드
② 포토 트랜지스터
③ CdS-광전소자
④ 노크 센서

해설 노크센서는 압전소자이다.

45 반도체 소자 중 사이리스터(SCR)의 단자에 해당하지 않는 것은?

① 애노드(anode)
② 게이트(gate)
③ 캐소드(cathode)
④ 컬렉터(collector)

해설 사이리스터(SCR)의 단자 명칭
애노드(A), 캐소드(K), 게이트(G)

46 전조등 광원의 광도가 20,000cd이며, 거리가 20m일 때 조도는?

① 50Lx   ② 100Lx
③ 150Lx ④ 200Lx

해설
$$조도 = \frac{광도(cd)}{r^2}$$

여기서 r : 거리(m)

$\therefore 조도 = \dfrac{20,000}{20^2} = 50\text{Lux}$

Answer 40. ③ 41. ④ 42. ② 43. ③ 44. ④ 45. ④ 46. ①

47 다음 중 가속도(G) 센서가 사용되는 전자제어 장치는?

① 에어백(SRS) 장치
② 배기장치
③ 정속주행 장치
④ 분사장치

해설 ▶ 가속도(G) 센서는 차량 충돌시 가·감속도를 감지하여 에어백의 작동유무를 판정한다.

48 점화장치에서 파워트랜지스터에 대한 설명으로 틀린 것은?

① 베이스 신호는 ECU에서 받는다.
② 점화코일 1차 전류를 단속한다.
③ 이미터 단자는 접지되어 있다.
④ 컬렉터 단자는 점화 2차코일과 연결되어 있다.

해설 ▶ 컬렉터 단자는 점화 1차코일 (-) 단자에 연결되어 있다.

49 기동전동기의 시동(크랭킹)회로에 대한 내용으로 틀린 것은?

① B 단자까지의 배선은 굵은 것을 사용해야 한다.
② B 단자와 ST 단자를 연결해주는 것은 마그네트 스위치(key)이다.
③ B 단자와 M 단자를 연결해주는 것은 마그네트 스위치(key)이다.
④ 축전지 접지가 좋지 않더라도 (+) 선의 접촉이 좋으면 작동에는 지장이 없다.

해설 ▶ 축전지 접지가 좋지 않으면 기동전동기는 작동하지 않는다.

50 AND 게이트 회로의 입력 A, B, C, D에 각각 입력으로 A = 1, B = 1, C = 1, D = 0 이 들어갔을 때 출력 X는?

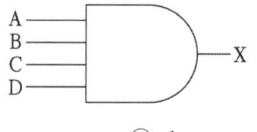

① 0
② 1
③ 2
④ 3

해설 ▶ AND 게이트 회로는 A, B, C, D 모두 1이어야 1이 출력되고, 하나라도 0이면 0이 출력된다.

51 위험성 정도에 따라 제2종으로 구분되는 유기용제의 색 표시는?

① 빨강
② 파랑
③ 노랑
④ 초록

해설 ▶ 유기용제의 색 표시
1종 : 적색, 2종 : 황색, 3종 : 청색

52 전기 기계나 기구의 노출된 충전부에 직접 접촉에 의한 감전 방지책이 아닌 것은?

① 충전부가 노출되지 않도록 한다.
② 충전부에 방호망 또는 절연 덮개를 설치한다.
③ 발전소, 변전소 및 개폐소에 관계 근로자 외 출입을 금지한다.
④ 작업장 바닥 절연처리와 절연물 마감처리를 한다.

해설 ▶ 감전 방지대책
① 충전부가 노출되지 않도록 한다.
② 충전부에 방호망 또는 절연 덮개를 설치한다.
③ 발전소, 변전소 및 개폐소에 관계 근로자 외 출입을 금지한다.

Answer 47. ① 48. ④ 49. ④ 50. ① 51. ③ 52. ④

53 리벳이음 작업을 할 때의 유의사항으로 거리가 먼 것은?

① 알맞은 리벳을 사용한다.
② 간극이 있을 때는 두 일감 사이에 여유 공간을 두고 리벳이음을 한다.
③ 리벳머리 세트나 일감 표면에 손상을 주지 않도록 한다.
④ 일감과 리벳을 리벳세트로 서로 긴밀한 접촉이 이루어지도록 한다.

해설 리벳이음 작업시 두 일감은 간극이 없어야 한다.

54 공기압축기의 안전장치 중에서 규정 이상의 압력에 달하면 작동하여 공기를 배출시키는 것은?

① 배수 밸브　② 체크 밸브
③ 압력계　　④ 안전 밸브

해설 공기압축기의 공기 압력이 규정 이상의 압력에 달하면 안전 밸브가 작동하여 공기를 배출시킨다.

55 지렛대를 사용할 때 유의사항으로 틀린 것은?

① 깨진 부분이나 마디 부분에 결함이 없어야 한다.
② 손잡이가 미끄러지지 않도록 조치를 취한다.
③ 화물의 치수나 중량에 적합한 것을 사용한다.
④ 파이프를 철제 대신 사용한다.

해설 속이 비어있는 파이프를 사용해선 안 된다.

56 압축 압력계를 사용하여 실린더의 압축 압력을 점검할 때 안전 및 유의사항으로 틀린 것은?

① 기관을 시동하여 정상온도(워밍업)가 된 후에 시동을 건 상태에서 점검한다.
② 점화계통과 연료계통을 차단시킨 후 크랭킹 상태에서 점검한다.
③ 시험기는 밀착하여 누설이 없도록 한다.
④ 측정값이 규정값보다 낮으면 엔진 오일을 약간 주입 후 다시 측정한다.

해설 압축압력 점검은 정상온도가 된 후에 시동을 끄고 점검한다.

57 자동변속기 전자제어 장치 정비 시 안전 및 유의사항으로 옳지 않은 것은?

① 펄스제너레이터 출력전압 파형 측정시 주행 중에 측정한다.
② 컨트롤 케이블을 점검할 때는 브레이크 페달을 밟고, 주차 브레이크를 완전히 채우고 점검한다.
③ 차량을 리프트에 올려놓고 바퀴 회전시 주위에 떨어져 있어야 한다.
④ 부품센서 교환시 점화스위치 off 상태에서 축전기 접지 케이블을 탈거한다.

해설 출력전압 파형 측정시 차량을 리프트에 올려놓고 측정한다.

Answer 53. ②　54. ④　55. ④　56. ①　57. ①

58 자동차 에어컨 가스 냉매용기의 취급사항으로 틀린 것은?

① 냉매 용기는 직사광선이 비치는 곳에 방치하지 않는다.
② 냉매 용기의 보호 캡을 항상 씌워 둔다.
③ 냉매가 피부에 접촉되지 않도록 한다.
④ 냉매 충전 시에는 냉매 용기에 완전히 채우도록 한다.

해설 냉매 충전은 폭발위험이 있으므로 80%만 채운다.

59 차량에서 캠버, 캐스터 측정시 유의사항이 아닌 것은?

① 수평인 바닥에서 한다.
② 타이어 공기압을 규정치로 한다.
③ 차량의 화물은 적재상태로 한다.
④ 새시스프링은 안정 상태로 한다.

해설 차량은 공차상태로 한다.

60 기관의 냉각장치를 점검·정비할 때 안전 및 유의사항으로 틀린 것은?

① 방열기 코어가 파손되지 않도록 한다.
② 워터 펌프 베어링은 세척하지 않는다.
③ 방열기 캡을 열 때는 압력을 서서히 제거하며 연다.
④ 누수 여부를 점검할 때 압력시험기의 지침이 멈출 때까지 압력을 가압한다.

해설 압력기 지침은 규정 압력까지 가압한다.

Answer 58. ④ 59. ③ 60. ④

자동차 정비기능사 필기

> 2012년 4월 8일 시행

01 차량 주행 중 급감속시 스로틀 밸브가 급격히 닫히는 것을 방지하여 운전성을 좋게 하는 것은?

① 아이들업 솔레노이드
② 대시포트
③ 퍼지 컨트롤 밸브
④ 연료 차단 밸브

해설 대시포트(dash pot)는 급감속시 스로틀 밸브가 급격히 닫히는 것을 방지하여 운전성을 좋게 한다.

02 배기가스의 일부를 배기계에서 흡기계로 재순환시켜 질소산화물 생성을 억제시키는 장치는?

① 퍼지컨트롤 밸브
② 차콜 캐니스터
③ EGR(Exhaust Gas Recirculation)
④ 가변밸브 타이밍 제어장치(CVVT)

해설 EGR(Exhaust Gas Recirculation)이란 배기가스의 일부를 흡기계로 재순환시키는 장치이다.

03 일반적으로 기관의 회전력이 가장 클 때는?

① 어디서나 같다.
② 저속
③ 고속
④ 중속

해설 A : 출력, B : 회전력, C : 연료소비율 곡선이다. 따라서 회전력 곡선에서 중속일 때 회전력이 가장 크다.

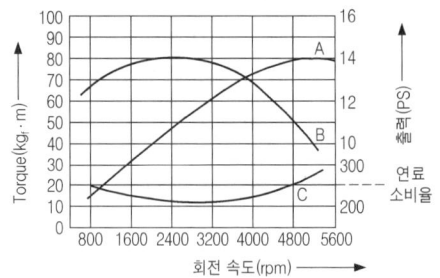

04 피스톤 헤드 부분에 있는 홈(Heat Dam)의 역할은?

① 제 1 압축링을 끼우는 홈이다.
② 열의 전도를 방지하는 홈이다.
③ 무게를 가볍게 하기 위한 홈이다.
④ 응력을 집중하기 위한 홈이다.

해설 히트 댐(Heat Dam)이란 피스톤 헤드부에 홈을 두어 열의 전도를 방지하는 댐이다.

Answer 1. ② 2. ③ 3. ④ 4. ②

05 배기계통에 설치되어 있는 질코니아 산소센서(O_2 sensor)가 배기가스 내에 포함된 산소의 농도를 검출하는 방법은?

① 기전력의 변화 ② 저항력의 변화
③ 산화력의 변화 ④ 전자력의 변화

해설 산소(O_2)센서는 배기관에 장착되어 있으며 배기가스 중의 산소 농도차에 따라 전압(기전력)이 발생되면 이를 피드백 하여 이론 공연비로 제어하기 위한 센서이다.

06 흡기 장치에는 공기유량을 계측하는 방식이 있다. 공기 질량 측정 방식에 해당하는 것은?

① 흡기다기관 압력 방식
② 가동 베인식
③ 열선식
④ 칼만 와류식

해설 흡입공기량 계측방식
① 직접 계측방식(mass flow type)
  ⓐ 체적 검출방식 : 베인식, 칼만 와류식
  ⓑ 질량 검출방식 : 열선(Hot wire)식, 열막(Hot film)식
② 간접 계측방식(speed density type) : 흡기다기관 절대압력(MAP센서) 방식

07 LP 가스 용기 내의 압력을 일정하게 유지시켜 폭발 등의 위험을 방지하는 역할을 하는 것은?

① 안전밸브   ② 과류방지밸브
③ 긴급 차단밸브   ④ 과충전 방지 밸브

해설 안전밸브는 용기 내의 압력을 일정하게(약 $24kgf/cm^2$) 유지시켜 폭발 등의 위험을 방지하는 역할을 한다.

08 내연기관에서 언더 스퀘어 엔진은 어느 것인가?

① $\dfrac{행정}{실린더\ 내경} = 1$

② $\dfrac{행정}{실린더\ 내경} < 1$

③ $\dfrac{행정}{실린더\ 내경} > 1$

④ $\dfrac{행정}{실린더\ 내경} \leq 1$

해설 언더 스퀘어(under square) 엔진이란 내경이 행정보다 작은 엔진을 말한다.
즉, $\dfrac{행정}{실린더\ 내경} > 1$

09 전자제어 엔진의 연료펌프 내부에 첵밸브(Check Valve)가 하는 역할은?

① 차량이 전복 시 화재발생을 방지하기 위해 사용된다.
② 연료라인의 과도한 연료압 상승을 방지하기 위한 목적으로 설치되었다.
③ 인젝터에 가해지는 연료의 잔압을 유지시켜 베이퍼록 현상을 방지한다.
④ 연료라인에 적정 작동압이 상승될 때까지 시간을 지연시킨다.

해설 연료펌프의 첵밸브는 연료펌프가 작동을 멈출 때 연료 출구를 막아 연료의 역류를 방지하며 잔압을 유지하여 고온에 의한 베이퍼록을 방지하고, 재시동성을 향상시킨다.

Answer 5. ① 6. ③ 7. ① 8. ③ 9. ③

10 기관의 체적효율이 떨어지는 원인과 관계있는 것은?

① 흡입 공기가 열을 받았을 때
② 과급기를 설치할 때
③ 흡입 공기를 냉각할 때
④ 배기밸브보다 흡기밸브가 클 때

해설 흡입공기가 열을 받으면 공기의 체적이 팽창되어 흡입되므로 체적효율이 떨어진다.

11 공기량 검출 센서 중에서 초음파를 이용하는 센서는?

① 핫필름식 에어플로 센서
② 칼만와류식 에어플로 센서
③ 댐핑 챔버를 이용한 에어플로 센서
④ MAP을 이용한 에어플로 센서

해설 칼만 와류식은 초음파를 발생하여 칼만 와류수 만큼 밀집되거나 분산되어 수신기에 디지털 펄스로 측정된다.

12 자동차용 LPG 연료의 특성을 잘못 설명한 것은?

① 연소 효율이 좋고 엔진운전이 정숙하다.
② 증기폐쇄(vapor lock)가 잘 일어난다.
③ 대기오염이 적으므로 위생적이고 경제적이다.
④ 엔진 윤활유의 오염이 적으므로 엔진수명이 길다.

해설 LPG 연료의 특징
① 연소효율이 좋고, 엔진이 정숙하다.
② 오일의 오염이 적어 엔진 수명이 길다.
③ 연소실에 카본부착이 없어 점화플러그 수명이 길어진다.
④ 대기오염이 적고, 위생적이며 경제적이다.
⑤ 옥탄가가 높고 노킹이 적어 점화시기를 앞당길 수 있다.
※ 가스상태이므로 증기폐쇄가 일어나지 않는다.

13 내연기관 밸브장치에서 밸브스프링의 점검과 관계없는 것은?

① 스프링 장력   ② 자유높이
③ 직각도   ④ 코일의 수

해설 밸브 스프링 점검사항
직각도, 자유고, 장력

14 신품 라디에이터의 냉각수 용량이 원래 30L인데 물을 넣으니 15L 밖에 들어가지 않는다면, 코어의 막힘률은?

① 10%   ② 25%
③ 50%   ④ 98%

해설

코어 막힘률
$$= \frac{\text{신품용량} - \text{구품용량}}{\text{신품용량}} \times 100(\%)$$

∴ 코어 막힘률 $= \frac{30-15}{30} \times 100 = 50(\%)$

Answer 10. ① 11. ② 12. ② 13. ④ 14. ③

15 디젤기관의 연료 세탄가와 관계없는 것은?

① 세탄가는 기관 성능에 크게 영향을 준다.
② 옥탄가가 낮은 디젤 연료일수록 그의 세탄가는 높다.
③ 세탄가가 높으면 착화 지연시간을 단축시킨다.
④ 세탄가란 세탄과 알파 메틸 나프탈렌의 혼합액으로 세탄의 함량에 따라서 다르다.

해설 디젤연료는 옥탄가와 관계가 없다.

16 제작자동차 등의 안전기준에서 2점식 또는 3점식 안전띠의 골반부분 부착장치는 몇 kgf의 하중에 10초 이상 견뎌야 하는가?

① 1,270kgf ② 2,270kgf
③ 3,870kgf ④ 5,670kgf

해설 2점식 또는 3점식 안전띠의 골반부분 부착장치는 2,270kgf의 하중에 10초 이상 견딜 것

17 고속 디젤기관의 열역학적 기본 사이클은?

① 브레이튼 사이클
② 오토 사이클
③ 사바테 사이클
④ 디젤 사이클

해설 자동차 기관의 기본 사이클
① 오토 사이클 : 정적 사이클 – 가솔린 기관
② 디젤 사이클 : 정압 사이클 – 저속 디젤 기관
③ 사바테 사이클 : 복합(합성) 사이클 – 고속 디젤기관

18 디젤기관의 연소실 형식에서 직접분사식의 장점이 아닌 것은?

① 분사노즐의 상태에 민감하게 반응한다.
② 연소실 구조가 간단하다.
③ 냉시동이 용이하다.
④ 열효율이 좋다.

해설 직접분사식 연소실의 장·단점
① 실린더 헤드의 구조가 간단하다.
② 열효율이 높다.
③ 엔진의 시동이 쉽고, 연료 소비율이 적다.
④ 연소실 표면적이 작기 때문에 열손실이 적다.
⑤ 사용 연료에 매우 민감하여 노크 발생이 쉽다.

19 전자제어 기관에서 배기가스가 재순환되는 EGR 장치의 EGR율(%)을 바르게 나타낸 것은?

① $\dfrac{EGR\ 가스량}{배기\ 공기량 + EGR\ 가스량} \times 100$

② $\dfrac{EGR\ 가스량}{흡입\ 공기량 + EGR\ 가스량} \times 100$

③ $\dfrac{흡기\ 공기량}{흡입\ 공기량 + EGR\ 가스량} \times 100$

④ $\dfrac{배기\ 공기량}{흡입\ 공기량 + EGR\ 가스량} \times 100$

해설 EGR율이란 실린더가 흡입한 공기량 중 EGR을 통해 유입된 가스량과의 비율이다.

Answer 15. ② 16. ② 17. ③ 18. ① 19. ②

20 연소실 체적이 210cc이고, 행정체적이 3,780cc인 디젤 6기통 기관의 압축비는 얼마인가?

① 17 : 1 ② 18 : 1
③ 19 : 1 ④ 20 : 1

해설) 압축비 $\epsilon = \dfrac{실린더\ 체적}{연소실\ 체적}$
$= 1 + \dfrac{행정\ 체적(배기량)}{연소실\ 체적}$

∴ 압축비 $= 1 + \dfrac{3,780}{210} = 19$

21 기관정비 작업시 피스톤링의 이음 간극을 측정할 때 측정도구로 가장 알맞은 것은?

① 마이크로 미터
② 버니어 캘리퍼스
③ 시크니스 게이지
④ 다이얼 게이지

해설) 피스톤링 이음 간극 측정은 시크니스 게이지(thickness, 필러 게이지)로 측정한다.

22 1 PS로 1시간 동안 하는 일량을 열량 단위로 표시하면?

① 약 432.7kcal
② 약 532.5kcal
③ 약 632.3kcal
④ 약 732.2kcal

해설) 1ps-h = 75kgf·m/s×3,600s = 270,000kgf·m
1kcal = 427kgf·m이므로, 270,000÷427 = 632.3kcal

23 기관의 윤활유 구비조건으로 틀린 것은?

① 비중이 적당할 것
② 인화점 및 발화점이 낮을 것
③ 점성과 온도와의 관계가 양호할 것
④ 카본 생성에 대한 저항력이 있을 것

해설) 윤활유의 구비조건
① 인화점과 발화점이 높을 것
② 응고점이 낮을 것
③ 비중과 점도가 적당할 것
④ 열과 산에 대하여 안정될 것
⑤ 카본 생성에 대해 저항력이 클 것

24 일반적인 브레이크 오일의 주성분은?

① 윤활유와 경유
② 알콜과 피마자 기름
③ 알콜과 윤활유
④ 경유와 피마자 기름

해설) 브레이크 오일은 일반적으로 피마자 기름에 알콜 등의 용제를 혼합한 식물성 오일이다.

25 전자제어 현가장치(ECS)에서 보기의 설명으로 맞는 것은?

〈보기〉
조향 휠 각속도센서와 차속정보에 의해 ROLL 상태를 조기에 검출해서 일정시간 감쇠력을 높여 차량이 선회 주행시 ROLL을 억제하도록 한다.

① 안티 스쿼트 제어
② 안티 다이브 제어
③ 안티 롤 제어
④ 안티 시프트 스쿼트 제어

Answer 20. ③ 21. ③ 22. ③ 23. ② 24. ② 25. ③

해설 ▶ **차량의 자세 제어**
① 안티 롤 제어 : 선회시 차량이 기울어지는 롤 상태를 검출하여 롤을 억제
② 안티 다이브 제어 : 급제동시 앞쪽은 내려가고 뒤쪽은 들어 올려지는 현상을 검출하여 다이브를 억제
③ 안티 스쿼트 제어 : 급출발시 앞쪽은 들어 올려지고 뒤쪽은 내려가는 현상을 검출하여 스쿼트를 억제
④ 안티 시프트 스쿼트 제어 : N→D 또는 N→R 변속시 앞, 또는 뒤쪽이 들어 올려지는 현상을 억제

26 유압식 브레이크 장치에서 브레이크가 풀리지 않는 원인은?
① 오일 점도가 낮기 때문
② 파이프 내의 공기 혼입
③ 첵밸브의 접촉 불량
④ 마스터 실린더의 리턴구멍 막힘

해설 ▶ 유압식 브레이크 장치에서 마스터 실린더의 리턴 구멍이 막히면 브레이크 액이 리턴되지 못하므로 브레이크가 풀리지 않는 원인이 된다.

27 자동차의 중량을 액슬 하우징에 지지하여 바퀴를 빼지 않고 액슬축을 빼낼 수 있는 형식은?
① 반부동식
② 전부동식
③ 분리 차축식
④ $\frac{3}{4}$ 부동식

해설 ▶ 전부동식(全浮動式, full floating type)은 바퀴를 떼어내지 않고도 바퀴 중앙에 위치한 액슬축 고정 볼트를 풀면 액슬축을 떼어낼 수 있다.

28 동력조향장치에서 오일펌프에 걸리는 부하가 기관 아이들링 안정성에 영향을 미칠 경우 오일펌프 압력 스위치는 어떤 역할을 하는가?
① 유압을 더욱 다운시킨다.
② 부하를 더욱 증가시킨다.
③ 기관 아이들링 회전수를 증가시킨다.
④ 기관 아이들링 회전수를 다운시킨다.

해설 ▶ 동력 조향장치에서 오일펌프에 부하가 걸리면 기관 아이들링이 불안정해지므로 ECU는 오일압력 스위치 신호를 입력받아 기관 아이들링 회전수를 증가시킨다.

29 종감속 및 차동장치에서 구동 피니언의 잇수가 6, 링기어의 잇수가 60, 추진축이 1,000rpm일 때 왼쪽 바퀴가 150rpm이었다. 이 때 오른쪽 바퀴는 몇 rpm인가?
① 25rpm
② 50rpm
③ 75rpm
④ 100rpm

해설 ▶ 한 쪽 바퀴 회전수

$$(N_w) = \frac{\text{추진축 회전수}}{\text{종감속비}} \times 2 - \text{다른 쪽 바퀴 회전수}$$

∴ 한 쪽 바퀴 회전수 (N_w)
$= \frac{1,000}{\frac{60}{6}} \times 2 - 150 = 50$

Answer 26. ④ 27. ② 28. ③ 29. ②

30 조향장치가 갖추어야 할 구비조건으로 틀린 것은?

① 조향 조작이 주행 중의 충격에 영향을 받지 않을 것
② 조작하기 쉽고 방향 전환이 원활하게 행하여 질 것
③ 선회 시 저항이 적고 선회 후 복원성이 좋을 것
④ 조행핸들의 회전과 바퀴 선회의 차가 클 것

해설 조향장치가 갖추어야 할 조건
① 조작하기 쉽고 방향전환이 원활하게 행해질 것
② 회전반경이 적을 것
③ 조향핸들과 바퀴의 선회 차이가 크지 않을 것
④ 조향조작이 주행 중의 충격에 영향을 받지 않을 것
⑤ 고속 주행에도 조향휠이 안정되고 복원력이 좋을 것

31 주행 중 타이어의 열 상승에 가장 영향을 적게 미치는 것은?

① 주행속도 증가
② 하중의 증가
③ 공기압의 증가
④ 주행거리 증가(장거리 주행)

해설 타이어 온도 상승 요인
① 마찰계수의 증가
② 하중의 증가
③ 주행속도의 증가
④ 주행거리의 증가(장거리 주행)

32 자동차가 주행 중 앞부분에 심한 진동이 생기는 현상인 트램핑(tramping)의 주된 원인은?

① 적재량 과다
② 토숀바 스프링 마멸
③ 내압의 과다
④ 바퀴의 불평형

해설 휠 트램프(wheel tramp)란 타이어 앞부분의 동적 평형이 맞지 않아 주행 중 자동차의 앞부분에 심한 진동이 발생되는 현상을 말한다.

33 자동변속기 차량의 토크컨버터 내부에서 고속 회전시 터빈과 펌프를 기계적으로 직결시켜 슬립을 방지하는 것은?

① 스테이터
② 댐퍼 클러치
③ 일방향 클러치
④ 가이드 링

해설 댐퍼 클러치는 자동변속기 차량의 토크컨버터 내부에서 고속 회전시 터빈과 펌프를 기계적으로 직결시켜 슬립을 방지하는 역할을 한다.

34 변속기의 기능 중 틀린 것은?

① 기관의 회전력을 변환시켜 바퀴에 전달한다.
② 기관의 회전수를 높여 바퀴의 회전력을 증가시킨다.
③ 후진을 가능하게 한다.
④ 정차할 때 기관의 공전 운전을 가능하게 한다.

해설 변속기의 필요성
① 엔진을 무부하 상태로 있게 하기 위하여
② 엔진의 회전력을 증대시키기 위하여
③ 자동차의 후진을 위하여

Answer 30. ④ 31. ③ 32. ④ 33. ② 34. ②

35 자동변속기를 제어하는 TCU(Transaxle Control Unit)에 입력되는 신호가 아닌 것은?

① 인히비터 스위치
② 스로틀 포지션 센서
③ 엔진 회전수
④ 휠 스피드 센서

해설 휠 스피드 센서는 ABS ECU에 입력된다.

36 수동변속기 차량의 클러치판에서 클러치 접속시 회전충격을 흡수하는 것은?

① 쿠션스프링
② 댐퍼스프링
③ 클러치스프링
④ 막스프링

해설 클러치 스프링의 종류와 역할
① 비틀림 코일(torsional damper) 스프링 : 회전충격 흡수
② 쿠션(cushion) 스프링 : 직각방향의 충격 흡수 및 디스크의 변형 및 파손 방지

37 차륜 정렬상태에서 캠버가 과도할 때 타이어의 마모 상태는?

① 트레드의 중심부가 마멸
② 트레드의 한쪽 모서리가 마멸
③ 트레드의 전반에 걸쳐 마멸
④ 트레드의 양쪽 모서리가 마멸

해설 캠버가 과도하면 트레드의 바깥쪽 모서리가 편마모된다.

38 제동 배력장치에서 브레이크를 밟았을 때 하이드로백 내의 작동 설명으로 틀린 것은?

① 공기밸브는 닫힌다.
② 진공밸브는 닫힌다.
③ 동력 피스톤이 하이드로릭 실린더 쪽으로 움직인다.
④ 동력 피스톤 앞쪽은 진공상태이다.

해설 진공밸브와 공기밸브의 작동 : 반드시 외울 것!!
브레이크를 밟았을 때 진공밸브는 닫히고 공기밸브는 열린다.(VCAO : Vacuum valve Close, Air valve Open)

39 자동변속기에서 일정한 차속으로 주행 중 스로틀 밸브 개도를 갑자기 증가시키면 시프트 다운(감속 변속)되어 큰 구동력을 얻을 수 있는 것은?

① 스톨
② 킥 다운
③ 킥 업
④ 리프트 풋 업

해설 킥 다운(kick down)이란 일정한 차속으로 주행 중 스로틀 밸브 개도를 갑자기 증가시키면(85% 이상) 강제로 시프트 다운(감속 변속)되어 큰 구동력을 얻을 수 있다.

40 전자제어 제동장치(ABS)에서 바퀴가 고정(잠김)되는 것을 검출하는 것은?

① 브레이크 드럼
② 하이드로릭 유니트
③ 휠 스피드 센서
④ ABS ECU

해설 전자제어 제동장치(ABS)에서 휠 스피드 센서는 바퀴의 회전속도를 검출하여 바퀴가 고정(잠김)되는 것을 검출하는 역할을 하는 센서이다.

Answer 35. ④ 36. ② 37. ② 38. ① 39. ② 40. ③

41 전자제어 기관의 점화장치에서 1차 전류를 단속하는 부품은?

① 다이오드 ② 점화스위치
③ 파워트랜지스터 ④ 컨트롤릴레이

해설 파워 트랜지스터(파워 TR)는 컴퓨터에서 신호를 받아 점화코일의 1차 전류를 단속하는 기능을 한다.

42 자동차용 AC 발전기의 내부구조와 가장 밀접한 관계가 있는 것은?

① 슬립링
② 전기자
③ 오버러닝 클러치
④ 정류자

해설 AC 발전기의 구성부품
스테이터, 로터, 슬립링

43 2Ω, 3Ω, 6Ω의 저항을 병렬로 연결하여 12V의 전압을 가하면 흐르는 전류는?

① 1 A ② 2 A
③ 3 A ④ 12 A

해설
- 합성저항 $\frac{1}{R} = \frac{1}{R_1} + \frac{1}{R_2} + \cdots + \frac{1}{R_n}$
- 오옴의 법칙 $I = \frac{E}{R}$

- 합성저항 $\frac{1}{R} = \frac{1}{2} + \frac{1}{3} + \frac{1}{6} = \frac{3}{6} + \frac{2}{6} + \frac{1}{6} = 1\,\Omega$

∴ $R = 1\,\Omega$
- $I = \frac{12}{1} = 12\text{A}$

44 논리소자 중 입력신호 모두가 1일 때에만 출력이 1로 되는 회로는?

① NOT(논리부정)
② AND(논리곱)
③ NAND(논리곱 부정)
④ NOR(논리합 부정)

해설 AND 회로는 입력신호가 모두 1일 때, 출력이 1이 되는 회로이다.

45 자동차용 배터리의 급속 충전시 주의사항으로 틀린 것은?

① 배터리를 자동차에 연결한 채 충전할 경우, 접지(-) 터미널을 떼어 놓을 것
② 충전 전류는 용량값의 약 2배 정도의 전류로 할 것
③ 될 수 있는 대로 짧은 시간에 실시할 것
④ 충전 중 전해액 온도가 45℃ 이상 되지 않도록 할 것

해설 배터리 급속 충전시 충전 전류는 배터리 용량의 약 50% 전류로 한다.

Answer 41. ③ 42. ① 43. ④ 44. ② 45. ②

46 다음 그림과 같이 자동차 전원장치에서 IG1과 IG2로 구분된 이유로 옳은 것은?

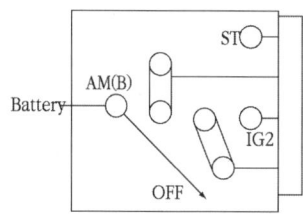

① 점화 스위치의 ON/OFF에 관계없이 배터리와 연결을 유지하기 위해
② START시에도 와이퍼 회로, 전조등 회로 등에 전원을 공급하기 위해
③ 점화 스위치가 ST일 때만 점화코일, 연료펌프 회로 등에 전원을 공급하기 위해
④ START시 시동에 필요한 전원 이외의 전원을 차단하여 시동을 원활하게 하기 위해

해설▶ 자동차 전원장치에서 IG1과 IG2로 구분된 이유는 START시 시동에 필요한 전원 이외의 전원을 차단하여 시동을 원활하게 하기 위해서이다.

47 다음 전기 기호 중에서 트랜지스터의 기호는?

①  ②
③  ④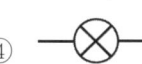

해설▶ 기호의 명칭
① 다이오드 ② 트랜지스터
③ 가변저항 ④ 전구

48 자동차 에어컨에서 고압의 액체 냉매를 저압의 냉매로 바꾸어 주는 부품은?
① 압축기 ② 팽창밸브
③ 컴프레서 ④ 리퀴드 탱크

해설▶ 팽창밸브(expansion valve)는 고압의 액체 냉매를 저압의 액체 냉매로 바꾸는 작용을 한다.

49 백워닝(후방 경보) 시스템의 기능과 가장 거리가 먼 것은?
① 차량 후방의 장애물을 감지하여 운전자에게 알려주는 장치이다.
② 차량 후방의 장애물은 초음파 센서를 이용하여 감지한다.
③ 차량 후방의 장애물 감지시 브레이크가 작동하여 차속을 감속시킨다.
④ 차량 후방의 장애물 형상에 따라 감지되지 않을 수도 있다.

해설▶ 백워닝 시스템은 초음파 센서를 이용하여 차량 후방의 장애물을 감지하여 운전자에게 알려주는 시스템으로 장애물의 형상에 따라 감지되지 않을 수도 있다.

50 자동차의 경음기에서 음질 불량의 원인으로 가장 거리가 먼 것은?
① 다이어프램의 균열이 발생하였다.
② 전류 및 스위치 접촉이 불량하다.
③ 가동판 및 코어의 헐거운 현상이 있다.
④ 경음기 스위치 쪽 배선이 접지되었다.

해설▶ 경음기 스위치의 한 쪽 배선은 당연히 접지되어 있고, 나머지 한 쪽이 붙으면 계속 소리가 나게 된다.

Answer 46. ④ 47. ② 48. ② 49. ③ 50. ④

51 산업 현장에서 안전을 확보하기 위해 인적 문제와 물적문제에 대한 실태를 파악하여야 한다. 다음 중 인적문제에 해당되는 것은?

① 기계 자체의 결함
② 안전교육의 결함
③ 보호구의 결함
④ 작업 환경의 결함

해설 기계, 보호구는 물적 문제, 작업 환경은 환경적인 문제, 안전교육은 사람과 관련된 인적 문제이다.

52 스패너 작업시 가장 안전한 작업방법은?

① 고정 조오에 가장 힘이 많이 걸리도록 한다.
② 볼트 머리보다 약간 큰 스패너를 사용한다.
③ 스패너 자루에 파이프를 끼워서 사용한다.
④ 가동 조오에 가장 힘이 많이 걸리도록 한다.

해설 스패너 작업은 고정조에 힘이 많이 걸리도록 하고, 볼트에 맞는 스패너를 사용하며 손잡이에 파이프, 렌치 등을 이어서 사용하거나 해머로 두들기지 말 것

53 공기공구 사용에 대한 설명 중 틀린 것은?

① 공구 교체시에는 반드시 밸브를 꼭 잠그고 해야 한다.
② 활동 부분은 항상 윤활유 또는 그리스를 급유한다.
③ 사용시에는 반드시 보호구를 착용해야 한다.
④ 공기공구를 사용할 때에는 밸브를 빠르게 열고 닫는다.

해설 공기공구는 회전이 빠르므로 천천히 속도를 높여가며 조심스럽게 사용한다.

54 엔진 가동시 화재가 발생하였다. 소화작업으로 가장 먼저 취해야 할 안전한 방법은?

① 모래를 뿌린다.
② 물을 붓는다.
③ 점화원을 차단한다.
④ 엔진을 가속하여 팬의 바람으로 끈다.

해설 엔진 가동시 화재가 발생하면 가장 먼저 점화 키 스위치를 OFF하여 점화원을 차단한다.

55 정밀한 기계를 수리할 때 부속품을 세척하기 위하여 가장 안전한 방법은?

① 걸레로 닦는다.
② 와이어 브러시를 사용한다.
③ 에어 건을 사용한다.
④ 솔을 사용한다.

해설 정밀한 부속품의 세척은 에어 건으로 한다.

56 부동액의 점검은 무엇으로 측정하는가?

① 마이크로미터
② 비중계
③ 온도계
④ 압력게이지

해설 부동액의 점검은 비중계로 측정한다.

Answer 51. ② 52. ① 53. ④ 54. ③ 55. ③ 56. ②

57 자동변속기 분해 조립시 유의사항으로 틀린 것은?

① 작업시 청결을 유지하고 작업한다.
② 분해된 모든 부품은 걸레로 닦아낸다.
③ 클러치판, 브레이크 디스크는 자동변속기 오일로 세척한다.
④ 조립시 개스킷, 오일 실 등은 새 것으로 교환한다.

해설 자동변속기 부품은 오일속에서 작동하므로 걸레로 닦아서는 안된다.

58 자동변속기와 같이 무거운 물건을 운반할 때의 안전사항 중 틀린 것은?

① 인력으로 운반시 다른 사람과 협조하여 조심성 있게 운반한다.
② 체인 블록이나 리프트를 이용한다.
③ 작업장에 내려 놓을 때에는 충격을 주지 않도록 주의한다.
④ 반드시 혼자 힘으로 운반한다.

해설 자동변속기, 앤빌과 같이 무거운 물건을 운반할 때에는 다른 사람과 협조하거나 체인블록, 호이스트, 리프트 등을 이용한다.

59 자동차에서 와이퍼 장치 정비시 안전 및 유의사항으로 틀린 것은?

① 전기회로 정비 후 단자결선은 사전에 회로 시험기로 측정 후 결선한다.
② 와이퍼 전동기의 기어나 캠 부위에 세정액을 적당히 유입시켜야 한다.
③ 블레이드가 유리면에 닿지 않도록 하여 작동 시험을 할 수 있다.
④ 겨울철에는 동절기용 세정액을 사용한다.

해설 와이퍼 장치 정비시 와이퍼 전동기의 기어나 캠 부위에 세정액이 유입되지 않도록 한다.

60 자동차 정비 작업시 안전 및 유의사항으로 틀린 것은?

① 기관 운전시는 일산화탄소가 생성되므로 환기장치를 해야 한다.
② 헤드 개스킷이 닿는 표면에는 스크레이퍼로 큰 압력을 가하여 깨끗이 긁어낸다.
③ 점화 플러그의 청소시는 보안경을 쓰는 것이 좋다.
④ 기관을 들어낼 때 체인 및 리프팅 브라켓은 무게 중심부에 튼튼히 걸어야 한다.

해설 헤드 개스킷이 닿는 표면은 정밀하므로 스크레이퍼로 긁어내서는 안 된다.

Answer 57. ② 58. ④ 59. ② 60. ②

단기완성 자동차 정비기능사 필기

● 2012년 7월 22일 시행

01 기관에서 흡입밸브의 밀착이 불량할 때 나타나는 현상이 아닌 것은?

① 압축압력 저하   ② 가속 불량
③ 출력 향상   ④ 공회전 불량

해설 흡입밸브의 밀착이 불량하면 출력이 떨어진다.

02 삼원 촉매 컨버터 장착차량의 2차 공기 공급을 하는 목적은?

① 배기 매니홀드 내의 HC와 CO의 산화를 돕는다.
② 공연비를 돕는다.
③ NOx의 생성이 되지 않도록 한다.
④ 배기가스의 순환을 돕는다.

해설 2차공기 공급장치는 배기 다기관에 신선한 공기를 공급하여 배기 매니홀드 내의 HC와 CO의 산화를 돕는다.

03 피스톤 링의 구비조건으로 틀린 것은?

① 고온에서도 탄성을 유지할 것
② 오래 사용하여도 링 자체나 실린더 마멸이 적을 것
③ 열팽창률이 작을 것
④ 실린더 벽에 편심된 압력을 가할 것

해설 피스톤 링의 구비조건
① 열 팽창률이 적을 것
② 내열성과 내마모성이 좋을 것
③ 실린더 벽에 균일한 압력을 가할 것
④ 피스톤 링 자체나 실린더 마멸이 적을 것
⑤ 고온에서도 탄성을 유지할 것

04 가솔린기관의 노크를 방지하기 위한 방법으로 틀린 것은?

① 점화시기를 적합하게 한다.
② 기관의 부하를 적게 한다.
③ 연료의 옥탄가를 높게 한다.
④ 흡기온도를 높게 한다.

해설 가솔린 기관의 노크 방지 대책
① 옥탄가가 높은 연료를 사용한다.
② 흡입공기 온도와 연소실 온도를 낮게 한다.
③ 혼합가스의 와류를 좋게 한다.
④ 기관의 부하를 적게 한다.
⑤ 점화시기를 적합하게 한다.
⑥ 퇴적된 카본을 제거한다.

05 흡기다기관의 압력으로 흡입 공기량을 간접 계측하는 것은?

① 칼만 와류 방식
② 핫필름 방식
③ MAP 센서 방식
④ 베인 방식

해설 MAP센서란 Manifold Absolute Pressure sensor의 약자로, 흡기다기관 절대압력(진공)을 측정하여 흡입 공기량을 간접 계측하는 방식이다.

Answer 1. ③ 2. ① 3. ④ 4. ④ 5. ③

06 4행정 직렬 8실린더 엔진의 폭발행정은 몇 도 마다 일어나는가?

① 45° ② 90°
③ 120° ④ 180°

해설) 크랭크축 위상차 =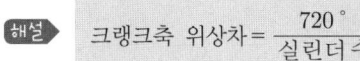

$\therefore \dfrac{720°}{8} = 90°$

07 기관이 과열할 때의 원인과 관련이 없는 것은?

① 라디에이터 코어의 파손
② 냉각수 부족
③ 물펌프의 고속 회전
④ 냉각계통의 흐름 불량

해설) 엔진이 과열되는 원인
① 수온조절기가 닫힌 채로 고장났다.
② 냉각수가 부족하다.
③ 라디에이터 및 코어가 파손되었다.
④ 물펌프가 작동불량이다.
⑤ 냉각계통의 흐름이 불량하다.
⑥ 벨트가 헐겁거나 끊어졌다.

08 전자제어 가솔린기관에서 연료펌프 내 체크밸브의 기능에 대한 설명으로 맞는 것은?

① 연료계통의 압력이 일정이상으로 상승하는 것을 방지하기 위하여 연료를 리턴시킨다.
② 연료의 압송이 정지될 때 체크밸브가 열려 연료 라인 내에 연료압력을 상승시킨다.
③ 연료의 압송이 정지될 때 체크밸브가 닫혀 연료 라인 내에 잔압을 유지시켜 고온 시 베이퍼 록 현상을 방지하고 재시동성을 향상시킨다.
④ 연료가 공급될 때 체크밸브가 닫혀 연료 압력을 상승시켜 베이퍼록 현상을 방지한다.

해설) 연료펌프의 첵밸브는 연료펌프가 작동을 멈출 때 연료 출구를 막아 연료의 역류를 방지하며 잔압을 유지하여 고온에 의한 베이퍼록을 방지하고, 재시동성을 향상시킨다.

09 가솔린기관의 압축압력 측정값이 140lb/in²(psi)일 때 kgf/cm²의 단위로 환산하면?

① 약 9.85kgf/cm²
② 약 11.25kgf/cm²
③ 약 12.54kgf/cm²
④ 약 19.17kgf/cm²

해설) $1 kgf/cm^2 = 14.2 psi$

$\therefore \dfrac{140}{14.2} = 9.859 kgf/cm^2$

Answer 6. ② 7. ③ 8. ③ 9. ①

10 가솔린 분사장치에서 분사 밸브의 설치위치가 흡기다기관 또는 흡입통로에 설치한 방식이 아닌 것은?

① SPI 방식 ② MPI 방식
③ TBI 방식 ④ GDI 방식

해설 GDI(Gasoline Direct Injection)란 분사밸브를 연소실 내에 설치하여 연소실에 연료를 직접 분사하는 방식

11 가솔린기관에서 점화 플러그가 점화되면 연소상태의 화염이 거의 균일한 속도로 전파되는 정상 연소속도는?

① 약 2~3m/s
② 약 20~30m/s
③ 약 200~300m/s
④ 약 2,000~3,000m/s

해설 가솔린기관의 정상 연소속도는 약 20~30m/s이다.

12 전자제어 연료분사 장치에 사용되는 크랭크각(Crank Angle) 센서의 기능은?

① 엔진 회전수 및 크랭크 축의 위치를 검출한다.
② 엔진 부하의 크기를 결정한다.
③ 캠 축의 위치를 검출한다.
④ 1번 실린더가 압축 상사점에 있는 상태를 검출한다.

해설 크랭크 각 센서는 엔진 회전수 및 크랭크 축의 위치를 검출하는 역할을 한다.

13 엔진 회전수에 따라 최대의 토크가 될 수 있도록 제어하는 가변흡기 장치의 설명을 옳은 것은?

① 흡기관로 길이를 엔진회전속도가 저속 시는 길게 하고 고속 시는 짧게 한다.
② 흡기관로 길이를 엔진회전속도가 저속 시는 짧게 하고 고속 시는 길게 한다.
③ 흡기관로 길이를 가·감속시는 길게 한다.
④ 흡기관로 길이를 감속 시는 짧게 하고 가속 시는 길게 한다.

해설 가변 흡기밸브 장치(VICS : Variable Intake valve Control System)란 저·중속 회전에서는 흡기관로 길이를 길게 하여 토크를 향상시키고, 고속 시는 길이를 짧게 하여 출력을 증대시킨다.

14 전자제어 가솔린기관에서 컨트롤유닛(ECU)로 입력되는 센서가 아닌 것은?

① 수온 센서 ② 크랭크각 센서
③ 흡기온도 센서 ④ 휠 스피드 센서

해설 전자제어 기관의 입·출력 요소

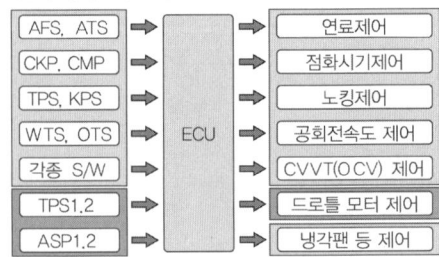

※ 휠 스피드 센서는 ABS ECU에 입력되는 센서이다.

Answer 10. ④ 11. ② 12. ① 13. ① 14. ④

15 가솔린기관에서 행정 체적을 V_S, 연소실 체적을 V_C라 할 때 압축비는 어느 것인가?

① $\dfrac{V_C}{V_C+V_S}$ ② $\dfrac{V_S}{V_C+V_S}$

③ $\dfrac{V_C+V_S}{V_C}$ ④ $\dfrac{V_C+V_S}{V_S}$

해설) 압축비 = 실린더 체적 / 연소실 체적
    = (연소실 체적 + 행정 체적) / 연소실 체적

∴ 압축비 = $\dfrac{V_C+V_S}{V_C}$

16 기관 각 운동부에서 윤활장치의 윤활유 역할이 아닌 것은?

① 동력손실을 적게 한다.
② 노킹현상을 방지한다.
③ 기계적 손실을 적게 하며, 냉각작용도 한다.
④ 부식과 침식을 예방한다.

해설) 윤활유의 6대 작용
① 감마작용 : 마찰을 감소시켜 동력 손실을 최소화
② 밀봉작용 : 오일막을 형성하여 기밀을 유지
③ 냉각작용 : 마찰로 인한 열을 흡수하여 냉각시킴
④ 세척작용 : 먼지, 카본 등 불순물을 흡수하여 오일을 세척
⑤ 방청작용 : 수분의 침입을 막아 부식과 침식을 예방
⑥ 응력 분산작용 : 동력 행정시 충격을 분산시켜 응력을 최소화

17 일반 디젤기관 연료장치에서 여과지식 연료 여과기의 기능은?

① 불순물만 제거
② 불순물과 수분 제거
③ 수분만 제거
④ 기름 성분만 제거

해설) 디젤기관의 연료여과기는 연료속의 불순물과 수분을 제거하는 기능을 한다.

18 3원 촉매장치의 촉매 컨버터에서 정화 처리하는 배기가스가 아닌 것은?

① CO   ② NOx
③ SO_2 ④ HC

해설) 삼원 촉매장치는 일산화탄소(CO), 탄화수소(HC), 질소산화물(NOx)을 저감한다.

19 조향륜 윤중의 합은 차량중량 및 차량총중량의 각각에 대하여 얼마 이상이어야 하는가?

① 10%   ② 20%
③ 30%   ④ 40%

해설) 조향바퀴의 윤중의 합은 차량중량 및 차량총중량 각각에 대하여 20% 이상이어야 한다.

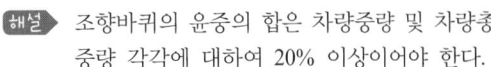

Answer 15. ③ 16. ② 17. ② 18. ③ 19. ②

20 평균 유효압력이 7.5kgf/cm², 행정체적 200cc, 회전수 2,400rpm일 때 4행정 4기통 기관의 지시마력은?

① 14PS   ② 16PS
③ 18PS   ④ 20PS

해설
$$지시(도시)마력 = \frac{PALZN}{75 \times 60}$$
$$= \frac{PVZN}{75 \times 60 \times 100}$$

여기서, P : 지시평균 유효압력(kgf/cm²)
A : 실린더 단면적(cm²)
L : 행정(m)
V : 배기량(cm³)
Z : 실린더 수
N : 엔진회전수(rpm)(2행정기관 : N, 4행정기관 : $N/2$)

$$\therefore 지시마력 = \frac{7.5 \times 200 \times 4 \times 1,200}{75 \times 60 \times 100} = 16PS$$

21 열기관에서 열원으로부터 받은 열량을 얼마만큼 유효한 일로 변환하였는가의 비율을 무엇이라 하는가?

① 열감정   ② 열효율
③ 연료소비율   ④ 평균유효압력

해설 열효율이란 열원으로부터 받은 열량을 얼마만큼 유효한 일로 변환하였는가의 비율을 의미한다.

22 LPG 사용 차량의 점화 시기는 가솔린 사용 차량에 비해 어떻게 해야 되는가?

① 다소 늦게 한다.
② 빠르게 한다.
③ 시동 시 빠르게 하고 시동 후에는 늦춘다.
④ 점화 시기는 상관없다.

해설 LPG 차량은 연료가 기체 상태로 공급되어 연소속도가 빠르므로 가솔린 차량에 비해 점화시기를 빠르게 한다.

23 한 개의 실린더 배기량이 1,400cc이고, 압축비가 8일 때 연소실 체적은?

① 175cc   ② 200cc
③ 100cc   ④ 150cc

해설
$$압축비 = 1 + \frac{행정\ 체적(배기량)}{연소실\ 체적}$$

$$\therefore 연소실\ 체적 = \frac{행정\ 체적(배기량)}{압축비 - 1}$$
$$= \frac{1,400}{8-1} = 200cc$$

24 전자제어 자동변속기 차량에서 스로틀 포지션 센서의 출력이 60% 정도 밖에 나오지 않을 때 나타나는 현상으로 가장 적당한 것은?

① 킥다운 불량
② 오버드라이브 안 됨
③ 3속에서 4속으로 변속 안 됨
④ 전체적으로 기어 변속 안 됨

해설 킥 다운(kick down)이란 스로틀 밸브 개도를 갑자기 증가시키면(85% 이상) 강제로 시프트 다운(감속 변속)되어 큰 구동력을 얻는 장치로, 스로틀 포지션 센서의 출력이 60% 정도 밖에 나오지 않으면 TPS 불량이다.

Answer 20. ② 21. ② 22. ② 23. ② 24. ①

25 타이어 종류 중 튜브리스 타이어의 장점이 아닌 것은?

① 못 등이 박혀도 공기누출이 적다.
② 림이 변형되어도 공기누출의 가능성이 적다.
③ 고속 주행 시에도 발열이 작다.
④ 펑크 수리가 간단하다.

해설 튜브리스 타이어의 특징
① 못 등에 찔려도 공기가 급격히 새지 않는다.
② 펑크 수리가 간단하고, 고속으로 주행하여도 발열이 적다.
③ 림이 변형되어 타이어와 밀착이 불량하면 공기가 새기 쉽다.
④ 유리조각 등에 의해 찢어지면 수리하기 어렵다.

26 주행 시 혹은 제동 시 핸들이 한쪽으로 쏠리는 원인으로 거리가 먼 것은?

① 좌·우 타이어의 공기 압력이 같지 않다.
② 앞바퀴의 정렬이 불량하다.
③ 조행 핸들축의 축 방향 유격이 크다.
④ 한쪽 브레이크 라이닝 간격 조정이 불량하다.

해설 조향 휠이 한쪽으로 쏠리는 원인
① 타이어 공기압이 불균일하다.
② 좌·우 축거가 다르다.
③ 좌·우 브레이크 라이닝의 간극이 다르다.
④ 앞차축 한쪽의 현가 스프링이 절손되었다.
⑤ 쇽업소버 작동이 불량하다.
⑥ 휠 얼라인먼트가 불량하다.
⑦ 뒤차축이 차의 중심선에 대하여 직각이 아니다.

27 자동변속기에서 토크컨버터의 터빈축이 연결되는 곳은?

① 변속기 입력부분
② 변속기 출력부분
③ 가이드링 부분
④ 임펠러 부분

해설 자동변속기에서 토크 컨버터의 터빈축은 변속기 입력부분과 연결되어 변속기로 동력을 전달한다.

28 자동차의 동력 전달장치에서 슬립조인트 (slip joint)가 있는 이유는?

① 회전력을 직각으로 전달하기 위하여
② 출발을 쉽게 하기 위해서
③ 추진축의 길이 변화를 주기 위해서
④ 추진축의 각도 변화를 주기 위해서

해설 슬립 조인트(slip joint)는 주행시 발생되는 추진축의 길이 방향의 변화를 가능하게 하기 위하여 둔다.

29 유압식 제동장치에서 브레이크 라인 내에 잔압을 두는 목적으로 틀린 것은?

① 베이퍼 록을 방지한다.
② 브레이크 작동을 신속하게 한다.
③ 페이드 현상을 방지한다.
④ 유압회로에 공기가 침입하는 것을 방지한다.

해설 잔압을 두는 목적
① 브레이크 작동 신속
② 베이퍼 록 방지
③ 오일 누출 방지(공기 유입 방지)

Answer 25. ② 26. ③ 27. ① 28. ③ 29. ③

30 전자제어 현가장치에서 안티 롤 자세제어 시 입력신호로 사용되는 것은?
① 브레이크 스위치 신호
② 스로틀 포지션 신호
③ 휠 스피드 센서 신호
④ 조향휠 각센서 신호

해설▶ 조향 휠 각속도 센서와 차속 정보에 의해 롤 상태를 검출하여 선회 주행시 안티 롤 자세 제어의 입력신호로 사용한다.

31 자동변속기 차량에서 시동이 가능한 변속레버 위치는?
① P, N   ② P, D
③ 전구간   ④ N, D

해설▶ 인히비터(inhibitor) 스위치는 "P" 또는 "N" 레인지 이외에서는 시동이 걸리지 않도록 하는 스위치이다.

32 수동변속기 차량에서 클러치가 미끄러지는 원인은?
① 클러치 페달 자유간극 과대
② 클러치 스프링의 장력 약화
③ 릴리스 베어링의 파손
④ 유압라인 공기 혼입

해설▶ 클러치가 미끄러지는 원인
① 클러치 디스크 마모로 인한 자유유격 과소
② 클러치 스프링의 약화 및 변형
③ 마찰면의 경화 또는 오일 부착
④ 압력판, 플라이 휠 접촉면의 손상

33 기관의 최고 출력이 70PS, 4,800rpm인 자동차가 최고 출력을 낼 때의 총감속비가 4.8 : 1이라면 뒤차축의 액슬축은 몇 rpm인가?
① 336rpm   ② 1,000rpm
③ 1,250rpm   ④ 1,500rpm

해설▶ 후차축(액슬축) 회전수 = $\dfrac{\text{엔진 회전수}}{\text{총 감속비}}$

∴ $\dfrac{4,800}{4.8} = 1,000\text{rpm}$

34 주행속도가 100km/h인 자동차의 초당 주행속도는?
① 약 16m/s   ② 약 23m/s
③ 약 28m/s   ④ 약 32m/s

해설▶ 속도(km/h) = $\dfrac{거리}{시간}$

시속 = 초속×3.6이므로
∴ 초속 = 시속÷3.6 = 100÷3.6 = 27.7m/s

35 전자제어 제동장치(ABS)에서 ECU 신호계통, 유압계통 이상 발생 시 솔레노이드 밸브 전원공급 릴레이 "OFF"함과 동시에 제어 출력신호를 정지하는 기능은?
① 연산 기능
② 최초점검 기능
③ 페일 세이프 기능
④ 입·출력신호 기능

해설▶ 페일 세이프(fail safe)
이중 안전장치란 뜻으로, 부품의 고장에 의해 장치가 작동하지 않더라도 항상 정상 상

Answer 30. ④ 31. ① 32. ② 33. ② 34. ③ 35. ③

태를 유지할 수 있는 기능을 말한다. ABS 시스템 이상 발생시 ABS의 모든 기능이 정지되고, 일반 브레이크로 정상 작동하는 것을 페일 세이프라 한다.

36 전자제어 동력조향장치의 구성 요소 중 차속과 조향각 신호를 기초로 최적 상태의 유량을 제어하여 조향 휠의 조향력을 적절히 변화시키는 것은?

① 댐퍼 제어 밸브
② 유량 제어 밸브
③ 동력 실린더 밸브
④ 매뉴얼 밸브

해설 유량 제어 밸브는 차속과 조향각 신호를 기초로 최적 상태의 유량을 제어하여 조향 휠의 조향력을 저속에서는 가볍게, 고속에서는 적절히 무겁게 변화시키는 역할을 한다.

37 독립 현가장치의 종류가 아닌 것은?

① 위시본 형식
② 스트럿 형식
③ 트레일링 암 형식
④ 옆방향 판 스프링 형식

해설 현가장치의 분류
① 차축 현가 : 판 스프링 형식
② 독립 현가 : 맥퍼슨 스트럿 형식, 위시본 형식, 트레일링 암 형식, 스윙 차축 형식 등

38 수동변속기에서 기어 변속이 힘든 경우로 틀린 것은?

① 클러치 자유간극(유격)이 부족할 때
② 싱크로나이저 스프링이 약화된 경우
③ 변속 축 혹은 포크가 마모된 경우
④ 싱크로나이저 링과 기어콘의 접촉이 불량한 경우

해설 클러치 자유간극(유격)이 부족하면 클러치 차단이 잘되므로 기어 변속과는 관련이 없고 미끄러질 수 있다.

39 유압식 제동장치에서 마스터 실린더의 내경이 2cm, 푸시로드에 100kgf의 힘이 작용할 때 브레이크 파이프에 작용하는 압력은?

① 약 32kgf/cm²
② 약 25kgf/cm²
③ 약 10kgf/cm²
④ 약 2kgf/cm²

해설

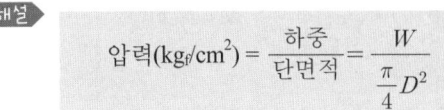

$$\therefore \frac{W}{\frac{\pi}{4}D^2} = \frac{100}{0.785 \times 2^2} = 31.847 \text{kg}_f/\text{cm}^2$$

40 조향장치를 구성하는 주요 부품이 아닌 것은?

① 조향 휠   ② 타이로드
③ 피트먼암   ④ 토션바 스프링

해설 조향장치 주요 부품
조향 휠, 조향기어, 피트먼암, 타이로드, 너클

Answer 36. ② 37. ④ 38. ① 39. ① 40. ④

41 자동차 전기장치에서 "임의의 한 점으로 유입된 전류의 총합은 유출한 전류의 총합과 같다."는 현상을 설명한 것은?

① 앙페르의 법칙
② 키르히호프의 제1법칙
③ 뉴턴의 제1법칙
④ 렌츠의 법칙

해설 키르히호프의 제1법칙(전류의 법칙)
도체내의 임의의 한 점으로 유입된 전류의 총합은 유출한 전류의 총합과 같다.

42 축전기(Condenser)와 관련된 식 표현으로 틀린 것은? (Q = 전기량, E = 전압, C = 비례상수)

① $Q = CE$
② $C = \dfrac{Q}{E}$
③ $E = \dfrac{Q}{C}$
④ $C = QE$

해설 $Q = CE$, $C = \dfrac{Q}{E}$, $E = \dfrac{Q}{C}$ 이다.

43 퓨즈에 관한 설명으로 맞는 것은?

① 퓨즈는 정격전류가 흐르면 회로를 차단하는 역할을 한다.
② 퓨즈는 과대전류가 흐르면 회로를 차단하는 역할을 한다.
③ 퓨즈는 용량이 클수록 정격전류가 낮아진다.
④ 용량이 작은 퓨즈는 용량을 조정하여 사용한다.

해설 퓨즈는 과대전류가 흐르면 회로를 차단하는 역할을 한다.

44 자동차의 레인센서 와이퍼 제어장치에 대한 설명 중 옳은 것은?

① 엔진오일의 양을 감지하여 운전자에게 자동으로 알려주는 센서이다.
② 자동차의 와셔액량을 감지하여 와이퍼가 작동시 와셔액을 자동 조절하는 장치이다.
③ 앞창 유리 상단의 강우량을 감지하여 자동으로 와이퍼 속도를 제어하는 센서이다.
④ 온도에 따라서 와이퍼 조작시 와이퍼 속도를 제어하는 장치이다.

해설 레인센서 와이퍼(rain sensor wiper) 장치란 우적 감지 시스템으로, 앞창 유리 상단의 강우량을 감지하여 운전자가 스위치를 조작하지 않고도 자동으로 와이퍼 속도를 제어하는 시스템이다.

45 다음 중 교류발전기의 특징이 아닌 것은?

① 저속에서의 충전 성능이 좋다.
② 속도 변동에 따른 적응 범위가 넓다.
③ 다이오드를 사용하므로 정류 특성이 좋다.
④ 스테이터 코일이 로터 안쪽에 설치되어 있기 때문에 방열성이 좋다.

해설 교류발전기의 특징
① 소형 경량으로 수명이 길다.
② 저속에서의 충전 성능이 좋다.
③ 속도 변동에 따른 적응 범위가 넓다.
④ 다이오드를 사용하므로 정류 특성이 좋다.
⑤ 실리콘 다이오드로 정류하고, 역류를 방지한다.
※ 교류발전기는 로터가 안쪽에, 스테이터가

Answer 41. ② 42. ④ 43. ② 44. ③ 45. ④

46 점화장치에서 DLI(Distributor Less Ignition) 시스템의 장점으로 틀린 것은?

① 점화진각 폭의 제한이 크다.
② 고전압 에너지 손실이 적다.
③ 점화에너지를 크게 할 수 있다.
④ 내구성이 크고 전파방해가 적다.

해설 ▶ DLI 방식의 특징
① 배전기에 의한 누전 및 전파잡음이 없다.
② 고전압 에너지 손실이 적다.
③ 점화에너지를 크게 할 수 있다.
④ 점화진각 폭에 제한이 없다.
⑤ 내구성이 크므로 신뢰성이 향상된다.

47 2개 이상의 배터리를 연결하는 방식에 따라 용량과 전압 관계의 설명으로 맞는 것은?

① 직렬 연결시 1개 배터리 전압과 같으며 용량은 배터리 수 만큼 증가한다.
② 병렬 연결시 용량은 배터리 수 만큼 증가하지만 전압은 1개 배터리 전압과 같다.
③ 병렬연결이란 전압과 용량이 동일한 배터리 2개 이상을 (+)단자와 연결대상 배터리 (−)단자에, (−)단자는 (+)단자로 연결하는 방식이다.
④ 직렬연결이란 전압과 용량이 동일한 배터리 2개 이상을 (+)단자와 연결대상 배터리의 (+)단자에 서로 연결하는 방식이다.

해설 ▶ ①항은 병렬 연결시의 특징을, ③항과 ④항은 직렬 연결과 병렬 연결이 서로 바뀌었다.

48 어떤 6기통 디젤기관의 예열회로를 점검해 보니 예열 플러그 1개당 저항이 1/12Ω 이었다. 각각 직렬 연결되어 있으며, 전압이 12V일 때 예열플러그 전체에 전류는?

① 12 A   ② 24 A
③ 36 A   ④ 144 A

해설 ▶
• 합성저항 $R = R_1 + R_2 + \cdots + R_n$
• 오옴의 법칙 $I = \dfrac{E}{R}$

∴ 합성저항 $\dfrac{1}{R} = \dfrac{1}{12} + \dfrac{1}{12} + \dfrac{1}{12} + \dfrac{1}{12}$
$+ \dfrac{1}{12} + \dfrac{1}{12} = \dfrac{6}{12} \Omega$

• $I = \dfrac{12}{\frac{6}{12}} = 24A$

49 반도체에서 사이리스터의 구성부가 아닌 것은?

① 캐소드   ② 게이트
③ 애노드   ④ 컬렉터

해설 ▶ 사이리스터(SCR)의 단자 명칭
애노드(A), 캐소드(K), 게이트(G)

50 라디에이터 앞쪽에 설치되며, 고온 고압의 기체 냉매를 냉각시켜 액화 상태로 변화시키는 것은?

① 압축기   ② 응축기
③ 건조기   ④ 증발기

해설 ▶ 응축기(condenser)는 라디에이터 앞쪽에 설치되며, 고온 고압의 기체 냉매를 냉각시켜 액화시키는 작용을 한다.

Answer   46. ①   47. ②   48. ②   49. ④   50. ②

51 조정렌치를 취급하는 방법 중 잘못된 것은?

① 조정 조(jaw) 부분에 렌치의 힘이 가해지도록 할 것
② 렌치에 파이프 등을 끼워서 사용하지 말 것
③ 작업시 몸쪽으로 당기면서 작업할 것
④ 볼트 또는 너트의 치수에 밀착되도록 크기를 조절할 것

> 해설 조정 렌치는 고정 조(jaw)에 힘이 많이 걸리도록 하여 몸 쪽으로 당기면서 작업하고, 볼트나 너트의 치수에 맞도록 크기를 조절하여 사용하며 손잡이에 파이프, 렌치 등을 이어서 사용하거나 해머로 두들기지 말 것

52 산업안전 표시 중 주의 표시로 사용되는 색은?

① 백색 ② 적색
③ 황색 ④ 녹색

> 해설 안전·보건표지의 색채
> ① 백색 : 보조색
> ② 적색 : 금지
> ③ 황색 : 주의, 경고
> ④ 녹색 : 안내

53 재해 발생 형태별 재해 분류 중 분류항목과 세부항목이 일치되지 않는 것은?

① 충돌 : 사람이 정지물에 부딪친 경우
② 협착 : 물건에 끼워지거나 말려든 상태
③ 전도 : 고온이나 저온에 접촉한 경우
④ 낙하 : 물건이 주체가 되어 사람이 맞은 경우

> 해설 재해 분류 중 전도란 계단 및 작업장에서 이동 중 미끄러지거나 걸려 넘어지는 재해를 말한다.

54 공기를 사용한 동력 공구 사용시 주의사항으로 적합하지 않은 것은?

① 간편한 사용을 위하여 보호구는 사용하지 않는다.
② 에어 그라인더는 회전시 소음과 진동의 상태를 점검한 후 사용한다.
③ 규정 공기압력을 유지한다.
④ 압축공기 중의 수분을 제거하여 준다.

> 해설 동력공구 사용시 주의사항
> ① 규정 공기압력을 유지한다.
> ② 압축공기 중의 수분을 제거하여 준다.
> ③ 사용시에는 반드시 보호구를 착용해야 한다.
> ④ 활동 부분은 항상 윤활유 또는 그리스를 급유한다.
> ⑤ 에어 그라인더는 회전시 소음과 진동의 상태를 점검한 후 사용한다.
> ⑥ 고무 호수가 꺾여 공기가 새는 일이 없도록 할 것
> ⑦ 공기기구의 반동으로 생길 수 있는 사고를 미연에 방지할 것
> ⑧ 공구의 교체 시에는 반드시 밸브를 꼭 잠그고 하여야 한다.

Answer 51. ① 52. ③ 53. ③ 54. ①

55 산소용기의 가스 누설검사 시 사용하는 검사액으로 가장 적당한 것은?

① 비눗물 ② 솔벤트
③ 순수한 물 ④ 알코올

해설 가스 용기 누설검사는 비눗물로 한다.

56 부품 분해시 솔벤트로 닦으면 안되는 것은?

① 릴리스 베어링 ② 십자축 베어링
③ 허브 베어링 ④ 차동장치 베어링

해설 릴리스 베어링은 영구 주유식이므로 솔벤트로 세척해서는 안 된다.

57 엔진의 밸브간극 조정 시 안전상 가장 좋은 방법은?

① 엔진을 정지상태에서 조정
② 엔진을 공전상태에서 조정
③ 엔진을 가동상태에서 조정
④ 엔진을 크랭킹하면서 조정

해설 엔진 밸브간극 조정시 엔진을 정지상태에서 밸브간극 게이지를 사용하여 조정한다.

58 다음 중 분진의 발생을 방지하는데 특히 신경 써야 하는 작업은?

① 도장작업
② 타이어 교환작업
③ 기관 분해 조립작업
④ 냉각수 교환작업

해설 도장작업은 도색 작업시 분진이 날리므로 주의하여야 한다.

59 전기장치의 점검시 점프와이어(jump wire)에 대한 설명 중 ( ) 안에 적합한 것은?

점프와이어는 (a)의 (b)상태에서 점검하는데 사용한다.

① a : 전원, b : 통전 또는 접지
② a : 통전 또는 접지, b : 점프
③ a : 통전 또는 접지, b : 연결부위를 제거한
④ a : 점프, b : 통전 또는 접지

해설 점프 와이어는 전원을 ON한 상태에서 통전 또는 접지여부를 점검한다.

60 자동차 엔진에 냉각수 보충이 필요하여 보충하려고 할 때 가장 안전한 방법은?

① 주행 중 냉각수 경고등이 점등되면 라디에이터 캡을 열고 바로 냉각수를 보충한다.
② 주행 중 냉각수 경고등이 점등되면 라디에이터 캡을 열고 바로 엔진오일을 보충한다.
③ 주행 중 냉각수 경고등이 점등되면 엔진을 냉각시킨 후 라디에이터 캡을 열고 냉각수를 보충한다.
④ 주행 중 냉각수 경고등이 점등되면 엔진을 냉각시킨 후 라디에이터 캡을 열고 엔진오일을 보충한다.

해설 기관이 과열되었을 때 냉각수 보충은 기관 시동을 끄고 완전히 냉각시킨 후 라디에이터 캡을 열고 냉각수를 보충한다.

Answer 55. ① 56. ① 57. ① 58. ① 59. ① 60. ③

자동차 정비기능사 필기

▶ 2012년 10월 20일 시행

01 가솔린의 성분 중 이소옥탄이 80%, 노말 헵탄이 20%일 때 옥탄가는?
① 80   ② 70
③ 40   ④ 20

해설
$$옥탄가 = \frac{이소옥탄}{이소옥탄 + 정(노말)헵탄} \times 100(\%)$$

$\therefore \dfrac{80}{80+20} \times 100 = 80(\%)$

02 가솔린 자동차에서 배출되는 유해 배출가스 중 규제 대상이 아닌 것은?
① CO   ② SO_2
③ HC   ④ NOx

해설 유해 배기가스는 일산화탄소(CO), 탄화수소(HC), 질소산화물(NOx)이다.

03 분사펌프의 캠축에 의해 연료 송출 기간의 시작은 일정하고 분사 끝이 변화하는 플런저의 리드 형식은?
① 양 리드형   ② 변 리드형
③ 정 리드형   ④ 역 리드형

해설 플런저의 리드 방식
① 정 리드 : 분사 초기가 일정하고 분사 말기가 변화
② 역 리드 : 분사 초기가 변화하고 분사 말기가 일정
③ 양 리드 : 분사 초기와 분사 말기가 모두 변화

04 라디에이터의 점검에서 누설 실험을 하기 위한 공기압은?
① $1kg_f/cm^2$ ② $3kg_f/cm^2$
③ $5kg_f/cm^2$ ④ $7kg_f/cm^2$

해설 누설 시험시 압축공기 압력은 0.5~2kg_f/cm^2이다.

05 최대적재량이 15톤인 일반형 화물자동차를 1,500리터 휘발유 탱크로리로 구조변경승인을 얻은 후 구조변경 검사를 시행할 경우 검사하여야 할 항목이 아닌 것은?
① 제동장치
② 물품적재장치
③ 조향장치
④ 제원측정

해설 구조변경 검사는 승인 내용대로 변경하였는지의 여부를 신규검사 기준 및 방법에 따라 실시한다. 조향장치는 변경 내용이 아니므로 검사하지 않는다.

Answer 1. ① 2. ② 3. ③ 4. ① 5. ③

06 점화순서가 1-3-4-2인 직렬 4기통 기관에서 1번 실린더가 흡입 중일 때 4번 실린더는?

① 배기행정 ② 동력행정
③ 압축행정 ④ 흡입행정

해설 점화순서의 반대로 행정을 적으면 된다. 즉, 1번이 흡기행정이므로 2번은 압축, 4번은 동력, 3번은 배기행정이다.

[개념다지기]
크랭크 핀 저널의 움직임으로 찾으면 1번과 4번, 2번과 3번 크랭크 핀은 같이 움직이므로 1번이 흡기행정이면 4번은 당연히 동력행정이다.

07 부특성 흡기온도 센서(A.T.S)에 대한 설명으로 틀린 것은?

① 흡기온도가 낮으면 저항값이 커지고, 흡기온도가 높으면 저항값은 작아진다.
② 흡기온도의 변화에 따라 컴퓨터는 연료분사 시간을 증감시켜주는 역할을 한다.
③ 흡기온도의 변화에 따라 컴퓨터는 점화시기를 변화시키는 역할을 한다.
④ 흡기온도를 뜨겁게 감지하면 출력전압이 커진다.

해설 흡기온도가 높으면 저항값은 작아지므로 출력전압은 낮아진다.

08 인젝터의 점검 사항 중 오실로스코프로 측정해야 하는 것은?

① 저항   ② 작동음
③ 분사시간 ④ 분사량

해설 인젝터 분사시간은 오실로스코프로 측정해야 한다.
저항은 멀티미터로, 작동음은 청진기, 분사량은 분사펌프 시험기로 측정한다.

09 옥탄가를 측정키 위하여 특별히 장치한 기관으로서 압축비를 임의로 변경시킬 수 있는 기관은?

① L.P.G 기관 ② C.F.R 기관
③ 디젤 기관   ④ 오토 기관

해설 C.F.R(Cooperative Fuel Research) 기관
옥탄가를 측정키 위하여 특별히 장치한 단행정 기관으로서 압축비를 임의로 변경시켜 노킹을 측정할 수 있는 기관

10 기관의 오일펌프 사용 종류로 적합하지 않는 것은?

① 기어 펌프   ② 피드 펌프
③ 베인 펌프   ④ 로터리 펌프

해설 기관 오일펌프의 종류
① 기어 펌프
② 베인 펌프
③ 로터리 펌프
④ 플런저 펌프

Answer 6. ② 7. ④ 8. ③ 9. ② 10. ②

11 피스톤 행정이 84mm, 기관의 회전수가 3,000rpm인 4행정 사이클 기관의 피스톤 평균속도는 얼마인가?

① 7.4 m/s ② 8.4 m/s
③ 9.4 m/s ④ 10.4 m/s

해설 피스톤 평균속도(v)
$$= \frac{2LN}{60} = \frac{LN}{30} \text{(m/s)}$$

여기서 L : 행정(m)
N : 엔진회전수(rpm)

∴ 피스톤 평균속도 $v = \dfrac{0.084 \times 3{,}000}{30}$
= 8.4m/s

12 LPG 기관에서 액체 LPG를 기체 LPG로 전환시키는 장치는?

① 믹서
② 연료 봄베
③ 솔레노이드 밸브
④ 베이퍼라이저

해설 베이퍼라이저(vaporizer)는 액체를 기체로 변화시켜 주는 장치로 감압, 기화 및 압력조절 작용을 한다.

13 엔진 출력과 최고 회전속도와의 관계에 대한 설명으로 옳은 것은?

① 고회전시 흡기의 유속이 음속에 달하면 흡기량이 증가되어 출력이 증가한다.
② 동일한 배기량으로 단위시간당의 폭발횟수를 증가시키면 출력은 커진다.
③ 평균 피스톤 속도가 커지면 왕복운동 부분의 관성력이 증대되어 출력 또한 커진다.
④ 출력을 증대시키는 방법으로 행정을 길게 하고 회전속도를 높이는 것이 유리하다.

해설 동일한 배기량에서 단위시간당 폭발횟수가 증가하면 당연히 출력은 커진다.

14 흡입공기량을 간접적으로 검출하기 위해 흡기 매니홀드의 압력변화를 감지하는 센서는?

① 대기압 센서
② 노크 센서
③ MAP 센서
④ TPS

해설 MAP센서란 Manifold Absolute Pressure sensor의 약자로, 흡기다기관 절대압력(진공)을 측정하여 흡입 공기량을 간접 계측하는 방식이다.

Answer 11. ② 12. ④ 13. ② 14. ③

15 실린더 헤드의 평면도 점검 방법으로 옳은 것은?

① 마이크로미터로 평면도를 측정 점검한다.
② 곧은자와 틈새게이지로 측정 점검한다.
③ 실린더 헤드를 3개 방향으로 측정 점검한다.
④ 틈새가 0.02mm 이상이면 연삭한다.

해설 실린더 헤드의 평면도 점검은 직각자(곧은자)와 필러(틈새, 간극, 시크니스)게이지로 측정 점검한다.

16 고속회전을 목적으로 하는 기관에서 흡기밸브와 배기밸브 중 어느 것이 더 크게 만들어져 있는가?

① 흡기밸브   ② 배기밸브
③ 동일하다. ④ 1번 배기밸브

해설 흡입효율을 좋게 하기 위하여 흡기밸브를 크게 하거나 흡기밸브 2개, 배기밸브 1개를 사용하기도 한다.

17 활성탄 캐니스터(charcoal canister)는 무엇을 제어하기 위해 설치되는가?

① CO_2 증발가스
② HC 증발가스
③ NO_x 증발가스
④ CO 증발가스

해설 캐니스터(canister)는 연료 증발가스인 탄화수소(HC)를 포집하기 위한 장치이다.

18 자동차 기관의 실린더 벽 마모량 측정기기로 사용할 수 없는 것은?

① 실린더 보어 게이지
② 내측 마이크로미터
③ 텔레스코핑 게이지와 외측 마이크로미터
④ 사인바 게이지

해설 사인바 게이지는 각도 측정 게이지이다.

19 흡기 다기관 진공도 시험으로 알아낼 수 없는 것은?

① 밸브 작동의 불량
② 점화 시기의 불량
③ 흡·배기 밸브의 밀착상태
④ 연소실 카본누적

해설 연소실 카본 누적은 압축압력 시험으로 알 수 있다.

20 100PS의 엔진이 적합한 기구(마찰을 무시)를 통하여 2,500kgf의 무게를 3m 올리려면 몇 초나 소요되는가?

① 1초   ② 5초
③ 10초 ④ 15초

해설 일 = 동력 × 시간, 1ps = 75kg · m/s

$$시간 = \frac{일}{동력} = \frac{일}{마력 \times 75} = \frac{2,500 \times 3}{100 \times 75}$$
$$= 1초$$

Answer 15. ② 16. ① 17. ② 18. ④ 19. ④ 20. ①

21 전자제어 가솔린 분사장치 기관에서 스로틀 바디 인젝터(TBI)방식 차량의 인젝터 설치 위치로 가장 적합한 곳은?

① 스로틀 밸브 상부
② 스로틀 밸브 하부
③ 흡기 밸브 전단
④ 흡기 다기관 중앙

해설: 스로틀 바디 인젝터(TBI)방식 차량의 인젝터는 스로틀 밸브 상부에 설치되어 있다.

22 디젤 기관용 연료의 구비조건으로 틀린 것은?

① 착화성이 좋을 것
② 부식성이 적을 것
③ 인화성이 좋을 것
④ 적당한 점도를 가질 것

해설: 디젤 연료(경유)의 구비조건
① 착화성이 좋을 것
② 세탄가가 높을 것
③ 발열량이 클 것
④ 점도가 적당하고, 온도에 따른 점도 변화가 적을 것
⑤ 부식성이 적을 것

23 기계식 분사시스템으로 공기유량을 기계적 변위로 환산하여 연료가 인젝터에서 연속적으로 분사되는 시스템은?

① K-제트로닉
② D-제트로닉
③ L-제트로닉
④ Mono-제트로닉

해설: K-제트로닉(K-Jetronic)이란 연속분사란 의미로, 크랭크축 회전에 따라 연속적으로 연료를 분사하는 기계식 분사 시스템이다.

24 전자제어 현가장치의 관련 내용으로 틀린 것은?

① 급제동시 노즈 다운 현상 방지
② 고속 주행시 차량의 높이를 낮추어 안정성 확보
③ 제동시 휠의 록킹 현상을 방지하여 안정성 증대
④ 주행조건에 따라 현가장치의 감쇠력을 조절

해설: ①, ②, ④항은 전자제어 현가장치의 특징이고, ③항은 전자제어 제동장치(ABS) 관련 내용이다.

25 선회 주행시 뒷바퀴 원심력이 작용하여 일정한 조향 각도로 회전해도 자동차의 선회 반지름이 작아지는 현상을 무엇이라고 하는가?

① 코너링 포스 현상
② 언더 스티어 현상
③ 캐스터 현상
④ 오버 스티어 현상

해설: 선회 반지름이 작아졌다는 것은 조향각이 커졌다는 의미이므로 오버 스티어링(over steering)이라 한다.

26 현가장치에서 스프링 강으로 만든 가늘고 긴 막대 모양으로 비틀림 탄성을 이용하여 완충 작용을 하는 부품은?

① 공기 스프링
② 토션 바 스프링
③ 판 스프링
④ 코일 스프링

해설: 토션 바(torsion bar) 스프링은 스프링 강으로 만든 가늘고 긴 막대 모양으로 비틀림 탄성을 이용하여 완충 작용을 하는 스프링이다.

Answer 21. ① 22. ③ 23. ① 24. ③ 25. ④ 26. ②

27 전자제어식 자동변속기에서 사용되는 센서와 가장 거리가 먼 것은?

① 휠 스피드 센서
② 펄스 제너레이터
③ 스로틀 포지션 센서
④ 차속 센서

해설 ▶ 휠 스피드 센서는 ABS에 사용되는 센서이다.

28 공기식 제동장치에 해당하지 않는 부품은?

① 릴레이 밸브
② 브레이크 밸브
③ 브레이크 챔버
④ 마스터 백

해설 ▶ 마스터 백은 유압식 제동장치 부품이다.

29 조향 핸들의 유격이 크게 되는 원인으로 틀린 것은?

① 볼 이음의 마멸
② 타이로드의 휨
③ 조향 너클의 헐거움
④ 앞바퀴 베어링의 마멸

해설 ▶ 조향 핸들의 유격이 크게 되는 원인
① 조향 링키지의 마멸
② 조향 너클의 헐거움
③ 볼 이음의 마멸
④ 앞바퀴 베어링의 마멸

30 브레이크 장치에서 급제동 시 마스터 실린더에 발생된 유압이 일정압력 이상이 되면 뒤 휠 실린더 쪽으로 전달되는 유압상승을 제어하여 차량의 쏠림을 방지하는 장치는?

① 하이드롤릭 유니트(hydraulic unit)
② 리미팅 밸브(limiting valve)
③ 스피드 센서(speed sensor)
④ 솔레노이드 밸브(solenoid valve)

해설 ▶ 리미팅 밸브는 급 제동시 유압이 일정압력 이상이 되면 후륜 측에 유압이 상승하지 않도록 제한하여 후륜이 먼저 로크되지 않도록 하여 차량의 쏠림을 방지한다.

31 클러치의 구비조건이 아닌 것은?

① 회전관성이 클 것
② 회전부분의 평형이 좋을 것
③ 구조가 간단할 것
④ 동력을 차단할 경우에는 신속하고 확실할 것

해설 ▶ 클러치 구비조건
① 구조가 간단할 것
② 동력전달이 확실하고 신속할 것
③ 방열이 잘 되어 과열되지 않을 것
④ 회전부분의 평형이 좋을 것

Answer 27. ① 28. ④ 29. ② 30. ② 31. ①

32 전자제어 조향장치의 ECU 입력 요소로 틀린 것은?

① 스로틀 위치 센서
② 차속 센서
③ 조향각 센서
④ 전류 센서

해설 ▶ 전자제어 조향장치 ECU 입력요소
차량 속도센서, 조향각 센서, 엔진 회전속도 센서, 스로틀 위치 센서

33 자동변속기에서 기관속도가 상승하면 오일펌프에서 발생되는 유압도 상승한다. 이 때 유압을 적절한 압력으로 조절하는 밸브는?

① 매뉴얼 밸브 ② 스로틀 밸브
③ 압력조절 밸브 ④ 거버너 밸브

해설 ▶ 압력조절 밸브(regulator valve)는 오일펌프에서 발생한 유압을 일정한 라인압으로 조절하는 역할을 한다.

34 십자형 자재이음에 대한 설명 중 틀린 것은?

① 주로 후륜 구동식 자동차의 추진축에 사용된다.
② 십자 축과 두 개의 요크로 구성되어 있다.
③ 롤러베어링을 사이에 두고 축과 요크가 설치되어 있다.
④ 자재이음과 슬립이음 역할을 동시에 하는 형식이다.

해설 ▶ 슬립이음의 역할은 슬립 조인트가 한다.

35 기관의 회전수가 5,500rpm이고 기관출력이 70PS이며 총 감속비가 5.5일 때 뒤 액슬축의 회전수는?

① 800rpm ② 1,000rpm
③ 1,200rpm ④ 1,400rpm

해설 ▶ 후차축(액슬축) 회전수 = $\dfrac{\text{엔진 회전수}}{\text{총 감속비}}$

$\therefore \dfrac{5,500}{5.5} = 1,000\text{rpm}$

36 자동차의 타이어에서 60 또는 70시리즈라고 할 때 시리즈란?

① 단면 폭
② 단면 높이
③ 편평비
④ 최대속도표시

해설 ▶ 편평비
타이어의 높이를 폭으로 나눈 값으로, 0.6일 경우 60시리즈라 한다.

37 주축기어와 부축기어가 항상 맞물려 공전하면서 클러치 기어를 이용해서 축상에 고정시키는 변속기 형식은?

① 점진 기어식 ② 섭동 물림식
③ 상시 물림식 ④ 유성 기어식

해설 ▶ 상시 물림식은 주축기어와 부축기어가 항상 맞물려 공전하면서 싱크로메시 기구를 이용하여 축상을 섭동하면서 기어를 변속시키는 방식이다.

Answer 32. ④ 33. ③ 34. ④ 35. ② 36. ③ 37. ③

38 전자제어 제동장치(ABS)의 적용 목적이 아닌 것은?

① 차량의 스핀 방지
② 휠 잠김(lock) 유지
③ 차량의 방향성 확보
④ 차량의 조종성 확보

해설 ABS의 설치 목적
① 미끄러짐을 방지하여 차체를 안전성을 유지한다.
② ECU에 의해 브레이크를 컨트롤하여 조종성을 확보한다.
③ 제동거리를 단축시킨다.
④ 앞바퀴의 잠김으로 인한 조향능력 상실을 방지한다.
⑤ 뒷바퀴의 잠김으로 인한 차체 스핀에 의한 전복을 방지한다.

39 자동차 주행 속도를 감지하는 센서는 무엇인가?

① 차속 센서
② 크랭크각 센서
③ TDC 센서
④ 경사각 센서

해설 센서의 역할
① 차속 센서 : 차량의 주행속도를 감지
② 크랭크각 센서 : 엔진 회전수를 연산
③ TDC 센서 : 1번 실린더의 상사점을 감지
④ 경사각 센서 : 차량의 기울기를 감지

40 그림과 같이 브레이크 장치에서 페달을 40kg$_f$의 힘으로 밟았을 때 푸시로드에 작용되는 힘은?

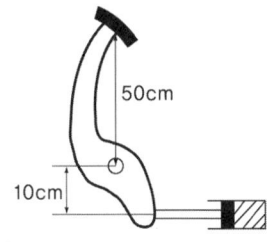

① 100kg$_f$ ② 200kg$_f$
③ 250kg$_f$ ④ 300kg$_f$

해설 힘의 평형식에서 $50 \times 40 = 10 \times F$이므로
∴ $F = 200 kg_f$

41 전자제어 점화장치에서 점화시기를 제어하는 순서는?

① 각종센서 → ECU → 파워 트랜지스터 → 점화코일
② 각종센서 → ECU → 점화코일 → 파워 트랜지스터
③ 파워 트랜지스터 → 점화코일 → ECU → 각종센서
④ 파워 트랜지스터 → ECU → 각종센서 → 점화코일

해설 전자제어 점화장치의 점화시기 제어 순서
각종 센서 - ECU - 파워 트랜지스터 - 점화코일

Answer 38. ② 39. ① 40. ② 41. ①

42 PTC 서미스터에서 온도와 저항값의 변화 관계가 맞는 것은?

① 온도 증가와 저항값은 관련 없다.
② 온도 증가에 따라 저항값이 감소한다.
③ 온도 증가에 따라 저항값이 증가한다.
④ 온도 증가에 따라 저항값이 증가, 감소 반복한다.

해설 서미스터란 온도에 따라 저항값이 변하는 반도체 소자로, 온도가 올라갈 때 저항값이 커지면 정특성(PTC, Positive Temperature Coefficient) 서미스터라 하고, 반대로 저항값이 내려가면 부특성(NTC, Negative Temperature Coefficient) 서미스터라 한다.

43 점화키 홀 조명 기능에 대한 설명 중 틀린 것은?

① 야간에 운전자에게 편의를 제공한다.
② 야간 주행시 사각지대를 없애준다.
③ 이그니션 키 주변에 일정시간 동안 램프가 점등된다.
④ 이그니션 키 홀을 쉽게 찾을 수 있도록 도와준다.

해설 점화키 홀 조명 기능은 ①, ③, ④항이다.

44 자동차 등화장치에서 12V 축전지에 30W의 전구를 사용하였다면 저항은?

① 4.8Ω
② 5.4Ω
③ 6.3Ω
④ 7.6Ω

해설
$$R = \frac{E^2}{P}$$
여기서, R: 저항
E: 전압
P: 전력

$$\therefore R = \frac{12^2}{30} = 4.8\Omega$$

45 몇 개의 저항을 병렬 접속 했을 때 설명 중 틀린 것은?

① 각 저항을 통하여 흐르는 전류의 합은 전원에서 흐르는 전류의 크기와 같다.
② 합성 저항은 각 저항은 어느 것보다도 작다.
③ 각 저항에 가해지는 전압의 합은 전원 전압과 같다.
④ 어느 저항에서나 동일한 전압이 가해진다.

해설 병렬접속일 경우 각 저항에 가해지는 전압은 전원 전압과 같으나 각 저항에 가해지는 전체의 합과 같지는 않다.

46 와셔 연동 와이퍼의 기능으로 틀린 것은?

① 와셔 액의 분사와 같이 와이퍼가 작동한다.
② 연료를 절약하기 위해서이다.
③ 전면 유리에 이물질 제거를 위해서이다.
④ 와이퍼 스위치를 별도로 작동하여야 하는 불편을 해소하기 위해서이다.

해설 와셔 연동 와이퍼는 운전자의 편의를 위한 장치로, 연료가 절약되는 것은 아니다.

Answer 42. ③ 43. ② 44. ① 45. ③ 46. ②

47 암 전류(parasitic current)에 대한 설명으로 틀린 것은?

① 전자제어장치 차량에서는 차종마다 정해진 규정치 내에서 암 전류가 있는 것이 정상이다.
② 일반적으로 암 전류의 측정은 모든 전기장치를 OFF하고, 전체 도어를 닫은 상태에서 실시한다.
③ 배터리 자체에서 저절로 소모되는 전류이다.
④ 암 전류가 큰 경우 배터리 방전의 요인이 된다.

해설 ①, ②, ④항은 암 전류에 대한 설명이고, ③항은 배터리 자기방전에 관한 설명이다.

48 자동차용 배터리의 급속 충전 시 주의사항으로 틀린 것은?

① 배터리를 자동차에 연결한 채 충전할 경우, 접지(-) 터미널을 떼어 놓는다.
② 잘 밀폐된 곳에서 충전한다.
③ 충전 중 축전지에 충격을 가하지 않는다.
④ 전해액의 온도가 45℃가 넘지 않도록 한다.

해설 배터리 충전은 환기가 잘되는 곳에서 한다.

49 교류발전기에서 직류발전기 컷아웃 릴레이와 같은 일을 하는 것은?

① 다이오드   ② 로터
③ 전압조정기   ④ 브러시

해설 교류발전기의 실리콘 다이오드는 직류발전기의 컷아웃 릴레이와 같이 역류를 방지한다.

50 기동전동기의 시험과 관계없는 것은?

① 저항 시험   ② 회전력 시험
③ 고부하 시험   ④ 무부하 시험

해설 기동전동기 시험항목
무부하 시험, 회전력 시험, 저항 시험

51 연삭기를 사용하여 작업할 시 맞지 않는 것은?

① 숫돌 보호덮개는 튼튼한 것을 사용한다.
② 정상적인 플랜지를 사용한다.
③ 단단한 지석(砥石)을 사용한다.
④ 공작물을 연삭숫돌의 측면에서 연삭한다.

해설 연삭 작업시 주의사항
① 숫돌을 설치하기 전에 나무 해머로 숫돌을 가볍게 두들겨 맑은 음이 나면 정상이다.
② 숫돌과 받침대와의 간격은 항상 3mm 이내로 유지한다.
③ 숫돌의 커버를 벗겨놓은 채 사용해서는 안 된다.
④ 숫돌의 원주면을 사용한다.
⑤ 소형 숫돌은 측압에 약하므로 측면 사용을 피한다.

Answer 47. ③ 48. ② 49. ① 50. ③ 51. ④

52 기계가공 작업 중 갑자기 정전이 되었을 때의 조치 사항으로 틀린 것은?

① 전기가 들어오는 것을 알기 위해 스위치를 넣어둔다.
② 퓨즈를 점검한다.
③ 공작물과 공구를 떼어 놓는다.
④ 즉시 스위치를 끈다.

해설 기계 작업 중 정전이 발생되었을 때는 각종 모터의 스위치를 꺼둔다.

53 작업현장에서 재해의 원인으로 가장 높은 것은?

① 작업환경　② 정비의 결함
③ 작업순서　④ 불안전한 행동

해설 작업현장에서 작업자의 불안전한 행동은 재해의 직접적인 원인이 된다.

54 렌치 사용시 주의사항으로 틀린 것은?

① 렌치를 너트가 손상이 안 가도록 가급적 얕게 물린다.
② 해머 대용으로 사용해서는 안 된다.
③ 렌치를 몸 안쪽으로 잡아당겨 움직이게 한다.
④ 렌치에 파이프 등의 연장대를 끼우고 사용해서는 안 된다.

해설 스패너 및 렌치 작업시 주의사항
① 렌치는 몸 앞으로 조금씩 당겨서 사용할 것
② 렌치와 너트 사이에 절대 다른 물건을 끼우지 말 것
③ 렌치를 해머 대용으로 사용해서는 안 된다.
④ 렌치에 파이프 등의 연장대를 끼우고 사용해서는 안 된다.
⑤ 렌치는 볼트 너트를 풀거나 조일 때 볼트 머리나 너트에 꼭 끼워져야 한다.
⑥ 조정렌치의 조정조에 힘이 가해지지 않을 것

55 다음 중 안전표지 색채의 연결이 맞는 것은?

① 주황색 - 화재의 방지에 관계되는 물건에 표시
② 흑색 - 방사능 표시
③ 노란색 - 충돌, 추락 주의 표시
④ 청색 - 위험, 구급 장소 표시

해설 안전·보건표지의 색채

색 채	용 도	사용례
빨간색	금지	정지신호, 소화설비 및 그 장소, 유해행위의 금지
	경고	화학물질 취급장소에서의 유해·위험 경고
노란색	경고	화학물질 취급장소에서의 유해·위험경고 이외의 위험경고, 주의표지 또는 기계방호물
파란색	지시	특정 행위의 지시 및 사실의 고지
녹색	안내	비상구 및 피난소, 사람 또는 차량의 통행표지
흰색		파란색 또는 녹색에 대한 보조색
검은색		문자 및 빨간색 또는 노란색에 대한 보조색

56 엔진블록에 균열이 생길 때 가장 안전한 검사 방법은?

① 자기 탐상법이나 염색법으로 확인한다.
② 공전 상태에서 소리를 듣는다.
③ 공전 상태에서 해머로 두들겨 본다.
④ 정지 상태로 놓고 해머로 가볍게 두들겨 확인한다.

Answer 52. ① 53. ④ 54. ① 55. ③ 56. ①

해설 엔진블록의 균열은 자기 탐상법이나 염색법을 이용하여 검사한다.

57 전조등의 조정 및 점검 시험시 유의사항이 아닌 것은?

① 광도는 안전기준에 맞아야 한다.
② 광도를 측정할 때는 헤드라이트를 깨끗이 닦아야 한다.
③ 타이어 공기압과는 관계가 없다.
④ 퓨즈는 항상 정격용량의 것을 사용해야 한다.

해설 전조등 점검시 유의사항
① 퓨즈는 항상 정격용량의 것을 사용해야 한다.
② 밑바닥이 수평일 것
③ 각 타이어의 공기압은 규정대로 할 것
④ 시험기에 차량을 마주보게 할 것
⑤ 광도를 측정할 때는 헤드라이트를 깨끗이 닦아야 한다.
⑥ 광도는 안전기준에 맞아야 한다.
⑦ 공차상태의 차량에 운전자 1인이 탑승할 것

58 자동차 정비공장에서 호이스트 사용시 안전 사항으로 틀린 것은?

① 규정 하중 이상으로 들지 않는다.
② 무게 중심은 들어 올리는 물체의 크기(size) 중심이다.
③ 사람이 매달려 운반하지 않는다.
④ 들어 올릴 때에는 천천히 올려 상태를 살핀 후 완전히 들어올린다.

해설 호이스트(hoist) 점검시 유의사항
① 규정 하중 이상으로 들지 않는다.
② 들어 올릴 때에는 천천히 올려 상태를 살핀 후 완전히 들어올린다.
③ 사람이 매달려 운반하지 않는다.
④ 호이스트 바로 밑에서 조작하지 않는다.
⑤ 화물을 걸 때에는 들어 올리는 화물 무게중심의 위치를 확인하고 건다.

59 작업장에서 작업자가 가져야 할 태도 중 틀린 것은?

① 작업장 환경 조성을 위해 노력한다.
② 작업에 임해서는 아무런 생각 없이 작업한다.
③ 자신의 안전과 동료의 안전을 고려한다.
④ 작업안전 사항을 준수한다.

해설 작업에 임해서는 작업에 집중하여야 한다.

60 차량 밑에서 정비할 경우 안전조치 사항으로 틀린 것은?

① 차량은 반드시 평지에 받침목을 사용하여 세운다.
② 차를 들어 올리고 작업할 때에는 반드시 잭으로 들어 올린 다음 스탠드로 지지해야 한다.
③ 차량 밑에서 작업할 때에는 반드시 앞치마를 이용한다.
④ 차량 밑에서 작업할 때에는 반드시 보안경을 착용한다.

해설 차량 밑에서 정비시 안전조치 사항
① 차량은 반드시 평지에 받침목을 사용하여 세운다.
② 차를 들어 올리고 작업할 때에는 반드시 잭으로 들어 올린 다음 스탠드로 지지해야 한다.
③ 차량 밑에서 작업할 때에는 반드시 보안경을 착용한다.

Answer 57. ③ 58. ② 59. ② 60. ③

단기완성 자동차 정비기능사 필기

▶ 2013년 1월 27일 시행

01 CRDI 디젤엔진에서 기계식 저압펌프의 연료공급 경로가 맞는 것은?

① 연료탱크 – 저압펌프 – 연료필터 – 고압펌프 – 커먼레일 – 인젝터
② 연료탱크 – 연료필터 – 저압펌프 – 고압펌프 – 커먼레일 – 인젝터
③ 연료탱크 – 저압펌프 – 연료필터 – 커먼레일 – 고압펌프 – 인젝터
④ 연료탱크 – 연료필터 – 저압펌프 – 커먼레일 – 고압펌프 – 인젝터

해설 CRDI 디젤엔진의 연료공급 경로
연료탱크 – 연료필터 – 저압펌프 – 고압펌프 – 커먼레일 – 인젝터

02 실린더 헤드를 떼어낼 때 볼트를 바르게 푸는 방법은?

① 풀기 쉬운 곳부터 푼다.
② 중앙에서 바깥을 향하여 대각선으로 푼다.
③ 바깥에서 안쪽으로 향하여 대각선으로 푼다.
④ 실린더 보어를 먼저 제거하고 실린더헤드를 떼어낸다.

해설 실린더 헤드 볼트를 풀 때는 변형을 방지하기 위하여 바깥에서 안쪽으로 향하여 대각선으로 풀어야 한다.

03 기관의 회전력이 71.6kgf·m에서 200ps의 축 출력을 냈다면 이 기관의 회전속도는?

① 1,000rpm
② 1,500rpm
③ 2,000rpm
④ 2,500rpm

해설
$$출력(제동마력) = \frac{2\pi TN}{75 \times 60} = \frac{TN}{716}$$

여기서, T : 엔진 회전력(kgf·m)
N : 회전수(rpm)

$$\therefore N = \frac{716 \times ps}{T} = \frac{716 \times 200}{71.6} = 2,000 \text{rpm}$$

04 디젤기관의 연료 여과장치 설치개소로 적절치 않은 것은?

① 연료공급펌프 입구
② 연료탱크와 연료공급펌프 사이
③ 연료분사펌프 입구
④ 흡입다기관 입구

해설 디젤기관의 연료 여과장치 설치개소
① 연료탱크와 연료공급펌프 사이
② 연료공급펌프 입구
③ 연료분사펌프 입구
※ 흡입다기관은 공기가 통과하는 부분으로 연료와 관련이 없다.

Answer 1. ② 2. ③ 3. ③ 4. ④

05 EGR(배기가스 재순환 장치)과 관계있는 배기가스는?

① CO
② HC
③ NOx
④ H_2O

해설 배기가스 재순환장치는 EGR 밸브를 이용하여 연소실의 최고온도를 낮추어 질소산화물(NOx)의 발생을 감소시킨다.

06 엔진 조립시 피스톤링 절개구 방향은?

① 피스톤 사이드 스러스트 방향을 피하는 것이 좋다.
② 피스톤 사이드 스러스트 방향으로 두는 것이 좋다.
③ 크랭크축 방향으로 두는 것이 좋다.
④ 절개구의 방향은 관계없다.

해설 엔진 조립시 피스톤링 절개구 방향은 측압에 의해 피스톤링 절개부로 압축 및 가스의 누출 우려가 있으므로 측압을 받는 부분을 피하는 것이 좋다.

07 LPG기관 피드백 믹서 장치에서 ECU의 출력 신호에 해당하는 것은?

① 산소 센서
② 파워스티어링 스위치
③ 맵 센서
④ 메인 듀티 솔레노이드

해설 ①, ②, ③항은 ECU 입력신호이며, 메인 듀티 솔레노이드는 ECU가 듀티 제어를 하는 출력 신호이다.

08 크랭크케이스 내의 배출가스 제어장치는 어떤 유해가스를 저감시키는가?

① HC
② CO
③ NOx
④ CO_2

해설 실린더 압축 행정시 실린더와 피스톤 사이로 누출되는 미연소 가스인 탄화수소(HC)를 블로바이(blow-by) 가스라 하며, 이 미연소 가스가 크랭크 케이스 내에 축적되어 이것을 저감시키는 장치를 블로바이가스 제어장치라 한다.

09 실린더 블록이나 헤드의 평면도 측정에 알맞는 게이지는?

① 마이크로미터
② 다이얼 게이지
③ 버니어 캘리퍼스
④ 직각자와 필러 게이지

해설 실린더 헤드의 평면도 점검은 직각자(곧은자)와 필러(틈새, 간극, 시크니스)게이지로 측정 점검한다.

10 윤활유의 역할이 아닌 것은?

① 밀봉 작용
② 냉각 작용
③ 팽창 작용
④ 방청 작용

해설 **윤활유의 6대 작용**
① 감마작용, ② 밀봉작용, ③ 냉각작용
④ 세척작용, ⑤ 방청작용, ⑥ 응력 분산작용

Answer 5. ③ 6. ① 7. ④ 8. ① 9. ④ 10. ③

11 각종 센서의 내부 구조 및 원리에 대한 설명으로 거리가 먼 것은?

① 냉각수 온도 센서 : NTC를 이용한 서미스터 전압값의 변화
② 맵 센서 : 진공으로 인한 저항(피에조)값을 변화
③ 지르코니아 산소센서 : 온도에 의한 전류값을 변화
④ 스로틀(밸브)위치 센서 : 가변저항을 이용한 전압값 변화

해설 ▶ 지르코니아 산소센서는 배기가스 중의 산소 농도차에 따라 전압값 변화

12 디젤 연료의 발화 촉진제로 적당치 않은 것은?

① 아황산 에틸($C_2H_5SO_3$)
② 아질산 아밀($C_5H_{11}NO_2$)
③ 질산 에틸($C_2H_5NO_3$)
④ 질산 아밀($C_2H_{11}NO_3$)

해설 ▶ 연료 발화 촉진제
초산 아밀, 아초산 아밀, 초산 에틸, 아초산 에틸, 질산 에틸, 질산 아밀, 아질산 아밀

13 디젤기관에서 실린더내의 연소압력이 최대가 되는 기간은?

① 직접 연소기간
② 화염 전파기간
③ 착화 늦음기간
④ 후기 연소기간

해설 ▶ 디젤기관(C.I Engine)에서 연소압력이 최대가 되는 구간은 직접연소(제어연소) 기간이다.

14 냉각수 온도센서 고장시 엔진에 미치는 영향으로 틀린 것은?

① 공회전 상태가 불안정하게 된다.
② 워밍업 시기에 검은 연기가 배출될 수 있다.
③ 배기가스 중에 CO 및 HC가 증가된다.
④ 냉간 시동성이 양호하다.

해설 ▶ 냉각수 온도센서가 고장이면 연비를 맞추기 어려워서 공회전 속도가 불안정하거나, 워밍업 시기에 검은 연기가 배출되며 배기가스가 증가된다. 시동성과는 관련이 없다.

15 연료의 저위발열량이 10,250kcal/kg_f일 경우 제동 연료소비율은? (단, 제동 열효율은 26.2%)

① 약 220g_f/PSh   ② 약 235g_f/PSh
③ 약 250g_f/PSh   ④ 약 275g_f/PSh

해설 ▶

$$제동\ 열효율(\eta_b) = \frac{632.3 \times PS}{CW}$$

여기서, C : 연료의 저위발열량[kcal/kg_f]
　　　　W : 연료 소비량[kg_f]
　　　　PS : 마력[1PS=632.3kcal/h]

∴ 시간당 연료소비량(W) = $\frac{632.3 \times 1}{0.262 \times 10,250}$

　　　　　　　　　　　 = 0.235kg_f

∴ 연료소비량(W) = 0.235kg_f/h

∴ 제동 연료소비율 = $\frac{연료소비량}{PS}$

　　　　　　　　　 = 235g_f/PS-h

Answer 11. ③ 12. ① 13. ① 14. ④ 15. ②

16 연료탱크의 주입구 및 가스배출구는 노출된 전기단자로 부터 (ㄱ)mm 이상, 배기관의 끝으로 부터 (ㄴ)mm 이상 떨어져 있어야 한다. ( ) 안에 알맞은 것은?

① ㄱ : 300, ㄴ : 200
② ㄱ : 200, ㄴ : 300
③ ㄱ : 250, ㄴ : 200
④ ㄱ : 200, ㄴ : 250

해설 자동차의 연료탱크, 주입구 및 가스 배출구는 배기관 끝으로부터 30cm, 노출된 전기단자 및 전기개폐기로부터 20cm 이상 떨어져 있을 것

17 내연기관의 일반적인 내용으로 다음 중 맞는 것은?

① 2행정 사이클 엔진의 인젝션 펌프 회전속도는 크랭크축 회전속도의 2배이다.
② 엔진 오일은 일반적으로 계절마다 교환한다.
③ 크롬 도금한 라이너에는 크롬 도금된 피스톤링을 사용하지 않는다.
④ 가압식 라디에이터 부압밸브가 밀착 불량이면 라디에이터를 손상하는 원인이 된다.

해설 2행정 사이클 엔진의 인젝션 펌프 회전속도는 크랭크축 회전속도와 같으며, 엔진오일은 최근에는 4계절용을 사용하므로 주행거리에 따라 교환한다. 부압밸브가 밀착 불량하더라도 라디에이터 손상과는 관련이 없다.

18 전자제어 점화장치에서 전자제어모듈(ECM)에 입력되는 정보로 거리가 먼 것은?

① 엔진회전수 신호
② 흡기매니홀드 압력센서
③ 엔진오일 압력센서
④ 수온 센서

해설 엔진오일 압력센서는 엔진오일 경고등 작동에 사용되는 센서로 점화장치와는 관련이 없다.

19 밸브스프링의 점검 항목 및 점검 기준으로 틀린 것은?

① 장력 : 스프링 장력의 감소는 표준값의 10% 이내일 것
② 자유고 : 자유고의 낮아짐 변화량은 3% 이내일 것
③ 직각도 : 직각도는 자유높이 100mm 당 3mm 이내일 것
④ 접촉면의 상태는 2/3 이상 수평일 것

해설 밸브 스프링의 직각도, 자유고 3% 이내, 장력 15% 이내이다.

20 라디에이터(Radiator)의 코어 튜브가 파열되었다면 그 원인은?

① 물 펌프에서 냉각수 누수일 때
② 팬 벨트가 헐거울 때
③ 수온 조절기가 제 기능을 발휘하지 못할 때
④ 오버플로우 파이프가 막혔을 때

해설 오버플로우 파이프가 막혀 팽창압력에 의해 튜브가 파손되었다.

Answer 16. ② 17. ③ 18. ③ 19. ① 20. ④

21 소음기(muffler)의 소음 방법으로 틀린 것은?

① 흡음재를 사용하는 방법
② 튜브의 단면적을 어느 길이만큼 작게 하는 방법
③ 음파를 간섭시키는 방법과 공명에 의한 방법
④ 압력의 감소와 배기가스를 냉각시키는 방법

해설 소음기의 소음 방법
① 흡음재를 사용하는 방법
② 압력의 감소와 배기가스를 냉각시키는 방법
③ 음파를 간섭시키는 방법과 공명에 의한 방법

22 ABS(Anti-Lock Brake System)의 주요 구성품이 아닌 것은?

① 휠 속도센서
② ECU
③ 하이드롤릭 유니트
④ 차고 센서

해설 ABS의 구성부품
① 휠 스피드 센서 : 차륜의 회전상태를 검출
② 전자제어 컨트롤 유닛(E.C.U) : 휠 스피드 센서의 신호를 받아 ABS를 제어
③ 하이드롤릭 유닛 : E.C.U의 신호에 따라 휠 실린더에 공급되는 유압을 제어
④ 프로포셔닝 밸브 : 브레이크를 밟았을 때 뒷바퀴가 조기에 고착되지 않도록 뒷바퀴의 유압을 제어
※ 차고센서는 전자제어 현가장치(ECS) 부품이다.

23 실린더 1개당 총 마찰력이 $6kg_f$, 피스톤의 평균 속도가 15m/sec일 때 마찰로 인한 기관의 손실마력은?

① 0.4ps
② 1.2ps
③ 2.5ps
④ 9.0ps

해설
$$손실마력 = \frac{Fv}{75}$$

여기서, F : 마찰력[kg_f]
v : 피스톤 평균속도[m/s]

∴ 손실마력 = $\frac{6 \times 15}{75}$ = 1.2ps

24 전자제어 가솔린기관 인젝터에서 연료가 분사되지 않는 이유 중 틀린 것은?

① 크랭크각 센서 불량
② ECU 불량
③ 인젝터 불량
④ 파워 TR 불량

해설 파워 TR은 점화계통으로 연료장치와는 관련이 없다.

25 주행 중인 차량에서 트램핑 현상이 발생하는 원인으로 적당하지 않은 것은?

① 앞 브레이크 디스크의 불량
② 타이어의 불량
③ 휠 허브의 불량
④ 파워펌프의 불량

해설 ①, ②, ③항이 트램핑 발생 원인이며, 파워펌프는 동력 조향장치 부품으로 핸들 조작력과 관련이 있다.

Answer 21. ② 22. ④ 23. ② 24. ④ 25. ④

26 변속 보조 장치 중 도로 조건이 불량한 곳에서 운행되는 차량에 더 많은 견인력을 공급해주기 위해 앞 차축에도 구동력을 전달해 주는 장치는?

① 동력 변속 증강 장치(P.O.V.S)
② 트랜스퍼 케이스(Transfer case)
③ 주차 도움 장치
④ 동력 인출 장치(Power take off system)

해설 도로 조건이 불량한 곳에서 운행되는 차량에 더 많은 견인력을 공급해주기 위해 앞 차축에도 구동력을 전달해 주는 장치를 트랜스퍼 케이스라 한다.

27 20km/h로 주행하는 차가 급가속하여 10초 후에 56km/h가 되었을 때 가속도는?

① $1m/s^2$ ② $2m/s^2$
③ $5m/s^2$ ④ $8m/s^2$

해설 가속도(m/s^2) = $\frac{\text{나중 속도} - \text{처음 속도}}{\text{걸린 시간}}$

∴ 가속도 = $\frac{56km/h - 20km/h}{10sec}$ = $\frac{36km/h}{10sec}$

= $\frac{10m/s}{10sec}$ = $1m/s^2$

28 공기식 제동장치의 구성요소로 틀린 것은?

① 언로더 밸브
② 릴레이 밸브
③ 브레이크 챔버
④ EGR 밸브

해설 EGR 밸브는 배출가스 제어장치 부품이다.

29 동력 조향장치의 스티어링 휠 조작이 무겁다. 의심되는 고장부위 중 가장 거리가 먼 것은?

① 랙 피스톤 손상으로 인한 내부 유압 작동 불량
② 스티어링 기어박스의 과다한 백래시
③ 오일탱크 오일 부족
④ 오일펌프 결함

해설 ①, ②, ④항이 고장이면 스티어링 휠 조작이 무거워지며, 기어박스의 백래시가 크면 핸들 유격이 커져 핸들조작이 헐겁게 된다.

30 브레이크 페달의 유격이 과다한 이유로 틀린 것은?

① 드럼브레이크 형식에서 브레이크 슈의 조정불량
② 브레이크 페달의 불균형
③ 타이어 공기압의 불균형
④ 마스터 실린더 피스톤과 브레이크 부스터 푸쉬로드의 간극 불량

해설 ①, ②, ④항이 유격이 과다한 원인이며, 타이어 공기압 불균형은 브레이크 페달 유격과는 관련이 없다.

31 전자제어 현가장치의 출력부가 아닌 것은?

① TPS   ② 지시등, 경고등
③ 액추에이터 ④ 고장코드

해설 ②, ③, ④항은 현가장치 출력부에 해당되며, TPS는 급감속, 급가속을 감지하여 스프링 상수 및 감쇠력 제어에 이용되는 센서이므로 입력부분이다.

Answer 26. ② 27. ① 28. ④ 29. ② 30. ③ 31. ①

32 자동변속기에서 스로틀 개도의 일정한 차속으로 주행 중 스로틀 개도를 갑자기 증가시키면(약 85% 이상) 감속 변속되어 큰 구동력을 얻을 수 있는 변속상태는?

① 킥 다운   ② 다운 시프트
③ 리프트 풋 업   ④ 업 시프트

해설> 킥 다운(kick down)이란 일정한 차속으로 주행 중 스로틀 밸브 개도를 갑자기 증가시키면(85% 이상) 강제로 시프트 다운(감속 변속)되어 큰 구동력을 얻을 수 있다.

33 클러치의 역할을 만족시키기 위한 조건으로 틀린 것은?

① 동력을 끊을 때 차단이 신속할 것
② 회전부분의 밸런스가 좋을 것
③ 회전관성이 클 것
④ 방열이 잘되고 과열되지 않을 것

해설> 클러치 구비조건
① 동력차단 및 전달이 확실하고 신속할 것
② 방열이 잘 되어 과열되지 않을 것
③ 회전부분의 평형이 좋을 것

34 디스크 브레이크에서 패드 접촉면에 오일이 묻었을 때 나타나는 현상은?

① 패드가 과냉되어 제동력이 증가된다.
② 브레이크가 잘 듣지 않는다.
③ 브레이크 작동이 원활하게 되어 제동이 잘된다.
④ 디스크 표면의 마찰이 증대된다.

해설> 패드 접촉면에 오일이 묻어있으면 마찰이 작아져서 브레이크가 잘 듣지 않는다.

35 주행 중 조향 휠의 떨림 현상 발생 원인으로 틀린 것은?

① 휠 얼라인먼트의 불량
② 허브 너트의 풀림
③ 타이로드 엔드의 손상
④ 브레이크 패드 또는 라이닝 간격 과다

해설> ①, ②, ③항이 조향 휠이 떨리게 되는 원인이며, 패드 또는 라이닝 간격이 크면 제동 늦음이 발생된다.

36 주행거리 1.6km를 주행하는데 40초가 걸렸다. 이 자동차의 주행속도를 초속과 시속으로 표시하면?

① 40m/s, 144km/h
② 40m/s, 11.1km/h
③ 25m/s, 14.4km/h
④ 64m/s, 230.4km/h

해설> $초속 = \dfrac{거리}{시간}$

$\therefore \dfrac{1,600\text{m}}{40\text{sec}} = 40\text{m/s}$

시속 = 초속×3.6 = 40×3.6 = 144km/h

37 전동식 동력 조향장치(EPS)의 구성에서 비접촉 광학식 센서를 주로 사용하여 운전자의 조향휠 조작력을 검출하는 센서는?

① 스로틀 포지션 센서
② 전동기 회전각도 센서
③ 차속 센서
④ 토크 센서

Answer 32. ① 33. ③ 34. ② 35. ④ 36. ① 37. ④

해설 ▶ **토크센서**
비접촉 광학식 센서를 사용하여 운전자의 조향휠 조작력을 검출하는 센서이다.

38 현가장치가 갖추어야 할 기능이 아닌 것은?
① 승차감 향상을 위해 상하 움직임에 적당한 유연성이 있어야 한다.
② 원심력이 발생되어야 한다.
③ 주행 안정성이 있어야 한다.
④ 구동력 및 제동력 발생 시 적당한 강성이 있어야 한다.

해설 ▶ **현가장치가 갖추어야 할 조건**
① 승차감 향상을 위해 상하 움직임에 적당한 유연성이 있어야 한다.
② 주행 안정성이 있어야 한다.
③ 구동력 및 제동력 발생 시 적당한 강성이 있어야 한다.
④ 선회시 원심력을 이겨낼 수 있도록 수평 방향의 연결이 견고하여야 한다.

39 후륜 구동 차량에서 바퀴를 빼지 않고 차축을 탈거할 수 있는 방식은?
① 반부동식   ② 3/4부동식
③ 전부동식   ④ 배부동식

해설 ▶ **액슬축 지지방식**
① 반부동식 : 액슬축과 하우징이 하중을 반씩 부담
② 3/4부동식 : 액슬축이 하중을 1/4, 하우징이 3/4를 부담
③ 전부동식 : 하우징이 하중을 전부 부담하므로 액슬축은 자유로워 바퀴를 빼지 않고도 액슬축을 떼어낼 수 있다.

40 자동변속기 유압시험을 하는 방법으로 거리가 먼 것은?
① 오일온도가 약 70~80℃가 되도록 워밍업 시킨다.
② 잭으로 들고 앞바퀴 쪽을 들어 올려 차량 고정용 스탠드를 설치한다.
③ 엔진 타코미터를 설치하여 엔진 회전수를 선택한다.
④ 선택 레버를 'D' 위치에 놓고 가속 페달을 완전히 밟은 상태에서 엔진의 최대 회전수를 측정한다.

해설 ▶ **자동변속기 유압시험 방법**
① 규정오일을 사용하고 오일량이 적정한 지 확인한다.
② 잭으로 들고 앞바퀴 쪽을 들어 올려 차량 고정용 스탠드를 설치한다.
③ 엔진을 웜-업시켜 오일온도가 규정온도에 도달 되었을 때 실시한다.
④ 엔진 타코미터를 설치하여 엔진 회전수를 선택한다.
⑤ 측정하는 항목에 따라 유압이 다를 수(클 수) 있으므로 유압계 선택에 주의한다.
※ ④항은 자동변속기 스톨시험(stall test) 방법이다.

41 자동차 문이 닫히자마자 실내가 어두워지는 것을 방지해 주는 램프는?
① 도어 램프   ② 테일 램프
③ 패널 램프   ④ 감광식 룸 램프

해설 ▶ 감광식 룸 램프는 자동차 문이 닫히자마자 실내등이 즉시 소등되지 않고 서서히 소등되어 실내가 어두워지는 것을 방지해 주는 편의장치이다.

Answer 38. ② 39. ③ 40. ④ 41. ④

42 자동차 에어컨 장치의 순환과정으로 맞는 것은?
① 압축기 → 응축기 → 건조기 → 팽창밸브 → 증발기
② 압축기 → 응축기 → 팽창밸브 → 건조기 → 증발기
③ 압축기 → 팽창밸브 → 건조기 → 응축기 → 증발기
④ 압축기 → 건조기 → 팽창밸브 → 응축기 → 증발기

해설 에어컨 순환과정
압축기(compressor) – 응축기(condenser) – 건조기(receiver drier) – 팽창밸브(expansion valve) – 증발기(evaporator)

43 기동전동기를 기관에서 떼어내고 분해하여 결함 부분을 점검하는 그림이다. 옳은 것은?

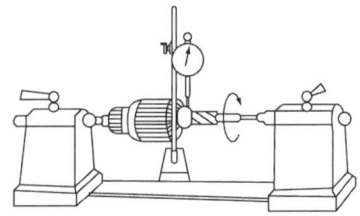

① 전기자 축의 휨 상태 점검
② 전기자 축의 마멸 점검
③ 전기자 코일 단락 점검
④ 전기자 코일 단선 점검

해설 다이얼 게이지를 설치하고, 전기자를 회전시켜 전기자 축의 휨 상태를 점검하는 시험이다.

44 전조등 회로의 구성부품이 아닌 것은?
① 라이트 스위치 ② 전조등 릴레이
③ 스테이터   ④ 딤머 스위치

해설 스테이터는 교류발전기 구성부품이다.

45 힘을 받으면 기전력이 발생하는 반도체의 성질은?
① 펠티어 효과   ② 피에조 효과
③ 지백 효과   ④ 홀 효과

해설 용어 설명
① 펠티어 효과(Peltier effect) : 2종류 금속을 접합하여 전기를 보내면 한쪽은 열이, 한쪽은 차가워지는 현상으로 제백효과와 반대
② 피에조 효과(piezo electric effect) : 금속 또는 반도체 결정에 압력을 가하면 전압이 발생하는 현상. 압전효과라고도 한다.
③ 지백 효과(Seeback effect) : 2종류 금속을 접합하여 온도차를 주면 기전력이 발생하는 현상
④ 홀 효과(hall effect) : 자계 내에 홀 효과를 발생하는 반도체를 설치하고 전류를 흘리면 플레밍의 왼손법칙에 의해 홀 전압이 발생되는 현상

46 축전지를 구성하는 요소가 아닌 것은?
① 양극판   ② 음극판
③ 정류자   ④ 전해액

해설 축전지는 양극판, 음극판 및 전해액으로 구성되어 있으며, 정류자는 전동기의 전기자 구성부품이다.

Answer 42. ① 43. ① 44. ③ 45. ② 46. ③

47 전자 배전 점화장치(DLI)의 내용으로 틀린 것은?

① 코일 분배방식과 다이오드 분배방식이 있다.
② 독립점화방식과 동시점화방식이 있다.
③ 배전기 내부 전극의 에어 갭 조정이 불량하면 에너지 손실이 생긴다.
④ 기통 판별 센서가 필요하다.

해설 전자 배전 점화장치(DLI)에는 배전기가 없다.

48 저항이 병렬로 연결된 회로의 설명으로 맞는 것은?

① 총 저항은 각 저항의 합과 같다.
② 각 회로에 동일한 저항이 가해지므로 전압은 다르다.
③ 각 회로에 동일한 전압이 가해지므로 입력 전압은 일정하다.
④ 전압은 한 개일 때와 같으며 전류도 같다.

해설 병렬접속일 경우 총 저항은 한개의 저항보다도 작아지고, 각 저항에는 동일한 전압이 가해지며 전류는 저항의 크기에 따라 달라진다.

49 교류발전기에서 축전지의 역류를 방지하는 컷아웃 릴레이가 없는 이유는?

① 트랜지스터가 있기 때문이다.
② 점화스위치가 있기 때문이다.
③ 실리콘 다이오드가 있기 때문이다.
④ 전압릴레이가 있기 때문이다.

해설 AC 발전기의 실리콘 다이오드는 교류를 정류하고, 역류를 방지하므로 컷아웃 릴레이가 필요없다.

50 저항에 12V를 가했더니 전류계에 3A로 나타났다. 이 저항의 값은?

① 2Ω ② 4Ω
③ 6Ω ④ 8Ω

해설

$$\text{오옴의 법칙 } I = \frac{E}{R}$$

$$\therefore R = \frac{E}{I} = \frac{12}{3} = 4\Omega$$

51 안전장치 선정 시 고려사항 중 맞지 않는 것은?

① 안전장치의 사용에 따라 방호가 완전할 것
② 안전장치의 기능 면에서 신뢰도가 클 것
③ 정기 점검시 이외에는 사람의 손으로 조정할 필요가 없을 것
④ 안전장치를 제거하거나 또는 기능의 정지를 쉽게 할 수 있을 것

해설 안전장치는 어떠한 상태에서도 제거해서는 안 된다.

52 자동차 적재함 밖으로 나온 상태로 운반할 경우 위험표시 색깔은 무엇으로 하는가?

① 청색 ② 흰색
③ 적색 ④ 흑색

해설 적재함이 자동차 밖으로 나온 상태로 운반할 경우 위험표시를 적색으로 한다.

Answer 47. ③ 48. ③ 49. ③ 50. ② 51. ④ 52. ③

53 기관을 점검 시 운전상태로 점검해야 할 것이 아닌 것은?

① 클러치의 상태
② 매연 상태
③ 기어의 소음 상태
④ 급유 상태

해설 급유상태 점검은 기관을 정지시키고 한다.

54 드릴작업의 안전사항 중 틀린 것은?

① 장갑을 끼고 작업하였다.
② 머리가 긴 경우 단정하게 하여 작업모를 착용하였다.
③ 작업 중 쇳가루를 입으로 불어서는 안 된다.
④ 공작물은 단단히 고정시켜 따라 돌지 않게 한다.

해설 ②, ③, ④항이 안전한 작업방법이며, 드릴작업에서는 고속회전하는 부분에 장갑이 감겨 들어갈 수 있으므로 장갑을 착용해서는 안 된다.

55 오픈렌치 사용시 바르지 못한 것은?

① 오픈렌치와 너트의 크기가 맞지 않으면 쐐기를 넣어 사용한다.
② 오픈렌치를 해머 대신에 써서는 안 된다.
③ 오픈렌치에 파이프를 끼우든가 해머로 두들겨서 사용하지 않는다.
④ 오픈렌치는 올바르게 끼우고 작업자 앞으로 잡아당겨 사용한다.

해설 ②, ③, ④항이 옳은 설명이고, 렌치는 볼트 너트를 풀거나 조일 때 볼트 머리나 너트에 꼭 끼워져야 한다.

56 부품을 분해 정비시 반드시 새것으로 교환해야 할 부품이 아닌 것은?

① 오일 씰
② 볼트 및 너트
③ 개스킷
④ 오링(O-ring)

해설 부품을 분해 정비시 개스킷, 오링(O-ring), 오일 실 등은 한 번 분해하면 사용할 수 없으므로 반드시 교환한다.

57 전기장치의 배선 커넥터 분리 및 연결시 잘못된 작업은?

① 배선을 분리할 때는 잠금장치를 누른 상태에서 커넥터를 분리한다.
② 배선커넥터 접속은 커넥터 부위를 잡고 커넥터를 끼운다.
③ 배선커넥터는 딸깍 소리가 날 때까지 확실히 접속시킨다.
④ 배선을 분리할 때는 배선을 이용하여 흔들면서 잡아당긴다.

해설 ①, ②, ③항이 옳은 작업 방법이며, 배선을 분리할 때는 배선을 잡지 말고 커넥터를 잡아당긴다.

58 다음 작업 중 보안경을 반드시 착용해야 하는 작업은?

① 인젝터 파형 점검 작업
② 전조등 점검 작업
③ 클러치 탈착 작업
④ 스로틀 포지션 센서 점검 작업

해설 클러치 탈착작업에는 흙이나 먼지 등이 떨어질 수 있으므로 보안경을 착용하여야 한다.

Answer 53. ④ 54. ① 55. ① 56. ② 57. ④ 58. ③

59 화학세척제를 사용하여 방열기(라디에이터)를 세척하는 방법으로 틀린 것은?

① 방열기의 냉각수를 완전히 뺀다.
② 세척제 용액을 냉각장치 내에 가득히 넣는다.
③ 기관을 기동하고, 냉각수 온도를 80℃ 이상으로 한다.
④ 기관을 정지하고 바로 방열기 캡을 연다.

해설 기관을 정지하고 바로 방열기 캡을 열면 화상의 위험이 있으므로 기관이 완전히 냉각된 후에 방열기 캡을 열어야 한다.

60 자동차 배터리 충전시 주의사항으로 틀린 것은?

① 배터리 단자에서 터미널을 분리시킨 후 충전한다.
② 충전을 할 때는 환기가 잘되는 장소에서 실시한다.
③ 충전시 배터리 주위에 화기를 가까이 해서는 안 된다.
④ 배터리 벤트플러그가 잘 닫혀있는지 확인 후 충전한다.

해설 배터리 충전시 폭발의 위험이 있으므로 벤트플러그는 열어 놓고 충전한다.

Answer 59. ④ 60. ④

자동차 정비기능사 필기

● 2013년 4월 14일 시행

01 자동차 전조등 주광축의 진폭 측정시 10m 위치에서 우측 우향진폭 기준은 몇 cm 이내 이어야 하는가?

① 10   ② 20
③ 30   ④ 39

해설 전조등
① 전조등의 등광색은 백색
② 주행빔의 1등당 광도는
   2등식인 경우 15,000~112,500cd
   4등식인 경우 12,000~112,500cd
③ 좌, 우측 진폭은 30cm 이내(단, 좌측전조등의 좌측방향 진폭은 15cm 이내)
④ 상향진폭은 10cm 이하 하향진폭은 전조등 높이의 3/10 이내(또는 30cm 이내)

02 어떤 기관의 열효율을 측정하는데 열정산에서 냉각에 의한 손실이 29%, 배기와 복사에 의한 손실이 31%이고, 기계효율이 80%라면 정미열효율은?

① 40%   ② 36%
③ 34%   ④ 32%

해설
정미 열효율 = {100−(배기 및 복사손실 + 냉각손실)} × 기계효율

∴ {100−(31+29)} × 0.8 = 32%

03 크랭크축 메인 저어널 베어링 마모를 점검하는 방법은?

① 피일러 게이지 방법
② 시임(seam) 방법
③ 직각자 방법
④ 플라스틱 게이지 방법

해설 크랭크축 메인 저널 베어링의 마모 점검 및 오일간극 측정은 플라스틱 게이지를 이용한다.

04 전자제어 가솔린 연료분사 방식이 특징이 아닌 것은?

① 기관의 응답 및 주행성 향상
② 기관 출력의 향상
③ CO, HC 등의 배출가스 감소
④ 간단한 구조

해설 전자제어 가솔린 연료분사 방식의 특징
① 기관의 응답 및 주행성 향상
② 기관 출력의 향상
③ CO, HC 등 유해 배출가스 감소
④ 월 웨팅(wall wetting)에 따른 저온 시동성 향상
⑤ 연비 향상
⑥ 벤투리가 없어 공기 흐름저항이 적다.
⑦ 구조가 복잡하다.

Answer 1. ③ 2. ④ 3. ④ 4. ④

05 차량용 엔진의 엔진성능에 영향을 미치는 여러 인자에 대한 설명으로 옳은 것은?
① 흡입효율, 체적효율, 충전효율이 있다.
② 압축비는 기관의 성능에 영향을 미치치 못한다.
③ 점화시기는 기관의 특성에 영향을 미치치 못한다.
④ 냉각수온, 마찰은 제외한다.

해설 ①, ②, ③, ④항 모두 엔진 성능에 영향을 미치는 중요한 여러 인자중 하나이다.

06 디젤기관에서 전자제어식 고압펌프의 특징이 아닌 것은?
① 동력 성능의 향상
② 쾌적성 향상
③ 부가 장치가 필요
④ 가속시 스모크 저감

해설 디젤기관 전자제어식 고압펌프의 특징
① 동력 성능의 향상
② 가속시 스모크 저감
③ 쾌적성 향상
※ 부가장치가 필요하게 되면 특징이 아니다.

07 실린더가 정상적인 마모를 할 때 마모량이 가장 큰 부분은?
① 실린더 윗 부분
② 실린더 중간 부분
③ 실린더 밑 부분
④ 실린더 헤드

해설 동력행정에서 폭발압력에 의해 피스톤 헤드가 받는 압력이 가장 크므로 피스톤 링과 실린더 벽과의 밀착력이 최대가 되기 때문에 실린더 윗 부분의 마모가 가장 크다.

08 디젤엔진에서 플런저의 유효 행정을 크게 하였을 때 일어나는 것은?
① 송출 압력이 커진다.
② 송출 압력이 작아진다.
③ 연료 송출량이 많아진다.
④ 연료 송출량이 적어진다.

해설 플런저의 예행정을 크게 하면 분사시기가 변화하고, 유효행정을 크게 하면 연료 분사량(송출량)이 많아진다.

09 고속 디젤기관의 열역학적 사이클은 어느 것에 해당하는가?
① 오토 사이클
② 디젤 사이클
③ 정적 사이클
④ 복합 사이클

해설 자동차 기관의 기본 사이클
① 오토 사이클 : 정적 사이클 – 가솔린 기관
② 디젤 사이클 : 정압 사이클 – 저속 디젤기관
③ 사바테 사이클 : 복합(합성) 사이클 – 고속 디젤기관

10 LPG 기관에서 믹서의 스로틀 밸브 개도량을 감지하여 ECU에 신호를 보내는 것은?
① 아이들 업 솔레노이드
② 대시포트
③ 공전속도 조절밸브
④ 스로틀 위치 센서

해설 LPG 기관에서 스로틀 위치 센서(TPS)는 믹서의 스로틀 밸브 개도량을 감지하여 ECU에 신호를 보내는 역할을 한다.

Answer 5. ① 6. ③ 7. ① 8. ③ 9. ④ 10. ④

11 연료 1kg을 연소시키는데 드는 이론적 공기량과 실제로 드는 공기량의 비를 무엇이라고 하는가?

① 중량비　　② 공기율
③ 중량도　　④ 공기 과잉률

해설 공기 과잉률이란 연료 1kg을 연소시키는데 드는 이론적 공기량과 실제로 드는 공기량의 비를 말한다.

12 배기장치에 관한 설명이다. 맞는 것은?

① 배기 소음기는 온도는 낮추고 압력을 높여 배기소음을 감쇄한다.
② 배기다기관에서 배출되는 가스는 저온 저압으로 급격한 팽창으로 폭발음이 발생한다.
③ 단 실린더에도 배기 다기관을 설치하여 배기가스를 모아 방출해야 한다.
④ 소음효과를 높이기 위해 소음기의 저항을 크게 하면 배압이 커 기관 출력이 줄어든다.

해설 ④항이 옳은 설명이고, 배기다기관에서 배출되는 가스는 고온 고압으로 급격한 팽창에 의해 폭발음이 발생되므로 소음기를 사용하여 배기가스의 온도와 압력을 낮추어 배기소음을 감쇄시킨다.

13 냉각장치에서 냉각수의 비등점을 올리기 위한 방식이 맞는 것은?

① 압력 캡식　　② 진공 캡식
③ 밀봉 캡식　　④ 순환 캡식

해설 냉각장치에서 라디에이터 캡에 압력을 걸어 냉각수의 비점을 올리는 압력식 캡을 사용한다. $0.2 \sim 0.9 kgf/cm^2$의 압력을 걸어 냉각수의 비점을 112~119℃로 올린다.

14 기관의 회전수를 계산하는데 사용하는 센서는?

① 스로틀 포지션 센서
② 맵 센서
③ 크랭크 포지션 센서
④ 노크센서

해설 센서의 기능
① 스로틀 포지션 센서 : 스로틀 밸브의 개도를 검출하여 엔진 운전모드를 판정하여 가속과 감속상태를 검지하고 연료 분사량을 보정한다.
② 맵 센서 : 서지탱크로 들어오는 공기량은 매니홀드의 절대압에 비례한다는 이론으로 공기량을 계산하는 센서로 흡기온도 센서와 더불어 공기량을 ECU에서 계산한다.
③ 크랭크 포지션 센서 : 크랭크축이 압축상사점에 대해 어떤 위치에 있는가를 검출하여 엔진 회전수를 계산시키고 분사시기를 결정하는 신호로 사용한다.
④ 노크 센서 : 엔진의 노킹을 감지하여 이를 전압으로 변환해서 ECU로 보내 이 신호를 근거로 점화시기를 지각시킨다.

15 가솔린 기관의 유해가스 저감장치 중 질소산화물(NOx) 발생을 감소시키는 장치는?

① EGR 시스템(배기가스 재순환 장치)
② 퍼지 컨트롤 시스템
③ 블로우 바이 가스 환원장치
④ 감속시 연료 차단 장치

해설 배기가스 재순환(Exhaust Gas Recirculation) 장치란 EGR 밸브를 이용하여 배기가스의 일부를 흡기계인 연소실로 재순환시켜 연소실의 최고온도를 낮추어 질소산화물(NOx)의 발생을 감소시키는 방법이다.

Answer 11. ④　12. ④　13. ①　14. ③　15. ①

16 전자제어 가솔린 기관에서 워밍업 후 공회전 부조가 발생했다. 그 원인이 아닌 것은?

① 스로틀 밸브의 걸림현상
② ISC(아이들 스피드 콘트롤) 장치 고장
③ 수온센서 배선 단선
④ 악셀케이블 유격이 과다

해설 ①, ②, ③항이 공회전시 부조가 발생하는 원인이며, 악셀케이블의 유격이 과다하면 가속이 늦게 작용한다.

17 배출 가스중에서 유해가스에 해당하지 않는 것은?

① 질소   ② 일산화탄소
③ 탄화수소   ④ 질소산화물

해설 자동차에서 배출되는 3대 유해가스는 일산화탄소(CO), 탄화수소(HC), 질소산화물(NOx)이다.

18 스로틀포지션 센서(TPS)의 설명중 틀린 것은?

① 공기유량센서(AFS) 고장시 TPS 신호에 의해 분사량을 결정한다.
② 자동 변속기에서는 변속시기를 결정해 주는 역할도 한다.
③ 검출하는 전압의 범위는 약 0~12(V)까지이다.
④ 가변저항기이고 스로틀 밸브의 개도량을 검출한다.

해설 ①, ②, ④항이 옳은 설명이고, 검출하는 전압의 범위는 약 0~5(V)까지이다.

19 윤활 장치에서 유압이 높아지는 이유로 맞는 것은?

① 릴리프 밸브 스프링의 장력이 클 때
② 엔진오일과 가솔린의 희석
③ 베어링의 마모
④ 오일펌프의 마멸

해설 유압이 높아지는 원인
① 유압조절 밸브(릴리프 밸브) 스프링 장력이 클 때
② 오일간극이 작을 때
③ 오일의 점도가 높을 때
④ 윤활회로의 일부가 막혔을 때

20 피스톤 핀의 고정방법에 해당하지 않는 것은?

① 전 부동식
② 반 부동식
③ 4분의 3 부동식
④ 고정식

해설 피스톤 핀 고정방법
① 고정식 ② 반부동식 ③ 전부동식

21 자동차 연료로 사용하는 휘발유는 주로 어떤 원소들로 구성되어 있는가?

① 탄소와 황
② 산소와 수소
③ 탄소와 수소
④ 탄소와 4-에틸납

해설 자동차 연료인 휘발유는 탄소와 수소로 이루어진 고분자 화합물이다.

Answer 16. ④ 17. ① 18. ③ 19. ① 20. ③ 21. ③

22 디젤 연소실의 구비조건 중 틀린 것은?
① 연소시간이 짧을 것
② 열효율이 높을 것
③ 평균유효 압력이 낮을 것
④ 디젤노크가 적을 것

해설 디젤 연소실의 구비조건
① 열효율이 높을 것
② 연소시간이 짧을 것
③ 디젤노크가 적을 것

23 마스터 실린더에서 피스톤 1차 컵이 하는 일은?
① 오일 누출방지 ② 유압 발생
③ 잔압 형성 ④ 베이퍼록 방지

해설 피스톤 1차컵의 역할은 유압 발생이다. ①, ③, ④항은 브레이크 회로 내에 잔압을 두는 목적이다.

24 보기의 조건에서 밸브 오버랩 각도는 몇 도인가?

> **보기**
> 흡입밸브 열림 : BTDC 18°
> 닫힘 : ABDC 46°
> 배기밸브 열림 : BBDC 54°
> 닫힘 : ATDC 10°

① 8° ② 28°
③ 44° ④ 64°

해설 밸브 오버랩 기간

> 밸브 오버랩 = 흡기밸브 열림각도 + 배기밸브 닫힘각도

∴ 18° + 10° = 28°

25 구동피니언 잇수 6, 링기어의 잇수 30, 추진축의 회전수 1,000rpm일 때 왼쪽 바퀴가 150rpm으로 회전한다면 오른쪽 바퀴의 회전수는?
① 250rpm ② 300rpm
③ 350rpm ④ 400rpm

해설 한 쪽 바퀴 회전수(N_w)

$$N_w = \frac{\text{추진축 회전수}}{\text{종감속비}} \times 2 - \text{다른 쪽 바퀴 회전수}$$

∴ 한 쪽 바퀴 회전수(N_w)
$= \dfrac{1,000}{\frac{30}{6}} \times 2 - 150 = 250$

26 정(+)의 캠버란 다음 중 어떤 것을 말하는가?
① 바퀴의 아래쪽이 위쪽보다 좁은 것을 말한다.
② 앞바퀴의 앞쪽이 뒤쪽보다 좁은것을 말한다.
③ 앞바퀴의 킹핀이 뒤쪽으로 기울어진 각을 말한다.
④ 앞바퀴의 위쪽이 아래쪽보다 좁은 것을 말한다.

해설 캠버
자동차를 앞에서 보았을 때 앞바퀴의 위쪽이 아래쪽보다 넓은 것. 이것을 정(+)의 캠버라 하고, 아래쪽이 넓은 것을 부(-)의 캠버라 한다.

Answer 22. ③ 23. ② 24. ② 25. ① 26. ①

27 조향장치에서 조향 기어비를 나타낸 것으로 맞는 것은?

① 조향휠 회전각도 / 피트먼암 선회각도
② 조향휠 회전각도 + 피트먼암 선회각도
③ 피트먼암 선회각도 − 조향휠 회전각도
④ 피트먼암 선회각도 × 조향휠 회전각도

해설 $$\text{조향 기어비} = \frac{\text{핸들 회전각도}}{\text{피트먼암 회전각도}}$$

28 전자제어 현가장치(Electronic Control Suspension)의 구성품이 아닌 것은?

① 가속센서
② 차고센서
③ 맵 센서
④ 전자제어 현가장치 지시등

해설 ①, ②, ④항이 전자제어 현가장치 구성품이며, 맵센서는 전자제어 기관에서 흡입공기량을 측정하는 센서이다.

29 단순 유성기어 장치에서 선기어, 캐리어, 링 기어의 3요소 중 2요소를 입력요소로 하면 동력전달은?

① 증속   ② 감속
③ 직결   ④ 역전

해설 유성기어 3요소 중 2요소를 입력하면 동력전달은 직결이 되며, 어느 하나라도 입력이 없으면 공전이 된다.

30 공기 브레이크에서 공기압을 기계적 운동으로 바꾸어 주는 장치는?

① 릴레이 밸브   ② 브레이크 슈
③ 브레이크 밸브 ④ 브레이크 챔버

해설 브레이크 페달에 의해 브레이크 밸브가 열리면 릴레이 밸브를 거쳐 브레이크 챔버로 공기의 압력이 전달되고 푸시로드를 통해 캠을 미는 기계적 운동으로 바뀌어 브레이크 슈를 작동시킨다.

31 타이어의 뼈대가 되는 부분으로, 튜브의 공기압에 견디면서 일정한 체적을 유지하고 하중이나 충격에 변형되면서 완충작용을 하며 내열성 고무로 밀착시킨 구조로 되어 있는 것은?

① 비드(Bead)
② 브레이커(Breaker)
③ 트레드(Tread)
④ 카커스(Carcass)

해설 타이어의 구조
① 트레드(tread) : 노면과 직접 접촉하는 부분으로 제동력, 구동력, 옆방향 미끄럼 방지, 승차감 향상 등의 역할을 한다.
② 브레이커(breaker) : 트레드와 카커스 사이에 있으며, 분리를 방지하고 노면에서의 완충작용을 한다.
③ 카커스(carcass) : 타이어의 골격을 이루는 부분으로 고무로 피복된 여러 겹의 코드층으로 되어 공기압력을 견디고 완충작용을 한다.
④ 비드(bead) : 타이어가 림에 접촉하는 부분으로 타이어가 늘어나고 빠지는 것을 방지하기 위해 몇 줄의 피아노 선이 들어 있다.

Answer 27. ① 28. ③ 29. ③ 30. ④ 31. ④

32 변속기의 전진 기어 중 가장 큰 토크를 발생하는 변속단은?

① 오버드라이브 ② 1단
③ 2단 ④ 직결 단

해설 변속기 전진 기어 중 가장 큰 토크는 저속(1단)에서 발생한다.

33 자동차의 축간거리가 2.3m, 바퀴 접지면의 중심과 킹핀과의 거리가 20cm인 자동차를 좌회전할 때 우측바퀴의 조향각은 30°, 좌측바퀴 조향각은 32°이었을 때 최소회전반경은?

① 3.3m ② 4.8m
③ 5.6m ④ 6.5m

해설

최소회전반경 $R = \dfrac{L}{\sin\alpha} + r$

여기서, α : 외측바퀴 회전각도(°)
　　　　L : 축거(m)
　　　　r : 타이어 중심과 킹핀과의 거리(m)

∴ 최소회전반경 $R = \dfrac{2.3}{\sin 30°} + 0.2 = 4.8$

34 차동장치에서 차동 피니언 사이드 기어의 백 래시 조정은?

① 축받이 차축의 왼쪽 조정심을 가감하여 조정한다.
② 축받이 차축의 오른쪽 조정심을 가감하여 조정한다.
③ 차동 장치의 링기어 조정 장치를 조정한다.
④ 드러스트 와셔의 두께를 가감하여 조정한다.

해설 차동장치에서 차동 사이드 기어의 백 래시 조정은 드러스트 와셔의 두께를 가감하여 조정한다.

35 동력 조향장치가 고장 시 핸들을 수동으로 조작할 수 있도록 하는 것은?

① 오일펌프
② 파워 실린더
③ 안전 체크 밸브
④ 시프트 레버

해설 안전 첵 밸브의 역할
① 안전 첵 밸브는 엔진의 정지, 오일펌프의 고장 등 유압이 발생할 수 없는 경우 기계적으로 작동이 가능하게 해준다.
② 안전 첵 밸브는 컨트롤 밸브에 설치되어 있다.
③ 안전 첵 밸브는 압력차에 의해 자동으로 열린다.

36 유압제어 장치와 상관이 없는 것은?

① 오일펌프
② 유압조정 밸브바디
③ 어큐뮬레이터
④ 유성장치

해설 유성장치란 유성기어로 이루어진 기계적인 장치이다.

37 전자제어 제동장치(ABS)에서 휠 스피드 센서의 역할은?

① 휠의 회전속도 감지
② 휠의 감속 상태 감지
③ 휠의 속도 비교 평가
④ 휠의 제동압력 감지

Answer 32. ② 33. ② 34. ④ 35. ③ 36. ④ 37. ①

해설: 전자제어 제동장치(ABS)에서 휠 스피드 센서는 바퀴의 회전속도를 검출하여 바퀴가 고정(잠김) 되는 것을 검출하는 역할을 하는 센서이다.

38 자동변속기에서 작동유의 흐름으로 옳은 것은?

① 오일펌프→토크컨버터→밸브바디
② 토크컨버터→오일펌프→밸브바디
③ 오일펌프→밸브바디→토크컨버터
④ 토크컨버터→밸브바디→오일펌프

해설: 작동유의 흐름 순서
오일펌프 → 밸브바디 → 토크컨버터

39 고속 주행할 때 바퀴가 상하로 진동하는 현상을 무엇이라 하는가?

① 요잉   ② 트램핑
③ 롤링   ④ 킥다운

해설: 트램핑이란 타이어 앞부분의 동적 평형이 맞지 않아 고속 주행할 때 바퀴가 상하로 심한 진동이 발생되는 현상을 말한다.

40 싱크로나이저 슬리브 및 허브 검사에 대한 설명이다. 가장 거리가 먼 것은?

① 싱크로나이저와 슬리브를 끼우고 부드럽게 돌아가는지 점검한다.
② 슬리브의 안쪽 앞부분과 뒤쪽 손상되지 않았는지 점검한다.
③ 허브 앞쪽 끝부분이 마모되지 않았는지 점검한다.
④ 싱크로나이저 허브와 슬리브는 이상 있는 부위만 교환한다.

해설: ①, ②, ③항이 옳은 설명이고, 싱크로나이저 허브와 슬리브는 일체로 되어 있어 이상 있으면 신품으로 교환한다.

41 AQS(Air Quality System)의 기능에 대한 설명 중 틀린 것은?

① 차 실내에 유해가스의 유입을 차단한다.
② 차 실내로 청정 공기만을 유입시킨다.
③ 승차 공간 내의 공기청정도와 환기 상태를 최적으로 유지시킨다.
④ 차 실내의 온도와 습도를 조절한다.

해설: ①, ②, ③항이 AQS의 기능이고, 차 실내의 온도와 습도는 온도센서와 습도센서가 한다.

42 어떤 기준 전압 이상이 되면 역방향으로 큰 전류가 흐르게 된 반도체는?

① PNP형 트랜지스터
② NPN형 트랜지스터
③ 포토 다이오드
④ 제너 다이오드

해설: 제너 다이오드는 어떤 기준 전압(브레이크 다운 전압) 이상이 되면 역방향으로 큰 전류가 흐르는 반도체이다.

43 다음 중 교류발전기의 구성 요소와 거리가 먼 것은?

① 자계를 발생시키는 로터
② 전압을 유도하는 스테이터
③ 정류기
④ 컷 아웃 릴레이

해설: ①, ②, ③항이 교류발전기의 구성 부품이며, 컷 아웃 릴레이는 직류발전기 부품이다.

Answer 38. ③ 39. ② 40. ④ 41. ④ 42. ④ 43. ④

44 회로에서 12V 배터리에 저항 3개를 직렬로 연결하였을 때 전류계 "A"에 흐르는 전류는?

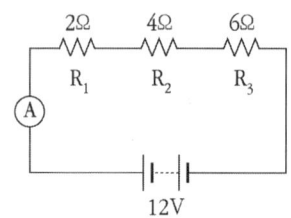

① 1A ② 2A
③ 3A ④ 4A

해설

합성저항 $R = R_1 + R_2 + \cdots + R_n$

합성저항 $R = 2 + 4 + 6 = 12$

∴ 오옴의 법칙 $I = \dfrac{E}{R}$, $I = \dfrac{12}{12} = 1A$

45 점화코일의 2차 쪽에서 발생되는 불꽃전압의 크기에 영향을 미치는 요소가 아닌 것은?

① 점화플러그의 전극현상
② 전극의 간극
③ 오일 압력
④ 혼합기 압력

해설 점화전압에 영향을 미치는 요인
① 점화플러그 전극의 형상
② 점화플러그 전극의 간극
③ 혼합기 압력
※ 오일 압력과는 관련이 없다.

46 옴의 법칙으로 맞는 것은? (단, I = 전류, E = 전압, R = 저항)

① $I = RE$ ② $E = IR$
③ $I = \dfrac{R}{E}$ ④ $E = \dfrac{2R}{I}$

해설

오옴의 법칙 $I = \dfrac{E}{R}$, $R = \dfrac{E}{I}$, $E = IR$

47 축전지의 충전상태를 측정하는 계기는?

① 온도계   ② 기압계
③ 저항계   ④ 비중계

해설 축전지의 충전상태 측정은 비중계로 한다.

48 자동차 에어컨 냉매 가스 순환 과정으로 맞는 것은?

① 압축기 → 건조기 → 응축기 → 팽창밸브 → 증발기
② 압축기 → 팽창밸브 → 건조기 → 응축기 → 증발기
③ 압축기 → 응축기 → 건조기 → 팽창밸브 → 증발기
④ 압축기 → 건조기 → 팽창밸브 → 응축기 → 증발기

해설 에어컨 순환과정
압축기(compressor) – 응축기(condenser) – 건조기(receiver drier) – 팽창밸브(expansion valve) – 증발기(evaporator)

Answer 44. ① 45. ③ 46. ② 47. ④ 48. ③

49 기관 분해조립 시 스패너 사용 자세 중 옳지 않은 것은?

① 몸의 중심을 유지하게 한 손은 작업물을 지지한다.
② 스패너 자루에 파이프를 끼우고 발로 민다.
③ 너트에 스패너를 깊이 물리고 조금씩 앞으로 당기는 식으로 풀고 조인다.
④ 몸은 항상 균형을 잡아 넘어지는 것을 방지한다.

해설 ①, ③, ④항이 옳은 자세이고, 스패너 자루에 파이프 등을 끼우고 작업해서는 안 된다.

50 배선에 있어서 기호와 색의 연결이 틀린 것은?

① Gr : 보라　　② G : 녹색
③ R : 적색　　④ Y : 노란

해설 배선 색상 약어

약어	배선 색상	약어	배선 색상
B	검은색(Black)	O	오렌지색(Orange)
Br	갈색(Brown)	P	분홍색(Pink)
G	초록색(Green)	R	빨간색(Red)
Gr	회색(Gray)	W	흰 색(White)
L	파란색(bLue)	Y	노란색(Yellow)
Lg	연두색(Light Green)	Pp	자주색(Purple)
T	황갈색(Tawny)	Ll	하늘색(Light Blue)

51 기동전동기를 주요 부분으로 구분한 것이 아닌 것은?

① 회전력을 발생하는 부분
② 무부하 전력을 측정하는 부분
③ 회전력을 기관에 전달하는 부분
④ 피니언을 링기어에 물리게 하는 부분

해설 기동전동기 주요 부분
① 회전력을 발생하는 부분(전기자)
② 회전력을 기관에 전달하는 부분(피니언 기어)
③ 피니언을 링기어에 물리게 하는 부분(마그네틱 스위치)

52 이동식 및 휴대용 전동기의 안전한 작업방법으로 틀린 것은?

① 전동기의 코드선은 접지선이 설치된 것을 사용한다.
② 회로시험기로 절연상태를 점검한다.
③ 감전방지용 누전차단기를 접속하고 동작 상태를 점검한다.
④ 감전사고 위험이 높은 곳에서는 1중 절연구조의 전기기기를 사용한다.

해설 ①, ②, ③항이 옳은 설명이고 감전사고의 위험이 높은 곳에서는 다중 절연구조의 전기기기를 사용한다.

Answer　49. ②　50. ①　51. ②　52. ④

53 산업 재해는 생산 활동을 행하는 중에 에너지와 충돌하여 생명의 기능이나 ( )을 상실하는 현상을 말한다. ( )에 알맞은 말은?

① 작업상 업무 ② 작업조건
③ 노동 능력 ④ 노동 환경

해설 산업 재해란 생산 활동을 하는 중에 생명을 잃거나 노동능력을 상실하는 것을 말한다.

54 연삭 작업시 안전사항 중 틀린 것은?

① 나무 해머로 연삭 숫돌을 가볍게 두들겨 맑은 음이 나면 정상이다.
② 연삭 숫돌의 표면이 심하게 변형된 것은 반드시 수정한다.
③ 받침대는 숫돌차의 중심선보다 낮게 한다.
④ 연삭 숫돌과 받침대와의 간격은 3mm 이내로 유지한다.

해설 ①, ③, ④항이 옳은 자세이고, 받침대는 숫돌차보다 당연히 아래에 있으므로 안전사항과는 관련이 없다.

55 감전 사고를 방지하는 방법이 아닌 것은?

① 차광용 안경을 사용한다.
② 반드시 절연 장갑을 착용한다.
③ 물기가 있는 손으로 작업하지 않는다.
④ 고압이 흐르는 부품에는 표시를 한다.

해설 ②, ③, ④항이 옳은 방법이고, 차광용 안경은 빛이나 비산에 대한 방지용이다.

56 화재의 분류 중 B급 화재 물질로 옳은 것은?

① 종이 ② 휘발유
③ 목재 ④ 석탄

해설 화재의 분류

구분	종류	표시	소화기	비고	방법
일반	A급	백색	포말	목재, 종이	냉각 소화
유류	B급	황색	분말	유류, 가스	질식 소화
전기	C급	청색	CO_2	전기 기구	질식 소화
금속	D급	–	모래	가연성 금속	피복에 의한 질식

57 타이어의 공기압에 대한 설명으로 틀린 것은?

① 공기압이 낮으면 일반 포장도로에서 미끄러지기 쉽다.
② 좌, 우 공기압에 편차가 발생하면 브레이크 작동 시 위험을 초래한다.
③ 공기압이 낮으면 트레드 양단의 마모가 많다.
④ 좌, 우 공기압에 편차가 발생하면 차동 사이드 기어의 마모가 촉진된다.

해설 ②, ③, ④항이 옳은 설명이고, 공기압이 낮으면 접촉면적이 넓어져 미끄러지기 어렵다.

Answer 53. ③ 54. ③ 55. ① 56. ② 57. ①

58 에어백 장치를 점검·정비할 때 안전하지 못한 행동은?

① 조향 휠을 탈거할 때 에어백 모듈 인플레이터 단자는 반드시 분리한다.
② 조향 휠을 장착할 때 클럭 스프링의 중립 위치를 확인한다.
③ 에어백 장치는 축전지 전원을 차단하고 일정 시간 지난 후 정비한다.
④ 인플레이터의 저항은 절대 측정하지 않는다.

해설 ②, ③, ④항이 옳은 방법이고, 조향 휠을 탈거할 때 인플레이터 단자를 반드시 분리할 필요는 없다.

59 자동차에 사용하는 부동액의 사용 중에서 주의할 점으로 틀린 것은?

① 부동액은 원액으로 사용하지 않는다.
② 품질 불량한 부동액은 사용하지 않는다.
③ 부동액을 도료부분에 떨어지지 않도록 주의해야 한다.
④ 부동액은 입으로 맛을 보아 품질을 구별할 수 있다.

해설 ①, ②, ③항이 옳은 설명이고, 부동액을 입으로 맛을 보아서는 안 된다.

60 감전 위험이 있는 곳에 전기를 차단하여 수선점검을 할 때의 조치와 관계가 없는 것은?

① 스위치 박스에 통전장치를 한다.
② 위험에 대한 방지장치를 한다.
③ 스위치에 안전장치를 한다.
④ 필요한 곳에 통전금지 기간에 관한 사항을 게시한다.

해설 스위치 박스에 통전장치를 해서는 안 된다.

Answer 58. ① 59. ④ 60. ①

자동차 정비기능사 필기

● 2013년 7월 21일 시행

01 윤활유의 주요기능으로 틀린 것은?
① 윤활작용, 냉각작용
② 기밀유지작용, 부식방지작용
③ 소음감소작용, 세척작용
④ 마찰작용, 방수작용

해설 윤활유의 6대 작용
① 감마작용 : 마찰을 감소시켜 동력 손실을 최소화
② 밀봉작용 : 오일막을 형성하여 기밀을 유지
③ 냉각작용 : 마찰로 인한 열을 흡수하여 냉각시킴
④ 세척작용 : 먼지, 카본 등 불순물을 흡수하여 오일을 세척
⑤ 방청작용 : 수분의 침입을 막아 부식과 침식을 예방
⑥ 응력 분산작용 : 동력 행정시 충격을 분산시켜 응력을 최소화

02 고속 디젤기관의 기본 사이클에 해당되는 것은?
① 정적 사이클(Constant volume cycle)
② 정압 사이클(Constant pressure cycle)
③ 복합 사이클(Sabathe cycle)
④ 디젤 사이클(Diesel cycle)

해설 자동차 기관의 열역학적 사이클
① 오토 사이클 : 정적 사이클 – 가솔린 기관
② 디젤 사이클 : 정압 사이클 – 저속 디젤기관
③ 사바테 사이클 : 복합(합성) 사이클 – 고속 디젤기관

03 전자제어 엔진에서 냉간시 점화시기 제어 및 연료분사량 제어를 하는 센서는?
① 흡기온센서
② 대기압센서
③ 수온센서
④ 공기량센서

해설 센서의 기능
① 흡기온도 센서 : 흡입공기의 온도를 검출하여 연료 분사량을 보정한다.
② 대기압 센서 : 대기압력을 측정하여 연료 분사량 및 점화시기를 보정한다.
③ 수온 센서 : 냉각수 온도를 측정하여 냉간시 점화시기 제어 및 연료분사량 제어를 한다.
④ 공기유량 센서 : 흡기관로에 설치되어 칼만와류 현상 및 드로틀 밸브의 열림량을 이용하여 흡입공기량을 측정한다.

04 최적의 공연비를 바르게 나타낸 것은?
① 희박한 공연비
② 농후한 공연비
③ 이론적으로 완전연소 가능한 공연비
④ 공전 시 연소 가능범위의 연비

해설 최적의 공연비란 이론적으로 완전연소가 가능한 혼합비로 14.7 : 1을 의미한다.

Answer 1. ④ 2. ③ 3. ③ 4. ③

05 디젤기관에서 냉각장치로 흡수되는 열은 연료 전체 발열량의 약 몇 % 정도인가?
① 30~35 ② 45~55
③ 55~65 ④ 70~80

해설 열열정산(heat balance, 열평형)
ⓐ 가솔린기관
- 유효일 25~28%
- 배기손실 30~35%
- 냉각손실 25~30%
- 기계손실 5~10%
- 복사손실 1~5%

ⓑ 디젤기관
- 유효일 30~34%
- 배기손실 25~32%
- 냉각손실 30~31%
- 기계손실 5~7%
- 복사손실 1~5%

06 기관이 1,500rpm에서 20m-kgf의 회전력을 낼 때 기관의 출력은 41.87PS이다. 기관의 출력을 일정하게 하고 회전수를 2,500rpm으로 하였을 때 얼마의 회전력을 내는가?
① 약 45m-kgf ② 약 35m-kgf
③ 약 25m-kgf ④ 약 12m-kgf

해설
$$출력(제동마력, PS) = \frac{TN}{716}$$

여기서, T : 회전력(m-kgf)
N : 엔진 회전수(rpm)

$$\therefore T = \frac{716 \times ps}{N} = \frac{716 \times 41.87}{2,500}$$
$$= 11.99 kgf-m$$

07 자동차 기관에서 과급을 하는 주된 목적은?
① 기관의 출력을 증대시킨다.
② 기관의 회전수를 빠르게 한다.
③ 기관의 윤활유 소비를 줄인다.
④ 기관의 회전수를 일정하게 한다.

해설 과급기는 엔진의 출력을 향상시키고 회전력을 증대시키며 연료소비율을 향상시킨다.

08 어떤 기관의 크랭크 축 회전수가 2,400rpm, 회전반경이 40mm일 때 피스톤 평균 속도는?
① 1.6m/s ② 3.3m/s
③ 6.4m/s ④ 9.6m/s

해설
$$피스톤\ 평균속도 = \frac{2LN}{60} = \frac{LN}{30} (m/s)$$

여기서 L : 행정(m)
N : 엔진회전수(rpm)

$$\therefore \frac{0.08 \times 2,400}{30} = 6.4 m/s$$

09 피스톤의 평균속도를 올리지 않고 회전수를 높일 수 있으며 단위 체적당 출력을 크게 할 수 있는 기관은?
① 장행정 기관 ② 정방형 기관
③ 단행정 기관 ④ 고속형 기관

해설 오버스퀘어(단행정) 기관의 장점과 단점
① 피스톤 평균속도를 높이지 않고 기관 회전수를 높일 수 있어 출력을 크게 할 수 있다.
② 흡배기 밸브의 지름을 크게 할 수 있어 체적효율을 높일 수 있다.
③ 내경에 비해 행정이 작으므로 기관의 높이를 낮게 할 수 있다.

Answer 5. ① 6. ④ 7. ① 8. ③ 9. ③

④ 내경이 커서 피스톤이 과열되기 쉽고, 베어링 하중이 증가한다.
⑤ 기관의 높이는 낮아지나, 길이가 길어진다.

10 가솔린의 안티 노크성을 표시하는 것은?
① 세탄가 ② 헵탄가
③ 옥탄가 ④ 프로판가

해설 ▶ 옥탄가
연료의 안티 노킹성(anti-knocking, 내폭성, 제폭성)을 나타내는 정도

11 배기량이 785cc, 연소실체적이 157cc인 자동차 기관의 압축비는?
① 3 : 1 ② 4 : 1
③ 5 : 1 ④ 6 : 1

해설 ▶

압축비 $\epsilon = \dfrac{\text{실린더 체적}}{\text{연소실 체적}}$

$= 1 + \dfrac{\text{행정 체적(배기량)}}{\text{연소실 체적}}$

∴ 압축비 $= 1 + \dfrac{785}{157} = 6$

12 디젤 기관의 예열장치에서 연소실 내의 압축공기를 직접 예열하는 형식은?
① 흡기 가열식
② 흡기 히터식
③ 예열 플러그식
④ 히터 레인지식

해설 ▶ 흡기 가열식(흡기 히터식), 히터 레인지식은 흡입되는 공기를 흡기 다기관에서 가열하는 방식이고, 예열 플러그식은 연소실 내의 압축공기를 직접 예열하는 방식이다.

13 4행정 사이클 6실린더 기관의 지름이 100mm, 행정이 100mm이고, 기관 회전수 2,500rpm, 지시평균 유효압력이 8kgf/cm²이라면 지시마력은 약 몇 PS인가?
① 80 ② 93
③ 105 ④ 150

해설 ▶

지시(도시)마력 $= \dfrac{PALZN}{75 \times 60}$

$= \dfrac{PVZN}{75 \times 60 \times 100}$

여기서, P : 지시평균 유효압력(kgf/cm²)
A : 실린더 단면적(cm²)
L : 행정(m)
V : 배기량(cm³)
Z : 실린더수
N : 엔진회전수(rpm)(2행정기관 : N, 4행정기관 : $N/2$)

∴ 지시마력
$= \dfrac{8 \times 0.785 \times 10^2 \times 0.1 \times 6 \times 2,500}{75 \times 60 \times 2}$

$= 104.67 \text{ps}$

14 전자제어 가솔린 기관의 진공식 연료압력 조절기에 대한 설명으로 옳은 것은?
① 공전 시 진공호스를 빼면 연료압력은 낮아지고 다시 호스를 꼽으면 높아진다.
② 급가속 순간 흡기다기관의 진공은 대기압에 가까워 연료압력은 낮아진다.
③ 흡기관의 절대압력과 연료 분배관의 압력차를 항상 일정하게 유지시킨다.
④ 대기압이 변화하면 흡기관의 절대압력과 연료 분배관의 압력차도 같이 변화한다.

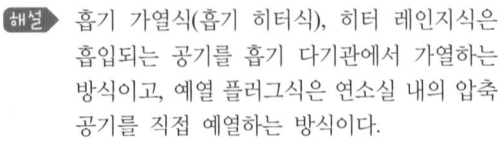
Answer 10. ③ 11. ④ 12. ③ 13. ③ 14. ③

해설 ▶ 연료압력 조절기는 흡기 매니홀드의 부압에 의해 작동되며, 연료 분사량을 일정하게 유지하기 위해 흡기다기관 내의 절대압력과 연료 분배관의 압력차를 항상 일정하게(2.55kgf/cm²) 유지시킨다.

15 컴퓨터 제어 계통 중 입력계통과 가장 거리가 먼 것은?

① 대기압센서 ② 공전 속도 제어
③ 산소센서   ④ 차속센서

해설 ▶ ①, ③, ④항은 컴퓨터에 입력계통이며, 공전 속도 제어는 ECU의 신호에 의해 작동되는 출력계통이다.

16 가솔린 엔진의 배기가스 중 인체에 유해 성분이 가장 적은 것은?

① 일산화탄소 ② 탄화수소
③ 이산화탄소 ④ 질소산화물

해설 ▶ 자동차에서 배출되는 3대 유해가스는 일산화탄소(CO), 탄화수소(HC), 질소산화물(NOx)이다.

17 커넥팅 로드의 비틀림이 엔진에 미치는 영향에 대한 설명이다. 옳지 않은 것은?

① 압축압력의 저하
② 회전에 무리를 초래
③ 저널 베어링의 마멸
④ 타이밍 기어의 백래시 촉진

해설 ▶ 커넥팅 로드가 비틀리면 회전에 무리를 초래하며, 저널 베어링이 마멸되고 압축압력이 저하한다. 타이밍 기어의 백래시 촉진과는 관련이 없다.

18 밸브 스프링 자유 높이의 감소는 표준 치수에 대하여 몇 % 이내이어야 하는가?

① 3%   ② 8%
③ 10% ④ 12%

해설 ▶ 밸브 스프링의 직각도와 자유고는 3% 이내, 장력은 15% 이내이다.

19 LPG(Liquefied Petroleum Gas) 기관 중 피드백 믹서 방식의 특징이 아닌 것은?

① 연료 분사펌프가 있다.
② 대기 오염이 적다.
③ 경제성이 좋다.
④ 엔진오일의 수명이 길다.

해설 ▶ LPG 기관의 특징
① 연소효율이 좋고, 엔진이 정숙하다.
② 오일의 오염이 적어 엔진 수명이 길다.
③ 연소실에 카본부착이 없어 점화플러그 수명이 길어진다.
④ 대기오염이 적고, 위생적이며 경제적이다.
⑤ 옥탄가가 높고 노킹이 적어 점화시기를 앞당길 수 있다.
※ 연료 자체의 압력으로 공급되므로 연료펌프가 없으며, 가스상태이므로 퍼컬레이션이나 베이퍼 록 현상이 없다.

20 I.S.C(idle speed control) 서보기구에서 컴퓨터 신호에 따른 기능으로 가장 타당한 것은?

① 공전 연료량을 증가
② 공전속도를 제어
③ 가속 속도를 증가
④ 가속 공기량을 조절

해설 ▶ I.S.C란 idle speed control의 약자로, 컴퓨터 신호에 따라 공전속도를 제어하는 기구이다.

Answer 15. ② 16. ③ 17. ④ 18. ① 19. ① 20. ②

21 흡기관로에 설치되어 칼만 와류 현상을 이용하여 흡입공기량을 측정하는 것은?

① 흡기온도 센서
② 대기압 센서
③ 스로틀 포지션 센서
④ 공기유량 센서

해설 ▶ 센서의 기능
① 흡기온도 센서 : 흡입공기의 온도를 검출하여 연료 분사량을 보정한다.
② 대기압 센서 : 대기압력을 측정하여 연료 분사량 및 점화시기를 보정한다.
③ 스로틀 포지션 센서 : 스로틀 밸브의 개도를 검출하여 엔진 운전모드를 판정하여 가속과 감속상태를 검지하고 연료 분사량을 보정한다.
④ 공기유량 센서 : 흡기관로에 설치되어 칼만와류 현상 및 드로틀 밸브의 열림량을 이용하여 흡입공기량을 측정한다.

22 압력식 라디에이터 캡을 사용하므로 얻어지는 장점과 거리가 먼 것은?

① 비등점을 올려 냉각 효율을 높일 수 있다.
② 라디에이터를 소형화 할 수 있다.
③ 라디에이터의 무게를 크게 할 수 있다.
④ 냉각장치 내의 압력을 0.3~0.7kg$_f$/cm^2 정도 올릴 수 있다.

해설 ▶ ①, ②, ④항이 압력식 캡의 장점이며, 압력식 캡을 사용하면 라디에이터를 소형화 할 수 있어 무게를 가볍게 할 수 있다.

23 디젤기관의 연소실 형식 중 연소실 표면적이 작아 냉각 손실이 작은 특징이 있고, 시동성이 양호한 형식은?

① 직접분사실식
② 예연소실식
③ 와류실식
④ 공기실식

해설 ▶ 직접분사식 연소실의 장·단점
① 실린더 헤드의 구조가 간단하다.
② 열효율이 높다.
③ 엔진의 시동이 쉽고, 연료 소비율이 적다.
④ 연소실 표면적이 작기 때문에 열손실이 적다.
⑤ 사용 연료에 매우 민감하여 노크 발생이 쉽다.

24 그림과 같은 마스터 실린더의 푸시 로드에는 몇 kg$_f$의 힘이 작용하는가?

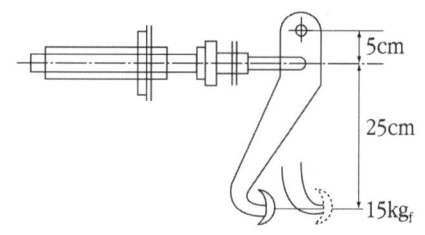

① 75kg$_f$ ② 90kg$_f$
③ 120kg$_f$ ④ 140kg$_f$

해설 ▶ $5 \times F = 30 \times 15 kg_f$

$$\therefore F = \frac{30 \times 15}{5} = 90 kg_f$$

Answer 21. ④ 22. ③ 23. ① 24. ②

25. 자동변속기 차량에서 토크컨버터 내에 있는 스테이터의 기능은?

① 터빈의 회전력을 증대시킨다.
② 바퀴의 회전력을 감소시킨다.
③ 펌프의 회전력을 증대시킨다.
④ 터빈의 회전력을 감소시킨다.

해설 ▶ 토크 컨버터에서 스테이터(stator)는 작동 유체의 방향을 변환시켜 회전력(토크)을 증대시키는 역할을 한다.

26. 타이어의 뼈대가 되는 부분으로서 공기 압력을 견디어 일정한 체적을 유지하고 또 하중이나 충격에 따라 변형하여 완충작용을 하는 것은?

① 브레이커   ② 카커스
③ 트레드   ④ 비드부

해설 ▶ 타이어의 구조
① 트레드(tread) : 노면과 직접 접촉하는 부분으로 제동력, 구동력, 옆방향 미끄럼 방지, 승차감 향상 등의 역할을 한다.
② 브레이커(breaker) : 트레드와 카커스 사이에 있으며, 분리를 방지하고 노면에서의 완충작용을 한다.
③ 카커스(carcass) : 타이어의 골격을 이루는 부분으로 고무로 피복된 여러 겹의 코드층으로 되어 공기압력을 견디고 완충작용을 한다.
④ 비드(bead) : 타이어가 림에 접촉하는 부분으로 타이어가 늘어나고 빠지는 것을 방지하기 위해 몇 줄의 피아노선이 들어있다.

27. 전자제어 제동장치(ABS)의 구성요소로 틀린 것은?

① 휠 스피드 센서(wheel speed sensor)
② 컨트롤 유닛(control unit)
③ 하이드롤릭 유닛(hydraulic unit)
④ 크랭크 앵글 센서(crank angle sensor)

해설 ▶ ABS의 구성부품
① 휠 스피드 센서 : 차륜의 회전상태를 검출
② 전자제어 컨트롤 유닛(E.C.U) : 휠 스피드 센서의 신호를 받아 ABS를 제어
③ 하이드롤릭 유닛 : E.C.U의 신호에 따라 휠 실린더에 공급되는 유압을 제어
④ 프로포셔닝 밸브 : 브레이크를 밟았을 때 뒷바퀴가 조기에 고착되지 않도록 뒷바퀴의 유압을 제어

28. 킹핀 경사각과 함께 앞바퀴에 복원성을 주어 직진 위치로 쉽게 돌아오게 하는 앞바퀴 정렬과 관련이 가장 큰 것은?

① 캠버   ② 캐스터
③ 토   ④ 셋 백

해설 ▶ 캐스터의 작용
① 주행 중 조향바퀴에 방향성(직진성)을 준다.
② 선회한 후 조향 핸들을 놓으면 직진방향으로 되돌아오는 복원력이 발생된다.

Answer 25. ① 26. ② 27. ④ 28. ②

29 변속기의 변속비가 1.5, 링기어의 잇수 36, 구동피니언의 잇수 6인 자동차를 오른쪽 바퀴만을 들어서 회전하도록 하였을 때 오른쪽 바퀴의 회전수는? (단, 추진축의 회전수는 2,100rpm)

① 350rpm ② 450rpm
③ 600rpm ④ 700rpm

해설 한 쪽 바퀴 회전수(N_w)

$$N_w = \frac{\text{추진축 회전수}}{\text{종감속비}} \times 2 - \text{다른 쪽 바퀴 회전수}$$

∴ 한 쪽 바퀴 회전수(N_w)
$= \dfrac{2{,}100}{\frac{36}{6}} \times 2 - 0 = 700 \text{rpm}$

30 자동변속기에서 밸브보디에 있는 매뉴얼밸브의 역할은?

① 변속레버의 위치에 따라 유로를 변경한다.
② 오일 압력을 부하에 알맞은 압력으로 조정한다.
③ 차속이나 엔진부하에 따라 변속단수를 결정한다.
④ 변속단수의 위치를 컴퓨터로 전달한다.

해설 매뉴얼 밸브는 시프트 레버의 조작으로 작동하는 수동(manual) 밸브로, 변속레버의 위치에 따라 유로를 변경하는 역할을 한다.

31 다음 중 브레이크 드럼이 갖추어야 할 조건과 관계가 없는 것은?

① 무거워야 한다.
② 방열이 잘 되어야 한다.
③ 강성과 내마모성이 있어야 한다.
④ 동적, 정적 평형이 되어야 한다.

해설 브레이크 드럼이 갖추어야 할 조건
① 방열이 잘될 것
② 충분한 강성과 내마멸성이 있을 것
③ 정적, 동적 평형이 잡혀 있을 것
④ 가벼울 것

32 조향장치가 갖추어야 할 조건 중 적당하지 않은 사항은?

① 적당한 회전 감각이 있을 것
② 고속주행에서도 조향핸들이 안정될 것
③ 조향휠의 회전과 구동휠의 선회차가 클 것
④ 선회 시 저항이 적고 선회 후 복원성이 좋을 것

해설 조향장치가 갖추어야 할 조건
① 조작하기 쉽고 방향전환이 원활하게 행해질 것
② 회전반경이 적을 것
③ 조향핸들과 바퀴의 선회 차이가 크지 않을 것
④ 조향조작이 주행 중의 충격에 영향을 받지 않을 것
⑤ 고속 주행에도 조향휠이 안정되고 복원력이 좋을 것
⑥ 선회 시 저항이 적고 선회 후 복원성이 좋을 것
⑦ 적당한 회전 감각이 있을 것

Answer 29. ④ 30. ① 31. ① 32. ③

33 요철이 있는 노면을 주행할 경우, 스티어링 휠에 전달되는 충격을 무엇이라 하는가?

① 시미 현상
② 웨이브 현상
③ 스카이 훅 현상
④ 킥 백 현상

해설 요철이 있는 노면을 주행할 경우, 스티어링 휠에 전달되는 충격을 킥 백(kick back) 현상 이라 한다.

34 유압식 동력조향장치와 비교하여 전동식 동력조향장치의 특징으로 틀린 것은?

① 유압제어 방식 전자제어 조향장치 보다 부품 수가 적다.
② 유압제어를 하지 않으므로 오일이 필요 없다.
③ 유압제어 방식에 비해 연비를 향상시킬 수 없다.
④ 유압제어를 하지 않으므로 오일펌프가 필요 없다.

해설 ①, ②, ④항이 전동식 동력조향장치의 특징이며, 유압제어 방식에 비해 엔진 부하가 감소하여 연비를 향상시킬 수 있다.

35 추진축의 자재이음은 어떤 변화를 가능하게 하는가?

① 축의 길이   ② 회전 속도
③ 회전축의 각도 ④ 회전 토크

해설 ① 추진축 : 회전력 전달
② 자재이음 : 각도 변화
③ 슬립이음 : 길이 변화

36 수동변속기에서 싱크로메시(synchro mesh) 기구의 기능이 작용하는 시기는?

① 변속기어가 물려있을 때
② 클러치 페달을 놓을 때
③ 변속기어가 물릴 때
④ 클러치 페달을 밟을 때

해설 싱크로메시 기구는 기어 변속시(물릴 때) 싱크로메시 기구를 이용하여 동기시켜 변속하는 장치이다.

37 브레이크액의 특성으로서 장점이 아닌 것은?

① 높은 비등점   ② 낮은 응고점
③ 강한 흡습성   ④ 큰 점도지수

해설 브레이크 오일의 구비조건
① 점도가 알맞고 점도지수가 클 것
② 응고점이 낮고 비등점이 높을 것
③ 화학적으로 안정될 것
④ 고무 또는 금속을 경화, 팽창, 부식시키지 않을 것
⑤ 침전물을 발생시키지 않을 것

38 다음에서 스프링의 진동 중 스프링 위 질량의 진동과 관계 없는 것은?

① 바운싱(bouncing)
② 피칭(pitching)
③ 휠 트램프(wheel tramp)
④ 롤링(rolling)

해설 스프링 윗질량 운동
① 롤링 : 세로축(앞·뒤 방향 축)을 중심으로 하는 좌, 우 회전운동
② 피칭 : 가로축(좌·우 방향 축)을 중심으로 하는 전, 후 회전운동
③ 요잉 : 수식축을 중심으로 앞뒤가 회전하는 운동

Answer 33. ④ 34. ③ 35. ③ 36. ③ 37. ③ 38. ③

④ 바운싱 : 차체가 동시에 상하로 튕기는 운동

39 클러치가 미끄러지는 원인 중 틀린 것은?
① 마찰 면의 경화, 오일 부착
② 페달 자유 간극 과대
③ 클러치 압력스프링 쇠약, 절손
④ 압력판 및 플라이휠 손상

해설 클러치가 미끄러지는 원인
① 클러치 디스크 마모로 인한 자유유격 과소
② 클러치 스프링의 약화 및 변형
③ 마찰면의 경화 또는 오일 부착
④ 압력판, 플라이 휠 접촉면의 손상

40 공기 현가장치의 특징에 속하지 않는 것은?
① 하중 증감에 관계없이 차체 높이를 항상 일정하게 유지하며 앞뒤, 좌우의 기울기를 방지할 수 있다.
② 스프링 정수가 자동적으로 조정되므로 하중의 증감에 관계없이 고유 진동수를 거의 일정하게 유지할 수 있다.
③ 고유 진동수를 높일 수 있으므로 스프링 효과를 유연하게 할 수 있다.
④ 공기 스프링 자체에 감쇠성이 있으므로 작은 진동을 흡수하는 효과가 있다.

해설 ①, ②, ④항이 공기 현가장치의 특징으로, 고유 진동수를 일정하게 유지할 수 있는 장점이 있다.

41 전지 전해액의 비중을 측정하였더니 1.180이었다. 이 축전지의 방전율은? (단, 비중값이 완전 충전시 1.280이고 완전 방전시의 비중값이 1.080이다.)
① 20% ② 30%
③ 50% ④ 70%

해설

방전율
$= \dfrac{\text{완전충전시 비중} - \text{측정시 비중}}{\text{완전충전시 비중} - \text{완전 방전시 비중}} \times 100(\%)$

∴ 방전율 $= \dfrac{1.280 - 1.180}{1.280 - 1.080} \times 100 = 50\%$

42 반도체의 장점으로 틀린 것은?
① 극히 소형이고 경량이다.
② 내부 전력 손실이 매우 적다.
③ 고온에서도 안정적으로 동작한다.
④ 예열을 요구하지 않고 곧바로 작동한다.

해설 반도체의 장점
① 극히 소형이고 경량이다.
② 예열을 요구하지 않고 곧바로 작동한다.
③ 내부 전력 손실이 매우 적다.
④ 수명이 길다.
⑤ 온도가 상승하면 특성이 몹시 나빠진다.
⑥ 정격값을 넘으면 파괴되기 쉽다.

Answer 39. ② 40. ③ 41. ③ 42. ③

43 자동차의 IMS(Integrated Memory System)에 대한 설명으로 옳은 것은?

① 도난을 예방하기 위한 시스템이다.
② 편의장치로서 장거리 운행시 자동 운행 시스템이다.
③ 배터리 교환주기를 알려주는 시스템이다.
④ 스위치 조작으로 설정해둔 시트 위치로 재생시킨다.

해설 IMS는 운전자에 맞는 최적의 시트 위치 및 미러 위치를 설정하여 기억시킨 후, 스위치 조작으로 설정해둔 위치로 재생시키는 편의장치이다.

44 P형 반도체와 N형 반도체를 마주대고 결합한 것은?

① 캐리어   ② 홀
③ 다이오드 ④ 스위칭

해설 다이오드는 P형 반도체와 N형 반도체를 마주대고 결합한 반도체이다.

45 그림과 같이 테스트 램프를 사용하여 릴레이 회로의 각 단자(B, L, S1, S2)를 점검하였을 때 테스트 램프의 작동이 틀린 것은? (단, 테스트 램프 전구는 LED 전구이며, 테스트 램프의 접지는 차체 접지)

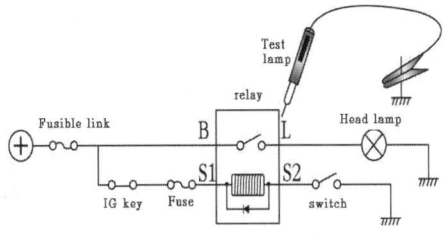

① B 단자는 점등된다.
② L 단자는 점등되지 않는다.
③ S1 단자는 점등된다.
④ S2 단자는 점등되지 않는다.

해설 B, S1, S2 단자는 점등되고, L단자는 점등되지 않는다.

46 기동전동기에서 회전하는 부분이 아닌 것은?

① 오버런닝 클러치 ② 정류자
③ 계자 코일   ④ 전기자 철심

해설 기동전동기 회전하는 부분
정류자, 전기자 코일, 전기자 철심, 오버런닝 클러치

47 편의장치에서 중앙집중식 제어장치(ETACS 또는 ISU)의 입·출력 요소 역할에 대한 설명으로 틀린 것은?

① 모든 도어스위치 : 각 도어 잠김 여부 감지
② INT 스위치 : 와셔 작동 여부 감지
③ 핸들 록 스위치 : 키 삽입 여부 감지
④ 열선스위치 : 열선 작동 여부 감지

해설 INT 스위치
운전자의 의지인 와이퍼 볼륨의 위치 검출

48 축전지 극판의 작용물질이 동일한 조건에서 비중이 감소되면 용량은?

① 증가한다.
② 변화없다.
③ 비례하여 증가한다.
④ 감소한다.

해설 비중이 감소하면 축전지 용량은 감소한다.

Answer 43. ④ 44. ③ 45. ④ 46. ③ 47. ② 48. ④

49 자동차용 AC 발전기에서 자속을 만드는 부분은?

① 로터(rotor) ② 스테이터(stator)
③ 브러시(brush) ④ 다이오드(diode)

해설 로터는 슬립링을 통해 전류가 흘러 자속을 형성한다.

50 점화코일에서 고전압을 얻도록 유도하는 공식으로 옳은 것은?

E_1 : 1차 코일에 유도된 전압
E_2 : 2차 코일에 유도된 전압
N_1 : 1차 코일의 유효권수
N_2 : 2차 코일의 유효권수

① $E_2 = \dfrac{N_2}{N_1} E_1$

② $E_2 = \dfrac{N_1}{N_2} E_1$

③ $E_2 = N_1 \times N_2 \times E_1$

④ $E_2 = N_1 + (N_2 \times E_1)$

해설

점화코일 유도전압 $(E_2) = \dfrac{N_2}{N_1} \cdot E_1$

51 구급처치 중에서 환자의 상태를 확인하는 사항과 관련이 없는 것은?

① 의식 ② 상처
③ 출혈 ④ 안정

해설 구급처치 중 환자의 상태는 의식, 상처, 출혈 등이 있는 지를 확인한다. 안정은 관련이 없다.

52 다이얼 게이지 사용시 유의사항으로 틀린 것은?

① 스핀들에 주유하거나 그리스를 발라서 보관한다.
② 분해 청소나 조정을 함부로 하지 않는다.
③ 게이지를 어떤 충격도 가해서는 안 된다.
④ 게이지를 설치할 때에는 지지대의 암을 될 수 있는대로 짧게 하고 확실하게 고정해야 한다.

해설 다이얼 게이지 취급시 주의사항
① 게이지를 설치할 때에는 지지대의 암을 될 수 있는대로 짧게 하고 확실하게 고정해야 한다.
② 게이지 눈금은 0점 조정하여 사용한다.
③ 게이지는 측정 면에 직각으로 설치한다.
④ 충격은 절대로 금해야 한다.
⑤ 분해 청소나 조절을 함부로 하지 않는다.
⑥ 스핀들에 주유하거나 그리스를 바르지 않는다.

53 드릴로 큰 구멍을 뚫으려고 할 때에 먼저 할 일은?

① 금속을 무르게 한다.
② 작은 구멍을 뚫는다.
③ 스핀들의 속도를 빠르게 한다.
④ 드릴 커팅 앵글을 증가시킨다.

해설 드릴로 큰 구멍을 뚫을 때에는 먼저 작은 구멍을 뚫는다.

Answer 49. ① 50. ① 51. ④ 52. ① 53. ②

54 일반공구 사용에서 안전한 사용법이 아닌 것은?

① 조정 죠오에 잡아당기는 힘이 가해져야 한다.
② 렌치에 파이프 등의 연장대를 끼워서 사용해서는 안 된다.
③ 언제나 깨끗한 상태로 보관한다.
④ 녹이 생긴 볼트나 너트에는 오일을 넣어 스며들게 한 다음 돌린다.

해설 조정렌치 사용시 고정 죠오에 힘이 가해지도록 한다.

55 산업안전·보건표지의 종류와 형태에서 아래 그림이 나타내는 표시는?

① 접촉금지   ② 출입금지
③ 탑승금지   ④ 보행금지

해설 안전·보건표지의 종류와 형태 : 마지막페이지 참조

56 기동전동기의 분해조립시 주의할 사항이 아닌 것은?

① 관통볼트 조립시 브러시 선과의 접촉에 주의할 것
② 레버의 방향과 스프링, 홀더의 순서를 혼동하지 말 것
③ 브러시 배선과 하우징과의 배선을 확실히 연결할 것
④ 마그네틱 스위치의 B단자와 M(또는 F)단자의 구분에 주의할 것

해설 기동전동기 분해 조립시 ①, ②, ④항을 주의하여야 하며, 브러시 배선과 하우징 배선과는 상호 관련이 없다.

57 귀 마개를 착용하여야 하는 작업과 가장 거리가 먼 것은?

① 공기압축기가 가동되는 기계실 내에서 작업
② 디젤엔진 정비작업
③ 단조작업
④ 제관작업

해설 디젤엔진 정비작업은 디젤엔진의 가동여부를 들어야 하므로 귀마개를 하여서는 안 된다.

Answer 54. ① 55. ④ 56. ③ 57. ②

58 전자제어 시스템을 정비할 때 점검 방법 중 올바른 것을 모두 고른 것은?

a. 배터리 전압이 낮으면 고장진단이 발견되지 않을 수도 있으므로 점검하기 전에 배터리 전압상태를 점검한다.
b. 배터리 또는 ECU 커넥터를 분리하면 고장항목이 지워질 수 있으므로 고장진단 결과를 완전히 읽기 전에는 배터리를 분리시키지 않는다.
c. 점검 및 정비를 완료한 후에는 배터리 (−) 단자를 15초 이상 분리시킨 후 다시 연결하고 고장 코드가 지워졌는지를 확인한다.

① b, c　　② a, b
③ a, c　　④ a, b, c

해설 a, b, c 항 모두 전자제어 시스템을 정비할 때 올바른 점검 방법이다.

59 제동력시험기 사용시 주의할 사항으로 틀린 것은?

① 타이어 트레드의 표면에 습기를 제거한다.
② 롤러 표면은 항상 그리스로 충분히 윤활시킨다.
③ 브레이크 페달을 확실히 밟은 상태에서 측정한다.
④ 시험 중 타이어와 가이드 롤러와의 접촉이 없도록 한다.

해설 제동력 시험기 사용시 주의할 사항
① 타이어 트레드의 표면에 습기를 제거한다.
② 롤러 표면에 이물질이 묻어있으면 깨끗이 닦는다.
③ 브레이크 페달을 확실히 밟은 상태에서 측정한다.
④ 시험 중 타이어와 가이드 롤러와의 접촉이 없도록 한다.

60 기관을 운전상태에서 점검하는 부분이 아닌 것은?

① 배기가스의 색을 관찰하는 일
② 오일압력 경고등을 관찰하는 일
③ 엔진의 이상음을 관찰하는 일
④ 오일 팬의 오일양을 측정하는 일

해설 ①, ②, ③항은 기관을 운전상태에서 점검하며, 기관 오일 점검은 차량 정지상태, 노면은 수평인 상태에서 점검한다.

Answer 58. ④　59. ②　60. ④

자동차 정비기능사 필기

◎ 2013년 10월 12일 시행

---

01 기동 전동기가 정상 회전하지만 엔진이 시동되지 않는 원인과 관련이 있는 사항은?

① 밸브 타이밍이 맞지 않을 때
② 조향 핸들 유격이 맞지 않을 때
③ 현가장치에 문제가 있을 때
④ 산소 센서의 작동이 불량일 때

해설 ②, ③, ④항은 시동과 관련이 없으며, 밸브 타이밍이 맞지 않으면 압축압력이 형성되지 않아 엔진이 시동되지 않는다.

02 캠축과 크랭크축 타이밍 전동 방식이 아닌 것은?

① 유압 전동 방식
② 기어 전동 방식
③ 벨트 전동 방식
④ 체인 전동 방식

해설 타이밍 기어의 구동은 기어, 벨트, 체인 등을 이용한다.

03 실린더 벽이 마멸되었을 때 나타나는 현상 중 틀린 것은?

① 엔진오일의 희석 및 소모
② 피스톤 슬랩 현상 발생
③ 압축압력 저하 및 블로바이 가스 발생
④ 연료소모 저하 및 엔진 출력저하

해설 ①, ②, ③항이 실린더 벽이 마모되었을 때 나타나는 현상이며, 연료소모가 증가하고 엔진출력이 저하한다.

04 피스톤 평균속도를 높이지 않고 엔진 회전속도를 높이려면?

① 행정을 작게 한다.
② 행정을 크게 한다.
③ 실린더 지름을 크게 한다.
④ 실린더 지름을 작게 한다.

해설 피스톤 평균속도(v)
$$= \frac{2LN}{60} = \frac{LN}{30} \text{(m/s)}$$

여기서 L : 행정(m)
N : 엔진회전수(rpm)

∴ 행정(L)을 작게 하면 엔진 회전속도(N)가 높아진다.

Answer 1. ① 2. ① 3. ④ 4. ①

05 PCV(positive crankcase ventilation)에 대한 설명으로 옳은 것은?

① 블로바이(blow by) 가스를 대기 중으로 방출하는 시스템이다.
② 고부하 때에는 블로바이 가스가 공기 청정기에서 헤드커버 내로 공기가 도입된다.
③ 흡기 다기관이 부압일 때는 크랭크 케이스에서 헤드커버를 통해 공기 청정기로 유입된다.
④ 헤드커버 안의 블로바이 가스는 부하와 관계없이 서지탱크로 흡입되어 연소된다.

해설 블로바이 가스는 공전 및 경부하시에는 PCV 밸브를 통하여 서지탱크로 흡입되어 연소되며, 급가속 및 고부하시에는 PCV 밸브는 닫히고, 브리더 호스를 통하여 서지탱크로 흡입되어 연소된다.

06 전자제어 차량의 인젝터가 갖추어야 될 기본 요건이 아닌 것은?

① 정확한 분사량
② 내 부식성
③ 기밀 유지
④ 저항 값은 무한대(∞)일 것

해설 인젝터가 갖추어야 할 요건
① 정확한 분사량
② 내(耐) 부식성
③ 기밀 유지

07 화물자동차 및 특수자동차의 차량 총중량은 몇 톤을 초과해서는 안되는가?

① 20톤　　② 30톤
③ 40톤　　④ 50톤

해설 자동차의 차량 총중량은 20톤(승합자동차는 30톤, 화물 및 특수자동차는 40톤), 축중은 10톤, 윤중은 5톤을 초과하여서는 안 된다.

08 과급기가 설치된 엔진에 장착된 센서로서 급속 및 증속에서 ECU로 신호를 보내주는 센서는?

① 부스터 센서　　② 노크 센서
③ 산소 센서　　④ 수온 센서

해설 부스터 압력 센서는 과급기가 설치된 엔진에 장착된 센서로서, 과급된 흡기다기관 내의 압력을 검출하여 ECU로 신호를 보낸다.

09 다음 중 기관 과열의 원인이 아닌 것은?

① 수온조절기 불량
② 냉각수량 과다
③ 라디에이터 캡 불량
④ 냉각팬 모터 고장

해설 엔진이 과열되는 원인
① 수온조절기가 닫힌 채로 고장났다.
② 라디에이터 캡 불량
③ 라디에이터 코어가 20% 이상 막혔다.
④ 라디에이터 핀에 이물질이 많이 묻었다.
⑤ 라디에이터가 파손되었다.
⑥ 물펌프가 작동불량이다.
⑦ 냉각팬 모터 고장이다.
⑧ 벨트가 헐겁거나 끊어졌다.
⑨ 엔진이 과부하로 운전되고 있다.

Answer 5. ④　6. ④　7. ③　8. ①　9. ②

10 디젤기관에서 연료 분사펌프의 거버너는 어떤 작용을 하는가?

① 분사압력을 조정한다.
② 분사시기를 조정한다.
③ 착화시기를 조정한다.
④ 분사량을 조정한다.

해설 거버너는 제어래크를 움직여 분사량을 조정한다.

11 윤활유의 성질에서 요구되는 사항이 아닌 것은?

① 비중이 적당할 것
② 인화점 및 발화점이 낮을 것
③ 점성과 온도와의 관계가 양호할 것
④ 카본의 생성이 적으며, 강인한 유막을 형성할 것

해설 윤활유의 구비조건
① 인화점과 발화점이 높을 것
② 응고점이 낮을 것
③ 비중과 점도가 적당할 것
④ 열과 산에 대하여 안정될 것
⑤ 카본의 생성이 적으며, 강인한 유막을 형성할 것

12 다음 중 EGR(Exhaust Gas Recirculation)밸브의 구성 및 기능 설명으로 틀린 것은?

① 배기가스 재순환 장치
② EGR파이프, EGR밸브 및 서모밸브로 구성
③ 질소화합물(NOx) 발생을 감소시키는 장치
④ 연료 증발가스(HC) 발생을 억제시키는 장치

해설 ①, ②, ③항이 EGR 밸브에 대한 옳은 설명이고, 연료 증발가스 발생은 차콜 캐니스터와 PCSV를 이용하여 재연소시킨다.

13 실린더와 피스톤 사이의 틈새로 가스가 누출되어 크랭크 실로 유입된 가스를 연소실로 유도하여 재연소 시키는 배출가스 정화장치는?

① 촉매 변환기
② 배기가스 재순환 장치
③ 연료 증발 가스 배출 억제 장치
④ 블로바이 가스 환원 장치

해설 블로바이 가스 환원장치는 실린더와 피스톤 사이의 틈새로 가스가 누출되어 크랭크실로 유입된 미연소 가스인 탄화수소(HC)의 배출을 줄이기 위한 장치이다.

Answer 10. ④　11. ②　12. ④　13. ④

14 LPG의 특징 중 틀린 것은?

① 액체상태의 비중은 0.5이다.
② 기체상태의 비중은 1.5~2.0이다.
③ 무색 무취이다.
④ 공기보다 가볍다.

해설 기체 상태의 비중이 1.5~2.0이므로 공기보다 무겁다.

15 디젤 노크와 관련이 없는 것은?

① 연료 분사량
② 연료 분사시기
③ 흡기 온도
④ 엔진오일 양

해설 연료 분사량, 분사시기, 흡입공기 온도, 압축비 등이 디젤 노크와 밀접한 관계가 있고 엔진오일 양과 관계가 없다.

16 분사펌프에서 딜리버리 밸브의 작용 중 틀린 것은?

① 노즐에서의 후적 방지
② 연료의 역류 방지
③ 연료 라인의 잔압 유지
④ 분사시기 조정

해설 딜리버리밸브(delivery valve)의 기능
① 역류방지
② 잔압유지
③ 후적방지

17 흡기관 내 압력의 변화를 측정하여 흡입공기량을 간접으로 검출하는 방식은?

① K – jetronic
② D – jetronic
③ L – jetronic
④ LH – jetronic

해설 흡입공기량 계측방식
① K – jetronic : 연속분사란 의미로, 공기량 계량기와 연료 분배기를 이용하여 기계적으로 체적을 검출하는 방식
② L – jetronic : 질량 검출방식의 흡입공기량 검출방식
③ LH – jetronic : 질량 검출방식 중 열선(Hot wire)과 열막(Hot film)을 이용하여 검출하는 방식
④ D – jetronic : 흡기다기관의 절대압력(MAP 센서)을 측정하여 흡입공기량을 간접 계측하는 방식

18 어떤 물체가 초속도 10m/s로 마루면을 미끄러진다면 몇 m를 진행하고 멈추는가? (단, 물체와 마루면 사이의 마찰계수는 0.5이다.)

① 0.51m
② 5.1m
③ 10.2m
④ 20.4m

해설

$$제동거리(S) = \frac{v^2}{2 \cdot \mu \cdot g}$$

$$\therefore S = \frac{v^2}{2 \cdot \mu \cdot g} = \frac{10^2}{2 \times 0.5 \times 9.8} = 10.2\text{m}$$

19 탄소 1kg을 완전 연소시키기 위한 순수 산소의 양은?

① 약 1.67kg ② 약 2.67kg
③ 약 2.89kg ④ 약 5.56kg

해설 탄소를 연소시키면 이산화탄소가 생성되므로, 화학 반응식 $C + O_2 = CO_2$이다.
중량비 : $12kg + (2 \times 16)kg = (12 + 2 \times 16)kg$
이므로 즉, 탄소 1kg에
산소 약 2.67kg($32 \div 12 = 2.67$)이 필요하다.

20 제동마력(BHP)을 지시마력(IHP)으로 나눈 값은?

① 기계효율 ② 열효율
③ 체적효율 ④ 전달효율

해설 기계효율 $= \dfrac{제동마력}{지시마력} \times 100(\%)$

21 인젝터 회로의 정상적인 파형이 그림과 같을 때 본선의 접속불량시 나올 수 있는 파형 중 맞는 것은?

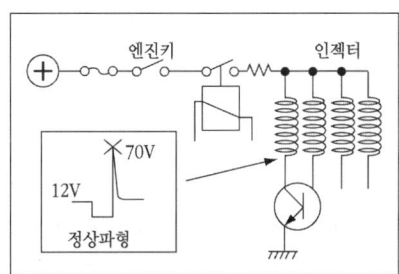

해설 본선 접촉불량시 코일에 흐르는 전류가 감소하여 서지전압이 낮아진다.

22 자동차가 24km/h의 속도에서 가속하여 60km/h의 속도를 내는데 5초 걸렸다. 평균 가속도는?

① $10m/s^2$ ② $5m/s^2$
③ $2m/s^2$ ④ $1.5m/s^2$

해설
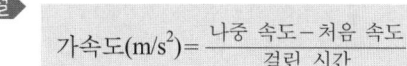

$$\therefore 가속도 = \dfrac{60km/h - 24km/h}{5sec}$$
$$= \dfrac{36km/h}{5sec} = \dfrac{10m/s}{5sec} = 2m/s^2$$

23 규정값이 내경 78mm인 실린더를 실린더 보어 게이지로 측정한 결과 0.35mm가 마모되었다. 실린더 내경을 얼마로 수정해야 하는가?

① 실린더 내경을 78.35mm로 수정한다.
② 실린더 내경을 78.50mm로 수정한다.
③ 실린더 내경을 78.75mm로 수정한다.
④ 실린더 내경을 79.00mm로 수정한다.

해설 보링값 = 마모량 + 진원 절삭량(0.2mm)

$\therefore 0.35 + 0.2 = 0.55mm$
오버사이즈 피스톤은 0.25mm 간격으로 있으므로, 실린더 내경 수정값은 78.55mm보다 큰 78.75mm로 수정한다.

Answer 19. ② 20. ① 21. ④ 22. ③ 23. ③

24 브레이크 장치에서 슈 리턴스프링의 작용에 해당되지 않는 것은?

① 오일이 휠실린더에서 마스터 실린더로 되돌아가게 한다.
② 슈와 드럼 간의 간극을 유지해준다.
③ 페달력을 보강해 준다.
④ 슈의 위치를 확보한다.

해설 브레이크 슈 리턴스프링은 브레이크를 놓았을 때 오일이 휠실린더에서 마스터 실린더로 되돌아가게 하며, 슈의 위치를 확보하여 슈와 드럼간의 간극을 유지해준다.

25 기관 rpm이 3,570이고, 변속비가 3.5, 종감속비가 3일 때, 오른쪽 바퀴가 420rpm 이면 왼쪽바퀴 회전수는?

① 340rpm ② 1,480rpm
③ 2.7rpm ④ 260rpm

해설 한 쪽 바퀴 회전수(N_w)

$$N_w = \frac{엔진\ 회전수}{종감속비} \times 2 - 다른\ 쪽\ 바퀴\ 회전수$$

∴ 한 쪽 바퀴 회전수(N_w)
$= \frac{3,570}{35 \times 3} \times 2 - 420 = 260 rpm$

26 자동차의 전자제어 제동장치(ABS) 특징으로 올바른 것은?

① 바퀴가 로크되는 것을 방지하여 조향 안정성 유지
② 스핀 현상을 발생시켜 안정성 유지
③ 제동시 한쪽 쏠림 현상을 발생시켜 안정성 유지
④ 제동거리를 증가시켜 안정성 유지

해설 ABS의 설치 목적
① 미끄러짐을 방지하여 차체를 안전성을 유지한다.
② ECU에 의해 브레이크를 컨트롤하여 조종성을 확보한다.
③ 제동거리를 단축시킨다.
④ 앞바퀴의 잠김으로 인한 조향능력 상실을 방지한다.
⑤ 뒷바퀴의 잠김으로 인한 차체 스핀에 의한 전복을 방지한다.

27 자동차 앞 차륜 독립현가장치에 속하지 않는 것은?

① 트레일링 암 형식(trailling arm type)
② 위시본 형식(wishbone type)
③ 맥퍼슨 형식(macpherson type)
④ SLA 형식(short long arm type)

해설 맥퍼슨 형식, 위시본 형식, SLA 형식 등은 앞 차륜에, 트레일링 암 형식은 뒷 차륜에 사용한다.

28 전차륜 정렬에 관계되는 요소가 아닌 것은?

① 타이어의 이상 마모를 방지한다.
② 정지상태에서 조향력을 가볍게 한다.
③ 조향핸들의 복원성을 준다.
④ 조향방향의 안정성을 준다.

해설 앞바퀴 정렬(wheel alignment)의 역할
① 조향 핸들의 조작력을 가볍게 한다.
② 조향 핸들에 복원성을 준다.
③ 타이어의 마모를 최소화 한다.
④ 조향 조작이 확실하고 안정성을 준다.

Answer 24. ③ 25. ④ 26. ① 27. ① 28. ②

29 공기 브레이크 장치에서 앞바퀴로 압축공기가 공급되는 순서는?

① 공기탱크-퀵 릴리스밸브-브레이크밸브-브레이크 챔버
② 공기탱크-브레이크 챔버-브레이크밸브-브레이크 슈
③ 공기탱크-브레이크밸브-퀵 릴리스밸브-브레이크 챔버
④ 브레이크밸브-공기탱크-퀵 릴리스밸브-브레이크 챔버

해설 공기 브레이크의 구조

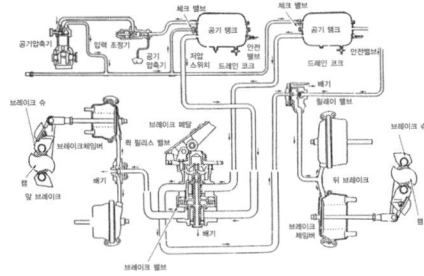

※ 브레이크를 밟으면 공기탱크의 압축공기가 브레이크 밸브를 지나 퀵릴리스 밸브를 거쳐 브레이크 챔버로 유입된다.
이 압축공기 압력이 기계적인 힘으로 바뀌어 푸시로드를 밀면, 캠이 움직여 브레이크 슈를 확장하여 브레이크가 작동하게 된다.

30 전동식 전자제어 동력조향장치에서 토크센서의 역할은?

① 차속에 따라 최적의 조향력을 실현하기 위한 기준 신호로 사용된다.
② 조향휠을 돌릴 때 조향력을 연산할 수 있도록 기본 신호를 컨트롤 유닛에 보낸다.
③ 모터 작동시 발생되는 부하를 보상하기 위한 보상 신호로 사용된다.
④ 모터 내의 로터 위치를 검출하여 모터 출력의 위상을 결정하기 위해 사용된다.

해설 전동식 전자제어 동력조향장치(MDPS)에서 토크센서는 조향휠을 돌릴 때 조향력을 연산할 수 있도록 기본 신호를 ECU에 보낸다.

31 앞차축 현가장치에서 맥퍼슨형의 특징이 아닌 것은?

① 위시본형에 비하여 구조가 간단하다.
② 로드 홀딩이 좋다.
③ 엔진 룸의 유효공간을 넓게 할 수 있다.
④ 스프링 아래 중량을 크게 할 수 있다.

해설 맥퍼슨 형식 현가장치의 특징
① 위시본형에 비하여 구조가 간단하다.
② 로드 홀딩이 좋다.
③ 엔진 룸의 유효공간을 넓게 할 수 있다.
④ 스프링 아래 중량을 작게 할 수 있다.

32 토크 컨버터의 토크 변환율은?

① 0.1~1배   ② 2~3배
③ 4~5배   ④ 6~7배

해설 토크 컨버터의 토크 변화율은 약 2~3 : 1이다.

Answer 29. ③ 30. ② 31. ④ 32. ②

33 동력조향장치 정비 시 안전 및 유의 사항으로 틀린 것은?

① 자동차 하부에서 작업할 때는 시야 확보를 위해 보안경을 벗는다.
② 공간이 좁으므로 다치지 않게 주의한다.
③ 제작사의 정비 지침서를 참고하여 점검 정비한다.
④ 각종 볼트 너트는 규정 토크로 조인다.

해설 ▶ 자동차 하부에서 작업할 때는 보안경을 착용한다.

34 드럼식 브레이크에서 브레이크슈의 작동형식에 의한 분류에 해당하지 않는 것은?

① 리딩 트레일링 슈 형식
② 3리딩 슈 형식
③ 서보 형식
④ 듀오 서보식

해설 ▶ 드럼 브레이크의 분류
① 넌서보 브레이크 : 리딩 트레일링 슈 형식
② 서보 브레이크 : 단동 2리딩 또는 복동 2리딩 슈 형식, 유니 서보식, 듀오 서보식, 앵커 링크 형식 등

35 마스터 실린더 푸시로드에 작용하는 힘이 120kg_f이고, 피스톤 단면적이 3cm²일 때 발생 유압은?

① 30kg_f/cm²   ② 40kg_f/cm²
③ 50kg_f/cm²   ④ 60kg_f/cm²

해설 ▶ 압력(kg_f/cm²) = $\frac{하중}{단면적}$

∴ 압력 = $\frac{120}{3}$ = 40kg_f/cm²

36 자동변속기에서 유성기어 캐리어를 한 방향으로만 회전하게 하는 것은?

① 원웨이 클러치 ② 프론트 클러치
③ 리어 클러치   ④ 엔드 클러치

해설 ▶ 일방향 클러치(one way clutch)는 유성기어 캐리어를 한 쪽 방향으로만 회전하게 한다.

37 추진축 스플라인 부의 마모가 심할 때의 현상으로 가장 적절한 것은?

① 차동기의 드라이브 피니언과 링기어의 치합이 불량하게 된다.
② 차동기의 드라이브 피니언 베어링의 조임이 헐겁게 된다.
③ 동력을 전달할 때 충격 흡수가 잘 된다.
④ 주행 중 소음을 내고 추진축이 진동한다.

해설 ▶ 추진축 스플라인 부의 마모가 심하면 주행 중 소음을 내고 추진축이 진동한다.

38 변속기의 변속비(기어비)를 구하는 식은?

① 엔진의 회전수를 추진축의 회전수로 나눈다.
② 부축의 회전수를 엔진의 회전수로 나눈다.
③ 입력축의 회전수를 변속단 카운터축의 회전수로 곱한다.
④ 카운터 기어 잇수를 변속단 카운터 기어 잇수로 곱한다.

Answer 33. ① 34. ② 35. ② 36. ① 37. ④ 38. ①

해설
$$\text{변속비} = \frac{\text{엔진 회전수}}{\text{추진축 회전수}} = \frac{\text{출력축 기어 잇수}}{\text{입력축 기어 잇수}}$$

39 클러치 디스크의 런아웃이 클 때 나타날 수 있는 현상으로 가장 적합한 것은?

① 클러치의 단속이 불량해진다.
② 클러치 페달의 유격에 변화가 생긴다.
③ 주행 중 소리가 난다.
④ 클러치 스프링이 파손된다.

해설 런아웃(run-out)이란 디스크가 휘어진 상태로, 클러치 단속이 불량해지며, 클러치 연결 시 떨림이 생긴다.

40 전자제어 동력 조향장치의 특성으로 틀린 것은?

① 공전과 저속에서 핸들 조작력이 작다.
② 중속 이상에서는 차량속도에 감응하여 핸들 조작력을 변화시킨다.
③ 차량속도가 고속이 될수록 큰 조작력을 필요로 한다.
④ 동력 조향장치이므로 조향기어는 필요 없다.

해설 동력 조향장치에도 조향기어는 있다.

41 20℃에서 양호한 상태인 100Ah의 축전지는 200A의 전기를 얼마 동안 발생시킬 수 있는가?

① 1시간   ② 2시간
③ 20분   ④ 30분

해설
축전지 용량(AH)
= 방전전류(A) × 방전시간(H)
∴ 200 × 0.5 = 100AH, 0.5시간이므로 30분

42 파워 윈도우 타이머 제어에 관한 설명으로 틀린 것은?

① IG 'ON'에서 파워윈도우 릴레이를 ON한다.
② IG 'OFF'에서 파워윈도우 릴레이를 일정시간 동안 ON한다.
③ 키를 뺐을 때 윈도우가 열려 있다면 다시 키를 꽂지 않아도 일정시간 이내 윈도우를 닫을 수 있는 기능이다.
④ 파워 윈도우 타이머 제어 중 전조등을 작동시키면 출력을 즉시 OFF한다.

해설 파워 윈도우 타이머 제어란 키를 뺐을 때 윈도우가 열려 있다면 다시 키를 꽂지 않아도 일정시간 이내 윈도우를 닫을 수 있는 기능으로, IG 'ON'에서 파워윈도우가 조절되고, IG 'OFF' 후에도 파워윈도우 릴레이를 일정시간 동안 ON한다. 파워 윈도우 타이머 제어는 전조등과 관련이 없다.

43 자동차의 종합경보장치에 포함되지 않는 제어 기능은?

① 도어록 제어기능
② 감광식 룸램프 제어기능
③ 엔진 고장지시 제어기능
④ 도어 열림 경고 제어기능

Answer 39. ① 40. ④ 41. ④ 42. ④ 43. ③

해설 에탁스(ETACS) 제어 기능
① 와셔연동 와이퍼 제어
② 간헐와이퍼 제어
③ 뒷유리 열선타이머 제어
④ 안전벨트 경고등 타이머 제어
⑤ 감광식 룸램프 제어
⑥ 이그니션 키 홀 조명 제어
⑦ 파워윈도우 타이머 제어
⑧ 배터리 세이버 제어
⑨ 점화키 회수 제어
⑩ 오토 도어록 제어
⑪ 중앙집중식 도어잠금장치 제어
⑫ 스타팅 재작동 금지
⑬ 점화키 OFF후 전도어 언록 제어
⑭ 충돌감지 언록 제어
⑮ 도어열림 경고 제어

44 다음 중 옴의 법칙을 바르게 표시한 것은?
(단, E : 전압, I : 전류, R : 저항)
① $R = IE$ ② $R = I/E$
③ $R = I/E^2$ ④ $R = E/I$

 오옴의 법칙 $I = \dfrac{E}{R}$, $R = \dfrac{E}{I}$, $E = IR$

45 축전지를 급속 충전할 때 주의사항이 아닌 것은?
① 통풍이 잘 되는 곳에서 충전한다.
② 축전지의 +, - 케이블을 자동차에 연결한 상태로 충전한다.
③ 전해액의 온도가 45℃가 넘지 않도록 한다.
④ 충전 중인 축전지에 충격을 가하지 않도록 한다.

해설 축전지를 자동차에 설치한 상태로 급속충전할 때에는 축전지 +, - 케이블을 떼어낸 상태로 충전한다.

46 점화 플러그에 불꽃이 튀지 않는 이유 중 틀린 것은?
① 파워 TR 불량   ② 점화코일 불량
③ TPS 불량   ④ ECU 불량

해설 ①, ②, ④항은 점화와 관련된 사항이므로 불꽃이 튀지 않는 원인이 되며, TPS는 불꽃과는 관련이 없다.

47 와이퍼 모터 제어와 관련된 입력 요소들을 나열한 것으로 틀린 것은?
① 와이퍼 INT 스위치
② 와셔 스위치
③ 와이퍼 HI 스위치
④ 전조등 HI 스위치

해설 와셔 스위치, 와이퍼 LO 스위치, 와이퍼 HI 스위치, 와이퍼 INT 스위치 등이 입력요소이다. 전조등 스위치와 와이퍼 모터와는 관련이 없다.

48 논리회로에서 OR + NOT에 대한 출력의 진리값으로 틀린 것은? (단, 입력 : A, B 출력 : C)
① 입력 A가 0이고, 입력 B가 1이면 출력 C는 0이 된다.
② 입력 A가 0이고, 입력 B가 0이면 출력 C는 0이 된다.
③ 입력 A가 1이고, 입력 B가 1이면 출력 C는 0이 된다.
④ 입력 A가 1이고, 입력 B가 0이면 출력 C는 0이 된다.

Answer 44. ④ 45. ② 46. ③ 47. ④ 48. ②

해설 ▶ 논리회로 OR+NOT는 [그림] 이므로, 입력 A가 0이고, 입력 B가 0이면 출력 C는 1이 된다.

49 모터(기동전동기)의 형식을 맞게 나열한 것은?
① 직렬형, 병렬형, 복합형
② 직렬형, 복렬형, 병렬형
③ 직권형, 복권형, 복합형
④ 직권형, 분권형, 복권형

해설 ▶ 전동기의 종류
① 직권형 : 계자 코일과 전기자 코일이 직렬로 연결
② 분권형 : 계자 코일과 전기자 코일이 병렬로 연결
③ 복권형 : 계자 코일과 전기자 코일이 직병렬로 연결

50 계기판의 충전 경고등은 어느 때 점등되는가?
① 배터리 전압이 10.5V 이하일 때
② 알터네이터에서 충전이 안 될 때
③ 알터네이터에서 충전되는 전압이 높을 때
④ 배터리 전압이 14.7V 이상일 때

해설 ▶ 계기판의 충전 경고등은 팬벨트가 끊어지거나, 발전기 고장으로 알터네이터에서 충전이 안 될 때 점등된다.

51 작업장의 환경을 개선하면 나타나는 현상으로 틀린 것은?
① 좋은 품질의 생산품을 얻을 수 있다.
② 피로를 경감시킬 수 있다.
③ 작업 능률을 향상시킬 수 있다.
④ 기계소모가 많고 동력손실이 크다.

해설 ▶ 작업장의 환경을 개선하면 ①, ②, ③항을 향상시킬 수 있다. 기계소모 또는 동력손실과는 관련이 없다.

52 스패너 작업시 유의할 점이다. 틀린 것은?
① 스패너의 입이 너트의 치수에 맞는 것을 사용해야 한다.
② 스패너의 자루에 파이프를 이어서 사용해서는 안 된다.
③ 스패너와 너트 사이에는 쐐기를 넣고 사용하는 것이 편리하다.
④ 너트에 스패너를 깊이 물리고 조금씩 앞으로 당기는 식으로 풀고 조인다.

해설 ▶ 스패너 작업시 주의사항
① 스패너는 몸 앞으로 당겨서 사용할 것
② 너트에 스패너를 깊이 물리고 조금씩 앞으로 당기는 식으로 풀고 조인다.
③ 스패너와 너트 사이에 절대 다른 물건을 끼우지 말 것
④ 스패너 손잡이에 파이프를 이어서 사용하거나 해머로 두들기지 말 것
⑤ 스패너의 입이 너트의 치수에 맞는 것을 사용해야 한다.
⑥ 스패너 사용시 항시 주위를 살펴보고 조심성 있게 죌 것
⑦ 스패너가 너트에서 벗겨지더라도 넘어지지 않는 자세를 취할 것
⑧ 고정 조(jaw)에 힘이 많이 걸리도록 한다.

Answer 49. ④ 50. ② 51. ④ 52. ③

53 큰 구멍을 가공할 때 가장 먼저 하여야 할 작업은?

① 스핀들의 속도를 증가시킨다.
② 금속을 연하게 한다.
③ 강한 힘으로 작업한다.
④ 작은 치수의 구멍으로 먼저 작업한다.

해설 드릴로 큰 구멍을 뚫을 때에는 먼저 작은 구멍을 뚫는다.

54 연소의 3요소에 해당되지 않는 것은?

① 물　　　　② 공기(산소)
③ 점화원　　④ 가연물

해설 소화(연소)의 3요소는 공기, 가연물, 점화원이다.

55 드릴링 머신 작업을 할 때 주의사항으로 틀린 것은?

① 드릴의 날이 무디어 이상한 소리가 날 때는 회전을 멈추고 드릴을 교환하거나 연마한다.
② 공작물을 제거할 때는 회전을 완전히 멈추고 한다.
③ 가공 중에 드릴이 관통했는지를 손으로 확인한 후 기계를 멈춘다.
④ 드릴은 주축에 튼튼하게 장치하여 사용한다.

해설 드릴 작업시 주의사항
① 드릴은 주축에 튼튼하게 장치하여 사용한다.
② 드릴을 끼운 뒤에는 척키를 반드시 빼놓을 것
③ 드릴의 날이 무디어 이상한 소리가 날 때는 회전을 멈추고 드릴을 교환하거나 연마한다.
④ 드릴을 회전시킨 후 테이블을 조정하지 말 것
⑤ 드릴 회전 중 칩을 손으로 털거나 불어내지 말 것
⑥ 가공물에 구멍을 뚫을 때 가공물을 바이스에 물리고 작업할 것
⑦ 공작물을 제거할 때는 회전을 완전히 멈추고 한다.

56 자동차 타이어 공기압에 대한 설명으로 적합한 것은?

① 비오는날 빗길 주행시 공기압을 15% 정도 낮춘다.
② 좌·우 바퀴의 공기압이 차이가 날 경우 제동력 편차가 발생할 수 있다.
③ 모래길 등 자동차 바퀴가 빠질 우려가 있을 때는 공기압을 15% 정도 높인다.
④ 공기압이 높으면 트레드 양단이 마모된다.

해설 모래길 등 자동차 바퀴가 빠질 우려가 있는 경우에는 공기압을 낮추고, 빗길 주행시에는 배수를 위하여 공기압을 높여준다. 공기압이 높으면 트레드 중앙이 마모되며, 좌·우 바퀴의 공기압이 차이가 날 경우 제동력 편차가 발생할 수 있다.

Answer 53. ④　54. ①　55. ③　56. ②

57 자동차 소모품에 대한 설명이 잘못된 것은?

① 부동액은 차체의 도색 부분을 손상시킬 수 있다.
② 전해액은 차체를 부식시킨다.
③ 냉각수는 경수를 사용하는 것이 좋다.
④ 자동변속기 오일은 제작회사의 추천 오일을 사용한다.

해설 ①, ②, ④항이 옳은 설명이고, 냉각수로 경수를 사용하면 기관 각부를 부식시키므로 증류수나 수돗물과 같은 연수를 사용한다.

58 사이드슬립 시험기 사용시 주의할 사항 중 틀린 것은?

① 시험기의 운동부분은 항상 청결하여야 한다.
② 시험기의 답판 및 타이어에 부착된 수분, 기름, 흙 등을 제거한다.
③ 시험기에 대하여 직각방향으로 진입시킨다.
④ 답판 위에서 차속이 빠르면 브레이크를 사용하여 차속을 맞춘다.

해설 사이드슬립 시험기 사용시 주의할 사항
① 시험기의 운동부분은 항상 청결하여야 한다.
② 시험기의 답판 및 타이어에 부착된 수분, 기름, 흙 등을 제거한다.
③ 시험기에 대하여 직각방향으로 진입시킨다.
④ 답판 위로 통과할 때는 핸들에서 손을 뗀 상태로 서서히 멈추지 않고 통과한다.

59 변속기를 탈착할 때 가장 안전하지 않은 작업 방법은?

① 자동차 밑에서 작업 시 보안경을 착용한다.
② 잭으로 올릴 때 물체를 흔들어 중심을 확인한다.
③ 잭으로 올린 후 스탠드로 고정한다.
④ 사용 목적에 적합한 공구를 사용한다.

해설 변속기 탈착 작업시 주의사항
① 잭(jack)과 견고한 스탠드로 받치고 작업한다.
② 자동차 밑에서 작업 시 보안경을 착용한다.
③ 사용 목적에 적합한 공구를 사용한다.
※ 잭으로 올릴 때 물체를 흔들면 잭이 튕겨져 쓰러질 수 있으므로 흔들리지 않도록 한다.

60 축전지의 점검시 육안점검 사항이 아닌 것은?

① 케이스 외부 전해액 누출 상태
② 전해액의 비중 측정
③ 케이스의 균열 점검
④ 단자의 부식 상태

해설 전해액의 비중 측정은 비중계로 한다.

Answer 57. ③ 58. ④ 59. ② 60. ②

자동차 정비기능사 필기

▶ 2014년 1월 26일 시행

01 LPG 기관에서 액체상태의 연료를 기체상태의 연료로 전환시키는 장치는?
① 베이퍼라이저
② 솔레노이드밸브 유닛
③ 봄베
④ 믹서

해설 베이퍼라이저(vaporizer)는 액체를 기체로 변화시켜주는 장치로 감압, 기화 및 압력조절 작용을 한다.

02 기관의 압축압력 측정시험 방법에 대한 설명으로 틀린 것은?
① 기관을 정상 작동온도로 한다.
② 점화플러그를 전부 뺀다.
③ 엔진오일을 넣고도 측정한다.
④ 기관 회전을 1,000rpm으로 한다.

해설 압축압력 측정 방법
① 기관을 정상 작동온도로 한다.
② 모든 점화플러그를 뺀다.
③ 압축압력 게이지를 측정할 실린더에 꼽고 기관을 크랭킹한다.
④ 엔진오일을 넣고 습식시험을 한다.

03 전자제어 분사장치의 제어계통에서 엔진 ECU로 입력하는 센서가 아닌 것은?
① 공기유량 센서
② 대기압 센서
③ 휠스피드 센서
④ 흡기온 센서

해설 전자제어 기관의 입·출력 요소

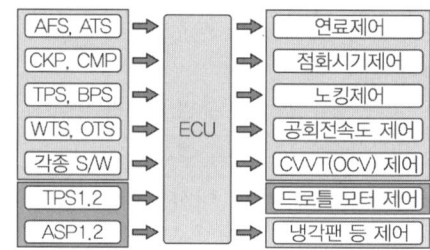

※ 휠 스피드 센서는 ABS ECU에 입력되는 센서이다.

04 전자제어 가솔린기관에서 흡기다기관의 압력과 인젝터에 공급되는 연료압력 편차를 일정하게 유지시키는 것은?
① 릴리프 밸브 ② MAP 센서
③ 압력 조절기 ④ 체크 밸브

해설 연료압력 조절기는 흡기 매니홀드의 부압에 의해 작동되며, 흡기다기관 내의 압력변화에 대응하여 연료 분사량을 일정하게 유지하기 위해 인젝터에 걸리는 연료 압력을 일정하게 (2.55kgf/cm^2) 조절한다.

Answer 1. ① 2. ④ 3. ③ 4. ③

05 흡기다기관의 진공시험 결과 진공계의 바늘이 20~40cmHg 사이에서 정지되었다면 가장 올바른 분석은?

① 엔진이 정상일 때
② 피스톤링이 마멸되었을 때
③ 밸브가 소손 되었을 때
④ 밸브 타이밍이 맞지 않을 때

해설 흡기다기관의 진공도 시험
① 정상 : 45~50cmHg 사이에서 조용히 흔들림
② 실린더 벽, 피스톤 링 마멸 : 정상보다 낮은 30~40cmHg에서 흔들림
③ 밸브 타이밍이 맞지 않을 때 : 20~40cmHg 사이에서 조용히 흔들림
④ 밸브 밀착불량, 점화시기 틀림 : 정상보다 5~8cmHg 낮음
⑤ 배기장치 막힘 : 기관을 급가속 후 닫으면 0으로 하강 후 40~45cmHg에서 흔들림

06 디젤 분사펌프 시험기로 시험할 수 없는 것은?

① 연료 분사량 시험
② 조속기 작동시험
③ 분사시기의 조정시험
④ 디젤기관의 출력시험

해설 디젤 분사펌프 시험기 시험항목
① 분사시기의 조정시험
② 연료 분사량 시험
③ 조속기 작동시험
④ 자동 타이머 조정
⑤ 연료 공급펌프 시험
※ 분사펌프 시험기이므로 디젤기관의 출력시험은 할 수 없다.

07 전자제어 가솔린 차량에서 급감속 시 CO의 배출량을 감소시키고 시동 꺼짐을 방지하는 기능은?

① 퓨얼 커트(Fuel cut)
② 대시 포트(Dash pot)
③ 패스트 아이들(Fast idle) 제어
④ 킥 다운(Kick down)

해설 대시포트는 급감속 시 스로틀 밸브를 천천히 닫아 CO의 배출량을 감소시키고, 시동 꺼짐을 방지하는 기능을 한다.

08 기관 연소실 설계 시 고려할 사항으로 틀린 것은?

① 화염전파에 요하는 시간을 가능한 한 짧게 한다.
② 가열되기 쉬운 돌출부를 두지 않는다.
③ 연소실의 표면적이 최대가 되게 한다.
④ 압축행정에서 혼합기에 와류를 일으키게 한다.

해설 열손실을 줄이기 위해 연소실의 표면적은 가능한 한 작게 한다.

09 다음 중 흡입 공기량을 계량하는 센서는?

① 에어플로 센서
② 흡기온도 센서
③ 대기압 센서
④ 기관 회전속도 센서

해설 에어플로 센서(AFS : Air Flow Sensor)는 에어클리너 내부에 설치되어 흡입 공기량을 측정한 후 ECU에 보낸다.

Answer 5. ④ 6. ④ 7. ② 8. ③ 9. ①

10 4행정 기관의 행정과 관계없는 것은?

① 흡입 행정
② 소기 행정
③ 배기 행정
④ 압축 행정

해설 4행정 기관의 행정은 흡입, 압축, 폭발, 배기 이며, 소기행정은 2행정기관이다.

11 사용 중인 라디에이터에 물을 넣으니 총 14L가 들어갔다. 이 라디에이터와 동일 제품의 신품 용량은 20L라고 하면, 이 라디에이터 코어 막힘률은 몇 %인가?

① 20%   ② 25%
③ 30%   ④ 35%

해설
$$코어\ 막힘률 = \frac{신품용량 - 구품용량}{신품용량} \times 100(\%)$$

∴ 코어 막힘률 = $\frac{20-14}{20} \times 100 = 30(\%)$

12 커넥팅로드의 길이가 150mm, 피스톤의 행정이 100mm라면 커넥팅로드 길이는 크랭크 회전반지름의 몇 배가 되는가?

① 1.5배   ② 3배
③ 3.5배   ④ 6배

해설 피스톤 행정이 100mm이면 크랭크축 회전반지름은 50mm이므로, 150÷50 = 3배이다.

13 기관의 실린더(cylinder) 마멸량이란?

① 실린더 안지름의 최대 마멸량
② 실린더 안지름의 최대 마멸량과 최소 마멸량의 차이 값
③ 실린더 안지름의 최소 마멸량
④ 실린더 안지름의 최대 마멸량과 최소 마멸량의 평균 값

해설 실린더 마멸량이란 실린더 안지름의 최대 마멸량과 실린더 규정값(최소 마멸량)과의 차이를 말한다.

14 자동차 배출 가스의 구분에 속하지 않는 것은?

① 블로바이 가스
② 연료증발 가스
③ 배기 가스
④ 탄산 가스

해설 배출가스 제어장치의 종류
① 블로바이가스 제어장치 : PCV 밸브, 브리더 호스
② 연료증발가스 제어장치 : 차콜 캐니스터, PCSV
③ 배기가스 제어장치 : 산소(O_2)센서, EGR 장치, 삼원촉매

Answer 10. ② 11. ③ 12. ② 13. ② 14. ④

15 디젤기관의 분사노즐에 관한 설명으로 옳은 것은?

① 분사개시 압력이 낮으면 연소실 내에 카아본 퇴적이 생기기 쉽다.
② 직접 분사실식의 분사개시 압력은 일반적으로 100~200kg$_f$/cm^{2}이다.
③ 연료 공급펌프의 송유압력이 저하하면 연료 분사압력이 저하한다.
④ 분사개시 압력이 높으면 노즐의 후적이 생기기 쉽다.

해설 ▶ 분사개시 압력이 낮으면 연소실 내에 카아본 퇴적이 생기기 쉬우며, 직접 분사실식의 분사압력은 일반적으로 200~300kg$_f$/cm^{2}이다.

16 스프링 정수가 2kg$_f$/mm인 자동차 코일 스프링을 3cm 압축하려면 필요한 힘은?

① 6kg$_f$ ② 60kg$_f$
③ 600kg$_f$ ④ 6,000kg$_f$

해설 ▶
$$스프링\ 상수(k) = \frac{W(kg_f)}{l(mm)}$$

∴ $W = k \cdot l = 2 \times 30 = 60 kg_f$

17 크랭크 핀 축받이 오일 간극이 커졌을 때 나타나는 현상으로 옳은 것은?

① 유압이 높아진다.
② 유압이 낮아진다.
③ 실린더 벽에 뿜어지는 오일이 부족해진다.
④ 연소실에 올라가는 오일의 양이 적어진다.

해설 ▶ 유압이 낮아지는 원인
① 유압조절밸브 스프링 장력 저하
② 베어링 마모로 오일간극이 커졌을 때
③ 오일의 희석 및 점도 저하
④ 오일 부족
⑤ 오일펌프 불량 및 유압회로의 누설

18 윤활장치 내의 압력이 지나치게 올라가는 것을 방지하여 회로 내의 유압을 일정하게 유지하는 기능을 하는 것은?

① 오일 펌프
② 유압 조절기
③ 오일 여과기
④ 오일 냉각기

해설 ▶ 유압 조절기는 윤활회로 내의 압력이 과도하게 상승되는 것을 방지하여 유압을 일정하게 유지하는 기능을 한다.

19 가솔린 옥탄가를 측정하기 위한 가변압축비 기관은?

① 카르노 기관
② CFR 기관
③ 린번 기관
④ 오토사이클 기관

해설 ▶ 가솔린 옥탄가를 측정하기 위한 가변압축비 기관을 CFR(Cooperative Fuel Research) 기관이라 한다.

Answer   15. ①   16. ②   17. ②   18. ②   19. ②

20 디젤기관에 사용되는 경유의 구비조건은?

① 점도가 낮을 것
② 세탄가가 낮을 것
③ 유황분이 많을 것
④ 착화성이 좋을 것

해설 경유의 구비조건
① 착화성이 좋을 것 ② 세탄가가 높을 것
③ 유황분이 적을 것 ④ 점도가 적당할 것

21 부특성 서미스터(Thermister)에 해당되는 것으로 나열된 것은?

① 냉각수온 센서, 흡기온 센서
② 냉각수온 센서, 산소 센서
③ 산소 센서, 스로틀 포지션 센서
④ 스로틀 포지션 센서, 크랭크 앵글 센서

해설 부특성 서미스터
냉각수온 센서, 흡기온 센서, 오일온도 센서 등에 사용

22 배기가스 중의 일부를 흡기다기관으로 재순환시킴으로서 연소온도를 낮춰 NOx의 배출량을 감소시키는 것은?

① EGR 장치   ② 캐니스터
③ 촉매 컨버터   ④ 과급기

해설 배기가스 재순환(Exhaust Gas Recirculation) 장치란 EGR 밸브를 이용하여 배기가스의 일부를 흡기계인 연소실로 재순환시켜 연소실의 최고온도를 낮추어 질소산화물(NOx)의 발생을 감소시키는 방법이다.

23 4행정 기관의 밸브 개폐시기가 다음과 같다. 흡기행정기관과 밸브오버랩은 각각 몇 도인가? (단, 흡기밸브 열림 : 상사점 전 18°, 흡기밸브 닫힘 : 하사점 후 48°, 배기밸브 열림 : 하사점 전 48°, 배기밸브 닫힘 : 상사점 후 13°)

① 흡기행정기간 : 246°, 밸브오버랩 : 18°
② 흡기행정기간 : 241°, 밸브오버랩 : 18°
③ 흡기행정기간 : 180°, 밸브오버랩 : 31°
④ 흡기행정기간 : 246°, 밸브오버랩 : 31°

해설 밸브 개폐시기 기간

- 흡기행정 기간
 = 흡기밸브 열림각도 + 흡기밸브 닫힘각도 + 180
- 밸브오버랩
 = 흡기밸브 열림각도 + 배기밸브 닫힘각도

∴ 흡기행정 기간 = 18° + 48° + 180° = 246°
∴ 밸브오버랩 = 18° + 13° = 31°

24 공기 브레이크의 구성 부품이 아닌 것은?

① 공기 압축기
② 브레이크 챔버
③ 브레이크 휠 실린더
④ 퀵 릴리스 밸브

해설 공기 브레이크에는 휠 실린더가 없다.

Answer 20. ④ 21. ① 22. ① 23. ④ 24. ③

25 자동변속기 오일펌프에서 발생한 라인압력을 일정하게 조정하는 밸브는?

① 체크 밸브
② 거버너 밸브
③ 매뉴얼 밸브
④ 레귤레이터 밸브

해설 레귤레이터(regulator) 밸브는 오일펌프에서 발생한 라인압력을 일정하게 조절하는 역할을 한다.

26 유압식 동력 조향장치의 구성요소로 틀린 것은?

① 브레이크 스위치
② 오일펌프
③ 스티어링 기어박스
④ 압력 스위치

해설 브레이크 스위치는 동력 조향장치와는 관련이 없다.

27 브레이크 장치의 유압회로에서 발생하는 베이퍼 록의 원인이 아닌 것은?

① 긴 내리막길에서 과도한 브레이크 사용
② 비점이 높은 브레이크액을 사용했을 때
③ 드럼과 라이닝의 끌림에 의한 과열
④ 브레이크슈 리턴스프링의 쇠손에 의한 잔압 저하

해설 베이퍼록의 원인
① 긴 내리막길에서 빈번한 브레이크의 사용
② 드럼과 라이닝의 끌림에 의한 과열
③ 브레이크 슈 리턴 스프링의 쇠손에 의한 잔압 저하
④ 브레이크 슈 라이닝 간극이 너무 적을 때
⑤ 오일이 변질되어 비등점이 낮아졌을 때
⑥ 불량 오일을 사용하거나 다른 오일을 혼용하였을 때

28 전자제어 동력 조향장치와 관계가 없는 센서는?

① 일사 센서
② 차속 센서
③ 스로틀 포지션 센서
④ 조향각 센서

해설 동력 조향장치의 입력 센서
① 차속센서 : 차량속도를 검출하여 ECU로 입력
② 스로틀 포지션 센서 : 가속페달의 밟는 량을 검출
③ 조향각 센서 : 조향 속도를 측정하여 파워 스티어링의 catch up 현상을 보상

29 전자제어 자동변속기에서 변속단 결정에 가장 중요한 역할을 하는 센서는?

① 스로틀 포지션 센서
② 공기유량 센서
③ 레인 센서
④ 산소 센서

해설 자동변속기의 변속은 스로틀 포지션 센서의 열림량과 차속에 의해서 결정된다.

Answer 25. ④ 26. ① 27. ② 28. ① 29. ①

30 구동바퀴가 자동차를 미는 힘을 구동력이라 하며 이 때 구동력의 단위는?

① kgf
② kgf·m
③ ps
④ kgf·m/s

해설) kgf : 힘(구동력)의 단위
kgf·m : 일의 단위
ps, kgf·m/s : 일률(마력)의 단위

31 브레이크슈의 리턴스프링에 관한 설명으로 거리가 먼 것은?

① 리턴스프링이 약하면 휠 실린더 내의 잔압이 높아진다.
② 리턴스프링이 약하면 드럼을 과열시키는 원인이 될 수도 있다.
③ 리턴스프링이 강하면 드럼과 라이닝의 접촉이 신속히 해제된다.
④ 리턴스프링이 약하면 브레이크슈의 마멸이 촉진될 수 있다.

해설) 브레이크슈의 리턴스프링이 약하면 휠 실린더 내의 잔압이 낮아진다.

32 자동차 현가장치에 사용하는 토션 바 스프링에 대하여 틀린 것은?

① 단위 무게에 대한 에너지 흡수율이 다른 스프링에 비해 크며 가볍고 구조도 간단하다.
② 스프링의 힘은 바의 길이 및 단면적에 반비례 한다.
③ 구조가 간단하고 가로 또는 세로로 자유로이 설치할 수 있다.
④ 진동의 감쇠작용이 없어 쇽업소버를 병용하여야 한다.

해설) 토션바 스프링은 바의 단면적에 비례하고, 길이에 반비례한다.

33 전자제어 현가장치에서 입력 신호가 아닌 것은?

① 스로틀 포지션 센서
② 브레이크 스위치
③ 감쇠력 모드 전환 스위치
④ 대기압 센서

해설) ECS 입·출력 요소

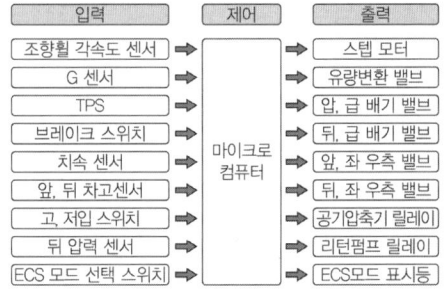

34 앞바퀴를 위에서 아래로 보았을 때 앞쪽이 뒤쪽보다 좁게 되어져 있는 상태를 무엇이라 하는가?

① 킹핀(king-pin) 경사각
② 캠버(camber)
③ 토인(toe in)
④ 캐스터(caster)

해설) 토인(toe in)이란 앞바퀴를 위에서 아래로 보았을 때 앞쪽이 뒤쪽보다 좁게 되어져 있는 상태를 말한다.

Answer 30. ① 31. ① 32. ② 33. ④ 34. ③

35 동력전달장치에서 추진축이 진동하는 원인으로 가장 거리가 먼 것은?

① 요크 방향이 다르다.
② 밸런스 웨이트가 떨어졌다.
③ 중간 베어링이 마모되었다.
④ 플랜지부를 너무 조였다.

해설 추진축이 진동하는 원인
① 추진축의 질량 평형이 맞지 않는다.(밸런스 웨이트가 떨어졌다.)
② 요크 방향이 다르다.
③ 십자축 베어링과 센터 베어링이 마모되었다.

36 기관 최고출력이 70PS인 자동차가 직진하고 있을 때 변속기 출력축의 회전수가 4,800rpm, 종감속비가 2.4이면 뒤 액슬축의 회전속도는?

① 1,000rpm   ② 2,000rpm
③ 2,500rpm   ④ 3,000rpm

해설

액슬축(후차축) 회전수 = $\dfrac{출력축\ 회전수}{종감속비}$

∴ 액슬축 회전수 = $\dfrac{4,800}{2.4}$ = 2,000rpm

37 전자제어식 동력조향장치(EPS)의 관련된 설명으로 틀린 것은?

① 저속 주행에서는 조향력을 가볍게, 고속주행에서는 무겁게 되도록 한다.
② 저속 주행에서는 조향력을 무겁게, 고속주행에서는 가볍게 되도록 한다.
③ 제어방식에서 차속감응과 엔진회전수 감응방식이 있다.
④ 급조향시 조향 방향으로 잡아당기는 현상을 방지하는 효과가 있다.

해설 전자식 동력 조향장치는 차속에 따라 저속 주행에서는 조향력을 가볍게 하고, 고속에서는 적절히 무겁게 하여 조향 안정성을 꾀한다.

38 변속기의 1단 감속비가 4 : 1이고, 종감속기어의 감속비는 5 : 1일 때 총 감속비는?

① 0.8 : 1   ② 1.25 : 1
③ 20 : 1   ④ 30 : 1

해설

총 감속비 = 변속비 × 종감속비

∴ 총 감속비 = 4 × 5 = 20

39 전자제어 제동장치(ABS)에서 ECU로부터 신호를 받아 각 휠 실린더의 유압을 조절하는 구성품은?

① 유압 모듈레이터
② 휠 스피드 센서
③ 프로포셔닝 밸브
④ 앤티 롤 장치

해설 유압 모듈레이터는 전자제어 제동장치에서 ECU로부터 신호를 받아 각 휠 실린더의 유압을 조절한다.

40 클러치 페달을 밟을 때 무겁고, 자유간극이 없다면 나타나는 현상으로 거리가 먼 것은?

① 연료 소비량이 증대된다.
② 기관이 과냉된다.
③ 주행 중 페달을 밟아도 차가 가속되지 않는다.
④ 등판 성능이 저하된다.

Answer 35. ④ 36. ② 37. ② 38. ③ 39. ① 40. ②

해설 클러치 페달을 밟을 때 무겁고, 자유간극이 없다면 클러치 디스크가 마모되어 나타나는 현상으로 주행 중 차가 가속되지 않고 등판 성능이 저하하며 연료 소비량이 증대된다.

41 발광다이오드의 특징을 설명한 것이 아닌 것은?

① 배전기의 크랭크 각 센서 등에서 사용된다.
② 발광할 때는 10mA 정도의 전류가 필요하다.
③ 가시광선으로부터 적외선까지 다양한 빛이 발생한다.
④ 역방향으로 전류를 흐르게 하면 빛이 발생된다.

해설 발광다이오드의 특징
① 순방향으로 전류가 흐르면 빛이 발생한다.
② 가시광선으로부터 적외선까지 다양한 빛이 발생한다.
③ 발광할 때는 10mA 정도의 전류가 필요하다.
④ 파일럿 램프, 배전기의 크랭크 각 센서 등에서 사용된다.

42 HEI 코일(폐자로형 코일)에 대한 설명 중 틀린 것은?

① 유도작용에 의해 생성되는 자속이 외부로 방출되지 않는다.
② 1차 코일을 굵게 하면 큰 전류가 통과할 수 있다.
③ 1차 코일과 2차 코일은 연결되어 있다.
④ 코일 방열을 위해 내부에 절연유가 들어있다.

해설 폐자로형 점화코일은 코일 내부를 수지로 몰드시킨 몰드형 점화코일로, 자속이 철심 내부에서 형성되므로 자력손실이 적어 발생전압이 높으며 소형화가 가능하다.

43 커먼레일 디젤엔진 차량의 계기판에서 경고등 및 지시등의 종류가 아닌 것은?

① 예열플러그 작동지시등
② DPF 경고등
③ 연료수분 감지 경고등
④ 연료 차단 지시등

해설 커먼레일 디젤엔진 경고등 및 지시등
① 예열플러그 작동지시등 : 예열플러그 작동시간 동안 점등
② DPF 경고등 : 매연입자가 일정량 이상 모이면 점등
③ 연료수분 감지 경고등 : 연료필터에 수분이 규정 이상 있을 때 점등

44 오버런닝클러치 형식의 기동 전동기에서 기관이 시동 된 후에도 계속해서 키 스위치를 작동시키면?

① 기동 전동기의 전기자가 타기 시작하여 소손된다.
② 기동 전동기의 전기자는 무부하 상태로 공회전한다.
③ 기동 전동기의 전기자가 정지된다.
④ 기동 전동기의 전기자가 기관회전보다 고속 회전한다.

해설 기동 전동기의 피니언 기어만 기관에 의해 회전하고, 전기자는 오버런닝 클러치에 의해 무부하 상태로 공회전한다.

Answer 41. ④ 42. ④ 43. ④ 44. ②

45 에어컨 냉매 R-134a의 특징을 잘못 설명한 것은?

① 액화 및 증발이 되지 않아 오존층이 보호된다.
② 무미, 무취하다.
③ 화학적으로 안정되고 내열성이 좋다.
④ 온난화지수가 냉매 R-12보다 낮다.

해설 에어컨 냉매는 압축, 응축, 팽창, 증발의 과정으로 열교환을 하는 에어컨 가스이다.

46 자동차에서 배터리의 역할이 아닌 것은?

① 기동장치의 전기적 부하를 담당한다.
② 캐니스터를 작동시키는 전원을 공급한다.
③ 컴퓨터(ECU)를 작동시킬 수 있는 전원을 공급한다.
④ 주행상태에 따른 발전기의 출력과 부하와의 불균형을 조정한다.

해설 배터리의 역할
① 시동시 전기부하를 담당한다.
② 주행 상태에 따른 발전기의 출력과 전기적 부하와의 불균형을 조정한다.
③ 발전기 고장시 주행을 확보하기 위한 전원으로 작동한다.

47 발전기의 기전력 발생에 관한 설명으로 틀린 것은?

① 로터의 회전이 빠르면 기전력은 커진다.
② 로터코일을 통해 흐르는 여자 전류가 크면 기전력은 커진다.
③ 코일의 권수와 도선의 길이가 길면 기전력은 커진다.
④ 자극의 수가 많아지면 여자되는 시간이 짧아져 기전력이 작아진다.

해설 기전력을 크게 발생하는 방법
① 로터의 회전을 빠르게 한다.
② 자극수를 많게 한다.
③ 코일의 권수와 도선의 길이를 길게 한다.
④ 여자전류를 크게 한다.

48 계기판의 주차 브레이크등이 점등되는 조건이 아닌 것은?

① 주차브레이크가 당겨져 있을 때
② 브레이크액이 부족할 때
③ 브레이크 페이드 현상이 발생했을 때
④ EBD 시스템에 결함이 발생했을 때

해설 주차 브레이크등 점등 조건
① 주차브레이크가 당겨져 있을 때
② 브레이크액이 부족할 때
③ EBD 시스템에 결함이 발생했을 때
※ 브레이크 페이드 현상이란 미끄럼에 의한 마찰력 저하 현상으로 브레이크 등이 점등되지 않는다.

Answer   45. ①   46. ②   47. ④   48. ③

49 자동차용 축전지의 비중이 30℃에서 1.276 이었다. 기준 온도 20℃에서의 비중은?

① 1.269   ② 1.275
③ 1.283   ④ 1.290

해설
$$S_{20} = S_t + 0.0007(t-20)$$

여기서, S_t : 측정온도에서의 비중
 t : 측정시 온도
∴ $S_{20} = 1.276 + 0.0007(30-20) = 1.283$

50 쿨롱의 법칙에서 자극의 강도에 대한 내용으로 틀린 것은?

① 자석의 양 끝을 자극이라 한다.
② 두 자극 세기의 곱에 비례한다.
③ 자극의 세기는 자기량의 크기에 따라 다르다.
④ 거리에 반비례한다.

해설
쿨롱의 법칙 $F = k\dfrac{q_1 \times q_2}{r^2}$

즉, 두 대전체에 작용하는 힘(인력)은 전하량의 곱에 비례하고, 거리의 제곱에 반비례한다.

51 작업 현장의 안전표시 색채에서 재해나 상해가 발생하는 장소의 위험 표시로 사용되는 색채는?

① 녹색   ② 파란색
③ 주황색   ④ 보라색

해설 작업 현장에서 재해나 상해가 발생하는 장소의 위험 표시 색채는 주황색이다.

52 산업재해 예방을 위한 안전시설 점검의 가장 큰 이유는?

① 위해요소를 사전점검하여 조치한다.
② 시설장비의 가동상태를 점검한다.
③ 공장의 시설 및 설비 레이아웃을 점검한다.
④ 작업자의 안전교육 여부를 점검한다.

해설 안전시설을 점검하는 이유는 위해요소를 사전에 점검, 조치하여 산업재해를 예방하기 위한 것이다.

53 임팩트 렌치의 사용 시 안전 수칙으로 거리가 먼 것은?

① 렌치 사용시 헐거운 옷은 착용하지 않는다.
② 위험 요소를 항상 점검한다.
③ 에어 호스를 몸에 감고 작업을 한다.
④ 가급적 회전부에 떨어져서 작업을 한다.

해설 임팩트 렌치 사용시 에어 호스는 가능한 한 짧게 하고, 몸에 감고 작업해서는 안 된다.

54 조정렌치의 사용방법이 틀린 것은?

① 조정너트를 돌려 조(jaw)가 볼트에 꼭 끼게 한다.
② 고정 조에 힘이 가해지도록 사용해야 한다.
③ 큰 볼트를 풀 때는 렌치 끝에 파이프를 끼워서 세게돌린다.
④ 볼트 너트의 크기에 따라 조의 크기를 조절하여 사용한다.

해설 조정렌치 작업시 주의사항

Answer 49. ③ 50. ④ 51. ③ 52. ① 53. ③ 54. ③

① 조정너트를 돌려 조(jaw)가 볼트에 꼭 끼게 한다.
② 볼트 너트의 크기에 따라 조의 크기를 조절하여 사용한다.
③ 고정 조에 힘이 가해지도록 사용해야 한다.
④ 렌치는 몸 앞으로 당겨서 사용할 것
⑤ 렌치에 파이프 등의 연장대를 끼우고 사용해서는 안 된다.
⑥ 렌치를 해머 대용으로 사용해서는 안 된다.

55 일반적인 기계 동력 전달 장치에서 안전상 주의사항으로 틀린 것은?

① 기어가 회전하고 있는 곳은 뚜껑으로 잘 덮어 위험을 방지한다.
② 천천히 움직이는 벨트라도 손으로 잡지 않는다.
③ 회전하고 있는 벨트나 기어에 필요 없는 접근을 금한다.
④ 동력전달을 빨리하기 위해 벨트를 회전하는 풀리에 손으로 걸어도 좋다.

해설 풀리에 벨트를 걸때는 기관을 정지시키고 한다.

56 전자제어 가솔린 기관의 실린더 헤드볼트를 규정대로 조이지 않았을 때 발생하는 현상으로 틀린 것은?

① 냉각수의 누출
② 스로틀 밸브의 고착
③ 실린더 헤드의 변형
④ 압축가스의 누설

해설 헤드볼트를 규정대로 조이지 않았을 때 발생하는 현상
① 압축가스의 누설
② 냉각수의 누출
③ 실린더 헤드의 변형

④ 헤드 가스켓의 파손

57 ECS(전자제어 현가장치) 정비 작업시 안전작업 방법으로 틀린 것은?

① 차고조정은 공회전 상태로 평탄하고 수평인 곳에서 한다.
② 배터리 접지단자를 분리하고 작업한다.
③ 부품의 교환은 시동이 켜진 상태에서 작업한다.
④ 공기는 드라이어에서 나온 공기를 사용한다.

해설 부품의 교환은 시동을 정지시킨 상태에서 작업한다.

58 회로 시험기로 전기회로의 측정 점검시 주의사항으로 틀린 것은?

① 테스트 리드의 적색은 + 단자에, 흑색은 – 단자에 연결한다.
② 전류 측정시는 테스터를 병렬로 연결하여야 한다.
③ 각 측정 범위의 변경은 큰 쪽에서 작은 쪽으로 한다.
④ 저항 측정시엔 회로전원을 끄고 단품은 탈거한 후 측정한다.

해설 전류 측정시는 테스터를 직렬로 연결하여야 한다.

Answer 55. ④ 56. ② 57. ③ 58. ②

59 타이어 압력 모니터링 장치(TPMS)의 점검·정비 시 잘못된 것은?

① 타이어 압력센서는 공기 주입 밸브와 일체로 되어 있다.
② 타이어 압력센서 장착용 휠은 일반 휠과 다르다.
③ 타이어 분리시 타이어 압력센서가 파손되지 않게 한다.
④ 타이어 압력센서용 배터리 수명은 영구적이다.

해설 타이어 압력센서용 배터리 보증수명은 대략 10년 정도이다.

60 자동차 정비 작업시 작업복 상태로 적합한 것은?

① 가급적 주머니가 많이 붙어 있는 것이 좋다.
② 가급적 소매가 넓어 편한 것이 좋다.
③ 가급적 소매가 없거나 짧은 것이 좋다.
④ 가급적 폭이 넓지 않은 긴바지가 좋다.

해설 작업복은 가급적 폭이 넓지 않은 긴바지가 좋다.

Answer 59. ④ 60. ④

자동차 정비기능사 필기

2014년 4월 6일 시행

01 실린더 내경이 50mm, 행정이 100mm인 4실린더 기관의 압축비가 11일 때 연소실 체적은?

① 약 40.1cc   ② 약 30.1cc
③ 약 15.6cc   ④ 약 19.6cc

해설 행정체적(배기량) $V = \dfrac{\pi}{4} D^2 \cdot L$

여기서, D : 내경(cm)
L : 행정(cm)

∴ 배기량 $V = \dfrac{3.14}{4} \times 5^2 \times 10 = 196.25\text{cc}$

압축비 $= 1 + \dfrac{\text{행정 체적(배기량)}}{\text{연소실 체적}}$

∴ 연소실 체적 $= \dfrac{\text{행정 체적(배기량)}}{\text{압축비} - 1}$
$= \dfrac{196.25}{11 - 1} = 19.6\text{cc}$

02 4행정 6기통 기관에서 폭발순서가 1-5-3-6-2-4인 엔진의 2번 실린더가 흡기행정 중간이라면 5번 실린더는?

① 폭발행정 중   ② 배기행정 초
③ 흡기행정 중   ④ 압축행정 말

해설 1번과 6번, 2번과 5번, 3번과 4번 크랭크 핀은 같이 움직이므로, 2번이 내려가는 흡기행정 중간이라면 5번은 당연히 같이 내려가는 폭발행정 중간을 하고 있다.

03 공회전 속도조절 장치라 할 수 없는 것은?

① 전자 스로틀 시스템
② 아이들 스피드 액추에이터
③ 스텝 모터
④ 가변 흡기제어 장치

해설 가변 흡기제어 장치(VIS ; Variable Intake System)란 엔진 회전수와 부하에 따라 흡기다기관의 길이를 변화시켜 전 운전 영역에서 엔진 성능을 향상시키는 시스템이다.

04 석유를 사용하는 자동차의 대체에너지에 해당되지 않는 것은?

① 알콜   ② 전기
③ 중유   ④ 수소

해설 화석연료의 고갈로 자동차에 사용될 대체에너지로는 태양열, 풍력, 바이오 에너지, 수소 및 연료전지 등이 있다.

Answer 1. ④ 2. ① 3. ④ 4. ③

05 직접고압 분사방식(CRDi) 디젤엔진에서 예비분사를 실시하지 않는 경우로 틀린 것은?
① 엔진 회전수가 고속인 경우
② 분사량의 보정제어 중인 경우
③ 연료 압력이 너무 낮은 경우
④ 예비 분사가 주 분사를 너무 앞지르는 경우

해설 ▶ 파일럿(예비) 분사가 중단될 수 있는 조건
① 파일럿 분사가 주분사를 너무 앞지르는 경우
② 엔진회전수 3,200rpm 이상인 경우
③ 분사량이 너무 작은 경우
④ 주 분사 연료량이 불충분한 경우
⑤ 연료압이 최소값(100bar) 이하인 경우
⑥ 엔진 가동 중단에 오류가 발생한 경우

06 가솔린 기관에서 완전연소 시 배출되는 연소가스 중 체적 비율로 가장 많은 가스는?
① 산소
② 이산화탄소
③ 탄화수소
④ 질소

해설 ▶ 공기 중 질소가 70%이므로, 배출되는 연소가스 중 질소의 체적비율이 가장 많다.

07 디젤기관에서 과급기의 사용 목적으로 틀린 것은?
① 엔진의 출력이 증대된다.
② 체적효율이 작아진다.
③ 평균유효압력이 향상된다.
④ 회전력이 증가한다.

해설 ▶ 과급기 사용의 장점
① 체적효율이 좋아진다.
② 평균유효압력이 향상된다.
③ 회전력이 증가한다.
④ 엔진의 출력이 증대된다.
⑤ 연료소비율이 향상된다.
⑥ 잔류 배출가스를 완전히 배출시킬 수 있다.

08 자동차 기관의 크랭크축 베어링에 대한 구비조건으로 틀린 것은?
① 하중 부담 능력이 있을 것
② 매입성이 있을 것
③ 내식성이 있을 것
④ 내 피로성이 작을 것

해설 ▶ 크랭크축 베어링의 구비조건
㉠ 하중 부담 능력이 있을 것
㉡ 매입성이 있을 것
㉢ 내식성이 있을 것
㉣ 내 피로성이 클 것
⑤ 강도가 크고, 마찰저항이 작을 것

09 배기가스 재순환장치는 주로 어떤 물질의 생성을 억제하기 위한 것인가?
① 탄소
② 이산화탄소
③ 일산화탄소
④ 질소산화물

해설 ▶ 배기가스 재순환장치는 EGR 밸브를 이용하여 연소실의 최고온도를 낮추어 질소산화물(NO_x)의 발생을 감소시킨다.

Answer 5. ② 6. ④ 7. ② 8. ④ 9. ④

10 LPG 기관에서 액체를 기체로 변화시키는 것을 주 목적으로 설치된 것은?

① 솔레노이드 스위치
② 베이퍼라이저
③ 봄베
④ 기상 솔레노이드 밸브

해설 ▶ 베이퍼라이저(vaporizer)는 액체를 기체로 변화시켜 주는 장치로 감압, 기화 및 압력조절 작용을 한다.

11 실린더 내경 75mm, 행정 75mm, 압축비가 8 : 1인 4실린더 기관의 총 연소실 체적은?

① 약 239.3cc   ② 약 159.3cc
③ 약 189.3cc   ④ 약 318.3cc

해설 ▶
$$압축비 = 1 + \frac{행정\ 체적(배기량)}{연소실\ 체적}$$

$$\therefore 연소실\ 체적 = \frac{행정\ 체적(배기량)}{압축비 - 1}$$
$$= \frac{0.785 \times 7.5^2 \times 7.5}{8 - 1}$$
$$= 47.31\text{cc}$$

4실린더이므로 $47.31 \times 4 = 189.24\text{cc}$
∴ 약 189.3cc

12 자동차 기관의 기본 사이클이 아닌 것은?

① 역 브레이튼 사이클
② 정적 사이클
③ 정압 사이클
④ 복합 사이클

해설 ▶ 자동차 기관의 기본 사이클
① 오토 사이클 : 정적 사이클 – 가솔린 기관
② 디젤 사이클 : 정압 사이클 – 저속 디젤기관
③ 사바테 사이클 : 복합(합성) 사이클 – 고속 디젤기관

13 밸브 스프링의 서징현상에 대한 설명으로 옳은 것은?

① 밸브가 열릴 때 천천히 열리는 현상
② 흡·배기 밸브가 동시에 열리는 현상
③ 밸브가 고속 회전에서 저속으로 변화할 때 스프링의 장력의 차가 생기는 현상
④ 밸브스프링의 고유 진동수와 캠 회전수가 공명에 의해 밸브스프링이 공진하는 현상

해설 ▶ 밸브 스프링의 서징(surging)현상이란 밸브스프링의 고유 진동수와 캠 회전수가 공명에 의해 고속시 밸브스프링이 공진하는 현상으로, 서징현상 방지법으로는 스프링 정수를 크게 하거나, 2중 스프링, 부등피치 스프링, 원뿔형 스프링 등을 사용한다.

14 기관이 과열하는 원인으로 틀린 것은?

① 냉각팬의 파손
② 냉각수 흐름 저항 감소
③ 라디에이터의 코어 파손
④ 냉각수 이물질 혼입

해설 ▶ ①, ③, ④는 기관이 과열하는 원인이고, 냉각수 흐름 저항 감소는 냉각수가 잘 순환한다는 의미로 좋은 현상이다.

Answer 10. ② 11. ③ 12. ① 13. ④ 14. ②

15 자동차의 안전기준에서 제동등이 다른 등화와 겸용하는 경우 제동조작 시 그 광도가 몇 배 이상 증가하여야 하는가?

① 2배　② 3배
③ 4배　④ 5배

해설 ▶ 제동등은 다른 등화와 겸용할 경우 그 광도가 3배 이상 증가할 것

16 열선식 흡입공기량 센서에서 흡입공기량이 많아질 경우 변화하는 물리량은?

① 열량　② 시간
③ 전류　④ 주파수

해설 ▶ 공기 통로에 설치된 발열체인 열선이 공기에 의해 냉각되면 전류량을 증가시켜 규정 온도가 되도록 상승시켜 흡입 공기량을 측정한다.

17 승용차에서 전자제어식 가솔린 분사기관을 채택하는 이유로 거리가 먼 것은?

① 고속 회전수 향상
② 유해 배출가스 저감
③ 연료소비율 개선
④ 신속한 응답성

해설 ▶ 전자제어 연료분사 기관의 장점
① 유해 배기가스의 저감
② 연료소비율 향상
③ 출력 향상
④ 월 웨팅(wall wetting)에 따른 저온 시동성 향상
⑤ 응답성 향상
⑥ 벤투리가 없어 공기 흐름저항이 적다.

18 기관의 총 배기량을 구하는 식은?

① 총 배기량=피스톤 단면적×행정
② 총 배기량=피스톤 단면적×행정×실린더 수
③ 총 배기량=피스톤 길이×행정
④ 총 배기량=피스톤 길이×행정×실린더 수

해설 ▶ 총 배기량 $V = \dfrac{\pi}{4} D^2 \cdot L \cdot Z$

여기서, D : 내경(cm)
　　　　L : 행정(cm)
　　　　Z : 실린더 수

19 기관의 윤활유 점도지수(viscosity index) 또는 점도에 대한 설명으로 틀린 것은?

① 온도변화에 의한 점도변화가 적을 경우 점도지수가 높다.
② 추운 지방에서는 점도가 큰 것일수록 좋다.
③ 점도지수는 온도변화에 대한 점도의 변화 정도를 표시한 것이다.
④ 점도란 윤활유의 끈적끈적한 정도를 나타내는 척도이다.

해설 ▶ ①, ③, ④항이 점도지수에 대한 옳은 설명이고, 추운 지방에서는 점도가 낮은 것을 사용하는 것이 좋다.

Answer 15. ②　16. ③　17. ①　18. ②　19. ②

20 그림과 같은 커먼레일 인젝터 파형에서 주분사 구간을 가장 알맞게 표시한 것은?

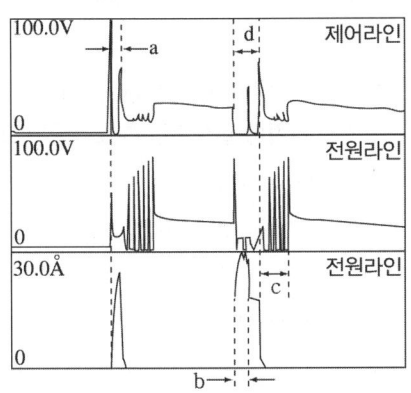

① a
② b
③ c
④ d

해설 인젝터 파형 설명
a : 예비(파일럿) 분사 구간(전압)
b : 주분사 풀인전류 구간
c : 진동 감쇠구간
d : 주분사 전 구간(전압)

21 산소센서에 대한 설명으로 옳은 것은?
① 농후한 혼합기가 연소된 경우 센서 내부에서 외부쪽으로 산소 이온이 이동한다.
② 산소센서의 내부에는 배기가스와 같은 성분의 가스가 봉입되어져 있다.
③ 촉매 전·후의 산소센서는 서로 같은 기전력을 발생하는 것이 정상이다.
④ 광역 산소센서에서 히팅 코일 접지와 신호 접지 라인은 항상 0V이다.

해설 산소센서 내부에는 가스가 봉입되어 있지 않으며, 촉매 전후의 기전력이 같으면 촉매가 고장난 것이다. 히팅코일은 ECU가 듀티제어 하므로 항상 0V가 아니다.

22 4행정 디젤기관에서 실린더 내경 100mm, 행정 127mm, 회전수 1,200rpm, 도시평균 유효압력 7kgf/cm², 실린더 수가 6이라면 도시마력(PS)은?
① 약 49
② 약 56
③ 약 80
④ 약 112

해설
$$지시(도시)마력 = \frac{PALZN}{75 \times 60} = \frac{PVZN}{75 \times 60 \times 100}$$

여기서, P : 지시평균 유효압력(kgf/cm²)
A : 실린더 단면적(cm²)
L : 행정(m)
V : 배기량(cm³)
Z : 실린더 수
N : 엔진회전수(rpm)(2행정기관 : N, 4행정기관 : $N/2$)

∴ 지시마력
$$= \frac{7 \times 0.785 \times 10^2 \times 0.127 \times 6 \times 1,200}{75 \times 60 \times 2}$$
$$= 55.8 PS$$

23 기관에서 블로바이 가스의 주성분은?
① N_2
② HC
③ CO
④ NO_x

해설 블로바이 가스 환원장치는 피스톤과 실린더 사이에서 누출된 미연소 가스인 탄화수소(HC)의 배출을 줄이기 위한 장치이다.

24 주행저항 중 자동차의 중량과 관계없는 것은?
① 구름저항
② 구배저항
③ 가속저항
④ 공기저항

해설 공기저항은 자동차의 전면 투영면적과 관계가 있고, 중량과는 관계가 없다.

Answer 20. ④ 21. ① 22. ② 23. ② 24. ④

25 유압식 동력조향장치에서 안전밸브(safety check valve)의 기능은?

① 조향 조작력을 가볍게 하기 위한 것이다.
② 코너링 포스를 유지하기 위한 것이다.
③ 유압이 발생하지 않을 때 수동조작으로 대처할 수 있도록 하는 것이다.
④ 조향 조작력을 무겁게 하기 위한 것이다.

해설 안전 첵 밸브는 엔진의 정지, 오일펌프의 고장 등으로 유압이 발생하지 않을 때 수동으로 작동이 가능하게 해준다.

26 수동변속기 차량에서 클러치의 필요조건으로 틀린 것은?

① 회전관성이 커야 한다.
② 내열성이 좋아야 한다.
③ 방열이 잘되어 과열되지 않아야 한다.
④ 회전부분의 평형이 좋아야 한다.

해설 클러치 구비조건
① 동력전달이 확실하고 신속할 것
② 방열이 잘 되어 과열되지 않을 것
③ 회전부분의 평형이 좋을 것
④ 내열성이 좋을 것
⑤ 회전관성이 작을 것

27 조향장치에서 차륜 정렬의 목적으로 틀린 것은?

① 조향 휠의 조작안정성을 준다.
② 조향 휠의 주행안정성을 준다.
③ 타이어의 수명을 연장시켜 준다.
④ 조향 휠의 복원성을 경감시킨다.

해설 앞바퀴 정렬(wheel alignment)의 역할
① 조향 핸들의 조작력을 가볍게 한다.
② 조향 조온ㄹ작이 확실하고 주행안정성을 준다.
③ 조향 핸들에 복원성을 준다.
④ 타이어의 마모를 최소화한다.

28 자동변속기에서 차속센서와 함께 연산하여 변속시기를 결정하는 주요 입력신호는?

① 캠축 포지션 센서
② 스로틀 포지션 센서
③ 유온 센서
④ 수온 센서

해설 자동변속기의 변속은 운전자의 의지(변속레버 위치), 엔진부하(스로틀 개도), 자동차 속도에 의해 이루어진다.

29 종감속 기어의 감속비가 5 : 1일 때 링기어가 2회전하려면 구동피니언은 몇 회전하는가?

① 12회전   ② 10회전
③ 5회전   ④ 1회전

해설

$$링기어\ 회전수 = \frac{피니언\ 회전수}{종감속비}$$

∴ 피니언 회전수 = 종감속비 × 링기어 회전수
= 5 × 2 = 10회전

30 유압식 동력조향장치에서 주행 중 핸들이 한쪽으로 쏠리는 원인으로 틀린 것은?

① 토인 조정불량
② 타이어 편 마모
③ 좌우 타이어의 이종사양
④ 파워 오일펌프 불량

해설 ①, ②, ③항은 핸들이 한쪽으로 쏠리는 원인이며, 파워 오일펌프가 불량하면 핸들이 무거워진다.

Answer 25. ③ 26. ① 27. ④ 28. ② 29. ② 30. ④

31 유압식 동력조향장치에 사용되는 오일펌프 종류가 아닌 것은?

① 베인 펌프
② 로터리 펌프
③ 슬리퍼 펌프
④ 벤딕스 기어 펌프

해설 ①, ②, ③항은 오일펌프의 종류이며, 벤딕스 기어 펌프란 없다.

32 드럼 방식의 브레이크 장치와 비교했을 때 디스크 브레이크의 장점은?

① 자기작동 효과가 크다.
② 오염이 잘되지 않는다.
③ 패드의 마모율이 낮다.
④ 패드의 교환이 용이하다.

해설 디스크 브레이크의 특징
㉠ 구조가 간단하고, 패드 교환이 쉽다.
② 디스크가 대기 중에 노출되어 냉각 효과가 크다.
③ 방열이 잘 되어 페이드 현상이나 편제동 현상이 적다.
④ 부품의 평형이 좋고 한쪽만 제동되는 일이 적다.
⑤ 자기작동이 없으므로 페달 조작력이 커야 한다.
⑥ 마찰면적이 적어 패드의 강도가 커야 하고, 패드의 마멸이 크다.

33 전자제어 현가장치에서 감쇠력 제어 상황이 아닌 것은?

① 고속 주행하면서 좌회전할 경우
② 정차 시 뒷좌석에 많은 사람이 탑승한 경우
③ 정차 중 급출발할 경우
④ 고속 주행 중 급제동한 경우

해설 ①, ③, ④항이 감쇠력 제어 상황이고, 뒷좌석에 많은 사람이 탑승한 경우에는 차고제어를 한다.

34 주행 중 브레이크 드럼과 슈가 접촉하는 원인에 해당하는 것은?

① 마스터 실린더의 리턴 포트가 열려 있다.
② 슈의 리턴 스프링이 소손되어 있다.
③ 브레이크액의 양이 부족하다.
④ 드럼과 라이닝의 간극이 과대하다.

해설 슈 리턴 스프링이 소손되어 있으면 슈가 라이닝에 닿아서 끌리게 된다.

35 마스터 실린더의 푸시로드에 작용하는 힘이 120kg$_f$이고, 피스톤의 면적이 4cm^{2}일 때 유압은?

① $20 \text{kg}_f/\text{cm}^2$
② $30 \text{kg}_f/\text{cm}^2$
③ $40 \text{kg}_f/\text{cm}^2$
④ $50 \text{kg}_f/\text{cm}^2$

해설
$$압력(\text{kg}_f/\text{cm}^2) = \frac{하중}{단면적}$$

∴ 압력 = $\frac{120}{4} = 30 \text{kg}_f/\text{cm}^2$

Answer 31. ④ 32. ④ 33. ② 34. ② 35. ②

36 주행 중 가속페달 작동에 따라 출력전압의 변화가 일어나는 센서는?

① 공기온도 센서
② 수온 센서
③ 유온 센서
④ 스로틀 포지션 센서

해설 스로틀 포지션 센서(TPS)는 가변 저항식으로 스로틀 밸브를 밟으면 스로틀 밸브 축에 위치한 스로틀 위치센서(TPS)를 통해 밸브의 열림 정도가 감지되며 열린 정도에 따라 공기량이 조절된다.

37 전자제어 현가장치의 장점으로 틀린 것은?

① 고속 주행 시 안정성이 있다.
② 조향 시 차체가 쏠리는 경우가 있다.
③ 승차감이 좋다.
④ 지면으로부터의 충격을 감소한다.

해설 전자제어 현가장치(E.C.S)의 장점
① 노면상태에 따라 승차감을 조절한다.
② 노면으로부터 차의 높이를 조정
③ 굴곡이 심한 노면을 주행할 때에 흔들림이 작은 평행한 승차감 실현
④ 급제동시 노즈 다운(nose down)을 방지
⑤ 급선회시 원심력에 의한 차량의 기울어짐을 방지
⑥ 고속 주행시 안정성이 있다.

38 수동변속기 내부 구조에서 싱크로메시(synchro-mesh) 기구의 작용은?

① 배력 작용
② 가속 작용
③ 동기치합 작용
④ 감속 작용

해설 싱크로메시 기구는 기어 변속시 싱크로메시 기구를 이용하여 동기시켜 물리게 하는 동기치합 작용을 한다.

39 자동변속기에서 토크컨버터 내부의 미끄럼에 의한 손실을 최소화하기 위한 작동기구는?

① 댐퍼 클러치
② 다판 클러치
③ 일방향 클러치
④ 롤러 클러치

해설 댐퍼 클러치는 토크컨버터 내부에서 고속 회전시 터빈과 펌프를 기계적으로 직결시켜 미끄럼에 의한 손실을 방지하는 역할을 한다.

40 ABS(Anti-lock Brake System)의 구성 요소 중 휠의 회전속도를 감지하여 컨트롤 유닛으로 신호를 보내주는 것은?

① 휠 스피드 센서
② 하이드롤릭 유닛
③ 솔레노이드 밸브
④ 어큐뮬레이터

해설 ABS의 구성부품
① 휠 스피드 센서 : 차륜의 회전상태를 검출
② 전자제어 컨트롤 유닛(E.C.U) : 휠 스피드 센서의 신호를 받아 ABS를 제어
③ 하이드롤릭 유닛 : E.C.U의 신호에 따라 휠 실린더에 공급되는 유압을 제어
④ 프로포셔닝 밸브 : 브레이크를 밟았을 때 뒷바퀴가 조기에 고착되지 않도록 뒷바퀴의 유압을 제어

Answer 36. ④ 37. ② 38. ③ 39. ① 40. ①

41 용량과 전압이 같은 축전지 2개를 직렬로 연결할 때의 설명으로 옳은 것은?

① 용량은 축전지 2개와 같다.
② 전압이 2배로 증가한다.
③ 용량과 전압 모두 2배로 증가한다.
④ 용량은 2배로 증가하지만 전압은 같다.

해설 배터리의 직렬연결
① 직렬연결이란 전압과 용량이 동일한 배터리 2개 이상을 (+)단자와 연결대상 배터리 (−)단자에, (−)단자는 (+)단자로 연결하는 방식이다.
② 직렬연결시 배터리 용량은 1개와 같으며, 전압이 2배로 증가한다.

42 교류 발전기의 발전원리에 응용되는 법칙은?

① 플레밍의 왼손 법칙
② 플레밍의 오른손 법칙
③ 옴의 법칙
④ 자기포화의 법칙

해설 직류발전기는 플레밍의 오른손 법칙, 교류발전기는 렌쯔의 법칙을 응용한 것이다. 발전기는 둘 중 하나이므로 플레밍의 오른손 법칙을 정답으로 하였다.

43 납산 축전지의 온도가 낮아졌을 때 발생되는 현상이 아닌 것은?

① 전압이 떨어진다.
② 용량이 적어진다.
③ 전해액의 비중이 내려간다.
④ 동결하기 쉽다.

해설 배터리 온도가 낮아졌을 때 나타나는 현상
① 전압이 떨어진다.
② 용량이 작아진다.
③ 전해액의 비중이 올라간다.
④ 동결하기 쉽다.

44 ECU로 입력되는 스위치 신호라인에서 OFF 상태의 전압이 5V로 측정되었을 때 설명으로 옳은 것은?

① 스위치의 신호는 아날로그 신호이다.
② ECU 내부의 인터페이스는 소스(source) 방식이다.
③ ECU 내부의 인터페이스는 싱크(sink) 방식이다.
④ 스위치를 닫았을 때 2.5V 이하면 정상적으로 신호처리를 한다.

해설 싱크(sink)전류와 소스(source)전류

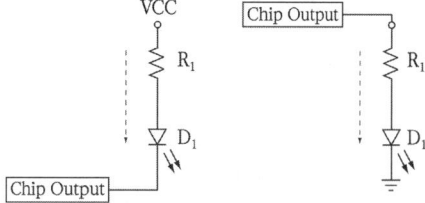

싱크(sink)전류   소스(source)전류

① 싱크전류 : 모듈에서 보았을 때 전류가 입력되는 방식으로, 칩의 출력과 (+)전원 사이에 소자를 연결하여 칩이 출력이 Low (0V)일 때 동작한다.
② 소스전류 : 모듈에서 보았을 때 전류를 내보내는 방식으로, 칩의 출력과 0V 사이에 소자를 연결하여 출력이 High일 때 동작한다.

Answer 41. ② 42. ② 43. ③ 44. ③

45 편의장치 중 중앙집중식 제어장치(ETACS 또는 ISU) 입·출력 요소의 역할에 대한 설명으로 틀린 것은?

① INT 볼륨 스위치 : INT 볼륨 위치 검출
② 모든 도어 스위치 : 각 도어 잠김 여부 검출
③ 키 리마인드 스위치 : 키 삽입 여부 검출
④ 와셔 스위치 : 열선 작동 여부 검출

해설 와셔 스위치는 와셔 액의 작동 여부를 감지하는 스위치이다.

46 브레이크등 회로에서 12V 축전지에 24W의 전구 2개가 연결되어 점등된 상태라면 합성저항은?

① 2Ω ② 3Ω
③ 4Ω ④ 6Ω

 소비전력 = 24W + 24W = 48W

$$\therefore R = \frac{E^2}{P} = \frac{12^2}{48} = 3\Omega$$

47 에어컨 매니폴드 게이지(압력 게이지) 접속 시 주의사항으로 틀린 것은?

① 매니폴드 게이지를 연결할 때에는 모든 밸브를 잠근 후 실시한다.
② 진공펌프를 작동시키고 매니폴드 게이지 또는 센터 호스를 저압라인에 연결한다.
③ 황색 호스를 진공펌프나 냉매회수기 또는 냉매 충전기에 연결한다.
④ 냉매가 에어컨 사이클에 충전되어 있을 때에는 충전호스, 매니폴드 게이지의 밸브를 전부 잠근 후 분리한다.

해설 매니폴드 게이지의 센터 호스를 진공펌프에 연결시키고, 진공펌프를 작동시켜 진공 작업을 행한다.

48 전자제어 배전 점화 방식(DLI : Distributor Less Ignition)에 사용되는 구성품이 아닌 것은?

① 파워 트랜지스터
② 원심 진각장치
③ 점화코일
④ 크랭크각 센서

해설 DLI 점화장치는 컴퓨터가 각 센서의 입력신호를 연산하여 진각하므로 원심 진각장치가 없다.

Answer 45. ④ 46. ② 47. ② 48. ②

49 반도체에 대한 특징으로 틀린 것은?

① 극히 소형이며 가볍다.
② 예열시간이 불필요하다.
③ 내부 전력손실이 크다.
④ 정격값 이상이 되면 파괴된다.

해설 ▶ 반도체의 장점
① 극히 소형이고 경량이다.
② 예열을 요구하지 않고 곧바로 작동한다.
③ 내부 전력 손실이 매우 적다.
④ 수명이 길다.
⑤ 온도가 상승하면 특성이 몹시 나빠진다.
⑥ 정격값을 넘으면 파괴되기 쉽다.

50 기동전동기에 많은 전류가 흐르는 원인으로 옳은 것은?

① 높은 내부저항
② 내부 접지
③ 전기자 코일의 단선
④ 계자 코일의 단선

해설 ▶ 내부저항이 크면 아주 작은 전류가 흐르며, 전기자 코일의 단선과 계자 코일의 단선은 전류가 흐르지 않는다. 기동전동기 내부에서 접지되면 기동전동기에 많은 전류가 흐르게 된다.

51 줄 작업에서 줄에 손잡이를 꼭 끼우고 사용하는 이유는?

① 평형을 유지하기 위해
② 중량을 높이기 위해
③ 보관에 편리하도록 하기 위해
④ 사용자에게 상처를 입히지 않기 위해

해설 ▶ 줄 작업시 줄에 손잡이를 꼭 끼우고 사용하는 이유는 사용자에게 상처를 입히지 않기 위해서이다.

52 일반 가연성 물질의 화재로서 물이나 소화기를 이용하여 소화하는 화재의 종류는?

① A급 화재   ② B급 화재
③ C급 화재   ④ D급 화재

해설 ▶ 화재의 분류

구분	종류	표시	소화기	비고	방법
일반	A급	백색	포말	목재, 종이	냉각소화
유류	B급	황색	분말	유류, 가스	질식소화
전기	C급	청색	CO_2	전기기구	질식소화
금속	D급	–	모래	가연성 금속	피복에 의한 질식

53 산소용접에서 안전한 작업수칙으로 옳은 것은?

① 기름이 묻은 복장으로 작업한다.
② 산소밸브를 먼저 연다.
③ 아세틸렌 밸브를 먼저 연다.
④ 역화하였을 때는 아세틸렌 밸브를 빨리 잠근다.

해설 ▶ 토치에 점화 시에는 아세틸렌 밸브를 먼저 열고 점화 후 산소 밸브를 연다.(아전산후)

54 기계 부품에 작용하는 하중에서 안전율을 가장 크게 하여야 할 하중은?

① 정 하중   ② 교번 하중
③ 충격 하중   ④ 반복 하중

해설 ▶ 안전율의 크기 순서
충격하중 > 교번하중 > 반복하중 > 정하중

Answer   49. ③   50. ②   51. ④   52. ①   53. ③   54. ③

55 공기압축기 및 압축공기 취급에 대한 안전수칙으로 틀린 것은?

① 전기배선, 터미널 및 전선 등에 접촉 될 경우 전기쇼크의 위험이 있으므로 주의하여야 한다.
② 분해시 공기압축기, 공기탱크 및 관로 안의 압축공기를 완전히 배출한 뒤에 실시한다.
③ 하루에 한 번씩 공기탱크에 고여 있는 응축수를 제거한다.
④ 작업 중 작업자의 땀이나 열을 식히기 위해 압축공기를 호흡하면 작업효율이 좋아진다.

[해설] 공기압축기의 공기압력은 고압이므로 땀이나 열을 식히기 위해 사용해서는 안 된다.

56 계기 및 보안장치의 정비 시 안전사항으로 틀린 것은?

① 엔진이 정지 상태이면 계기판은 점화스위치 ON 상태에서 분리한다.
② 충격이나 이물질이 들어가지 않도록 주의한다.
③ 회로 내에 규정치보다 높은 전류가 흐르지 않도록 한다.
④ 센서의 단품 점검 시 배터리 전원을 직접 연결하지 않는다.

[해설] 계기판 탈거 시 점화스위치 OFF 상태에서 분리한다.

57 기관정비 시 안전 및 취급주의 사항에 대한 내용으로 틀린 것은?

① TPS, ISC Servo 등은 솔벤트로 세척하지 않는다.
② 공기압축기를 사용하여 부품 세척 시 눈에 이물질이 튀지 않도록 한다.
③ 캐니스터 점검 시 흔들어서 연료증발가스를 활성화 시킨 후 점검한다.
④ 배기가스 시험 시 환기가 잘되는 곳에서 측정한다.

[해설] 캐니스터는 연료 증발라인의 연결부 풀림, 과도한 휨, 손상, 균열, 연료 누설 등을 점검한다.

58 운반기계의 취급과 안전수칙에 대한 내용으로 틀린 것은?

① 무거운 물건을 운반할 때는 반드시 경종을 울린다.
② 기중기는 규정 용량을 지킨다.
③ 흔들리는 화물은 보조자가 탑승하여 움직이지 못하도록 한다.
④ 무거운 것은 밑에, 가벼운 것은 위에 쌓는다.

[해설] 흔들리는 화물은 움직이지 못하도록 단단히 묶는다.

Answer 55. ④ 56. ① 57. ③ 58. ③

59 납산 축전지 취급 시 주의사항으로 틀린 것은?

① 배터리 접속 시 (+)단자부터 접속한다.
② 전해액이 옷에 묻지 않도록 주의한다.
③ 전해액이 부족하면 시냇물로 보충한다.
④ 배터리 분리 시 (-)단자부터 분리한다.

해설 ▶ 전해액이 부족하면 연수(증류수, 빗물, 수도물 등)를 보충한다.

60 브레이크의 파이프 내에 공기가 유입되었을 때 나타나는 현상으로 옳은 것은?

① 브레이크액이 냉각된다.
② 마스터 실린더에서 브레이크액이 누설된다.
③ 브레이크 페달의 유격이 커진다.
④ 브레이크가 지나치게 급히 작동한다.

해설 ▶ 브레이크의 파이프 내에 공기가 유입되면 공기가 압축되어 브레이크 페달의 유격이 커지게 된다.

Answer 59. ③ 60. ③

자동차 정비기능사 필기

2014년 7월 20일 시행

01 스로틀 밸브의 열림 정도를 감지하는 센서는?
① APS ② CKPS
③ CMPS ④ TPS

해설 TPS(스로틀 포지션 센서)는 가변 저항식으로 스로틀 밸브를 밟으면 스로틀 밸브 축에 위치한 스로틀 위치센서(T.P.S)를 통해 밸브의 열림 정도가 감지되며, 열린 정도에 따라 공기량이 조절된다.

02 120PS의 디젤기관이 24시간 동안에 360L의 연료를 소비하였다면, 이 기관의 연료소비율(g/PS·h)은? (단, 연료의 비중은 0.9이다.)
① 약 125 ② 약 450
③ 약 113 ④ 약 513

해설
$$연료소비율(g/ps\text{-}h) = \frac{연료\ 소비량}{시간 \times 마력}$$

$$\therefore \frac{360 \times 1{,}000 \times 0.9}{24 \times 120} = 112.5 g/ps-h$$

03 기화기식과 비교한 전자제어 가솔린 연료분사장치의 장점으로 틀린 것은?
① 고출력 및 혼합비 제어에 유리하다.
② 연료 소비율이 낮다.
③ 부하변동에 따라 신속하게 응답한다.
④ 적절한 혼합비 공급으로 유해 배출가스가 증가된다.

해설 전자제어 연료분사 기관의 장점
① 유해 배기가스의 저감
② 연비 및 출력 향상
③ 부하변동에 따른 응답성 향상
④ 월 웨팅(wall wetting)에 따른 저온 시동성 향상
⑤ 저속 또는 고속에서 토크 영역의 변화가 가능하다.
⑥ 벤투리가 없어 공기 흐름저항이 적다.
⑦ 온·냉 시에도 최적의 성능을 보장한다.
⑧ 설계시 체적효율의 최적화에 집중하여 흡기다기관 설계가 가능하다.

04 배기밸브가 하사점 전 55°에서 열리고 상사점 후 15°에서 닫혀진다면 배기밸브의 열림각은?
① 70° ② 195°
③ 235° ④ 250°

해설 밸브 개폐시기 기간

배기밸브 열림각 = 배기밸브 열림 각도 + 배기밸브 닫힘 각도 + 180°

배기밸브 열림각 = 55° + 15° + 180° = 250°

Answer 1.④ 2.③ 3.④ 4.④

05 소형 승용차 기관의 실린더 헤드를 알루미늄 합금으로 제작하는 이유는?
① 가볍고 열전달이 좋기 때문에
② 부식성이 좋기 때문에
③ 주철에 비해 열팽창 계수가 작기 때문에
④ 연소실 온도를 높여 체적효율을 낮출 수 있기 때문에

해설 경합금제 실린더 헤드의 특징
① 가볍고 열전달이 좋다.
② 연소실 온도를 낮추어 열점을 방지할 수 있다.
③ 주철에 비해 열팽창 계수가 크다.
④ 내구성, 내식성이 작다.

06 피스톤 재질의 요구특성으로 틀린 것은?
① 무게가 가벼워야 한다.
② 고온 강도가 높아야 한다.
③ 내마모성이 좋아야 한다.
④ 열팽창 계수가 커야 한다.

해설 피스톤의 구비조건
① 무게가 가벼울 것
② 내마모성이 클 것
③ 고온에서 강도가 높을 것
④ 열팽창율이 적고, 열전도율이 좋을 것

07 4행정 V6기관에서 6실린더가 모두 1회의 폭발을 하였다면 크랭크축은 몇 회전하였는가?
① 2회전   ② 3회전
③ 6회전   ④ 9회전

해설 4행정 기관이란 크랭크축 2회전에 모든 실린더가 1회씩 폭발한다.

08 가솔린 기관의 이론 공연비는?
① 12.7 : 1   ② 13.7 : 1
③ 14.7 : 1   ④ 15.7 : 1

해설 가솔린 기관의 이론 공연비는 14.7 : 1이다.

09 배기가스가 삼원 촉매 컨버터를 통과할 때 산화·환원되는 물질로 옳은 것은?
① N_2, CO
② N_2, H_2
③ N_2, O_2
④ N_2, CO_2, H_2O

해설 삼원 촉매장치는 배기가스 중의 일산화탄소(CO), 탄화수소(HC), 질소산화물(NOx)을 N_2, CO_2, H_2O로 산화·환원시켜 유해 배출가스를 저감한다.

10 바이널리 출력방식의 산소센서 점검 및 사용 시 주의사항으로 틀린 것은?
① O_2 센서의 내부저항을 측정치 말 것
② 전압 측정 시 디지털 미터를 사용할 것
③ 출력 전압을 쇼트 시키지 말 것
④ 유연 가솔린을 사용할 것

해설 산소센서 점검 및 사용 시 주의사항
① 무연 가솔린을 사용할 것
② O_2 센서의 내부저항을 측정치 말 것
③ 전압 측정 시 디지털 미터를 사용할 것
④ 출력 전압을 쇼트 시키지 말 것

Answer 5. ① 6. ④ 7. ① 8. ③ 9. ④ 10. ④

11 엔진오일의 유압이 낮아지는 원인으로 틀린 것은?

① 베어링의 오일간극이 크다.
② 유압조절밸브의 스프링 장력이 크다.
③ 오일 팬 내의 윤활유 양이 적다.
④ 윤활유 공급 라인에 공기가 유입되었다.

해설 유압이 낮아지는 원인
① 유압조절밸브 스프링 장력 저하
② 베어링 마모로 오일간극이 커졌을 때
③ 오일의 희석 및 점도 저하
④ 오일 부족
⑤ 오일펌프 불량 및 유압회로의 누설

12 자동차의 구조 · 장치의 변경승인을 얻은 자는 자동차 정비업자로부터 구조 · 장치의 변경과 그에 따른 정비를 받고 얼마 이내에 구조변경검사를 받아야 하는가?

① 완료일로부터 45일 이내
② 완료일로부터 15일 이내
③ 승인받은 날부터 45일 이내
④ 승인받은 날부터 15일 이내

해설 구조 · 장치의 변경과 그에 따른 정비를 받고 승인 받은 날로부터 45일 이내에 구조 변경검사를 받아야 한다.

13 기관이 지나치게 냉각되었을 때 기관에 미치는 영향으로 옳은 것은?

① 출력저하로 연료소비율 증대
② 연료 및 공기흡입 과잉
③ 점화불량과 압축과대
④ 엔진오일의 열화

해설 기관이 과냉되면 연소실의 온도가 정상 작동 온도로 올라가지 않아 출력이 저하하고 연료 소비가 증가한다.

14 디젤기관에서 연료 분사시기가 과도하게 빠를 경우 발생할 수 있는 현상으로 틀린 것은?

① 노크를 일으킨다.
② 배기가스가 흑색이다.
③ 기관의 출력이 저하된다.
④ 분사압력이 증가한다.

해설 분사시기가 빠를 때 나타나는 현상
① 노크 현상이 발생한다.
② 연소가 불량하여 배기가스가 흑색이다.
③ 기관의 출력이 저하된다.
④ 저속에서 회전이 불량해질 수 있다.

15 다음 중 단위 환산으로 틀린 것은?

① $1J = 1N \cdot m$
② $-40°C = -40°F$
③ $-273°C = 0K$
④ $1kg_f/cm^2 = 1.42psi$

해설 $1kg_f/cm^2 = 14.2psi$

16 예혼합(믹서)방식 LPG 기관의 장점으로 틀린 것은?

① 점화플러그의 수명이 연장된다.
② 연료펌프가 불필요하다.
③ 베이퍼 록 현상이 없다.
④ 가솔린에 비해 냉시동성이 좋다.

해설 LPG 기관의 특징
① 연소효율이 좋고, 엔진이 정숙하다.
② 오일의 오염이 적어 엔진 수명이 길다.
③ 연소실에 카본 부착이 없어 점화플러그

Answer 11. ② 12. ③ 13. ① 14. ④ 15. ④ 16. ④

수명이 길어진다.
④ 대기오염이 적고, 위생적이며 경제적이다.
⑤ 옥탄가가 높고 노킹이 적어 점화시기를 앞당길 수 있다.
⑥ 연료 자체의 압력으로 공급되므로 연료펌프가 없으며, 가스상태이므로 퍼컬레이션이나 베이퍼 록 현상이 없다.

17 스텝 모터 방식의 공전속도 제어장치에서 스텝 수가 규정에 맞지 않는 원인으로 틀린 것은?

① 공전속도 조정 불량
② 메인 듀티 S/V 고착
③ 스로틀 밸브 오염
④ 흡기다기관의 진공누설

해설 공전속도 조절은 공기량을 제어하여 조절하며, 메인 듀티 S/V는 LPG 엔진의 연료량을 조절하는 밸브이다.

18 배기장치(머플러) 교환 시 안전 및 유의사항으로 틀린 것은?

① 분해 전 촉매가 정상 작동온도가 되도록 한다.
② 배기가스 누출이 되지 않도록 조립한다.
③ 조립할 때 가스켓은 신품으로 교환한다.
④ 조립 후 다른 부분과의 접촉여부를 점검한다.

해설 ②~④항에 유의하여 작업하며, 화상의 염려가 있으므로 촉매장치가 완전히 식은 후에 작업한다.

19 디젤 노크를 일으키는 원인과 직접적인 관계가 없는 것은?

① 압축비   ② 회전속도
③ 옥탄가   ④ 엔진의 부하

해설 압축비, 엔진 회전속도, 엔진의 부하, 연료 분사량, 분사시기, 흡입공기 온도는 디젤 노크와 밀접한 관계가 있고 옥탄가와 관계가 없다.

20 4행정 기관과 비교한 2행정 기관(2 Stroke engine)의 장점은?

① 각 행정의 작용이 확실하여 효율이 좋다.
② 배기량이 같을 때 발생동력이 크다.
③ 연료 소비율이 적다.
④ 윤활유 소비량이 적다.

해설 ①, ③, ④항은 4행정 기관의 장점이며, 2행정 기관은 매회전마다 동력이 발생하므로 배기량이 같을 때 발생동력이 크다.

21 연소실 압축압력이 규정 압축압력보다 높을 때 원인으로 옳은 것은?

① 연소실 내 카본 다량 부착
② 연소실 내에 돌출부 없어짐
③ 압축비가 작아짐
④ 옥탄가가 지나치게 높음

해설 연소실 내 카본이 다량 부착되면 연소실 체적이 작아져 압축비, 압축압력이 높아진다.

Answer 17. ② 18. ① 19. ③ 20. ② 21. ①

22 흡기매니홀드 내의 압력에 대한 설명으로 옳은 것은?

① 외부 펌프로부터 만들어진다.
② 압력은 항상 일정하다.
③ 압력변화는 항상 대기압에 의해 변화한다.
④ 스로틀 밸브의 개도에 따라 달라진다.

해설 흡기매니홀드 내의 압력은 스로틀 밸브의 개도에 따라 달라진다. 즉, 스로틀 밸브가 닫히면 압력은 낮아지고, 열리면 높아진다.

23 산소센서 신호가 희박으로 나타날 때 연료계통의 점검사항으로 틀린 것은?

① 연료필터의 막힘 여부
② 연료펌프의 작동전류 점검
③ 연료펌프 전원의 전압강하 여부
④ 릴리프 밸브의 막힘 여부

해설 산소센서 신호가 희박하다고 나타나면 연료가 부족하다는 의미이므로 ①~③항을 점검하고, 릴리프 밸브는 연료압력이 높아지면 작동하는 안전밸브로 관련이 없다.

24 전자제어 제동장치(ABS)의 구성요소가 아닌 것은?

① 휠 스피드 센서
② 하이드롤릭 모터
③ 프리뷰 센서
④ 하이드롤릭 유닛

해설 ABS의 구성부품
① 휠 스피드 센서 : 차륜의 회전상태를 검출
② 전자제어 컨트롤 유닛(E.C.U) : 휠 스피드 센서의 신호를 받아 ABS를 제어
③ 하이드롤릭 유닛 : E.C.U의 신호에 따라 휠 실린더에 공급되는 유압을 제어
④ 프로포셔닝 밸브 : 브레이크를 밟았을 때 뒷바퀴가 조기에 고착되지 않도록 뒷바퀴의 유압을 제어
※ 프리뷰 센서는 전자제어 현가장치에 사용되는 부품이다.

25 브레이크 계통을 정비한 후 공기빼기 작업을 하지 않아도 되는 경우는?

① 브레이크 파이프나 호스를 떼어낸 경우
② 브레이크 마스터 실린더에 오일을 보충한 경우
③ 베이퍼 록 현상이 생긴 경우
④ 휠 실린더를 분해 수리한 경우

해설 브레이크 계통을 분해·수리한 경우에 공기빼기 작업을 하므로 오일 보충의 경우에는 하지 않는다.

26 사이드 슬립테스터의 지시 값이 4m/km일 때 1km 주행에 대한 앞바퀴의 슬립 량은?

① 4mm
② 4cm
③ 40cm
④ 4m

해설 사이드 슬립 시험기의 지시 값이 4m/km라는 것은 1km 주행에 4m 슬립된 것을 의미한다.

Answer 22. ④ 23. ④ 24. ③ 25. ② 26. ④

27 종감속 장치에서 하이포이드 기어의 장점으로 틀린 것은?

① 기어 이의 물림률이 크기 때문에 회전이 정숙하다.
② 기어의 편심으로 차체의 전고가 높아진다.
③ 추진축의 높이를 낮게 할 수 있어 거주성이 향상된다.
④ 이면의 접촉 면적이 증가되어 강도를 향상시킨다.

해설 하이포이드 기어의 특징
① 구동 피니언 중심과 링기어 중심이 10~20% 낮게(off-set) 설치되어 있다.
② 추진축의 높이를 낮게 할 수 있어 무게중심이 낮아지고 거주성이 향상된다.
③ 기어 이의 물림률이 크기 때문에 회전이 정숙하다.
④ 구동 피니언을 크게 할 수 있어 강도가 증가한다.

28 전자제어 현가장치(Electronic Control Suspension)에서 사용하는 센서에 속하지 않는 것은?

① 차속센서
② 차고센서
③ 스로틀 포지션센서
④ 냉각수 온도센서

해설 전자제어 현가장치(ECS) 센서의 기능
① 차속 센서 : 자동차의 속도를 검출
② 차고 센서 : 자동차의 차축의 위치를 검출
③ 조향각 센서 : 조향 휠의 회전방향을 검출
④ 스로틀 포지션센서 : 자동차의 가감속을 검출
⑤ G(중력) 센서 : 자동차의 바운싱을 검출

29 타이어의 표시 235 55R 19에서 55는 무엇을 나타내는가?

① 편평비
② 림 경
③ 부하 능력
④ 타이어의 폭

해설 타이어 호칭 기호
• 235 : 폭(너비)   • 55 : 편평비(%)
• R : 레이디얼 타이어   • 19 : 림 직경(인치)

30 자동변속기의 유압제어 기구에서 매뉴얼 밸브의 역할은?

① 선택 레버의 움직임에 따라 P, R, N, D 등의 각 레인지로 변환 시 유로 변경
② 오일펌프에서 발생한 유압을 차속과 부하에 알맞은 압력으로 조정
③ 유성기어를 차속이나 엔진 부하에 따라 변환
④ 각 단 위치에 따른 포지션을 컴퓨터로 전달

해설 매뉴얼 밸브는 시프트 레버의 조작으로 작동하는 수동(manual) 밸브로, 변속레버의 움직임에 따라 P, R, N, D 등의 각 레인지로 변환 시 유로를 변경하는 역할을 한다.

31 제어 밸브와 동력 실린더가 일체로 결합된 것으로 대형트럭이나 버스 등에서 사용되는 동력조향장치는?

① 조합형
② 분리형
③ 혼성형
④ 독립형

해설 동력조향장치의 분류
① 일체형(integral type) : 조향기어, 동력실린더, 제어밸브 모두 기어박스 내에 설치

Answer 27. ② 28. ④ 29. ① 30. ① 31. ①

② 링키지 조합형 : 동력실린더와 제어밸브가 일체로 설치
③ 링키지 분리형 : 조향기어, 동력실린더, 제어밸브 모두 분리되어 설치

32 브레이크 장치(brake system)에 관한 설명으로 틀린 것은?

① 브레이크 작동을 계속 반복하면 드럼과 슈의 마찰열이 축적되어 제동력이 감소되는 것을 페이드 현상이라 한다.
② 공기 브레이크에서 제동력을 크게 하기 위해서는 언로더 밸브를 조절한다.
③ 브레이크 페달의 리턴스프링 장력이 약해지면 브레이크 풀림이 늦어진다.
④ 마스터 실린더의 푸시로드 길이를 길게 하면 라이닝이 수축하여 잘 풀린다.

해설 브레이크 장치에서 마스터 실린더의 푸시로드 길이를 길게 하면 브레이크 액이 리턴되지 못하므로 브레이크가 풀리지 않는 원인이 된다.

33 자동변속기 차량에서 토크컨버터 내부의 오일 압력이 부족한 이유 중 틀린 것은?

① 오일펌프 누유
② 오일쿨러 막힘
③ 입력축의 씰링 손상
④ 킥다운 서보스위치 불량

해설 ①, ②, ③항은 오일 압력이 부족한 원인이 된다. 킥다운 서보 스위치가 불량하면 변속시 충격이 발생한다.

34 유효 반지름이 0.5m인 바퀴가 600rpm으로 회전할 때 차량의 속도는 약 얼마인가?

① 약 10.98km/h ② 약 25km/h
③ 약 50.92km/h ④ 약 113.04km/h

해설

$$차속 = \frac{\pi DN}{60} \times 3.6$$

여기서, D : 타이어 직경(m),
N : 바퀴회전수(rpm)

$$\therefore 차속 = \frac{3.14 \times 1 \times 600}{60} \times 3.6 = 113.04 \text{km/h}$$

35 제동장치에서 편제동의 원인이 아닌 것은?

① 타이어 공기압 불 평형
② 마스터 실린더 리턴 포트의 막힘
③ 브레이크 패드의 마찰계수 저하
④ 브레이크 디스크에 기름 부착

해설 ①, ③, ④항은 편제동의 원인이며, 마스터 실린더의 리턴 구멍이 막히면 브레이크 액이 리턴되지 못하므로 브레이크가 풀리지 않는 원인이 된다.

36 전동식 전자제어 조향장치 구성품으로 틀린 것은?

① 오일펌프
② 모터
③ 컨트롤 유닛
④ 조향각 센서

해설 전동식 전자제어 조향장치(MDPS)는 모터로 조향력을 발생하므로 오일펌프가 필요없다.

Answer 32. ④ 33. ④ 34. ④ 35. ② 36. ①

37 유압식 동력조향장치의 주요 구성부 중에서 최고 유압을 규제하는 릴리프 밸브가 있는 곳은?
① 동력부 ② 제어부
③ 안전 점검부 ④ 작동부

해설 동력 조향장치의 구성장치
① 동력부 : 오일 펌프-유압을 발생
② 작동부 : 동력 실린더-보조력을 발생
③ 제어부 : 제어 밸브-오일 통로를 변경
※ 릴리프 밸브는 유압을 발생하는 동력부(오일펌프)에 설치되어 있다.

38 수동변속기 정비시 측정할 항목이 아닌 것은?
① 주축 엔드플레이
② 주축의 휨
③ 기어의 직각도
④ 슬리브와 포크의 간극

해설 ①, ②, ④항은 수동변속기 변속시 변속에 어려움이 발생하므로 정비시 점검하여야 한다.

39 변속기 내부에 설치된 증속장치(Over drive system)에 대한 설명으로 틀린 것은?
① 기관의 회전속도를 일정수준 낮추어도 주행속도를 그대로 유지한다.
② 출력과 회전수의 증대로 윤활유 및 연료 소비량이 증가한다.
③ 기관의 회전속도가 같으면 증속장치가 설치된 자동차 속도가 더 빠르다.
④ 기관의 수명이 길어지고 운전이 정숙하게 된다.

해설 증속 구동장치(over drive)는 ①, ③, ④항 외에 엔진의 여유동력을 이용하므로 연료 소비량이 적어진다.

40 앞바퀴의 옆 흔들림에 따라서 조향 휠의 회전축 주위에 발생하는 진동을 무엇이라 하는가?
① 시미 ② 휠 플러터
③ 바우킹 ④ 킥업

해설 시미란 앞바퀴의 좌우방향의 진동을 말한다.

41 완전 충전된 납산축전지에서 양극판의 성분(물질)으로 옳은 것은?
① 과산화납 ② 납
③ 해면상납 ④ 산화물

해설 납산축전지가 완전 충전되면 양극판은 과산화납, 음극판은 해면상납, 전해액은 묽은황산으로 되돌아온다.

42 기관에 설치된 상태에서 시동 시(크랭킹 시) 기동전동기에 흐르는 전류와 회전수를 측정하는 시험은?
① 단선시험 ② 단락시험
③ 접지시험 ④ 부하시험

해설 부하시험이란 엔진을 시동(크랭킹)할 때 기동전동기에 흐르는 전류와 회전수를 측정하는 시험을 말한다.

Answer 37. ① 38. ③ 39. ② 40. ① 41. ① 42. ④

43 R-12의 염소(Cl)로 인한 오존층 파괴를 줄이고자 사용하고 있는 자동차용 대체 냉매는?

① R-134a ② R-22a
③ R-16a   ④ R-12a

해설▶ 프레온 가스라 불리는 R-12 냉매는 오존층을 파괴하고 온실효과를 유발하므로 대체가스로 신냉매인 R-134a를 사용한다.

44 도어 록 제어(door lock control)에 대한 설명으로 옳은 것은?

① 점화스위치 ON 상태에서만 도어를 unlock으로 제어한다.
② 점화스위치를 OFF로 하면 모든 도어 중 하나라도 록 상태일 경우 전 도어를 록(lock) 시킨다.
③ 도어 록 상태에서 주행 중 충돌 시 에어백 ECU로부터 에어백 전개신호를 입력받아 모든 도어를 unlock 시킨다.
④ 도어 unlock 상태에서 주행 중 차량 충돌 시 충돌센서로부터 충돌정보를 입력받아 승객의 안전을 위해 모든 도어를 잠김(lock)으로 한다.

해설▶ 도어 록 제어(Door lock control)
① 도어 록(lock) : 차속 신호에 의해서만 작동
② 도어 언록(unlock) : 점화스위치 OFF 또는 에어백 전개시만 작동

45 그림과 같이 측정했을 때 저항 값은?

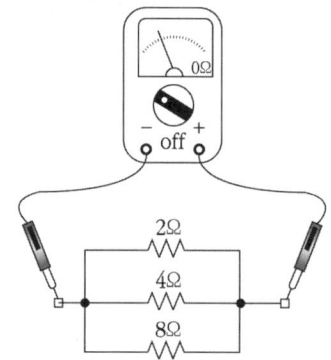

① 14Ω ② $\frac{1}{14}$ Ω
③ $\frac{8}{7}$ Ω ④ $\frac{7}{8}$ Ω

해설▶ 병렬 합성저항
$$\frac{1}{R} = \frac{1}{R_1} + \frac{1}{R_2} + \cdots + \frac{1}{R_n}$$

∴ 합성저항 $\frac{1}{R} = \frac{1}{2} + \frac{1}{4} + \frac{1}{8}$

$= \frac{4}{8} + \frac{2}{8} + \frac{1}{8} = \frac{7}{8}$ Ω

∴ $R = \frac{8}{7}$ Ω

46 축전지 단자의 부식을 방지하기 위한 방법으로 옳은 것은?

① 경유를 바른다.
② 그리스를 바른다.
③ 엔진오일을 바른다.
④ 탄산나트륨을 바른다.

해설▶ 축전지 단자 표면에 그리스를 발라 단자의 부식을 방지한다.

Answer 43. ① 44. ③ 45. ③ 46. ②

47 축전기(condenser)에 저장되는 정전용량을 설명한 것으로 틀린 것은?

① 가해지는 전압에 정비례한다.
② 금속판 사이의 거리에 정비례한다.
③ 상대하는 금속판의 면적에 정비례한다.
④ 금속판 사이 절연체의 절연도에 정비례한다.

해설 콘덴서의 정전용량
① 가해지는 전압에 비례한다.
② 금속판의 면적에 비례한다.
③ 절연체의 절연도에 비례한다.
④ 금속판 사이의 거리에 반비례한다.

48 가솔린기관의 점화코일에 대한 설명으로 틀린 것은?

① 1차코일의 저항보다 2차코일의 저항이 크다.
② 1차코일의 굵기보다 2차코일의 굵기가 가늘다.
③ 1차코일의 유도전압보다 2차코일의 유도전압이 낮다.
④ 1차코일의 권수보다 2차코일의 권수가 많다.

해설 점화코일의 구조
① 1차코일의 저항보다 2차코일의 저항이 크다.
② 1차코일의 굵기보다 2차코일의 굵기가 가늘다.
③ 1차코일의 권수보다 2차코일의 권수가 많다.
④ 1차코일의 유도전압보다 2차코일의 유도전압이 높다.
⑤ 1차코일을 개자로형은 바깥쪽에, 폐자로형은 안쪽에 감는다.

49 IC 방식의 전압조정기가 내장된 자동차용 교류발전기의 특징으로 틀린 것은?

① 스테이터 코일 여자전류에 의한 출력이 향상된다.
② 접점이 없기 때문에 조정 전압의 변동이 없다.
③ 접점방식에 비해 내진성, 내구성이 크다.
④ 접점 불꽃에 의한 노이즈가 없다.

해설 ②, ③, ④항이 옳은 설명이며, 교류발전기는 로터 코일 여자전류에 의해 출력이 향상된다.

50 계기판의 속도계가 작동하지 않을 때 고장 부품으로 옳은 것은?

① 차속 센서
② 크랭크각 센서
③ 흡기매니홀드 압력 센서
④ 냉각수온 센서

해설 속도계와 관계있는 센서는 차속 센서이다.

51 화재 발생 시 소화 작업 방법으로 틀린 것은?

① 산소의 공급을 차단한다.
② 유류 화재 시 표면에 물을 붓는다.
③ 가연물질의 공급을 차단한다.
④ 점화원을 발화점 이하의 온도로 낮춘다.

해설 소화작업의 기본요소
① 가연 물질을 제거한다.
② 산소를 차단한다.
③ 점화원을 냉각시킨다.

Answer 47. ② 48. ③ 49. ① 50. ① 51. ②

52 드릴머신 작업의 주의사항으로 틀린 것은?

① 회전하고 있는 주축이나 드릴에 손이나 걸레를 대거나 머리를 가까이 하지 않는다.
② 드릴의 탈부착은 회전이 완전히 멈춘 다음 행한다.
③ 가공 중 드릴에서 이상음이 들리면 회전상태로 그 원인을 찾아 수리한다.
④ 작은 물건은 바이스를 사용하여 고정한다.

해설 드릴 작업시 주의사항
① 일감은 정확히 고정한다.
② 드릴을 고정하거나 풀 때는 주축이 완전히 멈춘 후에 한다.
③ 작업복을 입고 작업하고, 감기기 쉬운 복장은 피한다.
④ 드릴은 양호한 것을 사용하고 마모나 균열이 있는 것은 사용하지 않는다.
⑤ 작은 물건은 바이스나 고정구로 고정하고 직접 손으로 잡지 말아야 한다.
⑥ 얇은 물건을 드릴 작업할 때에는 밑에 나무 등을 놓고 뚫어야 한다.
⑦ 가공 중 드릴에서 이상음이 들리면 즉시 회전을 멈추고, 그 원인을 찾아 수리한다.

53 어떤 제철공장에서 400명의 종업원이 1년간 작업하는 가운데 신체장애 등급 11급 10명과 1급 1명이 발생하였다. 재해 강도율은 약 얼마인가? (단, 1일 8시간 작업하고, 년 300일 근무한다.)

장애등급	1~3	4	5	6	7	8
근로손실 일수	7,500	5,500	4,000	3,000	2,000	1,500
장애등급	9	10	11	12	13	14
근로손실일수	1,000	600	400	200	100	50

① 10.98%
② 11.98%
③ 12.98%
④ 13.98%

해설 강도율이란 연 근로시간 1,000시간당 재해에 잃어버린 일수로 표시한다.

$$즉, 강도율 = \frac{근로손실\ 일수}{연근로시간수} \times 10^3$$

① 연 근로시간 $= 400 \times 8 \times 300 = 960,000$ 시간
② 근로손실 일수 $= 400 \times 10 + 7,500 \times 1 = 11,500$ 일
∴ 강도율 $= \frac{11,500}{960,000} \times 10^3 = 11.98$

54 정밀한 기계를 수리할 때 부속품의 세척(청소) 방법으로 가장 안전한 방법은?

① 걸레로 닦는다.
② 와이어 브러시를 사용한다.
③ 에어 건을 사용한다.
④ 솔을 사용한다.

해설 정밀한 부속품의 세척은 에어 건으로 한다.

Answer 52. ③ 53. ② 54. ③

55 해머작업 시 안전수칙으로 틀린 것은?

① 해머는 처음과 마지막 작업 시 타격력을 크게 할 것
② 해머로 녹슨 것을 때릴 때에는 반드시 보안경을 쓸 것
③ 해머의 사용 면이 깨진 것은 사용하지 말 것
④ 해머 작업 시 타격 가공하려는 곳에 눈을 고정 시킬 것

해설 해머 작업시 주의사항
① 장갑을 끼지 말 것
② 처음에는 서서히 칠 것
③ 해머 작업할 때에는 반드시 보안경을 쓸 것
④ 해머 작업시 타격 가공하려는 곳에 눈을 고정시킬 것
⑤ 해머의 사용 면이 깨진 것은 사용하지 말 것

56 차량에 축전지를 교환할 때 안전하게 작업하려면 어떻게 하는 것이 제일 좋은가?

① 두 케이블을 동시에 함께 연결한다.
② 점화 스위치를 넣고 연결한다.
③ 케이블 연결시 접지 케이블을 나중에 연결한다.
④ 케이블 탈착시 (+)케이블을 먼저 떼어낸다.

해설 차에 축전지를 설치할 때에는 절연(+)케이블을 먼저 연결하고, 접지(-)케이블은 나중에 연결한다.

57 유압식 브레이크 정비에 대한 설명으로 틀린 것은?

① 패드는 안쪽과 바깥쪽을 세트로 교환한다.
② 패드는 좌·우 어느 한쪽이 교환시기가 되면 좌·우 동시에 교환한다.
③ 패드 교환 후 브레이크 페달을 2~3회 밟아준다.
④ 브레이크액은 공기와 접촉 시 비등점이 상승하여 제동성능이 향상된다.

해설 ①, ②, ③항이 옳은 작업방법이며, 브레이크액에 공기가 혼입되어서는 안 된다.

58 자동차의 기동전동기 탈부착 작업 시 안전에 대한 유의사항으로 틀린 것은?

① 배터리 단자에서 터미널을 분리시킨 후 작업한다.
② 차량 아래에서 작업 시 보안경을 착용하고 작업한다.
③ 기동전동기를 고정시킨 후 배터리 단자를 접속한다.
④ 배터리 벤트플러그는 열려있는지 확인 후 작업한다.

해설 ①, ②, ③항이 옳은 작업방법이며, 배터리 벤트 플러그가 열려있어서는 안 된다.

Answer 55. ① 56. ③ 57. ④ 58. ④

59 실린더의 마멸량 및 내경 측정에 사용되는 기구와 관계 없는 것은?

① 버어니어 캘리퍼스
② 실린더 게이지
③ 외측 마이크로 미터와 텔레스코핑 게이지
④ 내측 마이크로미터

해설 실린더의 마멸량 및 내경 측정은 정밀하여야 하며, 버니어 캘리퍼스로 마멸량 측정은 할 수 없다.

60 하이브리드 자동차의 정비 시 주의사항에 대한 내용으로 틀린 것은?

① 하이브리드 모터 작업 시 휴대폰, 신용카드 등은 휴대하지 않는다.
② 고전압 케이블(U, V, W상)의 극성은 올바르게 연결한다.
③ 도장 후 고압 배터리는 헝겊으로 덮어두고 열처리한다.
④ 엔진 룸의 고압 세차는 하지 않는다.

해설 고압 배터리는 폭발의 위험이 있으므로 떼어내고 열처리한다.

Answer 59. ① 60. ③

자동차 정비기능사 필기

2014년 10월 11일 시행

01 베어링이 하우징 내에서 움직이지 않게 하기 위하여 베어링의 바깥 둘레를 하우징의 둘레보다 조금 크게 하여 차이를 두는 것은?

① 베어링 크러시
② 베어링 스프레드
③ 베어링 돌기
④ 베어링 어셈블리

해설 베어링 크러시란 베어링 바깥둘레를 하우징 둘레보다 약간 크게 둔 것으로, 볼트로 조였을 때 압착시켜 베어링 면의 열전도율을 향상시킨다.

02 디젤 연료분사 펌프의 플런저가 하사점에서 플런저 배럴의 흡·배기 구멍을 닫기까지 즉, 송출 직전까지의 행정은?

① 예비행정
② 유효행정
③ 변행정
④ 정행정

해설 분사펌프의 플런저가 하사점에서 상승하여 플런저 배럴의 연료 공급구멍을 막을 때 까지 움직인 거리를 예행정이라 하며, 막은 다음부터 플런저의 바이패스 홈이 연료 공급구멍을 만나면 연료의 압송이 중지된다. 이 거리를 유효행정이라 한다.

03 단위에 대한 설명으로 옳은 것은?

① 1PS는 75kgf·m/h의 일률이다.
② 1J은 0.24cal이다.
③ 1kW는 1,000kgf·m/s의 일률이다.
④ 초속 1m/s는 시속 36km/h와 같다.

해설 단위 환산
① 1PS = 75kgf·m/s
② 1kW = 1.36PS = 10^2 kgf·m/s
③ 1m/s = 3.6km/h

04 센서 및 액추에이터 점검·정비 시 적절한 점검 조건이 잘못 짝지어진 것은?

① AFS - 시동상태
② 컨트롤 릴레이 - 점화스위치 ON 상태
③ 점화코일 - 주행 중 감속 상태
④ 크랭크각 센서 - 크랭킹 상태

해설 점화코일은 고전압이 발생하는 크랭킹 상태이다.

Answer 1. ① 2. ① 3. ② 4. ③

05 압축압력 시험에서 압축압력이 떨어지는 요인으로 가장 거리가 먼 것은?

① 헤드 가스켓 소손
② 피스톤링 마모
③ 밸브시트 마모
④ 밸브 가이드고무 마모

해설 ▶ 밸브 가이드고무가 마모되면 오일이 유입되어 오일이 줄어드나 압축압력에 영향을 미치지는 않는다.

06 기관의 윤활장치를 점검해야 하는 이유로 거리가 먼 것은?

① 윤활유 소비가 많다.
② 유압이 높다.
③ 유압이 낮다.
④ 오일 교환을 자주한다.

해설 ▶ 윤활장치 점검은 윤활유 소비가 많거나, 유압이 규정보다 너무 높거나 낮을 때 점검한다.

07 기관에서 공기 과잉률이란?

① 이론공연비
② 실제공연비
③ 공기흡입량 ÷ 연료소비량
④ 실제공연비 ÷ 이론공연비

해설 ▶ 공기 과잉률이란 이론적으로 필요한 공연비와 실제 엔진에 공급된 공연비와의 비를 말한다.

08 밸브 오버랩에 대한 설명으로 옳은 것은?

① 밸브 스프링을 이중으로 사용하는 것
② 밸브 시트와 면의 접촉 면적
③ 흡·배기 밸브가 동시에 열려 있는 상태
④ 로커 암에 의해 밸브가 열리기 시작할 때

해설 ▶ 밸브 오버랩이란 흡·배기밸브가 상사점 부근에서 동시에 열려 있는 기간을 말한다.

09 가솔린의 조성 비율(체적)이 이소옥탄 80, 노멀헵탄 20인 경우 옥탄가는?

① 20   ② 40
③ 60   ④ 80

해설 ▶
$$옥탄가 = \frac{이소옥탄}{이소옥탄 + 정(노말)헵탄} \times 100(\%)$$

$$\therefore \frac{80}{80+30} \times 100 = 80(\%)$$

10 다음 ( )에 들어갈 말로 옳은 것은?

> NOx는 (①)의 화합물이며, 일반적으로 (②)에서 쉽게 반응한다.

① ① 일산화탄소와 산소 ② 저온
② ① 일산화질소와 산소 ② 고온
③ ① 질소와 산소   ② 저온
④ ① 질소와 산소   ② 고온

해설 ▶ NOx는 질소(N)와 산소(O)의 화합물이며, 일반적으로 고온에서 쉽게 반응한다.

Answer 5. ④ 6. ④ 7. ④ 8. ③ 9. ④ 10. ④

11 스프링 정수가 5kg_f/mm의 코일을 1cm 압축하는데 필요한 힘은?

① 5kg_f ② 10kg_f
③ 50kg_f ④ 100kg_f

해설>
$$스프링\ 정수 = \frac{하중(kg_f)}{변형량(mm)}$$

∴ 하중 = 스프링 정수 × 변형량
= 5kg_f/mm × 10mm = 50kg_f

12 전자제어 점화장치의 파워TR에서 ECU에 의해 제어되는 단자는?

① 베이스 단자 ② 콜렉터 단자
③ 이미터 단자 ④ 접지 단자

해설> ECU에서 파워TR 베이스를 ON시키면 점화코일 1차 전류가 컬렉터에서 이미터로 흘러 점화코일이 자화되며, 파워TR 베이스를 OFF시키면 점화코일에서 발생된 고전압이 점화플러그에 가해진다.

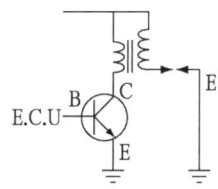

13 디젤기관에서 분사시기가 빠를 때 나타나는 현상으로 틀린 것은?

① 배기가스의 색이 흑색이다.
② 노크현상이 일어난다.
③ 배기가스의 색이 백색이 된다.
④ 저속회전이 어려워진다.

해설> 분사시기가 빠를 때 나타나는 현상
① 노크 현상이 발생한다.
② 연소가 불량하여 배기가스가 흑색이다.
③ 기관의 출력이 저하된다.
④ 저속에서 회전이 불량해질 수 있다.

14 차량 총중량이 3.5톤 이상인 화물자동차에 설치되는 후부 안전판의 너비로 옳은 것은?

① 자동차 너비의 60% 이상
② 자동차 너비의 80% 미만
③ 자동차 너비의 100% 미만
④ 자동차 너비의 120% 이상

해설> 안전기준에 관한 규칙 제19조(차대 및 차체)
후부안전판의 너비는 자동차 너비의 100% 미만일 것

15 전자제어 가솔린 엔진에서 인젝터의 고장으로 발생될 수 있는 현상으로 가장 거리가 먼 것은?

① 연료소모 증가
② 배출가스 감소
③ 가속력 감소
④ 공회전 부조

해설> 인젝터가 고장이면 배출가스가 증가한다.

Answer 11. ③ 12. ① 13. ③ 14. ③ 15. ②

16 행정별 피스톤 압축 링의 호흡작용에 대한 내용으로 틀린 것은?

① 흡입 : 피스톤의 홈과 링의 윗면이 접촉하여 홈에 있는 소량의 오일의 침입을 막는다.
② 압축 : 피스톤이 상승하면 링은 아래로 밀리게 되어 위로부터의 혼합기가 아래로 누설되지 않게 한다.
③ 동력 : 피스톤의 홈과 링의 윗면이 접촉하여 링의 윗면으로부터 가스가 누설되는 것을 방지한다.
④ 배기 : 피스톤이 상승하면 링은 아래로 밀리게 되어 위로부터의 연소가스가 아래로 누설되지 않게 한다.

해설 동력행정의 경우 폭발압력에 의해 피스톤 링이 아랫면과 접촉한다.

17 아날로그 신호가 출력되는 센서로 틀린 것은?

① 옵티컬 방식의 크랭크각 센서
② 스로틀 포지션 센서
③ 흡기온도 센서
④ 수온 센서

해설 옵티컬 방식의 크랭크각 센서는 디지털 신호이다.

18 가솔린 엔진의 작동 온도가 낮을 때와 혼합비가 희박하여 실화되는 경우에 증가하는 유해 배출가스는?

① 산소(O_2)
② 탄화수소(HC)
③ 질소산화물(NO_x)
④ 이산화탄소(CO_2)

해설 일산화탄소(CO)와 탄화수소(HC)는 엔진 작동 온도가 낮을 때와 혼합비가 희박하여 실화되는 경우에 발생한다.

19 엔진이 작동 중 과열되는 원인으로 틀린 것은?

① 냉각수의 부족
② 라디에이터 코어의 막힘
③ 전동팬 모터 릴레이의 고장
④ 수온조절기가 열린 상태로 고장

해설 ①~③은 엔진이 과열되는 원인이며, 수온조절기가 열린 채로 고장나면 엔진이 과냉된다.

20 4행정 가솔린기관에서 각 실린더에 설치된 밸브가 3-밸브(3-valve)인 경우 옳은 것은?

① 2개의 흡기밸브와 흡기보다 직경이 큰 1개의 배기밸브
② 2개의 흡기밸브와 흡기보다 직경이 작은 1개의 배기밸브
③ 2개의 배기밸브와 배기보다 직경이 큰 1개의 흡기밸브
④ 2개의 배기밸브와 배기와 직경이 같은 1개의 배기밸브

해설 3-밸브(3-valve)는 흡입효율을 높이기 위하여 흡기밸브 2개와 흡기보다 직경이 큰 배기밸브 1개를 설치한다.

Answer 16. ③ 17. ① 18. ② 19. ④ 20. ①

21 LPG기관에서 냉각수 온도 스위치의 신호에 의하여 기체 또는 액체 연료를 차단하거나 공급하는 역할을 하는 것은?

① 과류방지 밸브
② 유동 밸브
③ 안전 밸브
④ 액·기상 솔레노이드 밸브

해설) LPG기관의 액·기상 솔레노이드 밸브는 냉각수 온도 스위치의 신호에 의하여 기체 또는 액체 연료를 차단하거나 공급하는 역할을 한다.

22 176°F는 몇 ℃인가?

① 76 ② 80
③ 144 ④ 176

해설) 섭씨온도 $℃ = \frac{5}{9}(F-32)$
$= \frac{5}{9}(176-32) = 80℃$

23 가솔린연료에서 노크를 일으키기 어려운 성질을 나타내는 수치는?

① 옥탄가 ② 점도
③ 세탄가 ④ 베이퍼 록

해설) **옥탄가**
연료의 안티 노킹성(anti-knocking, 내폭성, 제폭성)을 나타내는 정도

24 조향장치에서 조향기어비가 직진영역에서 크게 되고 조향각이 큰 영역에서 작게 되는 형식은?

① 웜 섹터형   ② 웜 롤러형
③ 가변 기어비형 ④ 볼 너트형

해설) 조향기어비가 직진영역에서 크게 되고 조향각이 큰 영역에서 작게 되는 형식을 가변 기어비형 조향장치라 한다.

25 수동변속기 내부에서 싱크로나이저 링의 기능이 작용하는 시기는?

① 변속기 내에서 기어가 빠질 때
② 변속기 내에서 기어가 물릴 때
③ 클러치 페달을 밟을 때
④ 클러치 페달을 놓을 때

해설) 싱크로나이저 링은 기어 변속시(물릴 때) 동기시켜 변속을 원활하게 해주는 역할을 한다.

26 수동변속기 차량에서 클러치의 구비조건으로 틀린 것은?

① 동력전달이 확실하고 신속할 것
② 방열이 잘 되어 과열되지 않을 것
③ 회전부분의 평형이 좋을 것
④ 회전 관성이 클 것

해설) **클러치 구비조건**
① 동력전달이 확실하고 신속할 것
② 방열이 잘 되어 과열되지 않을 것
③ 회전부분의 평형이 좋을 것
④ 내열성이 좋을 것
⑤ 회전관성이 작을 것

Answer 21. ④ 22. ② 23. ① 24. ③ 25. ② 26. ④

27 선회 주행 시 자동차가 기울어짐을 방지하는 부품으로 옳은 것은?

① 너클 암 ② 섀클
③ 타이로드 ④ 스태빌라이저

> **해설** 스태빌라이저는 선회 시 차체의 기울어짐을 방지하여 차의 평형을 유지시켜 주는 기능을 한다.

28 마스터실린더의 내경이 2cm, 푸시로드에 100kg_f의 힘이 작용하면 브레이크 파이프에 작용하는 유압은?

① 약 $25kg_f/cm^2$ ② 약 $32kg_f/cm^2$
③ 약 $50kg_f/cm^2$ ④ 약 $200kg_f/cm^2$

> **해설**
> $$압력(kg_f/cm^2) = \frac{하중}{단면적}$$
> $$\therefore \frac{W}{\frac{\pi}{4}D^2} = \frac{100}{0.785 \times 2^2} = 31.847 kg_f/cm^2$$

29 빈번한 브레이크 조작으로 인해 온도가 상승하여 마찰계수 저하로 제동력이 떨어지는 현상은?

① 베이퍼 록 현상 ② 페이드 현상
③ 피칭 현상 ④ 시미 현상

> **해설** 용어 설명
> ① 페이드 현상 : 빈번한 브레이크 조작으로 인해 온도가 상승하여 라이닝(패드)의 마찰계수 저하로 제동력이 떨어지는 현상
> ② 베이퍼 록(vapor lock) 현상 : 브레이크의 빈번한 사용이나 끌림 등에 의한 마찰열이 브레이크 회로에 전달되어, 브레이크 회로 내에 기포가 발생되어 압력전달이 불가능하게 되는 현상

30 기계식 주차레버를 당기기 시작(0%)하여 완전작동(100%) 할 때까지의 범위 중 주차가능 범위로 옳은 것은?

① 10~20% ② 15~30%
③ 50~70% ④ 80~100%

> **해설** 주차레버의 주차가능 범위는 전 행정의 50~70%이다.

31 링기어 중심에서 구동 피니언을 편심 시킨 것으로 추진축의 높이를 낮게 할 수 있는 종감속 기어는?

① 직선 베벨 기어
② 스파이럴 베벨 기어
③ 스퍼 기어
④ 하이포이드 기어

> **해설** 하이포이드(hypoid) 기어는 링기어의 중심보다 구동 피니언 기어의 중심을 10~20% 낮게(off-set) 편심시켜 추진축의 높이를 낮게 할 수 있어 무게중심이 낮아지고 거주성이 향상되는 방식의 종감속 기어이다.

32 자동변속기의 토크컨버터에서 작동유체의 방향을 변환시키며 토크 증대를 위한 것은?

① 스테이터 ② 터빈
③ 오일펌프 ④ 유성기어

> **해설** 토크 컨버터에서 스테이터(stator)는 작동 유체의 방향을 변환시켜 토크를 증대시키는 역할을 한다.

Answer 27. ④ 28. ② 29. ② 30. ③ 31. ④ 32. ①

33 제3의 브레이크(감속 제동장치)로 틀린 것은?

① 엔진 브레이크
② 배기 브레이크
③ 와전류 브레이크
④ 주차 브레이크

해설 브레이크의 분류
① 제1브레이크 : 풋 브레이크
② 제2브레이크 : 주차 브레이크
③ 제3브레이크 : 엔진 브레이크, 배기 브레이크, 와전류 브레이크

34 타이어의 스탠딩 웨이브 현상에 대한 내용으로 옳은 것은?

① 스탠딩 웨이브를 줄이기 위해 고속 주행 시 공기압을 10% 정도 줄인다.
② 스탠딩 웨이브가 심하면 타이어 박리현상이 발생할 수 있다.
③ 스탠딩 웨이브는 바이어스 타이어보다 레디얼 타이어에서 많이 발생한다.
④ 스탠딩 웨이브 현상은 하중과 무관하다.

해설 스탠딩 웨이브(standing wave) 현상
고속 주행시 타이어가 노면과의 충격에 의해 뒷면이 찌그러져 마치 물결모양으로 정지한 것처럼 보이는 현상으로, 심하면 타이어 박리현상이 생길 수 있다.

[개념다지기]
스탠딩 웨이브 방지법
① 타이어의 공기압을 10~15% 높인다.
② 강성이 큰 타이어(레이디얼 타이어)를 사용한다.
③ 자동차의 하중을 작게 한다.
④ 저속 운행을 한다.

35 우측으로 조향을 하고자 할 때 앞바퀴의 내측 조향각이 45°, 외측 조향각이 42°이고 축간거리는 1.5m, 킹핀과 바퀴 접지면까지 거리가 0.3m일 경우 최소회전반경은? (단, sin30° = 0.5, sin42° = 0.67, sin45° = 0.71)

① 약 2.41m   ② 약 2.54m
③ 약 3.30m   ④ 약 5.21m

해설

$$최소회전반경\ R = \frac{L}{\sin\alpha} + r$$

여기서, α : 외측바퀴 회전각도(°)
L : 축거(m)
r : 타이어 중심과 킹핀과의 거리(m)

$$\therefore 최소회전반경\ R = \frac{1.5}{\sin 42°} + 0.3 = 2.54m$$

36 자동변속기의 제어시스템을 입력과 제어, 출력으로 나누었을 때 출력신호는?

① 차속센서
② 유온센서
③ 펄스 제너레이터
④ 변속제어 솔레노이드

해설 자동변속기 TCU 입·출력 신호

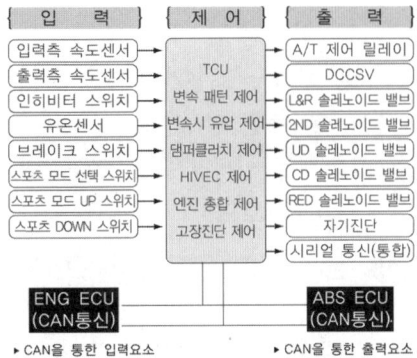

Answer 33. ④ 34. ② 35. ② 36. ④

37 차륜 정렬 측정 및 조정을 해야 할 이유와 거리가 먼 것은?

① 브레이크의 제동력이 약할 때
② 현가장치를 분해·조립했을 때
③ 핸들이 흔들리거나 조작이 불량할 때
④ 충돌 사고로 인해 차체에 변형이 생겼을 때

해설 ②~④항은 차륜을 정렬 및 조정하여야 하며, 브레이크 제동력이 약한 것은 차륜 정렬과는 관련이 없다.

38 전자제어 제동 시스템(ABS)을 입력, 제어, 출력으로 나누었을 때 입력이 아닌 것은?

① 스피드 센서   ② 모터 릴레이
③ 브레이크 스위치 ④ 축전지 전원

해설 전원, 센서, 스위치는 입력신호이고, 모터 릴레이는 출력신호이다.

39 조향장치의 동력전달 순서로 옳은 것은?

① 핸들 - 타이로드 - 조향기어 박스 - 피트먼 암
② 핸들 - 섹터 축 - 조향기어 박스 - 피트먼 암
③ 핸들 - 조향기어 박스 - 섹터 축 - 피트먼 암
④ 핸들 - 섹터 축 - 조향기어 박스 - 타이로드

해설 **조향장치 동력전달 순서(볼 너트 형식)**
핸들→조향기어 박스→섹터 축→피트먼 암→릴레이 로드→타이로드→너클→바퀴

40 기관의 회전수가 2,400rpm이고, 총 감속비가 8 : 1, 타이어 유효반경이 25cm일 때 자동차의 시속은?

① 약 14km/h
② 약 18km/h
③ 약 21km/h
④ 약 28km/h

해설
$$시속 = \frac{\pi D N}{R_t \times R_f} \times \frac{60}{1,000}$$

여기서, D : 타이어 직경(m),
N : 엔진회전수(rpm),
R_t : 변속비, R_f : 종감속비

$$\therefore 시속 = \frac{3.14 \times 0.5 \times 2,400}{8} \times \frac{60}{1,000}$$
$$= 28.26 km/h$$

41 납산축전지(battery)의 방전 시 화학반응에 대한 설명으로 틀린 것은?

① 극판의 과산화납은 점점 황산납으로 변한다.
② 극판의 해면상납은 점점 황산납으로 변한다.
③ 전해액은 물만 남게 된다.
④ 전해액의 비중은 점점 높아진다.

해설 축전지 방전시에는 ⊕ 극판의 과산화납과 ⊖ 극판의 해면상납은 황산납으로, 전해액인 묽은황산은 물로 변하며, 전해액의 비중은 점점 낮아진다.

Answer 37. ① 38. ② 39. ③ 40. ④ 41. ④

42 엔진오일 압력이 일정 이하로 떨어졌을 때 점등되는 경고등은?
① 연료 잔량 경고등
② 주차 브레이크등
③ 엔진오일 경고등
④ ABS 경고등

[해설] 오일 압력이 일정 이하로 떨어지면 엔진오일 경고등이 점등된다.

43 트랜지스터(TR)의 설명으로 틀린 것은?
① 증폭 작용을 한다.
② 스위칭 작용을 한다.
③ 아날로그 신호를 디지털 신호로 변환한다.
④ 이미터, 베이스, 컬렉터의 리드로 구성되어져 있다.

[해설] ①, ②, ④항은 트랜지스터의 설명이며, 아날로그 신호를 디지털 신호로 바꾸는 것은 A-D 컨버터이다.

44 현재의 연료 소비율, 평균속도, 항속 가능거리 등의 정보를 표시하는 시스템으로 옳은 것은?
① 종합 경보 시스템(ETACS 또는 ETWIS)
② 엔진·변속기 통합제어 시스템(ECM)
③ 자동주차 시스템(APS)
④ 트립(Trip) 정보 시스템

[해설] 트립 정보시스템(trip computer)은 시동 "ON"부터 "OFF"까지의 주행거리(적산 거리), 주행 가능 거리, 평균속도 및 주행시간 등 주행에 관련된 각종 정보들을 LCD를 이용해 화면에 표시해 주는 운전자 정보 전달장치

45 발전기 스테이터 코일의 시험 중 그림은 어떤 시험인가?

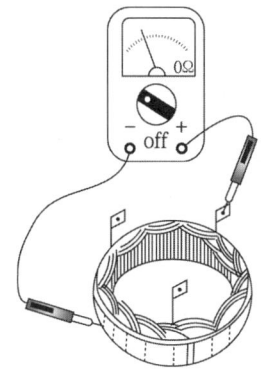

① 코일과 철심의 절연시험
② 코일의 단선시험
③ 코일과 브러시의 단락시험
④ 코일과 철심의 전압시험

[해설] 스테이터 코일에서 코일과 철심의 절연시험이다.

46 점화코일의 1차 저항을 측정할 때 사용하는 측정기로 옳은 것은?
① 진공 시험기
② 압축압력 시험기
③ 회로 시험기
④ 축전지 용량 시험기

[해설] 점화코일의 1차 저항은 회로 시험기로 측정한다.

Answer 42. ③ 43. ③ 44. ④ 45. ① 46. ③

47 전자제어 방식의 뒷 유리 열선 제어에 대한 설명으로 틀린 것은?

① 엔진 시동상태에서만 작동한다.
② 열선은 병렬회로로 연결되어 있다.
③ 정확한 제어를 위해 릴레이를 사용하지 않는다.
④ 일정시간 작동 후 자동으로 OFF 된다.

해설 ①, ②, ④이 뒷 유리 열선 제어 시스템에 대한 옳은 설명이고, 정확한 제어를 위해 열선 릴레이를 사용한다.

48 디젤 승용자동차의 시동장치 회로 구성요소로 틀린 것은?

① 축전지
② 기동 전동기
③ 점화코일
④ 예열·시동스위치

해설 디젤 승용자동차의 시동회로에는 축전지, 예열 및 시동스위치, 기동 전동기가 있으며 압축착화 엔진이므로 점화코일이 없다.

49 PNP형 트랜지스터의 순방향 전류는 어떤 방향으로 흐르는가?

① 컬렉터에서 베이스로
② 이미터에서 베이스로
③ 베이스에서 이미터로
④ 베이스에서 컬렉터로

해설 PNP형 트랜지스터의 순방향 전류는 이미터에서 베이스 또는 이미터에서 컬렉터로 흐른다.

50 축전지의 극판이 영구 황산납으로 변하는 원인으로 틀린 것은?

① 전해액이 모두 증발되었다.
② 방전된 상태로 장기간 방치하였다.
③ 극판이 전해액에 담겨있다.
④ 전해액의 비중이 너무 높은 상태로 관리하였다.

해설 축전지의 극판은 항상 전해액에 담겨 있어야 한다.

51 산업안전보건법상 작업현장 안전·보건표지 색채에서 화학물질 취급장소에서의 유해·위험 경고 용도로 사용되는 색채는?

① 빨간색
② 노란색
③ 녹색
④ 검은색

해설 안전·보건표지의 색채

색채	용도	사용례
빨간색	금지	정지신호, 소화설비 및 그 장소, 유해행위의 금지
	경고	화학물질 취급장소에서의 유해·위험 경고
노란색	경고	화학물질 취급장소에서의 유해·위험경고 이외의 위험경고, 주의표지 또는 기계방호물
파란색	지시	특정 행위의 지시 및 사실의 고지
녹색	안내	비상구 및 피난소, 사람 또는 차량의 통행표지
흰색		파란색 또는 녹색에 대한 보조색
검은색		문자 및 빨간색 또는 노란색에 대한 보조색

Answer 47. ③ 48. ③ 49. ② 50. ③ 51. ①

52 정 작업 시 주의할 사항으로 틀린 것은?

① 정 작업 시에는 보호안경을 사용할 것
② 철재를 절단할 때는 철편이 튀는 방향에 주의할 것
③ 자르기 시작할 때와 끝날 무렵에는 세게 칠 것
④ 담금질된 재료는 깎아내지 말 것

해설 정 작업시 주의사항
① 정 작업 시에는 보호안경을 사용할 것
② 정 작업은 시작과 끝에 특히 조심한다.
③ 처음에는 약하게 타격하고 차차 강하게 때린다.
④ 열처리한 재료는 정으로 작업하지 않는다.
⑤ 머리가 찌그러진 것은 수정하여 사용하여야 한다.
⑥ 철재를 절단할 때는 철편이 튀는 방향에 주의할 것
⑦ 정 작업시 버섯머리는 그라인더로 갈아서 사용한다.

53 정비용 기계의 검사, 유지, 수리에 대한 내용으로 틀린 것은?

① 동력기계의 급유 시에는 서행한다.
② 동력기계의 이동장치에는 동력 차단장치를 설치한다.
③ 동력 차단장치는 작업자 가까이에 설치한다.
④ 청소할 때는 운전을 정지한다.

해설 동력기계의 급유 시에는 가동을 중지한다.

54 공기압축기에서 공기필터의 교환 작업 시 주의사항으로 틀린 것은?

① 공기압축기를 정지시킨 후 작업한다.
② 고정된 볼트를 풀고 뚜껑을 열어 먼지를 제거한다.
③ 필터는 깨끗이 닦거나 압축공기로 이물을 제거한다.
④ 필터에 약간의 기름칠을 하여 조립한다.

해설 필터에 기름칠을 하여서는 안 된다.

55 안전사고율 중 도수율(빈도율)을 나타내는 표현식은?

① (연간 사상자수/평균 근로자 수)×1,000
② (사고 건수/연근로 시간 수)×1,000
③ (노동 손실일수/노동 총시간 수)×1,000
④ (사고 건수/노동 총시간 수)×1,000

해설 도수율이란 연 근로시간 합계 100만 시간당 재해 발생 건수로 표시

$$도수율 = \frac{재해건수}{연근로시간수} \times 1,000,000$$

※ 보기의 1,000은 100만으로 바뀌어야 함

56 브레이크에 페이드 현상이 일어났을 때 운전자가 취할 응급처치로 가장 옳은 것은?

① 자동차의 속도를 조금 올려준다.
② 자동차를 세우고 열이 식도록 한다.
③ 브레이크를 자주 밟아 열을 발생시킨다.
④ 주차 브레이크를 대신 사용한다.

Answer 52. ③ 53. ① 54. ④ 55. ② 56. ②

해설 브레이크에서 페이드 현상은 마찰열이 발생되어 제동력이 저하하는 현상이므로, 자동차를 세우고 열을 식히도록 한다.

57 전동공구 사용 시 전원이 차단되었을 경우 안전한 조치방법은?

① 전기가 다시 들어오는지 확인하기 위해 전동공구를 ON 상태로 둔다.
② 전기가 다시 들어올 때 까지 전동공구의 ON-OFF를 계속 반복한다.
③ 전동공구 스위치는 OFF 상태로 전환한다.
④ 전동공구는 플러그를 연결하고 스위치는 ON 상태로 하여 대피한다.

해설 전동공구 사용 시 전원이 차단되었을 경우 전동공구 스위치는 OFF 상태로 전환한다.

58 가솔린기관의 진공도 측정 시 안전에 관한 내용으로 적합하지 않은 것은?

① 기관의 벨트에 손이나 옷자락이 닿지 않도록 주의한다.
② 작업 시 주차브레이크를 걸고 고임목을 괴어둔다.
③ 리프트를 눈높이까지 올린 후 점검한다.
④ 화재 위험이 있을 수 있으니 소화기를 준비한다.

해설 진공도 측정은 기관 가동상태이므로 평지에서 한다.

59 축전지를 차에 설치한 채 급속충전을 할 때의 주의사항으로 틀린 것은?

① 축전지 각 셀(cell)의 플러그를 열어 놓는다.
② 전해액 온도가 45℃를 넘지 않도록 한다.
③ 축전지 가까이에서 불꽃이 튀지 않도록 한다.
④ 축전지의 양(+, -)케이블을 단단히 고정하고 충전한다.

해설 축전지를 차에 설치한 채 급속충전 할 때에는 축전지의 (-)케이블을 떼어내고 충전한다.

60 운반 기계에 대한 안전수칙으로 틀린 것은?

① 무거운 물건을 운반할 경우에는 반드시 경종을 울린다.
② 흔들리는 화물은 사람이 승차하여 붙잡도록 한다.
③ 기중기는 규정 용량을 초과하지 않는다.
④ 무거운 물건을 상승시킨 채 오랫동안 방치하지 않는다.

해설 흔들리는 화물은 움직이지 못하도록 단단히 묶어 놓고 화물칸에 사람이 승차하여서는 안 된다.

Answer 57. ③ 58. ③ 59. ④ 60. ②

자동차 정비기능사 필기

▶ 2015년 1월 25일 시행

01 엔진의 흡기장치 구성요소에 해당하지 않는 것은?
① 촉매장치
② 서지탱크
③ 공기청정기
④ 레조네이터(resonator)

해설 촉매장치는 배기가스 정화장치이다.

02 내연기관에서 언더 스퀘어 엔진은 어느 것인가?
① $\dfrac{행정}{실린더\ 내경} = 1$
② $\dfrac{행정}{실린더\ 내경} < 1$
③ $\dfrac{행정}{실린더\ 내경} > 1$
④ $\dfrac{행정}{실린더\ 내경} \leq 1$

해설 언더 스퀘어(under square) 엔진이란 내경이 행정보다 작은 엔진을 말한다.

$$언더\ 스퀘어\ 엔진 = \dfrac{행정}{실린더\ 내경} > 1$$

03 디젤기관의 연소실 중 피스톤 헤드부의 요철에 의해 생성되는 연소실은?
① 예연소실식
② 공기실식
③ 와류실식
④ 직접분사실식

해설 직접분사실식은 단실식으로, 피스톤 헤드부의 요철에 의해 연소실을 이룬다.

04 기관에 이상이 있을 때 또는 기관의 성능이 현저하게 저하되었을 때 분해수리의 여부를 결정하기 위한 가장 적합한 시험은?
① 캠각 시험
② CO 가스측정
③ 압축압력 시험
④ 코일의 용량시험

해설 압축압력 시험을 하여 규정값보다 70% 이하 시 기관을 분해수리(overhaul) 한다.

05 여지 반사식 매연측정기의 시료 채취관을 배기관에 삽입 시 가장 알맞은 깊이는?
① 20cm
② 40cm
③ 50cm
④ 60cm

해설 시료채취관을 여지반사식은 20cm, 광투과식은 5cm 삽입하여 가속페달을 급속히 밟으면서 시료를 채취한다.

Answer 01. ① 02. ③ 03. ④ 04. ③ 05. ①

06 EGR(Exhaust Gas Recirculation) 밸브에 대한 설명 중 틀린 것은?

① 배기가스 재순환 장치이다.
② 연소실 온도를 낮추기 위한 장치이다.
③ 증발가스를 포집하였다가 연소시키는 장치이다.
④ 질소산화물(NOx) 배출을 감소시키기 위한 장치이다.

해설 ①, ②, ④항이 EGR 밸브에 대한 옳은 설명이고, 연료 증발가스는 차콜 캐니스터와 PCSV를 이용하여 재연소시킨다.

07 수냉식 냉각장치의 장·단점에 대한 설명으로 틀린 것은?

① 공랭식보다 소음이 크다.
② 공랭식보다 보수 및 취급이 복잡하다.
③ 실린더 주위를 균일하게 냉각시켜 공랭식보다 냉각효과가 좋다.
④ 실린더 주위를 저온으로 유지시키므로 공랭식보다 체적효율이 좋다.

해설 공랭식은 수냉식보다 소음이 큰 단점이 있다.

08 다음 중 디젤기관에 사용되는 과급기의 역할은?

① 윤활성의 증대
② 출력의 증대
③ 냉각효율의 증대
④ 배기의 증대

해설 디젤기관에서 과급기는 출력의 증대를 위하여 사용된다.

09 연료 분사장치에서 산소센서의 설치 위치는?

① 라디에이터
② 실린더 헤드
③ 흡입 매니홀드
④ 배기 매니홀드 또는 배기관

해설 산소센서는 배기 매니홀드 또는 배기관에 장착되어 있으며 배기가스 중의 산소 농도차에 따라 전압이 발생되면 이를 피드백하여 이론 공연비로 제어하기 위한 센서이다.

10 가솔린 엔진에서 점화장치 점검방법으로 틀린 것은?

① 흡기온도센서의 출력값을 확인한다.
② 점화코일의 1차, 2차 코일 저항을 확인한다.
③ 오실로 스코프를 이용하여 점화파형을 확인한다.
④ 고압 케이블을 탈거하고 크랭킹 시 불꽃 방전 시험으로 확인한다.

해설 가솔린 엔진에서 점화장치 점검은 ②, ③, ④의 방법으로 한다. 흡기온도 센서 출력값과는 관련이 없다.

11 흡기계통의 핫 와이어(Hot wire) 공기량 계측방식은?

① 간접 계량방식
② 공기질량 검출방식
③ 공기체적 검출방식
④ 흡입부압 감지방식

해설 흡입공기량 계측방식
① 직접 계측방식(mass flow type)
   a. 체적 검출방식 : 베인식, 칼만 와류식

Answer 06. ③ 07. ① 08. ② 09. ④ 10. ①

b. 질량 검출방식 : 열선(Hot wire)식, 열막(Hot film)식
② 간접 계측방식(speed density type) : 흡기다기관 절대압력(MAP센서) 방식

12 전자제어기관에서 인젝터의 연료분사량에 영향을 주지 않는 것은?

① 산소(O_2)센서
② 공기유량센서(AFS)
③ 냉각수온센서(WTS)
④ 핀 서모(pin thermo)센서

해설 핀 서모센서는 에어컨 시스템에 사용되는 센서로 연료분사량과는 관련이 없다.

13 디젤 엔진에서 연료 공급펌프 중 프라이밍 펌프의 기능은?

① 기관이 작동하고 있을 때 펌프에 연료를 공급한다.
② 기관이 정지되고 있을 때 수동으로 연료를 공급한다.
③ 기관이 고속운전을 하고 있을 때 분사 펌프의 기능을 돕는다.
④ 기관이 가동하고 있을 때 분사펌프에 있는 연료를 빼는 데 사용한다.

해설 디젤 엔진에서 프라이밍 펌프는 기관이 정지되어 있을 때 수동으로 작동시켜 연료라인에서 공기빼기 작업에 사용되며 동시에 연료를 분사펌프로 공급한다.

14 기관정비 작업 시 피스톤링의 이음 간극을 측정할 때 측정도구로 가장 알맞은 것은?

① 마이크로미터 ② 다이얼 게이지
③ 시크니스게이지 ④ 버니어캘리퍼스

해설 피스톤링 이음 간극 측정은 시크니스(필러, 틈새, 간극) 게이지로 한다.

15 자기진단 출력이 10진법 2개 코드 방식에서 코드번호가 55일 때 해당하는 신호는?

①
②
③
④

해설 굵은 것은 10, 가느다란 것은 1을 의미한다.

16 LPG 기관에서 연료공급 경로로 맞는 것은?

① 봄베 → 솔레노이드 밸브 → 베이퍼라이저 → 믹서
② 봄베 → 베이퍼라이저 → 솔레노이드 밸브 → 믹서
③ 봄베 → 베이퍼라이저 → 믹서 → 솔레노이드 밸브
④ 봄베 → 믹서 → 솔레노이드 밸브 → 베이퍼라이저

해설 LPG 기관의 연료공급 경로
연료탱크 → 솔레노이드 밸브 → 베이퍼라이저 → 믹서

Answer 11. ② 12. ④ 13. ② 14. ③ 15. ④ 16. ①

17 LPG 연료에 대한 설명으로 틀린 것은?

① 기체 상태는 공기보다 무겁다.
② 저장은 가스 상태로만 한다.
③ 연료 충진은 탱크 용량의 약 85% 정도로 한다.
④ 주변온도 변화에 따라 봄베의 압력 변화가 나타난다.

해설 LPG란 Liquefied Petroleum Gas(액화석유가스)란 뜻으로, 압력에 의해 액화시켜 액체상태로 연료를 저장한다.

18 피스톤 행정이 84mm, 기관의 회전수가 3000rpm인 4행정 사이클 기관의 피스톤 평균속도는 얼마인가?

① 4.2m/s   ② 8.4m/s
③ 9.4m/s   ④ 10.4m/s

해설
$$피스톤\ 평균속도(v) = \frac{2LN}{60} = \frac{LN}{30} \text{(m/s)}$$

여기서, L : 행정(m)
N : 엔진회전수(rpm)

∴ 피스톤 평균속도(v)
$= \frac{0.084 \times 3000}{30} = 8.4 \text{m/s}$

19 기관의 밸브장치에서 기계식 밸브 리프트에 비해 유압식 밸브 리프트의 장점으로 맞는 것은?

① 구조가 간단하다.
② 오일펌프와 상관없다.
③ 밸브간극 조정이 필요없다.
④ 워밍업 전에만 밸브간극 조정이 필요하다.

해설 유압식 밸브 리프트는 유압에 의해 밸브 간극을 항상 "0"으로 하여 밸브간극 조정이 필요 없다.

20 내연기관의 윤활장치에서 유압이 낮아지는 원인으로 틀린 것은?

① 기관 내 오일부족
② 오일스트레이너 막힘
③ 유압 조절밸브 스프링장력 과대
④ 캠축 베어링의 마멸로 오일 간극 커짐

해설 유압이 낮아지는 원인
① 기관 내 오일부족
② 오일스트레이너 막힘
③ 베어링 마모로 오일간극이 커졌을 때
④ 유압조절밸브 스프링 장력 저하
⑤ 오일의 희석 및 점도 저하
⑥ 오일펌프 불량 및 유압회로의 누설

21 수동변속기의 필요성으로 틀린 것은?

① 회전방향을 역으로 하기 위해
② 무부하 상태로 공전운전할 수 있게 하기 위해
③ 발진시 각부에 응력의 완화와 마멸을 최대화하기 위해
④ 차량발진시 중량에 의한 관성으로 인해 큰 구동력이 필요하기 때문에

해설 수동변속기의 필요성
① 무부하 상태로 공전운전할 수 있게 하기 위해
② 차량발진시 중량에 의한 관성으로 인해 큰 구동력이 필요하기 때문에
③ 회전방향을 역으로 하기 위해

Answer 17. ② 18. ② 19. ③ 20. ③ 21. ③

22 다음 중 수동변속기 기어의 2중 결합을 방지하기 위해 설치한 기구는?

① 앵커 블록
② 시프트 포크
③ 인터록 기구
④ 싱크로나이져 링

해설 ① 인터 록 : 이중 물림 방지
② 록킹 볼 : 기어 빠짐 방지

23 자동차의 무게 중심위치와 조향 특성과의 관계에서 조향각에 의한 선회 반지름보다 실제 주행하는 선회 반지름이 작아지는 현상은?

① 오버 스티어링
② 언더 스티어링
③ 파워 스티어링
④ 뉴트럴 스티어링

해설 선회특성
① 언더 스티어 : 조향각을 일정하게 하고 선회시 선회반경이 커지는 현상
② 오버 스티어 : 조향각을 일정하게 하고 선회시 선회반경이 작아지는 현상
③ 뉴트럴 스티어 : 조향각만큼 정상 선회
④ 리버스 스티어 : 차속이 증가할수록 언더 스티어에서 오버 스티어로 되는 현상

24 진공식 브레이크 배력장치의 설명으로 틀린 것은?

① 압축공기를 이용한다.
② 흡기 다기관의 부압을 이용한다.
③ 기관의 진공과 대기압을 이용한다.
④ 배력장치가 고장나면 일반적인 유압 제동장치로 작동된다.

해설 공기식 제동장치는 압축공기를 이용하여 브레이크 작용을 한다.

25 십자형 자재이음에 대한 설명 중 틀린 것은?

① 십자축과 두개의 요크로 구성되어 있다.
② 주로 후륜 구동식 자동차의 추진축에 사용된다.
③ 롤러베어링을 사이에 두고 축과 요크가 설치되어 있다.
④ 자재이음과 슬립이음 역할을 동시에 하는 형식이다.

해설 ①, ②, ③항이 십자형 자재이음에 대한 설명이고, 슬립조인트가 슬립이음의 역할을 한다.

26 전자제어 제동장치(ABS)의 적용 목적이 아닌 것은?

① 차량의 스핀 방지
② 차량의 방향성 확보
③ 휠 잠김(lock) 유지
④ 차량의 조종성 확보

해설 전자제어 제동장치(ABS)의 적용 목적
① 차량의 스핀 방지
② 차량의 방향성 확보
③ 차량의 조종성 확보
④ 휠 잠김(lock) 방지

Answer 22. ③ 23. ① 24. ① 25. ④ 26. ③

27 유압식 동력 조향장치의 구성요소가 아닌 것은?

① 유압 펌프
② 유압 제어밸브
③ 동력 실린더
④ 유압식 리타더

해설 ▶ 동력 조향장치의 구성장치
① 동력부 : 오일 펌프–유압을 발생
② 작동부 : 동력 실린더–보조력을 발생
③ 제어부 : 제어 밸브–오일 통로를 변경

28 자동변속기 유압시험 시 주의할 사항이 아닌 것은?

① 오일온도가 규정온도에 도달되었을 때 실시한다.
② 유압시험은 냉간, 중간, 열간 등 온도를 3단계로 나누어 실시한다.
③ 측정하는 항목에 따라 유압이 클 수 있으므로 유압계 선택에 주의한다.
④ 규정 오일을 사용하고, 오일 양을 정확히 유지하고 있는지 여부를 점검한다.

해설 ▶ 자동변속기 유압시험 시 주의할 사항
① 규정오일을 사용하고 오일양이 적정한지 확인한다.
② 엔진을 웜–업시켜 오일온도가 규정온도에 도달되었을 때 실시한다.
③ 측정하는 항목에 따라 유압이 다를 수(클 수) 있으므로 유압계 선택에 주의한다.

29 클러치 마찰면에 작용하는 압력이 300N, 클러치판의 지름이 80cm, 마찰계수 0.3일 때 기관의 전달회전력은 약 몇 N·m인가?

① 36   ② 56
③ 62   ④ 72

해설 ▶
$$전달\ 회전력(T) = \mu \cdot P \cdot r (\text{N} \cdot \text{m})$$
여기서, μ : 마찰계수, P : 압력(N),
r : 클러치 반경(m)
∴ 전달 회전력(T)
$= 0.3 \times 300\text{N} \times 0.4\text{m}$
$= 36\text{N} \cdot \text{m}$

30 레이디얼타이어 호칭이 "175/70 SR 14"일 때 "70"이 의미하는 것은?

① 편평비
② 타이어 폭
③ 최대속도
④ 타이어 내경

해설 ▶ 타이어 호칭 기호
• 175 : 폭(너비)
• 70 : 편평비(%)
• S : 타이어 최대 허용속도
• R : 레이디얼 타이어
• 14 : 림 직경(인치)

Answer 27. ④ 28. ② 29. ① 30. ①

31 엔진이 2000rpm으로 회전하고 있을 때 그 출력이 65ps라고 하면 이 엔진의 회전력은 몇 m-kgf인가?

① 23.27 ② 24.45
③ 25.46 ④ 26.38

 출력(제동마력, PS) = $\dfrac{TN}{716}$

여기서, T: 회전력(m-kgf)
N: 엔진 회전수(rpm)

∴ $T = \dfrac{716 \times ps}{N} = \dfrac{716 \times 65}{2,000}$
$= 23.27\text{m-kgf}$

32 엔진의 내경이 9cm, 행정 10cm인 1기통 배기량은?

① 약 666cc ② 약 656cc
③ 약 646cc ④ 약 636cc

해설 배기량 $V = 0.785 D^2 \cdot L \cdot Z$

여기서, D: 내경(mm), L: 행정(mm),
Z: 실린더 수

∴ 배기량
$V = 0.785 \times 9^2 \times 10 \times 1 = 635.85\text{cc}$

33 기관의 동력을 측정할 수 있는 장비는?

① 멀티미터
② 볼트미터
③ 타코미터
④ 다이나모미터

해설 기관의 동력은 엔진 다이나모미터로 측정한다.

34 축거가 1.2m인 자동차를 왼쪽으로 완전히 꺾을 때 오른쪽 바퀴의 조향각이 30°이고 왼쪽 바퀴의 조향각도가 45°일 때 차의 최소회전반경은? (단, r 값은 무시)

① 1.7m ② 2.4m
③ 3.0m ④ 3.6m

 최소회전반경 $R = \dfrac{L}{\sin\alpha} + r$

여기서, α: 외측바퀴 회전각도(°), L: 축거(m),
r: 타이어 중심과 킹핀과의 거리(m)

∴ 최소회전반경 $R = \dfrac{1.2}{\sin 30°} = 2.4$

35 자동변속기의 변속을 위한 가장 기본적인 정보에 속하지 않는 것은?

① 차량 속도
② 변속기 오일 양
③ 변속 레버 위치
④ 엔진 부하(스로틀 개도)

해설 자동변속기의 변속은 운전자의 의지(변속레버 위치), 엔진부하(스로틀 개도), 자동차 속도에 의해 이루어진다.

36 자동차의 앞바퀴 정렬에서 토(toe) 조정은 무엇으로 하는가?

① 와셔의 두께
② 시임의 두께
③ 타이로드의 길이
④ 드래그 링크의 길이

해설 자동차의 앞바퀴 정렬에서 토(toe) 조정은 타이로드의 길이를 가감하여 한다.

Answer 31. ① 32. ④ 33. ④ 34. ② 35. ② 36. ③

37 제동장치에서 디스크 브레이크의 형식으로 적합한 것은?

① 앵커핀 형
② 2리딩 형
③ 유니서보 형
④ 플로팅 캘리퍼 형

해설 드럼 브레이크의 분류
① 넌서보 브레이크 : 리딩 트레일링 슈(앵커핀) 형식
② 서보 브레이크 : 단동 2리딩 또는 복동 2리딩 슈 형식, 유니 서보식, 듀오 서보식, 앵커 링크 형식 등
※ 플로팅 캘리퍼형은 디스크 브레이크 형식이다.

38 전자제어 현가장치(E.C.S) 입력신호가 아닌 것은?

① 휠 스피드센서
② 차고센서
③ 조향휠 각속도센서
④ 차속센서

해설 휠 스피드 센서는 전자제어 제동장치(ABS)의 입력신호이다.

39 유압식 브레이크는 무슨 원리를 이용한 것인가?

① 뉴톤의 법칙
② 파스칼의 원리
③ 베르누이의 정리
④ 아르키메데스의 원리

해설 유압식 브레이크는 파스칼의 원리를 이용한 것이다.

40 자동차 주행 시 차량 후미가 좌·우로 흔들리는 현상은?

① 바운싱
② 피칭
③ 롤링
④ 요잉

해설 차량 후미가 좌·우로 흔들리는 현상은 Z축을 중심으로 흔들리는 것이므로 요잉이라 한다.
• X축 : 롤링
• Y축 : 피칭
• Z축 : 요잉
• 상하 : 바운싱

41 평균 근로자 500명인 직장에서 1년간 8명의 재해가 발생하였다면 연천인율은?

① 12
② 14
③ 16
④ 18

해설 연천인율
연 근로자 1,000명당 1년간 발생하는 피해자 수로 표시한다.
즉, 500명에 8명 재해가 발생하였으므로, 1,000명이면 16명에 해당한다.
[참고] $500 : 8 = 1,000 : x$,
$$\therefore x = \frac{1,000}{200} \times 8 = 16명$$

42 단조작업의 일반적 안전사항으로 틀린 것은?

① 해머작업을 할 때에는 주위 사람을 보면서 한다.
② 재료를 자를 때에는 정면에 서지 않아야 한다.
③ 물품에 열이 있기 때문에 화상에 주의한다.
④ 형(die) 공구류는 사용 전에 예열한다.

해설 해머작업 시에는 타격 가공하려는 곳에 눈을 고정시켜야 한다.

Answer 37. ④ 38. ① 39. ② 40. ④ 41. ③ 42. ①

43 수공구 사용방법 중 잘못된 것은?

① 공구를 청결한 상태에서 보관할 것
② 공구를 취급할 때에 올바른 방법으로 사용할 것
③ 공구는 지정된 장소에 보관할 것
④ 공구는 사용 전후 오일을 발라 둘 것

해설) 수공구 사용은 ①, ②, ③과 같은 방법으로 사용하며, 사용 전·후 오일이 묻어있으면 잘 닦아둔다.

44 소화 작업의 기본요소가 아닌 것은?

① 가연 물질을 제거한다.
② 산소를 차단한다.
③ 점화원을 냉각시킨다.
④ 연료를 기화시킨다.

해설) 소화작업의 기본요소
① 가연 물질을 제거한다.
② 산소를 차단한다.
③ 점화원을 냉각시킨다.

45 선반작업 시 안전수칙으로 틀린 것은?

① 선반 위에 공구를 올려놓은 채 작업하지 않는다.
② 돌리개는 적당한 크기의 것을 사용한다.
③ 공작물을 고정한 후 렌치류는 제거해야 한다.
④ 날 끝의 칩 제거는 손으로 한다.

해설) 선반작업 시 발생된 칩의 제거는 솔로 한다.

46 정비공장에서 엔진을 이동시키는 방법 가운데 가장 적합한 방법은?

① 체인 블록이나 호이스트를 사용한다.
② 지렛대를 이용한다.
③ 로프를 묶고 잡아당긴다.
④ 사람이 들고 이동한다.

해설) 무거운 물건은 체인 블록이나 호이스트를 이용하여 운반한다.

47 호이스트 사용시 안전사항 중 틀린 것은?

① 규격 이상의 하중을 걸지 않는다.
② 무게 중심 바로 위에서 달아 올린다.
③ 사람이 짐에 타고 운반하지 않는다.
④ 운반중에는 물건이 흔들리지 않도록 짐에 타고 운반한다.

해설) 호이스트(hoist) 점검시 유의사항
① 규정 하중 이상으로 들지 않는다.
② 들어 올릴 때에는 천천히 올려 상태를 살핀 후 완전히 들어올린다.
③ 사람이 짐에 타고 운반하지 않는다.
④ 호이스트 바로 밑에서 조작하지 않는다.
⑤ 화물을 걸을 때에는 들어 올리는 화물 무게중심의 위치를 확인하고 건다.

48 엔진작업에서 실린더 헤드볼트를 올바르게 풀어내는 방법은?

① 반드시 토크렌치를 사용한다.
② 풀기 쉬운 것부터 푼다.
③ 바깥쪽에서 안쪽을 향하여 대각선 방향으로 푼다.
④ 시계방향으로 차례대로 푼다.

해설) 실린더 헤드 볼트는 바깥쪽에서 안쪽을 향하여 대각선 방향으로 푼다.

Answer 43. ④ 44. ④ 45. ④ 46. ① 47. ④ 48. ③

49 전기장치의 배선 연결부 점검 작업으로 적합한 것을 모두 고른 것은?

> 보기
> a. 연결부의 풀림이나 부식을 점검한다.
> b. 배선 피복의 절연, 균열 상태를 점검한다.
> c. 배선이 고열 부위로 지나가는지 점검한다.
> d. 배선이 날카로운 부위로 지나가는지 점검한다.

① a - b
② a - b - d
③ a - b - c
④ a - b - c - d

해설 a, b, c, d 모두 전기장치 배선 연결부 점검 작업에 적합하다.

50 차량 밑에서 정비할 경우 안전조치 사항으로 틀린 것은?

① 차량은 반드시 평지에 받침목을 사용하여 세운다.
② 차를 들어 올리고 작업할 때에는 반드시 잭으로 들어 올린 다음 스탠드로 지지해야 한다.
③ 차량 밑에서 작업할 때에는 반드시 앞치마를 이용한다.
④ 차량 밑에서 작업할 때에는 반드시 보안경을 착용한다.

해설 차량 밑에서 정비시 안전조치 사항
① 차량은 반드시 평지에 받침목을 사용하여 세운다.
② 차를 들어 올리고 작업할 때에는 반드시 잭으로 들어 올린 다음 스탠드로 지지해야 한다.
③ 차량 밑에서 작업할 때에는 반드시 보안경을 착용한다.

51 계기판의 엔진 회전계가 작동하지 않는 결함의 원인에 해당되는 것은?

① VSS(Vehicle Speed Sensor) 결함
② CPS(Crankshaft Position Sensor) 결함
③ MAP(Manifold Absolute Pressure Sensor) 결함
④ CTS(Coolant Temperature Sensor) 결함

해설 엔진 회전계는 점화코일의 - 신호 또는 CPS의 신호에 의해 작동한다.

52 기동전동기의 작동원리는 무엇인가?

① 렌츠 법칙
② 암페르의 법칙
③ 플레밍 왼손법칙
④ 플레밍 오른손법칙

해설 기동 전동기는 플레밍의 왼손법칙을 응용한 것이다.

53 백워닝(후방경보) 시스템의 기능과 가장 거리가 먼 것은?

① 차량 후방의 장애물을 감지하여 운전자에게 알려주는 장치이다.
② 차량 후방의 장애물은 초음파 센서를 이용하여 감지한다.
③ 차량 후방의 장애물 감지시 브레이크가 작동하여 차속을 감속시킨다.
④ 차량 후방의 장애물 형상에 따라 감지되지 않을 수도 있다.

해설 백 워닝(back warning) 시스템은 초음파 센서를 이용하여 차량 후방의 장애물을 감지하여 운전자에게 알려주는 시스템으로, 장애물의 형상에 따라 감지되지 않을 수도 있다.

Answer 49. ④ 50. ③ 51. ② 52. ③ 53. ③

54 저항이 4Ω인 전구를 12V의 축전지에 의하여 점등했을 때 접속이 올바른 상태에서 전류(A)는 얼마인가?

① 4.8A ② 2.4A
③ 3.0A ④ 6.0A

해설
오옴의 법칙 $I = \dfrac{E}{R}$

전류 $I = \dfrac{12}{4} = 3A$

55 발전기의 3상 교류에 대한 설명으로 틀린 것은?

① 3조의 코일에서 생기는 교류 파형이다.
② Y결선을 스타 결선, △결선을 델타 결선이라 한다.
③ 각 코일에 발생하는 전압을 선간전압이라고 하며, 스테이터 발생전류는 직류 전류가 발생된다.
④ △결선은 코일의 각 끝과 시작점을 서로 묶어서 각각의 접속점을 외부 단자로 한 결선 방식이다.

해설 스테이터 코일에서는 교류전류가 발생된다.

56 2개 이상의 배터리를 연결하는 방식에 따라 용량과 전압 관계의 설명으로 맞는 것은?

① 직렬 연결시 1개 배터리 전압과 같으며 용량은 배터리 수만큼 증가한다.
② 병렬 연결시 용량은 배터리 수만큼 증가하지만 전압은 1개 배터리 전압과 같다.
③ 병렬연결이란 전압과 용량이 동일한 배터리 2개 이상을 (+)단자와 연결대상 배터리 (-)단자에, (-)단자는 (+)단자로 연결하는 방식이다.
④ 직렬연결이란 전압과 용량이 동일한 배터리 2개 이상을 (+)단자와 연결대상 배터리의 (+)단자에 서로 연결하는 방식이다.

해설 ①번은 병렬 연결 ③번은 직렬 연결 ④번은 병렬 연결에 대한 설명이다.

57 다음 그림의 기호는 어떤 부품을 나타내는 기호인가?

① 실리콘 다이오드
② 발광 다이오드
③ 트랜지스터
④ 제너 다이오드

해설 제너 다이오드의 기호로, 제너 다이오드는 어떤 기준 전압(브레이크 다운 전압) 이상이 되면 역방향으로도 전류가 흐르는 반도체이다.

58 다음 중 가속도(G) 센서가 사용되는 전자제어 장치는?

① 에어백(SRS)장치 ② 배기장치
③ 정속주행장치   ④ 분사장치

해설 가속도(G) 센서는 차량 충돌시 가·감속도를 감지하여 에어백의 작동유무를 판정한다.

Answer 54. ③ 55. ③ 56. ② 57. ④ 58. ①

59 전자제어 가솔린엔진에서 점화시기에 가장 영향을 주는 것은?

① 퍼지 솔레노이드밸브
② 노킹센서
③ EGR 솔레노이드밸브
④ PCV(Positive Crankcase Ventilation)

해설 노킹센서는 노킹을 감지하여 점화시기를 늦추는 신호로 사용된다.

60 자동차용 납산 축전지에 관한 설명으로 맞는 것은?

① 일반적으로 축전지의 음극 단자는 양극 단자보다 크다.
② 정전류 충전이란 일정한 충전 전압으로 충전하는 것을 말한다.
③ 일반적으로 충전시킬 때는 + 단자는 수소가, − 단자는 산소가 발생한다.
④ 전해액의 황산 비율이 증가하면 비중은 높아진다.

해설 일반적으로 양극 단자가 음극 단자보다 크며, 정전류 충전은 일정한 전류로 충전하는 것을, 충전시 + 단자에는 산소 가스가, − 단자에는 수소 가스가 발생된다.

Answer 59. ② 60. ④

자동차 정비기능사 필기

● 2015년 4월 4일 시행

01 전자제어 연료분사 차량에서 크랭크각 센서의 역할이 아닌 것은?

① 냉각수 온도 검출
② 연료의 분사시기 결정
③ 점화시기 결정
④ 피스톤의 위치 검출

해설) 크랭크각 센서는 ②, ③, ④의 역할을 하며, 냉각수 온도 검출은 냉각수온 센서(WTS 또는 CTS)가 한다.

02 이소옥탄 60%, 정헵탄 40%의 표준연료를 사용했을 때 옥탄가는 얼마인가?

① 40%
② 50%
③ 60%
④ 70%

해설) 옥탄가
$$= \frac{이소옥탄}{이소옥탄 + 정(노말)헵탄} \times 100(\%)$$

$$\therefore \frac{60}{60+40} \times 100(\%) = 60(\%)$$

03 디젤 엔진의 정지방법에서 인테이크 셔터(intake shutter)의 역할에 대한 설명으로 옳은 것은?

① 연료를 차단
② 흡입공기를 차단
③ 배기가스를 차단
④ 압축 압력 차단

해설) 인테이크 셔터(intake shutter)란 흡입공기를 차단하여 디젤 엔진을 정지시키는 방법이다.

04 다음 중 전자제어 엔진에서 연료분사 피드백(Feed Back) 제어에 가장 필요한 센서는?

① 스로틀 포지션 센서
② 대기압 센서
③ 차속 센서
④ 산소(O_2) 센서

해설) 산소(O_2) 센서는 배기관에 장착되어 있으며 배기가스 속에 포함되어 있는 산소량을 감지하여 산소 농도차에 따라 전압이 발생되면 이를 피드백하여 이론 공연비로 제어하기 위한 센서이다.

Answer 1. ① 2. ③ 3. ② 4. ④

05 연료 탱크 내장형 연료펌프(어셈블리)의 구성부품에 해당되지 않는 것은?

① 첵 밸브   ② 릴리프 밸브
③ DC모터   ④ 포토 다이오드

해설 연료탱크 내장형 연료펌프 구성부품
① DC모터   ② 첵 밸브
③ 릴리프 밸브

06 가솔린 자동차의 배기관에서 배출되는 배기가스와 공연비와의 관계를 잘못 설명한 것은?

① CO는 혼합기가 희박할수록 적게 배출된다.
② HC는 혼합기가 농후할수록 많이 배출된다.
③ NOx는 이론혼합비 부근에서 최소로 배출된다.
④ CO_2는 혼합기가 농후할수록 적게 배출된다.

해설 CO, HC는 혼합기가 농후할수록 많이 배출되고, NOx는 이론공연비 부근에서 다량 배출된다.

07 전자제어 차량의 흡입 공기량 계측방식으로 매스 플로(mass flow) 방식과 스피드 덴시티(speed density) 방식이 있는데 매스 플로 방식이 아닌 것은?

① 맵 센서식(MAP sensor type)
② 핫 필름식(hor wire type)
③ 베인식(vane type)
④ 칼만 와류식(karman vortex type)

해설 흡입공기량 계측방식
① 직접 계측방식(mass flow type)
  a. 체적 검출방식 : 베인식, 칼만 와류식
  b. 질량 검출방식 : 열선(Hot wire)식, 열막(Hot film)식
② 간접 계측방식(speed density type) : 흡기다기관 절대압력(MAP센서) 방식

08 연료의 저위발열량 10,500kcal/kg$_f$, 제동마력 93PS, 제동 열효율 31%인 기관의 시간당 연료 소비량(kg$_f$/h)은?

① 약 18.07   ② 약 17.07
③ 약 16.07   ④ 약 5.53

해설
$$제동\ 열효율(\eta_b) = \frac{632.3 \times PS}{CW}$$

여기서, C : 연료의 저위발열량[kcal/kg]
  W : 시간당 연료 소비량[kg$_f$/h]
  PS : 마력[ps](주어지지 않으면 1마력)

∴ 시간당 연료 소비량(W) $= \dfrac{632.3 \times PS}{C \times \eta_b}$

$= \dfrac{632.3 \times 93}{10,500 \times 0.31}$

$= 18.07\,(kg_f/h)$

09 윤중에 대한 정의이다. 옳은 것은?

① 자동차가 수평으로 있을 때, 1개의 바퀴가 수직으로 지면을 누르는 중량
② 자동차가 수평으로 있을 때, 차량 중량이 1개의 바퀴에 수평으로 걸리는 중량
③ 자동차가 수평으로 있을 때, 차량 총 중량이 2개의 바퀴에 수직으로 걸리는 중량
④ 자동차가 수평으로 있을 때, 공차 중량이 4개의 바퀴에 수직으로 걸리는 중량

Answer 5.④ 6.③ 7.① 8.① 9.①

해설 윤중이란 자동차가 수평으로 있을 때, 1개의 바퀴가 수직으로 지면을 누르는 중량을 말한다.

10 가솔린 기관에서 고속 회전 시 토크가 낮아지는 원인으로 가장 적합한 것은?

① 체적 효율이 낮아지기 때문이다.
② 화염전파 속도가 상승하기 때문이다.
③ 공연비가 이론공연비에 접근하기 때문이다.
④ 점화시기가 빨라지기 때문이다.

해설 가솔린 기관에서 고속 회전 시 토크가 낮아지는 원인은 체적 효율이 낮아지기 때문이다.

11 엔진 실린더 내부에서 실제로 발생한 마력으로 혼합기가 연소 시 발생하는 폭발압력을 측정한 마력은?

① 지시마력 ② 경제마력
③ 정미마력 ④ 정격마력

해설 지시마력이란 엔진 실린더 내부에서 실제로 발생한 마력으로 혼합기가 연소 시 발생하는 폭발압력을 측정한 마력이다.

12 디젤 기관의 노킹을 방지하는 대책으로 알맞은 것은?

① 실린더 벽의 온도를 낮춘다.
② 착화지연 기간을 길게 유도한다.
③ 압축비를 낮게 한다.
④ 흡기온도를 높인다.

해설 디젤 노크의 방지 대책
① 세탄가가 높은(착화성이 좋은) 연료를 사용한다.
② 흡입공기의 온도, 실린더 벽의 온도를 높게 한다.
③ 압축비를 높게 한다.
④ 착화지연기간을 짧게 한다.
⑤ 착화지연기간 중 연료의 분사량을 적게 한다.
⑥ 흡입공기에 와류가 일어나도록 한다.

13 디젤 기관에 쓰이는 연소실이다. 복실식 연소실이 아닌 것은?

① 예연소실식 ② 직접분사식
③ 공기실식   ④ 와류실식

해설 디젤기관 연소실의 분류
① 단실식 : 직접 분사실식
② 복실식 : 예연소실식, 와류실식, 공기실식

14 실린더 지름이 100mm의 정방형 엔진이다. 행정 체적은 약 얼마인가?

① 600cm³   ② 785cm³
③ 1,200cm³ ④ 1,490cm³

해설
$$행정체적(배기량) V = \frac{\pi}{4} \cdot D^2 \cdot L$$

여기서, D : 내경[cm]
L : 행정[cm]

∴ 행정체적 $V = \frac{3.14}{4} \times 10^2 \times 10 = 785 \text{cm}^3$

15 4행정 사이클 기관에서 크랭크축이 4회전 할 때 캠축은 몇 회전하는가?

① 1회전 ② 2회전
③ 3회전 ④ 4회전

해설 4행정 1사이클 기관은 크랭크축이 4회전 할 때 캠축은 2회전한다.

Answer 10. ① 11. ① 12. ④ 13. ② 14. ② 15. ②

16 기관에 윤활유를 급유하는 목적과 관계없는 것은?

① 연소촉진작용 ② 동력손실감소
③ 마멸방지   ④ 냉각작용

해설 기관에 윤활유를 급유하는 목적은 마찰을 감소시켜 동력손실을 최소화하고 마멸을 방지하며, 마찰로 인한 열을 흡수하여 냉각시키고 충격을 분산시켜 응력을 최소화시키기 위함이다.

17 실린더 블록이나 헤드의 평면도 측정에 알맞은 게이지는?

① 마이크로미터
② 다이얼 게이지
③ 버니어 캘리퍼스
④ 직각자와 필러게이지

해설 실린더 헤드의 평면도 점검은 직각자(곧은자)와 필러(틈새, 간극, 시크니스)게이지로 측정 점검한다.

18 자동차 엔진의 냉각 장치에 대한 설명 중 적절하지 않은 것은?

① 강제 순환식이 많이 사용된다.
② 냉각 장치 내부에 물때가 많으면 과열의 원인이 된다.
③ 서모스탯에 의해 냉각수의 흐름이 제어된다.
④ 엔진 과열시에는 즉시 라디에이터 캡을 열고 냉각수를 보급하여야 한다.

해설 기관이 과열되었을 때 냉각수 보충은 기관 시동을 끄고 완전히 냉각시킨 후 라디에이터 캡을 열고 냉각수를 보충한다.

19 LPI 엔진에서 연료의 부탄과 프로판의 조성비를 결정하는 입력요소로 맞는 것은?

① 크랭크각 센서, 캠각 센서
② 연료온도 센서, 연료압력 센서
③ 공기유량 센서, 흡기온도 센서
④ 산소 센서, 냉각수온 센서

해설 LPI 엔진에서 연료 압력과 연료 온도를 측정하여 IFB(Interface Box)로 보내면 연료 압력과 온도에 따라 연료를 보정하여 연료 분사량을 결정하기 위하여 측정한다.

20 연소란 연료의 산화반응을 말하는데 연소에 영향을 주는 요소 중 가장 거리가 먼 것은?

① 배기 유동과 난류
② 공연비
③ 연소 온도와 압력
④ 연소실 형상

해설 ②, ③, ④항이 연소에 영향을 주는 요소이며, 배기 유동은 연소 후이므로 관련이 없다.

21 피스톤에 옵셋(off set)을 두는 이유로 가장 올바른 것은?

① 피스톤의 틈새를 크게 하기 위하여
② 피스톤의 중량을 가볍게 하기 위하여
③ 피스톤의 측압을 작게 하기 위하여
④ 피스톤 스커트부에 열전달을 방지하기 위하여

해설 피스톤의 측압을 감소시키고 회전을 원활하게 하며, 실린더와 피스톤의 편마모를 방지하기 위하여 피스톤 핀의 위치를 중심에서 약 1.5mm 정도 옵셋시킨 옵셋 피스톤을 사용한다.

Answer 16. ① 17. ④ 18. ④ 19. ② 20. ① 21. ③

22 공기청정기가 막혔을 때의 배기가스 색으로 가장 알맞은 것은?

① 무색　② 백색
③ 흑색　④ 청색

해설 공기 청정기가 막히면 연료가 과다하여 배기가스 색이 흑색이다.

23 피스톤 링의 3대 작용으로 틀린 것은?

① 와류작용　② 기밀작용
③ 오일제어 작용　④ 열전도 작용

해설 피스톤 링의 3대 작용
① 기밀유지 작용
② 열전도 작용
③ 오일제어 작용

24 전자제어식 제동장치(ABS)에서 제동시 타이어 슬립률이란?

① $\dfrac{차륜속도 - 차체속도}{차체속도} \times 100\%$

② $\dfrac{차체속도 - 차륜속도}{차체속도} \times 100\%$

③ $\dfrac{차체속도 - 차륜속도}{차륜속도} \times 100\%$

④ $\dfrac{차륜속도 - 차체속도}{차륜속도} \times 100\%$

해설 ABS에서 타이어 슬립률이란 자동차(차체) 속도와 바퀴(차륜) 속도와의 차이를 말한다.

25 승용자동차에서 주제동 브레이크에 해당되는 것은?

① 디스크 브레이크
② 배기 브레이크
③ 엔진 브레이크
④ 와전류 브레이크

해설 엔진 브레이크, 배기 브레이크, 와전류 브레이크는 보조 브레이크이다.

26 추진축의 슬립 이음은 어떤 변화를 가능하게 하는가?

① 축의 길이
② 드라이브 각
③ 회전 토크
④ 회전 속도

해설 드라이브 라인의 구성품과 역할
① 추진축(propeller shaft) : 회전력 전달
② 자재이음(universal joint) : 각도 변화
③ 슬립이음(slip joint) : 길이 변화

27 자동변속기 차량에서 시동이 가능한 변속레버 위치는?

① P, N　② P, D
③ 전구간　④ N, D

해설 인히비터(inhibitor) 스위치는 "P" 또는 "N" 레인지 이외에서는 시동이 걸리지 않도록 하는 스위치이다. 즉, 변속레버 위치가 P와 N 레인지 있어야만 시동이 가능하다.

Answer　22. ③　23. ①　24. ②　25. ①　26. ①　27. ①

28 자동변속기 오일의 구비조건으로 부적합한 것은?

① 기포 발생이 없고 방청성이 있을 것
② 점도지수의 유동성이 좋을 것
③ 내열 및 내산화성이 좋을 것
④ 클러치 접속시 충격이 크고 미끄럼이 없는 적절한 마찰계수를 가질 것

해설 자동변속기 오일의 구비조건
① 기포 발생이 없고 방청성이 있을 것
② 저온시 유동성이 좋을 것
③ 내열 및 내산화성이 좋을 것
④ 클러치 접속시 충격이 적고 미끄럼이 없는 적절한 마찰계수를 가질 것
⑤ 점도지수의 변화가 작을 것
⑥ 침전물의 발생이 적을 것

29 자동차의 축간 거리가 2.2m, 외측 바퀴의 조향각이 30°이다. 이 자동차의 최소 회전 반지름은 얼마인가? (단, 바퀴의 접지면 중심과 킹핀과의 거리는 30cm이다.)

① 3.5m
② 4.7m
③ 7m
④ 9.4m

해설

$$최소회전반경 \ R = \frac{L}{\sin\alpha} + r$$

여기서, α : 외측바퀴 회전각도(°)
   L : 축거(m)
   r : 타이어 중심과 킹핀과의 거리(m)

∴ 최소회전반경$(R) = \frac{2.2}{\sin 30°} + 0.3 = 4.7\text{m}$

30 엔진의 출력을 일정하게 하였을 때 가속성능을 향상시키기 위한 것이 아닌 것은?

① 여유구동력을 크게 한다.
② 자동차의 총중량을 크게 한다.
③ 종감속비를 크게 한다.
④ 주행저항을 작게 한다.

해설 ①, ③, ④항이 가속성능을 향상시키며, 자동차의 중량이 증가하면 가속성능이 나빠진다.

31 타이어의 구조 중 노면과 직접 접촉하는 부분은?

① 트레드
② 카커어스
③ 비드
④ 숄더

해설 타이어의 구조
① 트레드(tread) : 노면과 직접 접촉하는 부분으로 제동력, 구동력, 옆방향 미끄럼 방지, 승차감 향상 등의 역할을 한다.
② 카커어스(carcass) : 타이어의 골격을 이루는 부분으로 고무로 피복된 여러 겹의 코드층으로 되어 공기압력을 견디고 완충작용을 한다.
③ 비드(bead) : 타이어가 림에 접촉하는 부분으로 타이어가 늘어나고 빠지는 것을 방지하기 위해 몇 줄의 피아노 선이 들어 있다.
④ 숄더(shoulder) : 트레드에서 사이드 월 부 사이의 측면부분으로, 카커스를 보호하고 주행 중 타이어에서 발생하는 열을 방출시키는 역할을 한다.

Answer 28. ④ 29. ② 30. ② 31. ①

32 브레이크 파이프에 잔압 유지와 직접적인 관련이 있는 것은?

① 브레이크 페달
② 마스터 실린더 2차컵
③ 마스터 실린더 체크 밸브
④ 푸시로드

해설 유압식 브레이크에서 잔압이란 리턴 스프링이 항상 체크 밸브를 밀고 있으므로 회로 내의 유압과 리턴 스프링의 장력이 평형이 되어 회로 내에 어느 정도 압력이 남는 것을 말한다.

33 전자제어 현가장치에 사용되고 있는 차고센서의 구성 부품으로 옳은 것은?

① 에어챔버와 서브탱크
② 발광다이오드와 유화 카드뮴
③ 서모스위치
④ 발광다이오드와 광트랜지스터

해설 전자제어 현가장치의 차고센서는 차고 변화에 따른 보디와 액슬의 위치를 감지하는 역할을 하며, 차고의 변화는 센서에 전달되는 레버의 회전량으로 변환된다. 차고센서는 발광다이오드(LED, 발광기)와 광트랜지스터(수광기) 쌍으로 구성되어 있다.

34 클러치 부품 중 플라이휠에 조립되어 플라이휠과 함께 회전하는 부품은?

① 클러치판
② 변속기 입력축
③ 클러치 커버
④ 릴리스 포크

해설 클러치 커버는 플라이휠에 볼트로 조립되어 있으므로 시동이 걸리면 항상 플라이휠과 함께 회전한다.

35 유압식 클러치에서 동력 차단이 불량한 원인 중 가장 거리가 먼 것은?

① 페달의 자유간극 없음
② 유압라인의 공기 유입
③ 클러치 릴리스 실린더 불량
④ 클러치 마스터 실린더 불량

해설 페달에 자유간극이 없어지면 클러치가 다 닳아서 미끄러지게 진다.

36 자동차가 고속으로 선회할 때 차체가 기울어지는 것을 방지하기 위한 장치는?

① 타이로드
② 토인
③ 프로포셔닝밸브
④ 스태빌라이저

해설 스태빌라이저는 선회시 차체의 기울어짐을 방지하여 차의 평형을 유지시켜주는 기능을 한다.

37 전자제어 조향장치에서 차속센서의 역할은?

① 공전속도 조절
② 조향력 조절
③ 공연비 조절
④ 점화시기 조절

해설 차속센서는 차속에 따른 신호를 동력 조향장치의 컨트롤 유닛(ECU)에 입력하며, 컨트롤 유닛은 차속센서 신호가 입력되면 차속에 따라 조향력을 적절하게 조절한다.

Answer 32. ③ 33. ④ 34. ③ 35. ① 36. ④ 37. ②

38 주행 중 조향핸들이 한쪽으로 쏠리는 원인과 가장 거리가 먼 것은?

① 바퀴 허브 너트를 너무 꽉 조였다.
② 좌·우의 캠버가 같지 않다.
③ 컨트롤 암(위 또는 아래)이 휘었다.
④ 좌·우의 타이어 공기압이 다르다.

해설 ②, ③, ④항은 핸들이 한쪽으로 쏠리는 원인이며, 바퀴의 허브 너트는 꽉 조여야 한다.

39 배력장치가 장착된 자동차에서 브레이크 페달의 조작이 무겁게 되는 원인이 아닌 것은?

① 푸시로드의 부트가 파손되었다.
② 진공용 체크밸브의 작동이 불량하다.
③ 릴레이 밸브 피스톤의 작동이 불량하다.
④ 하이드로릭 피스톤 컵이 손상되었다.

해설 ②, ③, ④항이 브레이크 페달 조작이 무겁게 되는 원인이다.

40 조향휠이 1회전하였을 때 피트먼암이 60° 움직였다. 조향 기어비는 얼마인가?

① 12 : 1   ② 6 : 1
③ 6.5 : 1 ④ 13 : 1

해설
$$조향기어비 = \frac{핸들\ 회전각도}{피트먼암\ 회전각도}$$

$$\therefore 조향기어비 = \frac{360}{60} = 6$$

41 자동차에서 축전지를 떼어낼 때 작업방법으로 가장 옳은 것은?

① 접지 터미널을 먼저 푼다.
② 양 터미널을 함께 푼다.
③ 벤트 플러그(vent plug)를 열고 작업한다.
④ 극성에 상관없이 작업성이 편리한 터미널부터 분리한다.

해설 자동차에서 축전지를 떼어낼 때는 접지(−) 터미널을 먼저 풀고, (+) 터미널을 나중에 푼다.

42 자기유도작용과 상호유도작용 원리를 이용한 것은?

① 발전기   ② 점화코일
③ 기동모터 ④ 축전지

해설 점화장치는 점화코일의 자기유도 작용과 상호유도 작용을 이용하여 고압의 전기적 불꽃으로 점화하여 연소를 일으키는 장치이다.

43 자동차용 배터리의 충전방전에 관한 화학반응으로 틀린 것은?

① 배터리 방전 시 (+)극판의 과산화납은 점점 황산납으로 변한다.
② 배터리 충전 시 (+)극판의 황산납은 점점 과산화납으로 변한다.
③ 배터리 충전 시 물은 묽은 황산으로 변한다.
④ 배터리 충전 시 (−)극판에는 산소가, (+)극판에는 수소를 발생시킨다.

Answer 38. ① 39. ① 40. ② 41. ① 42. ② 43. ④

해설 충·방전시 화학작용
① 배터리 방전시 양극판과 음극판은 황산납으로, 전해액인 묽은 황산은 물로 변한다.
② 배터리 충전시 양극판은 과산화납으로, 음극판은 해면상납으로, 전해액은 묽은 황산으로 변화한다.
③ 배터리 충전시 (+)극판에서는 산소가, (-)극판에서 수소를 발생시킨다.

44 일반적으로 발전기를 구동하는 축은?

① 캠축　　　② 크랭크축
③ 앞차축　　④ 컨트롤로드

해설 일반적으로 발전기는 크랭크축 풀리를 이용하여 구동한다.

45 자동차 에어컨에서 고압의 액체 냉매를 저압의 기체 냉매로 바꾸는 구성품은?

① 압축기(compressor)
② 리퀴드 탱크(liquid tank)
③ 팽창 밸브(expansion valve)
④ 에버퍼레이터(evaporator)

해설 팽창밸브(expansion valve)는 고압의 액체 냉매를 저압의 기체 냉매로 바꾸는 작용을 한다.

46 자동차 전기장치에서 "유도 기전력은 코일 내의 자속의 변화를 방해하는 방향으로 생긴다"는 현상을 설명한 것은?

① 앙페르의 법칙
② 키르히호프의 제1법칙
③ 뉴톤의 제1법칙
④ 렌츠의 법칙

해설 렌츠의 법칙은 "유도 기전력은 코일 내의 자속의 변화를 방해하는 방향으로 생긴다"는 법칙이다.

47 논리회로에서 AND 게이트의 출력이 HIGH(1)로 되는 조건은?

① 양쪽의 입력이 HIGH일 때
② 한쪽의 입력만 LOW일 때
③ 한쪽의 입력만 HIGH일 때
④ 양쪽의 입력이 LOW일 때

해설 AND 회로는 입력신호가 모두 HIGH(1)일 때, 출력이 1이 되는 회로이다.

48 R-134a 냉매의 특징을 설명한 것으로 틀린 것은?

① 액화 및 증발되지 않아 오존층이 보존된다.
② 무색, 무취, 무미하다.
③ 화학적으로 안정되고 내열성이 좋다.
④ 온난화 계수가 구냉매보다 낮다.

해설 R-134a 냉매의 특징
① 오존층을 파괴하는 염소(Cl)가 없어 오존층이 보존된다.
② 무색, 무취, 무미하다.
③ 화학적으로 안정되고 내열성이 좋다.
④ 온난화 계수가 구냉매보다 낮다.

49 링기어 이의 수가 120, 피니언 이의 수가 12이고, 1500cc 급 엔진의 회전저항이 $6m \cdot kg_f$일 때, 기동 전동기의 필요한 최소 회전력은?

① $0.6m \cdot kg_f$　　② $2m \cdot kg_f$
③ $20m \cdot kg_f$　　④ $6m \cdot kg_f$

해설
$$\text{필요 최소회전력} = \frac{\text{피니언잇수}}{\text{링기어잇수}} \times \text{엔진 회전저항}$$

Answer 44. ② 45. ③ 46. ④ 47. ① 48. ① 49. ①

$$\therefore \text{필요 최소회전력} = \frac{12}{120} \times 6 = 0.6 \text{m} \cdot \text{kgf}$$

50 주행계기판의 온도계가 작동하지 않을 경우 점검을 해야 할 곳은?

① 공기유량센서
② 냉각수온센서
③ 에어컨압력센서
④ 크랭크포지션센서

해설 계기판의 온도계가 작동하지 않으면 냉각수 온센서(WTS 또는 CTS)를 점검한다.

51 관리감독자의 점검대상 및 업무내용으로 가장 거리가 먼 것은?

① 보호구의 착용 및 관리실태 적절 여부
② 산업재해 발생시 보고 및 응급조치
③ 안전수칙 준수 여부
④ 안전관리자 선임 여부

해설 안전관리자의 선임 여부는 사용자가 한다.

52 렌치를 사용한 작업에 대한 설명으로 틀린 것은?

① 스패너의 자루가 짧다고 느낄 때는 긴 파이프를 연결하여 사용할 것
② 스패너를 사용할 때는 앞으로 당길 것
③ 스패너는 조금씩 돌리며 사용할 것
④ 파이프 렌치의 주용도는 둥근 물체 조립용이다.

해설 스패너 및 렌치 작업시 주의사항
① 렌치는 몸 앞으로 조금씩 당겨서 사용할 것
② 렌치와 너트 사이에 절대 다른 물건을 끼우지 말 것
③ 렌치를 해머 대용으로 사용해서는 안 된다.
④ 렌치에 파이프 등의 연장대를 끼우고 사용해서는 안 된다.
⑤ 렌치는 볼트 너트를 풀거나 조일 때 볼트 머리나 너트에 꼭 끼워져야 한다.
⑥ 조정렌치의 조정조에 힘이 가해지지 않을 것
⑦ 파이프 렌치의 주용도는 둥근 물체 조립용이다.

53 다이얼 게이지 취급시 안전사항으로 틀린 것은?

① 작동이 불량하면 스핀들에 주유 혹은 그리스를 도포해서 사용한다.
② 분해 청소나 조정은 하지 않는다.
③ 다이얼 인디케이터에 충격을 가해서는 안 된다.
④ 측정시는 측정물에 스핀들을 직각으로 설치하고 무리한 접촉은 피한다.

해설 다이얼 게이지 취급시 주의사항
① 게이지를 설치할 때에는 지지대의 암을 될 수 있는대로 짧게 하고 확실하게 고정해야 한다.
② 게이지 눈금은 0점 조정하여 사용한다.
③ 게이지는 측정 면에 직각으로 설치한다.
④ 충격은 절대로 금해야 한다.
⑤ 분해 청소나 조절을 함부로 하지 않는다.
⑥ 스핀들에 주유하거나 그리스를 바르지 않는다.

Answer 50.② 51.④ 52.① 53.①

54 드릴 작업 때 칩의 제거 방법으로 가장 좋은 것은?

① 회전시키면서 솔로 제거
② 회전시키면서 막대로 제거
③ 회전을 중지시킨 후 손으로 제거
④ 회전을 중지시킨 후 솔로 제거

[해설] 드릴 작업 때 칩의 제거는 드릴의 회전을 중지시킨 후 솔로 제거한다.

55 제3종 유기용제 취급장소의 색표시는?

① 빨강　　② 노랑
③ 파랑　　④ 녹색

[해설] 유기용제의 색 표시
1종 - 적색(빨강), 2종 - 황색(노랑), 3종 - 청색(파랑)

56 하이브리드 자동차의 고전압 배터리 취급 시 안전한 방법이 아닌 것은?

① 고전압 배터리 점검, 정비 시 절연장갑을 착용한다.
② 고전압 배터리 점검, 정비 시 점화 스위치는 OFF한다.
③ 고전압 배터리 점검, 정비 시 12V 배터리 접지선을 분리한다.
④ 고전압 배터리 점검, 정비 시 반드시 세이프티 플러그를 연결한다.

[해설] 하이브리드 자동차의 고전압 배터리 점검, 정비 시 반드시 세이프티 플러그를 분리시켜야 한다.

57 전해액을 만들 때 황산에 물을 혼합하면 안 되는 이유는?

① 유독가스가 발생하기 때문에
② 혼합이 잘 안되기 때문에
③ 폭발의 위험이 있기 때문에
④ 비중 조정이 쉽기 때문에

[해설] 전해액을 만들 때 황산에 물을 혼합하면 격렬히 반응하여 폭발의 위험이 있기 때문에, 반드시 물에 황산을 조금씩 휘저으면서 혼합하여야 한다.

58 휠 밸런스 점검 시 안전수칙으로 틀린 사항은?

① 점검 후 테스터 스위치를 끄고 자연히 정지하도록 한다.
② 타이어의 회전방향에서 점검한다.
③ 과도하게 속도를 내지 말고 점검한다.
④ 회전하는 휠에 손을 대지 않는다.

[해설] 휠 밸런스 점검 시 타이어의 회전방향에 서지 않도록 한다.

Answer　54. ④　55. ③　56. ④　57. ③　58. ②

59 LPG 자동차 관리에 대한 주의사항 중 틀린 것은?

① LPG가 누출되는 부위를 손으로 막으면 안 된다.
② 가스 충전시에는 합격 용기인가를 확인하고, 과충전되지 않도록 해야 한다.
③ 엔진실이나 트렁크 실 내부 등을 점검할 때 라이터나 성냥 등을 켜고 확인한다.
④ LPG는 온도상승에 의한 압력상승이 있기 때문에 용기는 직사광선 등을 피하는 곳에 설치하고 과열되지 않아야 한다.

해설 LPG 자동차는 고압가스인 LPG 가스가 엔진실이나 트렁크 실 내부에 누설되어 있을 수 있으므로 점검할 때 라이터나 성냥 등을 사용하면 폭발의 위험이 있으므로 사용해서는 안 된다.

60 안전표시의 종류를 나열한 것으로 옳은 것은?

① 금지표시, 경고표시, 지시표시, 안내표시
② 금지표시, 권장표시, 경고표시, 지시표시
③ 지시표시, 권장표시, 사용표시, 주의표시
④ 금지표시, 주의표시, 사용표시, 경고표시

해설 안전·보건표지의 종류와 형태 : 마지막페이지 참조

Answer 59. ③ 60. ①

자동차 정비기능사 필기

> 2015년 7월 19일 시행

01 연소실 체적이 40cc이고, 압축비가 9 : 1인 기관의 행정 체적은?

① 280cc ② 300cc
③ 320cc ④ 360cc

해설

$$압축비 = 1 + \frac{행정\ 체적(배기량)}{연소실\ 체적}$$

∴ 행정 체적(배기량)
= (압축비 − 1) × 연소실 체적
= (9 − 1) × 40 = 320cc

02 LPG 자동차의 장점 중 맞지 않는 것은?

① 연료비가 경제적이다.
② 가솔린 차량에 비해 출력이 높다.
③ 연소실 내의 카본 생성이 낮다.
④ 점화플러그의 수명이 길다.

해설 LPG 기관의 특징
① 연소효율이 좋고, 엔진이 정숙하다.
② 오일의 오염이 적어 엔진 수명이 길다.
③ 연소실에 카본부착이 없어 점화플러그 수명이 길어진다.
④ 대기오염이 적고, 위생적이며 경제적이다.
⑤ 옥탄가가 높고 노킹이 적어 점화시기를 앞당길 수 있다.
⑥ 연료 자체의 압력으로 공급되므로 연료펌프가 없으며, 가스 상태이므로 퍼컬레이션이나 베이퍼 록 현상이 없다.

03 지르코니아 산소센서에 대한 설명으로 맞는 것은?

① 공연비를 피드백 제어하기 위해 사용한다.
② 공연비가 농후하면 출력전압은 0.45V 이하이다.
③ 공연비가 희박하면 출력전압은 0.45V 이상이다.
④ 300℃ 이하에서도 작동한다.

해설 산소센서는 배기관에 장착되어 있으며 배기가스 중의 산소 농도차에 따라 전압이 발생되면 이를 피드백하여 이론 공연비로 제어하기 위한 센서이다. 센서의 온도가 300℃ 이상에서 안정되게 작동하며 이론공연비 14.7 : 1을 기준으로 공연비가 희박하면 100mV, 농후하면 900mV를 나타낸다.

Answer 01. ③ 02. ② 03. ①

04 윤활유 특성에서 요구되는 사항으로 틀린 것은?
① 점도지수가 적당할 것
② 산화 안정성이 좋을 것
③ 발화점이 낮을 것
④ 기포 발생이 적을 것

해설 윤활유의 구비조건
① 인화점과 발화점이 높을 것
② 응고점이 낮을 것
③ 비중과 점도(지수)가 적당할 것
④ 열과 산에 대하여 안정될 것
⑤ 기포 발생이 적을 것
⑥ 카본의 생성이 적으며, 강인한 유막을 형성할 것

05 디젤기관에서 연료분사의 3대 요인과 관계가 없는 것은?
① 무화　　② 분포
③ 디젤 지수　　④ 관통력

해설 연료분사의 3대 조건
무화, 분포, 관통력

06 실린더의 형식에 따른 기관의 분류에 속하지 않는 것은?
① 수평형 엔진　　② 직렬형 엔진
③ V형 엔진　　④ T형 엔진

해설 실린더 형식에 따른 기관의 분류
① 직렬형 엔진　② V형 엔진
③ 경사형 엔진　④ 수평 대향형 엔진
⑤ 성형 엔진

07 크랭크축이 회전 중 받는 힘의 종류가 아닌 것은?
① 휨(bending)
② 비틀림(torsion)
③ 관통(penetration)
④ 전단(shearing)

해설 크랭크 축은 엔진 작동 중 폭발압력에 의해 휨, 비틀림, 전단력 등을 받으며 회전한다.

08 CO, HC, NOx 가스를 CO_2, H_2O, N_2 등으로 화학적 반응을 일으키는 장치는?
① 캐니스터
② 삼원촉매장치
③ EGR장치
④ PCV(Positive Crankcase Ventilation)

해설 삼원 촉매장치는 가솔린 기관의 유해 배기가스인 일산화탄소(CO), 탄화수소(HC), 질소산화물(NOx)를 백금(Pt), 팔라듐(Pd), 로듐(Rh) 3가지 원소를 이용하여 CO_2, H_2O, N_2 등으로 정화한다.

09 10m/s의 속도는 몇 km/h인가?
① 3.6km/h
② 36km/h
③ 1/3.6km/h
④ 1/36km/h

해설 시속 = 초속 × 3.6
∴ 시속 = 10 × 3.6 = 36km/h

Answer 04. ③　05. ③　06. ④　07. ③　08. ②　09. ②

10 자동차용 기관의 연료가 갖추어야 할 특성이 아닌 것은?

① 단위 중량 또는 단위 체적당의 발열량이 클 것
② 상온에서 기화가 용이할 것
③ 점도가 클 것
④ 저장 및 취급이 용이할 것

해설 연료의 특성
① 단위 중량 또는 단위 체적당 발열량이 클 것
② 상온에서 쉽게 기화할 것
③ 연소가 빠르고 완전 연소할 것
④ 연소 후에 유해 화합물이 남지 않을 것
⑤ 저장 및 취급이 용이할 것

11 단위환산으로 맞는 것은?

① 1mile = 2 km
② 1lb = 1.55kg$_f$
③ 1kg$_f$ · m = 1.42ft · lbf
④ 9.81N · m = 9.81J

해설 단위 환산
① 1mile = 1.6km
② 1lb = 0.4535kg$_f$
③ 1kg$_f$ · m = 2.2lbf × 3.28ft = 7.216ft · lbf
④ 9.81N·m = 9.81J(∵ 1N · m = 1J = 1W · s)

12 각 실린더의 분사량을 측정하였더니 최대분사량이 66cc이고, 최소분사량이 58cc이였다. 이 때의 평균분사량이 60cc이면 분사량의 "+불균율"은 얼마인가?

① 5%   ② 10%
③ 15% ④ 20%

해설 분사량의 불균율

$$(+)\ 불균율 = \frac{최대 - 평균}{평균} \times 100(\%)$$

$$\therefore \frac{66-60}{60} \times 100(\%) = 10\%$$

13 가솔린 차량의 배출가스 중 NOx의 배출을 감소시키기 위한 방법으로 적당한 것은?

① 캐니스터 설치
② EGR장치 채택
③ DPF시스템 채택
④ 간접연료 분사 방식 채택

해설 배기가스 재순환(Exhaust Gas Recirculation) 장치란 EGR 밸브를 이용하여 배기가스의 일부를 흡기계인 연소실로 재순환시켜 연소실의 최고온도를 낮추어 질소산화물(NOx)의 발생을 감소시키는 방법이다.

14 전자제어 연료장치에서 기관이 정지 후 연료압력이 급격히 저하되는 원인 중 가장 알맞은 것은?

① 연료 필터가 막혔을 때
② 연료 펌프의 첵 밸브가 불량할 때
③ 연료의 리턴 파이프가 막혔을 때
④ 연료 펌프의 릴리프 밸브가 불량할 때

해설 연료펌프의 첵 밸브가 불량하면 잔압이 형성되지 않아 기관 정지 후 연료압력이 급격히 낮아진다.

Answer   10. ③   11. ④   12. ②   13. ②   14. ②

15 피에조(PIEZO) 저항을 이용한 센서는?

① 차속 센서
② 매니폴드압력 센서
③ 수온 센서
④ 크랭크각 센서

해설 매니폴드 압력센서는 압전소자(피에조 저항형 센서)를 이용하여 흡기 매니홀드의 진공(절대압력)을 측정한다.

16 가솔린기관과 비교할 때 디젤기관의 장점이 아닌 것은?

① 부분부하영역에서 연료소비율이 낮다.
② 넓은 회전속도 범위에 걸쳐 회전 토크가 크다.
③ 질소산화물과 매연이 조금 배출된다.
④ 열효율이 높다.

해설 디젤기관의 장점
① 압축비를 크게 할 수 있다.
② 점화장치가 없으므로 이에 따른 고장이 없다.
③ 경유의 인화점이 높으므로 저장이나 취급이 용이하다.
④ 넓은 회전속도에서 회전력이 크다.
⑤ 열효율이 높고 연료소비량이 적다.
⑥ 부분부하 영역에서 연료소비율이 낮다.
⑦ 연료의 값이 저렴하다.
⑧ 대형 엔진의 제작이 가능하다.
⑨ 마력당 중량이 무겁다.

17 활성탄 캐니스터(charcoal canister)는 무엇을 제어하기 위해 설치하는가?

① CO_2 증발가스
② HC 증발가스
③ NOx 증발가스
④ CO 증발가스

해설 캐니스터(canister)는 연료 증발가스인 탄화수소(HC)를 포집하기 위한 장치이다.

18 기계식 연료 분사장치에 비해 전자식 연료 분사장치의 특징 중 거리가 먼 것은?

① 관성 질량이 커서 응답성이 향상된다.
② 연료 소비율이 감소한다.
③ 배기가스 유해물질 배출이 감소된다.
④ 구조가 복잡하고, 값이 비싸다.

해설 전자제어 가솔린 연료분사 방식의 특징
① 기관의 응답성 및 주행성 향상
② 기관 출력의 향상
③ CO, HC 등 유해 배출가스의 감소
④ 월 웨팅(wall wetting)에 따른 저온 시동성 향상
⑤ 연료 소비율이 감소한다.(향상된다.)
⑥ 벤투리가 없어 공기 흐름저항이 적다.
⑦ 구조가 복잡하다.

19 4행정 6실린더 기관의 제 3번 실린더 흡기 및 배기밸브가 모두 열려있을 경우 크랭크축을 회전 방향으로 120° 회전시켰다면 압축 상사점에 가장 가까운 상태에 있는 실린더는? (단, 점화순서는 1-5-3-6-2-4)

① 1번 실린더 ② 2번 실린더
③ 4번 실린더 ④ 6번 실린더

해설 3번 실린더의 흡기 및 배기밸브가 모두 열려 있으므로 오버랩(흡기행정)이다. 따라서 4번 실린더는 동력행정이다. 또한 압축상사점에 가깝다는 것은 곧 동력행정을 한다는 의미이며, 현재 점화순서에 따라 압축행정을 시작하고 있는 것은 1번 실린더이므로 120° 회전시키면 동력행정을 하기 위해 1번 실린더가 압축상사점으로 오게 된다.

Answer 15. ② 16. ③ 17. ② 18. ① 19. ①

20 차량총중량이 3.5톤 이상인 화물자동차 등의 후부안전판 설치기준에 대한 설명으로 틀린 것은?

① 너비는 자동차 너비의 100% 미만일 것
② 가장 아랫부분과 지상과의 간격은 550mm 이내일 것
③ 차량 수직방향의 단면 최소 높이는 100mm 이하일 것
④ 모서리부의 곡률반경은 2.5mm 이상일 것

해설 안전기준에 관한 규칙 제19조(차대 및 차체)
① 너비는 자동차 너비의 100% 미만일 것
② 가장 아랫부분과 지상과의 간격은 550mm 이내일 것
③ 차량 수직방향의 단면 최소 높이는 100mm 이상일 것
④ 모서리부의 곡률반경은 2.5mm 이상일 것

21 타이어의 구조에 해당되지 않는 것은?

① 트레드 ② 브레이커
③ 카커스 ④ 압력판

해설 타이어의 구조
① 트레드(tread) : 노면과 직접 접촉하는 부분으로 제동력, 구동력, 옆방향 미끄럼 방지, 승차감 향상 등의 역할을 한다.
② 브레이커(breaker) : 트레드와 카커스 사이에 있으며, 분리를 방지하고 노면에서의 완충작용을 한다.
③ 카커스(carcass) : 타이어의 골격을 이루는 부분으로 고무로 피복된 여러 겹의 코드층으로 되어 공기압력을 견디고 완충작용을 한다.
④ 비드(bead) : 타이어가 림에 접촉하는 부분으로 타이어가 늘어나고 빠지는 것을 방지하기 위해 몇 줄의 피아노 선이 들어 있다.

22 동력조향장치(power steering system)의 장점으로 틀린 것은?

① 조향 조작력을 작게 할 수 있다.
② 앞바퀴의 시미현상을 방지할 수 있다.
③ 조향조작이 경쾌하고 신속하다.
④ 고속에서 조향력이 가볍다.

해설 동력 조향장치(EPS)의 장점
① 적은 힘으로 조향조작을 할 수 있다.
② 조향기어비를 조작력에 관계없이 설정할 수 있다.
③ 노면의 충격을 흡수하여 조향핸들에 전달되는 것을 방지한다.
④ 앞바퀴의 시미현상을 감쇠하는 효과가 있다.
⑤ 조향 조작이 경쾌하고 신속하다.
⑥ 저속에서는 가볍고, 고속에서는 적절히 무겁다.

23 유압식 제동장치에서 적용되는 유압의 원리는?

① 뉴톤의 원리
② 파스칼의 원리
③ 벤투리관의 원리
④ 베르누이의 원리

해설 유압식 제동장치는 파스칼의 원리를 이용한 것이다.

Answer 20. ③ 21. ④ 22. ④ 23. ②

24 자동변속기 오일의 주요 기능이 아닌 것은?

① 동력전달 작용 ② 냉각 작용
③ 충격전달 작용 ④ 윤활 작용

해설> 자동변속기 오일의 주요 기능
① 윤활 작용
② 냉각 작용
③ 동력전달 작용
④ 충격흡수 작용

25 다음 중 현가장치에 사용되는 판 스프링에서 스팬의 길이 변화를 가능하게 하는 것은?

① 섀클   ② 스팬
③ 행거   ④ U볼트

해설> 섀클은 판스프링의 길이 변화를 가능하게 한다.

26 수동변속기의 클러치의 역할 중 거리가 가장 먼 것은?

① 엔진과의 연결을 차단하는 일을 한다.
② 변속기로 전달되는 엔진의 토크를 필요에 따라 단속한다.
③ 관성 운전 시 엔진과 변속기를 연결하여 연비 향상을 도모한다.
④ 출발 시 엔진의 동력을 서서히 연결하는 일을 한다.

해설> 클러치의 역할
① 엔진의 동력을 변속기로 연결 및 차단하는 역할을 한다.
② 출발 시 엔진의 동력을 서서히 연결하는 역할을 한다.
③ 기관의 관성운전 또는 기동 시 동력을 일시 차단하는 역할을 한다.

27 엔진의 회전수가 4500rpm일 경우 2단의 변속비가 1.5일 경우 변속기 출력축의 회전수(rpm)는 얼마인가?

① 1500   ② 2000
③ 2500   ④ 3000

해설>
$$변속비 = \frac{엔진\ 회전수}{출력축\ 회전수} = \frac{출력축\ 기어\ 잇수}{입력축\ 기어\ 잇수}$$

$$\therefore 출력축\ 회전수 = \frac{4500}{1.5} = 3000rpm$$

28 주행 중 브레이크 작동 시 조향핸들이 한 쪽으로 쏠리는 원인으로 거리가 가장 먼 것은?

① 휠 얼라이먼트 조정이 불량하다.
② 좌우 타이어의 공기압이 다르다.
③ 브레이크 라이닝의 좌·우 간극이 불량하다.
④ 마스터 실린더의 첵 밸브의 작동이 불량하다.

해설> 브레이크 작동 시 한 쪽으로 쏠리는 원인
① 드럼이 편마모 되었다.
② 좌우 타이어 공기압에 차이가 있다.
③ 좌우 라이닝 간극 조정이 틀리게 조정되었다.
④ 한 쪽 휠 실린더의 작동이 불량하다.
⑤ 라이닝의 접촉 불량 또는 기름이 묻어있다.
⑥ 앞바퀴 정렬(wheel alignment)이 잘못되었다.

Answer 24. ③ 25. ① 26. ③ 27. ④ 28. ④

29 주행 중 제동 시 좌우 편제동의 원인으로 거리가 가장 먼 것은?

① 드럼의 편마모
② 휠 실린더 오일 누설
③ 라이닝 접촉불량, 기름부착
④ 마스터 실린더의 리턴 구멍 막힘

해설 유압식 브레이크 장치에서 마스터 실린더의 리턴 구멍이 막히면 브레이크 액이 리턴되지 못하므로 브레이크가 풀리지 않는 원인이 된다.

30 자동변속기에서 스톨테스트의 요령 중 틀린 것은?

① 사이드 브레이크를 잠근 후 풋 브레이크를 밟고 전진기어를 넣고 실시한다.
② 사이드 브레이크를 잠근 후 풋 브레이크를 밟고 후진기어를 넣고 실시한다.
③ 바퀴에 추가로 버팀목을 받치고 실시한다.
④ 풋 브레이크는 놓고 사이드 브레이크만 당기고 실시한다.

해설 스톨시험(stall test) 방법
사이드 브레이크를 잠그고 추가로 바퀴에 버팀목(고임목)을 받친 후, 풋 브레이크를 밟고 전진기어 및 후진기어를 넣고 실시한다.

31 가솔린 기관의 노킹(Knocking)을 방지하기 위한 방법이 아닌 것은?

① 화염전파속도를 빠르게 한다.
② 냉각수 온도를 낮춘다.
③ 옥탄가가 높은 연료를 사용한다.
④ 혼합가스의 와류를 방지한다.

해설 가솔린 기관의 노킹 방지 대책
① 옥탄가가 높은 연료를 사용한다.
② 화염전파 거리를 가능한 한 짧게 한다.
③ 화염전파 속도를 빠르게 한다.
④ 혼합가스의 와류를 좋게 한다.
⑤ 흡입공기 온도와 냉각수 온도를 낮게 한다.
⑥ 퇴적된 카본을 제거한다.
⑦ 점화시기를 지각시킨다.

32 내연기관 밸브장치에서 밸브 스프링의 점검과 관계없는 것은?

① 스프링 장력
② 자유높이
③ 직각도
④ 코일의 권수

해설 밸브 스프링 점검사항
직각도, 자유고, 장력

33 전동식 냉각팬의 장점 중 거리가 가장 먼 것은?

① 서행 또는 정차시 냉각성능 향상
② 정상온도 도달시간 단축
③ 기관 최고출력 향상
④ 작동온도가 항상 균일하게 유지

해설 전동식 냉각팬의 장점
① 정상온도에 도달하는 시간이 단축된다.
② 작동온도가 항상 균일하게 유지된다.
③ 서행 또는 정차 시 냉각성능이 향상된다.
④ 냉각수 온도가 높을수록 기관의 출력이 향상되고, 연료소비율이 작아진다.(최고출력이 향상되는 것은 아님)
⑤ 기관 동력의 손실을 적게 한다.

Answer 29. ④ 30. ④ 31. ④ 32. ④ 33. ③

34 스프링 위 무게 진동과 관련된 사항 중 거리가 먼 것은?

① 바운싱(bouncing)
② 피칭(pitching)
③ 휠 트램프(wheel tramp)
④ 롤링(rolling)

해설 스프링 윗질량 운동
① 롤링 : 세로축(앞·뒤 방향축)을 중심으로 하는 좌, 우 회전운동
② 피칭 : 가로축(좌·우 방향축)을 중심으로 하는 전, 후 회전운동
③ 요잉 : 수직축을 중심으로 앞·뒤가 회전하는 운동
④ 바운싱 : 차체가 동시에 상하로 튕기는 운동
※ 휠 트램프는 스프링 아래질량 운동이다.

35 앞바퀴 정렬의 종류가 아닌 것은?

① 토인
② 캠버
③ 섹터 암
④ 캐스터

해설 앞바퀴 정렬의 종류
캠버, 캐스터, 토인, 킹핀 경사각

36 차량 총중량 5000kgf의 자동차가 20%의 구배길을 올라갈 때 구배저항(Rg)은?

① 2500kg$_f$
② 2000kg$_f$
③ 1710kg$_f$
④ 1000kg$_f$

해설
$$구배저항(Rg) = W \cdot \sin\theta$$
$$\fallingdotseq W \cdot \tan\theta = \frac{WG}{100}$$

여기서, W : 차량 총중량
θ : 경사각도
G : 구배(경사율, %)

$$\therefore 구배저항(Rg) = \frac{WG}{100}$$
$$= \frac{5000 \times 20}{100} = 1000 kg_f$$

37 진공 배력장치에서 진공식은 무엇을 이용하는가?

① 대기 압력만을 이용
② 배기가스 압력만을 이용
③ 대기압과 흡기다기관 부압의 차이를 이용
④ 배기가스와 대기압과의 차이를 이용

해설 진공식은 흡기 다기관의 진공(부압)과 대기압의 압력차를 이용한다.

38 자동차가 주행하면서 선회할 때 조향각도를 일정하게 유지하여도 선회 반지름이 커지는 현상은?

① 오버 스티어링
② 언더 스티어링
③ 리버스 스티어링
④ 토크 스티어링

해설 선회특성
① 언더 스티어 : 조향각을 일정하게 하고 선회시 선회반경이 커지는 현상
② 오버 스티어 : 조향각을 일정하게 하고 선회시 선회반경이 작아지는 현상
③ 뉴트럴 스티어 : 조향각만큼 정상 선회
④ 리버스 스티어 : 차속이 증가할수록 언더 스티어에서 오버 스티어로 되는 현상
⑤ 토크 스티어 : 등속조인트의 굴절각과 바퀴의 구동력의 차이 때문에 가속 시 한쪽으로 쏠리면서 조향 휠이 돌아가는 현상

Answer 34. ③ 35. ③ 36. ④ 37. ③ 38. ②

39 전자제어 현가장치의 장점에 대한 설명으로 가장 적합한 것은?

① 굴곡이 심한 노면을 주행할 때에 흔들림이 작은 평행한 승차감 실현
② 차속 및 조향 상태에 따라 적절한 조향 특성을 얻을 수 있음
③ 운전자가 희망하는 쾌적 공간을 제공해 주는 시스템
④ 운전자의 의지에 따라 조향 능력을 유지해 주는 시스템

해설 ▶ 전자제어 현가장치(E.C.S)의 장점
① 노면상태에 따라 승차감을 조절한다.
② 노면으로부터 차의 높이를 조정
③ 굴곡이 심한 노면을 주행할 때에 흔들림이 작은 평행한 승차감 실현
④ 급제동시 노즈 다운(nose down)을 방지
⑤ 급선회시 원심력에 의한 차량의 기울어짐을 방지
⑥ 고속 주행시 안정성이 있다.

40 동력전달장치에서 추진축의 스플라인부가 마멸되었을 때 생기는 현상은?

① 완충작용이 불량하게 된다.
② 주행 중에 소음이 발생한다.
③ 동력전달 성능이 향상된다.
④ 종감속 장치의 결합이 불량하게 된다.

해설 ▶ 추진축 스플라인 부의 마모가 심하면 주행 중 소음이 발생하고 추진축이 진동한다.

41 사고예방 원리의 5단계 중 그 대상이 아닌 것은?

① 사실의 발견
② 평가분석
③ 시정책의 선정
④ 엄격한 규율의 책정

해설 ▶ 사고예방 대책의 원리 5단계
① 조직
② 사실의 발견
③ 평가분석
④ 시정책의 선정
⑤ 시정책의 적용

42 리머가공에 관한 설명으로 옳은 것은?

① 액슬축 외경 가공 작업 시 사용된다.
② 드릴 구멍보다 먼저 작업한다.
③ 드릴 구멍보다 더 정밀도가 높은 구멍을 가공하는데 필요하다.
④ 드릴 구멍보다 더 작게 하는데 사용한다.

해설 ▶ 리머 가공은 드릴작업 후 정밀도가 높도록 가공하기 위하여 필요하다.

43 다음 중 연료 파이프 피팅을 풀 때 가장 알맞은 렌치는?

① 탭 렌치
② 복스 렌치
③ 소켓 렌치
④ 오픈 엔드 렌치

해설 ▶ 연료 파이프의 피팅은 관 형태이므로 오픈 엔드 렌치 또는 조합 렌치로 풀어야 한다.

Answer 39. ① 40. ② 41. ④ 42. ③ 43. ④

44 화재의 분류 기준에서 휘발유로 인해 발생한 화재는?

① A급 화재 ② B급 화재
③ C급 화재 ④ D급 화재

해설 화재의 분류

구분	일반	유류	전기	금속
종류	A급	B급	C급	D급
표시	백색	황색	청색	–
소화기	포말	분말	CO_2	모래
비고	목재, 종이	유류, 가스	전기 기구	가연성 금속
방법	냉각 소화	질식 소화	질식 소화	피복에 의한 질식

45 드릴링머신의 사용에 있어서 안전상 옳지 못한 것은?

① 드릴 회전 중 칩을 손으로 털거나 불어내지 말 것
② 가공물에 구멍을 뚫을 때 가공물을 바이스에 물리고 작업할 것
③ 솔로 절삭유를 바를 경우에는 위쪽 방향에서 바를 것
④ 드릴을 회전시킨 후에 머신테이블을 조정할 것

해설 드릴 작업시 주의사항
① 일감은 정확히 고정한다.
② 드릴 회전 중 칩을 손으로 털거나 불어내지 말 것
③ 가공물에 구멍을 뚫을 때 가공물을 바이스에 물리고 작업할 것
④ 드릴을 회전시킨 후 테이블을 조정하지 말 것
⑤ 작은 물건은 바이스나 고정구로 고정하고 직접 손으로 잡지 말아야 한다.
⑥ 얇은 물건을 드릴 작업할 때에는 밑에 나무 등을 놓고 뚫어야 한다.
⑦ 솔로 절삭유를 바를 경우에는 위쪽 방향에서 바를 것
⑧ 드릴의 날이 무디어 이상한 소리가 날 때는 회전을 멈추고 드릴을 교환하거나 연마한다.

46 FF차량의 구동축을 정비할 때 유의사항으로 틀린 것은?

① 구동축의 고무부트 부위의 그리스 누유상태를 확인한다.
② 구동축 탈거 후 변속기 케이스의 구동축 장착 구멍을 막는다.
③ 구동축을 탈거할 때마다 오일씰을 교환한다.
④ 탈거 공구를 최대한 깊이 끼워서 사용한다.

해설 탈거 공구를 이용하여 지렛대 원리로 밀어낸다.

47 작업장의 안전점검을 실시할 때 유의사항이 아닌 것은?

① 과거 재해 요인이 없어졌는지 확인한다.
② 안전점검 후 강평하고 사소한 사항은 묵인한다.
③ 점검내용을 서로가 이해하고 협조한다.
④ 점검자의 능력에 적응하는 점검내용을 활용한다.

해설 안전점검 후 강평하고 사소한 사항이라도 확인한다.

Answer 44. ② 45. ④ 46. ④ 47. ②

48 공작기계 작업시의 주의사항으로 틀린 것은?

① 몸에 묻은 먼지나 철분 등 기타의 물질은 손으로 털어낸다.
② 정해진 용구를 사용하여 파쇄철이 긴 것은 자르고 짧은 것은 막대로 제거한다.
③ 무거운 공작물을 옮길 때는 운반기계를 이용한다.
④ 기름걸레는 정해진 용기에 넣어 화재를 방지하여야 한다.

해설 몸에 묻은 먼지나 철분 등 기타 물질의 제거는 솔로 털어낸다.

49 휠 밸런스 시험기 사용시 적합하지 않은 것은?

① 휠의 탈부착시에는 무리한 힘을 가하지 않는다.
② 균형추를 정확히 부착한다.
③ 계기판은 회전이 시작되면 즉시 판독한다.
④ 시험기 사용방법과 유의사항을 숙지 후 사용한다.

해설 휠 밸런스 사용방법
① 시험기 사용방법과 유의사항을 숙지 후 사용한다.
② 휠의 탈·부착시에는 무리한 힘을 가하지 않는다.
③ 균형추를 정확히 부착한다.
④ 타이어의 회전방향에 서지 않도록 한다.
⑤ 타이어를 과속으로 돌리거나 진동이 일어나게 해서는 안 된다.
⑥ 휠의 정지는 자연스럽게 정지되도록 놓아둔다.
⑦ 계기판은 회전이 완전히 멈춘 뒤 읽는다.

50 자동차의 배터리 충전 시 안전한 작업이 아닌 것은?

① 자동차에서 배터리 분리 시 (+)단자 먼저 분리한다.
② 배터리 온도가 약 45℃ 이상 오르지 않게 한다.
③ 충전은 환기가 잘되는 넓은 곳에서 한다.
④ 과충전 및 과방전을 피한다.

해설 자동차에서 배터리 분리 시에는 접지(-) 단자를 먼저 분리하고, 절연(+) 단자는 나중에 분리한다.

51 모터나 릴레이 작동 시 라디오에 유기되는 일반적인 고주파 잡음을 억제하는 부품으로 맞는 것은?

① 트랜지스터   ② 볼륨
③ 콘덴서   ④ 동소기

해설 콘덴서는 모터나 릴레이 작동 시 라디오에 유기되는 일반적인 고주파 잡음을 억제한다.

Answer 48. ① 49. ③ 50. ① 51. ③

52 자동차 에어컨 시스템에 사용되는 컴프레셔 중 가변용량 컴프레셔의 장점이 아닌 것은?

① 냉방성능 향상
② 소음진동 향상
③ 연비 향상
④ 냉매 충진 효율 향상

해설 가변용량 컴프레셔의 장점
① 냉방성능 향상 ② 소음진동 향상
③ 연비 향상 ④ 차량 운전성 향상

53 엔진 정지상태에서 기동스위치를 "ON" 시켰을 때 축전지에서 발전기로 전류가 흘렀다면 그 원인은?

① ⊕ 다이오드가 단락되었다.
② ⊕ 다이오드가 절연되었다.
③ ⊖ 다이오드가 단락되었다.
④ ⊖ 다이오드가 절연되었다.

해설 ⊕ 다이오드가 단락되면 키 "ON"시 배터리 전류가 발전기로 흐르게 된다.

54 전자제어 점화장치에서 점화시기를 제어하는 순서는?

① 각종센서 → ECU → 파워 트랜지스터 → 점화코일
② 각종센서 → ECU → 점화코일 → 파워 트랜지스터
③ 파워 트랜지스터 → 점화코일 → ECU → 각종센서
④ 파워 트랜지스터 → ECU → 각종센서 → 점화코일

해설 각종 센서의 신호를 ECU로 입력하면 ECU는 최적의 점화시기를 연산한 후, 파워 트랜지스터를 ON, OFF하여 점화코일에서 고압을 발생시킨다.

55 비중이 1.280(20℃)의 묽은 황산 1ℓ 속에 35%(중량)의 황산이 포함되어 있다면 물은 몇 g 포함되어 있는가?

① 932 ② 832
③ 719 ④ 819

해설 황산이 35% 포함되어 있으면 물은 65% 포함되어 있으므로, 1280×0.65 = 832g

56 기동전동기 무부하 시험을 할 때 필요 없는 것은?

① 전류계 ② 저항 시험기
③ 전압계 ④ 회전계

해설 기동전동기 무부하 시험 시 필요 장비
① 배터리 ② 전류계
③ 전압계 ④ 회전계
⑤ 스위치

57 윈드 실드 와이퍼 장치의 관리 요령에 대한 설명으로 틀린 것은?

① 와이퍼 블레이드는 수시 점검 및 교환해 주어야 한다.
② 와셔액이 부족한 경우 와셔액 경고등이 점등된다.
③ 전면 유리는 왁스로 깨끗이 닦아 주어야 한다.
④ 전면 유리는 기름 수건 등으로 닦지 말아야 한다.

해설 전면 유리는 왁스나 기름 수건 등으로 닦지 말아야 한다.

Answer 52. ④ 53. ① 54. ① 55. ② 56. ② 57. ③

58 부특성(NTC) 가변저항을 이용한 센서는?

① 산소센서 ② 수온센서
③ 조향각센서 ④ TDC센서

해설 부특성이란 온도가 올라갈 때 저항값이 내려가는 반도체 소자로 수온센서, 흡기온도 센서 등 온도 감지용으로 사용된다.

59 자동차용 배터리에 과충전을 반복하면 배터리에 미치는 영향은?

① 극판이 황산화 된다.
② 용량이 크게 된다.
③ 양극판 격자가 산화된다.
④ 단자가 산화된다.

해설 충전이란 양극판이 과산화납으로 되돌아가는 과정이므로 과충전하면 양극판 격자가 산화된다.

60 "회로 내의 어떤 한 점에 유입한 전류의 총합과 유출한 전류의 총합은 서로 같다."는 법칙은?

① 렌츠의 법칙
② 앙페르의 법칙
③ 뉴턴의 제1법칙
④ 키르히호프의 제1법칙

해설 키르히호프의 제1법칙(전류의 법칙)
도체 내의 임의의 한 점으로 유입된 전류의 총합은 유출한 전류의 총합과 같다.

Answer 58. ② 59. ③ 60. ④

2015년 10월 10일 시행

01 자동차 기관에서 윤활회로 내의 압력이 과도하게 올라가는 것을 방지하는 역할을 하는 것은?
① 오일 펌프　② 릴리프 밸브
③ 체크 밸브　④ 오일 쿨러

해설 릴리프 밸브(유압조절 밸브, relief valve)는 윤활회로 내의 압력이 과도하게 올라가는 것을 방지하여 유압을 일정하게 유지하는 기능을 한다.

02 기관의 최고출력이 1.3ps이고, 총 배기량이 50cc, 회전수가 5000rpm일 때 리터 마력(ps/L)은?
① 56　② 46
③ 36　④ 26

해설 리터 마력(ps/L)$=\dfrac{1.3}{50}\times 1{,}000 = 26\text{ps}$

03 LPG 기관에서 액상 또는 기상 솔레노이드 밸브의 작동을 결정하기 위한 엔진 ECU의 입력요소는?
① 흡기관 부압　② 냉각수 온도
③ 엔진 회전수　④ 배터리 전압

해설 LPG 기관에서 엔진 ECU는 냉각수 온도 스위치의 신호에 의하여 액·기상 솔레노이드 밸브를 작동시켜 액체 또는 기체 연료를 공급하거나 차단시킨다.

04 스로틀밸브가 열려 있는 상태에서 가속할 때 일시적인 가속 지연 현상이 나타나는 것을 무엇이라고 하는가?
① 스텀블(stumble)
② 스톨링(stalling)
③ 헤지테이션(hesitation)
④ 서징(surging)

해설 헤지테이션(hesitation)이란 주저하거나 망설인다는 의미로, 스로틀밸브가 열려 있는 상태에서 가속할 때 일시적인 가속 지연 현상이 나타나는 것을 말한다.

05 가솔린 기관의 이론공연비로 맞는 것은? (단, 희박연소 기관은 제외)
① 8 : 1
② 13.4 : 1
③ 14.7 : 1
④ 15.6 : 1

해설 가솔린 기관의 이론 공연비는 14.7 : 1이다.

Answer 01. ②　02. ④　03. ②　04. ③　05. ③

06. 가솔린 기관의 연료펌프에서 체크밸브의 역할이 아닌 것은?

① 연료라인 내의 잔압을 유지한다.
② 기관 고온시 연료의 베이퍼록을 방지한다.
③ 연료의 맥동을 흡수한다.
④ 연료의 역류를 방지한다.

해설 연료펌프의 체크밸브는 연료펌프가 작동을 멈출 때 연료 출구를 막아 연료의 역류를 방지하며 잔압을 유지하여 고온에 의한 베이퍼록을 방지하고, 재시동성을 향상시킨다.

07. 정지하고 있는 질량 2kg의 물체에 1N의 힘이 작용하면 물체의 가속도는?

① $0.5 m/s^2$ ② $1 m/s^2$
③ $2 m/s^2$ ④ $5 m/s^2$

해설
$$F = m \cdot a$$
여기서, F : 힘[N]
m : 질량[kg]
a : 가속도[m/s²]
∴ 가속도 $a = \dfrac{F}{m} = \dfrac{1}{2} = 0.5 m/s^2$

08. 저속 전부하에서의 기관의 노킹(knocking) 방지성을 표시하는 데 가장 적당한 옥탄가 표기법은?

① 리서치 옥탄가 ② 모터 옥탄가
③ 로드 옥탄가   ④ 프런트 옥탄가

해설 리서치 옥탄가(F-1법)는 저속 전부하에서의 기관의 노킹 방지성을 표시하는 데 가장 적당한 옥탄가 표기법이다.

09. 연소실의 체적이 48cc이고, 압축비가 9 : 1인 기관의 배기량은 얼마인가?

① 432cc   ② 384cc
③ 336cc   ④ 288cc

해설
$$압축비(\varepsilon) = \dfrac{V_s}{V_c} = 1 + \dfrac{V}{V_c}$$

여기서, V_s : 실린더 체적[cc]
V : 행정 체적(배기량)[cc]
V_c : 연소실(간극) 체적[cc]
∴ 배기량(V) = $(\varepsilon - 1) \times V_c$
$= (9-1) \times 48 = 384 cc$

10. 크랭크축에서 크랭크 핀저널의 간극이 커졌을 때 일어나는 현상으로 맞는 것은?

① 운전 중 심한 소음이 발생할 수 있다.
② 흑색 연기를 뿜는다.
③ 윤활유 소비량이 많다.
④ 유압이 낮아질 수 있다.

해설 크랭크 핀저널의 간극이 커지면 크랭크 축과의 충격이 커져 운전 중 심한 소음이 발생할 수 있다.

11. 가솔린 연료분사 기관에서 인젝터 (−) 단자에서 측정한 인젝터 분사파형은 파워트랜지스터가 off 되는 순간 솔레노이드 코일에 급격하게 전류가 차단되기 때문에 큰 역기전력이 발생하게 되는데 이것을 무엇이라 하는가?

① 평균전압   ② 전압강하
③ 서지전압   ④ 최소전압

Answer 06. ③ 07. ① 08. ① 09. ② 10. ① 11. ③

해설 인젝터 분사파형은 파워트랜지스터가 off 되는 순간 솔레노이드 코일에 급격하게 전류가 차단되기 때문에 큰 역기전력이 발생하게 되는 데 이것을 서지전압이라 한다.

12 캠축의 구동방식이 아닌 것은?
① 기어형 ② 체인형
③ 포핏형 ④ 벨트형

해설 캠축의 구동은 기어를 이용하여 구동하거나 체인이나 벨트를 이용하여 구동한다.

13 산소센서(O_2 sensor)가 피드백(feed back) 제어를 할 경우로 가장 적합한 것은?
① 연료를 차단할 때
② 급가속 상태일 때
③ 감속 상태일 때
④ 대기와 배기가스 중의 산소농도 차이가 있을 때

해설 산소(O_2)센서는 배기관에 장착되어 있으며, 배기가스 중의 산소 농도차에 따라 전압이 발생되면 이를 피드백하여 이론 공연비로 제어하기 위한 센서이다.

14 연료 분사 펌프의 토출량과 플런저의 행정은 어떠한 관계가 있는가?
① 토출량은 플런저의 유효행정에 정비례한다.
② 토출량은 예비행정에 비례하여 증가한다.
③ 토출량은 플런저의 유효행정에 반비례한다.
④ 토출량은 플런저의 유효행정과 전혀 관계가 없다.

해설 플런저의 유효행정을 크게 하면 연료 분사량이 많아진다. 즉, 토출량은 플런저의 유효행정에 정비례한다.

15 가솔린 기관에서 노킹(knocking) 발생 시 억제하는 방법은?
① 혼합비를 희박하게 한다.
② 점화시기를 지각시킨다.
③ 옥탄가가 낮은 연료를 사용한다.
④ 화염전파 속도를 느리게 한다.

해설 가솔린 기관의 노킹 방지 대책
① 옥탄가가 높은 연료를 사용한다.
② 화염전파 거리를 가능한 한 짧게 한다.
③ 화염전파 속도를 빠르게 한다.
④ 혼합가스의 와류를 좋게 한다.
⑤ 흡입공기 온도와 냉각수 온도를 낮게 한다.
⑥ 퇴적된 카본을 제거한다.
⑦ 점화시기를 지각시킨다.

16 표준 대기압의 표기로 옳은 것은?
① 735mmHg ② $0.85 kg_f/cm^2$
③ 101.3kPa ④ 10bar

해설 표준 대기압(표준 기압, 1atm)
$1atm = 760 mmHg = 1.033 kg_f/cm^2$
$\quad\quad = 1,013 mbar = 1.013 bar = 101.3 kPa$
($\because 1 bar = 10^5 Pa = 100 kPa$)

Answer 12. ③ 13. ④ 14. ① 15. ② 16. ③

17 배출가스 저감장치 중 삼원촉매(Catalytic Convertor) 장치를 사용하여 저감시킬 수 있는 유해가스의 종류는?

① CO, HC, 흑연
② CO, NOx, 흑연
③ NOx, HC, SO
④ CO, HC, NOx

해설 삼원 촉매장치는 일산화탄소(CO), 탄화수소(HC), 질소산화물(NOx)을 저감한다.

18 적색 또는 청색 경광등을 설치하여야 하는 자동차가 아닌 것은?

① 교통단속에 사용되는 경찰용 자동차
② 범죄수사를 위하여 사용되는 수사기관용 자동차
③ 소방용 자동차
④ 구급자동차

해설 구급자동차의 경광등은 녹색이다.

19 인젝터의 분사량을 제어하는 방법으로 맞는 것은?

① 솔레노이드 코일에 흐르는 전류의 통전시간으로 조절한다.
② 솔레노이드 코일에 흐르는 전압의 시간으로 조절한다.
③ 연료압력의 변화를 주면서 조절한다.
④ 분사구의 면적으로 조절한다.

해설 인젝터의 연료 분사량은 솔레노이드 코일에 흐르는 인젝터 전류의 통전시간(개방시간)으로 조절한다.

20 측압이 가해지지 않은 쪽의 스커트 부분을 따낸 것으로 무게를 늘리지 않고 접촉면적은 크게 하고 피스톤 슬랩(slap)은 적게 하여 고속기관에 널리 사용하는 피스톤의 종류는?

① 슬립퍼 피스톤(slipper piston)
② 솔리드 피스톤(solid piston)
③ 스플릿 피스톤(split piston)
④ 옵셋 피스톤(offset piston)

해설 슬립퍼 피스톤은 측압이 가해지지 않은 쪽의 스커트 부분을 따낸 것으로, 무게를 늘리지 않고 접촉면적은 크게 하고 피스톤 슬랩은 적게 하여 고속기관에 널리 사용한다.

21 자동변속기에서 일정한 차속으로 주행 중 스로틀 밸브 개도를 갑자기 증가시키면 시프트 다운(감속 변속)되어 큰 구동력을 얻을 수 있는 것은?

① 스톨
② 킥 다운
③ 킥 업
④ 리프트 풋 업

해설 킥 다운(kick down)이란 일정한 차속으로 주행 중 스로틀 밸브 개도를 갑자기 증가시키면 (85% 이상) 강제로 시프트 다운(감속 변속)되어 큰 구동력을 얻을 수 있다.

Answer 17. ④ 18. ④ 19. ① 20. ① 21. ②

22 시동 off 상태에서 브레이크 페달을 여러 차례 작동 후 브레이크 페달을 밟은 상태에서 시동을 걸었는데 브레이크 페달이 내려가지 않는다면 예상되는 고장 부위는?

① 주차 브레이크 케이블
② 앞 바퀴 캘리퍼
③ 진공 배력장치
④ 프로포셔닝 밸브

해설 진공 배력장치는 흡기다기관의 진공을 사용하므로 시동을 걸었을 때 배력장치가 작동되어 페달이 약간 내려가야 정상이다.

23 구동 피니언의 잇수가 15, 링기어의 잇수가 58일 때의 종감속비는 약 얼마인가?

① 2.58   ② 3.87
③ 4.02   ④ 2.94

해설

$$종감속비 = \frac{링기어 \ 잇수}{구동 \ 피니언기어 \ 잇수}$$

$$\therefore 종감속비 = \frac{링기어 \ 잇수}{구동 \ 피니언기어 \ 잇수} = \frac{58}{15} = 3.87$$

24 현가장치가 갖추어야 할 기능이 아닌 것은?

① 승차감의 향상을 위해 상하 움직임에 적당한 유연성이 있어야 한다.
② 원심력이 발생되어야 한다.
③ 주행 안정성이 있어야 한다.
④ 구동력 및 제동력 발생 시 적당한 강성이 있어야 한다.

해설 현가장치가 갖추어야 할 기능
① 승차감의 향상을 위해 상하 움직임에 적당한 유연성이 있어야 한다.
② 원심력에 대해 저항력이 있어야 한다.
③ 주행 안정성이 있어야 한다.
④ 구동력 및 제동력 발생 시 적당한 강성이 있어야 한다.

25 여러 장을 겹쳐 충격 흡수 작용을 하도록 한 스프링은?

① 토션바 스프링
② 고무 스프링
③ 코일 스프링
④ 판 스프링

해설 판 스프링은 금속제 강판을 여러 장 겹쳐 충격 흡수 작용을 하도록 한 스프링이다.

26 자동차에서 제동시의 슬립비를 표시한 것으로 맞는 것은?

① $\dfrac{자동차 \ 속도 - 바퀴 \ 속도}{자동차 \ 속도} \times 100$

② $\dfrac{자동차 \ 속도 - 바퀴 \ 속도}{바퀴 \ 속도} \times 100$

③ $\dfrac{바퀴 \ 속도 - 자동차 \ 속도}{자동차 \ 속도} \times 100$

④ $\dfrac{바퀴 \ 속도 - 자동차 \ 속도}{바퀴 \ 속도} \times 100$

해설 ABS에서 타이어 슬립률이란 자동차(차체) 속도와 바퀴(차륜) 속도와의 차이를 말한다.

Answer 22. ③ 23. ② 24. ② 25. ④ 26. ①

27 조향핸들이 1회전하였을 때 피트먼암이 40° 움직였다. 조향기어의 비는?

① 9 : 1 ② 0.9 : 1
③ 45 : 1 ④ 4.5 : 1

해설 조향기어비란 핸들이 회전한 각도와 피트먼암이 회전한 각도와의 비를 말한다.

즉, 조향기어비 = $\dfrac{\text{핸들 회전각도}}{\text{피트먼암 회전각도}}$

∴ 조향기어비 = $\dfrac{360}{40} = 9$

28 수동변속기에서 클러치(clutch)의 구비조건으로 틀린 것은?

① 동력을 차단할 경우에는 차단이 신속하고 확실할 것
② 미끄러지는 일이 없이 동력을 확실하게 전달할 것
③ 회전부분의 평형이 좋을 것
④ 회전관성이 클 것

해설 클러치 구비조건
① 동력전달이 확실하고 신속할 것
② 방열이 잘되어 과열되지 않을 것
③ 회전부분의 평형이 좋을 것
④ 내열성이 좋을 것
⑤ 회전관성이 작을 것

29 자동차가 커브를 돌 때 원심력이 발생하는데 이 원심력을 이겨내는 힘은?

① 코너링 포스
② 컴플라이언스 포스
③ 구동 토크
④ 회전 토크

해설 자동차가 선회 주행시 원심력이 발생하는데 이 원심력에 대항하여 이겨내는 힘을 코너링 포스라 한다.

30 공기식 제동장치의 구성요소로 틀린 것은?

① 언로더 밸브 ② 릴레이 밸브
③ 브레이크 챔버 ④ EGR 밸브

해설 EGR 밸브는 배기가스 제어장치에 사용되는 부품이다.

31 배기가스 재순환 장치(EGR)의 설명으로 틀린 것은?

① 가속성능의 향상을 위해 급가속시에는 차단된다.
② 연소온도가 낮아지게 된다.
③ 질소산화물(NOx)이 증가한다.
④ 탄화수소와 일산화탄소량은 저감되지 않는다.

해설 배기가스 재순환 장치는 배기가스 중의 일부를 연소실로 재순환시키므로 동력행정시 연소온도가 낮아져 질소산화물의 량은 현저하게 감소한다.

32 크랭크축 메인 저널 베어링 마모를 점검하는 방법은?

① 필러 게이지(feeler gauge) 방법
② 심(seam) 방법
③ 직각자 방법
④ 플라스틱 게이지(plastic gauge) 방법

해설 크랭크축 메인 저널 베어링의 마모 점검 및 오일간극 측정은 플라스틱 게이지를 이용한다.

Answer 27. ① 28. ④ 29. ① 30. ④ 31. ③ 32. ④

33 기관이 과열되는 원인이 아닌 것은?

① 라디에이터 코어가 막혔다.
② 수온 조절기가 열려있다.
③ 냉각수의 양이 적다.
④ 물 펌프의 작동이 불량하다.

해설 ①, ③, ④항은 기관이 과열되는 원인이며, 수온조절기가 열려 있으면 기관이 과냉된다.

34 동력 인출장치에 대한 설명이다. (　) 안에 맞는 것은?

> 동력 인출장치는 농업기계에서 (　)의 구동용으로도 사용되며, 변속기 측면에 설치되어 (　)의 동력을 인출한다.

① 작업장치, 주축상
② 작업장치, 부축상
③ 주행장치, 주축상
④ 주행장치, 부축상

해설 동력 인출장치(Power Take Off, PTO)란 자동차의 주행과는 관계없이 다른 용도에 이용하기 위한 장치로, 농업기계에서 작업장치의 구동용으로도 사용되며 변속기 측면에 설치되어 부축상의 동력을 인출한다.

35 선회할 때 조향각도를 일정하게 유지하여도 선회 반경이 작아지는 현상은?

① 오버 스티어링
② 언더 스티어링
③ 다운 스티어링
④ 어퍼 스티어링

해설 선회특성
① 언더 스티어 : 조향각을 일정하게 하고 선회시 선회반경이 커지는 현상
② 오버 스티어 : 조향각을 일정하게 하고 선회시 선회반경이 작아지는 현상
③ 뉴트럴 스티어 : 조향각만큼 정상 선회
④ 리버스 스티어 : 차속이 증가할수록 언더 스티어에서 오버 스티어로 되는 현상

36 자동변속기에서 유체클러치를 바르게 설명한 것은?

① 유체의 운동에너지를 이용하여 토크를 자동적으로 변환하는 장치
② 기관의 동력을 유체 운동에너지로 바꾸어 이 에너지를 다시 동력으로 바꾸어서 전달하는 장치
③ 자동차의 주행조건에 알맞는 변속비를 얻도록 제어하는 장치
④ 토크컨버터의 슬립에 의한 손실을 최소화하기 위한 작동 장치

해설 자동변속기에서 유체클러치는 유체(액체)를 이용하여 기관의 동력을 유체 운동에너지로 바꾸어 이 에너지를 다시 동력으로 바꾸어서 전달하는 역할을 한다.

37 유압식 전자제어 파워스티어링 ECU의 입력 요소가 아닌 것은?

① 차속 센서
② 스로틀포지션 센서
③ 크랭크축포지션 센서
④ 조향각 센서

해설 크파워스티어링 작동에 해당하는 입력요소 1, 2, 4항이고 크랭크축포지션 센서는 엔진 작동에 사용되는 입력요소지 파워스티어링 작동과는 관련이 없다.

Answer 33. ② 34. ② 35. ① 36. ② 37. ③

38 휠얼라이먼트 요소 중 하나인 토인의 필요성과 거리가 가장 먼 것은?

① 조향 바퀴에 복원성을 준다.
② 주행 중 토 아웃이 되는 것을 방지한다.
③ 타이어의 슬립과 마멸을 방지한다.
④ 캠버와 더불어 앞바퀴를 평행하게 회전시킨다.

해설 ▶ 토인을 두는 목적
① 앞바퀴를 평행하게 회전시킨다.
② 바퀴가 옆방향으로 미끄러지는 것과 타이어의 마멸을 방지한다.
③ 조향 링키지의 마멸에 의해 토아웃이 되는 것을 방지한다.

39 마스터 실린더의 푸시로드에 작용하는 힘이 150kg$_f$이고, 피스톤의 면적이 3cm^{2}일 때 단위면적당 유압은?

① $10 \text{kg}_f/\text{cm}^2$
② $50 \text{kg}_f/\text{cm}^2$
③ $150 \text{kg}_f/\text{cm}^2$
④ $450 \text{kg}_f/\text{cm}^2$

해설 ▶
$$압력(\text{kg}_f/\text{cm}^2) = \frac{하중}{단면적}$$

∴ 압력 $= \frac{150}{3} = 50 \text{kg}_f/\text{cm}^2$

40 클러치의 릴리스 베어링으로 사용되지 않는 것은?

① 앵귤러 접촉형
② 평면 베어링형
③ 볼 베어링형
④ 카본형

해설 ▶ 릴리스 베어링의 종류
카본형, 볼 베어링형, 앵귤러 접촉형

41 적외선 전구에 의한 화재 및 폭발할 위험성이 있는 경우와 거리가 먼 것은?

① 용제가 묻은 헝겊이나 마스킹 용지가 접촉한 경우
② 적외선 전구와 도장면이 필요 이상으로 가까운 경우
③ 상당한 고온으로 열량이 커진 경우
④ 상온의 온도가 유지되는 장소에서 사용하는 경우

해설 ▶ ①~③항은 화재 및 폭발의 위험이 있으나, 상온은 정상적인 사용 환경이다.

42 탁상 그라인더에서 공작물은 숫돌바퀴의 어느 곳을 이용하여 연삭작업을 하는 것이 안전한가?

① 숫돌바퀴의 측면
② 숫돌바퀴의 원주면
③ 어느 면이나 연삭작업은 상관없다.
④ 경우에 따라서 측면과 원주면을 사용한다.

해설 ▶ 연삭작업은 숫돌의 원주면(회전면)을 사용한다.

Answer 38. ① 39. ② 40. ② 41. ④ 42. ②

43 절삭기계 테이블의 T홈 위에 있는 칩 제거 시 가장 적합한 것은?

① 걸레 ② 맨손
③ 솔 ④ 장갑 낀 손

해설 ▶ 선반작업 시 발생된 칩의 제거는 솔로 한다.

44 정 작업 시 주의할 사항으로 틀린 것은?

① 금속 깎기를 할 때는 보안경을 착용한다.
② 정의 날을 몸 안쪽으로 하고 해머로 타격한다.
③ 정의 생크나 해머에 오일이 묻지 않도록 한다.
④ 보관 시는 날이 부딪쳐서 무뎌지지 않도록 한다.

해설 ▶ 정 작업시 주의사항
① 정 작업 시에는 보호안경을 사용할 것
② 정 작업은 시작과 끝에 특히 조심한다.
③ 처음에는 약하게 타격하고 차차 강하게 때린다.
④ 열처리한 재료는 정으로 작업하지 않는다.
⑤ 정의 생크나 해머에 오일이 묻지 않도록 한다.
⑥ 철재를 절단할 때는 철편이 튀는 방향에 주의할 것
⑦ 정 작업시 버섯머리는 그라인더로 갈아서 사용한다.
⑧ 보관 시는 날이 부딪쳐서 무뎌지지 않도록 한다.

45 재해 발생 원인으로 가장 높은 비율을 차지하는 것은?

① 작업자의 불안전한 행동
② 불안전한 작업환경
③ 작업자의 성격적 결함
④ 사회적 환경

해설 ▶ 작업현장에서 작업자의 불안전한 행동은 재해의 직접적인 원인이 된다.

46 자동차 엔진오일 점검 및 교환 방법으로 적합한 것은?

① 환경오염 방지를 위해 오일은 최대한 교환시기를 늦춘다.
② 가급적 고점도 오일로 교환한다.
③ 오일을 완전히 배출하기 위해 시동 걸기 전에 교환한다.
④ 오일 교환 후 기관을 시동하여 충분히 엔진 윤활부에 윤활한 후 시동을 끄고 오일양을 점검한다.

해설 ▶ 자동차 엔진오일 교환 방법은 오일 교환 후 기관을 시동하여 충분히 엔진 윤활부에 윤활한 후 시동을 끄고 오일양을 점검한다.

47 납산 배터리의 전해액이 흘렀을 때 중화 용액으로 가장 알맞은 것은?

① 중탄산소다 ② 황산
③ 증류수 ④ 수돗물

해설 ▶ 전해액은 산성이므로 중화용액으로 알칼리성인 중탄산소다로 중화시킨다.

Answer 43. ③ 44. ② 45. ① 46. ④ 47. ①

48 전자제어 시스템 정비 시 자기진단기 사용에 대하여 ( )에 적합한 것은?

> 고장 코드의 (a)는 배터리 전원에 의해 백업되어 점화스위치를 OFF 시키더라도 (b)에 기억된다. 그러나 (c)를 분리시키면 고장진단 결과는 지워진다.

① a : 정보, b : 정션박스, c : 고장진단 결과
② a : 고장진단 결과, b : 배터리 (−)단자, c : 고장부위
③ a : 정보, b : ECU, c : 배터리 (−)단자
④ a : 고장진단 결과, b : 고장부위, c : 배터리 (−)단자

해설 고장 코드의 정보는 배터리 전원에 의해 백업되어 점화스위치를 OFF 시키더라도 ECU에 기억된다. 그러나 배터리 (−)단자를 분리시키면 고장진단 결과는 지워진다.

49 자동차 VIN(vehicle identification number)의 정보에 포함되지 않는 것은?

① 안전벨트 구분
② 제동장치 구분
③ 엔진의 종류
④ 자동차 종별

해설 자동차 차대번호(VIN) 정보

표기 군별	자리 번호	사용 부호	표시내용
제작 회사군	1	B	자동차 제작사 및 자동차 종별 구분
	2	B	
	3	B	
자동차 특성군	4	B	차종(차량의 기본형식 기준)
	5	B	차체 형상
	6	B	세부차종(승용차는 등급, 기타는 용도별로 구분)
	7	B	• 안전벨트의 고정개소 (승용차의 경우) • 제동장치의 형식(공기식, 유압식등) : 승용차 이외의 경우 • 기타 특성
자동차 특성군	8	B	원동기 (배기량별로 구분)
	9	B	타각의 이상유무 확인 표시
	10	B	모델연도
	11	B	작공장의 위치
제작 일련 번군	12	B	제작일련번호
	13	B	
	14	N	
	15	N	
	16	N	
	17	N	

50 자동차를 들어 올릴 때 주의사항으로 틀린 것은?

① 잭과 접촉하는 부위에 이물질이 있는지 확인한다.
② 센터 멤버의 손상을 방지하기 위하여 잭이 접촉하는 곳에 헝겊을 넣는다.
③ 차량의 하부에는 개러지 잭으로 지지하지 않도록 한다.
④ 래터럴 로드나 현가장치는 잭으로 지지한다.

Answer 48. ③ 49. ③ 50. ④

해설 ▶ 자동차를 들어 올릴 때 많은 하중이 걸리므로 래터럴 로드나 현가장치는 잭으로 지지하지 않는다.

51 트랜지스터식 점화장치는 어떤 작동으로 점화코일의 1차 전압을 단속하는가?

① 증폭 작용 ② 자기 유도 작용
③ 스위칭 작용 ④ 상호 유도 작용

해설 ▶ 트랜지스터식 점화장치는 파워 트랜지스터의 스위칭 작용으로 점화코일의 1차 전압을 단속한다.

52 이모빌라이저 시스템에 대한 설명으로 틀린 것은?

① 차량의 도난을 방지할 목적으로 적용되는 시스템이다.
② 도난 상황에서 시동이 걸리지 않도록 제어한다.
③ 도난 상황에서 시동키가 회전되지 않도록 제어한다.
④ 엔진의 시동을 반드시 차량에 등록된 키로만 시동이 가능하다.

해설 ▶ 도난 상황에서 시동키가 회전은 되나, 시동이 걸리지 않도록 제어한다.

53 주파수를 설명한 것 중 틀린 것은?

① 1초에 60회 파형이 반복되는 것을 60Hz라고 한다.
② 교류의 파형이 반복되는 비율을 주파수라고 한다.
③ $\frac{1}{주기}$ 은 주파수와 같다.
④ 주파수는 직류의 파형이 반복되는 비율이다.

해설 ▶ 주파수란 1초 동안에 교류의 파형이 반복되는 횟수를 의미하며, 주기의 역수이다.

54 자동차용 배터리의 급속 충전 시 주의사항으로 틀린 것은?

① 배터리를 자동차에 연결한 채 충전할 경우, 접지(-) 터미널을 떼어 놓을 것
② 충전 전류는 용량 값의 약 2배 정도의 전류로 할 것
③ 될 수 있는 대로 짧은 시간에 실시할 것
④ 충전 중 전해액 온도가 약 45℃ 이상 되지 않도록 할 것

해설 ▶ 배터리 급속 충전시 충전 전류는 배터리 용량의 약 50%의 전류로 한다.

55 와이퍼 장치에서 간헐적으로 작동되지 않는 요인으로 거리가 먼 것은?

① 와이퍼 릴레이가 고장이다.
② 와이퍼 블레이드가 마모되었다.
③ 와이퍼 스위치가 불량이다.
④ 모터 관련 배선의 접지가 불량이다.

해설 ▶ 와이퍼와 관련된 와이퍼 모터, 릴레이, 스위치, 접지 등이 고장이면 와이퍼는 작동하지 않는다. 와이퍼 블레이드는 마모되어도 와이퍼는 작동한다.

Answer 51. ③ 52. ③ 53. ④ 54. ② 55. ②

56 배터리 취급 시 틀린 것은?

① 전해액량은 극판 위 10~13mm 정도 되도록 보충한다.
② 연속 대전류로 방전되는 것은 금지해야 한다.
③ 전해액을 만들어 사용 시는 고무 또는 납그릇을 사용하되, 황산에 증류수를 조금씩 첨가하면서 혼합한다.
④ 배터리의 단자부 및 케이스면은 소다수로 세척한다.

해설 전해액을 만들어 사용 시 고무 그릇은 사용 가능하나 납그릇은 황산과 반응하므로 사용하면 안 된다.

57 AC 발전기에서 전류가 발생하는 곳은?

① 전기자 ② 스테이터
③ 로터   ④ 브러시

해설 AC 발전기는 로터가 회전하면 스테이터에서 전류가 발생한다.

58 기동 전동기 정류자 점검 및 정비 시 유의사항으로 틀린 것은?

① 정류자는 깨끗해야 한다.
② 정류자 표면은 매끈해야 한다.
③ 정류자는 줄로 가공해야 한다.
④ 정류자는 진원이어야 한다.

해설 정류자를 줄로 가공하면 정류자 높이가 낮아져 브러시와의 접촉이 불량해지므로 줄로 가공해선 안 된다.

59 괄호 안에 알맞은 소자는?

SRS(supplemental restraint system) 시스템 점검 시 반드시 배터리의 (−)터미널을 탈거 후 5분 정도 대기한 후 점검한다. 이는 ECU 내부에 있는 데이터를 유지하기 위한 내부 (   )에 충전되어 있는 전하량을 방전시키기 위함이다.

① 서미스터 ② G센서
③ 사이리스터 ④ 콘덴서

해설 SRS(supplemental restraint system) 시스템 점검 시 반드시 배터리의 (−)터미널을 탈거 후 5분 정도 대기한 후 점검한다. 이는 ECU 내부에 있는 데이터를 유지하기 위한 내부 콘덴서에 충전되어 있는 전하량을 방전시키기 위함이다.

60 4기통 디젤기관에 저항이 0.8Ω인 예열플러그를 각 기통에 병렬로 연결하였다. 이 기관에 설치된 예열플러그의 합성저항은 몇 Ω인가? (단, 기관의 전원은 24V임)

① 0.1 ② 0.2
③ 0.3 ④ 0.4

해설
병렬 합성저항 $\frac{1}{R} = \frac{1}{R_1} + \frac{1}{R_2} + \cdots + \frac{1}{R_n}$

∴ 합성저항 $\frac{1}{R} = \frac{1}{0.8} + \frac{1}{0.8} + \frac{1}{0.8} = \frac{4}{0.8} \Omega$

∴ $R = 0.2\Omega$

Answer 56. ③ 57. ② 58. ③ 59. ④ 60. ②

단기완성 자동차 정비기능사 필기

2016년 1월 24일 시행

01 부동액 성분의 하나로 비등점이 197.2℃, 응고점이 −50℃인 불연성 포화액인 물질은?

① 에틸렌 글리콜 ② 메탄올
③ 글리세린   ④ 변성알콜

해설 부동액으로는 주로 에틸렌 글리콜이나 프로필렌글리콜을 사용하며 에틸렌 글리콜은 비등점(boiling point)이 197.6℃, 응고점(freezing point)이 −37℃이다.

02 피스톤 간극이 크면 나타나는 현상이 아닌 것은?

① 블로바이가 발생한다.
② 압축압력이 상승한다.
③ 피스톤 슬랩이 발생한다.
④ 기관의 기동이 어려워진다.

해설 피스톤 간극이 클 때 나타나는 현상
① 블로바이가 발생한다.
② 압축압력이 낮아진다.
③ 피스톤 슬랩이 발생한다.
④ 기관의 기동이 어려워진다.

03 블로우 다운(blow down) 현상에 대한 설명으로 옳은 것은?

① 밸브와 밸브시트 사이에서의 가스 누출 현상
② 압축행정시 피스톤과 실린더 사이에서 공기가 누출되는 현상
③ 피스톤이 상사점 근방에서 흡·배기 밸브가 동시에 열려 배기 잔류가스를 배출시키는 현상
④ 배기행정 초기에 배기밸브가 열려 배기가스 자체의 압력에 의하여 배기가스가 배출되는 현상

해설 블로우 다운(blow down)이란 배기행정 초기에 배기밸브가 열려 배기가스 자체의 압력에 의하여 배기가스가 배출되는 현상을 말한다.

04 LPG 차량에서 연료를 충전하기 위한 고압 용기는?

① 봄베
② 베이퍼라이저
③ 슬로우 컷 솔레노이드
④ 연료 유니온

해설 LPG 차량에서 연료를 충전하기 위한 고압용기를 봄베(bombe)라 한다.

Answer 01. ① 02. ② 03. ④ 04. ①

05 점화순서가 1-3-4-2인 4행정 기관의 3번 실린더가 압축 행정을 할 때 1번 실린더는?
① 흡입 행정 ② 압축 행정
③ 폭발 행정 ④ 배기 행정

해설 4실린더 기관의 행정 찾는 방법
① 점화순서의 반대로 행정을 적는다.
점화순서가 1-3-4-2이고 3번이 압축이므로 1번은 폭발, 2번은 배기, 4번은 흡입이다.
② 크랭크 핀 저널의 움직임으로 찾는다.
1, 4번과 2, 3번이 같이 움직이므로 3번이 압축행정이면 2번은 배기행정, 점화순서가 1번이 먼저였으므로 1번은 폭발행정 따라서 4번은 나머지 행정인 흡입행정이 된다.

06 실린더 지름이 80mm이고, 행정이 70mm인 엔진의 연소실 체적이 50cc인 경우의 압축비는?
① 8   ② 8.5
③ 7   ④ 7.5

해설
행정체적(배기량) $V = \dfrac{\pi}{4} \cdot D^2 \cdot L$

여기서, D : 내경(cm)
L : 행정(cm)

∴ 행정체적(배기량) $V = \dfrac{3.14}{4} \times 8^2 \times 7$
$= 351.68\text{cc}$

압축비 $= 1 + \dfrac{\text{행정 체적(배기량)}}{\text{연소실 체적}}$
$= 1 + \dfrac{351.68}{50} = 8$

07 디젤 연소실의 구비조건 중 틀린 것은?
① 연소시간이 짧을 것
② 열효율이 높을 것
③ 평균유효 압력이 낮을 것
④ 디젤노크가 적을 것

해설 디젤 연소실의 구비조건
① 열효율이 높을 것
② 연소시간이 짧을 것
③ 디젤노크가 적을 것

08 디젤기관의 연료분사 장치에서 연료의 분사량을 조절하는 것은?
① 연료 여과기
② 연료 분사노즐
③ 연료 분사펌프
④ 연료 공급펌프

해설 연료의 분사량 조절은 연료 분사펌프의 플런저에서 한다.

09 4기통인 4행정사이클 기관에서 회전수가 1800rpm, 행정이 75mm인 피스톤의 평균속도는?
① 2.55m/sec ② 2.45m/sec
③ 2.35m/sec ④ 4.5m/sec

해설
피스톤 평균속도 $= \dfrac{2LN}{60} = \dfrac{LN}{30}$

여기서, L : 행정[m]
N : 엔진 회전수[rpm]

∴ $\dfrac{0.075 \times 1,800}{30} = 4.5\text{m/sec}$

Answer 05. ③ 06. ① 07. ③ 08. ③ 09. ④

10 가솔린 노킹(knocking)의 방지책에 대한 설명 중 잘못된 것은?

① 압축비를 낮게 한다.
② 냉각수의 온도를 낮게 한다.
③ 화염전파 거리를 짧게 한다.
④ 착화지연을 짧게 한다.

해설 가솔린 기관의 노킹 방지 대책
① 옥탄가가 높은 연료를 사용한다.
② 화염전파 거리를 가능한 한 짧게 한다.
③ 화염전파 속도를 빠르게 한다.
④ 혼합가스의 와류를 좋게 한다.
⑤ 흡입공기 온도와 냉각수 온도를 낮게 한다.
⑥ 퇴적된 카본을 제거한다.
⑦ 점화시기를 지각시킨다.
⑧ 압축비를 낮게 한다.

11 내연기관과 비교하여 전기모터의 장점 중 틀린 것은?

① 마찰이 적기 때문에 손실되는 마찰열이 적게 발생한다.
② 후진기어가 없어도 후진이 가능하다.
③ 평균 효율이 낮다.
④ 소음과 진동이 적다.

해설 내연기관과 비교한 전기모터의 장점
① 마찰이 적기 때문에 손실되는 마찰열이 적게 발생한다.
② 후진기어가 없어도 후진이 가능하다.
③ 평균 효율이 높다.
④ 소음과 진동이 적다.

12 가솔린을 완전 연소시키면 발생되는 화합물은?

① 이산화탄소와 아황산
② 이산화탄소와 물
③ 일산화탄소와 이산화탄소
④ 일산화탄소와 물

해설 가솔린은 탄소와 수소로 이루어진 고분자 화합물로 공기와 반응하여 이산화탄소(CO_2)와 물(H_2O)이 발생된다.

13 자동차의 앞면에 안개등을 설치할 경우에 해당되는 기준으로 틀린 것은?

① 비추는 방향은 앞면 진행방향을 향하도록 할 것
② 후미등이 점등된 상태에서 전조등과 연동하여 점등 또는 소등할 수 있는 구조일 것
③ 등광색은 백색 또는 황색으로 할 것
④ 등화의 중심점은 차량중심선을 기준으로 좌우가 대칭이 되도록 할 것

해설 후미등이 점등된 상태에서 전조등과 별도로 점등 또는 소등할 수 있는 구조일 것

14 기관의 윤활유 유압이 높을 때의 원인과 관계없는 것은?

① 베어링과 축의 간격이 클 때
② 유압조정밸브 스프링의 장력이 강할 때
③ 오일파이프의 일부가 막혔을 때
④ 윤활유의 점도가 높을 때

Answer 10. ④ 11. ③ 12. ② 13. ② 14. ①

해설 ▶ 유압이 높아지는 원인
① 유압조절 밸브(릴리프 밸브) 스프링 장력이 클 때
② 오일간극이 작을 때
③ 윤활유의 점도가 높을 때
④ 윤활회로의 일부가 막혔을 때

15 전자제어 기관의 흡입 공기량 측정에서 출력이 전기 펄스(Pulse, digital) 신호인 것은?

① 벤(Vane)식
② 칼만(Karman) 와류식
③ 핫 와이어(hot wire)식
④ 맵센서(MAP sensor)식

해설 ▶ 칼만 와류식은 초음파를 발생하여 칼만 와류 수만큼 밀집되거나 분산되어 수신기에 디지털 펄스로 측정된다. 나머지는 아날로그 신호이다.

16 연소실 체적이 40cc이고, 총 배기량이 1280cc인 4기통 기관의 압축비는?

① 6 : 1
② 9 : 1
③ 18 : 1
④ 33 : 1

해설 ▶
$$압축비 = \frac{실린더\ 체적}{연소실\ 체적}$$
$$= 1 + \frac{행정\ 체적(배기량)}{연소실\ 체적}$$

4기통 기관의 총 배기량이 1280cc이므로, 1개 실린더의 배기량은 1280 ÷ 4 = 320cc이다.

$$\therefore 압축비 = 1 + \frac{행정\ 체적(배기량)}{연소실\ 체적}$$
$$= 1 + \frac{320}{40} = 9$$

17 냉각수 온도센서 고장 시 엔진에 미치는 영향으로 틀린 것은?

① 공회전 상태가 불안정하게 된다.
② 워밍업 시기에 검은 연기가 배출될 수 있다.
③ 배기가스 중에 CO 및 HC가 증가된다.
④ 냉간 시동성이 양호하다.

해설 ▶ 냉각수 온도센서가 고장 시 ①~③항의 증상이 발생하며 냉간 시동성이 불량해진다.

18 연료의 온도가 상승하여 외부에서 불꽃을 가까이 하지 않아도 자연히 발화되는 최저 온도는?

① 인화점
② 착화점
③ 발열점
④ 확산점

해설 ▶ 연료의 온도가 상승하여 외부에서 불꽃을 가까이 하지 않아도 자연히 발화되는 최저 온도를 착화점이라 한다.

19 베어링에 적용하중이 80kg$_f$ 힘을 받으면서 베어링면의 미끄럼 속도가 30m/s일 때 손실마력은? (단, 마찰계수는 0.2이다.)

① 4.5PS
② 6.4PS
③ 7.3PS
④ 8.2PS

해설 ▶
$$손실마력(FHP) = \frac{Fv}{75}$$

여기서, F : 마찰력[kg$_f$]
v : 피스톤 평균속도[m/s]

$$\therefore 손실마력 = \frac{80 \times 0.2 \times 30}{75} = 6.4PS$$

Answer 15. ② 16. ② 17. ④ 18. ② 19. ②

20 가솔린 기관에서 발생되는 질소산화물에 대한 특징을 설명한 것 중 틀린 것은?

① 혼합비가 농후하면 발생농도가 낮다.
② 점화시기가 빠르면 발생농도가 낮다.
③ 혼합비가 일정할 때 흡기다기관의 부압은 강한 편이 발생농도가 낮다.
④ 기관의 압축비가 낮은 편이 발생농도가 낮다.

해설 가솔린 기관에서 발생되는 질소산화물(NOx)은 점화시기가 빠르면 연소온도가 높아져 발생농도는 높아진다.

21 흡기 시스템의 동적효과 특성을 설명한 것 중 ( ) 안에 알맞은 단어는?

> 흡입행정의 마지막에 흡입밸브를 닫으면 새로운 공기의 흐름이 갑자기 차단되어 (①)가 발생한다. 이 압력파는 음으로 흡기다기관의 입구를 향해서 진행하고, 입구에서 반사되므로 (②)가 되어 흡입밸브쪽으로 음속으로 되돌아온다.

① ① 간섭파, ② 유도파
② ① 서지파, ② 정압파
③ ① 정압파, ② 부압파
④ ① 부압파, ② 서지파

해설 흡입행정의 마지막에 흡입밸브를 닫으면 새로운 공기의 흐름이 갑자기 차단되어 압력이 증가하므로 정압파가 발생한다. 이 압력파는 다시 흡기다기관의 입구를 향해서 진행하고, 입구에서 반사되므로 부압파가 되어 흡입밸브쪽으로 음속으로 되돌아온다.

22 가솔린 기관의 연료펌프에서 연료라인 내의 압력이 과도하게 상승하는 것을 방지하기 위한 장치는?

① 체크 밸브(Check Valve)
② 릴리프 밸브(Relief Valve)
③ 니들 밸브(Needle Valve)
④ 사일렌서(Silencer)

해설 릴리프 밸브(relief valve)는 연료공급 라인이 막혔을 경우 연료 압력이 높아져 연료펌프 내의 부품이 망가질 수 있으므로 이를 방지하기 위하여 연료라인 내의 압력이 규정 이상으로 상승하는 것을 방지한다.

23 디젤기관에서 기계식 독립형 연료 분사펌프의 분사시기 조정방법으로 맞는 것은?

① 거버너의 스프링을 조정
② 랙과 피니언으로 조정
③ 피니언과 슬리브로 조정
④ 펌프와 타이밍 기어의 커플링으로 조정

해설 디젤기관에서 보쉬형 연료분사 펌프의 분사시기는 펌프와 타이밍 기어의 커플링으로 조정한다.

24 중·고속 주행시 연료소비율의 향상과 기관의 소음을 줄일 목적으로 변속기의 입력회전수보다 출력회전수를 빠르게 하는 장치는?

① 클러치 포인트 ② 오버 드라이브
③ 히스테리시스   ④ 킥 다운

해설 증속 구동장치(over drive)는 엔진의 여유출

Answer 20. ② 21. ③ 22. ② 23. ④ 24. ②

력을 이용하여 중·고속 주행 시 연료소비율의 향상과 기관의 소음을 줄일 목적으로 변속기의 입력회전수보다 출력회전수를 빠르게 하는 장치이다.

25 전자제어 현가장치의 출력부가 아닌 것은?

① TPS
② 지시등, 경고등
③ 액추에이터
④ 고장코드

해설) 전원, 센서, 스위치 등은 입력부이고, 경고등, 액추에이터, 고장코드는 출력부이다.

26 전동식 동력 조향장치(MDPS : Motor Driven Power Steering)의 제어 항목이 아닌 것은?

① 과부하보호 제어
② 아이들-업 제어
③ 경고등 제어
④ 급가속 제어

해설) 전동식 동력 조향장치(MDPS)의 주요 제어
① 모터 구동전류 제어
② 과부하보호 제어
③ 아이들-업 제어
④ 경고등 제어

27 유압 브레이크는 무슨 원리를 응용한 것인가?

① 아르키메데스의 원리
② 베르누이의 원리
③ 아인슈타인의 원리
④ 파스칼의 원리

해설) 유압식 브레이크는 파스칼의 원리를 이용한 것이다.

28 다음에서 스프링의 진동 중 스프링 위 질량의 진동과 관계없는 것은?

① 바운싱(bouncing)
② 피칭(pitching)
③ 휠 트램프(wheel tramp)
④ 롤링(rolling)

해설) 스프링 위 질량 운동
① 롤링 : 세로축(앞·뒤 방향 축)을 중심으로 하는 좌·우 회전운동
② 피칭 : 가로축(좌·우 방향 축)을 중심으로 하는 전·후 회전운동
③ 요잉 : 수직축을 중심으로 앞뒤가 회전하는 운동
④ 바운싱 : 차체가 동시에 상하로 튕기는 운동

29 다음 중 전자제어 동력 조향장치(EPS)의 종류가 아닌 것은?

① 속도 감응식
② 전동 펌프식
③ 공압 충격식
④ 유압 반력 제어식

해설) 전자제어 동력 조향장치(EPS)의 종류
① 속도 감응식(차속 감응식)
② 유압반력 제어식
③ 밸브특성 제어식
④ 전동 펌프식

Answer 25. ① 26. ④ 27. ④ 28. ③ 29. ③

30 자동차로 서울에서 대전까지 187.2km를 주행하였다. 출발시간은 오후 1시 20분, 도착시간은 오후 3시 8분이었다면 평균 주행속도는?

① 약 126.5km/h   ② 약 104km/h
③ 약 156km/h   ④ 약 60.78km/h

해설
$$속도(km/h) = \frac{주행거리}{주행시간}$$

주행시간은 108분 ÷ 60 = 1.8시간이므로
∴ 속도 = $\frac{187.2}{1.8}$ = 104km/h

31 그림과 같은 브레이크 페달에 100N의 힘을 가하였을 때 피스톤의 면적이 5cm²라고 하면 작동 유압은?

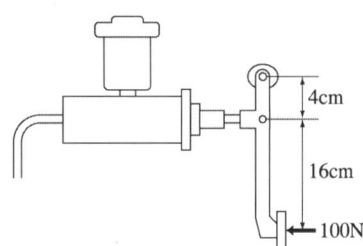

① 100kPa   ② 500kPa
③ 1000kPa   ④ 5000kPa

해설
$4 \times F = 20 \times 100N$

∴ $F = \frac{20 \times 100}{4} = 500N$

∴ 작동 유압 = $\frac{500}{5} = 100N/cm^2$

$1N = 1/9.8 kg_f$, $1kg_f/cm^2 ≒ 100kPa$ 이므로
작동 유압 = $\frac{100}{9.8} \times 100 = 1020kPa$

32 자동변속기의 장점이 아닌 것은?

① 기어변속이 간단하고, 엔진 스톨이 없다.
② 구동력이 커서 등판 발진이 쉽고, 등판능력이 크다.
③ 진동 및 충격흡수가 크다.
④ 가속성이 높고, 최고속도가 다소 낮다.

해설 자동변속기의 장점
① 기어변속이 간단하고, 엔진 스톨이 없다.
② 구동력이 커서 등판 발진이 쉽고, 등판능력이 크다.
③ 진동 및 충격흡수가 크다.
④ 자동차 각 부분의 수명이 연장된다.

33 ABS의 구성품 중 휠 스피드 센서의 역할은?

① 바퀴의 록(lock) 상태 감지
② 차량의 과속을 억제
③ 브레이크 유압 조정
④ 라이닝의 마찰 상태 감지

해설 전자제어 제동장치(ABS)에서 휠 스피드 센서는 바퀴의 회전속도를 검출하여 바퀴가 고정(lock)되는 것을 감지하는 센서이다.

34 휠 얼라인먼트를 사용하여 점검할 수 있는 것으로 가장 거리가 먼 것은?

① 토(toe)   ② 캠버
③ 킹핀 경사각   ④ 휠 밸런스

해설 앞바퀴 정렬(wheel alignment)의 종류
캠버, 캐스터, 토인, 킹핀 경사각

Answer 30. ② 31. ③ 32. ④ 33. ① 34. ④

35 변속장치에서 동기물림 기구에 대한 설명으로 옳은 것은?
① 변속하려는 기어와 메인 스플라인과의 회전수를 같게 한다.
② 주축기어의 회전속도를 부축기어의 회전속도보다 빠르게 한다.
③ 주축기어와 부축기어의 회전수를 같게 한다.
④ 변속하려는 기어와 슬리브와의 회전수에는 관계없다.

해설 동기물림 기구(싱크로메시 기구)는 변속하려는 기어와 메인 스플라인과의 회전수를 같게 하여 변속을 원활하게 한다.

36 자동변속기에서 토크컨버터 내의 록업 클러치(댐퍼 클러치)의 작동조건으로 거리가 먼 것은?
① "D"레인지에서 일정 차속(약 70km/h 정도) 이상일 때
② 냉각수 온도가 충분히(약 75℃ 정도) 올랐을 때
③ 브레이크 페달을 밟지 않을 때
④ 발진 및 후진 시

해설 록업 클러치는 발진 및 후진 시에는 작동하지 않는다.

37 조향 유압 계통에 고장이 발생되었을 때 수동 조작을 이행하는 것은?
① 밸브 스풀   ② 볼 조인트
③ 유압 펌프   ④ 오리피스

해설 밸브 스풀(컨트롤 밸브)은 조향 유압 계통에 고장이 발생되었을 때 수동 조작을 가능하게 한다.

38 클러치 작동기구 중에서 세척유로 세척하여서는 안되는 것은?
① 릴리스 포크   ② 클러치 커버
③ 릴리스 베어링   ④ 클러치 스프링

해설 릴리스 베어링은 영구 주유식이므로 세척유로 세척해서는 안 된다.

39 추진축의 자재이음은 어떤 변화를 가능하게 하는가?
① 축의 길이   ② 회전 속도
③ 회전축의 각도 ④ 회전 토크

해설 드라이브 라인의 역할
① 추진축(propeller shaft) : 회전력 전달
② 자재이음(universal joint) : 각도 변화
③ 슬립이음(slip joint) : 길이 변화

40 공기 브레이크에서 공기압을 기계적 운동으로 바꾸어 주는 장치는?
① 릴레이 밸브   ② 브레이크 슈
③ 브레이크 밸브 ④ 브레이크 챔버

해설 브레이크 페달에 의해 브레이크 밸브가 열리면 릴레이 밸브를 거쳐 브레이크 챔버로 공기의 압력이 전달되고 푸시로드를 통해 캠을 미는 기계적 운동으로 바뀌어 브레이크 슈를 작동시킨다.

Answer 35. ① 36. ④ 37. ① 38. ③ 39. ③ 40. ④

41 플레밍의 왼손법칙을 이용한 것은?

① 충전기　　② DC 발전기
③ AC 발전기　④ 전동기

해설 ▶ 전동기는 플레밍의 왼손법칙을 응용한 것이다.

42 스파크플러그 표시기호의 한 예이다. 열가를 나타내는 것은?

$$BP6ES$$

① P　　② 6
③ E　　④ S

해설 ▶ 점화플러그 품번
① B : 나사부 지름
② P : Project core nose plug(자기 돌출형)
③ 6 : 열가
④ E : 나사부 길이
⑤ S : Standard(표준형)

43 다음은 배터리 격리판에 대한 설명이다. 틀린 것은?

① 격리판은 전도성이어야 한다.
② 전해액에 부식되지 않아야 한다.
③ 전해액의 확산이 잘 되어야 한다.
④ 극판에서 이물질을 내뿜지 않아야 한다.

해설 ▶ 격리판의 구비조건
① 비전도성일 것
② 다공성일 것
③ 전해액의 확산이 잘될 것
④ 기계적 강도가 있을 것
⑤ 극판에서 이물질을 내뿜지 않을 것

44 연료 탱크의 연료량을 표시하는 연료계의 형식 중 계기식의 형식에 속하지 않는 것은?

① 밸런싱 코일식
② 연료면 표시기식
③ 서미스터식
④ 바이메탈 저항식

해설 ▶ 연료계의 형식 중 계기식은 서미스터식, 밸런싱 코일식, 바이메탈 저항식이 있으며 연료면 표시기식은 연료면이 투명창을 통해 직접 보이는 형식을 말한다.

45 그림에서 $I_1 = 5A$, $I_2 = 2A$, $I_3 = 3A$, $I_4 = 4A$라고 하면 I_5에 흐르는 전류(A)는?

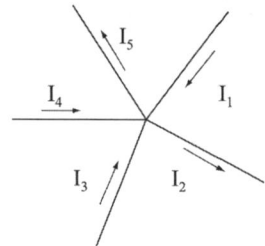

① 8　　② 4
③ 2　　④ 10

해설 ▶ 키르히호프의 제1법칙에서 들어간 전류의 합과 나오는 전류의 합은 같으므로,
$I_5 + 2A = I_1 + I_3 + I_4 = 12A$
$\therefore I_5 = 10A$

Answer 41. ④　42. ②　43. ①　44. ②　45. ④

46 팽창밸브식이 사용되는 에어컨 장치에서 냉매가 흐르는 경로로 맞는 것은?

① 압축기 → 증발기 → 응축기 → 팽창밸브
② 압축기 → 응축기 → 팽창밸브 → 증발기
③ 압축기 → 팽창밸브 → 응축기 → 증발기
④ 압축기 → 증발기 → 팽창밸브 → 응축기

해설 에어컨 순환과정
압축기(compressor) → 응축기(condenser) → 건조기(receiver drier) → 팽창밸브(expansion valve) → 증발기(evaporator)

47 자동차용 납산배터리를 급속충전할 때 주의사항으로 틀린 것은?

① 충전시간을 가능한 한 길게 한다.
② 통풍이 잘되는 곳에서 충전한다.
③ 충전 중 배터리에 충격을 가하지 않는다.
④ 전해액의 온도가 약 45℃가 넘지 않도록 한다.

해설 납산배터리 급속충전시의 주의사항
① 충전시간을 가능한 한 짧게 한다.
② 통풍이 잘되는 곳에서 충전한다.
③ 충전 중 배터리에 충격을 가하지 않는다.
④ 전해액의 온도가 약 45℃를 넘지 않도록 한다.

48 기동전동기를 기관에서 떼어내고 분해하여 결함 부분을 점검하는 그림이다. 옳은 것은?

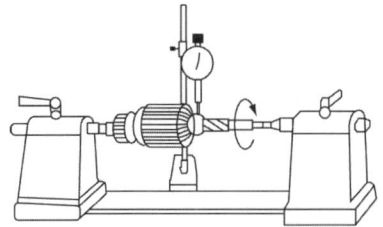

① 전기자 축의 휨 상태 점검
② 전기자 축의 마멸 점검
③ 전기자 코일 단락 점검
④ 전기자 코일 단선 점검

해설 다이얼 게이지를 사용하여 전기자 축의 휨 상태를 점검하는 방법이다.

49 AC 발전기의 출력변화 조정은 무엇에 의해 이루어지는가?

① 엔진의 회전수 ② 배터리의 전압
③ 로터의 전류   ④ 다이오드 전류

해설 AC 발전기의 출력변화 조정은 로터코일에 흐르는 전류를 가감하여 조정한다.

50 에어컨의 구성부품 중 고압의 기체 냉매를 냉각시켜 액화시키는 작용을 하는 것은?

① 압축기   ② 응축기
③ 팽창밸브   ④ 증발기

해설 응축기(condenser)는 라디에이터 앞쪽에 설치되며, 고온 고압의 기체 냉매를 냉각시켜 액화시키는 작용을 한다.

Answer 46. ② 47. ① 48. ① 49. ③ 50. ②

51 산업체에서 안전을 지킴으로써 얻을 수 있는 이점으로 틀린 것은?

① 직장의 신뢰도를 높여준다.
② 상하 동료 간에 인간관계가 개선된다.
③ 기업의 투자 경비가 늘어난다.
④ 회사 내 규율과 안전수칙이 준수되어 질서유지가 실현된다.

해설 산업체에서 안전을 지킴으로써 ①, ②, ④항의 이점이 있으며, 기업의 투자 경비가 줄어든다.

52 지렛대를 사용할 때 유의사항으로 틀린 것은?

① 깨진 부분이나 마디 부분에 결함이 없어야 한다.
② 손잡이가 미끄러지지 않도록 조치를 취한다.
③ 화물의 치수나 중량에 적합한 것을 사용한다.
④ 파이프를 철제 대신 사용한다.

해설 속이 비어있는 파이프를 사용해선 안 된다.

53 색에 맞는 안전표시가 잘못 짝지어진 것은?

① 녹색 - 안전, 피난, 보호표시
② 노란색 - 주의, 경고 표시
③ 청색 - 지시, 수리중, 유도 표시
④ 자주색 - 안전지도 표시

해설 적색은 금지표시이며, 안전지도 표시는 녹색이다.

54 작업안전상 드라이버 사용 시 유의사항이 아닌 것은?

① 날끝이 홈의 폭과 길이가 같은 것을 사용한다.
② 날끝이 수평이어야 한다.
③ 작은 부품은 한 손으로 잡고 사용한다.
④ 전기 작업 시 금속부분이 자루 밖으로 나와 있지 않아야 한다.

해설 작업 안전상 드라이버 사용 시 ①, ②, ④항의 방법을 준수하고, 작은 부품은 바이스나 고정구로 고정하여 직접 손으로 잡지 않도록 한다.

55 드릴링 머신 작업을 할 때 주의사항으로 틀린 것은?

① 드릴은 주축에 튼튼하게 장치하여 사용한다.
② 공작물을 제거할 때는 회전을 완전히 멈추고 한다.
③ 가공 중에 드릴이 관통했는지를 손으로 확인한 후 기계를 멈춘다.
④ 드릴의 날이 무디어 이상한 소리가 날 때는 회전을 멈추고 드릴을 교환하거나 연마한다.

해설 드릴 작업시 주의사항
① 드릴은 주축에 튼튼하게 장치하여 사용한다.
② 드릴을 끼운 뒤에는 척키를 반드시 빼놓을 것
③ 드릴의 날이 무디어 이상한 소리가 날 때는 회전을 멈추고 드릴을 교환하거나 연마한다.
④ 드릴을 회전시킨 후 테이블을 조정하지 말 것

Answer 51. ③ 52. ④ 53. ④ 54. ③

⑤ 드릴 회전 중 칩을 손으로 털거나 불어내지 말 것
⑥ 가공물에 구멍을 뚫을 때 가공물을 바이스에 물리고 작업할 것
⑦ 공작물을 제거할 때는 회전을 완전히 멈추고 한다.

56 수동변속기 작업과 관련된 사항 중 틀린 것은?

① 분해와 조립 순서에 준하여 작업한다.
② 세척이 필요한 부품은 반드시 세척한다.
③ 록크 너트는 재사용 가능하다.
④ 싱크로나이저 허브와 슬리브는 일체로 교환한다.

해설▶ 록크 너트는 재사용하지 않고 반드시 신품을 사용하도록 한다.

57 연료 압력 측정과 진공 점검 작업 시 안전에 관한 유의사항이 잘못 설명된 것은?

① 기관 운전이나 크랭킹 시 회전 부위에 옷이나 손 등이 접촉하지 않도록 주의한다.
② 배터리 전해액이 옷이나 피부에 닿지 않도록 한다.
③ 작업 중 연료가 누설되지 않도록 하고 화기가 주위에 있는지 확인한다.
④ 소화기를 준비한다.

해설▶ ①, ③, ④항은 연료 압력 측정과 진공 점검 시, ②항은 배터리 점검 시 안전에 관한 유의사항이다.

58 물건을 운반 작업할 때 안전하지 못한 경우는?

① LPG 봄베, 드럼통을 굴려서 운반한다.
② 공동 운반에서는 서로 협조하여 운반한다.
③ 긴 물건을 운반할 때는 앞쪽을 위로 올린다.
④ 무리한 자세나 몸가짐으로 물건을 운반하지 않는다.

해설▶ 무거운 물건을 운반할 때에는 다른 사람과 협조하거나 체인블록, 리프트, 운반 수레 등을 이용한다.

59 자동차 기관이 과열된 상태에서 냉각수를 보충할 때 적합한 것은?

① 시동을 끄고 즉시 보충한다.
② 시동을 끄고 냉각시킨 후 보충한다.
③ 기관을 가감속하면서 보충한다.
④ 주행하면서 조금씩 보충한다.

해설▶ 기관이 과열되었을 때 냉각수 보충은 시동을 끄고 완전히 냉각시킨 후 보충한다.

60 전동기나 조정기를 청소한 후 점검하여야 할 사항으로 옳지 않은 것은?

① 연결의 견고성 여부
② 과열 여부
③ 아크 발생 여부
④ 단자부 주유 상태 여부

해설▶ 전동기나 조정기를 청소한 후 ①~③항을 점검하며 단자부에는 주유하지 않는다.

Answer 55. ③ 56. ③ 57. ② 58. ① 59. ② 60. ④

단기완성 자동차 정비기능사 필기

● 2016년 4월 2일 시행

01 디젤 기관에서 열효율이 가장 우수한 형식은?

① 예연소실식　② 와류식
③ 공기실식　　④ 직접 분사식

해설 직접 분사식(단실식)은 다른 방식(복실식)에 비해 냉각수와 접촉하는 면적이 가장 작으므로 열효율이 좋다.

02 가솔린 기관에서 체적효율을 향상시키기 위한 방법으로 틀린 것은?

① 흡기온도의 상승을 억제한다.
② 흡기 저항을 감소시킨다.
③ 배기 저항을 감소시킨다.
④ 밸브 수를 줄인다.

해설 체적효율을 향상시키기 위한 방법
① 흡기밸브를 크게 하거나 많게 한다.
② 흡기온도의 상승을 억제한다.
③ 흡기저항과 배기저항을 감소시킨다.

03 크랭크 축 메인 베어링의 오일 간극을 점검 및 측정할 때 필요한 장비가 아닌 것은?

① 마이크로미터
② 시크니스 게이지
③ 시일 스톡식
④ 플라스틱 게이지

해설 오일 간극 점검 및 측정 장비
① 플라스틱 게이지
② 마이크로 미터
③ 시일 스톡식
※ 시크니스 게이지는 간극 게이지이나 베어링의 간극을 측정할 수는 없다.

04 화물자동차 및 특수자동차의 차량 총중량은 몇 톤을 초과해서는 안되는가?

① 20톤　② 30톤
③ 40톤　④ 50톤

해설 자동차의 차량 총중량은 20톤(승합자동차는 30톤, 화물 및 특수자동차는 40톤), 축중은 10톤, 윤중은 5톤을 초과하여서는 안 된다.

05 연료누설 및 파손방지를 위해 전자제어 기관의 연료시스템에 설치된 것으로 감압 작용을 하는 것은?

① 체크 밸브
② 제트 밸브
③ 릴리프 밸브
④ 포핏 밸브

해설 안전 밸브(safety valve, relief valve)는 연료 펌프 라인에 고압이 걸릴 경우 연료의 누출이나 연료 배관이 파손되는 것을 방지한다.

Answer 1. ④　2. ④　3. ②　4. ③　5. ③

06 연소실 체적이 30cc이고 행정체적이 180cc이다. 압축비는?
① 6 : 1 ② 7 : 1
③ 8 : 1 ④ 9 : 1

해설 압축비 = $\dfrac{실린더\ 체적}{연소실\ 체적} = 1 + \dfrac{행정\ 체적(배기량)}{연소실\ 체적}$

∴ $1 + \dfrac{180}{30} = 7$

07 커넥팅 로드 대단부의 배빗메탈의 주 재료는?
① 주석(Sn) ② 안티몬(Sb)
③ 구리(Cu) ④ 납(Pb)

해설 엔진 베어링의 종류
① 배빗메탈 : 주석(80~90%) + 안티몬(3~12%) + 구리(3~7%)
② 켈밋메탈 : 구리(60~70%) + 납(30~40%)

08 가솔린 기관에서 배기가스에 산소량이 많이 잔존하고 있다면 연소실 내의 혼합기는 어떤 상태인가?
① 농후하다.
② 희박하다.
③ 농후하기도 하고 희박하기도 하다.
④ 이론공연비 상태이다.

해설 배기가스에 산소량이 많이 잔존하고 있다면 연소실 내의 혼합기는 희박한 상태이다.

09 평균 유효압력이 7.5kg$_f$/cm², 행정체적 200cc, 회전수 2400rpm일 때 4행정 4기통 기관의 지시마력은?
① 14PS ② 16PS
③ 18PS ④ 20PS

해설 $지시마력 = \dfrac{PALZN}{75 \times 60} = \dfrac{PVZN}{75 \times 60 \times 100}$

여기서, P : 지시평균 유효압력[kg$_f$/cm²]
A : 실린더 단면적[cm²]
L : 행정[m]
V : 배기량[cm³]
Z : 실린더 수
N : 엔진 회전수[rpm]
 (2행정기관 : N, 4행정기관 : N/2)

∴ 지시마력 = $\dfrac{7.5 \times 200 \times 4 \times 1200}{75 \times 60 \times 100}$ = 16PS

10 평균 유효압력이 4kg$_f$/cm², 행정 체적이 300cc인 2행정 사이클 단기통 기관에서 1회의 폭발로 몇 kg$_f$·m의 일을 하는가?
① 6 ② 8
③ 10 ④ 12

해설 일 = 압력 × 체적
∴ 일 = 4kg$_f$/cm² × 300cm³ = 1200kg$_f$·cm
= 12kg$_f$·m

Answer 6. ② 7. ① 8. ② 9. ② 10. ④

11 삼원 촉매장치 설치차량의 주의사항 중 잘못된 것은?

① 주행 중 점화 스위치를 꺼서는 안 된다.
② 잔디, 낙엽 등 가연성 물질 위에 주차시키지 않아야 한다.
③ 엔진의 파워밸런스 측정 시 측정시간을 최대로 단축해야 한다.
④ 반드시 유연 가솔린을 사용한다.

해설 ①, ②, ③항을 주의하여야 하고, 반드시 무연 가솔린을 사용한다.

12 맵 센서 점검 조건에 해당되지 않는 것은?

① 냉각수온 약 80~95℃ 유지
② 각종 램프, 전기 냉각팬, 부장품 모두 ON 상태 유지
③ 트랜스 액슬 중립(A/T 경우 N 또는 P 위치) 유지
④ 스티어링 휠 중립 상태 유지

해설 맵 센서 점검 조건은 ①, ③, ④항과 각종 램프, 전기 냉각팬, 부장품 모두 OFF 상태를 유지한다.

13 전자제어 연료 분사식 기관의 연료펌프에서 릴리프 밸브의 작용압력은 약 몇 kg_f/cm^2 인가?

① 0.3~0.5   ② 1.0~2.0
③ 3.5~5.0   ④ 10.0~11.5

해설 연료펌프 송출압력은 기관에 따라 차이가 있으나 약 $3~5kg_f/cm^2$ 정도이며, 릴리프 밸브의 작용압력은 이보다 약간 높다.

14 연료는 온도가 높아지면 외부로부터 불꽃을 가까이 하지 않아도 발화하여 연소된다. 이때의 최저온도를 무엇이라 하는가?

① 인화점   ② 착화점
③ 연소점   ④ 응고점

해설 연료의 온도가 상승하여 외부에서 불꽃을 가까이 하지 않아도 자연히 발화되는 최저 온도를 착화점이라 한다.

15 연료파이프나 연료펌프에서 가솔린이 증발해서 일으키는 현상은?

① 엔진 록   ② 연료 록
③ 베이퍼 록   ④ 앤티 록

해설 베이퍼 록(vapor lock)
연료 파이프나 연료펌프에서 가솔린이 증발해서 일으키는 현상

16 다음 중 내연기관에 대한 내용으로 맞는 것은?

① 실린더의 이론적 발생마력을 제동마력이라 한다.
② 6실린더 엔진의 크랭크축의 위상각은 90도이다.
③ 베어링 스프레드는 피스톤 핀 저널에 베어링을 조립 시 밀착되게 끼울 수 있게 한다.
④ 모든 DOHC 엔진의 밸브 수는 16개이다.

해설 이론적 발생마력을 지시마력이라 하며, 6실린더 엔진의 위상차는 120도이고, DOHC 엔진의 밸브 수는 기관 및 실린더 수에 따라 다를 수 있다.

Answer 11. ④ 12. ② 13. ③ 14. ② 15. ③ 16. ③

17 가솔린 기관의 밸브간극이 규정값 보다 클 때 어떤 현상이 일어나는가?

① 정상 작동온도에서 밸브가 완전하게 개방되지 않는다.
② 소음이 감소하고 밸브기구에 충격을 준다.
③ 흡입밸브 간극이 크면 흡입량이 많아진다.
④ 기관의 체적효율이 증대된다.

해설 밸브간극이 규정값보다 크면 정상 작동온도에서 밸브를 더 이상 누르지 못해 완전하게 개방되지 않는다.

18 LPG 기관에서 액체상태의 연료를 기체상태의 연료로 전환시키는 장치는?

① 베이퍼라이저
② 솔레노이드밸브 유닛
③ 봄베
④ 믹서

해설 베이퍼라이저(vaporizer)는 액체상태의 연료를 기체상태로 변화시켜 주는 장치로, 감압, 기화 및 압력조절 작용을 한다.

19 기관이 과열되는 원인으로 가장 거리가 먼 것은?

① 서모스탯이 열림 상태로 고착
② 냉각수 부족
③ 냉각팬 작동불량
④ 라디에이터의 막힘

해설 기관이 과열되는 원인
① 수온조절기(서모스탯)가 닫힌 채로 고장났다.
② 냉각수가 부족하다.
③ 라디에이터가 막혔다.
④ 냉각팬 작동이 불량이다.
⑤ 냉각계통의 흐름이 불량하다.
⑥ 벨트가 헐겁거나 끊어졌다.

20 부특성 서미스터를 이용하는 센서는?

① 노크 센서
② 냉각수 온도 센서
③ MAP 센서
④ 산소 센서

해설 냉각수 온도 센서는 부특성 서미스터를, 노크 센서와 MAP 센서는 압전소자 방식을 사용한다.

21 다음에서 설명하는 디젤기관의 연소 과정은?

> 분사노즐에서 연료가 분사되어 연소를 일으킬 때까지의 기간이며 이 기간이 길어지면 노크가 발생한다.

① 착화지연기간   ② 화염전파기간
③ 직접연소기간   ④ 후기연소기간

해설 착화지연 기간은 분사노즐에서 연료가 분사되어 연소를 일으킬 때까지의 기간으로, 이 기간이 길어지면 노크가 발생한다.

Answer 17. ① 18. ① 19. ① 20. ② 21. ①

22 일반적인 엔진오일의 양부 판단 방법이다. 틀린 것은?

① 오일의 색깔이 우유색에 가까운 것은 냉각수가 혼입되어 있는 것이다.
② 오일의 색깔이 회색에 가까운 것은 가솔린이 혼입되어 있는 것이다.
③ 종이에 오일을 떨어뜨려 금속분말이나 카본의 유무를 조사하고, 많이 혼입된 것은 교환한다.
④ 오일의 색깔이 검은색에 가까운 것은 장시간 사용했기 때문이다.

해설 오일에 가솔린이 혼입되면 붉은 색에 가까운 색깔을 띠게 된다.

23 피스톤의 평균속도를 올리지 않고 회전수를 높일 수 있으며 단위 체적당 출력을 크게 할 수 있는 기관은?

① 장행정 기관   ② 정방형 기관
③ 단행정 기관   ④ 고속형 기관

해설 오버스퀘어(단행정) 기관의 장점과 단점
① 피스톤 평균속도를 높이지 않고 기관 회전수를 높일 수 있어 단위 체적당 출력을 크게 할 수 있다.
② 흡배기 밸브의 지름을 크게 할 수 있어 체적효율을 높일 수 있다.
③ 내경에 비해 행정이 작으므로 기관의 높이를 낮게 할 수 있다.
④ 내경이 커서 피스톤이 과열되기 쉽고, 베어링 하중이 증가한다.
⑤ 기관의 높이는 낮아지나, 길이가 길어진다.

24 주행 중 자동차의 조향 휠이 한쪽으로 쏠리는 원인과 가장 거리가 먼 것은?

① 타이어 공기압력 불균일
② 바퀴 얼라인먼트의 조정 불량
③ 쇽업소버의 파손
④ 조향 휠 유격 조정 불량

해설 조향 휠이 한쪽으로 쏠리는 원인
① 타이어 공기압이 불균일하다.
② 좌·우 축거가 다르다.
③ 좌·우 브레이크 라이닝의 간극이 다르다.
④ 앞차축 한쪽의 현가 스프링이 절손되었다.
⑤ 쇽업소버 작동이 불량하다.
⑥ 휠 얼라인먼트가 불량하다.
⑦ 뒤차축이 차의 중심선에 대하여 직각이 아니다.

25 현가장치에서 스프링이 압축되었다가 원위치로 돌아올 때 작은 구멍(오리피스)을 통과하는 오일의 저항으로 진동을 감소시키는 것은?

① 스태빌라이저   ② 공기 스프링
③ 토션 바 스프링 ④ 쇽업소버

해설 쇽업소버(shock absorber)는 스프링이 압축되었다가 원위치로 돌아올 때 작은 구멍(오리피스)을 통과하는 오일의 저항으로 진동을 감소시키는 작용을 한다.

26 액슬축의 지지 방식이 아닌 것은?

① 반부동식   ② 3/4 부동식
③ 고정식   ④ 전부동식

해설 액슬축 지지방식
① 반부동식 : 액슬축과 하우징이 하중을 반씩 부담

Answer 22. ② 23. ③ 24. ④ 25. ④ 26. ③

② 3/4부동식 : 액슬축이 하중을 1/4, 하우징이 3/4를 부담
③ 전부동식 : 하우징이 하중을 전부 부담하므로 액슬축은 자유로워 바퀴를 빼지 않고도 액슬축을 떼어낼 수 있다.

27 조향 장치가 갖추어야 할 조건으로 틀린 것은?

① 조향 조작이 주행 중의 충격을 적게 받을 것
② 안전을 위해 고속 주행시 조향력을 작게 할 것
③ 회전 반경이 작을 것
④ 조작시에 방향 전환이 원활하게 이루어질 것

해설 조향장치가 갖추어야 할 조건
① 조작하기 쉽고 방향전환이 원활하게 행해질 것
② 회전반경이 적을 것
③ 조향핸들과 바퀴의 선회 차이가 크지 않을 것
④ 조향조작이 주행 중의 충격에 영향을 받지 않을 것
⑤ 고속 주행에도 조향 휠이 안정되고 복원력이 좋을 것

28 동력조향장치 정비 시 안전 및 유의 사항으로 틀린 것은?

① 자동차 하부에서 작업할 때는 시야 확보를 위해 보안경을 벗는다.
② 공간이 좁으므로 다치지 않게 주의한다.
③ 제작사의 정비 지침서를 참고하여 점검·정비한다.
④ 각종 볼트 너트는 규정 토크로 조인다.

해설 자동차 하부에서 작업할 때는 눈을 보호하고, 시야 확보를 위해 보안경을 착용한다.

29 유압식 동력조향장치와 비교하여 전동식 동력조향장치 특징으로 틀린 것은?

① 엔진룸의 공간 활용도가 향상된다.
② 유압제어를 하지 않으므로 오일이 필요 없다.
③ 유압제어 방식에 비해 연비를 향상시킬 수 없다.
④ 유압제어를 하지 않으므로 오일펌프가 필요 없다.

해설 ①, ②, ④항이 전동식 동력조향장치의 특징이며, 유압제어 방식에 비해 엔진 부하가 감소하여 연비를 향상시킬 수 있다.

30 전자제어 현가장치(ECS)에서 보기의 설명으로 맞는 것은?

[보기]
조향 휠 각속도 센서와 차속정보에 의해 ROLL 상태를 조기에 검출해서 일정시간 감쇠력을 높여 차량이 선회 주행 시 ROLL을 억제하도록 한다.

① 안티 스쿼트 제어
② 안티 다이브 제어
③ 안티 롤 제어
④ 안티 시프트 스쿼트 제어

해설 차량의 자세 제어
① 안티 스쿼트 제어 : 급 출발시 앞쪽은 들어 올려지고 뒤쪽은 내려가는 현상을 검출하여 스쿼트를 억제
② 안티 다이브 제어 : 급제동시 앞쪽은 내려가고 뒤쪽은 들어 올려지는 현상을 검출하여 다이브를 억제

Answer 27. ② 28. ① 29. ③ 30. ③

③ 안티 롤 제어 : 선회시 차량이 기울어지는 롤 상태를 검출하여 롤을 억제
④ 안티 시프트 스쿼트 제어 : N→D 또는 N→R 변속시 앞, 또는 뒤쪽이 들어 올려지는 현상을 억제

31 자동변속기의 유압제어 회로에 사용하는 유압이 발생하는 곳은?

① 변속기 내의 오일펌프
② 엔진오일펌프
③ 흡기다기관 내의 부압
④ 매뉴얼 시프트 밸브

해설 자동변속기 유압은 자동변속기 내의 오일펌프에서 발생한다.

32 전자제어 제동장치(ABS)의 구성요소가 아닌 것은?

① 휠 스피드 센서
② 전자제어 유닛
③ 하이드로릭 컨트롤 유닛
④ 각속도 센서

해설 ABS의 구성부품
① 휠 스피드 센서 : 차륜의 회전상태를 검출
② 전자제어 컨트롤 유닛(E.C.U) : 휠 스피드 센서의 신호를 받아 ABS를 제어
③ 하이드로릭 유닛 : E.C.U의 신호에 따라 휠 실린더에 공급되는 유압을 제어
④ 프로포셔닝 밸브 : 브레이크를 밟았을 때 뒷바퀴가 조기에 고착되지 않도록 뒷바퀴의 유압을 제어
※ 각속도 센서는 전자제어 조향장치(EPS)에 사용되는 부품이다.

33 유성기어 장치에서 선기어가 고정되고, 링기어가 회전하면 캐리어는?

① 링기어보다 천천히 회전한다.
② 링기어 회전수와 같게 회전한다.
③ 링기어 보다 2배 빨리 회전한다.
④ 링기어 보다 3배 빨리 회전한다.

해설 선기어를 고정하고 캐리어를 구동하면 링기어는 증속한다. (선고캐구링중 - 매우 중요)
반대로, 링기어를 구동하면 캐리어는 감속한다.

34 유압식 브레이크 마스터 실린더에 작용하는 힘이 120kgf이고 피스톤 면적이 3cm²일 때 마스터 실린더 내에 발생하는 유압은?

① $50kg_f/cm^2$ ② $40kg_f/cm^2$
③ $30kg_f/cm^2$ ④ $25kg_f/cm^2$

해설 압력$(kg_f/cm^2) = \dfrac{하중}{단면적}$

∴ 압력 $= \dfrac{120}{3} = 40kg_f/cm^2$

35 수동변속기 차량에서 클러치가 미끄러지는 원인은?

① 클러치 페달 자유간극 과다
② 클러치 스프링의 장력 약화
③ 릴리스 베어링 파손
④ 유압 라인 공기 혼입

해설 클러치가 미끄러지는 원인
① 클러치 디스크 마모로 인한 자유 유격 과소
② 클러치 스프링의 약화 및 변형
③ 마찰면의 경화 또는 오일 부착
④ 압력판, 플라이 휠 접촉면의 손상

Answer 31. ① 32. ④ 33. ① 34. ② 35. ②

36 유압식 브레이크 장치에서 잔압을 형성하고 유지시켜 주는 것은?

① 마스터 실린더 피스톤 1차 컵과 2차 컵
② 마스터 실린더의 체크밸브와 리턴 스프링
③ 마스터 실린더 오일 탱크
④ 마스터 실린더의 피스톤

해설 유압식 브레이크에서 잔압이란 마스터 실린더의 유압이 체크밸브를 밀고 있으므로 리턴 스프링의 장력과 평형이 되어 회로 내에 어느 정도 압력이 남는 것을 말한다.

37 자동변속기 차량에서 펌프의 회전수가 120rpm이고, 터빈의 회전수가 30rpm 이라면 미끄럼률은?

① 75% ② 85%
③ 95% ④ 105%

해설 미끄럼률(%) = $\dfrac{\text{펌프 회전수} - \text{터빈 회전수}}{\text{펌프 회전수}} \times 100$

∴ 미끄럼률(%) = $\dfrac{120 - 30}{120} \times 100 = 75(\%)$

38 타이어 트레드 패턴의 종류가 아닌 것은?

① 러그 패턴 ② 블록 패턴
③ 리브러그 패턴 ④ 카커스 패턴

해설 타이어 트레드 패턴의 종류
① 리브 패턴(rib pattern)
② 러그 패턴(rug pattern)
③ 리브러그 패턴(rib rug pattern)
④ 블록 패턴(block pattern)
⑤ 수퍼 트랙션 패턴(super traction pattern)
⑥ 오프 더 로드 패턴(off the road pattern)

39 수동변속기 차량의 클러치판은 어떤 축의 스플라인에 조립되어 있는가?

① 추진축 ② 크랭크축
③ 액슬축 ④ 변속기 입력축

해설 클러치판은 변속기 입력축 스플라인에 끼워져 변속기 쪽으로 동력을 전달한다.

40 브레이크 슈의 리턴스프링에 관한 설명으로 거리가 먼 것은?

① 리턴스프링이 약하면 휠 실린더 내의 잔압이 높아진다.
② 리턴스프링이 약하면 드럼을 과열시키는 원인이 될 수도 있다.
③ 리턴스프링이 강하면 드럼과 라이닝의 접촉이 신속히 해제된다.
④ 리턴스프링이 약하면 브레이크 슈의 마멸이 촉진될 수 있다.

해설 브레이크 슈의 리턴 스프링이 약하면 휠 실린더 내의 잔압이 낮아지고, 리턴이 불량하여 브레이크 슈의 마멸이 촉진되며 드럼을 과열시킨다.

41 전류에 대한 설명으로 틀린 것은?

① 자유전자의 흐름이다.
② 단위는 A를 사용한다.
③ 직류와 교류가 있다.
④ 저항에 항상 비례한다.

해설 오옴의 법칙
전류는 전압에 비례하고 저항에 반비례한다.
$\left(I = \dfrac{E}{R} \right)$

Answer 36. ② 37. ① 38. ④ 39. ④ 40. ① 41. ④

42 자동차용 교류발전기에 대한 특성 중 거리가 가장 먼 것은?

① 브러쉬 수명이 일반적으로 직류발전기보다 길다.
② 중량에 따른 출력이 직류발전기보다 약 1.5배 정도 높다.
③ 슬립링 손질이 불필요하다.
④ 자여자 방식이다.

해설 교류발전기의 특징
① 소형 경량으로 수명이 길다.
② 저속에서의 충전 성능이 좋다.
③ 속도 변동에 따른 적응 범위가 넓다.
④ 다이오드를 사용하므로 정류 특성이 좋다.
⑤ 브러시 수명이 일반적으로 직류발전기보다 길다.
⑥ 중량에 따른 출력이 직류발전기보다 약 1.5배 정도 높다.
⑦ 슬립링 손질이 불필요하다.
⑧ 타여자 방식이다.

43 기동전동기 무부하 시험을 하려고 한다. A와 B에 필요한 것은?

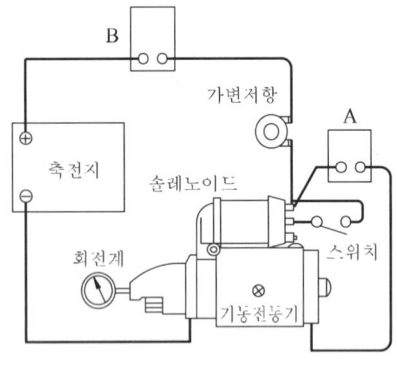

① A는 전류계, B는 전압계
② A는 전압계, B는 전류계
③ A는 전류계, B는 저항계
④ A는 저항계, B는 전압계

해설 A는 병렬로 전압계를 설치하고, B는 직렬로 전류계를 설치한다.

44 축전지의 충·방전 화학식이다. ( ) 속에 해당되는 것은?

$$PbO_2 + (\ ) + Pb \rightleftarrows PbSO_4 + 2H_2O + PbSO_4$$

① H_2O ② $2H_2O$
③ $2PbSO_4$ ④ $2H_2SO_4$

해설 축전지의 충·방전 화학식
$PbO_2 + 2H_2SO_4 + Pb \rightleftarrows PbSO_4 + 2H_2O + PbSO_4$

45 일반적으로 에어 백(Air Bag)에 가장 많이 사용되는 가스(gas)는?

① 수소 ② 이산화탄소
③ 질소 ④ 산소

해설 에어 백에는 안정된 원소인 질소(N_2)를 사용한다.

46 150Ah의 축전지 2개를 병렬로 연결한 상태에서 15A의 전류로 방전시킨 경우 몇 시간 사용할 수 있는가?

① 5 ② 10
③ 15 ④ 20

해설 축전지 용량(AH)=방전전류(A)×방전시간(H)
∴ 방전시간 = $\frac{축전지용량}{방전전류} = \frac{150 \times 2}{15} = 20H$

Answer 42. ④ 43. ② 44. ④ 45. ③ 46. ④

47 순방향으로 전류를 흐르게 하였을 때 빛이 발생되는 다이오드는?

① 제너 다이오드
② 포토 다이오드
③ 다이리스터
④ 발광 다이오드

해설: 발광 다이오드(LED)는 순방향으로 전류를 흐르게 하면 전류를 가시광선으로 변형시켜 빛을 발생하는 다이오드로, N형 반도체의 과잉전자와 P형 반도체의 정공이 결합되어 있는 반도체 소자이다.

48 퓨즈에 관한 설명으로 맞는 것은?

① 퓨즈는 정격전류가 흐르면 회로를 차단하는 역할을 한다.
② 퓨즈는 과대전류가 흐르면 회로를 차단하는 역할을 한다.
③ 퓨즈는 용량이 클수록 정격전류가 낮아진다.
④ 용량이 작은 퓨즈는 용량을 조정하여 사용한다.

해설: 퓨즈는 과대전류가 흐르면 회로를 차단하는 역할을 한다.

49 지구환경 문제로 인하여 기존의 냉매는 사용을 억제하고, 대체가스로 사용되고 있는 자동차 에어컨의 냉매는?

① R-134a
② R-22
③ R-16a
④ R-12

해설: 프레온 가스라 불리는 R-12 냉매는 오존층을 파괴하고 온실효과를 유발하므로 대체가스로 신냉매인 R-134a를 사용한다.

50 점화코일의 2차 쪽에서 발생되는 불꽃전압의 크기에 영향을 미치는 요소 중 거리가 먼 것은?

① 점화플러그 전극의 형상
② 점화플러그 전극의 간극
③ 기관 윤활유 압력
④ 혼합기 압력

해설: 방전전압에 영향을 미치는 요인
① 전극의 틈새모양, 간극 및 극성
② 점화코일의 성능
③ 혼합가스의 온도, 압력
④ 흡입공기의 습도와 온도

51 카바이트 취급시 주의할 점으로 틀린 것은?

① 밀봉해서 보관한다.
② 건조한 곳보다 약간 습기가 있는 곳에 보관한다.
③ 인화성이 없는 곳에 보관한다.
④ 저장소에 전등을 설치할 경우 방폭구조로 한다.

해설: 카바이트는 ①, ③, ④와 같은 방법으로 취급하고, 습기가 없는 건조한 곳에 보관한다.

52 재해조사 목적을 가장 바르게 설명한 것은?

① 적절한 예방대책을 수립하기 위해서
② 재해를 당한 당사자의 책임을 추궁하기 위하여
③ 재해 발생 상태와 그 동기에 대한 통계를 작성하기 위하여
④ 작업능률 향상과 근로기강 확립을 위하여

Answer 47. ④ 48. ② 49. ① 50. ③ 51. ② 52. ①

해설 ▶ 재해조사를 하는 목적은 재해 원인을 분석하여 적절한 예방대책을 수립하기 위해서이다.

53 헤드 볼트를 체결할 때 토크 렌치를 사용하는 이유로 가장 옳은 것은?

① 신속하게 체결하기 위해
② 작업상 편리하기 위해
③ 강하게 체결하기 위해
④ 규정 토크로 체결하기 위해

해설 ▶ 헤드 볼트를 체결할 때 토크 렌치를 사용하는 이유는 규정 값으로 조이기 위해서이다.

54 작업장 내에서 안전을 위한 통행방법으로 옳지 않은 것은?

① 자재 위에 앉지 않도록 한다.
② 좌·우측의 통행 규칙을 지킨다.
③ 짐을 든 사람과 마주치면 길을 비켜준다.
④ 바쁜 경우 기계 사이의 지름길을 이용한다.

해설 ▶ ①, ②, ③ 항은 작업장 내에서 안전을 위한 올바른 통행방법이며, 작업장 내에서는 반드시 보행자 통로를 이용한다.

55 작업자가 기계작업시의 일반적인 안전 사항으로 틀린 것은?

① 급유 시 기계는 운전을 정지시키고 지정된 오일을 사용한다.
② 운전 중 기계로부터 이탈할 때는 운전을 정지시킨다.
③ 고장수리, 청소 및 조정 시 동력을 끊고 다른 사람이 작동시키지 않도록 표시해 둔다.
④ 정전이 발생 시 기계스위치를 켜둬서 정전이 끝남과 동시에 작업 가능하도록 한다.

해설 ▶ 정전이 발생되었을 때는 각종 기계의 스위치를 꺼둔다.

56 정밀한 부속품을 세척하기 위한 방법으로 가장 안전한 것은?

① 와이어 브러시를 사용한다.
② 걸레를 사용한다.
③ 솔을 사용한다.
④ 에어 건을 사용한다.

해설 ▶ 정밀한 부속품의 세척은 에어 건으로 한다.

57 전자제어시스템을 정비할 때 점검 방법 중 올바른 것을 모두 고른 것은?

a. 배터리 전압이 낮으면 자기진단이 불가할 수 있으므로 배터리 전압을 확인한다.
b. 배터리 또는 ECU 커넥터를 분리하면 고장항목이 지워질 수 있으므로 고장진단 결과를 완전히 읽기 전에는 배터리를 분리시키지 않는다.
c. 전장품을 교환할 때에는 배터리 (−) 케이블을 분리 후 작업한다.

① a, b
② a, c
③ b, c
④ a, b, c

해설 ▶ a, b, c 모두 전자제어 시스템을 점검하는 올바른 방법이다.

Answer 53. ④ 54. ④ 55. ④ 56. ④ 57. ④

58 전자제어 가솔린 기관의 헤드볼트를 규정대로 조이지 않았을 때 발생하는 현상으로 거리가 먼 것은?

① 냉각수의 누출
② 스로틀 밸브의 고착
③ 실린더 헤드의 변형
④ 압축가스의 누설

해설 ▶ 헤드 볼트를 규정대로 조이지 않을 경우 ①, ③, ④항의 증상이 발생할 수 있다.
※ 스로틀 밸브의 고착과는 관련이 없다.

59 에어백 장치를 점검, 정비할 때 안전하지 못한 행동은?

① 에어백 모듈은 사고 후에도 재사용이 가능하다.
② 조향휠을 장착할 때 클럭 스프링의 중립 위치를 확인한다.
③ 에어백 장치는 축전지 전원을 차단하고 일정 시간 지난 후 정비한다.
④ 인플레이터의 저항은 아날로그 테스터로 측정하지 않는다.

해설 ▶ 에어백 장치의 점검, 정비는 ②, ③, ④항의 방법으로 하고, 에어백 모듈은 사고 후에는 재사용하지 않는다.

60 점화플러그 청소기를 사용할 때 보안경을 쓰는 이유로 가장 적당한 것은?

① 발생하는 스파크의 색상을 확인하기 위해
② 이물질이 눈에 들어갈 수 있기 때문에
③ 빛이 너무 자주 깜박거리기 때문에
④ 고전압에 의한 감전을 방지하기 위해

해설 ▶ 점화플러그 청소기를 사용할 때 보안경을 쓰는 이유는 이물질이 눈에 들어갈 수 있기 때문이다.

Answer 58. ② 59. ① 60. ②

단기완성 자동차 정비기능사 필기

▶ 2016년 7월 10일 시행

---

01 점화지연의 3가지에 해당되지 않는 것은?

① 기계적 지연　② 점성적 지연
③ 전기적 지연　④ 화염 전파지연

해설 점화지연의 3가지
① 기계적 지연
② 전기적 지연
③ 화염 전파지연

---

02 기관에 사용하는 윤활유의 기능이 아닌 것은?

① 마멸 작용　② 기밀 작용
③ 냉각 작용　④ 방청 작용

해설 윤활유의 6대 작용
① 감마작용 : 마찰을 감소시켜 동력 손실을 최소화
② 밀봉(기밀)작용 : 오일막을 형성하여 기밀을 유지
③ 냉각작용 : 마찰로 인한 열을 흡수하여 냉각시킴
④ 세척작용 : 먼지, 카본 등 불순물을 흡수하여 오일을 세척
⑤ 방청작용 : 수분의 침입을 막아 부식과 침식을 예방
⑥ 응력 분산작용 : 동력 행정시 충격을 분산시켜 응력을 최소화

---

03 행정의 길이가 250mm인 가솔린 기관에서 피스톤의 평균속도가 5m/s라면 크랭크축의 1분간 회전수(rpm)은 약 얼마인가?

① 500　　② 600
③ 700　　④ 800

해설

$$\text{피스톤 평균속도}(v) = \frac{2LN}{60} = \frac{LN}{30}$$

여기서, L : 행정[m]
　　　　N : 엔진 회전수[rpm]

$$\therefore \text{엔진 회전수}(N) = \frac{30 \times v}{L} = \frac{30 \times 5}{0.25} = 600\text{rpm}$$

---

04 가솔린 전자제어 기관에서 축전지 전압이 낮아졌을 때 연료분사량을 보정하기 위한 방법은?

① 분사시간을 증가시킨다.
② 기관의 회전속도를 낮춘다.
③ 공연비를 낮춘다.
④ 점화시기를 지연시킨다.

해설 축전지 전압이 낮으면 무효 분사시간이 길어지므로 분사시간을 증가시켜 연료분사량을 증량 보정한다.

Answer 01. ② 02. ① 03. ② 04. ①

05 가솔린의 주요 화합물로 맞는 것은?

① 탄소와 수소
② 수소와 질소
③ 탄소와 산소
④ 수소와 산소

> **해설** 가솔린은 탄소(C)와 수소(H)로 구성된 고분자 화합물이다.

06 전자제어 가솔린 분사장치에서 기관의 각종 센서 중 입력 신호가 아닌 것은?

① 스로틀 포지션 센서
② 냉각 수온 센서
③ 크랭크 각 센서
④ 인젝터

> **해설** 전원 및 각종 센서, 스위치는 입력신호이고, 릴레이, 액추에이터(인젝터) 등은 출력신호이다.

07 디젤기관의 연소실 형식으로 틀린 것은?

① 직접분사식
② 예연소실식
③ 와류식
④ 연료실식

> **해설** 디젤기관 연소실의 분류
> ① 단실식 : 직접 분사실식
> ② 복실식 : 예연소실식, 와류실식, 공기실식

08 자동차 주행빔 전조등의 발광면은 상측, 하측, 내측, 외측의 몇 도 이내에서 관측 가능해야 하는가?

① 5
② 10
③ 15
④ 20

> **해설** 제38조 전조등
> 전조등 렌즈의 발광각도
>
> | 구분 | 관측 각도 | | | |
> |---|---|---|---|---|
> | | 상측 | 하측 | 내측 | 외측 |
> | 주행빔 렌즈 | 5° | 5° | 5° | 5° |
> | 변환빔 렌즈 | 15° | 10° | 10° | 45° |

09 전자제어 연료분사 가솔린 기관에서 연료펌프의 체크 밸브는 어느 때 닫히게 되는가?

① 기관 회전 시
② 기관 정지 후
③ 연료 압송 시
④ 연료 분사 시

> **해설** 연료펌프의 체크 밸브는 기관 정지 후 리턴 스프링의 힘으로 닫힌다.

10 배기밸브가 하사점 전 55°에서 열려 상사점 후 15°에서 닫힐 때 총 열림각은?

① 240°
② 250°
③ 255°
④ 260°

> **해설** 배기밸브 총 열림각
> = 배기밸브 열림각도 + 배기밸브 닫힘각도 + 180°
> = 55° + 15° + 180° = 250°

Answer 05. ① 06. ④ 07. ④ 08. ① 09. ② 10. ②

11 가솔린 기관의 흡기 다기관과 스로틀 보디 사이에 설치되어 있는 서지 탱크의 역할 중 틀린 것은?

① 실린더 상호 간에 흡입공기 간섭 방지
② 흡입공기 충진 효율을 증대
③ 연소실에 균일한 공기 공급
④ 배기가스 흐름 제어

해설 서지 탱크는 흡기 다기관과 스로틀 보디 사이에 설치되어 ①~③의 역할을 하며, 배기가스의 흐름 제어는 머플러에서 한다.

12 가솔린기관 압축압력의 단위로 쓰이는 것은?

① rpm
② mm
③ PS
④ kg_f/cm^2

해설 단위
① rpm : 회전수의 단위
② mm : 길이의 단위
③ PS : 마력(동력)의 단위
④ kg_f/cm^2 : 압력의 단위

13 압력식 라디에이터 캡을 사용하므로 얻어지는 장점과 거리가 먼 것은?

① 비등점을 올려 냉각 효율을 높일 수 있다.
② 라디에이터를 소형화 할 수 있다.
③ 라디에이터의 무게를 크게 할 수 있다.
④ 냉각장치 내의 압력을 높일 수 있다.

해설 압력식 캡을 사용하면 라디에이터를 소형화 할 수 있어 무게를 가볍게 할 수 있다.

14 EGR(Exhaust Gas Recirculation) 밸브에 대한 설명 중 틀린 것은?

① 배기가스 재순환 장치이다.
② 연소실 온도를 낮추기 위한 장치이다.
③ 증발가스를 포집하였다가 연소시키는 장치이다.
④ 질소산화물(NOx) 배출을 감소하기 위한 장치이다.

해설 배기가스 재순환장치는 EGR 밸브를 이용하여 연소실의 최고온도를 낮추어 질소산화물(NOx)의 발생을 감소시킨다.
※ 연료 증발가스는 차콜 캐니스터와 PCSV를 이용하여 재연소시킨다.

15 실린더의 안지름이 100mm, 피스톤 행정 130mm, 압축비가 21일 때 연소실 용적은 약 얼마인가?

① 25cc
② 32cc
③ 51cc
④ 58cc

해설
$$행정체적(배기량) = \frac{\pi}{4} \cdot D^2 \cdot L = 0.785 D^2 \cdot L$$

$$압축비 = 1 + \frac{행정 체적(배기량)}{연소실 체적}$$

$$\therefore 연소실 체적 = \frac{행정 체적(배기량)}{압축비 - 1} = \frac{0.785 \times 10^2 \times 13}{21 - 1} = 51cc$$

Answer 11. ④ 12. ④ 13. ③ 14. ③ 15. ③

16 기관의 습식 라이너(wet type)에 대한 설명 중 틀린 것은?

① 습식 라이너를 끼울 때에는 라이너 바깥둘레에 비눗물을 바른다.
② 실링이 파손되면 크랭크 케이스로 냉각수가 들어간다.
③ 냉각수와 직접 접촉하지 않는다.
④ 냉각 효과가 크다.

해설 습식 라이너(wet type)의 특징
① 라이너의 바깥둘레가 냉각수와 직접 접촉하여 냉각효과가 크다.
② 냉각수 누출을 방지하기 위한 상·하부에 실링이 있고, 실링이 파손되면 크랭크 케이스로 냉각수가 들어간다.
③ 습식 라이너를 끼울 때에는 라이너 바깥둘레에 비눗물을 바르고 밀어 넣어 끼운다.

17 3원 촉매장치의 촉매 컨버터에서 정화처리 하는 주요 배기가스로 거리가 먼 것은?

① CO
② NOx
③ SO$_2$
④ HC

해설 삼원 촉매장치는 백금(Pt), 팔라듐(Pd), 로듐(Rh) 3가지 원소를 이용하여 가솔린 기관의 유해 배기가스인 일산화탄소(CO), 탄화수소(HC), 질소산화물(NOx)를 정화한다.

18 피스톤링의 주요 기능이 아닌 것은?

① 기밀 작용
② 감마 작용
③ 열전도 작용
④ 오일제어 작용

해설 피스톤 링의 3대 작용
① 기밀유지 작용
② 열전도 작용
③ 오일제어 작용

19 디젤기관의 연료분사에 필요한 조건으로 틀린 것은?

① 무화
② 분포
③ 조정
④ 관통력

해설 연료 분무의 3대 조건
무화, 분포, 관통력

20 LPG기관의 연료장치에서 냉각수의 온도가 낮을 때 시동성을 좋게 하기 위해 작동되는 밸브는?

① 기상밸브
② 액상밸브
③ 안전밸브
④ 과류방지밸브

해설 LPG기관 연료장치에서 ECU는 수온센서로부터 신호를 받아, 기관 냉각수의 온도(15℃)를 기준으로 온도가 낮을 때 시동성을 좋게 하기 위해 기상밸브를 작동시킨다.

21 공기량 계측방식 중에서 발열체와 공기 사이의 열전달 현상을 이용한 방식은?

① 열선식 질량유량 계량방식
② 베인식 체적유량 계량방식
③ 칼만와류 방식
④ 맵 센서방식

해설 열선식 질량유량 계량방식은 공기의 흐름 통로 중에 발열체를 놓아 공기량에 따라 열을 빼앗기는 열량, 즉 발열체와 공기 사이의 열전달 현상을 이용하여 공기량을 계측하는 방식이다.

Answer 16. ③ 17. ③ 18. ② 19. ③ 20. ① 21. ①

22 평균유효압력이 10kgf/cm², 배기량이 7500cc, 회전속도 2400rpm, 단기통인 2행정 사이클의 지시마력은?

① 200PS ② 300PS
③ 400PS ④ 500PS

해설

지시(도시)마력
$$= \frac{PALZN}{75 \times 60} = \frac{PVZN}{75 \times 60 \times 100}$$

여기서, P : 지시평균 유효압력[kgf/cm²]
  A : 실린더 단면적[cm²]
  L : 행정[m]
  V : 배기량[cm³]
  Z : 실린더 수
  N : 엔진 회전수[rpm]
   (2행정기관 : N, 4행정기관 : $N/2$)

∴ 지시마력 $= \frac{10 \times 7500 \times 2400}{75 \times 60 \times 100} = 400\text{PS}$

23 어떤 물체가 초속도 10m/s로 마루면을 미끄러진다면 약 몇 m를 진행하고 멈추는가? (단, 물체와 마루면 사이의 마찰계수는 0.5이다.)

① 0.51 ② 5.1
③ 10.2 ④ 20.4

해설

제동거리(S) $= \dfrac{v^2}{2\mu g}$

여기서, v : 제동 초속도[m/s]
  μ : 마찰계수
  g : 중력가속도[9.8m/s²]

∴ $S = \dfrac{v^2}{2 \times \mu \times g} = \dfrac{10^2}{2 \times 0.5 \times 9.8} = 10.2\text{m}$

24 후축에 9890kgf의 하중이 작용될 때 후축에 4개의 타이어를 장착하였다면 타이어 한 개당 받는 하중은?

① 약 2473 kgf ② 약 2770 kgf
③ 약 3473 kgf ④ 약 3770 kgf

해설

타이어에 걸리는 하중 $= \dfrac{\text{하중}}{\text{타이어 수}}$

∴ 타이어에 걸리는 하중 $= \dfrac{9890}{4} = 2472.5\text{kgf}$

25 조향장치가 갖추어야 할 조건 중 적당하지 않는 사항은?

① 적당한 회전 감각이 있을 것
② 고속주행에서도 조향핸들이 안정될 것
③ 조향휠의 회전과 구동휠의 선회차가 클 것
④ 선회 후 복원성이 있을 것

해설 조향장치가 갖추어야 할 조건
① 조작하기 쉽고 방향전환이 원활하게 행해질 것
② 회전반경이 적을 것
③ 조향핸들과 바퀴의 선회 차이가 크지 않을 것
④ 조향조작이 주행 중의 충격에 영향을 받지 않을 것
⑤ 고속 주행에도 조향휠이 안정되고 복원력이 좋을 것
⑥ 선회 시 저항이 적고 선회 후 복원성이 좋을 것
⑦ 적당한 회전 감각이 있을 것

Answer 22. ③ 23. ③ 24. ① 25. ③

26 디스크 브레이크와 비교해 드럼 브레이크의 특성으로 맞는 것은?

① 페이드 현상이 잘 일어나지 않는다.
② 구조가 간단하다.
③ 브레이크의 편제동 현상이 적다.
④ 자기작동 효과가 크다.

해설 드럼 브레이크의 특징
① 디스크 브레이크에 비해 제동력이 강하다.
② 자기작동 효과가 크다.
③ 가격이 저렴하다.

27 수동변속기에서 기어변속 시 기어의 이중물림을 방지하기 위한 장치는?

① 파킹 볼 장치
② 인터 록 장치
③ 오버드라이브 장치
④ 록킹 볼 장치

해설 ① 인터 록(inter lock) : 이중 물림 방지
② 록킹 볼(locking ball) : 기어 빠짐 방지

28 기관의 회전수가 3500rpm, 제2속의 감속비 1.5, 최종감속비 4.8, 바퀴의 반경이 0.3m일 때 차속은? (단, 바퀴와 지면과 미끄럼은 무시한다.)

① 약 35km/h   ② 약 45km/h
③ 약 55km/h   ④ 약 65km/h

해설
$$차속 = \frac{\pi DN}{R_t \times R_f} \times \frac{60}{1,000} [km/h]$$

여기서, D : 타이어 직경[m]
N : 엔진 회전수[rpm]
R_t : 변속비
R_f : 종감속비

$$\therefore 차속 = \frac{3.14 \times 0.6 \times 3500}{1.5 \times 4.8} \times \frac{60}{1,000}$$
$$= 54.95 km/h$$

29 차동장치에서 차동 피니언과 사이드 기어의 백 래시 조정은?

① 축받이 차축의 왼쪽 조정심을 가감하여 조정한다.
② 축받이 차축의 오른쪽 조정심을 가감하여 조정한다.
③ 차동장치의 링기어 조정 장치를 조정한다.
④ 스러스트(thrust) 와셔의 두께를 가감하여 조정한다.

해설 차동장치에서 차동 사이드 기어의 백 래시 조정은 스러스트 와셔의 두께를 가감하여 조정한다.

30 전자제어식 자동변속기 제어에 사용되는 센서가 아닌 것은?

① 차고 센서
② 유온 센서
③ 입력축 속도센서
④ 스로틀 포지션 센서

해설 자동변속기 TCU 입·출력 신호

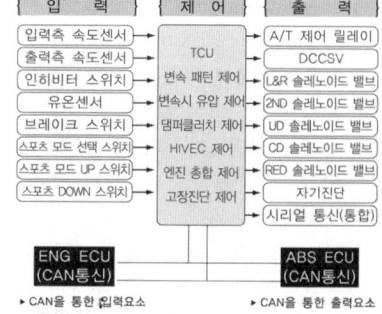

※ 차고 센서는 전자제어 현가장치(ECS)의 입력신호이다.

Answer 26. ④   27. ②   28. ③   29. ④   30. ①

31 수동변속기에서 클러치의 미끄러지는 원인으로 틀린 것은?

① 클러치 디스크에 오일이 묻었다.
② 플라이 휠 및 압력판이 손상되었다.
③ 클러치 페달의 자유간극이 크다.
④ 클러치 디스크의 마멸이 심하다.

해설 클러치가 미끄러지는 원인
① 클러치 디스크 마모로 인한 자유유격 과소
② 클러치 스프링의 변형 및 장력 약화
③ 마찰면의 경화 또는 오일 부착
④ 압력판, 플라이 휠 접촉면의 손상

32 주행 시 혹은 제동 시 핸들이 한쪽으로 쏠리는 원인으로 거리가 가장 먼 것은?

① 좌우 타이어의 공기 압력이 같지 않다.
② 앞바퀴의 정렬이 불량하다.
③ 조향 핸들축의 축 방향 유격이 크다.
④ 한쪽 브레이크 라이닝 간격 조정이 불량하다.

해설 조향 휠이 한쪽으로 쏠리는 원인
① 타이어 공기압이 불균일하다.
② 좌·우 축거가 다르다.
③ 좌·우 브레이크 라이닝의 간극이 다르다.
④ 앞차축 한쪽의 현가 스프링이 절손되었다.
⑤ 쇽업소버 작동이 불량하다.
⑥ 휠 얼라인먼트가 불량하다.
⑦ 뒤차축이 차의 중심선에 대하여 직각이 아니다.
[참고] 조향 핸들축의 축방향 유격이 크다는 것은 핸들이 아래 위로 흔들린다는 뜻이다.

33 일반적인 브레이크 오일의 주성분은?

① 윤활유와 경유
② 알콜과 피마자 기름
③ 알콜과 윤활유
④ 경유와 피마자 기름

해설 브레이크 오일은 일반적으로 피마자 기름에 알콜 등의 용제를 혼합한 식물성 오일이다.

34 전자제어 현가장치의 제어 기능에 해당되는 것이 아닌 것은?

① 앤티 스키드
② 앤티 롤
③ 앤티 다이브
④ 앤티 스쿼트

해설 차량의 자세 제어
① 안티 롤 제어 : 선회시 차량이 기울어지는 롤 상태를 검출하여 롤을 억제
② 안티 다이브 제어 : 급제동시 앞쪽은 내려가고 뒤쪽은 들어 올려지는 현상을 검출하여 다이브를 억제
③ 안티 스쿼트 제어 : 급 출발시 앞쪽은 들어 올려지고 뒤쪽은 내려가는 현상을 검출하여 스쿼트를 억제
④ 안티 시프트 스쿼트 제어 : N→D 또는 N→R 변속시 앞, 또는 뒤쪽이 들어 올려지는 현상을 억제
※ 앤티 스키드(Anti-skid)는 전자제어 제동장치(ABS)에서 사용되는 용어이다.

Answer 31. ③ 32. ③ 33. ② 34. ①

35 자동변속기에서 오일라인압력을 근원으로 하여 오일라인압력보다 낮은 일정한 압력을 만들기 위한 밸브는?

① 체크 밸브
② 거버너 밸브
③ 매뉴얼 밸브
④ 리듀싱 밸브

해설 자동변속기 밸브의 역할
① 매뉴얼(manual) 밸브 : 운전자의 조작에 따라 유로를 변경하여 변속 레인지를 결정하는 수동밸브이다.
② 거버너(governor) 밸브 : 차량속도의 증감에 따라 증가하거나 감소하는 압력으로, 차량속도에 따라 제어되는 압력을 조정하는 압력밸브이다.
③ 리듀싱(reducing) 밸브 : 오일라인압력을 근원으로 하여 오일라인압력보다 낮은 일정한 압력을 만들기 위한 감압밸브이다.

36 ABS 차량에서 4센서 4채널 방식의 설명으로 틀린 것은?

① ABS 작동 시 각 휠의 제어는 별도로 제어된다.
② 휠 속도센서는 각 바퀴마다 1개씩 설치된다.
③ 톤 휠의 회전에 의해 전압이 변한다.
④ 휠 속도센서의 출력 주파수는 속도에 반비례한다.

해설 휠 속도센서의 출력 주파수는 속도에 비례하여 발생된다.

37 전자제어 현가장치의 입력 센서가 아닌 것은?

① 차속 센서
② 조향 휠 각속도 센서
③ 차고 센서
④ 임팩트 센서

해설 임팩트 센서는 에어백 장치의 입력신호이다.

38 유압식 전자제어 동력 조향장치에서 컨트롤 유닛(ECU)의 입력 요소는?

① 브레이크 스위치
② 차속 센서
③ 흡기온도 센서
④ 휠 스피드 센서

해설 차속센서 신호가 동력 조향장치 컨트롤 유닛에 입력되면 차속에 따라 조향력을 적절하게 한다.

39 빈 칸에 알맞은 것은?

> 애커먼 장토의 원리는 조향각도를 (①)로 하고, 선회할 때 선회하는 안쪽 바퀴의 조향각도가 바깥쪽 바퀴의 조향각도보다 (②)되며, (③)의 연장선상의 한 점을 중심으로 동심원을 그리면서 선회하여 사이드슬립 방지와 조향핸들 조작에 따른 저항을 감소시킬 수 있는 방식이다.

① ① 최소, ② 작게, ③ 앞차축
② ① 최대, ② 작게, ③ 뒷차축
③ ① 최소, ② 크게, ③ 앞차축
④ ① 최대, ② 크게, ③ 뒷차축

Answer 35. ④ 36. ④ 37. ④ 38. ② 39. ④

해설 애커먼 장토의 원리는 조향각도를 최대로 하고, 선회할 때 선회하는 안쪽 바퀴의 조향각도가 바깥쪽 바퀴의 조향각도보다 크게 되며, 뒷차축의 연장선상의 한 점을 중심으로 동심원을 그리면서 선회하여 사이드슬립 방지와 조향핸들 조작에 따른 저항을 감소시킬 수 있는 방식이다.

40 유압식 브레이크는 어떤 원리를 이용한 것인가?

① 뉴톤의 원리
② 파스칼의 원리
③ 베르누이의 원리
④ 애커먼 장토의 원리

해설 유압식 브레이크는 파스칼의 원리를 이용한 것이다.

41 자동차 전조등회로에 대한 설명으로 맞는 것은?

① 전조등 좌우는 직렬로 연결되어 있다.
② 전조등 좌우는 병렬로 연결되어 있다.
③ 전조등 좌우는 직병렬로 연결되어 있다.
④ 전조등 작동 중에는 미등이 소등된다.

해설 자동차 전조등의 좌측과 우측은 병렬로 연결되어 있다.

42 축전기(Condenser)와 관련된 식 표현으로 틀린 것은? (Q = 전기량, E = 전압, C = 비례상수)

① $Q = CE$
② $C = \dfrac{Q}{E}$
③ $E = \dfrac{Q}{C}$
④ $C = QE$

해설 축전기(Condenser) 정전용량
$Q = CE$, $C = \dfrac{Q}{E}$, $E = \dfrac{Q}{C}$ 이다.

43 전자동에어컨(FATC) 시스템의 ECU에 입력되는 센서 신호로 거리가 먼 것은?

① 외기온도 센서
② 차고 센서
③ 일사 센서
④ 내기온도 센서

해설 차고센서는 전자제어 현가장치(ECS)의 입력 신호이다.

44 12V의 전압에 20Ω의 저항을 연결하였을 경우 몇 A의 전류가 흐르겠는가?

① 0.6A
② 1A
③ 5A
④ 10A

해설
오옴의 법칙 $I = \dfrac{E}{R}$

∴ 전류 $I = \dfrac{E}{R} = \dfrac{12}{20} = 0.6A$

Answer 40. ② 41. ② 42. ④ 43. ② 44. ①

45 자동차 에어컨 장치의 순환과정으로 맞는 것은?

① 압축기 → 응축기 → 건조기 → 팽창밸브 → 증발기
② 압축기 → 응축기 → 팽창밸브 → 건조기 → 증발기
③ 압축기 → 팽창밸브 → 건조기 → 응축기 → 증발기
④ 압축기 → 건조기 → 팽창밸브 → 응축기 → 증발기

해설 ▶ 에어컨 순환과정
압축기(compressor) → 응축기(condenser) → 건조기(receiver drier) → 팽창밸브(expansion valve) → 증발기(evaporator)

46 자동차의 교류 발전기에서 발생된 교류 전기를 직류로 정류하는 부품은 무엇인가?

① 전기자
② 조정기
③ 실리콘 다이오드
④ 릴레이

해설 ▶ AC 발전기의 실리콘 다이오드는 교류 전기를 직류로 정류하고, 역류를 방지한다.

47 기동전동기에서 오버런닝 클러치의 종류에 해당되지 않는 것은?

① 롤러식
② 스프래그식
③ 전기자식
④ 다판 클러치식

해설 ▶ 오버런닝 클러치의 종류
① 롤러식
② 스프래그식
③ 다판 클러치식

48 엔진 ECU 내부의 마이크로 컴퓨터 구성요소로서 산술 연산 또는 논리 연산을 수행하기 위해 데이터를 일시 보관하는 기억장치는?

① FET 구동회로 ② A/D 컨버터
③ 인터페이스   ④ 레지스터

해설 ▶ 엔진 ECU 내부의 마이크로 컴퓨터 구성요소로서 산술 연산 또는 논리 연산을 수행하기 위해 데이터를 일시 보관하는 기억장치를 레지스터(register)라 한다.

49 자기방전율은 축전지 온도가 상승하면 어떻게 되는가?

① 높아진다.
② 낮아진다.
③ 변함없다.
④ 낮아진 상태로 일정하게 유지된다.

해설 ▶ 축전지의 자기 방전율은 온도가 상승하면 높아지고, 온도가 하강하면 낮아진다.

Answer 45. ① 46. ③ 47. ③ 48. ④ 49. ①

50 축전지에 대한 설명 중 틀린 것은?
① 전해액 온도가 올라가면 비중은 낮아진다.
② 전해액의 온도가 낮으면 황산의 확산이 활발해진다.
③ 온도가 높으면 자기방전량이 많아진다.
④ 극판수가 많으면 용량이 증가한다.

해설 전해액의 온도가 낮으면 황산의 확산은 느려지게 되어 축전지의 용량이 작아진다.

51 산업안전보건법상의 "안전·보건표지의 종류와 형태"에서 아래 그림이 의미하는 것은?

① 직진금지   ② 출입금지
③ 보행금지   ④ 차량통행금지

해설 안전·보건표지의 종류와 형태

※ 교통 표지판은 직진금지이지만, 안전·보건 표지에서는 출입금지 표지이다.

52 차량 시험기기의 취급 주의사항에 대한 설명으로 틀린 것은?
① 시험기기 전원 및 용량을 확인한 후 전원 플러그를 연결한다.
② 시험기기의 보관은 깨끗한 곳이면 아무 곳이나 좋다.
③ 눈금의 정확도는 수시로 점검해서 0점을 조정해 준다.
④ 시험기기의 누전 여부를 확인한다.

해설 차량 시험기기의 보관은 지정된 장소의 깨끗한 곳에 보관한다.

53 산업 안전표지 종류에서 비상구 등을 나타내는 표지는?
① 금지표지   ② 경고표지
③ 지시표지   ④ 안내표지

해설 산업 안전표지 종류에서 비상구, 녹십자, 응급구호, 세안장치, 들 것 등은 안내표지이다.

54 줄 작업 시 주의사항이 아닌 것은?
① 몸 쪽으로 당길 때에만 힘을 가한다.
② 공작물은 바이스에 확실히 고정한다.
③ 날이 메꾸어 지면 와이어 브러시로 털어낸다.
④ 절삭가루는 솔로 쓸어낸다.

해설 줄 작업시 주의사항
① 줄에 균열이 있는 것은 위험하므로 잘 점검한다.

Answer 50. ② 51. ② 52. ② 53. ④

② 줄자루는 적당한 크기의 것으로 자루를 확실히 고정하여 사용한다.
③ 공작물은 바이스에 확실히 고정한다.
④ 칩은 입으로 불거나 맨손으로 털지 말고 반드시 브러시를 사용한다.
⑤ 줄을 잡을 때는 한손으로 확실히 잡고 다른 한 손은 끝을 가볍게 쥐고 앞으로 가볍게 밀어 사용한다.

55 중량물을 인력으로 운반하는 과정에서 발생할 수 있는 재해의 형태(유형)와 거리가 먼 것은?
① 허리 요통
② 협착(압상)
③ 급성 중독
④ 충돌

[해설] 급성 중독은 작업장의 환기 불량에서 발생하는 재해이다.

56 브레이크 드럼을 연삭할 때 전기가 정전되었다. 가장 먼저 취해야 할 조치사항은?
① 스위치 전원을 내리고(off) 주 전원의 퓨즈를 확인한다.
② 스위치는 그대로 두고 정전 원인을 확인한다.
③ 작업하던 공작물을 탈거한다.
④ 연삭에 실패했음으로 새 것으로 교환하고, 작업을 마무리한다.

[해설] 기계 작업 중 정전이 발생되었을 때는 가장 먼저 스위치 전원을 내리고(off) 주 전원의 퓨즈를 확인한다.

57 기관의 분해 정비를 결정하기 위해 기관을 분해하기 전 점검해야 할 사항으로 거리가 먼 것은?
① 실린더 압축압력 점검
② 기관오일 압력점검
③ 기관운전 중 이상소음 및 출력점검
④ 피스톤 링 갭(gap) 점검

[해설] 피스톤 링 갭(gap) 점검은 기관을 분해한 후에 점검해야 할 사항이다.

58 작업장에서 중량물 운반수레와 취급 시 안전사항으로 틀린 것은?
① 적재중심은 가능한 한 위로 오도록 한다.
② 화물이 앞뒤 또는 측면으로 편중되지 않도록 한다.
③ 사용 전 운반수레의 각 부를 점검한다.
④ 앞이 안보일 정도로 화물을 적재하지 않는다.

[해설] 적재중심은 낮을수록 안전하므로 적재는 가능한 한 중심이 낮은 곳에 위치하도록 한다.

Answer 54. ① 55. ③ 56. ① 57. ④ 58. ①

59 축전지 단자에 터미널 체결 시 올바른 것은?

① 터미널과 단자를 주기적으로 교환할 수 있도록 가 체결한다.
② 터미널과 단자 접속부 틈새에 흔들림이 없도록 (-)드라이버로 단자 끝에 망치를 이용하여 적당한 충격을 가한다.
③ 터미널과 단자 접속부 틈새에 녹슬지 않도록 냉각수를 소량 도포한 후 나사를 잘 조인다.
④ 터미널과 단자 접속부 틈새에 이물질이 없도록 청소 후 나사를 잘 조인다.

해설) 축전지 단자에 터미널 체결 시에는 터미널과 단자 접속부 틈새에 이물질이 없도록 청소 후, 나사를 단단히 조인다.

60 멀티 회로시험기를 사용할 때의 주의사항 중 틀린 것은?

① 고온, 다습, 직사광선을 피한다.
② 영점 조정 후에 측정한다.
③ 직류전압의 측정 시 선택 스위치는 AC. (V)에 놓는다.
④ 지침은 정면에서 읽는다.

해설) 직류전압은 DC.V에, 교류전압은 AC.V에 놓는다.

Answer 59. ④ 60. ③

Craftsman Motor Vehicles Maintenance

단기완성 자동차 정비기능사 필기

> 기출복원 문제

- **기출복원 문제란?**
  CBT시행에 따라 저자께서 수검자들의 도움으로 최대한 유형에 가깝게 복원한 문제입니다.

---

01 차량 주행 중 급감속시 스로틀 밸브가 급격히 닫히는 것을 방지하여 운전성을 좋게 하는 것은?

① 아이들업 솔레노이드
② 대시포트
③ 퍼지 컨트롤 밸브
④ 연료 차단 밸브

해설 대시포트(dash pot)는 급감속시 스로틀 밸브가 급격히 닫히는 것을 방지하여 운전성을 좋게 한다.

02 피스톤 링의 구비조건으로 틀린 것은?

① 고온에서도 탄성을 유지할 것
② 오래 사용하여도 링 자체나 실린더 마멸이 적을 것
③ 열팽창률이 작을 것
④ 실린더 벽에 편심된 압력을 가할 것

해설 피스톤 링의 구비조건
ⓐ 열 팽창률이 적을 것
ⓑ 내열성과 내마모성이 좋을 것
ⓒ 실린더 벽에 균일한 압력을 가할 것
ⓓ 피스톤 링 자체나 실린더 마멸이 적을 것
ⓔ 고온에서도 탄성을 유지할 것

03 기관의 최고 출력이 70PS, 4,800rpm인 자동차가 최고 출력을 낼 때의 총감속비가 4.8 : 1이라면 뒤차축의 액슬축은 몇 rpm인가?

① 336rpm   ② 1,000rpm
③ 1,250rpm   ④ 1,500rpm

해설 후차축(액슬축) 회전수 $= \dfrac{\text{엔진 회전수}}{\text{총 감속비}}$

$\therefore \dfrac{4,800}{4.8} = 1,000 \text{rpm}$

04 라디에이터의 점검에서 누설 실험을 하기 위한 공기압은?

① 1kgf/cm^2 ② 3kgf/cm^2
③ 5kgf/cm^2 ④ 7kgf/cm^2

해설 누설 시험시 압축공기 압력은 $0.5 \sim 2\text{kgf/cm}^2$이다.

Answer 01.② 02.④ 03.② 04.①

05 PTC 서미스터에서 온도와 저항값의 변화 관계가 맞는 것은?

① 온도 증가와 저항값은 관련 없다.
② 온도 증가에 따라 저항값이 감소한다.
③ 온도 증가에 따라 저항값이 증가한다.
④ 온도 증가에 따라 저항값이 증가, 감소 반복한다.

해설 서미스터란 온도에 따라 저항값이 변하는 반도체 소자로, 온도가 올라갈 때 저항값이 커지면 정특성(PTC, Positive Temperature Coefficient) 서미스터라 하고, 반대로 저항값이 내려가면 부특성(NTC, Negative Temperature Coefficient) 서미스터라 한다.

06 엔진 조립시 피스톤링 절개구 방향은?

① 피스톤 사이드 스러스트 방향을 피하는 것이 좋다.
② 피스톤 사이드 스러스트 방향으로 두는 것이 좋다.
③ 크랭크축 방향으로 두는 것이 좋다.
④ 절개구의 방향은 관계없다.

해설 엔진 조립시 피스톤링 절개구 방향은 측압에 의해 피스톤링 절개부로 압축 및 가스의 누출 우려가 있으므로 측압을 받는 부분을 피하는 것이 좋다.

07 실린더가 정상적인 마모를 할 때 마모량이 가장 큰 부분은?

① 실린더 윗 부분
② 실린더 중간 부분
③ 실린더 밑 부분
④ 실린더 헤드

해설 동력행정에서 폭발압력에 의해 피스톤 헤드가 받는 압력이 가장 크므로 피스톤 링과 실린더 벽과의 밀착력이 최대가 되기 때문에 실린더 윗 부분의 마모가 가장 크다.

08 기관이 1,500rpm에서 20m−kgf의 회전력을 낼 때 기관의 출력은 41.87PS 이다. 기관의 출력을 일정하게 하고 회전수를 2,500rpm으로 하였을 때 얼마의 회전력을 내는가?

① 약 45m−kgf
② 약 35m−kgf
③ 약 25m−kgf
④ 약 12m−kgf

해설 출력(제동마력, PS) $= \dfrac{TN}{716}$

T : 회전력(m−kgf)
N : 엔진 회전수(rpm)

$\therefore T = \dfrac{716 \times PS}{N} = \dfrac{716 \times 41.87}{2,500} = 11.99 \text{kg}_f - \text{m}$

Answer 05.③ 06.① 07.① 08.④

09 다음 중 기관 과열의 원인이 아닌 것은?
① 수온조절기 불량
② 냉각수 량 과다
③ 라디에이터 캡 불량
④ 냉각팬 모터 고장

해설 엔진이 과열되는 원인
① 수온조절기가 닫힌 채로 고장났다.
② 라디에이터 캡 불량
③ 라디에이터 코어가 20% 이상 막혔다.
④ 라디에이터 핀에 이물질이 많이 묻었다.
⑤ 라디에이터가 파손되었다.
⑥ 물펌프가 작동불량이다.
⑦ 냉각팬 모터 고장이다.
⑧ 벨트가 헐겁거나 끊어졌다.
⑨ 엔진이 과부하로 운전되고 있다.

10 LPG 기관의 연료장치에서 냉각수 온도가 낮을 때 시동성을 좋게 하기 위해 작동되는 밸브는?
① 기상밸브   ② 액상밸브
③ 안전밸브   ④ 과류방지밸브

해설 냉각수 온도가 낮을 때는 기화가 잘 안되므로 기상밸브를 열어 시동성을 좋게 한다.

11 자동변속기에서 유성기어 캐리어를 한 방향으로만 회전하게 하는 것은?
① 원웨이 클러치   ② 프론트 클러치
③ 리어 클러치   ④ 엔드 클러치

해설 일방향 클러치(one way clutch)는 유성기어 캐리어를 한 쪽 방향으로만 회전하게 한다.

12 ABS(Anti-Lock Brake System)의 주요 구성품이 아닌 것은?
① 휠 속도센서
② ECU
③ 하이드롤릭 유니트
④ 차고 센서

해설 ABS의 구성부품
① 휠 스피드 센서 : 차륜의 회전상태를 검출
② 전자제어 컨트롤 유닛(E.C.U) : 휠 스피드 센서의 신호를 받아 ABS를 제어
③ 하이드롤릭 유닛 : E.C.U의 신호에 따라 휠 실린더에 공급되는 유압을 제어
④ 프로포셔닝 밸브 : 브레이크를 밟았을 때 뒷바퀴가 조기에 고착되지 않도록 뒷바퀴의 유압을 제어
※ 차고센서는 전자제어 현가장치(ECS) 부품이다.

13 피스톤의 평균속도를 올리지 않고 회전수를 높일 수 있으며 단위 체적당 출력을 크게 할 수 있는 기관은?
① 장행정 기관   ② 정방형 기관
③ 단행정 기관   ④ 고속형 기관

해설 오버스퀘어(단행정) 기관의 장점과 단점
① 피스톤 평균속도를 높이지 않고 기관 회전수를 높일 수 있어 단위 체적당 출력을 크게 할 수 있다.
② 흡배기 밸브의 지름을 크게 할 수 있어 체적효율을 높일 수 있다.
③ 내경에 비해 행정이 작으므로 기관의 높이를 낮게 할 수 있다.
④ 내경이 커서 피스톤이 과열되기 쉽고, 베어링 하중이 증가한다.
⑤ 기관의 높이는 낮아지나, 길이가 길어진다.

Answer 09.② 10.① 11.① 12.④ 13.③

14 기관의 회전수를 계산하는데 사용하는 센서는?

① 스로틀 포지션 센서
② 맵 센서
③ 크랭크 포지션 센서
④ 노크센서

해설 센서의 기능
① 스로틀 포지션 센서 : 스로틀 밸브의 개도를 검출하여 엔진 운전모드를 판정하여 가속과 감속상태를 감지하고 연료 분사량을 보정한다.
② 맵 센서 : 서지탱크로 들어오는 공기량은 매니홀드의 절대압에 비례한다는 이론으로 공기량을 계산하는 센서로 흡기온도 센서와 더불어 공기량을 ECU에서 계산한다.
③ 크랭크 포지션 센서 : 크랭크축이 압축상사점에 대해 어떤 위치에 있는가를 검출하여 엔진 회전수를 계산시키고 분사시기를 결정하는 신호로 사용한다.
④ 노크 센서 : 엔진의 노킹을 감지하여 이를 전압으로 변환해서 ECU로 보내 이 신호를 근거로 점화시기를 지각시킨다.

15 구동피니언 잇수 6, 링기어의 잇수 30, 추진축의 회전수 1,000rpm일 때 왼쪽 바퀴가 150rpm으로 회전한다면 오른쪽 바퀴의 회전수는?

① 250rpm   ② 300rpm
③ 350rpm   ④ 400rpm

해설 한 쪽 바퀴 회전수(N_w)

$$N_w = \frac{\text{추진축 회전수}}{\text{종감속비}} \times 2 - \text{다른 쪽 바퀴 회전수}$$

∴ 한 쪽 바퀴 회전수 $(N_w) = \dfrac{1,000}{\frac{30}{6}} \times 2 - 150 = 250$

16 차동장치에서 차동 피니언 사이드 기어의 백 래시 조정은?

① 축받이 차축의 왼쪽 조정심을 가감하여 조정한다.
② 축받이 차축의 오른쪽 조정심을 가감하여 조정한다.
③ 차동 장치의 링기어 조정 장치를 조정한다.
④ 드러스트 와셔의 두께를 가감하여 조정한다.

해설 차동장치에서 차동 사이드 기어의 백 래시 조정은 드러스트 와셔의 두께를 가감하여 조정한다.

17 수동변속기 차량에서 클러치가 미끄러지는 원인은?

① 클러치 페달 자유간극 과다
② 클러치 스프링의 장력 약화
③ 릴리스 베어링 파손
④ 유압 라인 공기 혼입

해설 클러치가 미끄러지는 원인
① 클러치 디스크 마모로 인한 자유 유격 과소
② 클러치 스프링의 약화 및 변형
③ 마찰면의 경화 또는 오일 부착
④ 압력판, 플라이 휠 접촉면의 손상

Answer 14.③ 15.① 16.④ 17.②

18 실린더 배기량이 376.8cc이고, 연소실 체적이 47.1cc일 때 기관의 압축비는 얼마인가?

① 7 : 1
② 8 : 1
③ 9 : 1
④ 10 : 1

해설) 압축비 $\epsilon = \dfrac{\text{실린더 체적}}{\text{연소실 체적}}$

$= 1 + \dfrac{\text{행정 체적(배기량)}}{\text{연소실 체적}}$

∴ 압축비 $= 1 + \dfrac{376.8}{47.1} = 9$

19 PCV(positive crankcase ventilation)에 대한 설명으로 옳은 것은?

① 블로바이(blow by) 가스를 대기 중으로 방출하는 시스템이다.
② 고부하 때에는 블로바이 가스가 공기 청정기에서 헤드커버 내로 공기가 도입된다.
③ 흡기 다기관이 부압일 때는 크랭크 케이스에서 헤드커버를 통해 공기 청정기로 유입된다.
④ 헤드커버 안의 블로바이 가스는 부하와 관계없이 서지탱크로 흡입되어 연소된다.

해설) 블로바이 가스는 공전 및 경부하시에는 PCV 밸브를 통하여 서지탱크로 흡입되어 연소되며, 급가속 및 고부하시에는 PCV 밸브는 닫히고, 브리더 호스를 통하여 서지탱크로 흡입되어 연소된다.

20 점화 플러그에 불꽃이 튀지 않는 이유 중 틀린 것은?

① 파워 TR 불량
② 점화 코일 불량
③ TPS 불량
④ ECU 불량

해설) ①, ②, ④항은 점화와 관련된 사항이므로 불꽃이 튀지않는 원인이 되며, TPS는 불꽃과는 관련이 없다.

21 부특성 서미스터(Thermister)에 해당되는 것으로 나열된 것은?

① 냉각수온 센서, 흡기온 센서
② 냉각수온 센서, 산소 센서
③ 산소 센서, 스로틀 포지션 센서
④ 스로틀 포지션 센서, 크랭크 앵글 센서

해설) 부특성 서미스터 : 냉각수온 센서, 흡기온 센서, 오일온도 센서 등에 사용

Answer 18.③ 19.④ 20.③ 21.①

22 4행정 디젤기관에서 실린더 내경 100mm, 행정 127mm, 회전수 1,200rpm, 도시 평균 유효압력 7kgf/cm², 실린더 수가 6이라면 도시마력(PS)은?

① 약 49
② 약 56
③ 약 80
④ 약 112

해설 지시(도시)마력
$$= \frac{PALZN}{75 \times 60} = \frac{PVZN}{75 \times 60 \times 100}$$

P : 지시평균 유효압력[kgf/cm²]
A : 실린더 단면적[cm²]
L : 행정[m]
V : 배기량[cm³]
Z : 실린더 수
N : 엔진 회전수[rpm](2행정기관 : N, 4행정기관 : $\frac{N}{2}$)

∴ 지시마력
$$= \frac{7 \times 0.785 \times 10^2 \times 0.127 \times 6 \times 1,200}{75 \times 60 \times 2}$$
$$= 55.8 PS$$

23 산소센서 신호가 희박으로 나타날 때 연료계통의 점검사항으로 틀린 것은?

① 연료필터의 막힘 여부
② 연료펌프의 작동전류 점검
③ 연료펌프 전원의 전압강하 여부
④ 릴리프 밸브의 막힘 여부

해설 산소센서 신호가 희박하다고 나타나면 연료가 부족하다는 의미이므로 ①~③항을 점검하고, 릴리프 밸브는 연료압력이 높아지면 작동하는 안전밸브로 관련이 없다.

24 수동변속기 내부에서 싱크로나이저 링의 기능이 작용하는 시기는?

① 변속기 내에서 기어가 빠질 때
② 변속기 내에서 기어가 물릴 때
③ 클러치 페달을 밟을 때
④ 클러치 페달을 놓을 때

해설 싱크로나이저 링은 기어 변속시(물릴 때) 동기시켜 변속을 원활하게 해주는 역할을 한다.

25 그림과 같이 측정했을 때 저항 값은?

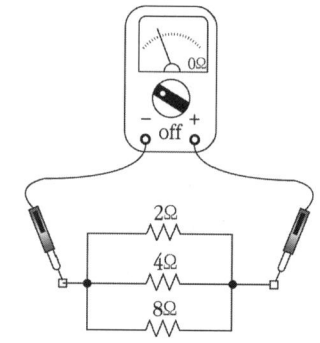

① 14Ω
② $\frac{1}{14}$ Ω
③ $\frac{8}{7}$ Ω
④ $\frac{7}{8}$ Ω

해설

병렬 합성저항 $\frac{1}{R} = \frac{1}{R_1} + \frac{1}{R_2} + \cdots + \frac{1}{R_n}$

∴ 합성저항 $\frac{1}{R} = \frac{1}{2} + \frac{1}{4} + \frac{1}{8}$
$$= \frac{4}{8} + \frac{2}{8} + \frac{1}{8} = \frac{7}{8} \Omega$$

∴ $R = \frac{8}{7} \Omega$

Answer 22.② 23.④ 24.② 25.③

26 수동변속기 차량에서 클러치의 구비조건으로 틀린 것은?

① 동력전달이 확실하고 신속할 것
② 방열이 잘 되어 과열되지 않을 것
③ 회전부분의 평형이 좋을 것
④ 회전 관성이 클 것

해설 클러치 구비조건
ⓐ 동력전달이 확실하고 신속할 것
ⓑ 방열이 잘 되어 과열되지 않을 것
ⓒ 회전 부분의 평형이 좋을 것
ⓓ 내열성이 좋을 것
ⓔ 회전 관성이 작을 것

27 전자제어 제동장치(ABS)의 적용 목적이 아닌 것은?

① 차량의 스핀 방지
② 차량의 방향성 확보
③ 휠 잠김(lock) 유지
④ 차량의 조종성 확보

해설 전자제어 제동장치(ABS)의 적용 목적
ⓐ 차량의 스핀 방지
ⓑ 차량의 방향성 확보
ⓒ 차량의 조종성 확보
ⓓ 휠 잠김(lock) 방지

28 클러치 마찰면에 작용하는 압력이 300N, 클러치판의 지름이 80cm, 마찰계수 0.3일 때 기관의 전달회전력은 약 몇 N·m인가?

① 36   ② 56
③ 62   ④ 72

해설 전달 회전력$(T) = \mu \cdot P \cdot r (N \cdot m)$

여기서, μ : 마찰계수
P : 압력(N)
r : 클러치 반경(m)
∴ 전달 회전력(T)
$= 0.3 \times 300N \times 0.4m = 36N \cdot m$

29 엔진의 출력을 일정하게 하였을 때 가속성능을 향상시키기 위한 것이 아닌 것은?

① 여유구동력을 크게 한다.
② 자동차의 총중량을 크게 한다.
③ 종감속비를 크게 한다.
④ 주행저항을 작게 한다.

해설 ①, ③, ④항이 가속성능을 향상시키며, 자동차의 중량이 증가하면 가속성능이 나빠진다.

30 자동변속기에서 스톨테스트의 요령 중 틀린 것은?

① 사이드 브레이크를 잠근 후 풋 브레이크를 밟고 전진기어를 넣고 실시한다.
② 사이드 브레이크를 잠근 후 풋 브레이크를 밟고 후진기어를 넣고 실시한다.
③ 바퀴에 추가로 버팀목을 받치고 실시한다.
④ 풋 브레이크는 놓고 사이드 브레이크만 당기고 실시한다.

해설 스톨시험(stall test) 방법
사이드 브레이크를 잠그고 추가로 바퀴에 버팀목(고임목)을 받친 후, 풋 브레이크를 밟고 전진기어 및 후진기어를 넣고 실시한다.

Answer 26.④ 27.③ 28.① 29.② 30.④

31 공기식 제동장치의 구성요소로 틀린 것은?

① 언로더 밸브
② 릴레이 밸브
③ 브레이크 챔버
④ EGR 밸브

해설 EGR 밸브는 배기가스 제어장치에 사용되는 부품이다.

32 자동차가 선회할 때 차체의 좌·우 진동을 억제하고 롤링을 감소시키는 것은?

① 스태빌라이저 ② 겹판 스프링
③ 타이로드   ④ 킹핀

해설 스태빌라이저는 선회시 차체의 좌우 진동(롤링)을 완화하는 기능을 한다.

33 자동변속기 차량의 토크컨버터 내부에서 고속 회전시 터빈과 펌프를 기계적으로 직결시켜 슬립을 방지하는 것은?

① 스테이터
② 댐퍼 클러치
③ 일방향 클러치
④ 가이드 링

해설 댐퍼 클러치는 자동변속기 차량의 토크컨버터 내부에서 고속 회전시 터빈과 펌프를 기계적으로 직결시켜 슬립을 방지하는 역할을 한다.

34 다음 중 내연기관에 대한 내용으로 맞는 것은?

① 실린더의 이론적 발생마력을 제동마력이라 한다.
② 6실린더 엔진의 크랭크축의 위상각은 90°이다.
③ 베어링 스프레드는 피스톤 핀 저널에 베어링을 조립 시 밀착되게 끼울 수 있게 한다.
④ 모든 DOHC 엔진의 밸브 수는 16개이다.

해설 이론적 발생마력을 지시마력이라 하며, 6실린더 엔진의 위상차는 120°이고, DOHC 엔진의 밸브 수는 기관 및 실린더 수에 따라 다를 수 있다.

35 기관의 회전수가 5,500rpm이고 기관 출력이 70PS이며 총 감속비가 5.5일 때 뒤 액슬축의 회전수는?

① 800rpm   ② 1,000rpm
③ 1,200rpm ④ 1,400rpm

해설

$$후차축(액슬축)\ 회전수 = \frac{엔진\ 회전수}{총\ 감속비}$$

$$\therefore \frac{5,500}{5.5} = 1,000 rpm$$

Answer 31.④ 32.① 33.② 34.③ 35.②

36 주행거리 1.6km를 주행하는데 40초가 걸렸다. 이 자동차의 주행속도를 초속과 시속으로 표시하면?

① 40m/s, 144km/h
② 40m/s, 11.1km/h
③ 25m/s, 14.4km/h
④ 64m/s, 230.4km/h

해설
$$\text{초속} = \frac{\text{거리}}{\text{시간}}$$

∴ $\frac{1,600m}{40sec} = 40m/s$

시속 = 초속×3.6 = 40×3.6 = 144km/h

37 감전 사고를 방지하는 방법이 아닌 것은?

① 차광용 안경을 사용한다.
② 반드시 절연 장갑을 착용한다.
③ 물기가 있는 손으로 작업하지 않는다.
④ 고압이 흐르는 부품에는 표시를 한다.

해설 ②, ③, ④항이 옳은 방법이고, 차광용 안경은 빛이나 비산에 대한 방지용이다.

38 클러치가 미끄러지는 원인 중 틀린 것은?

① 마찰 면의 경화, 오일 부착
② 페달 자유 간극 과대
③ 클러치 압력스프링 쇠약, 절손
④ 압력판 및 플라이휠 손상

해설 클러치가 미끄러지는 원인
① 클러치 디스크 마모로 인한 자유유격 과소
② 클러치 스프링의 약화 및 변형
③ 마찰면의 경화 또는 오일 부착
④ 압력판, 플라이 휠 접촉면의 손상

39 산업안전·보건표지의 종류와 형태에서 아래 그림이 나타내는 표시는?

① 접촉금지 ② 출입금지
③ 탑승금지 ④ 보행금지

해설 안전·보건표지의 종류와 형태 : 마지막페이지 참조

40 내연기관 밸브장치에서 밸브스프링의 점검과 관계없는 것은?

① 스프링 장력 ② 자유높이
③ 직각도   ④ 코일의 수

해설 밸브 스프링 점검사항 : 직각도, 자유고, 장력

41 HEI 코일(폐자로형 코일)에 대한 설명 중 틀린 것은?

① 유도작용에 의해 생성되는 자속이 외부로 방출되지 않는다.
② 1차 코일을 굵게 하면 큰 전류가 통과할 수 있다.
③ 1차 코일과 2차 코일은 연결되어 있다.
④ 코일 방열을 위해 내부에 절연유가 들어있다.

해설 폐자로형 점화코일은 코일 내부를 수지로 몰드시킨 몰드형 점화코일로, 자속이 철심 내부에서 형성되므로 자력손실이 적어 발생전압이 높으며 소형화가 가능하다.

Answer   36.① 37.① 38.② 39.④ 40.④ 41.④

42 마스터 실린더의 푸시로드에 작용하는 힘이 120kgf이고, 피스톤의 면적이 4cm²일 때 유압은?

① $20\text{kg}_f/\text{cm}^2$ ② $30\text{kg}_f/\text{cm}^2$
③ $40\text{kg}_f/\text{cm}^2$ ④ $50\text{kg}_f/\text{cm}^2$

해설
$$압력(\text{kg}_f/\text{cm}^2) = \frac{하중}{단면적}$$
∴ 압력 = $\frac{120}{4}$ = $30\text{kg}_f/\text{cm}^2$

43 R-12의 염소(Cl)로 인한 오존층 파괴를 줄이고자 사용하고 있는 자동차용 대체 냉매는?

① R-134a ② R-22a
③ R-16a   ④ R-12a

해설 프레온 가스라 불리는 R-12 냉매는 오존층을 파괴하고 온실효과를 유발하므로 대체가스로 신냉매인 R-134a를 사용한다.

44 현재의 연료 소비율, 평균속도, 항속 가능거리 등의 정보를 표시하는 시스템으로 옳은 것은?

① 종합 경보 시스템(ETACS 또는 ETWIS)
② 엔진·변속기 통합제어 시스템(ECM)
③ 자동주차 시스템(APS)
④ 트립(Trip) 정보 시스템

해설 트립 정보시스템(trip computer)은 시동 "ON"부터 "OFF"까지의 주행거리(적산 거리), 주행 가능 거리, 평균속도 및 주행시간 등 주행에 관련된 각종 정보들을 LCD를 이용해 화면에 표시해 주는 운전자 정보 전달장치

45 호이스트 사용시 안전사항 중 틀린 것은?

① 규격 이상의 하중을 걸지 않는다.
② 무게 중심 바로 위에서 달아 올린다.
③ 사람이 짐에 타고 운반하지 않는다.
④ 운반 중에는 물건이 흔들리지 않도록 짐에 타고 운반한다.

해설 호이스트(hoist) 점검시 유의사항
① 규정 하중 이상으로 들지 않는다.
② 들어 올릴 때에는 천천히 올려 상태를 살핀 후 완전히 들어올린다.
③ 사람이 짐에 타고 운반하지 않는다.
④ 호이스트 바로 밑에서 조작하지 않는다.
⑤ 화물을 걸 때에는 들어 올리는 화물 무게중심의 위치를 확인하고 건다.

46 자기유도작용과 상호유도작용 원리를 이용한 것은?

① 발전기   ② 점화코일
③ 기동모터   ④ 축전지

해설 점화장치는 점화코일의 자기유도 작용과 상호유도 작용을 이용하여 고압의 전기적 불꽃으로 점화하여 연소를 일으키는 장치이다.

47 차량총중량이 3.5톤 이상인 화물자동차 등의 후부안전판 설치기준에 대한 설명으로 틀린 것은?

① 너비는 자동차 너비의 100% 미만일 것
② 가장 아랫부분과 지상과의 간격은 550mm 이내일 것
③ 차량 수직방향의 단면 최소 높이는 100mm 이하일 것
④ 모서리부의 곡률반경은 2.5mm 이상일 것

Answer 42.② 43.① 44.④ 45.④ 46.② 47.③

해설 안전기준에 관한 규칙 제19조(차대 및 차체)
① 너비는 자동차 너비의 100% 미만일 것
② 가장 아랫부분과 지상과의 간격은 550mm 이내일 것
③ 차량 수직방향의 단면 최소 높이는 100mm 이상일 것
④ 모서리부의 곡률반경은 2.5mm 이상일 것

48 연료의 온도가 상승하여 외부에서 불꽃을 가까이 하지 않아도 자연히 발화되는 최저 온도는?

① 인화점   ② 착화점
③ 발열점   ④ 확산점

해설 연료의 온도가 상승하여 외부에서 불꽃을 가까이 하지 않아도 자연히 발화되는 최저 온도를 착화점이라 한다.

49 에어백 장치를 점검, 정비할 때 안전하지 못한 행동은?

① 에어백 모듈은 사고 후에도 재사용이 가능하다.
② 조향휠을 장착할 때 클럭 스프링의 중립 위치를 확인한다.
③ 에어백 장치는 축전지 전원을 차단하고 일정 시간 지난 후 정비한다.
④ 인플레이터의 저항은 아날로그 테스터로 측정하지 않는다.

해설 에어백 장치의 점검, 정비는 ②, ③, ④항의 방법으로 하고, 에어백 모듈은 사고 후에는 재사용하지 않는다.

50 전자제어식 자동변속기 제어에 사용되는 센서가 아닌 것은?

① 차고 센서
② 유온 센서
③ 입력축 속도센서
④ 스로틀 포지션 센서

해설 자동변속기 TCU 입·출력 신호

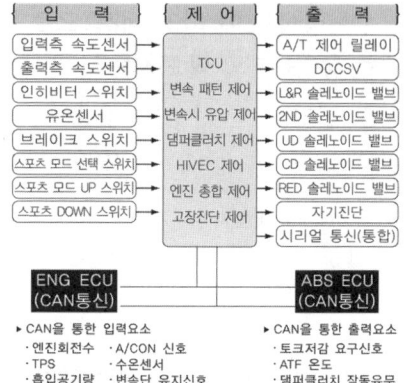

※ 차고 센서는 전자제어 현가장치(ECS)의 입력신호이다.

51 차량 밑에서 정비할 경우 안전조치 사항으로 틀린 것은?

① 차량은 반드시 평지에 받침목을 사용하여 세운다.
② 차를 들어 올리고 작업할 때에는 반드시 잭으로 들어 올린 다음 스탠드로 지지해야 한다.
③ 차량 밑에서 작업할 때에는 반드시 앞치마를 이용한다.
④ 차량 밑에서 작업할 때에는 반드시 보안경을 착용한다.

Answer   48.② 49.① 50.① 51.③

해설 차량 밑에서 정비시 안전조치 사항
ⓐ 차량은 반드시 평지에 받침목을 사용하여 세운다.
ⓑ 차를 들어 올리고 작업할 때에는 반드시 잭으로 들어 올린 다음 스탠드로 지지해야 한다.
ⓒ 차량 밑에서 작업할 때에는 반드시 보안경을 착용한다.

52 위험성 정도에 따라 제2종으로 구분되는 유기용제의 색 표시는?
① 빨강 ② 파랑
③ 노랑 ④ 초록

해설 유기용제의 색 표시
· 1종 : 적색   · 2종 : 황색
· 3종 : 청색

53 산업 현장에서 안전을 확보하기 위해 인적문제와 물적문제에 대한 실태를 파악하여야 한다. 다음 중 인적문제에 해당되는 것은?
① 기계 자체의 결함
② 안전교육의 결함
③ 보호구의 결함
④ 작업 환경의 결함

해설 기계, 보호구는 물적문제, 작업 환경은 환경적인 문제, 안전교육은 사람과 관련된 인적문제이다.

54 일반적인 기계 동력 전달 장치에서 안전상 주의사항으로 틀린 것은?
① 기어가 회전하고 있는 곳은 뚜껑으로 잘 덮어 위험을 방지한다.
② 천천히 움직이는 벨트라도 손으로 잡지 않는다.
③ 회전하고 있는 벨트나 기어에 필요 없는 접근을 금한다.
④ 동력전달을 빨리하기 위해 벨트를 회전하는 풀리에 손으로 걸어도 좋다.

해설 풀리에 벨트를 걸때는 기관을 정지시키고 한다.

55 안전사고율 중 도수율(빈도율)을 나타내는 표현식은?
① (연간 사상자수/평균 근로자 수)×1,000
② (사고 건수/연근로 시간 수)×1,000
③ (노동 손실일수/노동 총시간 수)×1,000
④ (사고 건수/노동 총시간 수)×1,000

해설 도수율이란 연 근로시간 합계 100만 시간당 재해 발생 건수로 표시

$$도수율 = \frac{재해건수}{연근로시간수} \times 1,000,000$$

※ 보기의 1,000은 100만으로 바뀌어야 함

56 다음 그림의 기호는 어떤 부품을 나타내는 기호인가?

① 실리콘 다이오드
② 발광 다이오드
③ 트랜지스터
④ 제너 다이오드

Answer 52.③ 53.② 54.④ 55.② 56.④

해설 ▶ 제너 다이오드의 기호로, 제너 다이오드는 어떤 기준 전압(브레이크 다운 전압) 이상이 되면 역방향으로도 전류가 흐르는 반도체이다.

57 LPG 자동차 관리에 대한 주의사항 중 틀린 것은?

① LPG가 누출되는 부위를 손으로 막으면 안 된다.
② 가스 충전시에는 합격 용기인가를 확인하고, 과충전되지 않도록 해야 한다.
③ 엔진실이나 트렁크실 내부 등을 점검할 때 라이터나 성냥 등을 켜고 확인한다.
④ LPG는 온도상승에 의한 압력상승이 있기 때문에 용기는 직사광선 등을 피하는 곳에 설치하고 과열되지 않아야 한다.

해설 ▶ LPG 자동차는 고압가스인 LPG 가스가 엔진실이나 트렁크 실 내부에 누설되어 있을 수 있으므로 점검할 때 라이터나 성냥 등을 사용하면 폭발의 위험이 있으므로 사용해서는 안 된다.

58 부특성(NTC) 가변저항을 이용한 센서는?

① 산소센서   ② 수온센서
③ 조향각센서 ④ TDC센서

해설 ▶ 부특성이란 온도가 올라갈 때 저항값이 내려가는 반도체 소자로 수온센서, 흡기온도 센서 등 온도 감지용으로 사용된다.

59 압축 압력계를 사용하여 실린더의 압축 압력을 점검할 때 안전 및 유의사항으로 틀린 것은?

① 기관을 시동하여 정상온도(워밍업)가 된 후에 시동을 건 상태에서 점검한다.
② 점화계통과 연료계통을 차단시킨 후 크랭킹 상태에서 점검한다.
③ 시험기는 밀착하여 누설이 없도록 한다.
④ 측정값이 규정값보다 낮으면 엔진 오일을 약간 주입 후 다시 측정한다.

해설 ▶ 압축압력 점검은 정상온도가 된 후에 시동을 끄고 점검한다.

60 내연기관의 일반적인 내용으로 다음 중 맞는 것은?

① 2행정 사이클 엔진의 인젝션 펌프 회전속도는 크랭크축 회전속도의 2배이다.
② 엔진 오일은 일반적으로 계절마다 교환한다.
③ 크롬 도금한 라이너에는 크롬 도금된 피스톤링을 사용하지 않는다.
④ 가압식 라디에이터 부압밸브가 밀착 불량이면 라디에이터를 손상하는 원인이 된다.

해설 ▶ 2행정 사이클 엔진의 인젝션 펌프 회전속도는 크랭크축 회전속도와 같으며, 엔진오일은 최근에는 4계절용을 사용하므로 주행거리에 따라 교환한다. 부압밸브가 밀착 불량하더라도 라디에이터 손상과는 관련이 없다.

Answer 57.③ 58.② 59.① 60.③

Craftsman Motor Vehicles Maintenance

단기완성 자동차 정비기능사 필기 — 기출복원 문제

- **기출복원 문제란?**
  CBT시행에 따라 저자께서 수검자들의 도움으로 최대한 유형에 가깝게 복원한 문제입니다.

---

01 다음 중 크랭크축 오일 간극을 측정하는데 주로 사용되는 것은?
① 실린더 게이지
② 플라스틱 게이지
③ 버니어 캘리퍼스
④ 다이얼 게이지

해설 크랭크축 오일 간극은 플라스틱 게이지로 측정한다.

02 전자제어 가솔린 분사기관에서 흡입 공기량을 계량하는 방식 중에서 흡기 다기관의 절대 압력과 기관의 회전속도로부터 1 사이클 당 흡입 공기량을 추정할 수 있는 방식은?
① 칼만와류 방식
② MAP센서 방식
③ 베인식
④ 열선식

해설 MAP(Manifold Absolute Pressure)센서 방식은 흡기 다기관의 절대압력과 기관의 회전속도로부터 흡입 공기량을 측정한다.

03 LP 가스 용기 내의 압력을 일정하게 유지시켜 폭발 등의 위험을 방지하는 역할을 하는 것은?
① 안전밸브
② 과류방지밸브
③ 긴급 차단밸브
④ 과충전 방지 밸브

해설 안전밸브는 용기 내의 압력을 일정하게(약 $24 kgf/cm^2$) 유지시켜 폭발 등의 위험을 방지하는 역할을 한다.

04 가솔린 자동차에서 배출되는 유해 배출가스 중 규제 대상이 아닌 것은?
① CO
② SO_2
③ HC
④ NOx

해설 유해 배기가스는 일산화탄소(CO), 탄화수소(HC), 질소산화물(NOx) 이다.

05 피스톤 행정이 84mm, 기관의 회전수가 3,000rpm인 4행정 사이클 기관의 피스톤 평균속도는 얼마인가?
① 7.4 m/s
② 8.4 m/s
③ 9.4 m/s
④ 10.4 m/s

해설
$$\text{피스톤 평균속도}(v) = \frac{2LN}{60} = \frac{LN}{30} (m/s)$$

여기서 L : 행정(m)
N : 엔진회전수(rpm)

$\therefore$ 피스톤 평균속도 $v = \dfrac{0.084 \times 3{,}000}{30}$
$= 8.4 m/s$

Answer 01. ② 02. ② 03. ① 04. ② 05. ②

06 디젤기관의 연료 여과장치 설치개소로 적절치 않는 것은?

① 연료공급펌프 입구
② 연료탱크와 연료공급펌프 사이
③ 연료분사펌프 입구
④ 흡입다기관 입구

해설 디젤기관의 연료 여과장치 설치개소
① 연료탱크와 연료공급펌프 사이
② 연료공급펌프 입구
③ 연료분사펌프 입구
※ 흡입다기관은 공기가 통과하는 부분으로 연료와 관련이 없다.

07 화물자동차 및 특수자동차의 차량 총중량은 몇 톤을 초과해서는 안 되는가?

① 20톤　　② 30톤
③ 40톤　　④ 50톤

해설 자동차의 차량총중량은 20톤(승합자동차는 30톤, 화물 및 특수자동차는 40톤), 축중은 10톤, 윤중은 5톤을 초과하여서는 안 된다.

08 전자제어 분사장치의 제어계통에서 엔진 ECU로 입력하는 센서가 아닌 것은?

① 공기유량 센서　② 대기압 센서
③ 휠스피드 센서　④ 흡기온 센서

해설 전자제어 기관의 입·출력 요소

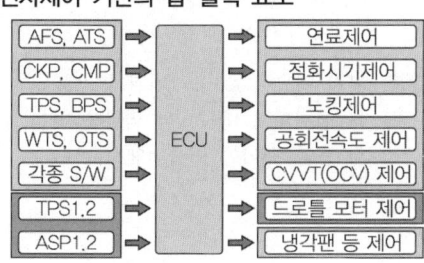

※ 휠 스피드 센서는 ABS ECU에 입력되는 센서이다.

09 배기가스 재순환장치는 주로 어떤 물질의 생성을 억제하기 위한 것인가?

① 탄소　　　　② 이산화탄소
③ 일산화탄소　④ 질소산화물

해설 배기가스 재순환장치는 EGR 밸브를 이용하여 연소실의 최고온도를 낮추어 질소산화물(NOx)의 발생을 감소시킨다.

10 다음 (　)에 들어갈 말로 옳은 것은?

NOx는 (①)의 화합물이며, 일반적으로 (②)에서 쉽게 반응한다.

① ① 일산화탄소와 산소　② 저온
② ① 일산화질소와 산소　② 고온
③ ① 질소와 산소　　　　② 저온
④ ① 질소와 산소　　　　② 고온

해설 NOx는 질소(N)와 산소(O)의 화합물이며, 일반적으로 고온에서 쉽게 반응한다.

11 흡기계통의 핫 와이어(Hot wire) 공기량 계측방식은?

① 간접 계량방식
② 공기질량 검출방식
③ 공기체적 검출방식
④ 흡입부압 감지방식

해설 흡입공기량 계측방식
① 직접 계측방식(mass flow type)
　a. 체적 검출방식 : 베인식, 칼만 와류식
　b. 질량 검출방식 : 열선(Hot wire)식, 열막(Hot film)식
② 간접 계측방식(speed density type) : 흡기다기관 절대압력(MAP센서) 방식

Answer　06. ④　07. ③　08. ③　09. ④　10. ④　11. ②

12 실린더 블록이나 헤드의 평면도 측정에 알맞은 게이지는?

① 마이크로미터
② 다이얼 게이지
③ 버니어 캘리퍼스
④ 직각자와 필러게이지

해설 실린더 헤드의 평면도 점검은 직각자(곧은자)와 필러(틈새, 간극, 시크니스)게이지로 측정 점검한다.

13 가솔린기관과 비교할 때 디젤기관의 장점이 아닌 것은?

① 부분부하영역에서 연료소비율이 낮다.
② 넓은 회전속도 범위에 걸쳐 회전 토크가 크다.
③ 질소산화물과 매연이 조금 배출된다.
④ 열효율이 높다.

해설 디젤기관의 장점
① 압축비를 크게 할 수 있다.
② 점화장치가 없으므로 이에 따른 고장이 없다.
③ 경유의 인화점이 높으므로 저장이나 취급이 용이하다.
④ 넓은 회전속도에서 회전력이 크다.
⑤ 열효율이 높고 연료소비량이 적다.
⑥ 부분부하 영역에서 연료소비율이 낮다.
⑦ 연료의 값이 저렴하다.
⑧ 대형 엔진의 제작이 가능하다.
⑨ 마력당 중량이 무겁다.

14 연료 분사 펌프의 토출량과 플런저의 행정은 어떠한 관계가 있는가?

① 토출량은 플런저의 유효행정에 정비례한다.
② 토출량은 예비행정에 비례하여 증가한다.
③ 토출량은 플런저의 유효행정에 반비례한다.
④ 토출량은 플런저의 유효행정과 전혀 관계가 없다.

해설 플런저의 유효행정을 크게 하면 연료 분사량이 많아진다. 즉, 토출량은 플런저의 유효행정에 정비례한다.

15 전자제어 기관의 흡입 공기량 측정에서 출력이 전기 펄스(Pulse, digital) 신호인 것은?

① 벤(Vane)식
② 칼만(Karman) 와류식
③ 핫 와이어(hot wire)식
④ 맵센서(MAP sensor)식

해설 칼만 와류식은 초음파를 발생하여 칼만 와류수 만큼 밀집되거나 분산되어 수신기에 디지털 펄스로 측정된다. 나머지는 아날로그 신호이다.

16 가솔린 기관의 흡기 다기관과 스로틀 보디 사이에 설치되어 있는 서지 탱크의 역할 중 틀린 것은?

① 실린더 상호간에 흡입공기 간섭 방지
② 흡입공기 충진 효율을 증대
③ 연소실에 균일한 공기 공급
④ 배기가스 흐름 제어

해설 서지 탱크는 흡기 다기관과 스로틀 보디 사이에 설치되어 ①~③의 역할을 하며, 배기가스의 흐름 제어는 머플러에서 한다.

Answer 12. ④ 13. ③ 14. ① 15. ② 16. ④

17 수동변속기 차량에서 클러치가 미끄러지는 원인은?

① 클러치 페달 자유간극 과다
② 클러치 스프링의 장력 약화
③ 릴리스 베어링 파손
④ 유압 라인 공기 혼입

 클러치가 미끄러지는 원인
① 클러치 디스크 마모로 인한 자유 유격 과소
② 클러치 스프링의 약화 및 변형
③ 마찰면의 경화 또는 오일 부착
④ 압력판, 플라이 휠 접촉면의 손상

18 실린더 배기량이 376.8cc이고, 연소실 체적이 47.1cc일 때 기관의 압축비는 얼마인가?

① 7 : 1   ② 8 : 1
③ 9 : 1   ④ 10 : 1

해설) 압축비 $\epsilon = \dfrac{실린더\ 체적}{연소실\ 체적}$
$= 1 + \dfrac{행정\ 체적(배기량)}{연소실\ 체적}$

∴ 압축비 $= 1 + \dfrac{376.8}{47.1} = 9$

19 스로틀밸브 위치 센서의 비정상적인 현상의 발생 시 나타나는 증상이 아닌 것은?

① 공회전시 엔진 부조 및 주행 시 가속력이 떨어진다.
② 연료 소모가 적다.
③ 매연이 많이 배출된다.
④ 공회전시 갑자기 시동이 꺼진다.

해설) ①, ③, ④항 외에 연료 소모가 증가한다.

20 일반적인 브레이크 오일의 주성분은?

① 윤활유와 경유
② 알콜과 피마자 기름
③ 알콜과 윤활유
④ 경유와 피마자 기름

해설) 브레이크 오일은 일반적으로 피마자 기름에 알콜 등의 용제를 혼합한 식물성 오일이다.

21 그림과 같은 마스터 실린더의 푸시 로드에는 몇 kg$_f$의 힘이 작용하는가?

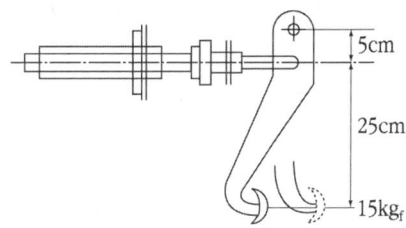

① 75kg$_f$ ② 90kg$_f$
③ 120kg$_f$ ④ 140kg$_f$

해설) $5 \times F = 30 \times 15 kg_f$

∴ $F = \dfrac{30 \times 15}{5} = 90 kg_f$

22 자동차가 24km/h의 속도에서 가속하여 60km/h의 속도를 내는데 5초 걸렸다. 평균 가속도는?

① 10m/s^2 ② 5m/s^2
③ 2m/s^2 ④ 1.5m/s^2

해설) 가속도(m/s^2) $= \dfrac{나중\ 속도 - 처음\ 속도}{걸린\ 시간}$

∴ 가속도 $= \dfrac{60km/h - 24km/h}{5sec}$
$= \dfrac{36km/h}{5sec} = \dfrac{10m/s}{5sec} = 2m/s^2$

Answer 17. ② 18. ③ 19. ② 20. ② 21. ② 22. ③

23 기관에서 블로바이 가스의 주성분은?
① N₂   ② HC
③ CO   ④ NOx

해설 블로바이 가스 환원장치는 피스톤과 실린더 사이에서 누출된 미연소 가스인 탄화수소(HC)의 배출을 줄이기 위한 장치이다.

24 전자제어 제동장치(ABS)의 구성요소가 아닌 것은?
① 휠 스피드 센서
② 하이드롤릭 모터
③ 프리뷰 센서
④ 하이드롤릭 유닛

해설 ABS의 구성부품
① 휠 스피드 센서 : 차륜의 회전상태를 검출
② 전자제어 컨트롤 유닛(E.C.U) : 휠 스피드 센서의 신호를 받아 ABS를 제어
③ 하이드롤릭 유닛 : E.C.U의 신호에 따라 휠 실린더에 공급되는 유압을 제어
④ 프로포셔닝 밸브 : 브레이크를 밟았을 때 뒷바퀴가 조기에 고착되지 않도록 뒷바퀴의 유압을 제어
※ 프리뷰 센서는 전자제어 현가장치에 사용되는 부품이다.

25 십자형 자재이음에 대한 설명 중 틀린 것은?
① 십자축과 두개의 요크로 구성되어 있다.
② 주로 후륜 구동식 자동차의 추진축에 사용된다.
③ 롤러베어링을 사이에 두고 축과 요크가 설치되어 있다.
④ 자재이음과 슬립이음 역할을 동시에 하는 형식이다.

해설 ①, ②, ③항이 십자형 자재이음에 대한 설명이고, 슬립조인트가 슬립이음의 역할을 한다.

26 자동변속기 장치의 주요 구성요소로 거리가 먼 것은?
① 토크컨버터   ② 유성기어 세트
③ 액슬 샤프트 ④ 유압제어 유닛

해설 액슬 샤프트(axle shaft)는 구동바퀴에 동력을 전달하는 축이다.

27 어떤 자동차로 마찰계수가 0.3인 도로에서 제동했을 때 제동 초속도가 10m/s라면 제동거리는?
① 약 12m   ② 약 15m
③ 약 16m   ④ 약 17m

해설 $$제동거리(S) = \frac{v^2}{2\mu g}$$

여기서, v : 제동초속도(m/s²)
μ : 마찰계수
g : 중력가속도(9.8m/s²)

$$\therefore 제동거리(S) = \frac{10^2}{2 \times 0.3 \times 9.8} = 17m$$

28 전자제어 자동변속기 차량에서 컨트롤 유닛(TCU)의 입력요소에 해당되지 않는 것은?
① 스로틀위치 센서   ② 유온 센서
③ 인히비터 스위치   ④ 노크 센서

해설 노크센서는 엔진 ECU에 입력된다.

Answer 23. ② 24. ③ 25. ④ 26. ③ 27. ④ 28. ④

29 브레이크 계통에 공기가 혼입되었을 때 공기빼기 작업방법 중 잘못된 것은?

① 브리더 플러그에 비닐 호스를 끼우고 그 다른 한끝을 브레이크 오일 통에 넣는다.
② 페달을 몇 번 밟고 브리더 플러그를 1/2~3/4 풀었다가 실린더 내압이 저하되기 전에 조인다.
③ 마스터 실린더에 오일을 충만 시킨 후 반드시 공기 배출을 해야 한다.
④ 공기 배출작업 중 반드시 에어브리더 플러그를 잠그기 전에 페달을 놓는다.

해설 ①, ②, ③의 순서로 하고 에어브리더 플러그를 잠그기 전에 페달을 놓아서는 안 된다.

30 요철이 있는 노면을 주행할 경우, 스티어링 휠에 전달되는 충격을 무엇이라 하는가?

① 시미 현상
② 웨이브 현상
③ 스카이 훅 현상
④ 킥 백 현상

해설 요철이 있는 노면을 주행할 경우, 스티어링 휠에 전달되는 충격을 킥 백(kick back) 현상이라 한다.

31 토크 컨버터의 토크 변환율은?

① 0.1~1배
② 2~3배
③ 4~5배
④ 6~7배

해설 토크 컨버터의 토크 변화율은 약 2~3 : 1 이다.

32 클러치 페달을 밟을 때 무겁고, 자유간극이 없다면 나타나는 현상으로 거리가 먼 것은?

① 연료 소비량이 증대된다.
② 기관이 과냉된다.
③ 주행 중 페달을 밟아도 차가 가속되지 않는다.
④ 등판 성능이 저하된다.

해설 클러치 페달을 밟을 때 무겁고, 자유간극이 없다면 클러치 디스크가 마모되어 나타나는 현상으로 주행 중 차가 가속되지 않고 등판성능이 저하하며 연료 소비량이 증대된다.

33 기관의 동력을 측정할 수 있는 장비는?

① 멀티미터
② 볼트미터
③ 타코미터
④ 다이나모미터

해설 기관의 동력은 엔진 다이나모미터로 측정한다.

34 스프링 위 무게 진동과 관련된 사항 중 거리가 먼 것은?

① 바운싱(bouncing)
② 피칭(pitching)
③ 휠 트램프(wheel tramp)
④ 롤링(rolling)

해설 스프링 윗질량 운동
① 롤링 : 세로축(앞·뒤 방향축)을 중심으로 하는 좌, 우 회전운동
② 피칭 : 가로축(좌·우 방향축)을 중심으로 하는 전, 후 회전운동
③ 요잉 : 수직축을 중심으로 앞·뒤가 회전하는 운동

Answer 29. ④ 30. ④ 31. ② 32. ② 33. ④ 34. ③

④ 바운싱 : 차체가 동시에 상하로 튕기는 운동
※ 휠 트램프는 스프링 아래질

35 변속장치에서 동기물림 기구에 대한 설명으로 옳은 것은?

① 변속하려는 기어와 메인 스플라인과의 회전수를 같게 한다.
② 주축기어의 회전속도를 부축기어의 회전속도보다 빠르게 한다.
③ 주축기어와 부축기어의 회전수를 같게 한다.
④ 변속하려는 기어와 슬리브와의 회전수에는 관계없다.

해설 동기물림 기구(싱크로메시 기구)는 변속하려는 기어와 메인 스플라인과의 회전수를 같게 하여 변속을 원활하게 한다.

36 타이어 트레드 패턴의 종류가 아닌 것은?

① 러그 패턴
② 블록 패턴
③ 리브러그 패턴
④ 카커스 패턴

해설 타이어 트레드 패턴의 종류
① 리브 패턴(rib pattern)
② 러그 패턴(rug pattern)
③ 리브러그 패턴(rib rug pattern)
④ 블록 패턴(block pattern)
⑤ 수퍼 트랙션 패턴(super traction pattern)
⑥ 오프 더 로드 패턴(off the road pattern)

37 감전 사고를 방지하는 방법이 아닌 것은?

① 차광용 안경을 사용한다.
② 반드시 절연 장갑을 착용한다.
③ 물기가 있는 손으로 작업하지 않는다.
④ 고압이 흐르는 부품에는 표시를 한다.

해설 ②, ③, ④항이 옳은 방법이고, 차광용 안경은 빛이나 비산에 대한 방지용이다.

38 종감속 및 차동장치에서 오른쪽 바퀴 회전수가 300rpm, 왼쪽 바퀴 회전수가 200rpm일 때 링기어의 회전수는?

① 100rpm
② 150rpm
③ 200rpm
④ 250rpm

해설 링기어 회전수×2
=좌측바퀴 회전수+우측바퀴 회전수

∴ 링기어 회전수
$= \dfrac{우측 회전수 + 좌측 회전수}{2}$
$= \dfrac{300+200}{2} = 250 \text{rpm}$

39 클러치를 작동 시켰을 때 동력을 완전히 전달시키지 못하고 미끄러지는 원인이 아닌 것은?

① 클러치 압력판, 플라이휠 면 등에 기름이 묻었을 때
② 클러치 스프링의 장력감소
③ 클러치 페이싱 및 압력판 마모
④ 클러치 페달의 자유간극이 클 때

해설 클러치가 미끄러지는 원인은 ①, ②, ③항과 클러치 디스크 마모로 인한 자유유격 과소 때문이다. 자유유격이 크면 차단이 불량하다.

Answer 35. ① 36. ④ 37. ① 38. ④ 39. ④

40 자동변속기 유압시험을 하는 방법으로 거리가 먼 것은?

① 오일온도가 약 70~80℃가 되도록 워밍업 시킨다.
② 잭으로 들고 앞바퀴 쪽을 들어 올려 차량 고정용 스탠드를 설치한다.
③ 엔진 타코미터를 설치하여 엔진 회전수를 선택한다.
④ 선택 레버를 'D' 위치에 놓고 가속 페달을 완전히 밟은 상태에서 엔진의 최대 회전수를 측정한다.

해설 자동변속기 유압시험 방법
① 규정오일을 사용하고 오일량이 적정한 지 확인한다.
② 잭으로 들고 앞바퀴 쪽을 들어 올려 차량 고정용 스탠드를 설치한다.
③ 엔진을 웜-업시켜 오일온도가 규정온도에 도달 되었을 때 실시한다.
④ 엔진 타코미터를 설치하여 엔진 회전수를 선택한다.
⑤ 측정하는 항목에 따라 유압이 다를 수(클 수) 있으므로 유압계 선택에 주의한다.
※ ④항은 자동변속기 스톨시험(stall test) 방법이다.

41 회로에서 12V 배터리에 저항 3개를 직렬로 연결하였을 때 전류계 "A"에 흐르는 전류는?

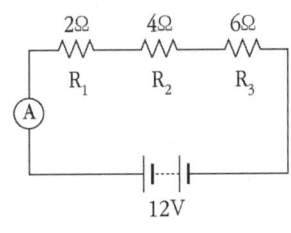

① 1A ② 2A
③ 3A ④ 4A

해설 합성저항 $R = R_1 + R_2 + \cdots + R_n$

합성저항 $R = 2 + 4 + 6 = 12$

∴ 오옴의 법칙 $I = \dfrac{E}{R}$, $I = \dfrac{12}{12} = 1A$

42 편의장치 중 중앙집중식 제어장치(ETACS 또는 ISU) 입·출력 요소의 역할에 대한 설명으로 틀린 것은?

① INT 볼륨 스위치 : INT 볼륨 위치 검출
② 모든 도어 스위치 : 각 도어 잠김 여부 검출
③ 키 리마인드 스위치 : 키 삽입 여부 검출
④ 와셔 스위치 : 열선 작동 여부 검출

해설 와셔 스위치는 와셔 액의 작동 여부를 감지하는 스위치이다.

43 기관에 설치된 상태에서 시동 시(크랭킹 시) 기동전동기에 흐르는 전류와 회전수를 측정하는 시험은?

① 단선시험 ② 단락시험
③ 접지시험 ④ 부하시험

해설 부하시험이란 엔진을 시동(크랭킹)할 때 기동전동기에 흐르는 전류와 회전수를 측정하는 시험을 말한다.

Answer 40. ④ 41. ① 42. ④ 43. ④

44 발전기 스테이터 코일의 시험 중 그림은 어떤 시험인가?

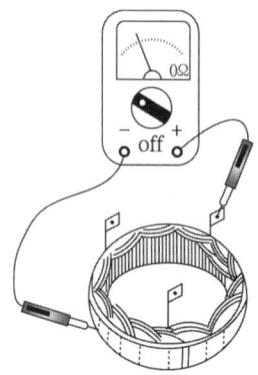

① 코일과 철심의 절연시험
② 코일의 단선시험
③ 코일과 브러시의 단락시험
④ 코일과 철심의 전압시험

해설 ▶ 스테이터 코일에서 코일과 철심의 절연시험이다.

45 선반작업 시 안전수칙으로 틀린 것은?
① 선반 위에 공구를 올려놓은 채 작업하지 않는다.
② 돌리개는 적당한 크기의 것을 사용한다.
③ 공작물을 고정한 후 렌치류는 제거해야 한다.
④ 날 끝의 칩 제거는 손으로 한다.

해설 ▶ 선반작업 시 발생된 칩의 제거는 솔로 한다.

46 FF차량의 구동축을 정비할 때 유의사항으로 틀린 것은?
① 구동축의 고무부트 부위의 그리스 누유상태를 확인한다.
② 구동축 탈거 후 변속기 케이스의 구동축 장착 구멍을 막는다.
③ 구동축을 탈거할 때마다 오일씰을 교환한다.
④ 탈거 공구를 최대한 깊이 끼워서 사용한다.

해설 ▶ 탈거 공구를 이용하여 지렛대 원리로 밀어낸다.

47 납산 배터리의 전해액이 흘렀을 때 중화용액으로 가장 알맞은 것은?
① 중탄산소다   ② 황산
③ 증류수   ④ 수돗물

해설 ▶ 전해액은 산성이므로 중화용액으로 알칼리성인 중탄산소다로 중화시킨다.

48 퓨즈에 관한 설명으로 맞는 것은?
① 퓨즈는 정격전류가 흐르면 회로를 차단하는 역할을 한다.
② 퓨즈는 과대전류가 흐르면 회로를 차단하는 역할을 한다.
③ 퓨즈는 용량이 클수록 정격전류가 낮아진다.
④ 용량이 작은 퓨즈는 용량을 조정하여 사용한다.

해설 ▶ 퓨즈는 과대전류가 흐르면 회로를 차단하는 역할을 한다.

Answer 44. ① 45. ④ 46. ④ 47. ① 48. ②

49 지구환경 문제로 인하여 기존의 냉매는 사용을 억제하고, 대체가스로 사용되고 있는 자동차 에어컨의 냉매는?

① R-134a ② R-22
③ R-16a   ④ R-12

해설 ▶ 프레온 가스라 불리는 R-12 냉매는 오존층을 파괴하고 온실효과를 유발하므로 대체가스로 신냉매인 R-134a를 사용한다.

50 축전지에 대한 설명 중 틀린 것은?

① 전해액 온도가 올라가면 비중은 낮아진다.
② 전해액의 온도가 낮으면 황산의 확산이 활발해진다.
③ 온도가 높으면 자기방전량이 많아진다.
④ 극판수가 많으면 용량이 증가한다.

해설 ▶ 전해액의 온도가 낮으면 황산의 확산은 느려지게 되어 축전지의 용량이 작아진다.

51 다음 그림의 기호는 어떤 부품을 나타내는 기호인가?

① 실리콘 다이오드
② 발광 다이오드
③ 트랜지스터
④ 제너 다이오드

해설 ▶ 제너 다이오드의 기호로, 제너 다이오드는 어떤 기준 전압(브레이크 다운 전압) 이상이 되면 역방향으로도 전류가 흐르는 반도체이다.

52 재해조사 목적을 가장 바르게 설명한 것은?

① 적절한 예방대책을 수립하기 위해서
② 재해를 당한 당사자의 책임을 추궁하기 위하여
③ 재해 발생 상태와 그 동기에 대한 통계를 작성하기 위하여
④ 작업능률 향상과 근로기강 확립을 위하여

해설 ▶ 재해조사를 하는 목적은 재해 원인을 분석하여 적절한 예방대책을 수립하기 위해서이다.

53 기동 전동기 정류자 점검 및 정비 시 유의사항으로 틀린 것은?

① 정류자는 깨끗해야 한다.
② 정류자 표면은 매끈해야 한다.
③ 정류자는 줄로 가공해야 한다.
④ 정류자는 진원이어야 한다.

해설 ▶ 정류자를 줄로 가공하면 정류자 높이가 낮아져 브러시와의 접촉이 불량해지므로 줄로 가공해선 안 된다.

54 작업안전상 드라이버 사용 시 유의사항이 아닌 것은?

① 날끝이 홈의 폭과 같이가 같은 것을 사용한다.
② 날끝이 수평이어야 한다.
③ 작은 부품은 한손으로 잡고 사용한다.
④ 전기 작업 시 금속부분이 자루 밖으로 나와 있지 않아야 한다.

해설 ▶ 작업 안전상 드라이버 사용 시 ①, ②, ④항의 방법을 준수하고, 작은 부품은 바이스나 고정구로 고정하여 직접 손으로 잡지 않도록 한다.

Answer 49. ① 50. ② 51. ④ 52. ① 53. ③ 54. ③

55 작업자가 기계작업시의 일반적인 안전사항으로 틀린 것은?

① 급유 시 기계는 운전을 정지시키고 지정된 오일을 사용한다.
② 운전 중 기계로부터 이탈할 때는 운전을 정지시킨다.
③ 고장수리, 청소 및 조정 시 동력을 끊고 다른 사람이 작동시키지 않도록 표시해 둔다.
④ 정전이 발생 시 기계스위치를 켜둬서 정전이 끝남과 동시에 작업 가능하도록 한다.

해설 정전이 발생되었을 때는 각종 기계의 스위치를 꺼둔다.

56 기관의 분해 정비를 결정하기 위해 기관을 분해하기 전 점검해야 할 사항으로 거리가 먼 것은?

① 실린더 압축압력 점검
② 기관오일 압력점검
③ 기관운전 중 이상소음 및 출력점검
④ 피스톤 링 갭(gap) 점검

해설 피스톤 링 갭(gap) 점검은 기관을 분해한 후에 점검해야 할 사항이다.

57 압축 압력계를 사용하여 실린더의 압축압력을 점검할 때 안전 및 유의사항으로 틀린 것은?

① 기관을 시동하여 정상온도(워밍업)가 된 후에 시동을 건 상태에서 점검한다.
② 점화계통과 연료계통을 차단시킨 후 크랭킹 상태에서 점검한다.
③ 시험기는 밀착하여 누설이 없도록 한다.
④ 측정값이 규정값보다 낮으면 엔진 오일을 약간 주입 후 다시 측정한다.

해설 압축압력 점검은 정상온도가 된 후에 시동을 끄고 점검한다.

58 일반적인 기계공작 작업 장갑을 사용해도 좋은 작업은?

① 판금 작업   ② 선반 작업
③ 드릴 작업   ④ 해머 작업

해설 회전하는 물체에 끼일 위험이 있거나, 중량물을 놓칠 우려가 있는 작업은 장갑을 사용해서는 안 된다.

59 기동전동기 무부하 시험을 하려고 한다. A와 B에 필요한 것은?

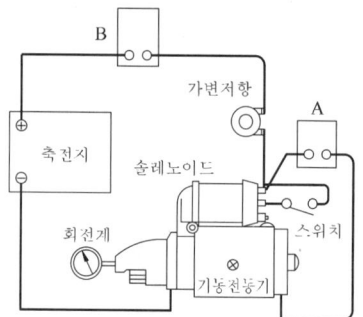

① A는 전류계, B는 전압계
② A는 전압계, B는 전류계
③ A는 전류계, B는 저항계
④ A는 저항계, B는 전압계

해설 A는 병렬로 전압계를 설치하고, B는 직렬로 전류계를 설치한다.

60 멀티 회로시험기를 사용할 때의 주의사항 중 틀린 것은?

① 고온, 다습, 직사광선을 피한다.
② 영점 조정 후에 측정한다.
③ 직류전압의 측정 시 선택 스위치는 AC.(V)에 놓는다.
④ 지침은 정면에서 읽는다.

해설 직류전압은 DC.V에, 교류전압은 AC.V에 놓는다.

Answer 60. ③

기출복원 문제

- **기출복원 문제란?**
  CBT시행에 따라 저자께서 수검자들의 도움으로 최대한 유형에 가깝게 복원한 문제입니다.

01 176°F는 몇 ℃인가?
① 76   ② 80
③ 144 ④ 176

해설 섭씨온도
$$℃ = \frac{5}{9}(F-32) = \frac{5}{9}(176-32) = 80℃$$

02 120PS의 디젤기관이 24시간 동안에 360L의 연료를 소비하였다면, 이 기관의 연료소비율(g/PS·h)은? (단, 연료의 비중은 0.9이다.)
① 약 125   ② 약 450
③ 약 113   ④ 약 513

해설
$$연료소비율(g/ps\text{-}h) = \frac{연료\,소비량}{시간 \times 마력}$$

$$\frac{360 \times 1{,}000 \times 0.9}{24 \times 120} = 112.5 g/ps\text{-}h$$

03 단위에 대한 설명으로 옳은 것은?
① 1PS는 75kgf·m/h의 일률이다.
② 1J은 0.24cal이다.
③ 1kW는 1,000kgf·m/s의 일률이다.
④ 초속 1m/s는 시속 36km/h와 같다.

해설 단위 환산
ⓐ 1PS = 75kgf·m/s
ⓑ 1kW = 1.36PS = 102kgf·m/s
ⓒ 1m/s = 3.6km/h

04 행정 사이클 6실린더 기관의 지름이 100mm, 행정이 100mm이고, 기관 회전수 2,500rpm, 지시평균 유효압력이 8kgf/cm²이라면 지시마력은 약 몇 PS인가?
① 80   ② 93
③ 105   ④ 150

해설
$$지시(도시)마력 = \frac{PALZN}{75 \times 60}$$
$$= \frac{PVZN}{75 \times 60 \times 100}$$

여기서, P : 지시평균 유효압력(kgf/cm²)
A : 실린더 단면적(cm²)
L : 행정(m)
V : 배기량(cm³)
Z : 실린더수
N : 엔진회전수(rpm)(2행정기관 : N, 4행정기관 : $N/2$)

∴ 지시마력
$$= \frac{8 \times 0.785 \times 10^2 \times 0.1 \times 6 \times 2{,}500}{75 \times 60 \times 2}$$
$$= 104.67 ps$$

Answer 01. ② 02. ③ 03. ② 04. ③

05 기관의 총배기량을 구하는 식은?
① 총배기량 = 피스톤 단면적×행정
② 총배기량 = 피스톤 단면적×행정×실린더 수
③ 총배기량 = 피스톤 길이×행정
④ 총배기량 = 피스톤 길이×행정×실린더 수

해설 $$총배기량 \ V = \frac{\pi}{4} \cdot D^2 \cdot L \cdot Z$$
여기서, D : 내경(cm), L : 행정(cm)
Z : 실린더 수

06 실린더의 형식에 따른 기관의 분류에 속하지 않는 것은?
① 수평형 엔진   ② 직렬형 엔진
③ V형 엔진   ④ T형 엔진

해설 실린더 형식에 따른 기관의 분류
㉠ 직렬형 엔진
㉡ V형 엔진
㉢ 경사형 엔진
㉣ 수평 대향형 엔진
㉤ 성형 엔진

07 기관에 이상이 있을 때 또는 기관의 성능이 현저하게 저하되었을 때 분해수리의 여부를 결정하기 위한 가장 적합한 시험은?
① 캠각 시험
② CO 가스측정
③ 압축압력 시험
④ 코일의 용량시험

해설 압축압력 시험을 하여 규정값보다 70% 이하 시 기관을 분해수리(overhaul) 한다.

08 크랭크 핀 축받이 오일 간극이 커졌을 때 나타나는 현상으로 옳은 것은?
① 유압이 높아진다.
② 유압이 낮아진다.
③ 실린더 벽에 뿜어지는 오일이 부족해진다.
④ 연소실에 올라가는 오일의 양이 적어진다.

해설 유압이 낮아지는 원인
ⓐ 유압조절밸브 스프링 장력 저하
ⓑ 베어링 마모로 오일간극이 커졌을 때
ⓒ 오일의 희석 및 점도 저하
ⓓ 오일 부족
ⓔ 오일펌프 불량 및 유압회로의 누설

09 가솔린 기관에서 배기가스에 산소량이 많이 잔존하고 있다면 연소실 내의 혼합기는 어떤 상태인가?
① 농후하다.
② 희박하다.
③ 농후하기도 하고 희박하기도 하다.
④ 이론공연비 상태이다.

해설 배기가스에 산소량이 많이 잔존하고 있다면 연소실 내의 혼합기는 희박한 상태이다.

10 디젤 연소실의 구비조건 중 틀린 것은?
① 연소시간이 짧을 것
② 열효율이 높을 것
③ 평균유효 압력이 낮을 것
④ 디젤노크가 적을 것

해설 디젤 연소실의 구비조건
① 열효율이 높을 것

Answer 05. ② 06. ④ 07. ③ 08. ② 09. ② 10. ③

② 연소시간이 짧을 것
③ 디젤노크가 적을 것

11 분사펌프에서 딜리버리 밸브의 작용 중 틀린 것은?
① 노즐에서의 후적 방지
② 연료의 역류 방지
③ 연료 라인의 잔압유지
④ 분사시기 조정

해설 딜리버리(delivery valve)의 기능
ⓐ 역류방지
ⓑ 잔압유지
ⓒ 후적방지

12 공기청정기가 막혔을 때의 배기가스 색으로 가장 알맞은 것은?
① 무색   ② 백색
③ 흑색   ④ 청색

해설 공기 청정기가 막히면 연료가 과다하여 배기가스 색이 흑색이다.

13 연료 탱크 내장형 연료펌프(어셈블리)의 구성부품에 해당되지 않는 것은?
① 첵 밸브   ② 릴리프 밸브
③ DC모터   ④ 포토 다이오드

해설 연료탱크 내장형 연료펌프 구성부품
ⓐ DC모터
ⓑ 첵 밸브
ⓒ 릴리프 밸브

14 공기량 검출 센서 중에서 초음파를 이용하는 센서는?
① 핫필름식 에어플로 센서
② 칼만와류식 에어플로 센서
③ 댐핑 챔버를 이용한 에어플로 센서
④ MAP을 이용한 에어플로 센서

해설 칼만 와류식은 초음파를 발생하여 칼만 와류 수만큼 밀집되거나 분산되어 수신기에 디지털 펄스로 측정된다.

15 전자제어 가솔린 분사장치의 연료펌프에서 첵밸브의 역할은?
① 잔압 유지와 재시동을 용이하게 한다.
② 연료 압력의 맥동을 감소시킨다.
③ 연료가 막혔을 때 압력을 조절한다.
④ 연료를 분사한다.

해설 첵밸브의 역할
ⓐ 역류를 방지
ⓑ 잔압을 유지
ⓒ 베이퍼 록 방지
ⓓ 재시동성 향상

16 전자제어 가솔린기관에서 컨트롤유닛(ECU)로 입력되는 센서가 아닌 것은?
① 수온 센서
② 크랭크각 센서
③ 흡기온도 센서
④ 휠 스피드 센서

해설 전자제어 기관의 입·출력 요소

Answer 11. ④ 12. ③ 13. ④ 14. ② 15. ① 16. ④

```
AFS, ATS  →          → 연료제어
CKP, CMP  →          → 점화시기제어
TPS, KPS  →          → 노킹제어
WTS, OTS  →   ECU    → 공회전속도 제어
각종 S/W  →          → CVVT(OCV) 제어
TPS1,2    →          → 드로틀 모터 제어
ASP1,2    →          → 냉각팬 등 제어
```

※ 휠 스피드 센서는 ABS ECU에 입력되는 센서이다.

17 컴퓨터 제어 계통 중 입력계통과 가장 거리가 먼 것은?

① 대기압센서   ② 공전 속도 제어
③ 산소센서   ④ 차속센서

해설 ①, ③, ④항은 컴퓨터에 입력계통이며, 공전속도 제어는 ECU의 신호에 의해 작동되는 출력계통이다.

18 엔진 출력과 최고 회전속도와의 관계에 대한 설명으로 옳은 것은?

① 고회전시 흡기의 유속이 음속에 달하면 흡기량이 증가되어 출력이 증가한다.
② 동일한 배기량으로 단위시간당의 폭발횟수를 증가시키면 출력은 커진다.
③ 평균 피스톤 속도가 커지면 왕복운동 부분의 관성력이 증대되어 출력 또한 커진다.
④ 출력을 증대시키는 방법으로 행정을 길게 하고 회전속도를 높이는 것이 유리하다.

해설 동일한 배기량에서 단위시간당 폭발횟수가 증가하면 당연히 출력은 커진다.

19 디젤 노크를 일으키는 원인과 직접적인 관계가 없는 것은?

① 압축비   ② 회전속도
③ 옥탄가   ④ 엔진의 부하

해설 압축비, 엔진 회전속도, 엔진의 부하, 연료 분사량, 분사시기, 흡입공기 온도는 디젤 노크와 밀접한 관계가 있고 옥탄가와 관계가 없다.

20 클러치의 구비조건이 아닌 것은?

① 회전관성이 클 것
② 회전부분의 평형이 좋을 것
③ 구조가 간단할 것
④ 동력을 차단할 경우에는 신속하고 확실할 것

해설 클러치 구비조건
ⓐ 구조가 간단할 것
ⓑ 동력전달이 확실하고 신속할 것
ⓒ 방열이 잘 되어 과열되지 않을 것
ⓓ 회전부분의 평형이 좋을 것

21 클러치의 릴리스 베어링으로 사용되지 않는 것은?

① 앵귤러 접촉형
② 평면 베어링형
③ 볼 베어링형
④ 카본형

해설 릴리스 베어링의 종류 : 카본형, 볼 베어링형, 앵귤러 접촉형

Answer 17. ② 18. ② 19. ③ 20. ① 21. ②

22 수동변속기의 필요성으로 틀린 것은?

① 회전방향을 역으로 하기 위해
② 무부하 상태로 공전운전할 수 있게 하기 위해
③ 발진시 각부에 응력의 완화와 마멸을 최대화하기 위해
④ 차량발진시 중량에 의한 관성으로 인해 큰 구동력이 필요하기 때문에

해설 수동변속기의 필요성
ⓐ 무부하 상태로 공전운전 할 수 있게 하기 위해
ⓑ 차량발진시 중량에 의한 관성으로 인해 큰 구동력이 필요하기 때문에
ⓒ 회전방향을 역으로 하기 위해

23 수동변속기에서 기어변속 시 기어의 이중 물림을 방지하기 위한 장치는?

① 파킹 볼 장치
② 인터 록 장치
③ 오버드라이브 장치
④ 록킹 볼 장치

해설 ① 인터 록(inter lock) : 이중 물림 방지
② 록킹 볼(locking ball) : 기어 빠짐 방지

24 수동변속기 장치에서 클러치 압력판의 역할로 옳은 것은?

① 기관의 동력을 받아 속도를 조절한다.
② 제동거리를 짧게 한다.
③ 견인력을 증가시킨다.
④ 클러치판을 밀어서 플라이휠에 압착시키는 역할을 한다.

해설 클러치 압력판은 클러치 판을 플라이 휠에 압착시키는 역할을 한다.

25 자동변속기에서 스로틀 개도의 일정한 차속으로 주행 중 스로틀 개도를 갑자기 증가시키면(약 85% 이상) 감속 변속되어 큰 구동력을 얻을 수 있는 변속상태는?

① 킥 다운
② 다운 시프트
③ 리프트 풋 업
④ 업 시프트

해설 킥 다운(kick down)이란 일정한 차속으로 주행 중 스로틀 밸브 개도를 갑자기 증가시키면 (85% 이상) 강제로 시프트 다운(감속 변속)되어 큰 구동력을 얻을 수 있다.

26 동력전달장치에서 동력전달 각의 변화를 가능하게 하는 이음은?

① 슬립 이음
② 스플라인 이음
③ 플랜지 이음
④ 자재 이음

해설 ⓐ 추진축 : 회전력 전달
ⓑ 자재이음 : 각도 변화
ⓒ 슬립이음 : 길이 변화

27 액슬축의 지지 방식이 아닌 것은?

① 반부동식
② 3/4 부동식
③ 고정식
④ 전부동식

해설 액슬축 지지방식
① 반부동식 : 액슬축과 하우징이 하중을 반씩 부담
② 3/4부동식 : 액슬축이 하중을 1/4, 하우징이 3/4를 부담
③ 전부동식 : 하우징이 하중을 전부 부담하므로 액슬축은 자유로워 바퀴를 빼지 않고도 액슬축을 떼어낼 수 있다.

Answer 22. ③ 23. ② 24. ④ 25. ① 26. ④ 27. ③

28 종감속 및 차동장치에서 구동 피니언의 잇수가 6, 링기어의 잇수가 60, 추진축이 1,000rpm일 때 왼쪽바퀴가 150rpm이었다. 이 때 오른쪽 바퀴는 몇 rpm인가?

① 25rpm　② 50rpm
③ 75rpm　④ 100rpm

해설 한쪽바퀴 회전수(N_w)

$$N_w = \frac{추진축\ 회전수}{종감속비} \times 2 - 다른\ 쪽\ 바퀴\ 회전수$$

∴ 한 쪽 바퀴 회전수(N_w) $= \frac{1,000}{\frac{60}{6}} \times 2 - 150 = 50$

29 조향장치를 구성하는 주요 부품이 아닌 것은?

① 조향 휠　② 타이로드
③ 피트먼암　④ 토션바 스프링

해설 조향장치 주요 부품 : 조향 휠, 조향기어, 피트먼암, 타이로드, 너클

30 조향장치의 동력전달 순서로 옳은 것은?

① 핸들 - 타이로드 - 조향기어 박스 - 피트먼 암
② 핸들 - 섹터 축 - 조향기어 박스 - 피트먼 암
③ 핸들 - 조향기어 박스 - 섹터 축 - 피트먼 암
④ 핸들 - 섹터 축 - 조향기어 박스 - 타이로드

해설 조향장치 동력전달 순서(볼 너트 형식)
핸들 → 조향기어 박스 → 섹터 축 → 피트먼 암 → 릴레이 로드 → 타이로드 → 너클 → 바퀴

31 자동차의 축간거리가 2.3m, 바퀴 접지면의 중심과 킹핀과의 거리가 20cm인 자동차를 좌회전할 때 우측바퀴의 조향각은 30°, 좌측바퀴 조향각은 32°이었을 때 최소회전반경은?

① 3.3m　② 4.8m
③ 5.6m　④ 6.5m

해설 최소회전반경 $R = \frac{L}{\sin\alpha} + r$

여기서, α : 외측바퀴 회전각도(°)
　　　L : 축거(m)
　　　r : 타이어 중심과 킹핀과의 거리(m)

∴ 최소회전반경 $R = \frac{2.3}{\sin 30°} + 0.2 = 4.8$

32 주행 중 조향핸들이 한쪽으로 쏠리는 원인과 가장 거리가 먼 것은?

① 바퀴 허브 너트를 너무 꽉 조였다.
② 좌·우의 캠버가 같지 않다.
③ 컨트롤 암(위 또는 아래)이 휘었다.
④ 좌·우의 타이어 공기압이 다르다.

해설 ②, ③, ④항은 핸들이 한쪽으로 쏠리는 원인이며, 바퀴의 허브 너트는 꽉 조여야 한다.

33 현가장치가 갖추어야 할 기능이 아닌 것은?

① 승차감의 향상을 위해 상하 움직임에 적당한 유연성이 있어야 한다.
② 원심력이 발생되어야 한다.
③ 주행 안정성이 있어야 한다.
④ 구동력 및 제동력 발생 시 적당한 강성이 있어야 한다.

Answer　28. ②　29. ④　30. ③　31. ②　32. ①　33. ②

해설 ▶ **현가장치가 갖추어야 할 기능**
  ㉠ 승차감의 향상을 위해 상하 움직임에 적당한 유연성이 있어야 한다.
  ㉡ 원심력에 대해 저항력이 있어야 한다.
  ㉢ 주행 안정성이 있어야 한다.
  ㉣ 구동력 및 제동력 발생 시 적당한 강성이 있어야 한다.

34 전자제어 현가장치의 출력부가 아닌 것은?
  ① TPS
  ② 지시등, 경고등
  ③ 액추에이터
  ④ 고장코드

해설 ▶ 전원, 센서, 스위치 등은 입력부이고, 경고등, 액추에이터, 고장코드는 출력부이다.

35 전자제어 현가장치의 장점에 대한 설명으로 가장 적합한 것은?
  ① 굴곡이 심한 노면을 주행할 때에 흔들림이 작은 평행한 승차감 실현
  ② 차속 및 조향 상태에 따라 적절한 조향 특성을 얻을 수 있음
  ③ 운전자가 희망하는 쾌적 공간을 제공해 주는 시스템
  ④ 운전자의 의지에 따라 조향 능력을 유지해 주는 시스템

해설 ▶ **전자제어 현가장치(E.C.S)의 장점**
  ㉠ 노면상태에 따라 승차감을 조절한다.
  ㉡ 노면으로부터 차의 높이를 조정
  ㉢ 굴곡이 심한 노면을 주행할 때에 흔들림이 작은 평행한 승차감 실현
  ㉣ 급제동시 노즈 다운(nose down)을 방지
  ㉤ 급선회시 원심력에 의한 차량의 기울어짐을 방지
  ㉥ 고속 주행시 안정성이 있다.

36 유압식 제동장치에서 적용되는 유압의 원리는?
  ① 뉴톤의 원리
  ② 파스칼의 원리
  ③ 벤투리관의 원리
  ④ 베르누이의 원리

해설 ▶ 유압식 제동장치는 파스칼의 원리를 이용한 것이다.

37 마스터 실린더의 푸시로드에 작용하는 힘이 120kgf이고, 피스톤의 면적이 4cm²일 때 유압은?
  ① $20 \text{kg}_f/\text{cm}^2$
  ② $30 \text{kg}_f/\text{cm}^2$
  ③ $40 \text{kg}_f/\text{cm}^2$
  ④ $50 \text{kg}_f/\text{cm}^2$

해설 ▶
$$압력(\text{kg}_f/\text{cm}^2) = \frac{하중}{단면적}$$
$$\therefore 압력 = \frac{120}{4} = 30 \text{kg}_f/\text{cm}^2$$

38 드럼식 브레이크에서 브레이크 슈의 작동형식에 의한 분류에 해당하지 않는 것은?
  ① 리딩 트레일링 슈 형식
  ② 3리딩 슈 형식
  ③ 서보 형식
  ④ 듀오 서보식

해설 ▶ **드럼 브레이크의 분류**
  ⓐ 넌서보 브레이크 : 리딩 트레일링 슈 형식
  ⓑ 서보 브레이크 : 단동 2리딩 또는 복동 2리딩 슈 형식, 유니 서보식, 듀오 서보식, 앵커 링크 형식 등

Answer 34. ① 35. ① 36. ② 37. ② 38. ②

39 제동장치에서 디스크 브레이크의 형식으로 적합한 것은?

① 앵커핀 형
② 2 리딩 형
③ 유니서보 형
④ 플로팅 캘리퍼 형

해설 드럼 브레이크의 분류
ⓐ 넌서보 브레이크 : 리딩 트레일링 슈(앵커핀) 형식
ⓑ 서보 브레이크 : 단동 2리딩 또는 복동 2리딩 슈 형식, 유니 서보식, 듀오 서보식, 앵커 링크 형식 등
※ 플로팅 캘리퍼형은 디스크 브레이크 형식이다.

40 4기통 디젤기관에 저항이 0.8Ω인 예열플러그를 각 기통에 병렬로 연결하였다. 이 기관에 설치된 예열플러그의 합성저항은 몇 Ω인가? (단, 기관의 전원은 24V임)

① 0.1   ② 0.2
③ 0.3   ④ 0.4

해설
병렬 합성저항
$$\frac{1}{R} = \frac{1}{R_1} + \frac{1}{R_2} + \cdots + \frac{1}{R_n}$$

∴ 합성저항
$$\frac{1}{R} = \frac{1}{0.8} + \frac{1}{0.8} + \frac{1}{0.8} = \frac{4}{0.8}Ω$$
∴ $R = 0.2Ω$

41 다음 그림의 기호는 어떤 부품을 나타내는 기호인가?

① 실리콘 다이오드
② 발광 다이오드
③ 트랜지스터
④ 제너 다이오드

해설 제너 다이오드의 기호로, 제너 다이오드는 어떤 기준 전압(브레이크 다운 전압) 이상이 되면 역방향으로도 전류가 흐르는 반도체이다.

42 반도체 소자 중 사이리스터(SCR)의 단자에 해당하지 않는 것은?

① 애노드(anode)
② 게이트(gate)
③ 캐소드(cathode)
④ 컬렉터(collector)

해설 사이리스터(SCR)의 단자 명칭
애노드(A), 캐소드(K), 게이트(G)

43 2개 이상의 배터리를 연결하는 방식에 따라 용량과 전압 관계의 설명으로 맞는 것은?

① 직렬 연결시 1개 배터리 전압과 같으며 용량은 배터리 수 만큼 증가한다.
② 병렬 연결시 용량은 배터리 수 만큼 증가하지만 전압은 1개 배터리 전압과 같다.
③ 병렬연결이란 전압과 용량이 동일한

Answer 39. ④ 40. ② 41. ④ 42. ④ 43. ②

배터리 2개 이상을 (+)단자와 연결대상 배터리 (−)단자에, (−)단자는 (+)단자로 연결하는 방식이다.

④ 직렬연결이란 전압과 용량이 동일한 배터리 2개 이상을 (+)단자와 연결 대상 배터리의 (+)단자에 서로 연결하는 방식이다.

[해설] ①항은 병렬 연결시의 특징을, ③항과 ④항은 직렬 연결과 병렬 연결이 서로 바뀌었다.

44 자동차용 배터리의 급속 충전 시 주의사항으로 틀린 것은?

① 배터리를 자동차에 연결한 채 충전할 경우, 접지(−) 터미널을 떼어 놓는다.
② 잘 밀폐된 곳에서 충전한다.
③ 충전 중 축전지에 충격을 가하지 않는다.
④ 전해액의 온도가 45℃가 넘지 않도록 한다.

[해설] 배터리 충전은 환기가 잘되는 곳에서 한다.

45 자동차용 배터리에 과충전을 반복하면 배터리에 미치는 영향은?

① 극판이 황산화 된다.
② 용량이 크게 된다.
③ 양극판 격자가 산화된다.
④ 단자가 산화된다.

[해설] 충전이란 양극판이 과산화납으로 되돌아가는 과정이므로 과충전하면 양극판 격자가 산화된다.

46 축전지를 차에 설치한 채 급속충전을 할 때의 주의사항으로 틀린 것은?

① 축전지 각 셀(cell)의 플러그를 열어 놓는다.
② 전해액 온도가 45℃를 넘지 않도록 한다.
③ 축전지 가까이에서 불꽃이 튀지 않도록 한다.
④ 축전지의 양(+, −)케이블을 단단히 고정하고 충전한다.

[해설] 축전지를 차에 설치한 채 급속충전 할 때에는 축전지의 (−)케이블을 떼어내고 충전한다.

47 다음 그림과 같이 자동차 전원장치에서 IG1과 IG2로 구분된 이유로 옳은 것은?

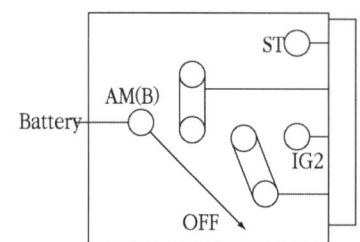

	AM(B)	ACC	IG1	IG2	ST
OFF	○				
ACC	○—	—○			
ON	○—	—○—	—○—	—○	
ST	○—	—	—○—	—	—○

① 점화 스위치의 ON/OFF에 관계없이 배터리와 연결을 유지하기 위해
② START시에도 와이퍼 회로, 전조등 회로 등에 전원을 공급하기 위해
③ 점화 스위치가 ST일 때만 점화코일, 연료펌프 회로 등에 전원을 공급하기 위해

Answer 44. ② 45. ③ 46. ④ 47. ④

④ START시 시동에 필요한 전원 이외의 전원을 차단하여 시동을 원활하게 하기 위해

해설 자동차 전원장치에서 IG1과 IG2로 구분된 이유는 START시 시동에 필요한 전원 이외의 전원을 차단하여 시동을 원활하게 하기 위해서이다.

48 배선에 있어서 기호와 색의 연결이 틀린 것은?

① Gr : 보라 ② G : 녹색
③ R : 적색   ④ Y : 노랑

해설 배선 색상 약어

약어	배선 색상	약어	배선 색상
B	검은색(Black)	O	오렌지색(Orange)
Br	갈색(Brown)	P	분홍색(Pink)
G	초록색(Green)	R	빨간색(Red)
Gr	회색(Gray)	W	흰 색(White)
L	파란색(bLue)	Y	노란색(Yellow)
Lg	연두색(Light Green)	Pp	자주색(Purple)
T	황갈색(Tawny)	Ll	하늘색(Light Blue)

49 플레밍의 왼손법칙을 이용한 것은?

① 충전기   ② DC 발전기
③ AC 발전기 ④ 전동기

해설 전동기는 플레밍의 왼손법칙을 응용한 것이다.

50 자동차용 교류발전기에 대한 특성 중 거리가 가장 먼 것은?

① 브러쉬 수명이 일반적으로 직류발전기보다 길다.
② 중량에 따른 출력이 직류발전기보다 약 1.5배 정도 높다.
③ 슬립링 손질이 불필요하다.
④ 자여자 방식이다.

해설 교류발전기의 특징
① 소형 경량으로 수명이 길다.
② 저속에서의 충전 성능이 좋다.
③ 속도 변동에 따른 적응 범위가 넓다.
④ 다이오드를 사용하므로 정류 특성이 좋다.
⑤ 브러시 수명이 일반적으로 직류발전기보다 길다.
⑥ 중량에 따른 출력이 직류발전기보다 약 1.5배 정도 높다.
⑦ 슬립링 손질이 불필요하다.
⑧ 타여자 방식이다.

51 교류발전기에서 축전지의 역류를 방지하는 컷아웃 릴레이가 없는 이유는?

① 트랜지스터가 있기 때문이다.
② 점화스위치가 있기 때문이다.
③ 실리콘 다이오드가 있기 때문이다.
④ 전압릴레이가 있기 때문이다.

해설 AC 발전기의 실리콘 다이오드는 교류를 정류하고, 역류를 방지하므로 컷아웃 릴레이가 필요없다.

Answer 48. ① 49. ④ 50. ④ 51. ③

52 전자동에어컨(FATC) 시스템의 ECU에 입력되는 센서 신호로 거리가 먼 것은?

① 외기온도 센서
② 차고 센서
③ 일사 센서
④ 내기온도 센서

해설 차고센서는 전자제어 현가장치(ECS)의 입력신호이다.

53 현재의 연료 소비율, 평균속도, 항속 가능 거리 등의 정보를 표시하는 시스템으로 옳은 것은?

① 종합 경보 시스템(ETACS 또는 ETWIS)
② 엔진·변속기 통합제어 시스템(ECM)
③ 자동주차 시스템(APS)
④ 트립(Trip) 정보 시스템

해설 트립 정보시스템(trip computer)은 시동 "ON"부터 "OFF"까지의 주행거리(적산 거리), 주행 가능 거리, 평균속도 및 주행시간 등 주행에 관련된 각종 정보들을 LCD를 이용해 화면에 표시해 주는 운전자 정보 전달장치

54 구급처치 중에서 환자의 상태를 확인하는 사항과 관련이 없는 것은?

① 의식   ② 상처
③ 출혈   ④ 안정

해설 구급처치 중 환자의 상태는 의식, 상처, 출혈 등이 있는 지를 확인한다. 안정은 관련이 없다.

55 스패너 작업시 유의할 점이다. 틀린 것은?

① 스패너의 입이 너트의 치수에 맞는 것을 사용해야 한다.
② 스패너의 자루에 파이프를 이어서 사용해서는 안 된다.
③ 스패너와 너트 사이에는 쐐기를 넣고 사용하는 것이 편리하다.
④ 너트에 스패너를 깊이 물리고 조금씩 앞으로 당기는 식으로 풀고 조인다.

해설 **스패너 작업시 주의사항**
ⓐ 스패너는 몸 앞으로 당겨서 사용할 것
ⓑ 너트에 스패너를 깊이 물리고 조금씩 앞으로 당기는 식으로 풀고 조인다.
ⓒ 스패너와 너트 사이에 절대 다른 물건을 끼우지 말 것
ⓓ 스패너 손잡이에 파이프를 이어서 사용하거나 해머로 두들기지 말 것
ⓔ 스패너의 입이 너트의 치수에 맞는 것을 사용해야 한다.
ⓕ 스패너 사용시 항시 주위를 살펴보고 조심성 있게 죌 것
ⓖ 스패너가 너트에서 벗겨지더라도 넘어지지 않는 자세를 취할 것
ⓗ 고정 조(jaw)에 힘이 많이 걸리도록 한다.

Answer 52. ② 53. ④ 54. ④ 55. ③

56 임팩트 렌치의 사용 시 안전 수칙으로 거리가 먼 것은?

① 렌치 사용시 헐거운 옷은 착용하지 않는다.
② 위험 요소를 항상 점검한다.
③ 에어 호스를 몸에 감고 작업을 한다.
④ 가급적 회전 부에 떨어져서 작업을 한다.

해설 임팩트 렌치 사용시 에어 호스는 가능한 한 짧게 하고, 몸에 감고 작업해서는 안 된다.

57 휠 밸런스 점검 시 안전수칙으로 틀린 사항은?

① 점검 후 테스터 스위치를 끄고 자연히 정지하도록 한다.
② 타이어의 회전방향에서 점검한다.
③ 과도하게 속도를 내지 말고 점검한다.
④ 회전하는 휠에 손을 대지 않는다.

해설 휠 밸런스 점검 시 타이어의 회전방향에 서지 않도록 한다.

58 기계 부품에 작용하는 하중에서 안전율을 가장 크게 하여야 할 하중은?

① 정 하중   ② 교번 하중
③ 충격 하중   ④ 반복 하중

해설 안전율의 크기 순서
충격하중 > 교번하중 > 반복하중 > 정하중

59 해머작업 시 안전수칙으로 틀린 것은?

① 해머는 처음과 마지막 작업 시 타격력을 크게 할 것
② 해머로 녹슨 것을 때릴 때에는 반드시 보안경을 쓸 것
③ 해머의 사용 면이 깨진 것은 사용하지 말 것
④ 해머 작업 시 타격 가공하려는 곳에 눈을 고정시킬 것

해설 해머 작업시 주의사항
ⓐ 장갑을 끼지 말 것
ⓑ 처음에는 서서히 칠 것
ⓒ 해머 작업할 때에는 반드시 보안경을 쓸 것
ⓓ 해머 작업시 타격 가공하려는 곳에 눈을 고정시킬 것
ⓔ 해머의 사용 면이 깨진 것은 사용하지 말 것

60 작업장 내에서 안전을 위한 통행방법으로 옳지 않은 것은?

① 자재 위에 앉지 않도록 한다.
② 좌·우측의 통행 규칙을 지킨다.
③ 짐을 든 사람과 마주치면 길을 비켜 준다.
④ 바쁜 경우 기계 사이의 지름길을 이용한다.

해설 ①, ②, ③ 항은 작업장 내에서 안전을 위한 올바른 통행방법이며, 작업장 내에서는 반드시 보행자 통로를 이용한다.

Answer 56. ③ 57. ② 58. ③ 59. ① 60. ④

기출복원 문제

기출복원 문제란?
CBT시행에 따라 저자께서 수검자들의 도움으로 최대한 유형에 가깝게 복원한 문제입니다.

01 표준 대기압의 표기로 옳은 것은?
① 735mmHg
② 0.85kg$_f$/cm^2
③ 101.3kPa
④ 10bar

해설 표준 대기압(표준 기압, 1atm)
1atm = 760mmHg = 1.033kg$_f$/cm^2
= 1,013mbar = 1.013bar = 101.3kPa
(∵ 1bar = 10^{5}Pa = 100kPa)

02 실린더 지름이 100mm의 정방형 엔진이다. 행정 체적은 약 얼마인가?
① 600cm^3
② 785cm^3
③ 1,200cm^3
④ 1,490cm^3

해설
$$행정체적(배기량) V = \frac{\pi}{4} \cdot D^2 \cdot L$$

여기서, D : 내경[cm]
L : 행정[cm]

∴ 행정체적 $V = \frac{3.14}{4} \times 10^2 \times 10 = 785 \text{cm}^3$

03 연소실 체적이 210cc이고, 행정체적이 3,780cc인 디젤 6기통 기관의 압축비는 얼마인가?
① 17 : 1
② 18 : 1
③ 19 : 1
④ 20 : 1

해설
$$압축비 \; \epsilon = \frac{실린더 \; 체적}{연소실 \; 체적}$$
$$= 1 + \frac{행정 \; 체적(배기량)}{연소실 \; 체적}$$

∴ 압축비 = $1 + \frac{3,780}{210} = 19$

04 내연기관에서 언더 스퀘어 엔진은 어느 것인가?
① $\frac{행정}{실린더 \; 내경} = 1$
② $\frac{행정}{실린더 \; 내경} < 1$
③ $\frac{행정}{실린더 \; 내경} > 1$
④ $\frac{행정}{실린더 \; 내경} \leq 1$

해설 언더 스퀘어(under square) 엔진이란 내경이 행정보다 작은 엔진을 말한다.

$$언더스퀘어 \; 엔진 = \frac{행정}{실린더 \; 내경} > 1$$

Answer 01. ③ 02. ② 03. ③ 04. ③

05 피스톤 링의 구비조건으로 틀린 것은?

① 고온에서도 탄성을 유지할 것
② 오래 사용하여도 링 자체나 실린더 마멸이 적을 것
③ 열팽창률이 작을 것
④ 실린더 벽에 편심된 압력을 가할 것

해설 피스톤 링의 구비조건
ⓐ 열 팽창률이 적을 것
ⓑ 내열성과 내마모성이 좋을 것
ⓒ 실린더 벽에 균일한 압력을 가할 것
ⓓ 피스톤 링 자체나 실린더 마멸이 적을 것
ⓔ 고온에서도 탄성을 유지할 것

06 피스톤링의 주요 기능이 아닌 것은?

① 기밀 작용   ② 감마 작용
③ 열전도 작용 ④ 오일제어 작용

해설 피스톤 링의 3대 작용
① 기밀유지 작용
② 열전도 작용
③ 오일제어 작용

07 내연기관 밸브장치에서 밸브 스프링의 점검과 관계없는 것은?

① 스프링 장력   ② 자유높이
③ 직각도   ④ 코일의 권수

해설 밸브 스프링 점검사항 : 직각도, 자유고, 장력

08 열기관에서 열원으로부터 받은 열량을 얼마만큼 유효한 일로 변환하였는가의 비율을 무엇이라 하는가?

① 열감정   ② 열효율
③ 연료소비율   ④ 평균유효압력

해설 열효율이란 열원으로부터 받은 열량을 얼마만큼 유효한 일로 변환하였는가의 비율을 의미한다.

09 냉각수 온도센서 고장 시 엔진에 미치는 영향으로 틀린 것은?

① 공회전상태가 불안정하게 된다.
② 워밍업 시기에 검은 연기가 배출될 수 있다.
③ 배기가스 중에 CO 및 HC가 증가된다.
④ 냉간 시동성이 양호하다.

해설 냉각수 온도센서가 고장 시 ①~③항의 증상이 발생하며 냉간 시동성이 불량해진다.

10 부동액 성분의 하나로 비등점이 197.2℃, 응고점이 –50℃ 인 불연성 포화액인 물질은?

① 에틸렌 글리콜 ② 메탄올
③ 글리세린   ④ 변성알콜

해설 부동액으로는 주로 에틸렌 글리콜이나 프로필렌 글리콜을 사용하며 에틸렌 글리콜은 비등점(boiling point)이 197.6℃, 응고점(freezing point)이 –37℃이다.

11 라디에이터의 점검에서 누설 실험을 하기 위한 공기압은?

① $1 kgf/cm^2$ ② $3 kgf/cm^2$
③ $5 kgf/cm^2$ ④ $7 kgf/cm^2$

해설 누설 시험시 압축공기 압력은 $0.5 \sim 2 kgf/cm^2$ 이다.

Answer 05. ④ 06. ② 07. ④ 08. ② 09. ④ 10. ① 11. ①

12 엔진오일의 유압이 낮아지는 원인으로 틀린 것은?

① 베어링의 오일간극이 크다.
② 유압조절밸브의 스프링 장력이 크다.
③ 오일 팬 내의 윤활유 양이 적다.
④ 윤활유 공급 라인에 공기가 유입되었다.

해설 유압이 낮아지는 원인
ⓐ 유압조절밸브 스프링 장력 저하
ⓑ 베어링 마모로 오일간극이 커졌을 때
ⓒ 오일의 희석 및 점도 저하
ⓓ 오일 부족
ⓔ 오일펌프 불량 및 유압회로의 누설

13 LPG 기관에서 액체를 기체로 변화시키는 것을 주 목적으로 설치된 것은?

① 솔레노이드 스위치
② 베이퍼라이저
③ 봄베
④ 기상 솔레노이드 밸브

해설 베이퍼라이저(vaporizer)는 액체를 기체로 변화시켜 주는 장치로 감압, 기화 및 압력조절 작용을 한다.

14 디젤 기관용 연료의 구비조건으로 틀린 것은?

① 착화성이 좋을 것
② 부식성이 적을 것
③ 인화성이 좋을 것
④ 적당한 점도를 가질 것

해설 디젤 연료(경유)의 구비조건
ⓐ 착화성이 좋을 것
ⓑ 세탄가가 높을 것
ⓒ 발열량이 클 것
ⓓ 점도가 적당하고, 온도에 따른 점도 변화가 적을 것
ⓔ 부식성이 적을 것

15 디젤 엔진에서 연료 공급펌프 중 프라이밍 펌프의 기능은?

① 기관이 작동하고 있을 때 펌프에 연료를 공급한다.
② 기관이 정지되고 있을 때 수동으로 연료를 공급한다.
③ 기관이 고속운전을 하고 있을 때 분사 펌프의 기능을 돕는다.
④ 기관이 가동하고 있을 때 분사펌프에 있는 연료를 빼는 데 사용한다.

해설 디젤 엔진에서 프라이밍 펌프는 기관이 정지되어 있을 때 수동으로 작동시켜 연료라인에서 공기빼기 작업에 사용되며 동시에 연료를 분사펌프로 공급한다.

16 디젤기관에서 전자제어식 고압펌프의 특징이 아닌 것은?

① 동력 성능의 향상
② 쾌적성 향상
③ 부가 장치가 필요
④ 가속시 스모크 저감

해설 디젤기관 전자제어식 고압펌프의 특징
ⓐ 동력 성능의 향상
ⓑ 가속시 스모크 저감
ⓒ 쾌적성 향상
※ 부가장치가 필요하게 되면 특징이 아니다.

Answer 12. ② 13. ② 14. ③ 15. ② 16. ③

17 자동차 기관에서 과급을 하는 주된 목적은?

① 기관의 출력을 증대시킨다.
② 기관의 회전수를 빠르게 한다.
③ 기관의 윤활유 소비를 줄인다.
④ 기관의 회전수를 일정하게 한다.

해설) 과급기는 엔진의 출력을 향상시키고 회전력을 증대시키며 연료소비율을 향상시킨다.

18 과급기가 설치된 엔진에 장착된 센서로서 급속 및 증속에서 ECU로 신호를 보내주는 센서는?

① 부스터 센서   ② 노크 센서
③ 산소 센서   ④ 수온 센서

해설) 부스터 압력 센서는 과급기가 설치된 엔진에 장착된 센서로서, 과급된 흡기다기관 내의 압력을 검출하여 ECU로 신호를 보낸다.

19 다음 중 흡입 공기량을 계량하는 센서는?

① 에어플로 센서
② 흡기온도 센서
③ 대기압 센서
④ 기관 회전속도 센서

해설) 에어플로 센서(AFS : Air Flow Sensor)는 에어 클리너 내부에 설치되어 흡입 공기량을 측정한 후 ECU에 보낸다.

20 흡기관로에 설치되어 칼만와류 현상을 이용하여 흡입공기량을 측정하는 것은?

① 흡기온도 센서
② 대기압 센서
③ 스로틀 포지션 센서
④ 공기유량 센서

해설) 센서의 기능
ⓐ 흡기온도 센서 : 흡입공기의 온도를 검출하여 연료 분사량을 보정한다.
ⓑ 대기압 센서 : 대기압력을 측정하여 연료 분사량 및 점화시기를 보정한다.
ⓒ 스로틀 포지션 센서 : 스로틀 밸브의 개도를 검출하여 엔진 운전모드를 판정하여 가속과 감속상태를 검지하고 연료 분사량을 보정한다.
ⓓ 공기유량 센서 : 흡기관로에 설치되어 칼만와류 현상 및 드로틀 밸브의 열림량을 이용하여 흡입공기량을 측정한다.

21 피에조(PIEZO) 저항을 이용한 센서는?

① 차속 센서
② 매니폴드압력 센서
③ 수온 센서
④ 크랭크각 센서

해설) 매니폴드 압력센서는 압전소자(피에조 저항형 센서)를 이용하여 흡기 매니홀드의 진공(절대압력)을 측정한다.

Answer 17. ① 18. ① 19. ① 20. ④ 21. ②

22 PCV(positive crankcase ventilation)에 대한 설명으로 옳은 것은?

① 블로바이(blow by) 가스를 대기 중으로 방출하는 시스템이다.
② 고부하 때에는 블로바이 가스가 공기 청정기에서 헤드커버 내로 공기가 도입된다.
③ 흡기 다기관이 부압일 때는 크랭크 케이스에서 헤드커버를 통해 공기 청정기로 유입된다.
④ 헤드커버 안의 블로바이 가스는 부하와 관계없이 서지탱크로 흡입되어 연소된다.

> **해설** 블로바이 가스는 공전 및 경부하시에는 PCV 밸브를 통하여 서지탱크로 흡입되어 연소되며, 급가속 및 고부하시에는 PCV 밸브는 닫히고, 브리더 호스를 통하여 서지탱크로 흡입되어 연소된다.

23 EGR(배기가스 재순환 장치)과 관계있는 배기가스는?

① CO
② HC
③ NOx
④ H2O

> **해설** 배기가스 재순환장치는 EGR 밸브를 이용하여 연소실의 최고온도를 낮추어 질소산화물(NOx)의 발생을 감소시킨다.

24 수동변속기에서 싱크로메시(synchro mesh) 기구의 기능이 작용하는 시기는?

① 변속기어가 물려있을 때
② 클러치 페달을 놓을 때
③ 변속기어가 물릴 때
④ 클러치 페달을 밟을 때

> **해설** 싱크로메시 기구는 기어 변속시(물릴 때) 싱크로메시 기구를 이용하여 동기시켜 변속하는 장치이다.

25 수동변속기에서 기어 변속이 힘든 경우로 틀린 것은?

① 클러치 자유간극(유격)이 부족할 때
② 싱크로나이저 스프링이 약화된 경우
③ 변속 축 혹은 포크가 마모된 경우
④ 싱크로나이저 링과 기어콘의 접촉이 불량한 경우

> **해설** 클러치 자유간극(유격)이 부족하면 클러치 차단이 잘되므로 기어 변속과는 관련이 없고 미끄러질 수 있다.

26 단순 유성기어 장치에서 선기어, 캐리어, 링기어의 3요소 중 2요소를 입력요소로 하면 동력전달은?

① 증속
② 감속
③ 직결
④ 역전

> **해설** 유성기어 3요소 중 2요소를 입력하면 동력전달은 직결이 되며, 어느 하나라도 입력이 없으면 공전이 된다.

Answer 22. ④ 23. ③ 24. ③ 25. ① 26. ③

27 자동변속기 전자제어 장치 정비 시 안전 및 유의사항으로 옳지 않은 것은?

① 펄스제너레이터 출력전압 파형 측정 시 주행 중에 측정한다.
② 컨트롤 케이블을 점검할 때는 브레이크 페달을 밟고, 주차 브레이크를 완전히 채우고 점검한다.
③ 차량을 리프트에 올려놓고 바퀴 회전시 주위에 떨어져 있어야 한다.
④ 부품센서 교환시 점화스위치 off 상태에서 축전기 접지 케이블을 탈거한다.

해설 ▶ 출력전압 파형 측정시 차량을 리프트에 올려놓고 측정한다.

28 종감속 및 차동장치에서 구동 피니언의 잇수가 6, 링기어의 잇수가 60, 추진축이 1,000rpm일 때 왼쪽바퀴가 150rpm이었다. 이 때 오른쪽 바퀴는 몇 rpm인가?

① 25rpm ② 50rpm
③ 75rpm ④ 100rpm

해설 ▶ 한쪽바퀴 회전수(N_w)

$$N_w = \frac{추진축\ 회전수}{종감속비} \times 2 - 다른\ 쪽\ 바퀴\ 회전수$$

∴ 한 쪽 바퀴 회전수(N_w)
$= \dfrac{1,000}{\frac{60}{6}} \times 2 - 150 = 50$

29 기관 rpm이 3,570이고, 변속비가 3.5, 종감속비가 3일 때, 오른쪽 바퀴가 420rpm이면 왼쪽바퀴 회전수는?

① 340rpm ② 1,480rpm
③ 2.7rpm ④ 260rpm

해설 ▶ 한 쪽 바퀴 회전수(N_w)

$$N_w = \frac{엔진\ 회전수}{종감속비} \times 2 - 다른\ 쪽\ 바퀴\ 회전수$$

∴ 한 쪽 바퀴 회전수(N_w)
$= \dfrac{3,570}{3.5 \times 3} \times 2 - 420 = 260\text{rpm}$

30 전자제어 현가장치(Electronic Control Suspension)에서 사용하는 센서에 속하지 않는 것은?

① 차속센서
② 차고센서
③ 스로틀 포지션센서
④ 냉각수 온도센서

해설 ▶ 전자제어 현가장치(ECS) 센서의 기능
ⓐ 차속 센서 : 자동차의 속도를 검출
ⓑ 차고 센서 : 자동차의 차축의 위치를 검출
ⓒ 조향각 센서 : 조향 휠의 회전방향을 검출
ⓓ 스로틀 포지션센서 : 자동차의 가감속을 검출
ⓔ G(중력) 센서 : 자동차의 바운싱을 검출

Answer 27. ① 28. ② 29. ④ 30. ④

31 전자제어 현가장치(ECS)에서 각 쇽업소버에 장착되어 컨트롤 로드를 회전시켜 오일 통로가 변환되면 Hard나 Soft로 감쇠력 제어를 가능하게 하는 것은?

① ECS 지시 패널
② 액추에이터
③ 스위칭 로드
④ 차고센서

해설 액추에이터는 각 쇽업소버에 장착되어 컨트롤 로드를 회전시켜 오일 통로가 변환되면 Hard나 Soft로 감쇠력 제어를 가능하게 한다.

32 조향장치에서 차륜 정렬의 목적으로 틀린 것은?

① 조향 휠의 조작안정성을 준다.
② 조향 휠의 주행안정성을 준다.
③ 타이어의 수명을 연장시켜 준다.
④ 조향 휠의 복원성을 경감시킨다.

해설 앞바퀴 정렬(wheel alignment)의 역할
ⓐ 조향 핸들의 조작력을 가볍게 한다.
ⓑ 조향 조작이 확실하고 주행안정성을 준다.
ⓒ 조향 핸들에 복원성을 준다.
ⓓ 타이어의 마모를 최소화 한다.

33 유압식 동력 조향장치의 구성요소로 틀린 것은?

① 브레이크 스위치
② 오일펌프
③ 스티어링 기어박스
④ 압력 스위치

해설 브레이크 스위치는 동력 조향장치와는 관련이 없다.

34 마스터 실린더에서 피스톤 1차 컵이 하는 일은?

① 오일 누출방지 ② 유압 발생
③ 잔압 형성   ④ 베이퍼록 방지

해설 피스톤 1차컵의 역할은 유압 발생이다. ①, ③, ④항은 브레이크 회로 내에 잔압을 두는 목적이다.

35 그림과 같은 마스터 실린더의 푸시 로드에는 몇 kgf의 힘이 작용하는가?

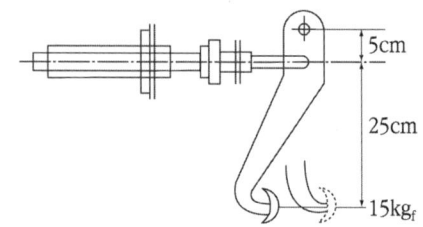

① 75kgf   ② 90kgf
③ 120kgf   ④ 140kgf

해설 $5 \times F = 30 \times 15 kgf$
$\therefore F = \dfrac{30 \times 15}{5} = 90 kgf$

36 빈번한 브레이크 조작으로 인해 온도가 상승하여 마찰계수 저하로 제동력이 떨어지는 현상은?

① 베이퍼 록 현상
② 페이드 현상
③ 피칭 현상
④ 시미 현상

해설 용어 설명
ⓐ 페이드 현상 : 빈번한 브레이크 조작으로 인해 온도가 상승하여 라이닝(패드)의 마찰계수 저하로 제동력이 떨어지는 현상

Answer 31. ② 32. ④ 33. ① 34. ② 35. ② 36. ②

ⓑ 베이퍼 록(vapor lock) 현상 : 브레이크의 빈번한 사용이나 끌림 등에 의한 마찰열이 브레이크 회로에 전달되어, 브레이크 회로 내에 기포가 발생되어 압력전달이 불가능하게 되는 현상

37 타이어의 구조 중 노면과 직접 접촉하는 부분은?
① 트레드 ② 카커스
③ 비드   ④ 숄더

해설 타이어의 구조
ⓐ 트레드(tread) : 노면과 직접 접촉하는 부분으로 제동력, 구동력, 옆방향 미끄럼 방지, 승차감 향상 등의 역할을 한다.
ⓑ 카커스(carcass) : 타이어의 골격을 이루는 부분으로 고무로 피복된 여러 겹의 코드층으로 되어 공기압력을 견디고 완충작용을 한다.
ⓒ 비드(bead) : 타이어가 림에 접촉하는 부분으로 타이어가 늘어나고 빠지는 것을 방지하기 위해 몇 줄의 피아노 선이 들어있다.
ⓓ 숄더(shoulder) : 트레드에서 사이드 월 부사이의 측면부분으로, 카커스를 보호하고 주행 중 타이어에서 발생하는 열을 방출시키는 역할을 한다.

38 레이디얼타이어 호칭이 "175/70 SR 14"일 때 "70"이 의미하는 것은?
① 편평비   ② 타이어 폭
③ 최대속도 ④ 타이어 내경

해설 타이어 호칭 기호
• 175 : 폭(너비)
• 70 : 편평비(%)
• S : 타이어 최대 허용속도
• R : 레이디얼 타이어
• 14 : 림 직경(인치)

39 다음 그림의 회로에서 전류계에 흐르는 전류(A)는 얼마인가?

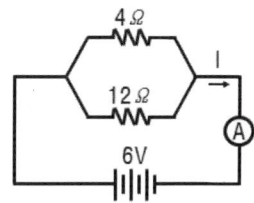

① 1A ② 2A ③ 3A ④ 4A

해설 합성저항 $\dfrac{1}{R} = \dfrac{1}{R_1} + \dfrac{1}{R_2} + \cdots + \dfrac{1}{R_n}$

∴ 합성저항 $\dfrac{1}{R} = \dfrac{1}{4} + \dfrac{1}{12}$

$= \dfrac{3}{12} + \dfrac{1}{12} = \dfrac{1}{3}$

∴ $R = 3\Omega$, 오옴의 법칙 $I = \dfrac{E}{R}$

∴ $I = \dfrac{6}{3} = 2A$

40 12V, 5W 전구 1개와 24V, 60W 전구 1개를 12V 배터리에 직렬로 연결하였다. 옳은 것은?
① 양쪽 전구가 똑같이 밝다.
② 5W 전구가 더 밝다.
③ 60W 전구가 더 밝다.
④ 5W 전구가 끊어진다.

해설

$$R = \dfrac{E^2}{P}$$

여기서 R : 저항, E : 전압, P : 전력

① 12V-5W 전구의 저항 $R = \dfrac{12^2}{5} = 28.8\Omega$

② 24V-60W 전구의 저항 $R = \dfrac{24^2}{60} = 9.6\Omega$

직렬로 연결하면 전류가 같으므로, 소비전력이 큰(저항이 큰) 12V-5W가 더 밝다.

Answer 37. ① 38. ① 39. ② 40. ②

41 그림은 TPS회로이다. 점 A에 접촉이 불량할 때 이에 대한 스로틀 포지션 센서(TPS)의 출력 전압을 측정시 올바른 것은?

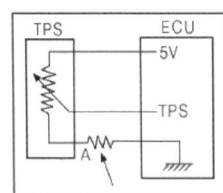

① TPS값이 밸브 개도에 따라 가변되지 않는다.
② TPS값이 항상 기준보다 조금은 낮게 나온다.
③ TPS값이 항상 기준보다 높게 나온다.
④ TPS값이 항상 5V로 나오게 된다.

해설 접촉이 불량하면 접촉저항이 커지므로 불량부분의 전압강하가 커지게 되어 TPS값이 기준보다 크게 나오게 된다.(상대적으로 가변저항에서의 전압강하가 낮아지므로)

42 축전기(Condenser)와 관련된 식 표현으로 틀린 것은? (Q = 전기량, E = 전압, C = 비례상수)

① $Q = CE$　　② $C = \dfrac{Q}{E}$

③ $E = \dfrac{Q}{C}$　　④ $C = QE$

해설 $Q = CE$, $C = \dfrac{Q}{E}$, $E = \dfrac{Q}{C}$ 이다.

43 ECU로 입력되는 스위치 신호라인에서 OFF 상태의 전압이 5V로 측정되었을 때 설명으로 옳은 것은?

① 스위치의 신호는 아날로그 신호이다.
② ECU 내부의 인터페이스는 소스(source) 방식이다.
③ ECU 내부의 인터페이스는 싱크(sink) 방식이다.
④ 스위치를 닫았을 때 2.5V 이하면 정상적으로 신호처리를 한다.

해설 싱크(sink)전류와 소스(source)전류

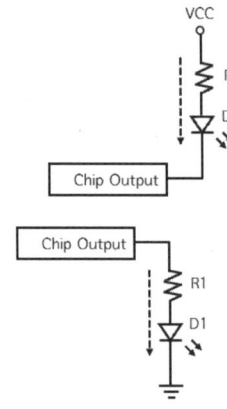

① 싱크전류 : 모듈에서 보았을 때 전류가 입력되는 방식으로, 칩의 출력과 (+)전원 사이에 소자를 연결하여 칩이 출력이 Low(0V)일 때 동작한다.
② 소스전류 : 모듈에서 보았을 때 전류를 내보내는 방식으로, 칩의 출력과 0V 사이에 소자를 연결하여 출력이 High일 때 동작한다.

Answer 41. ③　42. ④　43. ③

44 납산 배터리의 전해액이 흘렀을 때 중화용액으로 가장 알맞은 것은?

① 중탄산소다   ② 황산
③ 증류수   ④ 수돗물

해설 전해액은 산성이므로 중화용액으로 알칼리성인 중탄산소다로 중화시킨다.

45 축전지 단자의 부식을 방지하기 위한 방법으로 옳은 것은?

① 경유를 바른다.
② 그리스를 바른다.
③ 엔진오일을 바른다.
④ 탄산나트륨을 바른다.

해설 축전지 단자 표면에 그리스를 발라 단자의 부식을 방지한다.

46 전자제어 점화장치의 파워TR에서 ECU에 의해 제어되는 단자는?

① 베이스 단자   ② 콜렉터 단자
③ 이미터 단자   ④ 접지 단자

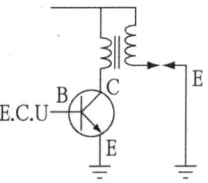

ECU에서 파워TR 베이스를 ON시키면 점화코일 1차 전류가 컬렉터에서 이미터로 흘러 점화코일이 자화되며, 파워TR 베이스를 OFF시키면 점화코일에서 발생된 고전압이 점화플러그에 가해진다.

47 자동차용으로 주로 사용되는 발전기는?

① 단상 교류   ② Y상 교류
③ 3상 교류   ④ 3상 직류

해설 자동차용 발전기는 3상 교류를 주로 사용한다.

48 와이퍼 모터 제어와 관련된 입력 요소들을 나열한 것으로 틀린 것은?

① 와이퍼 INT 스위치
② 와셔 스위치
③ 와이퍼 HI 스위치
④ 전조등 HI 스위치

해설 와셔 스위치, 와이퍼 LO 스위치, 와이퍼 HI 스위치, 와이퍼 INT 스위치 등이 입력요소이다. 전조등 스위치와 와이퍼 모터와는 관련이 없다.

49 에어컨 매니폴드 게이지(압력 게이지) 접속 시 주의사항으로 틀린 것은?

① 매니폴드 게이지를 연결할 때에는 모든 밸브를 잠근 후 실시한다.
② 진공펌프를 작동시키고 매니폴드 게이지 또는 센터 호스를 저압라인에 연결한다.
③ 황색 호스를 진공펌프나 냉매회수기 또는 냉매 충전기에 연결한다.
④ 냉매가 에어컨 사이클에 충전되어 있을 때에는 충전호스, 매니폴드 게이지의 밸브를 전부 잠근 후 분리한다.

해설 매니폴드 게이지의 센터 호스를 진공펌프에 연결시키고, 진공펌프를 작동시켜 진공 작업을 행한다.

Answer 44. ① 45. ② 46. ① 47. ③ 48. ④ 49. ②

50 인젝터 회로의 정상적인 파형이 그림과 같을 때 본선의 접속불량시 나올 수 있는 파형 중 맞는 것은?

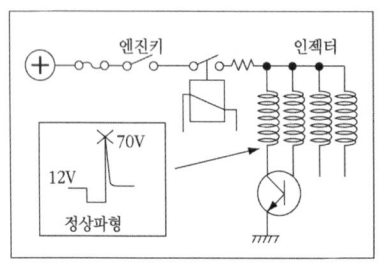

① 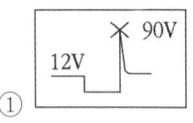 ②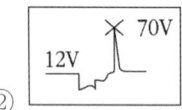
③ 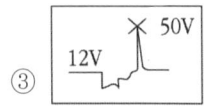 ④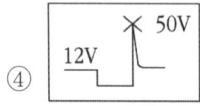

해설 ▶ 본선 접촉불량시 코일에 흐르는 전류가 감소하여 서지전압이 낮아진다.

51 부품 분해시 솔벤트로 닦으면 안되는 것은?

① 릴리스 베어링
② 십자축 베어링
③ 허브 베어링
④ 차동장치 베어링

해설 ▶ 릴리스 베어링은 영구 주유식이므로 솔벤트로 세척해서는 안 된다.

52 기계가공 작업 중 갑자기 정전이 되었을 때의 조치 사항으로 틀린 것은?

① 전기가 들어오는 것을 알기 위해 스위치를 넣어둔다.
② 퓨즈를 점검한다.
③ 공작물과 공구를 떼어 놓는다.
④ 즉시 스위치를 끈다.

해설 ▶ 기계 작업 중 정전이 발생되었을 때는 각종 모터의 스위치를 꺼둔다.

53 20 km/h로 주행하는 차가 급 가속하여 10초 후에 56 km/h가 되었을 때 가속도는?

① $1m/s^2$ ② $2m/s^2$
③ $5m/s^2$ ④ $8m/s^2$

해설 ▶
$$가속도[m/s^2] = \frac{나중속도 - 처음속도}{걸린시간}$$

$$\therefore 가속도 = \frac{56km/h - 20km/h}{10sec}$$
$$= \frac{36km/h}{10sec} = \frac{10m/s}{10sec} = 1m/s^2$$

54 자동차 연료로 사용하는 휘발유는 주로 어떤 원소들로 구성되어 있는가?

① 탄소와 황
② 산소와 수소
③ 탄소와 수소
④ 탄소와 4-에틸납

해설 ▶ 자동차 연료인 휘발유는 탄소와 수소로 이루어진 고분자 화합물이다.

Answer 50. ④ 51. ① 52. ① 53. ① 54. ③

55 화재의 분류 중 B급 화재 물질로 옳은 것은?

① 종이
② 휘발유
③ 목재
④ 석탄

해설 화재의 분류

구분	종류	표시	소화기	비고	방법
일반	A급	백색	포말	목재, 종이	냉각 소화
유류	B급	황색	분말	유류, 가스	질식 소화
전기	C급	청색	CO_2	전기 기구	질식 소화
금속	D급	–	모래	가연성 금속	피복에 의한 질식

56 드릴링 머신 작업을 할 때 주의사항으로 틀린 것은?

① 드릴의 날이 무디어 이상한 소리가 날 때는 회전을 멈추고 드릴을 교환하거나 연마한다.
② 공작물을 제거할 때는 회전을 완전히 멈추고 한다.
③ 가공 중에 드릴이 관통했는지를 손으로 확인한 후 기계를 멈춘다.
④ 드릴은 주축에 튼튼하게 장치하여 사용한다.

해설 드릴 작업시 주의사항
ⓐ 드릴은 주축에 튼튼하게 장치하여 사용한다.
ⓑ 드릴을 끼운 뒤에는 척키를 반드시 빼놓을 것
ⓒ 드릴의 날이 무디어 이상한 소리가 날 때는 회전을 멈추고 드릴을 교환하거나 연마한다.
ⓓ 드릴을 회전시킨 후 테이블을 조정하지 말 것
ⓔ 드릴 회전 중 칩을 손으로 털거나 불어내지 말 것
ⓕ 가공물에 구멍을 뚫을 때 가공물을 바이스에 물리고 작업할 것
ⓖ 공작물을 제거할 때는 회전을 완전히 멈추고 한다.

57 조정렌치의 사용방법이 틀린 것은?

① 조정너트를 돌려 조(jaw)가 볼트에 꼭 끼게 한다.
② 고정 조에 힘이 가해지도록 사용해야 한다.
③ 큰 볼트를 풀 때는 렌치 끝에 파이프를 끼워서 세게 돌린다.
④ 볼트 너트의 크기에 따라 조의 크기를 조절하여 사용한다.

해설 조정렌치 작업시 주의사항
ⓐ 조정너트를 돌려 조(jaw)가 볼트에 꼭 끼게 한다.
ⓑ 볼트 너트의 크기에 따라 조의 크기를 조절하여 사용한다.
ⓒ 고정 조에 힘이 가해지도록 사용해야 한다.

Answer 55. ② 56. ③ 57. ③

58 차량에 축전지를 교환할 때 안전하게 작업하려면 어떻게 하는 것이 제일 좋은가?

① 두 케이블을 동시에 함께 연결한다.
② 점화 스위치를 넣고 연결한다.
③ 케이블 연결시 접지 케이블을 나중에 연결한다.
④ 케이블 탈착시 (+)케이블을 먼저 떼어낸다.

해설 차에 축전지를 설치할 때에는 절연(+)케이블을 먼저 연결하고, 접지(−)케이블은 나중에 연결한다.

59 운반 기계에 대한 안전수칙으로 틀린 것은?

① 무거운 물건을 운반할 경우에는 반드시 경종을 울린다.
② 흔들리는 화물은 사람이 승차하여 붙잡도록 한다.
③ 기중기는 규정 용량을 초과하지 않는다.
④ 무거운 물건을 상승시킨 채 오랫동안 방치하지 않는다.

해설 흔들리는 화물은 움직이지 못하도록 단단히 묶어 놓고 화물칸에 사람이 승차하여서는 안 된다.

60 안전표시의 종류를 나열한 것으로 옳은 것은?

① 금지표시, 경고표시, 지시표시, 안내표시
② 금지표시, 권장표시, 경고표시, 지시표시
③ 지시표시, 권장표시, 사용표시, 주의표시
④ 금지표시, 주의표시, 사용표시, 경고표시

해설 안전·보건표지의 종류와 형태 : 마지막페이지 참조

Answer 58. ③ 59. ② 60. ①

[산업안전보건법 시행규칙 별표 1의2]

안전·보건표지의 종류와 형태

저자 프로필
김형진 서정대학교 자동차과
김승수 서울특별시 북부기술교육원

질문하세요▼

NAVER 카페 [차격증 만들기] [검색]

단기완성
자동차정비기능사 필기

2017년 1월 5일 | 초 판 인 쇄
2017년 1월 10일 | 초 판 1쇄 발행
2017년 7월 10일 | 초 판 2쇄 발행
2019년 2월 11일 | 개정 1판 발 행
2020년 3월 31일 | 개정 2판 발 행

저 자 | 김형진·김승수
발행인 | 조규백
발행처 | 도서출판 구민사
　　　　(07293) 서울특별시 영등포구 문래북로116, 604호(문래동3가 46, 트리플렉스)
전 화 | (02) 701-7421(~2)
팩 스 | (02) 3273-9642
홈페이지 | www.kuhminsa.co.kr

신고번호 | 제2012-000055호 (1980년 2월 4일)
ISBN | 979-11-5813-824-0　13500

값 20,000원

※ 낙장 및 파본은 구입하신 서점에서 바꿔드립니다.
※ 본서를 허락없이 부분 또는 전부를 무단복제, 게재행위는 저작권법에 저촉됩니다.